高等代数解题方法与技巧

（第二版）

主　编　李　刚
副主编　李师正　张玉芬

高等教育出版社·北京

内容简介

　　本书对高等代数的基础知识做了简要回顾，并通过大量的典型例题和习题来帮助读者更好地学习高等代数。全书共十章：多项式，行列式，线性方程组，矩阵，二次型，线性空间，线性变换，λ-矩阵，欧几里得空间，双线性函数。本次修订除了新增最后一章，各章还与时俱进地选用了近几年的部分考研真题。

　　书中的例题分为两个层次：基础例题增进读者对概念和定理的理解；提高例题讲授解题的方法和技巧，为准备报考硕士研究生的读者提供帮助。许多例题给出多种解法，从不同的角度展示方法和技巧的运用。各章均配备了习题以检验读者的学习效果，为降低解题难度，所有习题均附带提示，典型习题还提供了详细解答并以二维码的形式呈现。

　　本书可作为本科生学习高等代数和线性代数的参考书，也可作为这两门课程的教学参考书，还可以为准备报考硕士研究生的读者提供富有成效的帮助。

图书在版编目（CIP）数据

　　高等代数解题方法与技巧／李刚主编. -- 2 版. --
北京：高等教育出版社，2022.4
　　ISBN 978-7-04-057741-9

　　Ⅰ．①高…　Ⅱ．①李…　Ⅲ．①高等代数-高等学校-
题解　Ⅳ．①O15-44

　　中国版本图书馆 CIP 数据核字（2022）第 019704 号

Gaodeng Daishu Jieti Fangfa yu Jiqiao

策划编辑　刘　荣	责任编辑　刘　荣	封面设计　王　琰	版式设计　王艳红
责任校对　刘娟娟	责任印制　刁　毅		

出版发行	高等教育出版社	网　　址　http://www.hep.edu.cn
社　　址	北京市西城区德外大街 4 号	http://www.hep.com.cn
邮政编码	100120	网上订购　http://www.hepmall.com.cn
印　　刷	河北鹏盛贤印刷有限公司	http://www.hepmall.com
开　　本	787mm×1092mm　1/16	http://www.hepmall.cn
印　　张	18	版　　次　2004 年 2 月第 1 版
字　　数	440 千字	2022 年 4 月第 2 版
购书热线	010-58581118	印　　次　2022 年 4 月第 1 次印刷
咨询电话	400-810-0598	定　　价　34.60 元

本书如有缺页、倒页、脱页等质量问题，请到所购图书销售部门联系调换
版权所有　侵权必究
物 料 号　57741-00

第二版前言

本书自2004年出版以来，重印了多次，受到广大读者的欢迎，在使用中也发现了一些问题。由于已出版近20年，书中的一些例题和习题已显得不太合理。另外，我们曾承诺再版时增加“双线性函数与辛空间”相关的内容。基于此，与第一版相比，本次修订做了如下改动：

1. 增加第十章“双线性函数”；

2. 对代表性不强或过时的例题、习题进行调整和删减，增加许多新的例题和习题，有不少是近几年的考研试题；

3. 增加适量的数字资源，对典型习题进行详细解答。

本书的编写人员多年从事高等代数的教学与研究，主编李刚副教授一直从事本科生高等代数的考研辅导工作，书中很多素材来源于教学经验与积累。本书第一章和第十章由李师正教授编写，第二—五、八、九章由李刚副教授编写，第六章和第七章由张玉芬教授编写，全书由李刚副教授统稿。

限于编写人员的水平，书中恐怕仍有一些疏漏，恳请读者指正。

编　者

2021年11月

第一版前言

高等代数是数学专业的重要基础课。高等代数主要包括多项式及线性代数两部分,而线性代数又是理、工、医、农、经济等学科的基础课。高等代数(包括线性代数)的特点是习题类型多,内涵丰富,变化复杂,难以概括和统一处理。有时学生尽管已经学懂概念与理论,但面对某些习题却感到无从下手。

本书编写的目的在于针对学生学习高等代数的困难,为他们提供在解题的方法与技巧方面的一把入门钥匙,也为那些准备报考硕士研究生的学生提供帮助,本书也可作为高等代数和线性代数的教师参考书。

本书分九章,每章包括基本知识、例题、习题、习题答案与提示等四节,其中"基本知识"简要地概括了该章的有关概念和定理,"例题"中二三十道例题将本章的各种类型的方法对应的典型问题展示出来,其中不乏多所高校的硕士生入学试题。许多例题提供多种解法,并且对于有启示的例题题后附有"点评",起到画龙点睛的作用,在纷纭的论述与计算中,抽象出本质性的规律,并指出处理这类问题常用的方法,尽量有可操作性。"习题"包括各类重要方法的练习题。对例题的各种方法掌握后,一般做本书的习题不会有太大的困难,何况每章的最后一节都编有习题的答案与提示。

本书可作为北京大学数学系编《高等代数》(第三版)和张禾瑞、郝钢新编《高等代数》(第四版)的学习参考书,其中北京大学数学系编《高等代数》(第三版)中增加了"双线性型与辛空间"一章,相应习题的内容将在本书修订时予以增补。

本书的编写人员是多年从事高等代数教学的教师,来自多所高等学校,书中许多素材来源于他们的教学经验与积累。本书第一章由李师正教授编写,第二章和第九章由高玉玲教授编写,第三章和第五章由李桂荣教授编写,第四章由刘学鹏教授编写,第六章和第七章由张玉芬教授编写,第八章由王彩云副教授编写,全书由李师正教授统稿。

由于编写人员水平所限,书中必然有不少疏漏,恳请读者指正。

编　者

2003 年 10 月

目　　录

第一章　多　项　式

§1.1　基 本 知 识

一、数域与数环

1. 数域：

1）数域是一个由某些复数组成的集合 P，它包括 0 和 1，且 P 中的任意两个数的和、差、积、商（除数不为零）仍然是 P 中的数.

2）常见的数域有有理数域 **Q**、实数域 **R** 和复数域 **C**.

2. 数环是一个由某些复数组成的非空集合 R，且 R 中任意两个数的和、差、积仍是 R 中的数.

3. 所有的数域都包含有理数域，数域总是数环. 整数环是数环但不是数域.

二、一元多项式环

1. 设 P 为数域. 如下的表达式称为数域 P 上的（一元）多项式：

$$f(x)=a_nx^n+a_{n-1}x^{n-1}+\cdots+a_0,$$

其中 $a_0,a_1,a_2,\cdots,a_n\in P$，$a_ix^i$ 称为 $f(x)$ 的第 i 次项，a_i 称为 i 次项系数，$i=0,1,\cdots,n$. 如果 $a_n\neq 0$，则 $f(x)$ 的次数为 n，记为 $\partial(f(x))=n$，此时 a_nx^n 称为 $f(x)$ 的首项. 零多项式无次数.

2. $f(x)$ 和 $g(x)$ 相等当且仅当同次项系数均相等.

3. 多项式的和、差运算归结为同次项系数的和、差运算. 多项式的乘法运算归结为逐项相乘后合并同类项. 加法和乘法适合交换律、结合律、分配律、消去律.

4. 数域 P 上的所有（一元）多项式的集合称为 P 上的一元多项式环，记为 $P[x]$.

三、多项式的整除性

1. 带余除法：设 $f(x),g(x)\in P[x]$，$g(x)\neq 0$，则有唯一的 $q(x),r(x)\in P[x]$，使

$$f(x)=q(x)g(x)+r(x),$$

其中 $r(x)=0$ 或 $\partial(r(x))<\partial(g(x))$，$r(x)$ 称为余式，$q(x)$ 称为商式.

2. 整除：设 $f(x),g(x)\in P[x]$. 如果有 $q(x)\in P[x]$，使 $f(x)=q(x)g(x)$，则称 $g(x)$ 整除 $f(x)$，记为 $g(x)\mid f(x)$.

3. 最大公因式：

1）设 $f(x),g(x)\in P[x]$，称 $d(x)\in P[x]$ 为 $f(x)$ 和 $g(x)$ 的最大公因式，如果 $d(x)\mid f(x)$ 且

$d(x) \mid g(x)$，同时如果 $h(x) \mid f(x)$ 且 $h(x) \mid g(x)$，则有 $h(x) \mid d(x)$.

2）$f(x)$ 和 $g(x)$ 的最大公因式 $d(x)$ 可通过辗转相除法求得，且可以表为 $f(x)$ 和 $g(x)$ 的组合，即有 $u(x), v(x) \in P[x]$，使

$$d(x)=u(x)f(x)+v(x)g(x),$$

其中 $u(x)$ 和 $v(x)$ 也通过辗转相除法求得. 反之，如果 $d(x)$ 是 $f(x)$ 和 $g(x)$ 的公因式，且 $d(x)$ 可表为 $f(x)$ 和 $g(x)$ 的上述组合形式，则 $d(x)$ 是 $f(x)$ 和 $g(x)$ 的最大公因式.

3）$f(x)$ 和 $g(x)$ 的最大公因式在不计非零常数因子的意义下是唯一的. 用 $(f(x), g(x))$ 表示首项系数为 1 的最大公因式.

4. 互素：

1）$f(x), g(x) \in P[x]$ 称为互素，如 $f(x)$ 和 $g(x)$ 除零次多项式外无公因式，记为

$$(f(x), g(x))=1.$$

2）$(f(x), g(x))=1$ 当且仅当存在 $u(x), v(x) \in P[x]$，使

$$u(x)f(x)+v(x)g(x)=1.$$

3）如果 $(f(x), g(x))=1$，$f(x) \mid g(x)h(x)$，则 $f(x) \mid h(x)$.

4）如果 $f_1(x) \mid g(x)$，$f_2(x) \mid g(x)$，$(f_1(x), f_2(x))=1$，则 $f_1(x)f_2(x) \mid g(x)$.

5. 不可约多项式：

1）在数域 P 上次数大于或等于 1 的多项式 $p(x)$ 称为 P 上的不可约多项式，如果它不能表示为数域 P 上两个次数低于 $\partial(p(x))$ 的多项式之积.

一次多项式总是不可约的.

2）设 $p(x)$ 为数域 P 上的不可约多项式，$f(x)$ 是 P 上任意多项式，则 $p(x) \mid f(x)$ 和 $(f(x), p(x))=1$ 中恰有一式成立.

3）设 $p(x)$ 为数域 P 上的不可约多项式，$f(x), g(x) \in P[x]$，$p(x) \mid f(x)g(x)$，则 $p(x) \mid f(x)$ 和 $p(x) \mid g(x)$ 中至少有一式成立.

6. 因式分解及唯一性定理：数域 P 上次数大于或等于 1 的多项式 $f(x)$ 可以唯一地分解为数域 P 上一些不可约多项式的乘积. 所谓唯一性是指如果有两个分解式

$$f(x)=p_1(x)p_2(x)\cdots p_s(x)=q_1(x)q_2(x)\cdots q_t(x),$$

那么必有 $s=t$，并且适当排列因式的次序后有

$$p_i(x)=c_iq_i(x), \quad i=1,2,\cdots,s,$$

其中 $c_i(i=1,2,\cdots,s)$ 为非零常数.

7. 重因式：不可约多项式 $p(x)$ 称为多项式 $f(x)$ 的 k 重因式，如果 $p^k(x)$ 整除 $f(x)$，但 $p^{k+1}(x)$ 不整除 $f(x)$. 当 $k=1$ 时，$p(x)$ 称为多项式 $f(x)$ 的单因式，当 $k>1$ 时，$p(x)$ 称为多项式 $f(x)$ 的重因式.

四、重要数域上的不可约多项式

1. 复数域上的不可约多项式是且仅是一次多项式.

2. 实数域上的不可约多项式是且仅是一次多项式和判别式 $\Delta<0$ 的二次多项式.

3. 与有理数域上的不可约多项式相关的结论：

1）有理数域上的多项式可以表示为一个有理数与一个本原多项式之积，且除了一个正负号

外是唯一的. 本原多项式是指系数互素的整系数多项式.

2）高斯引理：两个本原多项式之积仍是本原多项式.

3）非零的整系数多项式如能分解成两个次数较低的有理系数多项式的乘积，则能分解成两个次数较低的整系数多项式的乘积.

4）艾森斯坦判别法：设

$$f(x)=a_nx^n+a_{n-1}x^{n-1}+\cdots+a_0$$

是一个整系数多项式，如果有一个素数 p，满足条件：p 整除 $a_{n-1},\cdots,a_0$，p 不整除 a_n，p^2 不整除 a_0，那么 $f(x)$ 是有理数域上的不可约多项式.

五、多项式的根

1. 余数定理与因式定理：

1）余数定理：用 $x-a$ 去除多项式 $f(x)$，其余式为常数 $f(a)$.

2）因式定理：a 是多项式 $f(x)$ 的根当且仅当 $x-a$ 整除 $f(x)$.

2. 重根：

1）如果 $x-a$ 是 $f(x)$ 的 k 重因式，则 a 称为 $f(x)$ 的 k 重根.

2）数域 P 上 n 次多项式在 P 中的根不多于 n 个(重根按重数计算).

3. 有理根：设 $f(x)=a_nx^n+a_{n-1}x^{n-1}+\cdots+a_0$ 是一个整系数多项式，$\dfrac{r}{s}$是$f(x)$的有理根，$(r,s)=1$，则 $s\mid a_n$，$r\mid a_0$. 当 $a_n=1$ 时，$f(x)$ 的有理根都是整数，且为 a_0 的因子.

4. 根与系数的关系：设 $f(x)=x^n+a_1x^{n-1}+\cdots+a_n\in P[x]$，$f(x)$ 在数域 P 中有 n 个根 $\alpha_1,\alpha_2,\cdots,\alpha_n$，则有

$$\begin{cases}\alpha_1+\alpha_2+\cdots+\alpha_n=-a_1,\\ \alpha_1\alpha_2+\alpha_2\alpha_3+\cdots+\alpha_{n-1}a_n=a_2,\\ \cdots\cdots\cdots\cdots\\ \sum\alpha_{k_1}\alpha_{k_2}\cdots\alpha_{k_i}=(-1)^ia_i\quad(\text{所有可能的 } i \text{ 个根之积的和}),\\ \cdots\cdots\cdots\cdots\\ \alpha_1\alpha_2\cdots\alpha_n=(-1)^na_n.\end{cases}$$

* 六、多元多项式与对称多项式

1. 设 P 是一个数域，$x_1,x_2,\cdots,x_n$ 是文字，形如 $ax_1^{k_1}x_2^{k_2}\cdots x_n^{k_n}$ 的式子称为 P 上的一个 n 元单项式，其中 $a\in P$，$k_1,k_2,\cdots,k_n$ 是非负整数.

2. 数域 P 上有限个 n 元单项式的和，称为数域 P 上的一个 n 元多项式.

3. 数域 P 上全体 n 元多项式的集合称为数域 P 上 n 元多项式环.

4. 数域 P 上的一个 n 元多项式 $f(x_1,x_2,\cdots,x_n)$，如果任意交换两个文字的位置，多项式不变，则称为对称多项式.

5. 下面的 n 个多项式称为初等对称多项式：

$$\begin{cases}\sigma_1=x_1+x_2+\cdots+x_n,\\ \sigma_2=x_1x_2+x_1x_3+\cdots+x_{n-1}x_n,\\ \cdots\cdots\cdots\cdots\\ \sigma_n=x_1x_2\cdots x_n.\end{cases}$$

6. 对称多项式基本定理:数域 P 上的任意 n 元对称多项式都能唯一地表示为初等对称多项式的多项式.

§1.2　例　　题

例 1　写出包含$\sqrt{2}$的最小数环和最小数域.

解　令

$$A=\{2m+n\sqrt{2}\mid m,n\in\mathbf{Z}\},$$

则 A 是一个数环. 事实上,$A\neq\varnothing$,因为显然$\sqrt{2}=0+1\sqrt{2}\in A$. $\forall\,2m+n\sqrt{2},2m_1+n_1\sqrt{2}\in A$,则

$$(2m+n\sqrt{2})\pm(2m_1+n_1\sqrt{2})=2(m\pm m_1)+(n\pm n_1)\sqrt{2}\in A,$$

$$(2m+n\sqrt{2})(2m_1+n_1\sqrt{2})=2(2mm_1+nn_1)+(2mn_1+2m_1n)\sqrt{2}\in A.$$

另一方面,如果 B 为数环,且$\sqrt{2}\in B$,则

$$\sqrt{2}+\sqrt{2}+\cdots+\sqrt{2}\in B,-\sqrt{2}=0-\sqrt{2}\in B,$$

$$(-\sqrt{2})+(-\sqrt{2})+\cdots+(-\sqrt{2})\in B,$$

即 $n\sqrt{2}\in B,n\in\mathbf{Z}$. 而 $2=(\sqrt{2})^2\in B$,推出全体偶数在 B 中,因而 $A\subseteq B$,即 A 是包含$\sqrt{2}$的最小数环.

令

$$P=\{a+b\sqrt{2}\mid a,b\in\mathbf{Q}\},$$

则 P 是一个数域. 事实上,$0,1\in P$,$\forall\,a+b\sqrt{2},c+d\sqrt{2}\in P$,则

$$(a+b\sqrt{2})\pm(c+d\sqrt{2})=(a\pm c)+(b\pm d)\sqrt{2}\in P,$$

$$(a+b\sqrt{2})(c+d\sqrt{2})=(ac+2bd)+(ad+bc)\sqrt{2}\in P.$$

设 $c+d\sqrt{2}\neq 0$. 则

$$\frac{a+b\sqrt{2}}{c+d\sqrt{2}}=\frac{(a+b\sqrt{2})(c-d\sqrt{2})}{(c+d\sqrt{2})(c-d\sqrt{2})}=\frac{1}{c^2-2d^2}[(ac-2bd)+(bc-ad\sqrt{2})].$$

设 F 为含$\sqrt{2}$的任意数域,易见 $P\subseteq F$,即 P 是含$\sqrt{2}$的最小数域.

点评　包含$\sqrt{2}$的最小数环是指一个数环 A,适合$\sqrt{2}\in A$,且如果一个数环 B 包含$\sqrt{2}$,则$A\subseteq B$. 包含$\sqrt{2}$的最小数域类似.

例 2　设 $f(x)$ 是数域 P 上的多项式,如果 $\forall\,a,b\in P$,都有

$$f(a+b)=f(a)+f(b),$$

则 $f(x)=kx,k\in P$.

证明　证法 1　设 $f(x)=a_nx^n+\cdots+a_1x+a_0$,则 $\forall\,u\in P$,有

$$f(2u)=f(u+u)=f(u)+f(u)=2f(u),$$
$$0=f(2u)-2f(u)=2^n a_n u^n+\cdots+2a_1u+a_0-2a_nu^n-\cdots-2a_1u-2a_0$$
$$=(2^n-2)a_nu^n+\cdots+(2^2-2)a_2u^2-a_0,$$
于是 $a_n=\cdots=a_2=a_0=0$, $f(x)=a_1x$. 令 $k=a_1$,则 $f(x)=kx$.

证法 2 设 $f(x)=a_nx^n+\cdots+a_1x+a_0$,由于 $\forall t\in P$,
$$f(t)=f(t+0)=f(t)+f(0)$$
成立,于是 $f(0)=0$,即 $a_0=0$,
$$f(x)=a_nx^n+\cdots+a_2x^2+a_1x.$$
又有 $f(2)=f(1+1)=2f(1)$, $f(3)=f(2)+f(1)=3f(1)$, $\cdots$, $f(n)=nf(1)$.

设 $f(1)=k$,得
$$\begin{cases}f(1)=a_1+a_2+\cdots+a_n=k,\\ f(2)=2a_1+2^2a_2+\cdots+2^na_n=2k,\\ \cdots\cdots\cdots\cdots\\ f(n)=na_1+n^2a_2+\cdots+n^na_n=nk,\end{cases}\tag{1}$$
线性方程组(1)的系数行列式是范德蒙德行列式,不等于 0,(1)只有唯一解:
$$a_1=k,\quad a_2=\cdots=a_n=0.$$
所以 $f(x)=kx$, $k\in P$.

点评 本题是由多项式的性质来刻画多项式的一个典型问题. 证法 1 通过性质构造一个多项式恒等于零,推出除一次项外系数全为零. 证法 2 利用解方程组得出结论.

例 3 证明实数域上多项式
$$f(x)=x^3+px^2+qx+r$$
是实数域上一个多项式的立方当且仅当 $p=3\sqrt[3]{r}$, $q=3\sqrt[3]{r^2}$(开方为实 3 次方根).

证明 设 $f(x)=(g(x))^3$,则 $g(x)$ 为一次多项式. 设 $g(x)=ax+b$,于是
$$x^3+px^2+qx+r=(ax+b)^3=a^3x^3+3a^2bx^2+3ab^2x+b^3.$$
对比系数,得
$$a^3=1,\quad 3a^2b=p,\quad 3ab^2=q,\quad b^3=r.$$
解得
$$a=1,\quad p=3b,\quad q=3b^2,\quad b=\sqrt[3]{r},$$
得出 $p=3\sqrt[3]{r}$, $q=3\sqrt[3]{r^2}$.

反之,设条件成立,即 $p=3\sqrt[3]{r}$, $q=3\sqrt[3]{r^2}$,则显然
$$f(x)=(x+\sqrt[3]{r})^3.$$

点评 这类问题解法基于待定系数法,即两个多项式相等当且仅当同次项系数均相等,再转换为方程组求解.

例 4 当且仅当 k,l,m 适合什么条件时,$(x^2+kx+1)\mid(x^4+lx^2+m)$?

解 解法 1 用带余除法,可得
$$x^4+lx^2+m=(x^2+kx+1)(x^2-kx+(k^2+l-1))+k(2-l-k^2)x+(m+1-l-k^2).$$

因而当且仅当

$$\begin{cases}k(2-l-k^2)=0,\\ m+1-l-k^2=0\end{cases}\tag{1}$$

时,

$$x^2+kx+1 \mid x^4+lx^2+m.$$

条件(1)等价于

$$\begin{cases}k=0,\\ l=m+1,\end{cases}\quad 或 \quad \begin{cases}m=1,\\ l=2-k^2.\end{cases}$$

解法 2　记 $x^4+lx^2+m=(x^2+kx+1)(x^2+px+q)$,比较系数,得方程组

$$\begin{cases}k+p=0,\\ kp+q+1=l,\\ kq+p=0,\\ q=m.\end{cases}$$

由 $p=-k,q=m$,得 $k(m-1)=0$,即 $k=0$ 或 $m=1$. 若 $k=0$,则 $l=m+1$;若 $m=1$,则$l=2-k^2$,即当且仅当

$$\begin{cases}k=0,\\ l=m+1,\end{cases}\quad 或 \quad \begin{cases}m=1,\\ l=2-k^2\end{cases}$$

时,

$$(x^2+kx+1) \mid (x^4+lx^2+m).$$

点评　证明多项式 $g(x)$ 整除多项式 $f(x)$,当其系数已具体给出时,通常可采用带余除法:$f(x)=q(x)g(x)+r(x)$,整除性等价于余式$r(x)=0$. 或利用待定系数法,形式地写出

$$f(x)=q(x)g(x),\tag{2}$$

其中$\partial(q(x))=\partial(f(x))-\partial(g(x))$,$q(x)$的系数为待定常数. 比较(2)式两端各次项对应系数,解出方程组,当且仅当该方程组在相应的数域内有解时,$g(x)\mid f(x)$.

例 5　若$(x-1)\mid g(x^n)$,求证:$(x^n-1)\mid g(x^n)$.

证明　证法 1　因为

$$(x-1)\mid g(x^n),$$

由因式定理得 $g(1^n)=0$,即 $g(1)=0$,故

$$(x-1)\mid g(x),$$

于是存在多项式 $h(x)$,使

$$(x-1)h(x)=g(x).$$

以 x^n 代 x,得

$$(x^n-1)h(x^n)=g(x^n).$$

即

$$(x^n-1)\mid g(x^n).$$

证法 2　x^n-1 有 n 个不同的复根,即全部 n 次单位根 $\varepsilon_1,\varepsilon_2,\cdots,\varepsilon_n$. 而

$$g(\varepsilon_i^n)=g(1)=g(1^n)=0,\quad i=1,2,\cdots,n,$$

即 $\varepsilon_1,\varepsilon_2,\cdots,\varepsilon_n$ 是 $g(x^n)$的根,因而

$$(x^n-1)\mid g(x^n).$$

点评 证明多项式 $g(x)$ 整除多项式 $f(x)$，当 $f(x)$ 和 $g(x)$ 的系数未具体给出时，可采用如下方法：

如果 $g(x)$ 无重根，且 $g(x)$ 的复根全部都是 $f(x)$ 的根，则 $g(x)\mid f(x)$.

事实上，设 $g(x)$ 的根是 $\alpha_1,\alpha_2,\cdots,\alpha_k$，则 $g(x)$ 可表示为

$$g(x)=a(x-\alpha_1)(x-\alpha_2)\cdots(x-\alpha_k).$$

因

$$f(\alpha_i)=0,\quad i=1,2,\cdots,k,$$

故

$$(x-\alpha_i)\mid f(x),\quad i=1,2,\cdots,k,$$

由于 $x-\alpha_1,x-\alpha_2,\cdots,x-\alpha_k$ 两两互素，故

$$(x-\alpha_1)(x-\alpha_2)\cdots(x-\alpha_k)\mid f(x),$$

即 $g(x)\mid f(x)$.

例 6 设 n 为非负整数，求证：$(x^2+x+1)\mid[x^{n+2}+(x+1)^{2n+1}]$.

证明 证法 1 x^2+x+1 的根为 $\varepsilon_1=\dfrac{-1+\sqrt{3}\,\mathrm{i}}{2}$ 和 $\varepsilon_2=\dfrac{-1-\sqrt{3}\,\mathrm{i}}{2}$，它们是三次单位根. 将 $\varepsilon_i,i=1,2$ 代入 $x^{n+2}+(x+1)^{2n+1}$，得

$$\begin{aligned}\varepsilon_i^{n+2}+(\varepsilon_i+1)^{2n+1}&=\varepsilon_i^{n+2}+(-\varepsilon_i^2)^{2n+1}=\varepsilon_i^{n+2}-\varepsilon_i^{4n+2}\\&=\varepsilon_i^{n+2}(1-\varepsilon_i^{3n})=0,\quad i=1,2.\end{aligned}$$

因而整除性成立.

证法 2 对 n 进行归纳. 当 $n=0$ 时，结论显然成立.

设当 $n=k$ 时，结论成立，推证当 $n=k+1$ 时也成立. 这时

$$\begin{aligned}x^{k+3}+(x+1)^{2k+3}&=x^{k+3}+(x+1)^2(x+1)^{2k+1}\\&=x^{k+3}+(x^2+x+1)(x+1)^{2k+1}+x(x+1)^{2k+1}\\&=x[x^{k+2}+(x+1)^{2k+1}]+(x^2+x+1)(x+1)^{2k+1},\end{aligned}$$

即

$$(x^2+x+1)\mid[x^{k+3}+(x+1)^{2k+3}].$$

于是结论成立.

点评 证法 1 与例 5 中证法 2 道理相同，因 x^2+x+1 无重根，其根都是 $x^{n+2}+(x+1)^{2n+1}$ 的根，从而推出结论. 证法 2 使用归纳法，适合某些含整数 n 的证明题.

例 7 求证：$(x^2+1)\mid(x^7+x^6+\cdots+x+1)$.

证明 证法 1 在实数域上 x^2+1 不可约，但 x^2+1 与 $x^7+x^6+\cdots+x+1$ 显然有公共复根 i，它们在复数域上有公因式 $x-\mathrm{i}$，因而不互素，所以在实数域上也不互素. 由不可约多项式的性质，x^2+1 整除 $x^7+x^6+\cdots+x+1$.

证法 2 用带余除法，余式等于零.

证法 3 x^2+1 的根为 $\pm\mathrm{i}$，无重根，$\pm\mathrm{i}$ 也是 $x^7+x^6+\cdots+x+1$ 的根，因而求证的整除性成立.

点评 证法 2 和证法 3 前面已讲过. 证法 1 主要利用不可约多项式的性质. 不可约多项式 $p(x)$ 与一个多项式 $f(x)$ 之间只有两个关系，即 $p(x)\mid f(x)$ 或 $(p(x),f(x))=1$，如果否定了后者，

就可推出整除性. 而 $p(x)$ 与 $f(x)$ 不互素当且仅当在复数域中它们有公共根.

例 8 设 $f(x), g(x), h(x)$ 是数域 P 上的多项式,且有

$$(x+a)f(x)+(x+b)g(x)=(x^2+c)h(x), \tag{1}$$

$$(x-a)f(x)+(x-b)g(x)=(x^2+c)h(x), \tag{2}$$

其中 $a,b,c\in P, a\neq 0, a\neq b, c\neq 0$. 求证: x^2+c 是 $f(x)$ 和 $g(x)$ 的公因式.

证明 由(1)-(2)得, $af(x)+bg(x)=0$,

$$f(x)=-\frac{b}{a}g(x).$$

由(1)+(2)得

$$(x^2+c)h(x)=x(f(x)+g(x))=\frac{a-b}{a}xg(x),$$

即

$$(x^2+c)\mid xg(x).$$

但显然 $(x^2+c,x)=1$,故

$$(x^2+c)\mid g(x),$$

由此,

$$(x^2+c)\mid f(x).$$

点评 上述证明基于互素多项式的一个重要性质,即如果

$$(f(x),g(x))=1,\quad f(x)\mid g(x)h(x),$$

则 $f(x)\mid h(x)$.

例 9 设 $g_m(x)=(x+1)^m-x^m-1$, 当 m 为何正整数时,

$$(x^2+x+1)^2\mid g_m(x)?$$

解 x^2+x+1 的根为三次单位根 $\varepsilon_1,\varepsilon_2$(见例 6). 由于 $\varepsilon_i+1=-\varepsilon_i^2, i=1,2$, 如果有上述整除关系,则

$$(x-\varepsilon_1)^2(x-\varepsilon_2)^2\mid g_m(x),$$

即 $g_m(x)$ 有重根 $\varepsilon_1,\varepsilon_2$. 则有

$$g_m(\varepsilon_1)=g_m(\varepsilon_2)=0,\quad g'_m(\varepsilon_1)=g'_m(\varepsilon_2)=0.$$

而对于 $i=1,2$, 因为

$$g'_m(x)=m(x+1)^{m-1}-mx^{m-1},$$

所以

$$g_m(\varepsilon_i)=(\varepsilon_i+1)^m-\varepsilon_i^m-1=(-\varepsilon_i^2)^m-\varepsilon_i^m-1=(-1)^m\varepsilon_i^{2m}-\varepsilon_i^m-1,$$

$$g'_m(\varepsilon_i)=m(-\varepsilon_i^2)^{m-1}-m\varepsilon_i^{m-1}=m\varepsilon_i^{m-1}[(-1)^{m-1}\varepsilon_i^{m-1}-1].$$

因而应有

$$(-1)^{m-1}\varepsilon_i^{m-1}=1,$$

则 $\varepsilon_i^{m-1}=1$(因 $\varepsilon_i^{m-1}\neq -1$), $(-1)^{m-1}=1$, 即

$$3\mid m-1,\quad 2\mid m-1,$$

因而 $m=6k+1$, k 为非负整数.

反之,设 $m=6k+1$, k 为非负整数. 对于 $i=1,2$, 由于 $\varepsilon_i^3=1$,

$$g_m(\varepsilon_i)=(-1)^m\varepsilon_i^{2m}-\varepsilon_i^m-1=-\varepsilon_i^{2m}-\varepsilon_i^m-1=-\varepsilon_i^2-\varepsilon_i-1=0,$$
$$g'_m(\varepsilon_i)=m\varepsilon_i^{m-1}[(-1)^{m-1}\varepsilon_i^{m-1}-1]=0,$$

因此 $\varepsilon_1,\varepsilon_2$ 为 $g_m(x)$ 的重根. 而 $(x-\varepsilon_1)^2$ 与 $(x-\varepsilon_2)^2$ 互素,因而

$$(x^2+x+1)^2=(x-\varepsilon_1)^2(x-\varepsilon_2)^2$$

整除$g(x)$. 所以,当且仅当 $m=6k+1$ 时,$(x^2+x+1)\mid g_m(x)$.

点评 这里利用了互素多项式的一个重要性质:如果

$$f_1(x)\mid g(x),\quad f_2(x)\mid g(x),\quad (f_1(x),f_2(x))=1,$$

则$f_1(x)f_2(x)\mid g(x)$. 这在证明整除性质上是很重要的. 本题使用了证明一次式的方幂$(x-\alpha)^k$ 整除某多项式$f(x)$的方法,即只需证明$f(\alpha)=0,f'(\alpha)=0,\cdots,f^{(k)}(\alpha)=0$,这时 α 为$f(x)$的至少 k 重根.

例 10 设 a 为$f(x)$的 3 重根,$g(x)=f(x)+(a-x)f'(x)$,证明:a 是$g(x)$的 3 重根.

证明 设$f(x)=(x-a)^3f_1(x)$,$f_1(a)\neq 0$,则

$$f'(x)=3(x-a)^2f_1(x)+(x-a)^3f_1'(x),$$
$$\begin{aligned}g(x)&=(x-a)^3f_1(x)-(x-a)f'(x)\\&=(x-a)^3[-2f_1(x)-(x-a)f_1'(x)],\end{aligned}$$

因而

$$(x-a)^3\mid g(x).$$

但如果$(x-a)^4\mid g(x)$,则

$$(x-a)\mid[-2f_1(x)-(x-a)f_1'(x)],$$

与$f_1(a)\neq 0$ 矛盾. 故$(x-a)^4$ 不整除 $g(x)$,a 为 $g(x)$的 3 重根.

点评 为证 a 是 $g(x)$的 3 重根,需证$(x-a)^3\mid g(x)$,$(x-a)^4$ 不整除$g(x)$.

例 11 求证:数域 P 上的 n 次多项式$f(x)$适合$f'(x)\mid f(x)$当且仅当

$$f(x)=a_0(x-x_0)^n,\quad a_0,x_0\in P.$$

证明 证法 1 充分性. 如果$f(x)=a_0(x-x_0)^n$,则$f'(x)=na_0(x-x_0)^{n-1}$. 显然$f'(x)\mid f(x)$.

必要性. 设$f'(x)\mid f(x)$,如果$f(x)=0$,可取 $a_0=0$;设$f(x)\neq 0$,则$f'(x)$除$f(x)$的商应为一次多项式,首项系数为$\dfrac{1}{n}$,故

$$nf(x)=(x-x_0)f'(x).$$

两端求导,得 $nf'(x)=f'(x)+(x-x_0)f''(x)$,或

$$f(x)=\frac{x-x_0}{n}f'(x)=\frac{(x-x_0)^2}{n(n-1)}f''(x)=\cdots=\frac{(x-x_0)^n}{n!}f^{(n)}(x)=a_0(x-x_0)^n,$$

其中 a_0 为$f(x)$的首项系数.

证法 2 充分性同证法 1.

必要性 如果$f(x)=0$,显然结论成立. 设$f'(x)\mid f(x)$,$\partial(f(x))=\partial(f'(x))+1$,得

$$f(x)=a_1(x-x_0)f'(x),\quad a_1,x_0\in P.$$

于是有$(f(x),f'(x))=a_2f'(x)$,其中 a_2 为$f'(x)$的首项系数的倒数. 因而

$$\frac{f(x)}{(f(x),f'(x))}=\frac{a_1}{a_2}(x-x_0).$$

因为$\dfrac{f(x)}{(f(x),f'(x))}$与$f(x)$有相同的不可约因式,所以$f(x)$的不可约因式只能是$x-x_0$及它的非零常数倍.而$f(x)$的次数为$n$,所以$f(x)=a_0(x-x_0)^n$,$a_0$为$f(x)$的首项系数.

点评 证法1基于待定系数法及求导法则,证法2基于待定系数法及$f(x)$与$\dfrac{f(x)}{(f(x),f'(x))}$有相同的不可约因式.

例12 求证:$(f(x),g(x))=1$当且仅当$(f(x)+g(x),f(x)g(x))=1$.

证明 证法1 设$(f(x),g(x))=1$.假如$f(x)+g(x)$与$f(x)g(x)$不互素,则有不可约公因式$p(x)$.因$p(x)\mid f(x)g(x)$,则

$$p(x)\mid f(x)\quad 或\quad p(x)\mid g(x),$$

不妨设$p(x)\mid f(x)$.又因$p(x)\mid(f(x)+g(x))$,推出$p(x)\mid g(x)$,因而$p(x)$是$f(x)$和$g(x)$的公因式,与$f(x),g(x)$互素矛盾.因而$f(x)+g(x)$与$f(x)g(x)$互素.

反之,设$(f(x)+g(x),f(x)g(x))=1$,则有$u(x),v(x)$使

$$(f(x)+g(x))u(x)+f(x)g(x)v(x)=1,$$

即

$$f(x)u(x)+g(x)(u(x)+f(x)v(x))=1,$$

因而$(f(x),g(x))=1$.

证法2 设$(f(x),g(x))=1$,则有$u(x),v(x)$使

$$u(x)f(x)+v(x)g(x)=1.$$

因而

$$u(x)(f(x)+g(x))+(v(x)-u(x))g(x)=1,$$
$$(f(x)+g(x),g(x))=1,$$

同样

$$(f(x)+g(x),f(x))=1,$$

所以

$$(f(x)+g(x),f(x)g(x))=1.$$

反之,设上式成立,则有多项式$u(x),v(x)$,使

$$u(x)(f(x)+g(x))+v(x)(f(x)g(x))=1,$$

于是

$$(u(x)+v(x)g(x))f(x)+u(x)g(x)=1.$$

因而$(f(x),g(x))=1$.

点评 证明两个多项式$f(x)$和$g(x)$互素,可利用其充要条件:存在$u(x)$和$v(x)$,使

$$u(x)f(x)+v(x)g(x)=1.$$

也可用反证法,即假设存在不可约公因式,利用不可约多项式的性质,推出结果.

例13 设$f(x)=x^{2n}+2x^{n+1}-23x^n+x^2-22x+90$,$g(x)=x^n+x-6\ (n>2)$,求证:$(f(x),g(x))=1$.

证明 用$g(x)$除$f(x)$,得

$$f(x)=g(x)(x^n+x-17)+(x-12).$$

因$g(12)\neq 0$,故$(g(x),x-12)=1$,因而$(f(x),g(x))=1$.

点评　这里用的是证明互素性的另一个方法. 要证 $f(x)$ 和 $g(x)$ 互素，可用其中之一除另一个，得余式 $r(x)$. 这时，$f(x)$ 和 $g(x)$ 的所有公因式也是 $g(x)$ 和 $r(x)$ 的公因式，因而只需证后两者互素. 本题中，$r(x)$ 是一次式，总是不可约的，不可约多项式与任一多项式的关系只有两种：要么整除，要么互素. 可以用因式定理验证是否整除，否定了整除即可肯定互素.

例 14　求 t，使 $f(x)=x^3-3x^2+tx-1$ 有重根.

解　$f'(x)=3x^2-6x+t$，选 t 使 f 与 f' 不互素，即 f 与 f' 有公共根.

$$f(x)=\left(\frac{1}{3}x-\frac{1}{3}\right)f'(x)+\left(\frac{1}{3}t-1\right)(2x+1).$$

$f(x)$ 与 $f'(x)$ 的公共根，也是 $r(x)=\left(\frac{1}{3}t-1\right)(2x+1)$ 的根.

当 $\frac{1}{3}t-1\neq 0$ 时，$x=-\frac{1}{2}$ 是 $r(x)$ 的根. 此时

$$f'\left(-\frac{1}{2}\right)=3\times\frac{1}{4}+3+t=0,\quad t=-\frac{15}{4}.$$

当 $\frac{1}{3}t-1=0$ 即 $t=3$ 时，$r(x)=0$，$f'(x)\mid f(x)$. $f'(x)$ 与 $f(x)$ 不互素.

总之，当且仅当 $t=3$ 或 $-\frac{15}{4}$ 时，$f(x)$ 有重根.

点评　一个多项式有重根，当且仅当该多项式与它的导数不互素，因而在复数域中有公共根，可以通过带余除法验证余式的根.

例 15　求证：多项式 $f(x)=x^n+ax^{n-m}+b\ (n>m>0)$ 没有重数高于 2 的非零复数根.

证明　$f'(x)=x^{n-m-1}(nx^m+(n-m)a)$. 若 $a\neq 0$，则 $f'(x)$ 的非零根是 $\frac{-(n-m)a}{n}$ 的 m 次方根，这些根都是单根，所以 $f'(x)$ 没有非零的重根，因而 $f(x)$ 没有重数高于 2 的非零根.

若 $a=0$，则 $f(x)=x^n+b$. 这时，若 $b=0$，则只有零根；若 $b\neq 0$，则 $f(x)$ 的根只有单根，这些单根由 $-b$ 的 n 次方根组成. 当然也没有重数高于 2 的非零根.

因而 $f(x)$ 没有重数高于 2 的非零根.

例 16　记 $d(x)=(f(x),g(x))$，求证：$d(x^n)=(f(x^n),g(x^n))$.

证明　由于已知条件，存在 $u(x)$，$v(x)$，使

$$d(x)=u(x)f(x)+v(x)g(x).\tag{1}$$

以 x^n 代 x，得

$$d(x^n)=u(x^n)f(x^n)+v(x^n)g(x^n).$$

又显然

$$d(x^n)\mid f(x^n),\quad d(x^n)\mid g(x^n),$$

因而

$$d(x^n)=(f(x^n),g(x^n)).$$

点评　由 $d(x)=(f(x),g(x))$ 可以推知，存在多项式 $u(x)$，$v(x)$，使(1)式成立. 另一方面，仅有(1)式尚不能得出结论. 而如果同时 $d(x^n)$ 是 $f(x^n)$ 和 $g(x^n)$ 的公因式，则 $d(x^n)$ 是 $f(x^n)$ 和 $g(x^n)$ 的最大公因式.

例 17 将 $f(x)$ 简记为 f. 设 f_1,f_2,g_1,g_2 为非零多项式,且 $(f_i,g_j)=1,i,j=1,2$. 求证:

$$(f_1g_1,f_2g_2)=(f_1,f_2)(g_1,g_2).$$

证明 证法 1 记 $(f_1,f_2)=d_1,(g_1,g_2)=d_2,(f_1g_1,f_2g_2)=d$. 显然

$$d_1\mid d,\quad d_2\mid d.$$

由于 $(f_1,g_1)=1$,故 $(d_1,d_2)=1$. 因而 $d_1d_2\mid d$.

另一方面,由于 $d\mid f_1g_1$,可写 $d=fg,f\mid f_1,g\mid g_1$. 因为 $(f_1,g_2)=1$,故 $(f,g_2)=1$,由 $f\mid f_2g_2$ 得 $f\mid f_2$. 又因 $f\mid f_1$,知 $f\mid d_1$. 同理 $g\mid d_2$,因而

$$d=fg\mid d_1d_2.$$

由于 d,d_1,d_2 首项系数均为 1,故 $d=d_1d_2$.

证法 2 令 $(f_1,f_2)=d_1,(g_1,g_2)=d_2$,则存在多项式 u_1,v_1,u_2,v_2,使

$$u_1f_1+v_1f_2=d_1, \tag{1}$$

$$u_2g_1+v_2g_2=d_2, \tag{2}$$

且由 $(f_i,g_j)=1,i,j=1,2$ 知

$$(f_1f_2,g_1g_2)=1,$$

从而存在多项式 u,v,使

$$uf_1f_2+vg_1g_2=1, \tag{3}$$

(1)×(2)×(3),得

$$(u_1u_2uf_1f_2+u_2v_1uf_2^2+u_1u_2vg_1g_2+u_1v_2vg_2^2)f_1g_1+$$

$$(u_1v_2uf_1^2+uv_1v_2f_1f_2+u_2v_1vg_1^2+v_1v_2vg_1g_2)f_2g_2=d_1d_2.$$

又显然

$$d_1d_2\mid f_1g_1,\quad d_1d_2\mid f_2g_2.$$

故

$$d_1d_2=(f_1g_1,f_2g_2).$$

点评 证法 1 是利用定义证明的. 先证明 d_1d_2 整除 f_1g_1 和 f_2g_2 的最大公因式 d,再证明 $d\mid d_1d_2$. 证法 2 基于 $d(x)=(f(x),g(x))$ 当且仅当 $d(x)\mid f(x)$ 且 $d(x)\mid g(x)$,同时可表示 $d(x)=u(x)f(x)+v(x)g(x)$ 这一性质. 证明过程中利用互素及整除的有关性质.

例 18 设 $f(x)$ 和 $g(x)$ 是数域 P 上的多项式,$a_1,a_2,a_3,a_4\in P$,且 $a_1a_4-a_2a_3\neq 0$,求证:

$$(a_1f(x)+a_2g(x),a_3f(x)+a_4g(x))=(f(x),g(x)).$$

证明 证法 1 设 $(f(x),g(x))=d(x)$. 首先,显然 $d(x)$ 是 $a_1f(x)+a_2g(x)$ 和 $a_3f(x)+a_4g(x)$ 的一个公因式.

其次,设 $h(x)$ 是 $a_1f(x)+a_2g(x)$ 和 $a_3f(x)+a_4g(x)$ 的任意公因式,如果

$$\begin{cases}a_1f(x)+a_2g(x)=t(x)h(x), & (1)\\ a_3f(x)+a_4g(x)=s(x)h(x), & (2)\end{cases}$$

(1)×$(-a_3)$+(2)×a_1,得

$$(a_1a_4-a_2a_3)g(x)=(-a_3t(x)+a_1s(x))h(x).$$

由于 $a_1a_4-a_2a_3\neq 0$,所以 $h(x)\mid g(x)$.

同样可证 $h(x)\mid f(x)$,因而 $h(x)$ 是 $f(x)$ 和 $g(x)$ 的一个公因式,故 $h(x)\mid d(x)$. 于是

$$(a_1f(x)+a_2g(x),a_3f(x)+a_4g(x))=d(x).$$

证法 2 设$(f(x),g(x))=d(x)$，于是存在$u(x),v(x)\in P[x]$，使

$$u(x)f(x)+v(x)g(x)=d(x).$$

$d(x)$显然整除$a_1f(x)+a_2g(x)$和$a_3f(x)+a_4g(x)$. 因$a_1a_4-a_2a_3\neq0$，易见

$$\begin{aligned}&\frac{1}{a_1a_4-a_2a_3}(a_4u(x)-a_3v(x))(a_1f(x)+a_2g(x))+\\&\frac{1}{a_1a_4-a_2a_3}(a_1v(x)-a_2u(x))(a_3f(x)+a_4g(x))\\=&u(x)f(x)+v(x)g(x)=d(x).\end{aligned}$$

令

$$U(x)=\frac{1}{a_1a_4-a_2a_3}(a_4u(x)-a_3v(x)),$$

$$V(x)=\frac{1}{a_1a_4-a_2a_3}(a_1v(x)-a_2u(x)),$$

则显然

$$U(x)(a_1f(x)+a_2g(x))+V(x)(a_3f(x)+a_4g(x))=d(x).$$

因而

$$(a_1f(x)+a_2g(x),a_3f(x)+a_4g(x))=d(x).$$

点评 证法 1 利用最大公因式定义. 证法 2 利用$d(x)=(f(x),g(x))$当且仅当$d(x)$是$f(x)$和$g(x)$的公因式且$d(x)$可表示为$f(x)$和$g(x)$的组合这一性质.

例 19 设$f(x)$为次数大于零的首项系数为 1 的多项式，证明：$f(x)$是一个不可约多项式方幂的充要条件为对任意多项式$g(x)$，必有$(f(x),g(x))=1$或对某一正整数m，$f(x)\mid g^m(x)$.

证明 必要性. 设$f(x)$是一个不可约多项式$p(x)$的方幂，即$f(x)=p^m(x)$. 对于任一多项式$g(x)$，如果$p(x)$不整除$g(x)$，则$(f(x),g(x))=1$；如果$p(x)\mid g(x)$，则$f(x)\mid g^m(x)$.

充分性. 假如$f(x)$不是一个不可约多项式的方幂，则可设

$$f(x)=f_1(x)f_2(x),\quad (f_1(x),f_2(x))=1,$$

且$f_1(x)$和$f_2(x)$的次数均小于$f(x)$的次数. 取$g(x)=f_1(x)$，则$(f(x),g(x))\neq1$，$f(x)$不整除$g^m(x)$，与已知条件矛盾. 因而$f(x)$是一个不可约多项式的方幂.

例 20 设m为正整数，$f(x)$和$g(x)$均为数域P上的非零多项式，求证：$g^m(x)\mid f^m(x)$的充要条件为$g(x)\mid f(x)$.

证明 证法 1 充分性. 设$g(x)\mid f(x)$，则有$q(x)$使

$$g(x)q(x)=f(x),\quad g^m(x)q^m(x)=f^m(x),$$

因而$g^m(x)\mid f^m(x)$.

必要性. 设$g^m(x)\mid f^m(x)$，故有$h(x)\in P[x]$，使

$$f^m(x)=h(x)g^m(x).\tag{1}$$

令$d(x)=(f(x),g(x))$，设

$$f(x)=f_1(x)d(x),\quad g(x)=g_1(x)d(x),\tag{2}$$

则

$$(f_1(x),g_1(x))=1,$$

从而

$$(f_1^m(x),g_1^m(x))=1. \tag{3}$$

将(2)式代入(1)式,得

$$f_1^m(x)d^m(x)=h(x)g_1^m(x)d^m(x).$$

由于 $d(x)\neq 0$,因而 $g_1^m(x)\mid f_1^m(x)$. 由(3)式推知 $g_1(x)=c\neq 0\in P$,于是 $g(x)=cd(x)$,

$$d(x)=c^{-1}g(x),\quad g(x)\mid f(x).$$

证法 2 充分性同上面的证法 1.

必要性. 将 $f(x)$,$g(x)$ 分解成不可约多项式之积,不妨设

$$f(x)=a_0p_1^{k_1}(x)p_2^{k_2}(x)\cdots p_s^{k_s}(x),$$

$$g(x)=b_0p_1^{t_1}(x)p_2^{t_2}(x)\cdots p_s^{t_s}(x),$$

其中 $k_1,k_2,\cdots,k_s,t_1,t_2,\cdots,t_s$ 为非负整数,各 $p_i(x)$ 是首项系数为 1 的不可约多项式,$a_0,b_0\in P$. 因为

$$f^m(x)=a_0^mp_1^{mk_1}(x)p_2^{mk_2}(x)\cdots p_s^{mk_s}(x),$$

$$g^m(x)=b_0^mp_1^{mt_1}(x)p_2^{mt_2}(x)\cdots p_s^{mt_s}(x),$$

由 $g^m(x)\mid f^m(x)$,得

$$t_1\leqslant k_1,\ t_2\leqslant k_2,\ \cdots,\ t_s\leqslant k_s,$$

则 $g(x)\mid f(x)$.

点评 证法 1 在证 $g(x)\mid f(x)$ 时,通过证明 $(g(x),f(x))$ 与 $g(x)$ 至多只差一个零次多项式因子来实现. 为证明这一点,可将 $f(x)$ 和 $g(x)$ 各分解为最大公因式与多项式 $f_1(x)$ 和 $g_1(x)$ 之积,而 $f_1(x)$ 与 $g_1(x)$ 互素,但显然 $g_1^m(x)\mid f_1^m(x)$,于是 $g_1^m(x)$ 为零次多项式,从而证明 $g_1(x)$ 为零次多项式. 证法 2 利用了唯一分解定理及不可约多项式的性质.

例 21 设 $f(x)$ 为多项式,如果 $f(x)\mid f(x^n)$,那么 $f(x)$ 的根只能是零或单位根.

证明 设 α 为 $f(x)$ 的任意一个根,由已知条件,$f(x)\mid f(x^n)$,$f(x)$ 的根也是 $f(x^n)$ 的根,于是 $f(\alpha^n)=0$,即 α^n 是 $f(x)$ 的根. 同样可知,$(\alpha^n)^n=\alpha^{n^2}$ 也是 $f(x)$ 的根,于是得到 $f(x)$ 根的无限序列:

$$\alpha,\ \alpha^n,\ \alpha^{n^2},\ \cdots.$$

由于 $f(x)$ 的根有限,必然存在 $k>j$,使

$$\alpha^{n^k}=\alpha^{n^j}.$$

这样一来,

$$\alpha^{n^j}(\alpha^{n^k-n^j}-1)=0,$$

得到 $\alpha=0$ 或 $\alpha^{n^k-n^j}=1$,即 α 为一个单位根.

点评 当一个多项式整除另一个多项式时,前者的根都是后者的根,这是本题的主要立足点.

例 22 设 $f(x)=(x-a_1)^2(x-a_2)^2\cdots(x-a_n)^2+1$,其中 $a_1,a_2,\cdots,a_n$ 是互不相同的整数,证明:$f(x)$ 在有理数域上不可约.

证明 假如 $f(x)$ 在有理数域上可约,则它在整数环上也可约,即可表为

$$f(x)=g(x)h(x),$$

其中 $g(x)$ 和 $h(x)$ 为整系数多项式,且次数比 $2n$ 小. 因为 $g(a_i)$ 和 $h(a_i)$ 都是整数,$i=1,2,\cdots,n$,且

$$f(a_i)=g(a_i)h(a_i)=1,$$

因而 $g(a_i)$ 和 $h(a_i)$ 同为 1 或同为 -1.

另一方面,对每个实数 x 而言,$f(x)$ 总为正数,即 $f(x)$ 无实根,从而 $g(x)$ 和 $h(x)$ 都没有实根. 如果 $g(a_i)=1$,而某个 $g(a_j)=-1$,$j\neq i$,则由多项式函数的连续性,$g(x)$ 必有实根,矛盾. 因而 $g(a_1),g(a_2),\cdots,g(a_n)$ 只能同时为 1 或同时为 -1. 同样地,$h(a_1),h(a_2),\cdots,h(a_n)$ 也只能同时为 1 或同时为 -1. 而对 $i=1,2,\cdots,n$,$g(a_i)$ 与 $h(a_i)$ 应同为 1 或同为 -1,从而可知 $g(x)-1$ 与 $h(x)-1$(或者 $g(x)+1$ 与 $h(x)+1$)至少各有 n 个根 $a_1,a_2,\cdots,a_n$,但它们次数之和等于 $f(x)$ 的次数 $2n$,因而 $g(x)-1$ 与 $h(x)-1$(或者 $g(x)+1$ 与 $h(x)+1$)都是 n 次多项式. 设

$$\begin{cases}g(x)-1=c(x-a_1)(x-a_2)\cdots(x-a_n),\\h(x)-1=d(x-a_1)(x-a_2)\cdots(x-a_n),\end{cases}\quad c,d\text{ 是整数}$$

(或者上两式左端分别为 $g(x)+1$ 与 $h(x)+1$),则

$$\begin{aligned}f(x)&=g(x)h(x)\\&=cd(x-a_1)^2(x-a_2)^2\cdots(x-a_n)^2+\\&\quad(c+d)(x-a_1)(x-a_2)\cdots(x-a_n)+1\end{aligned}$$

(或者上式右端第二项前取减号). 比较系数,得 $cd=1$,$c+d=0$. 由 $cd=1$ 知,c,d 同号,与 $c+d=0$ 矛盾. 因而 $f(x)$ 在有理数域上不可约.

点评 证明整系数多项式在有理数域上不可约,除了艾森斯坦判别法,常利用待定系数法,按反证法的思路证明. 因为整系数多项式在有理数域上可约必然在整数环上可约,假定其可表示为两个次数较低的整系数多项式的乘积,然后推出矛盾.

例 23 设 $f(x)=x^3+ax^2+bx+c$ 为整系数多项式,且 $ac+bc$ 为奇数. 求证:$f(x)$ 在有理数域上不可约.

证明 如果 $f(x)$ 在有理数域上可约,则 $f(x)$ 在整数环上可约. 因 $f(x)$ 为三次多项式,这时必有一次因式,设

$$f(x)=(x+u)(x^2+vx+w),$$

其中 u,v,w 为整数,于是 $c=uw$. 但

$$ac+bc=(a+b)c$$

是奇数,因而 $a+b$ 和 c 均为奇数,于是 u,w 都是奇数,$f(1)=1+(a+b)+c$ 为奇数. 但

$$f(1)=(1+u)(1+v+w)$$

为偶数,矛盾,所以 $f(x)$ 在有理数域上不可约.

点评 首项系数为 1 的三次或二次整系数多项式在有理数域上的不可约性等价于没有整数根,或者说没有首项系数为 1 的整系数多项式的真因式. 利用比较系数和整数的整除性质,可推出结论.

例 24 求证:次数大于零的有理系数多项式都可表示为两个有理数域上不可约多项式之和.

证明 首先,设 $f(x)$ 为整系数多项式,令

$$f(x)=a_nx^n+\cdots+a_1x+a_0,\quad n\geqslant 1,a_n\neq 0.$$

1) 当 $a_0=0$ 时,取一个素数 p. 令 $g(x)=pf(x)+x^s+p$,$s>n$,这时由艾森斯坦判别法,$g(x)$ 不可约,$h(x)=x^s+p$ 也不可约. 这时 $f(x)$ 可表示为

$$f(x)=\frac{1}{p}g(x)+\left(-\frac{1}{p}h(x)\right).$$

2）当 $a_0\neq 0$ 时，取素数 p 不整除 a_0，$p>2$，作

$$g(x)=pf(x)+x^s+p(p-2)a_0,\quad s>n.$$

$g(x)$的常数项为 $pa_0+p(p-2)a_0=a_0p(p-1)$，显然 p^2 不整除 $a_0p(p-1)$，这时$g(x)$在有理数域上不可约，$h(x)=x^s+p(p-2)a_0$ 也不可约. $f(x)$可表示为

$$f(x)=\frac{1}{p}g(x)+\left(-\frac{1}{p}h(x)\right).$$

其次，设$f(x)$为有理系数多项式，则存在非零整数 m，使 $mf(x)$为整系数多项式，且 $mf(x)$可表示为

$$mf(x)=u(x)+v(x),$$

$u(x)$和 $v(x)$在有理数域上不可约，$f(x)=\frac{1}{m}u(x)+\frac{1}{m}v(x)$即为所求.

例 25 设复数 c 是某个非零有理系数多项式的根，把全体以 c 为根的有理系数多项式的集合记为 J，即

$$J=\{f(x)\in\mathbf{Q}[x]\mid f(c)=0\}.$$

求证：J 中存在唯一的首项系数为 1 的 $\mathbf{Q}$ 上不可约多项式 $p(x)$，使对任意的$f(x)\in J$，$p(x)\mid f(x)$.

证明 由题设 $J\neq\varnothing$. 设 $p(x)$是 J 中次数最低且首项系数为 1 的多项式，那么 $p(x)$必是有理数域上的不可约多项式. 事实上，设在有理数域上分解为$p(x)=h(x)k(x)$，那么

$$p(c)=h(c)k(c).$$

由 $p(c)=0$ 可知，$h(c)=0$ 或$k(c)=0$，即 $h(x)$或 $k(x)$属于 J. 而 $p(x)$在 J 中次数最低，故$h(x)$和$k(x)$中必有一个与$p(x)$同次数，即 $p(x)$不可约.

任取$f(x)\in J$，设

$$f(x)=p(x)q(x)+r(x),\quad \partial(r(x))<\partial(p(x))\text{或 } r(x)=0.$$

由$f(c)=0$，$p(c)=0$，推知 $r(c)=0$，因而$r(x)\in J$. 但如果 $r(x)\neq 0$，即$\partial(r(x))<\partial(p(x))$，与 $p(x)$在 J 中次数最低矛盾. 于是 $r(x)=0$，$p(x)\mid f(x)$，最后，$p(x)$是唯一的. 事实上，如果 $p_1(x)\in J$ 也次数最低且首项系数为 1，那么 $p_1(x)\mid p(x)$，$p(x)\mid p_1(x)$，得 $p_1(x)=p(x)$.

点评 首先，证明$p(x)$的存在，这基于自然数最小原理. 其次，证明$p(x)$有给定的整除性质，即 $p(x)$是 J 中所有多项式的公因式，这通过带余除法实现. 最后，由相互整除性证明唯一性.

例 26 设 $x_1,x_2,\cdots,x_n$ 是方程 $x^n+a_1x^{n-1}+\cdots+a_{n-1}x+a_n=0$ 的根，证明：$x_1,x_2,\cdots,x_n$ 的对称多项式可以表示为 $x_1(\neq 0)$与 $a_1,a_2,\cdots,a_n$ 的多项式.

证明 因为 $x_1,x_2,\cdots,x_n$ 是方程 $x^n+a_1x^{n-1}+\cdots+a_{n-1}x+a_n=0$ 的根，所以

$$\sigma_1=x_1+x_2+\cdots+x_n=-a_1,$$
$$\sigma_2=x_1x_2+x_1x_3+\cdots+x_{n-1}x_n=a_2,$$
$$\cdots,$$
$$\sigma_n=x_1x_2\cdots x_n=(-1)^na_n.$$

关于 $x_2,x_3,\cdots,x_n$ 的初等对称多项式设为 $\phi_1,\phi_2,\cdots,\phi_n$. 易见

$$\phi_k=\sigma_k-x_1\phi_{k-1},\quad k=1,2,\cdots,n,$$

$$(-1)^k\phi_k=a_k+a_{k-1}x_1+\cdots+a_1x_1^{k-1}+x_1^k,\quad k=1,2,\cdots,n.$$

由此可知,$x_1,x_2,\cdots,x_n$ 的对称多项式可以表示为 x_1 和 $a_1,a_2,\cdots,a_n$ 的多项式.

例 27 $f(x)=(x-x_1)(x-x_2)\cdots(x-x_n)=x^n-\sigma_1x^{n-1}+\cdots+(-1)^n\sigma_n$,令 $s_k=x_1^k+x_2^k+\cdots+x_n^k(k=0,1,2,\cdots)$. 证明:

1) $x^{k+1}f'(x)=(s_0x^k+s_1x^{k-1}+\cdots+s_{k-1}x+s_k)f(x)+g(x)$,其中$g(x)$的次数小于 n 或 $g(x)=0$.

2) 由上式证明牛顿公式:

$$s_k-\sigma_1s_{k-1}+\sigma_2s_{k-2}+\cdots+(-1)^{k-1}\sigma_{k-1}s_1+(-1)^kk\sigma_k=0,\quad 1\leqslant k\leqslant n;$$

$$s_k-\sigma_1s_{k-1}+\cdots+(-1)^n\sigma_ns_{k-n}=0,\quad k>n.$$

证明 1) 由假设$f'(x)=\sum\limits_{i=1}^n\dfrac{f(x)}{x-x_i}$,

$$x^{k+1}f'(x)=\sum_{i=1}^n\frac{x^{k+1}}{x-x_i}f(x)=\sum_{i=1}^n\frac{x^{k+1}-x_i^{k+1}}{x-x_i}f(x)+\sum_{i=1}^n\frac{x_i^{k+1}}{x-x_i}f(x)$$

$$=\sum_{i=1}^n(x^k+x_ix^{k-1}+\cdots+x_i^k)f(x)+g(x),$$

其中 $g(x)=\sum\limits_{i=1}^n\dfrac{x_i^{k+1}}{x-x_i}f(x)$是一个次数小于 n 的多项式或 $g(x)=0$. 所以

$$x^{k+1}f'(x)=(s_0x^k+s_1x^{k-1}+\cdots+s_k)f(x)+g(x).\tag{1}$$

2) 由于$f(x)=x^n-\sigma_1x^{n-1}+\cdots+(-1)^n\sigma_n$,

$$x^{k+1}f'(x)=x^{k+1}(nx^{n-1}-(n-1)\sigma_1x^{n-2}+\cdots+(-1)^{n-1}\sigma_{n-1}).\tag{2}$$

由(1),(2)两式得

$$\begin{aligned}&(s_0x^k+s_1x^{k-1}+\cdots+s_k)(x^n-\sigma_1x^{n-1}+\cdots+(-1)^n\sigma^n)+g(x)\\&=x^{k+1}(nx^{n-1}-(n-1)\sigma_1x^{n-2}+\cdots+(-1)^{n-1}\sigma_{n-1}).\end{aligned}\tag{3}$$

当 $k\leqslant n$ 时,比较(3)式两端 x^n 项的系数. 首先由于$\partial(g(x))<n$,$g(x)$不含 x^n 项,所以(3)式左端 x^n 项的系数为

$$s_k-s_{k-1}\sigma_1+\cdots+(-1)^{k-1}\sigma_{k-1}s_1+(-1)^k\sigma_ks_0,$$

而(3)式右端含 x^n 的项只有一项,系数为$(-1)^k(n-k)\sigma_k$. 所以

$$s_k-s_{k-1}\sigma_1+\cdots+(-1)^{k-1}\sigma_{k-1}s_1+(-1)^k\sigma_ks_0=(-1)^k(n-k)\sigma_k,$$

$$s_k-\sigma_1s_{k-1}+\sigma_2s_{k-2}+\cdots+(-1)^{k-1}\sigma_{k-1}s_1+(-1)^kk\sigma_k=0.\tag{4}$$

而当 $k>n$ 时,(3)式右端所有项的次数都大于 n,所以 x^n 项的系数为 0,而(3)式左端 x^n 项的系数为 $s_k-\sigma_1s_{k-1}+\cdots+(-1)^n\sigma_ns_{k-n}$,因而

$$s_k-\sigma_1s_{k-1}+\cdots+(-1)^n\sigma_ns_{k-n}=0.$$

例 28 设$f(x)$,$g(x)$为两个非零多项式,证明:$f(x)$与 $g(x)$不互素的充要条件为存在多项式 $h(x)$,$k(x)$满足

$$f(x)h(x)+g(x)k(x)=0,$$

这里 $0\leqslant\partial(h(x))<\partial(g(x))$,$0\leqslant\partial(k(x))<\partial(f(x))$.

证明 必要性. 设

$$d(x)=(f(x),g(x))\neq1,$$

$$f(x)=d(x)f_1(x),\quad g(x)=d(x)g_1(x),$$

所以

$$f(x)g_1(x)=d(x)f_1(x)g_1(x),$$
$$g(x)f_1(x)=d(x)g_1(x)f_1(x),$$
$$f(x)g_1(x)-g(x)f_1(x)=0.$$

由于 $\partial(d(x))>0$,故

$$0\leqslant\partial(f_1(x))<\partial(f(x)),$$
$$0\leqslant\partial(g_1(x))<\partial(g(x)).$$

充分性. 由条件,存在 $h(x)$,$k(x)$,适合

$$f(x)h(x)+g(x)k(x)=0,$$

其中 $0\leqslant\partial(h(x))<\partial(g(x))$,$0\leqslant\partial(k(x))<\partial(f(x))$. 从而

$$f(x)h(x)=-g(x)k(x).$$

如果 $(f(x),g(x))=1$,则 $f(x)\mid k(x)$,矛盾.

例 29 设 $P[x]$ 为数域 P 上全体多项式的集合,α 为一个复数. 证明:数集 $P[\alpha]$ 为数域的充要条件是 α 为 P 上某个不可约多项式的根.

证明 充分性. 设 α 为 $h(x)$ 的根,$h(x)$ 为不可约多项式. 首先,$P\subseteq P[\alpha]$,所以 $P[\alpha]$ 中有非零数. 设 $f(\alpha)\in P[\alpha]$,$f(\alpha)\neq 0$. 由于 $h(x)$ 是 P 上不可约多项式,$(f(x),h(x))=1$,存在 $u(x)$,$v(x)\in P[x]$,使

$$f(x)u(x)+h(x)v(x)=1.$$

因此

$$f(\alpha)u(\alpha)+h(\alpha)v(\alpha)=1,$$

而 $h(\alpha)=0$,所以

$$f(\alpha)u(\alpha)=1,\quad u(\alpha)=f(\alpha)^{-1},$$

即 $f(\alpha)$ 可逆. 故 $P[\alpha]$ 为数域.

必要性. 设 $f(\alpha)\in P[\alpha]$,$f(\alpha)\neq 0$. 由于 $P[\alpha]$ 是一个数域,$P[\alpha]$ 中包含 $f(\alpha)$ 的逆元 $f(\alpha)^{-1}$,故存在 $g(\alpha)\in P[\alpha]$,

$$f(\alpha)g(\alpha)=1,$$

于是存在多项式 $F(x)=f(x)g(x)-1$ 以 α 为根. 将 $F(x)$ 分解为不可约多项式的积,则必有某个不可约多项式以 α 为根.

例 30 设整系数多项式 $f(x)$ 对无限多个整数 $x_i(i=1,2,\cdots)$ 的值均为素数,证明:$f(x)$ 在有理数域上不可约.

证明 如果 $f(x)$ 可约,则

$$f(x)=g(x)h(x),$$

其中 $g(x)$,$h(x)$ 均为整系数多项式,且次数小于 $\partial(f(x))$,有

$$f(x_1)=g(x_1)h(x_1),$$
$$f(x_2)=g(x_2)h(x_2),$$
$$\cdots,$$
$$f(x_n)=g(x_n)h(x_n),$$
$$\cdots.$$

因为 $f(x)$ 为素数,故 $g(x_i)$ 或 $h(x_i)$ 中必有一个 1 或 -1,因而存在 $x_{i_1},x_{i_2},\cdots$ 使 $h(x_{i_j})=1$ 或 -1,与 $g(x_{i_j})=1$ 或 -1. 不妨设 $h(x_{i_j})=1,j=1,2,\cdots,n,\cdots$,因而 $h(x)\equiv1$,矛盾.

例 31 设 $f(x),g(x),h(x)$ 均为实系数多项式. 证明:如果 $f^2(x)=xg^2(x)+xh^2(x)$,则 $f(x)=g(x)=h(x)=0$.

证明 如果 $f(x)\neq0$,则 $f^2(x)$ 的次数为偶数,而 $g(x),h(x)$ 中至少有一个非零. 设 $g(x)\neq0$ 且 $\partial(g(x))\geqslant\partial(h(x))(h(x)\neq0)$,则等式左端为偶次而右端为奇次,矛盾. 如果 $h(x)=0$,则同样矛盾. 故 $f(x)=0$,即有

$$xg^2(x)+xh^2(x)=0,\quad g^2(x)+h^2(x)=0.$$

当 $g(x)\neq0$ 时,$h(x)$ 必不为 0. 设 $\partial(g(x))\geqslant\partial(h(x))$. 由于 $g(x),h(x)$ 为实系数多项式,则 $g^2(x)+h^2(x)\neq0$,矛盾. 因而

$$g(x)=h(x)=0.$$

例 32 设 $f(x)$ 为多项式,且 $f(0)=0$,如果还满足

$$f(x^2+1)=f^2(x)+1,$$

证明:$f(x)=x$.

证明 由条件

$$\begin{gathered}f(0)=0,\\ f(1)=f(0^2+1)=f^2(0)+1=1,\\ f(2)=f(1^2+1)=f^2(1)+1=1+1=2,\\ f(5)=f(2^2+1)=f^2(2)+1=4+1=5,\\ f(26)=f(5^2+1)=f^2(5)+1=26,\\ \cdots,\end{gathered}$$

即存在无限个值使 $f(x)$ 与 x 相等,因而

$$f(x)=x.$$

§1.3 习 题

1. 证明:$\mathbf{Z}[\mathrm{i}]=\{a+b\mathrm{i}\mid a,b\in\mathbf{Z}\}$ 是数环,且是包含 i 的最小数环;$\mathbf{Q}(\mathrm{i})=\{a+b\mathrm{i}\mid a,b\in\mathbf{Q}\}$ 是数域,且是包含 i 的最小数域.

2. 问当 m,p,q 适合什么条件时,有

1) $(x^2+mx-1)\mid(x^3+px+q)$;

2) $(x^2+mx+1)\mid(x^4+px^2+q)$.

3. 用综合除法把 $f(x)$ 表示成 $x-a$ 的方幂和,即表成

$$f(x)=b_0(x-a)^n+b_1(x-a)^{n-1}+\cdots+b_n$$

的形式:

1) $f(x)=x^4-2x^2+3,a=-2$;

2) $f(x)=x^4+2\mathrm{i}x^3-(1+\mathrm{i})x^2-3x+7+\mathrm{i},a=-\mathrm{i}$.

4. 证明:x^2+1 整除 $f(x)=(\cos\phi+x\sin\phi)^n-\cos n\phi-x\sin n\phi$.

5. 设 $f(x)=x^3+(1+t)x^2+2x+2u,g(x)=x^3+tx+u$ 的最大公因式是一个二次多项式,求 t,u

的值.

6. 证明:设 $h(x)$ 的首项系数为 1,则

$$(f(x)h(x),g(x)h(x))=(f(x),g(x))h(x).$$

7. 如果 $f(x),g(x)$ 不全为零,证明:$\left(\frac{f(x)}{(f(x),g(x))},\frac{g(x)}{(f(x),g(x))}\right)=1$.

8. 设数域 P 上多项式 $f(x)$ 与 $g(x)$ 的最大公因式为 $d(x)$,证明:把多项式视为定义在更大的数域上时,$d(x)$ 仍是 $f(x)$ 和 $g(x)$ 的最大公因式.

9. 设 $f_1(x),f_2(x),\cdots,f_m(x),g_1(x),g_2(x),\cdots,g_n(x)$ 都是多项式,而且

$$(f_i(x),g_j(x))=1\quad(i=1,2,\cdots,m;j=1,2,\cdots,n),$$

求证:

$$(f_1(x)f_2(x)\cdots f_m(x),g_1(x)g_2(x)\cdots g_n(x))=1.$$

10. 设 $p(x)$ 是次数大于零的多项式,如果对于任何多项式 $f(x),g(x)$,由 $p(x)\mid f(x)g(x)$ 可以推出 $p(x)\mid f(x)$ 或者 $p(x)\mid g(x)$,证明:$p(x)$ 是不可约多项式.

11. 证明:次数大于 0 且首项系数为 1 的多项式 $f(x)$ 是某一不可约多项式的方幂的充要条件是,对任意的多项式 $g(x),h(x)$,由 $f(x)\mid g(x)h(x)$ 可以推出 $f(x)\mid g(x)$,或者对某一正整数 m,$f(x)\mid h^m(x)$.

12. 求 t 值使 $f(x)=x^3-3x^2+tx-1$ 有重根.

13. 求多项式 x^3+px+q 有重根的条件.

14. 证明:$1+x+\frac{x^2}{2!}+\cdots+\frac{x^n}{n!}$ 不能有重根.

15. 如果 a 是 $f'''(x)$ 的一个 k 重根,证明:a 是

$$g(x)=\frac{x-a}{2}[f'(x)+f'(a)]-f(x)+f(a)$$

的 $(k+3)$ 重根.

16. 证明:任意数域上的不可约多项式在复数域中无重根.

17. 如果 $(x^2+x+1)\mid(f_1(x^3)+xf_2(x^3))$,证明:$(x-1)\mid f_1(x)$,$(x-1)\mid f_2(x)$.

18. 设 $f(x)$ 是一个整系数多项式,如果 $f(0)$ 与 $f(1)$ 都是奇数,证明:$f(x)$ 不能有整数根.

19. 设 $f(x)$ 和 $g(x)$ 为非零多项式,$f(x)g(x)+f(x)+g(x)=p(x)$ 是一个不可约多项式,求证:$(f(x),g(x))=1$.

20. 证明:$(x^2+x+1)\mid(x^{3m}+x^{3n+1}+x^{3p+2})$,其中 m,n,p 都是非负整数.

21. 求证:多项式 x^p+p+1(p 为素数)在有理数域上不可约.

22. 设整系数多项式 $f(x)$ 在多于 3 个整数处取值+1,求证:$f(x)$ 在任何整数处不取值-1.

23. 设 p 为素数,求证:多项式 $f(x)=x^{p-1}+x^{p-2}+\cdots+x+1$ 在有理数域上不可约.

24. 设 $a_1,a_2,\cdots,a_n$ 是不同的整数,求证:$f(x)=(x-a_1)(x-a_2)\cdots(x-a_n)-1$ 在有理数域上不可约.

25. 根据牛顿公式(见例 27)用初等对称多项式表示 s_2,s_3,s_4,s_5,s_6.

26. 求一个 n 次方程使 $s_1=s_2=\cdots=s_{n-1}=0$.

27. 求一个 n 次方程使 $s_2=s_3=\cdots=s_n=0$.

28. 用初等对称多项式表示下列对称多项式：

1) $(x_1+x_2)(x_1+x_3)(x_2+x_3)$；

2) $(x_1+x_2+x_1x_2)(x_2+x_3+x_2x_3)(x_1+x_3+x_1x_3)$.

29. 用初等对称多项式表示下列 n 元对称多项式：

1) $\sum x_1^4$；

2) $\sum x_1^2x_2x_3$.

§ 1.4　习题参考答案与提示

1. 提示：设 R 是数环，包含 i，则必包含 $\mathrm{i}-\mathrm{i}=0, \mathrm{i}^2=-1, 0-(-1)=1, 1+1=2, \cdots, (-1)+(-1)=-2, \cdots, \mathrm{i}+\mathrm{i}=2\mathrm{i}, \cdots, 0-\mathrm{i}=-\mathrm{i}, (-\mathrm{i})+(-\mathrm{i})=-2\mathrm{i}, \cdots$，故 $\mathbf{Z}[\mathrm{i}]\subseteq R$. 类似地，可证明另一结论.

2. 1) $p=-m^2-1, q=m$.

2) $p=2-m^2, q=1$ 或 $m=0, p=q+1$.

3. 提示：用综合除法得

$$f(x)=(x-a)q_0(x)+r_0,$$
$$q_0(x)=(x-a)q_1(x)+r_1,$$
$$q_1(x)=(x-a)q_2(x)+r_2, \cdots.$$

依次代入便得形如 $f(x)=b_0(x-a)^n+b_1(x-a)^{n-1}+\cdots+b_n$ 的表达式.

1) $f(x)=(x+2)^4-8(x+2)^3+22(x+2)^2-24(x+2)+11$.

2) $f(x)=(x+\mathrm{i})^4-2\mathrm{i}(x+\mathrm{i})^3-(1+\mathrm{i})(x+\mathrm{i})^2-5(x+\mathrm{i})+7+5\mathrm{i}$.

4. 提示：x^2+1 的根是 $\pm\mathrm{i}$，它们显然是 $f(x)$ 的根.

5. $t=-4, u=0$.

6. 提示：设 $d(x)=(f(x), g(x))$，由于有 $u(x), v(x)$ 使

$$f(x)u(x)+g(x)v(x)=d(x),$$

得

$$f(x)h(x)u(x)+g(x)h(x)v(x)=d(x)h(x),$$

又显然 $d(x)h(x)$ 是 $f(x)h(x)$ 和 $g(x)h(x)$ 的公因式.

7. 提示：设 $d(x)=(f(x), g(x))$，$f(x)=f_1(x)d(x)$，$g(x)=g_1(x)d(x)$，由于有 $u(x), v(x)$ 使

$$f(x)u(x)+g(x)v(x)=d(x), \quad d(x)\text{不为零},$$

得 $f_1(x)u(x)+g_1(x)v(x)=1$.

8. 提示：在 P 上有 $d(x)=f(x)u(x)+g(x)v(x)$，$f(x)=d(x)q(x)$，$g(x)=d(x)p(x)$，在更大数域上这些等式仍成立.

9. 提示：设 $f_1(x)f_2(x)\cdots f_m(x)$ 与 $g_1(x)g_2(x)\cdots g_n(x)$ 不互素，那么它们必有不可约的公因式 $p(x)$. 由不可约多项式的性质，$p(x)\mid f_i(x)$，$p(x)\mid g_j(x)$，其中 $i\in\{1,2,\cdots,m\}$，$j\in\{1,2,\cdots,n\}$，与 $(f_i(x), g_j(x))=1$ 矛盾.

10. 提示：如果 $p(x)$ 不是不可约多项式，则由于 $\partial(p(x))>0$，故可设

$$p(x)=p_1(x)p_2(x), \quad \partial(p_1(x))<\partial(p(x)), \partial(p_2(x))<\partial(p(x)).$$

$p(x)\mid p(x)$，但 $p(x)$ 不整除 $p_1(x)$ 且 $p(x)$ 不整除 $p_2(x)$，矛盾.

11. 提示：设$f(x)=p^m(x)$，$p(x)$不可约，$f(x)\mid g(x)h(x)$. 若$p(x)$不整除$h(x)$，则

$$(p(x),h(x))=1,\quad (f(x),h(x))=1,$$

因而$f(x)\mid g(x)$；若$p(x)\mid h(x)$，则$f(x)\mid h^m(x)$. 反之，设$f(x)$不是某一不可约多项式的方幂，则显然$f(x)=f_1(x)f_2(x)$，$f_1(x)$和$f_2(x)$互素，且次数都小于$\partial(f(x))$. 取$g(x)=f_1(x)$，$h(x)=f_2(x)$，则$f(x)\mid g(x)h(x)$，但$f(x)$不整除$g(x)$，$f(x)$不整除$h^m(x)$，m为任意正整数.

12. $t=3,-\dfrac{15}{4}$.

13. $4p^3+27q^2=0$. 提示：让$f(x)=x^3+px+q$与$f'(x)=3x^2+p$辗转相除，得余式$4p^3+27q^2$.

14. 提示：设$f_n(x)=1+x+\dfrac{x^2}{2!}+\cdots+\dfrac{x^n}{n!}$，则

$$f_n'(x)=f_{n-1}(x),\quad f_n(x)-f_n'(x)=\frac{x^n}{n!}.$$

如$f_n(x)$有重根，必为$f_n(x)$与$f_n'(x)$的公共根，也即$\dfrac{x^n}{n!}$的根. 该根为0，但$f_n(0)\neq 0$，矛盾.

15. 提示：

$$\begin{aligned}g'(x)&=\frac{1}{2}[f'(x)+f'(a)]+\frac{x-a}{2}f''(x)-f'(x)\\&=\frac{x-a}{2}f''(x)-\frac{1}{2}f'(x)+\frac{1}{2}f'(a),\\g''(x)&=\frac{1}{2}f''(x)+\frac{x-a}{2}f'''(x)-\frac{1}{2}f''(x)\\&=\frac{x-a}{2}f'''(x).\end{aligned}$$

由于a是$f'''(x)$的k重根，又$g''(a)=0$，故a是$g''(x)$的$(k+1)$重根. $g'(a)=0$，所以a是$g'(x)$的$(k+2)$重根. 而$g(a)=0$，所以a是$g(x)$的$(k+3)$重根.

16. 提示：$f(x)$在数域P上与$f'(x)$的最大公因式为$d(x)$，当P扩大时仍成立（见第8题）. 特别地，$f(x)$和$f'(x)$互素也不因数域扩大而改变.

17. 提示：$x^2+x+1=(x-\alpha)(x-\beta)$，其中$\alpha=\dfrac{-1+\sqrt{3}\mathrm{i}}{2}$，$\beta=\dfrac{-1-\sqrt{3}\mathrm{i}}{2}$，则

$$0=f_1(\alpha^3)+\alpha f_2(\alpha^3)=f_1(1)+\alpha f_2(1),$$

因而$f_1(1)=0$，$f_2(1)=0$，$(x-1)\mid f_1(x)$，$(x-1)\mid f_2(x)$.

18. 提示：若$f(x)$有整数根α，则$(x-\alpha)\mid f(x)$，设$f(x)=(x-\alpha)g(x)$. 因为$x-\alpha$是本原多项式，所以$g(x)$是整系数多项式. 令$x=0$，得$f(0)=(-\alpha)g(0)$，令$x=1$，得$f(1)=(1-\alpha)g(1)$. 由$f(0)$，$f(1)$为奇数，从而得α和$1-\alpha$为奇数，矛盾.

19. 提示：若$f(x)$与$g(x)$不互素，则$d(x)=(f(x),g(x))$次数大于0. 由$d(x)\mid f(x)$，$d(x)\mid g(x)$，知$d(x)\mid p(x)$. 而$p(x)$不可约，则存在$c\neq 0$，$cd(x)=p(x)$，所以$p(x)\mid f(x)$，$p(x)\mid g(x)$，

$$\begin{aligned}\partial(p(x))&=\partial(f(x)g(x)+f(x)+g(x))=\partial(f(x)g(x))\\&=\partial(f(x))+\partial(g(x))\geqslant\partial(p(x))+\partial(p(x))=2\partial(p(x)),\end{aligned}$$

与$\partial(p(x))>0$矛盾.

20. 提示：x^2+x+1 的两根为 $\alpha=\dfrac{-1+\sqrt{3}\,\mathrm{i}}{2}$，$\beta=\dfrac{-1-\sqrt{3}\,\mathrm{i}}{2}$. 设

$$f(x)=x^{3m}+x^{3n+1}+x^{3p+2},$$

则

$$f(\alpha)=(\alpha^3)^m+(\alpha^3)^n\alpha+(\alpha^3)^p\alpha^2=1+\alpha+\alpha^2=0.$$

故 $(x-\alpha)\mid f(x)$，同理 $(x-\beta)\mid f(x)$. 由于 $(x-\alpha,x-\beta)=1$，于是 $(x-\alpha)(x-\beta)\mid f(x)$，即 $(x^2+x+1)\mid f(x)$.

21. 提示：$p=2$ 时显然. 设 $p>2$，令 $x=y-1$，得

$$x^p+p+1=(y-1)^p+p+1=y^p+\mathrm{C}_p^1y^{p-1}(-1)+\cdots+\mathrm{C}_p^{p-1}y(-1)^{p-1}+p.$$

由艾森斯坦判别法，得证.

22. 提示：$f(x)-1$ 至少有 4 个整数根，即可设

$$f(x)-1=(x-a_1)(x-a_2)(x-a_3)(x-a_4)h(x),$$

其中 a_1,a_2,a_3,a_4 与 $h(x)$ 的系数都是整数. 当 x 取整数值时，$(x-a_1)(x-a_2)(x-a_3)(x-a_4)$ 是不同的整数的乘积，其中至多一个取 $+1$，一个取 -1，其余的两个异于 ±1. 它们的积不能等于素数，当然不能等于 -2. 因而 $f(x)-1\neq-2$，$f(x)\neq-1$.

23. 提示：令 $x=y+1$，得

$$g(y)=f(y+1)=\frac{(y+1)^p-1}{(y+1)-1}=y^{p-1}+\mathrm{C}_p^1y^{p-2}+\cdots+\mathrm{C}_p^{p-1},$$

$$\mathrm{C}_p^i=\frac{p(p-1)\cdots(p-i+1)}{i!},\quad i=1,2,\cdots,p-1.$$

由于 $(p,i!)=1$，故有 $i!$ 整除 $(p-1)\cdots(p-i+1)$，所以 $p\mid \mathrm{C}_p^i$，$i=1,2,\cdots,p-1$. $g(y)$ 的常数项为 $\mathrm{C}_p^{p-1}=p$，故 p^2 不整除常数项. 由艾森斯坦判别法，$g(y)$ 在有理数域上不可约，由此得出 $f(x)$ 的不可约性.

24. 提示：假如 $f(x)=g(x)h(x)$，$g(x)$ 和 $h(x)$ 是低于 n 次的首项系数为 1 的整系数多项式，则对于 $i=1,2,\cdots,n$，

$$g_i(a_i)h(a_i)=-1,\quad g(a_i)+h(a_i)=0.$$

但 $g(x)+h(x)$ 次数低于 n，推出

$$g(x)+h(x)=0,\quad h(x)=-g(x),\quad f(x)=-g^2(x).$$

两端首项系数矛盾.

25. 1）当 $n\geqslant6$ 时，

$$\begin{aligned}
s_2&=\sigma_1^2-2\sigma_2,\\
s_3&=\sigma_1^3-3\sigma_1\sigma_2+3\sigma_3,\\
s_4&=\sigma_1^4-4\sigma_1^2\sigma_2+4\sigma_1\sigma_3+2\sigma_2^2-4\sigma_4,\\
s_5&=\sigma_1^5-5\sigma_1^3\sigma_2+5\sigma_1^2\sigma_3+5\sigma_1\sigma_2^2-5\sigma_1\sigma_4-5\sigma_2\sigma_3+5\sigma_5,\\
s_6&=\sigma_1^6-6\sigma_1^4\sigma_2+6\sigma_1^3\sigma_3+9\sigma_1^2\sigma_2^2-6\sigma_1^2\sigma_4-12\sigma_1\sigma_2\sigma_3+\\
&\quad 6\sigma_1\sigma_5-2\sigma_2^3+6\sigma_2\sigma_4+3\sigma_3^2-6\sigma_6.
\end{aligned}$$

2）当 $n=5$ 时，s_2,s_3,s_4,s_5 同上，

$$\begin{aligned}
s_6&=\sigma_1^6-6\sigma_1^4\sigma_2+6\sigma_1^3\sigma_3+9\sigma_1^2\sigma_2^2-6\sigma_1^2\sigma_4-12\sigma_1\sigma_2\sigma_3+\\
&\quad 6\sigma_1\sigma_5-2\sigma_2^3+6\sigma_2\sigma_4+3\sigma_3^2.
\end{aligned}$$

3）当 $n=4$ 时，s_2, s_3, s_4 同 1），

$$s_5=\sigma_1^5-5\sigma_1^3\sigma_2+5\sigma_1^2\sigma_3+5\sigma_1\sigma_2^2-5\sigma_1\sigma_4-5\sigma_2\sigma_3,$$

$$s_6=\sigma_1^6-6\sigma_1^4\sigma_2+6\sigma_1^3\sigma_3+9\sigma_1^2\sigma_2^2-6\sigma_1^2\sigma_4-12\sigma_1\sigma_2\sigma_3-2\sigma_2^3+6\sigma_2\sigma_4+3\sigma_3^2.$$

4）当 $n=3$ 时，s_2, s_3 同 1），

$$s_4=\sigma_1^4-4\sigma_1^2\sigma_2+4\sigma_1\sigma_3+2\sigma_2^2,$$

$$s_5=\sigma_1^5-5\sigma_1^3\sigma_2+5\sigma_1^2\sigma_3+5\sigma_1\sigma_2^2-5\sigma_2\sigma_3,$$

$$s_6=\sigma_1^6-6\sigma_1^4\sigma_2+6\sigma_1^3\sigma_3+9\sigma_1^2\sigma_2^2-12\sigma_1\sigma_2\sigma_3-2\sigma_2^3+3\sigma_3^2.$$

5）当 $n=2$ 时，s_2 同 1），

$$s_3=\sigma_1^3-3\sigma_1\sigma_2,$$

$$s_4=\sigma_1^4-4\sigma_1^2\sigma_2+2\sigma_2^2,$$

$$s_5=\sigma_1^5-5\sigma_1^3\sigma_2+5\sigma_1\sigma_2^2,$$

$$s_6=\sigma_1^6-6\sigma_1^4\sigma_2+9\sigma_1^2\sigma_2^2-2\sigma_2^3.$$

26. $x^n+a=0$，其中 a 为任意复数.

27. $\sum\limits_{i=0}^{n}(-1)^i\dfrac{\sigma_1^i}{i!}x^{n-i}=0$.

28. 1）$\sigma_1\sigma_2-\sigma_3$.

2）$\sigma_1\sigma_2-\sigma_3+\sigma_2^2+\sigma_1\sigma_3+2\sigma_2\sigma_3+\sigma_3^2$.

29. 1）$\sigma_1^4-4\sigma_1^2\sigma_2+4\sigma_1\sigma_3+2\sigma_2^2-4\sigma_4$.

2）$\sigma_1\sigma_3-4\sigma_4$.

第一章典型习题详解

第二章 行 列 式

§2.1 基本知识

一、排列和逆序

1. 排列:

1)由 1,2,…, n 组成的一个有序数组称为一个 n 阶排列.

2) n 阶排列共 $n!$ 个.

2. 逆序:

1)在一个排列中,如果某两个数的前后位置与大小顺序相反,即前面的数大于后面的数,那么它们就称为一个逆序.

2) 一个排列中逆序的总数就称为这个排列的逆序数.用 $\tau(j_1j_2\cdots j_n)$ 表示排列 $j_1j_2\cdots j_n$ 的逆序数.

3)逆序数为偶数的排列称为偶排列;逆序数为奇数的排列称为奇排列.

4)在全部 n 阶排列中,奇、偶排列的个数相等,各有$\dfrac{n!}{2}$个.

二、n 阶行列式的定义

1. n 阶行列式

$$\begin{vmatrix} a_{11} & a_{12} & \cdots & a_{1n} \\ a_{21} & a_{22} & \cdots & a_{2n} \\ \vdots & \vdots & & \vdots \\ a_{n1} & a_{n2} & \cdots & a_{nn} \end{vmatrix} \tag{1}$$

等于所有取自不同行、不同列的 n 个元素的乘积

$$a_{1j_1}a_{2j_2}\cdots a_{nj_n} \tag{2}$$

的代数和,这里 $j_1j_2\cdots j_n$ 是 1,2,…,n 的一个排列,(2)式按下列规则带有符号:当 $j_1j_2\cdots j_n$ 是偶排列时,(2)式带正号;当 $j_1j_2\cdots j_n$ 是奇排列时,(2)式带负号.这一定义可写成

$$\begin{vmatrix} a_{11} & a_{12} & \cdots & a_{1n} \\ a_{21} & a_{22} & \cdots & a_{2n} \\ \vdots & \vdots & & \vdots \\ a_{n1} & a_{n2} & \cdots & a_{nn} \end{vmatrix} = \sum_{j_1j_2\cdots j_n} (-1)^{\tau(j_1j_2\cdots j_n)} a_{1j_1}a_{2j_2}\cdots a_{nj_n},$$

这里 $\sum\limits_{j_1j_2\cdots j_n}$ 表示关于所有 n 阶排列求和.

2. 等价定义:

1)

$$\begin{vmatrix} a_{11} & a_{12} & \cdots & a_{1n} \\ a_{21} & a_{22} & \cdots & a_{2n} \\ \vdots & \vdots & & \vdots \\ a_{n1} & a_{n2} & \cdots & a_{nn} \end{vmatrix} = \sum_{i_1i_2\cdots i_n} (-1)^{\tau(i_1i_2\cdots i_n)} a_{i_1 1} a_{i_2 2} \cdots a_{i_n n}.$$

2)

$$\begin{vmatrix} a_{11} & a_{12} & \cdots & a_{1n} \\ a_{21} & a_{22} & \cdots & a_{2n} \\ \vdots & \vdots & & \vdots \\ a_{n1} & a_{n2} & \cdots & a_{nn} \end{vmatrix} = \sum (-1)^{\tau(i_1i_2\cdots i_n)+\tau(j_1j_2\cdots j_n)} a_{i_1j_1} a_{i_2j_2} \cdots a_{i_nj_n},$$

上式中 $i_1i_2\cdots i_n$ 或 $j_1j_2\cdots j_n$ 是固定的.

三、行列式的性质

1. 行、列互换,行列式不变,即

$$\begin{vmatrix} a_{11} & a_{12} & \cdots & a_{1n} \\ a_{21} & a_{22} & \cdots & a_{2n} \\ \vdots & \vdots & & \vdots \\ a_{n1} & a_{n2} & \cdots & a_{nn} \end{vmatrix} = \begin{vmatrix} a_{11} & a_{21} & \cdots & a_{n1} \\ a_{12} & a_{22} & \cdots & a_{n2} \\ \vdots & \vdots & & \vdots \\ a_{1n} & a_{2n} & \cdots & a_{nn} \end{vmatrix}.$$

2. 行列式某一行(列)的公因子可以提出去,或者说以一个数乘行列式的一行(列)就相当于用这个数乘此行列式,即

$$\begin{vmatrix} a_{11} & a_{12} & \cdots & a_{1n} \\ \vdots & \vdots & & \vdots \\ ka_{i1} & ka_{i2} & \cdots & ka_{in} \\ \vdots & \vdots & & \vdots \\ a_{n1} & a_{n2} & \cdots & a_{nn} \end{vmatrix} = k\begin{vmatrix} a_{11} & a_{12} & \cdots & a_{1n} \\ \vdots & \vdots & & \vdots \\ a_{i1} & a_{i2} & \cdots & a_{in} \\ \vdots & \vdots & & \vdots \\ a_{n1} & a_{n2} & \cdots & a_{nn} \end{vmatrix}.$$

如果行列式中一行(列)为零,那么行列式为零.

3. 如果行列式某一行(列)的元素都是两数之和,那么这个行列式就等于两个行列式的和,这两个行列式分别以两个加数之一作为该行(列)相应位置上的元素,其余各行(列)与原行列式的对应的行(列)一样,即

$$\begin{vmatrix} a_{11} & a_{12} & \cdots & a_{1n} \\ \vdots & \vdots & & \vdots \\ b_1+c_1 & b_2+c_2 & \cdots & b_n+c_n \\ \vdots & \vdots & & \vdots \\ a_{n1} & a_{n2} & \cdots & a_{nn} \end{vmatrix} = \begin{vmatrix} a_{11} & a_{12} & \cdots & a_{1n} \\ \vdots & \vdots & & \vdots \\ b_1 & b_2 & \cdots & b_n \\ \vdots & \vdots & & \vdots \\ a_{n1} & a_{n2} & \cdots & a_{nn} \end{vmatrix} + \begin{vmatrix} a_{11} & a_{12} & \cdots & a_{1n} \\ \vdots & \vdots & & \vdots \\ c_1 & c_2 & \cdots & c_n \\ \vdots & \vdots & & \vdots \\ a_{n1} & a_{n2} & \cdots & a_{nn} \end{vmatrix}.$$

4. 把行列式的某一行(列)的倍数加到另一行(列),行列式不变.

5. 对换行列式中两行的位置,行列式反号.

特别地,如果行列式中有两行相同,那么行列式为零;如果行列式中有两行成比例,那么行列式为零.

6. 行列式按一行(列)展开:行列式等于它的任意一行(列)的元素分别与它们的代数余子式的乘积之和;在行列式中,一行(列)的元素与另一行(列)相应元素的代数余子式的乘积之和为零.

7. 拉普拉斯定理:

1) 设在行列式 D 中任意取定 $k(1\leqslant k\leqslant n-1)$ 行. 由这 k 行元素所组成的一切 k 阶子式与它们的代数余子式的乘积之和等于行列式 D.

2) 设 $\boldsymbol{A}$ 为 $m\times m$ 矩阵,$\boldsymbol{B}$ 为 $n\times n$ 矩阵,$\boldsymbol{C}$ 为 $n\times m$ 矩阵,$\boldsymbol{O}$ 为 $m\times n$ 矩阵,则

$$\begin{vmatrix} \boldsymbol{A} & \boldsymbol{O} \\ \boldsymbol{C} & \boldsymbol{B} \end{vmatrix} = |\boldsymbol{A}|\cdot|\boldsymbol{B}|.$$

3) 设矩阵 $\boldsymbol{A},\boldsymbol{B},\boldsymbol{C},\boldsymbol{O}$ 同上,则

$$\begin{vmatrix} \boldsymbol{O} & \boldsymbol{A} \\ \boldsymbol{B} & \boldsymbol{C} \end{vmatrix} = (-1)^{mn}|\boldsymbol{A}|\cdot|\boldsymbol{B}|.$$

8. 降阶公式:$|\boldsymbol{E}_n\pm\boldsymbol{A}_{n\times m}\boldsymbol{B}_{m\times n}|=|\boldsymbol{E}_m\pm\boldsymbol{B}_{m\times n}\boldsymbol{A}_{n\times m}|\ (n>m)$.

9. 三角形行列式:

1) 上(下)三角形行列式

$$\begin{vmatrix} a_{11} & a_{12} & \cdots & a_{1n} \\ 0 & a_{22} & \cdots & a_{2n} \\ \vdots & \vdots & & \vdots \\ 0 & 0 & \cdots & a_{nn} \end{vmatrix} = \begin{vmatrix} a_{11} & 0 & \cdots & 0 \\ a_{21} & a_{22} & \cdots & 0 \\ \vdots & \vdots & & \vdots \\ a_{n1} & a_{n2} & \cdots & a_{nn} \end{vmatrix} = a_{11}a_{12}\cdots a_{nn}.$$

2) 副对角线的三角形行列式

$$\begin{vmatrix} a_{11} & \cdots & a_{1,n-1} & a_{1n} \\ a_{21} & \cdots & a_{2,n-1} & \\ \vdots & \iddots & & \\ a_{n1} & & & 0 \end{vmatrix} = \begin{vmatrix} 0 & & & a_{1n} \\ & & a_{2,n-1} & a_{2n} \\ & \iddots & \vdots & \vdots \\ a_{n1} & \cdots & a_{n,n-1} & a_{nn} \end{vmatrix}$$
$$= (-1)^{\frac{n(n-1)}{2}}a_{1n}a_{2,n-1}\cdots a_{n1}.$$

10. 范德蒙德行列式

$$\begin{vmatrix} 1 & 1 & \cdots & 1 \\ a_1 & a_2 & \cdots & a_n \\ a_1^2 & a_2^2 & \cdots & a_n^2 \\ \vdots & \vdots & & \vdots \\ a_1^{n-1} & a_2^{n-1} & \cdots & a_n^{n-1} \end{vmatrix} = \prod_{1\leqslant j<i\leqslant n}(a_i-a_j).$$

范德蒙德行列式为零的充要条件是 $a_1,a_2,\cdots,a_n$ 这 n 个数中至少有两个相等.

四、克拉默法则

如果线性方程组

$$\begin{cases} a_{11}x_1+a_{12}x_2+\cdots+a_{1n}x_n=b_1, \\ a_{21}x_1+a_{22}x_2+\cdots+a_{2n}x_n=b_2, \\ \cdots\cdots\cdots\cdots \\ a_{n1}x_1+a_{n2}x_2+\cdots+a_{nn}x_n=b_n \end{cases}$$

的系数矩阵

$$\boldsymbol{A}=\begin{pmatrix} a_{11} & a_{12} & \cdots & a_{1n} \\ a_{21} & a_{22} & \cdots & a_{2n} \\ \vdots & \vdots & & \vdots \\ a_{n1} & a_{n2} & \cdots & a_{nn} \end{pmatrix}$$

的行列式,即系数行列式

$$d=|\boldsymbol{A}|\neq 0,$$

那么该线性方程组有解,解唯一,且解为

$$x_1=\frac{d_1}{d},\ x_2=\frac{d_2}{d},\ \cdots\ ,\ x_n=\frac{d_n}{d},$$

其中 $d_j(j=1,2,\cdots,n)$ 是把 $\boldsymbol{A}$ 中第 j 列换成方程组的常数项 $b_1,b_2,\cdots,b_n$ 所成的矩阵的行列式.

§2.2 例　　题

一、行列式的计算

1. 化三角形法.

例 1 计算 n 阶行列式

$$D_n=\begin{vmatrix} 1 & 2 & 3 & \cdots & n \\ 2 & 2 & & & \\ 3 & & 3 & & \\ \vdots & & & \ddots & \\ n & & & & n \end{vmatrix} \quad (n\geqslant 2).$$

解 将第 2,3,$\cdots$,n 列乘(-1)加到第 1 列,则

$$D_n=\begin{vmatrix} 1-\sum\limits_{i=2}^{n} i & 2 & 3 & \cdots & n \\ & 2 & & & \\ & & 3 & & \\ & & & \ddots & \\ & & & & n \end{vmatrix}=\left(1-\sum_{i=2}^{n} i\right)n!.$$

点评 形如例 1 中 D_n 的行列式也称为"爪形"行列式,这种行列式可化为三角形行列式. 类似的例子还有例 2.

例 2 计算 $(n+1)$ 阶行列式

$$D_{n+1}=\begin{vmatrix} 1 & 1 & \cdots & 1 & a_0 \\ & & & a_1 & 1 \\ & & \iddots & & \vdots \\ & a_{n-1} & & & 1 \\ a_n & & & & 1 \end{vmatrix},\quad a_i\neq 0(i=1,2,\cdots,n).$$

解 解法 1

$$D_{n+1}=a_1a_2\cdots a_n\begin{vmatrix} \frac{1}{a_n} & \frac{1}{a_{n-1}} & \cdots & \frac{1}{a_1} & a_0 \\ & & & 1 & 1 \\ & & \iddots & & \vdots \\ & 1 & & & 1 \\ 1 & & & & 1 \end{vmatrix}$$

$$\xlongequal[\text{各列乘}(-1)\text{加到第}(n+1)\text{列}]{\text{从第 1 列至第 } n \text{ 列}}\prod_{j=1}^{n}a_j\cdot\begin{vmatrix} \frac{1}{a_n} & \frac{1}{a_{n-1}} & \cdots & \frac{1}{a_1} & a_0-\sum_{i=1}^{n}\frac{1}{a_i} \\ & & & 1 & \\ & & \iddots & & \\ & 1 & & & \\ 1 & & & & \end{vmatrix}$$

$$=(-1)^{\frac{n(n+1)}{2}}\prod_{j=1}^{n}a_j\left(a_0-\sum_{i=1}^{n}\frac{1}{a_i}\right).$$

解法 2

$$D_{n+1}\xlongequal[\substack{c_{n+1}-\frac{1}{a_2}c_{n-1}\\ \cdots \\ c_{n+1}-\frac{1}{a_n}c_1}]{c_{n+1}-\frac{1}{a_1}c_n}\begin{vmatrix} 1 & 1 & \cdots & 1 & a_0-\sum_{i=1}^{n}\frac{1}{a_i} \\ & & & a_1 & \\ & & \iddots & & \\ & a_{n-1} & & & \\ a_n & & & & \end{vmatrix}$$

$$=(-1)^{\frac{n(n+1)}{2}}\prod_{j=1}^{n}a_j\left(a_0-\sum_{i=1}^{n}\frac{1}{a_i}\right).$$

例 3 计算 n 阶行列式

$$D_n=\begin{vmatrix} x_1+a_1 & a_2 & a_3 & \cdots & a_{n-1} & a_n \\ -x_1 & x_2 & 0 & \cdots & 0 & 0 \\ 0 & -x_2 & x_3 & \cdots & 0 & 0 \\ \vdots & \vdots & \vdots & & \vdots & \vdots \\ 0 & 0 & 0 & \cdots & -x_{n-1} & x_n \end{vmatrix} \quad (x_i\neq 0, i=1,2,\cdots,n).$$

解

$$D_n=\prod_{i=1}^{n}x_i\begin{vmatrix} 1+\dfrac{a_1}{x_1} & \dfrac{a_2}{x_2} & \dfrac{a_3}{x_3} & \cdots & \dfrac{a_{n-1}}{x_{n-1}} & \dfrac{a_n}{x_n} \\ -1 & 1 & 0 & \cdots & 0 & 0 \\ 0 & -1 & 1 & \cdots & 0 & 0 \\ \vdots & \vdots & \vdots & & \vdots & \vdots \\ 0 & 0 & 0 & \cdots & -1 & 1 \end{vmatrix}$$

$$\xlongequal[\text{各列加到第 1 列}]{\text{从第 2 列起}}\prod_{i=1}^{n}x_i\begin{vmatrix} 1+\sum\limits_{i=1}^{n}\dfrac{a_i}{x_i} & \dfrac{a_2}{x_2} & \dfrac{a_3}{x_3} & \cdots & \dfrac{a_{n-1}}{x_{n-1}} & \dfrac{a_n}{x_n} \\ 0 & 1 & 0 & \cdots & 0 & 0 \\ 0 & -1 & 1 & \cdots & 0 & 0 \\ \vdots & \vdots & \vdots & & \vdots & \vdots \\ 0 & 0 & 0 & \cdots & -1 & 1 \end{vmatrix}$$

$$\xlongequal[\text{展开}]{\text{按第 1 列}}\prod_{i=1}^{n}x_i\left(1+\sum_{i=1}^{n}\frac{a_i}{x_i}\right)\begin{vmatrix} 1 & & & \\ -1 & 1 & & \\ & \ddots & \ddots & \\ & & -1 & 1 \end{vmatrix}$$

$$=\prod_{i=1}^{n}x_i\left(1+\sum_{i=1}^{n}\frac{a_i}{x_i}\right).$$

点评 形如例 3 中 D_n 的行列式称为海森伯格行列式,这种行列式可以降阶化为三角形行列式. 类似的例子还有例 4.

例 4 计算 n 阶行列式

$$D_n=\begin{vmatrix} x & 0 & 0 & \cdots & 0 & a_0 \\ -1 & x & 0 & \cdots & 0 & a_1 \\ 0 & -1 & x & \cdots & 0 & a_2 \\ \vdots & \vdots & \vdots & & \vdots & \vdots \\ 0 & 0 & 0 & \cdots & x & a_{n-2} \\ 0 & 0 & 0 & \cdots & -1 & x+a_{n-1} \end{vmatrix}.$$

解 第 j 行乘 x^{j-1} 加到第 1 行($j=2,3,\cdots,n$),再按第 1 行展开.

$$D_n=\begin{vmatrix} 0 & 0 & 0 & \cdots & 0 & x^n+a_{n-1}x^{n-1}+\cdots+a_1x+a_0 \\ -1 & x & 0 & \cdots & 0 & a_1 \\ 0 & -1 & x & \cdots & 0 & a_2 \\ \vdots & \vdots & \vdots & & \vdots & \vdots \\ 0 & 0 & 0 & \cdots & x & a_{n-2} \\ 0 & 0 & 0 & \cdots & -1 & x+a_{n-1} \end{vmatrix}$$

$$=(-1)^{n+1}(x^n+a_{n-1}x^{n-1}+\cdots+a_1x+a_0)\begin{vmatrix} -1 & x & 0 & \cdots & 0 \\ 0 & -1 & x & \cdots & 0 \\ \vdots & \vdots & \vdots & & \vdots \\ 0 & 0 & 0 & \cdots & x \\ 0 & 0 & 0 & \cdots & -1 \end{vmatrix}$$

$$=(-1)^{n+1}(x^n+a_{n-1}x^{n-1}+\cdots+a_1x+a_0)\cdot(-1)^{n-1}$$

$$=x^n+a_{n-1}x^{n-1}+\cdots+a_1x+a_0.$$

例 5 计算 n 阶行列式

$$D_n=\begin{vmatrix} a_1-1 & a_2 & \cdots & a_n \\ a_1 & a_2-1 & \cdots & a_n \\ \vdots & \vdots & & \vdots \\ a_1 & a_2 & \cdots & a_n-1 \end{vmatrix}.$$

解 从第 2 列开始各列加到第 1 列,再提出公因子.

$$D_n=\begin{vmatrix} 1 & a_2 & \cdots & a_n \\ 1 & a_2-1 & \cdots & a_n \\ \vdots & \vdots & & \vdots \\ 1 & a_2 & \cdots & a_n-1 \end{vmatrix}\left(\sum_{i=1}^{n}a_i-1\right)$$

$$\xlongequal[\text{加到第 } i \text{ 列}(i=2,3,\cdots,n)]{\text{第 1 列乘}(-a_i)}\begin{vmatrix} 1 & 0 & \cdots & 0 \\ 1 & -1 & \cdots & 0 \\ \vdots & \vdots & & \vdots \\ 1 & 0 & \cdots & -1 \end{vmatrix}\left(\sum_{i=1}^{n}a_i-1\right)$$

$$=(-1)^{n-1}\left(\sum_{i=1}^{n}a_i-1\right).$$

点评 各行(列)元素之和相等的行列式可以先行(列)相加再化为三角形行列式.

例 6 计算 n 阶行列式

$$D_n=\begin{vmatrix} a & 1 & 1 & \cdots & 1 & 1 \\ 1 & a & 1 & \cdots & 1 & 1 \\ \vdots & \vdots & \vdots & & \vdots & \vdots \\ 1 & 1 & 1 & \cdots & a & 1 \\ 1 & 1 & 1 & \cdots & 1 & a \end{vmatrix}.$$

解　将各行都加到第 1 行,并提取公因子.

$$D_n=\begin{vmatrix}1&1&1&\cdots&1&1\\1&a&1&\cdots&1&1\\\vdots&\vdots&\vdots&&\vdots&\vdots\\1&1&1&\cdots&a&1\\1&1&1&\cdots&1&a\end{vmatrix}(n-1+a)$$

$$\xlongequal[\text{加到其余各行}]{\text{第 1 行乘}(-1)}\begin{vmatrix}1&1&1&\cdots&1&1\\0&a-1&0&\cdots&0&0\\\vdots&\vdots&\vdots&&\vdots&\vdots\\0&0&0&\cdots&a-1&0\\0&0&0&\cdots&0&a-1\end{vmatrix}(n-1+a)$$

$$=(a-1)^{n-1}(n-1+a).$$

2. 逐行(列)相消法.

例 7　计算 n 阶行列式

$$D_n=\begin{vmatrix}1&2&3&\cdots&n-1&n\\2&3&4&\cdots&n&1\\3&4&5&\cdots&1&2\\\vdots&\vdots&\vdots&&\vdots&\vdots\\n-1&n&1&\cdots&n-3&n-2\\n&1&2&\cdots&n-2&n-1\end{vmatrix}.$$

解　将各列加到第 1 列,并提取公因子.

$$D_n=\frac{n(n+1)}{2}\begin{vmatrix}1&2&3&\cdots&n-1&n\\1&3&4&\cdots&n&1\\1&4&5&\cdots&1&2\\\vdots&\vdots&\vdots&&\vdots&\vdots\\1&n&1&\cdots&n-3&n-2\\1&1&2&\cdots&n-2&n-1\end{vmatrix}$$

$$\xlongequal[\substack{\cdots\\ r_2-r_1}]{\substack{r_n-r_{n-1}\\ r_{n-1}-r_{n-2}}}\frac{n(n+1)}{2}\begin{vmatrix}1&2&3&\cdots&n-1&n\\0&1&1&\cdots&1&1-n\\0&1&1&\cdots&1-n&1\\\vdots&\vdots&\vdots&&\vdots&\vdots\\0&1&1-n&\cdots&1&1\\0&1-n&1&\cdots&1&1\end{vmatrix}$$

$$\xlongequal[\text{展开}]{\text{按第 1 列}}\frac{n(n+1)}{2}\begin{vmatrix}1&1&\cdots&1&1-n\\1&1&\cdots&1-n&1\\\vdots&\vdots&&\vdots&\vdots\\1&1-n&\cdots&1&1\\1-n&1&\cdots&1&1\end{vmatrix}$$

$$\xlongequal[\text{第 1 行}]{\text{各行加到}}\frac{n(n+1)}{2}\begin{vmatrix}-1&-1&\cdots&-1&-1\\1&1&\cdots&1-n&1\\\vdots&\vdots&&\vdots&\vdots\\1&1-n&\cdots&1&1\\1-n&1&\cdots&1&1\end{vmatrix}$$

$$\xlongequal[\substack{\cdots\\ r_{n-1}+r_1}]{\substack{r_2+r_1\\ r_3+r_1}}\frac{n(n+1)}{2}\begin{vmatrix}-1&-1&\cdots&-1&-1\\&&&-n&\\&&\iddots&&\\&-n&&&\\-n&&&&\end{vmatrix}$$

$$=\frac{n(n+1)}{2}(-1)^{\frac{(n-2)(n-1)}{2}}\cdot(-1)^{n-1}n^{n-2}$$

$$=(-1)^{\frac{n(n-1)}{2}}\frac{n+1}{2}n^{n-1}.$$

点评 行列式相邻行(列)对应元素的差只有一个不同,可以先行(列)相加,再逐行(列)相消.

例 8 计算 n 阶行列式

$$D_n=\begin{vmatrix}0&1&2&\cdots&n-2&n-1\\1&0&1&\cdots&n-3&n-2\\2&1&0&\cdots&n-4&n-3\\\vdots&\vdots&\vdots&&\vdots&\vdots\\n-2&n-3&n-4&\cdots&0&1\\n-1&n-2&n-3&\cdots&1&0\end{vmatrix}.$$

解

$$D_n\xlongequal[\substack{\cdots\\ c_2-c_1}]{\substack{c_n-c_{n-1}\\ c_{n-1}-c_{n-2}}}\begin{vmatrix}0&1&1&\cdots&1&1\\1&-1&1&\cdots&1&1\\2&-1&-1&\cdots&1&1\\\vdots&\vdots&\vdots&&\vdots&\vdots\\n-2&-1&-1&\cdots&-1&1\\n-1&-1&-1&\cdots&-1&-1\end{vmatrix}$$

$$\xlongequal[r_2-r_1]{\substack{r_n-r_{n-1}\\ r_{n-1}-r_{n-2}\\ \cdots}}\begin{vmatrix}0&1&1&\cdots&1&1\\1&-2&&&&\\1&&-2&&&\\\vdots&&&\ddots&&\\1&&&&-2&\\1&&&&&-2\end{vmatrix}\quad(\text{爪形})$$

$$=\frac{n-1}{2}(-2)^{n-1}.$$

点评　行列式相邻行(列)对应元素的差有规律,可以逐行(列)相消.

例 9　计算 n 阶行列式

$$D_n=\begin{vmatrix}1&1&1&\cdots&1&1\\1&C_2^1&C_3^1&\cdots&C_{n-1}^1&C_n^1\\1&C_3^2&C_4^2&\cdots&C_n^2&C_{n+1}^2\\\vdots&\vdots&\vdots&&\vdots&\vdots\\1&C_{n-1}^{n-2}&C_n^{n-2}&\cdots&C_{2n-4}^{n-2}&C_{2n-3}^{n-2}\\1&C_n^{n-1}&C_{n+1}^{n-1}&\cdots&C_{2n-3}^{n-1}&C_{2n-2}^{n-1}\end{vmatrix}.$$

解　因为 $C_n^k=C_{n-1}^k+C_{n-1}^{k-1},k=1,2,\cdots,n-1,n>1$,所以

$$D_n\xlongequal[r_2-r_1]{\substack{r_n-r_{n-1}\\ r_{n-1}-r_{n-2}\\ \cdots}}\begin{vmatrix}1&1&1&\cdots&1&1\\0&1&2&\cdots&n-2&n-1\\0&C_2^2&C_3^2&\cdots&C_{n-1}^2&C_n^2\\\vdots&\vdots&\vdots&&\vdots&\vdots\\0&C_{n-2}^{n-2}&C_{n-1}^{n-2}&\cdots&C_{2n-5}^{n-2}&C_{2n-4}^{n-2}\\0&C_{n-1}^{n-1}&C_n^{n-1}&\cdots&C_{2n-4}^{n-1}&C_{2n-3}^{n-1}\end{vmatrix}$$

$$\xlongequal[c_2-c_1]{\substack{c_n-c_{n-1}\\ c_{n-1}-c_{n-2}\\ \cdots}}\begin{vmatrix}1&0&0&\cdots&0&0\\0&1&1&\cdots&1&1\\0&1&C_2^1&\cdots&C_{n-2}^1&C_{n-1}^1\\\vdots&\vdots&\vdots&&\vdots&\vdots\\0&1&C_{n-2}^{n-3}&\cdots&C_{2n-6}^{n-3}&C_{2n-5}^{n-3}\\0&1&C_{n-1}^{n-2}&\cdots&C_{2n-5}^{n-2}&C_{2n-4}^{n-2}\end{vmatrix}$$

$$\xlongequal[\text{展开}]{\text{按第 1 行}}D_{n-1}=\cdots=D_1=1.$$

3. 降阶法(按行(列)展开或利用降阶公式).

例 10　计算四阶行列式

$$D=\begin{vmatrix} a_1 & 0 & 0 & b_1 \\ 0 & a_2 & b_2 & 0 \\ 0 & b_3 & a_3 & 0 \\ b_4 & 0 & 0 & a_4 \end{vmatrix}.$$

解 解法 1

$$D\xlongequal[\text{展开}]{\text{按第 1 行}}a_1\begin{vmatrix} a_2 & b_2 & 0 \\ b_3 & a_3 & 0 \\ 0 & 0 & a_4 \end{vmatrix}+b_1(-1)^{1+4}\begin{vmatrix} 0 & a_2 & b_2 \\ 0 & b_3 & a_3 \\ b_4 & 0 & 0 \end{vmatrix}$$

$$=a_1a_4\begin{vmatrix} a_2 & b_2 \\ b_3 & a_3 \end{vmatrix}-b_1b_4\begin{vmatrix} a_2 & b_2 \\ b_3 & a_3 \end{vmatrix}=(a_1a_4-b_1b_4)(a_2a_3-b_2b_3).$$

解法 2 利用拉普拉斯定理,

$$D\xlongequal[\text{展开}]{\text{按第 1,4 行}}\begin{vmatrix} a_1 & b_1 \\ b_4 & a_4 \end{vmatrix}\cdot(-1)^{(1+4)+(1+4)}\begin{vmatrix} a_2 & b_2 \\ b_3 & a_3 \end{vmatrix}$$

$$=(a_1a_4-b_1b_4)(a_2a_3-b_2b_3).$$

例 11 计算 $2n$ 阶行列式

$$D_{2n}=\begin{vmatrix} a_1 & & & & & & & b_1 \\ & a_2 & & & & & b_2 & \\ & & \ddots & & & \iddots & & \\ & & & a_n & b_n & & & \\ & & & c_1 & d_1 & & & \\ & & \iddots & & & \ddots & & \\ & c_{n-1} & & & & & d_{n-1} & \\ c_n & & & & & & & d_n \end{vmatrix}.$$

解

$$D_{2n}\xlongequal[\text{展开}]{\text{按第 1,2}n\text{ 行}}\begin{vmatrix} a_2 & & & & & b_2 \\ & \ddots & & & \iddots & \\ & & a_n & b_n & & \\ & & c_1 & d_1 & & \\ & \iddots & & & \ddots & \\ c_{n-1} & & & & & d_{n-1} \end{vmatrix}\cdot\begin{vmatrix} a_1 & b_1 \\ c_n & d_n \end{vmatrix}$$

$$=(a_1d_n-b_1c_n)D_{2(n-1)}=(a_1d_n-b_1c_n)(a_2d_{n-1}-b_2c_{n-1})D_{2(n-2)}$$

$$=\cdots$$

$$=(a_1d_n-b_1c_n)(a_2d_{n-1}-b_2c_{n-1})\cdots(a_{n-1}d_2-b_{n-1}c_2)(a_nd_1-b_nc_1).$$

点评 形如例 11 中 D_{2n}的行列式也称为“两条线”行列式(非零元素主要分布在两条线上),这种行列式可以用拉普拉斯定理展开,得到一个递推公式.类似的例子还有例 12 和例 13.

例 12　计算 n 阶行列式

$$D_n=\begin{vmatrix} a_1 & & & & b_1 \\ & a_2 & & & \\ & & \ddots & & \\ & & & a_{n-1} & \\ b_2 & & & & a_n \end{vmatrix}.$$

解

$$D_n \xlongequal[\text{展开}]{\text{按第 }1,n\text{ 行}} \begin{vmatrix} a_1 & b_1 \\ b_2 & a_n \end{vmatrix} \cdot (-1)^{(1+n)+(1+n)} \cdot \begin{vmatrix} a_2 & & & \\ & a_3 & & \\ & & \ddots & \\ & & & a_{n-1} \end{vmatrix}$$

$$=(a_1a_n-b_1b_2)\cdot a_2a_3\cdots a_{n-1}.$$

点评　形如例 12 中 D_n 的“两条线”行列式一般用拉普拉斯定理展开,得到一个对角形行列式.

例 13　计算 n 阶行列式

$$D_n=\begin{vmatrix} a & 0 & 0 & \cdots & 0 & b \\ b & a & 0 & \cdots & 0 & 0 \\ 0 & b & a & \cdots & 0 & 0 \\ \vdots & \vdots & \vdots & & \vdots & \vdots \\ 0 & 0 & 0 & \cdots & a & 0 \\ 0 & 0 & 0 & \cdots & b & a \end{vmatrix}.$$

解

$$D_n \xlongequal[\text{展开}]{\text{按第 1 行}} a\cdot \begin{vmatrix} a & 0 & \cdots & 0 & 0 \\ b & a & \cdots & 0 & 0 \\ \vdots & \vdots & & \vdots & \vdots \\ 0 & 0 & \cdots & a & 0 \\ 0 & 0 & \cdots & b & a \end{vmatrix} + b\cdot(-1)^{1+n} \begin{vmatrix} b & a & 0 & \cdots & 0 \\ 0 & b & a & \cdots & 0 \\ \vdots & \vdots & \vdots & & \vdots \\ 0 & 0 & 0 & \cdots & a \\ 0 & 0 & 0 & \cdots & b \end{vmatrix}$$

$$=a^n+(-1)^{n+1}b^n.$$

点评　形如例 13 中 D_n 的“两条线”行列式一般按一行(列)展开降阶法计算.

例 14　计算 n 阶行列式

$$D_n=\begin{vmatrix} 0 & -1 & -1 & \cdots & -1 & -1 \\ -1 & 0 & -1 & \cdots & -1 & -1 \\ -1 & -1 & 0 & \cdots & -1 & -1 \\ \vdots & \vdots & \vdots & & \vdots & \vdots \\ -1 & -1 & -1 & \cdots & 0 & -1 \\ -1 & -1 & -1 & \cdots & -1 & 0 \end{vmatrix}.$$

解　解法 1　化三角形法,同例 6.

解法 2

$$D_n=\left|\boldsymbol{E}_n-\begin{pmatrix}1\\1\\\vdots\\1\end{pmatrix}_{n\times 1}(1,1,\cdots,1)_{1\times n}\right|$$

$$=\left|\boldsymbol{E}_1-(1,1,\cdots,1)\begin{pmatrix}1\\1\\\vdots\\1\end{pmatrix}\right|=1-n.$$

例 15 计算 n 阶行列式

$$D_n=\begin{vmatrix}a_1^2 & a_1a_2+1 & \cdots & a_1a_n+1\\ a_2a_1+1 & a_2^2 & \cdots & a_2a_n+1\\ \vdots & \vdots & & \vdots\\ a_na_1+1 & a_na_2+1 & \cdots & a_n^2\end{vmatrix}.$$

解

$$D_n=\left|-\boldsymbol{E}_n+\begin{pmatrix}a_1 & 1\\ a_2 & 1\\ \vdots & \vdots\\ a_n & 1\end{pmatrix}\begin{pmatrix}a_1 & a_2 & \cdots & a_n\\ 1 & 1 & \cdots & 1\end{pmatrix}\right|$$

$$=(-1)^n\left|\boldsymbol{E}_n-\begin{pmatrix}a_1 & 1\\ a_2 & 1\\ \vdots & \vdots\\ a_n & 1\end{pmatrix}\begin{pmatrix}a_1 & a_2 & \cdots & a_n\\ 1 & 1 & \cdots & 1\end{pmatrix}\right|$$

$$=(-1)^n\left|\boldsymbol{E}_2-\begin{pmatrix}a_1 & a_2 & \cdots & a_n\\ 1 & 1 & \cdots & 1\end{pmatrix}\begin{pmatrix}a_1 & 1\\ a_2 & 1\\ \vdots & \vdots\\ a_n & 1\end{pmatrix}\right|$$

$$=(-1)^n\begin{vmatrix}1-\sum\limits_{i=1}^n a_i^2 & -\sum\limits_{i=1}^n a_i\\ -\sum\limits_{i=1}^n a_i & 1-n\end{vmatrix}$$

$$=(-1)^n\left[\left(1-\sum_{i=1}^n a_i^2\right)(1-n)-\left(\sum_{i=1}^n a_i\right)^2\right].$$

点评 如果行列式可以写成 $|\boldsymbol{E}_n-\boldsymbol{A}_{n\times m}\boldsymbol{B}_{m\times n}|$ $(m=1,2)$ 的形式,直接用降阶公式求解.

4. 递推法或差分法.

例 16 计算 n 阶行列式

$$D_n=\begin{vmatrix}9&5&0&0&\cdots&0&0&0\\4&9&5&0&\cdots&0&0&0\\0&4&9&5&\cdots&0&0&0\\0&0&4&9&\cdots&0&0&0\\\vdots&\vdots&\vdots&\vdots&&\vdots&\vdots&\vdots\\0&0&0&0&\cdots&9&5&0\\0&0&0&0&\cdots&4&9&5\\0&0&0&0&\cdots&0&4&9\end{vmatrix}.$$

解 解法 1

$$D_n\xlongequal[\text{展开}]{\text{按第 1 行}}9D_{n-1}-5\begin{vmatrix}4&5&0&\cdots&0&0&0\\0&9&5&\cdots&0&0&0\\0&4&9&\cdots&0&0&0\\\vdots&\vdots&\vdots&&\vdots&\vdots&\vdots\\0&0&0&\cdots&9&5&0\\0&0&0&\cdots&4&9&5\\0&0&0&\cdots&0&4&9\end{vmatrix}$$

$$=9D_{n-1}-20D_{n-2}.$$

由此可得

$$D_n-5D_{n-1}=4(D_{n-1}-5D_{n-2})=\cdots=4^{n-2}(D_2-5D_1)=4^n,$$
$$D_n-4D_{n-1}=5(D_{n-1}-4D_{n-2})=\cdots=5^{n-2}(D_2-4D_1)=5^n.$$

故有 $D_n=5^{n+1}-4^{n+1}$.

解法 2 由解法 1，$D_n=9D_{n-1}-20D_{n-2}$. 作特征方程 $x^2-9x+20=0$，得 $x_1=4$，$x_2=5$. 故

$$D_n=a\cdot 4^{n-1}+b\cdot 5^{n-1}.$$

由 $D_1=9$，$D_2=61$，有

$$\begin{cases}a+b=9,\\4a+5b=61.\end{cases}$$

所以 $a=-16$，$b=25$. 故 $D_n=5^{n+1}-4^{n+1}$.

例 17 计算 n 阶行列式

$$D_n=\begin{vmatrix}0&1&&&&\\1&0&1&&&\\&1&0&1&&\\&&\ddots&\ddots&\ddots&\\&&&1&0&1\\&&&&1&0\end{vmatrix}.$$

解 按第 1 行展开得 $D_n=-D_{n-2}$，即 $D_n+D_{n-2}=0$. 作特征方程 $x^2+1=0$，得 $x_1=\mathrm{i}$，$x_2=-\mathrm{i}$. 故

$$D_n=a\cdot \mathrm{i}^{n-1}+b(-\mathrm{i})^{n-1}.$$

由 $D_1=0$，$D_2=-1$，有

$$\begin{cases}a+b=0,\\ a\mathrm{i}-b\mathrm{i}=-1.\end{cases}$$

所以 $a=\frac{1}{2}\mathrm{i}, b=-\frac{1}{2}\mathrm{i}$. 故 $D_n=\frac{1}{2}[\mathrm{i}^n+(-\mathrm{i})^n]$.

点评 形如例 17 中 D_n 的行列式也称为“三对角”行列式,这种行列式首先按行(列)展开得到递推公式 $D_n=aD_{n-1}+bD_{n-2}$,然后按以下方法之一求出 D_n:

1) 构造关于 D_n, D_{n-1} 的方程组,消去 D_{n-1},得到 D_n;

2) 作特征方程 $x^2-ax-b=0$,得两个复根 x_1, x_2,则

$$D_n=C_1x_1^{n-1}+C_2x_2^{n-1} \quad (x_1\neq x_2)$$

或

$$D_n=(C_1+nC_2)x_1^{n-1} \quad (x_1=x_2).$$

由 D_1, D_2 可求出 C_1, C_2.

例 18 计算 n 阶行列式

$$D_n=\begin{vmatrix}2&1&&&&&\\1&2&1&&&&\\&1&2&1&&&\\&&\ddots&\ddots&\ddots&&\\&&&\ddots&\ddots&\ddots&\\&&&&1&2&1\\&&&&&1&2\end{vmatrix}.$$

解 解法 1 按第 1 行展开可得 $D_n=2D_{n-1}-D_{n-2}$,由此得

$$D_n-D_{n-1}=D_{n-1}-D_{n-2}=\cdots=D_2-D_1=1,$$

故

$$D_n=D_{n-1}+1=D_{n-2}+2=\cdots=D_1+n-1=n+1.$$

解法 2 按第 1 行展开得 $D_n=2D_{n-1}-D_{n-2}$. 作特征方程 $x^2-2x+1=0$,解得 $x_1=x_2=1$. 故

$$D_n=(C_1+C_2n)\cdot 1^{n-1}=C_1+C_2n.$$

由 $D_1=2, D_2=3$,有

$$\begin{cases}C_1+C_2=2,\\ C_1+2C_2=3.\end{cases}$$

所以 $C_1=C_2=1$. 故 $D_n=n+1$.

例 19 计算 n 阶行列式

$$D_n=\begin{vmatrix}1&-1&0&\cdots&0&0\\0&1&-1&\cdots&0&0\\\vdots&\vdots&\vdots&&\vdots&\vdots\\0&0&0&\cdots&1&-1\\n&n-1&n-2&\cdots&2&1\end{vmatrix}.$$

解　按第 1 列展开：

$$D_n=D_{n-1}+(-1)^{n+1}n\begin{vmatrix}-1&0&\cdots&0&0\\1&-1&\cdots&0&0\\\vdots&\vdots&&\vdots&\vdots\\0&0&\cdots&1&-1\end{vmatrix}$$

$$=D_{n-1}+n=D_{n-2}+(n-1)+n=\cdots$$

$$=D_2+3+4+\cdots+(n-1)+n=\frac{n(n+1)}{2}.$$

点评　海森伯格型行列式有时也可以用递推法计算.

5. 加边法.

例 20　计算 n 阶行列式

$$D_n=\begin{vmatrix}1+a_1&1&1&\cdots&1&1\\1&1+a_2&1&\cdots&1&1\\1&1&1+a_3&\cdots&1&1\\\vdots&\vdots&\vdots&&\vdots&\vdots\\1&1&1&\cdots&1&1+a_n\end{vmatrix}\quad(a_i\neq 0,i=1,2,\cdots,n).$$

解　解法 1　各行都减去第 n 行，

$$D_n=\begin{vmatrix}a_1&&&&&-a_n\\&a_2&&&&-a_n\\&&a_3&&&-a_n\\&&&\ddots&&\vdots\\&&&&a_{n-1}&-a_n\\1&1&1&\cdots&1&1+a_n\end{vmatrix}(\text{爪形})$$

$$\xlongequal[r_n-\frac{1}{a_{n-1}}r_{n-1}]{r_n-\frac{1}{a_1}r_1,\ r_n-\frac{1}{a_2}r_2,\ \cdots}\begin{vmatrix}a_1&&&&&-a_n\\&a_2&&&&-a_n\\&&a_3&&&-a_n\\&&&\ddots&&\vdots\\&&&&a_{n-1}&-a_n\\&&&&&1+a_n+a_n\sum\limits_{i=1}^{n-1}\frac{1}{a_i}\end{vmatrix}$$

$$=a_1a_2\cdots a_n\left(1+\sum_{i=1}^{n}\frac{1}{a_i}\right).$$

解法 2　将 D_n 添加一行一列，得 $(n+1)$ 阶行列式，即

$$D_n=\begin{vmatrix}1&1&1&\cdots&1&1\\0&1+a_1&1&\cdots&1&1\\0&1&1+a_2&\cdots&1&1\\\vdots&\vdots&\vdots&&\vdots&\vdots\\0&1&1&\cdots&1+a_{n-1}&1\\0&1&1&\cdots&1&1+a_n\end{vmatrix}$$

$$\xlongequal[\substack{r_3-r_1\\\cdots\\r_{n+1}-r_1}]{r_2-r_1}\begin{vmatrix}1&1&1&\cdots&1&1\\-1&a_1&&&&\\-1&&a_2&&&\\\vdots&&&\ddots&&\\-1&&&&a_{n-1}&\\-1&&&&&a_n\end{vmatrix}\text{(爪形)}$$

$$=a_1a_2\cdots a_n\left(1+\sum_{i=1}^{n}\frac{1}{a_i}\right).$$

点评 加边后的行列式应是值不变的,并且得到的高阶行列式较易计算.加边法的一般做法是

$$\begin{vmatrix}a_{11}&\cdots&a_{1n}\\a_{21}&\cdots&a_{2n}\\\vdots&&\vdots\\a_{n1}&\cdots&a_{nn}\end{vmatrix}=\begin{vmatrix}1&a_1&\cdots&a_n\\0&a_{11}&\cdots&a_{1n}\\0&a_{21}&\cdots&a_{2n}\\\vdots&\vdots&&\vdots\\0&a_{n1}&\cdots&a_{nn}\end{vmatrix}=\begin{vmatrix}1&0&\cdots&0\\b_1&a_{11}&\cdots&a_{1n}\\b_2&a_{21}&\cdots&a_{2n}\\\vdots&\vdots&&\vdots\\b_n&a_{n1}&\cdots&a_{nn}\end{vmatrix}.$$

主对角线外其余元素全相同(或成比例)的行列式,可以用加边法计算.

例 21 计算 n 阶行列式

$$D_n=\begin{vmatrix}a_1+b_1&b_1&b_1&\cdots&b_1\\b_2&a_2+b_2&b_2&\cdots&b_2\\b_3&b_3&a_3+b_3&\cdots&b_3\\\vdots&\vdots&\vdots&&\vdots\\b_n&b_n&b_n&\cdots&a_n+b_n\end{vmatrix}\quad(a_i\neq 0,i=1,2,\cdots,n).$$

解 将 D_n 添加一行一列,得 $(n+1)$ 阶行列式,再化为爪形行列式.

$$D_n=\begin{vmatrix}1&0&0&\cdots&0\\b_1&a_1+b_1&b_1&\cdots&b_1\\b_2&b_2&a_2+b_2&\cdots&b_2\\\vdots&\vdots&\vdots&&\vdots\\b_n&b_n&b_n&\cdots&a_n+b_n\end{vmatrix}\xlongequal[\substack{c_3-c_1\\\cdots\\c_n-c_1}]{c_2-c_1}\begin{vmatrix}1&-1&-1&\cdots&-1\\b_1&a_1&&&\\b_2&&a_2&&\\\vdots&&&\ddots&\\b_n&&&&a_n\end{vmatrix}\text{(爪形)}$$

$$=\left(1+\sum_{i=1}^{n}\frac{b_i}{a_i}\right)a_1a_2\cdots a_n.$$

例 22 计算 n 阶行列式

$$D_n=\begin{vmatrix}1&1&1&\cdots&1\\x_1&x_2&x_3&\cdots&x_n\\x_1^2&x_2^2&x_3^2&\cdots&x_n^2\\\vdots&\vdots&\vdots&&\vdots\\x_1^{n-2}&x_2^{n-2}&x_3^{n-2}&\cdots&x_n^{n-2}\\x_1^n&x_2^n&x_3^n&\cdots&x_n^n\end{vmatrix}.$$

解 加边使之变成范德蒙德行列式：

$$f(x)=\begin{vmatrix}1&1&\cdots&1&1\\x_1&x_2&\cdots&x_n&x\\x_1^2&x_2^2&\cdots&x_n^2&x^2\\\vdots&\vdots&&\vdots&\vdots\\x_1^{n-2}&x_2^{n-2}&\cdots&x_n^{n-2}&x^{n-2}\\x_1^{n-1}&x_2^{n-1}&\cdots&x_n^{n-1}&x^{n-1}\\x_1^n&x_2^n&\cdots&x_n^n&x^n\end{vmatrix}=\prod_{i=1}^{n}(x-x_i)\cdot\prod_{1\leqslant j<i\leqslant n}(x_i-x_j),$$

由此可知 $(-1)^{n+(n+1)}D_n$ 为 $f(x)$ 的 x^{n-1} 的系数. 又 $f(x)$ 的 x^{n-1} 的系数为

$$-(x_1+x_2+\cdots+x_n)\prod_{1\leqslant j<i\leqslant n}(x_i-x_j),$$

所以

$$D_n=(x_1+x_2+\cdots+x_n)\prod_{1\leqslant j<i\leqslant n}(x_i-x_j).$$

点评 例 22 采用加边法作成范德蒙德行列式是解题的关键.

6. 拆行(列)法.

例 23 计算 n 阶行列式

$$D_n=\begin{vmatrix}x&a&a&\cdots&a&a\\-a&x&a&\cdots&a&a\\-a&-a&x&\cdots&a&a\\\vdots&\vdots&\vdots&&\vdots&\vdots\\-a&-a&-a&\cdots&-a&x\end{vmatrix}.$$

解 先拆列，再用递推法.

$$D_n=\begin{vmatrix}(x-a)+a&a&a&\cdots&a&a\\0+(-a)&x&a&\cdots&a&a\\0+(-a)&-a&x&\cdots&a&a\\\vdots&\vdots&\vdots&&\vdots&\vdots\\0+(-a)&-a&-a&\cdots&-a&x\end{vmatrix}$$

$$=\begin{vmatrix} x-a & a & a & \cdots & a & a \\ 0 & x & a & \cdots & a & a \\ 0 & -a & x & \cdots & a & a \\ \vdots & \vdots & \vdots & & \vdots & \vdots \\ 0 & -a & -a & \cdots & -a & x \end{vmatrix}+\begin{vmatrix} a & a & a & \cdots & a \\ -a & x & a & \cdots & a \\ -a & -a & x & \cdots & a \\ \vdots & \vdots & \vdots & & \vdots \\ -a & -a & -a & \cdots & x \end{vmatrix}$$

$$=(x-a)D_{n-1}+\begin{vmatrix} a & a & a & \cdots & a \\ 0 & x+a & 2a & \cdots & 2a \\ 0 & 0 & x+a & \cdots & 2a \\ \vdots & \vdots & \vdots & & \vdots \\ 0 & 0 & 0 & \cdots & x+a \end{vmatrix}$$

$$=(x-a)D_{n-1}+a(x+a)^{n-1}.$$

同理得 $D_n=(x+a)D_{n-1}-a\ (x-a)^{n-1}$. 于是

$$\begin{cases}(x+a)D_n=a\ (x+a)^n+(x+a)(x-a)D_{n-1}, \\ (x-a)D_n=-a\ (x-a)^n+(x+a)(x-a)D_{n-1}.\end{cases}$$

当 $a\neq 0$ 时,

$$D_n=\frac{(x+a)^n+(x-a)^n}{2}.$$

当 $a=0$ 时,

$$D_n=x^n=\frac{(x+a)^n+(x-a)^n}{2}.$$

故

$$D_n=\frac{(x+a)^n+(x-a)^n}{2}.$$

点评 拆行(列)法有两种情况:一是行列式中有某行(列)是两项之和,可直接拆项;二是行列式中行(列)没有两项和的形式,这时需保持行列式不变,使某行(列)化为两项和.

例 24 计算 n 阶行列式

$$D_n=\begin{vmatrix} 1+x_1 & 1+x_1^2 & \cdots & 1+x_1^n \\ 1+x_2 & 1+x_2^2 & \cdots & 1+x_2^n \\ \vdots & \vdots & & \vdots \\ 1+x_n & 1+x_n^2 & \cdots & 1+x_n^n \end{vmatrix}.$$

解 先加边再拆行,

$$D_n=\begin{vmatrix} 1 & 0 & 0 & \cdots & 0 \\ 1 & 1+x_1 & 1+x_1^2 & \cdots & 1+x_1^n \\ 1 & 1+x_2 & 1+x_2^2 & \cdots & 1+x_2^n \\ \vdots & \vdots & \vdots & & \vdots \\ 1 & 1+x_n & 1+x_n^2 & \cdots & 1+x_n^n \end{vmatrix}\xlongequal[\substack{\cdots \\ c_n-c_1}]{\substack{c_2-c_1 \\ c_3-c_1}}\begin{vmatrix} 1 & -1 & -1 & \cdots & -1 \\ 1 & x_1 & x_1^2 & \cdots & x_1^n \\ 1 & x_2 & x_2^2 & \cdots & x_2^n \\ \vdots & \vdots & \vdots & & \vdots \\ 1 & x_n & x_n^2 & \cdots & x_n^n \end{vmatrix}$$

$$
=\begin{vmatrix} -1 & -1 & -1 & \cdots & -1 \\ 1 & x_1 & x_1^2 & \cdots & x_1^n \\ 1 & x_2 & x_2^2 & \cdots & x_2^n \\ \vdots & \vdots & \vdots & & \vdots \\ 1 & x_n & x_n^2 & \cdots & x_n^n \end{vmatrix}+\begin{vmatrix} 2 & 0 & 0 & \cdots & 0 \\ 1 & x_1 & x_1^2 & \cdots & x_1^n \\ 1 & x_2 & x_2^2 & \cdots & x_2^n \\ \vdots & \vdots & \vdots & & \vdots \\ 1 & x_n & x_n^2 & \cdots & x_n^n \end{vmatrix}
$$

$$
=2x_1x_2\cdots x_n\cdot\begin{vmatrix} 1 & x_1 & \cdots & x_1^{n-1} \\ 1 & x_2 & \cdots & x_2^{n-1} \\ \vdots & \vdots & & \vdots \\ 1 & x_n & \cdots & x_n^{n-1} \end{vmatrix}-\begin{vmatrix} 1 & 1 & 1 & \cdots & 1 \\ 1 & x_1 & x_1^2 & \cdots & x_1^n \\ 1 & x_2 & x_2^2 & \cdots & x_2^n \\ \vdots & \vdots & \vdots & & \vdots \\ 1 & x_n & x_n^2 & \cdots & x_n^n \end{vmatrix}
$$

$$
=2x_1x_2\cdots x_n\cdot\prod_{1\leqslant j<i\leqslant n}(x_i-x_j)-\prod_{j=1}^{n}(x_j-1)\cdot\prod_{1\leqslant j<i\leqslant n}(x_i-x_j)
$$

$$
=\prod_{1\leqslant j<i\leqslant n}(x_i-x_j)\cdot\left[2x_1x_2\cdots x_n-\prod_{j=1}^{n}(x_j-1)\right].
$$

点评 例 24 先加边再拆行作成两个范德蒙德行列式是解题的关键.

7. 构造法.

例 25 计算 n 阶行列式

$$
D_n=\begin{vmatrix} 1 & a_1 & a_1^2 & \cdots & a_1^{n-2} & a_1^n \\ 1 & a_2 & a_2^2 & \cdots & a_2^{n-2} & a_2^n \\ \vdots & \vdots & \vdots & & \vdots & \vdots \\ 1 & a_n & a_n^2 & \cdots & a_n^{n-2} & a_n^n \end{vmatrix}.
$$

解 解法 1 用加边法,同例 22.

解法 2 构造线性方程组

$$
\begin{cases} x_1+a_1x_2+a_1^2x_3+\cdots+a_1^{n-1}x_n=a_1^n, \\ x_1+a_2x_2+a_2^2x_3+\cdots+a_2^{n-1}x_n=a_2^n, \\ \cdots\cdots\cdots\cdots \\ x_1+a_nx_2+a_n^2x_3+\cdots+a_n^{n-1}x_n=a_n^n. \end{cases} \tag{1}
$$

当 $a_1,a_2,\cdots,a_n$ 中有两个相等时,显然 $D_n=0$.

当 $a_1,a_2,\cdots,a_n$ 互不相等时,由范德蒙德行列式知,方程组(1)的系数行列式

$$
D=\prod_{1\leqslant j<i\leqslant n}(a_i-a_j)\neq 0.
$$

所以方程组(1)有唯一解,设为$(k_1,k_2,\cdots,k_n)$,则

$$
k_n=\frac{D_n}{D}.
$$

故 $D_n=k_n\cdot D$. 再作 n 次方程

$$
t^n-k_nt^{n-1}-k_{n-1}t^{n-2}-\cdots-k_2t-k_1=0, \tag{2}
$$

由$(k_1,k_2,\cdots,k_n)$是方程组(1)的解知,$a_1,a_2,\cdots,a_n$是方程(2)的n个根.由根与系数的关系知

$$k_n=a_1+a_2+\cdots+a_n,$$

于是$D_n=(a_1+a_2+\cdots+a_n)\prod\limits_{1\leqslant j<i\leqslant n}(a_i-a_j)$.

点评 构作线性方程组(1)和方程(2),再利用克拉默法则以及方程的根与系数的关系.

例 26 设$n\geqslant 2$,且$f_1(x),f_2(x),\cdots,f_n(x)$是关于$x$的、次数不大于$n-2$的多项式,$a_1,a_2,\cdots,a_n$为任意数.计算$n$阶行列式

$$D_n=\begin{vmatrix} f_1(a_1) & f_2(a_1) & \cdots & f_n(a_1) \\ f_1(a_2) & f_2(a_2) & \cdots & f_n(a_2) \\ \vdots & \vdots & & \vdots \\ f_1(a_n) & f_2(a_n) & \cdots & f_n(a_n) \end{vmatrix}.$$

解 当$a_1,a_2,\cdots,a_n$中有两个相同时,显然$D_n=0$.

当$a_1,a_2,\cdots,a_n$互不相同时,令

$$F(x)=\begin{vmatrix} f_1(x) & f_2(x) & \cdots & f_n(x) \\ f_1(a_2) & f_2(a_2) & \cdots & f_n(a_2) \\ \vdots & \vdots & & \vdots \\ f_1(a_n) & f_2(a_n) & \cdots & f_n(a_n) \end{vmatrix}.$$

假设$F(x)\neq 0$.因为

$$\partial(f_i(x))\leqslant n-2,\quad i=1,2,\cdots,n,$$

所以$\partial(F(x))\leqslant n-2$.但

$$F(a_i)=0,\quad i=2,3,\cdots,n,$$

即$F(x)$有$(n-1)$个根,矛盾.故$F(x)=0$,从而$D_n=F(a_1)=0$.

点评 构作多项式$F(x)$,利用n次多项式至多有n个根,证明$F(x)=0$.

8. 数学归纳法.

例 27 计算n阶行列式

$$D_n=\begin{vmatrix} 2\cos\theta & 1 & & & \\ 1 & 2\cos\theta & 1 & & \\ & 1 & 2\cos\theta & \ddots & \\ & & \ddots & \ddots & 1 \\ & & & 1 & 2\cos\theta \end{vmatrix}\quad(\theta\neq k\pi,k=0,1,2,\cdots).$$

解 $D_1=2\cos\theta=\dfrac{\sin 2\theta}{\sin\theta}$,

$$D_2=4\cos^2\theta-1=\frac{4\sin\theta\cos^2\theta-\sin\theta}{\sin\theta}=\frac{2\sin 2\theta\cdot\cos\theta-\sin\theta}{\sin\theta}=\frac{\sin 3\theta}{\sin\theta}.$$

猜想:$D_n=\dfrac{\sin(n+1)\theta}{\sin\theta}$,并用数学归纳法证明.设结论对阶数小于$n$的行列式成立,则

$$D_n\xlongequal[\text{展开}]{\text{按第 1 行}}2\cos\theta\cdot D_{n-1}-D_{n-2}=2\cos\theta\cdot\frac{\sin n\theta}{\sin\theta}-\frac{\sin(n-1)\theta}{\sin\theta}$$

$$=\frac{\sin(n+1)\theta+\sin(n-1)\theta}{\sin\theta}-\frac{\sin(n-1)\theta}{\sin\theta}=\frac{\sin(n+1)\theta}{\sin\theta}.$$

因此对任意正整数 n 都有 $D_n=\dfrac{\sin(n+1)\theta}{\sin\theta}$.

点评　如果行列式的结果与阶数之间存在关系,可以计算出阶数较低的行列式的值,猜想行列式的结果,然后用数学归纳法证明猜想成立.

例 28　计算 n 阶行列式

$$D_n=\begin{vmatrix}\cos\theta & 1 & 0 & \cdots & 0 & 0\\ 1 & 2\cos\theta & 1 & \cdots & 0 & 0\\ 0 & 1 & 2\cos\theta & \cdots & 0 & 0\\ \vdots & \vdots & \vdots & & \vdots & \vdots\\ 0 & 0 & 0 & \cdots & 2\cos\theta & 1\\ 0 & 0 & 0 & \cdots & 1 & 2\cos\theta\end{vmatrix}.$$

解　$D_1=\cos\theta, D_2=2\cos^2\theta-1=\cos 2\theta$.

猜想:$D_n=\cos n\theta$,并用数学归纳法证明.设结论对阶数小于 n 的行列式成立,则把 D_n 按最后一行展开,

$$\begin{aligned}D_n&=2\cos\theta\cdot D_{n-1}-D_{n-2}=2\cos\theta\cdot\cos(n-1)\theta-\cos(n-2)\theta\\&=\cos n\theta+\cos(n-2)\theta-\cos(n-2)\theta=\cos n\theta.\end{aligned}$$

因此对任意正整数 n 都有 $D_n=\cos n\theta$.

9. 利用行列式乘法定理.

例 29　设 $n\geqslant 3$,计算 n 阶行列式

$$D=\begin{vmatrix}\sin 2\alpha_1 & \sin(\alpha_1+\alpha_2) & \cdots & \sin(\alpha_1+\alpha_n)\\ \sin(\alpha_2+\alpha_1) & \sin 2\alpha_2 & \cdots & \sin(\alpha_2+\alpha_n)\\ \vdots & \vdots & & \vdots\\ \sin(\alpha_n+\alpha_1) & \sin(\alpha_n+\alpha_2) & \cdots & \sin 2\alpha_n\end{vmatrix}.$$

解　利用三角函数公式及行列式乘法定理,

$$D=\begin{vmatrix}\sin\alpha_1 & \cos\alpha_1 & 0 & \cdots & 0\\ \sin\alpha_2 & \cos\alpha_2 & 0 & \cdots & 0\\ \vdots & \vdots & \vdots & & \vdots\\ \sin\alpha_n & \cos\alpha_n & 0 & \cdots & 0\end{vmatrix}\cdot\begin{vmatrix}\cos\alpha_1 & \cos\alpha_2 & \cdots & \cos\alpha_n\\ \sin\alpha_1 & \sin\alpha_2 & \cdots & \sin\alpha_n\\ 0 & 0 & \cdots & 0\\ \vdots & \vdots & & \vdots\\ 0 & 0 & \cdots & 0\end{vmatrix}$$

$$=0.$$

例 30　证明

$$\begin{vmatrix}a_0 & a_1 & a_2 & \cdots & a_{n-1}\\ a_{n-1} & a_0 & a_1 & \cdots & a_{n-2}\\ a_{n-2} & a_{n-1} & a_0 & \cdots & a_{n-3}\\ \vdots & \vdots & \vdots & & \vdots\\ a_1 & a_2 & a_3 & \cdots & a_0\end{vmatrix}=f(1)f(\varepsilon)\cdots f(\varepsilon^{n-1}),$$

其中 $f(x)=a_0+a_1x+\cdots+a_{n-1}x^{n-1}$，$\varepsilon=\cos\frac{2\pi}{n}+\mathrm{i}\sin\frac{2\pi}{n}$.

证明 利用行列式乘法定理，

$$\begin{vmatrix} a_0 & a_1 & a_2 & \cdots & a_{n-1} \\ a_{n-1} & a_0 & a_1 & \cdots & a_{n-2} \\ a_{n-2} & a_{n-1} & a_0 & \cdots & a_{n-3} \\ \vdots & \vdots & \vdots & & \vdots \\ a_1 & a_2 & a_3 & \cdots & a_0 \end{vmatrix} \cdot \begin{vmatrix} 1 & 1 & 1 & \cdots & 1 \\ 1 & \varepsilon & \varepsilon^2 & \cdots & \varepsilon^{n-1} \\ 1 & \varepsilon^2 & \varepsilon^4 & \cdots & \varepsilon^{2(n-1)} \\ \vdots & \vdots & \vdots & & \vdots \\ 1 & \varepsilon^{n-1} & \varepsilon^{2(n-1)} & \cdots & \varepsilon^{(n-1)(n-1)} \end{vmatrix}$$

$$=\begin{vmatrix} f(1) & f(\varepsilon) & f(\varepsilon^2) & \cdots & f(\varepsilon^{n-1}) \\ f(1) & \varepsilon f(\varepsilon) & \varepsilon^2 f(\varepsilon^2) & \cdots & \varepsilon^{n-1}f(\varepsilon^{n-1}) \\ f(1) & \varepsilon^2 f(\varepsilon) & \varepsilon^4 f(\varepsilon^2) & \cdots & \varepsilon^{2(n-1)}f(\varepsilon^{n-1}) \\ \vdots & \vdots & \vdots & & \vdots \\ f(1) & \varepsilon^{n-1}f(\varepsilon) & \varepsilon^{2(n-1)}f(\varepsilon^2) & \cdots & \varepsilon^{(n-1)(n-1)}f(\varepsilon^{n-1}) \end{vmatrix}$$

$$=\begin{vmatrix} 1 & 1 & 1 & \cdots & 1 \\ 1 & \varepsilon & \varepsilon^2 & \cdots & \varepsilon^{n-1} \\ 1 & \varepsilon^2 & \varepsilon^4 & \cdots & \varepsilon^{2(n-1)} \\ \vdots & \vdots & \vdots & & \vdots \\ 1 & \varepsilon^{n-1} & \varepsilon^{2(n-1)} & \cdots & \varepsilon^{(n-1)(n-1)} \end{vmatrix} \cdot \begin{vmatrix} f(1) & & & \\ & f(\varepsilon) & & \\ & & \ddots & \\ & & & f(\varepsilon^{n-1}) \end{vmatrix},$$

而范德蒙德行列式

$$\begin{vmatrix} 1 & 1 & 1 & \cdots & 1 \\ 1 & \varepsilon & \varepsilon^2 & \cdots & \varepsilon^{n-1} \\ 1 & \varepsilon^2 & \varepsilon^4 & \cdots & \varepsilon^{2(n-1)} \\ \vdots & \vdots & \vdots & & \vdots \\ 1 & \varepsilon^{n-1} & \varepsilon^{2(n-1)} & \cdots & \varepsilon^{(n-1)(n-1)} \end{vmatrix} \neq 0,$$

因此

$$\begin{vmatrix} a_0 & a_1 & a_2 & \cdots & a_{n-1} \\ a_{n-1} & a_0 & a_1 & \cdots & a_{n-2} \\ a_{n-2} & a_{n-1} & a_0 & \cdots & a_{n-3} \\ \vdots & \vdots & \vdots & & \vdots \\ a_1 & a_2 & a_3 & \cdots & a_0 \end{vmatrix} = f(1)f(\varepsilon)\cdots f(\varepsilon^{n-1}).$$

点评 例 30 的行列式称为循环行列式，循环行列式的计算，可直接利用这一结果.

二、行列式的应用

1. 克拉默法则的应用.

例 31 当 a,b 取何值时，线性方程组

$$\begin{cases} ax_1+\quad x_2+x_3=0, \\ x_1+\ bx_2+x_3=0, \\ x_1+2bx_2+x_3=0 \end{cases}$$

有非零解?

解 因为

$$D=\begin{vmatrix} a & 1 & 1 \\ 1 & b & 1 \\ 1 & 2b & 1 \end{vmatrix}=\begin{vmatrix} a & 1 & 1 \\ 1 & b & 1 \\ 0 & b & 0 \end{vmatrix}=-b(a-1),$$

所以当 $a=1$ 或 $b=0$ 时,方程组有非零解.

点评 齐次线性方程组有非零解的充要条件是系数行列式等于0.

例 32 当 a,b 取何值时,线性方程组

$$\begin{cases} ax_1+\quad x_2+x_3=2, \\ x_1+\ bx_2+x_3=1, \\ x_1+2bx_2+x_3=2 \end{cases}$$

有唯一解?

解 为使方程组有唯一解,必须使系数行列式 $D\neq 0$,即

$$D=\begin{vmatrix} a & 1 & 1 \\ 1 & b & 1 \\ 1 & 2b & 1 \end{vmatrix}=-b(a-1)\neq 0,$$

所以当 $a\neq 1$ 且 $b\neq 0$ 时,方程组有唯一解.

2. 用行列式分解因式.

例 33 分解因式:$(cd-ab)^2-4bc(a-c)(b-d)$.

解 把多项式写成二阶行列式的形式,

$$\text{原式}=\begin{vmatrix} cd-ab & 2(ab-bc) \\ 2(bc-cd) & cd-ab \end{vmatrix}\overset{c_2+c_1}{=\!=\!=}\begin{vmatrix} cd-ab & ab+cd-2bc \\ 2(bc-cd) & -(ab+cd-2bc) \end{vmatrix}$$

$$=(ab+cd-2bc)\begin{vmatrix} cd-ab & 1 \\ 2(bc-cd) & -1 \end{vmatrix}=(ab+cd-2bc)^2.$$

3. 用行列式证明不等式.

例 34 证明:当 $x\geqslant a+b+c$ 时,

$$(x-a)(x-b)(x-c)-ab(x-c)-bc(x-a)-ac(x-b)\geqslant 2abc.$$

证明 因为

$$(x-a)(x-b)(x-c)-ab(x-c)-bc(x-a)-ac(x-b)-2abc$$

$$=\begin{vmatrix} x-a & b & -c \\ a & x-b & c \\ -a & b & x-c \end{vmatrix}\overset{r_1+r_2}{=\!=\!=}\begin{vmatrix} x & x & 0 \\ a & x-b & c \\ -a & b & x-c \end{vmatrix}$$

$$\overset{r_2+r_3}{=\!=\!=}\begin{vmatrix} x & x & 0 \\ 0 & x & x \\ -a & b & x-c \end{vmatrix}=x^2\begin{vmatrix} 1 & 1 & 0 \\ 0 & 1 & 1 \\ -a & b & x-c \end{vmatrix}$$

$$=x^2(x-a-b-c),$$

所以当 $x\geqslant a+b+c$ 时,

$$(x-a)(x-b)(x-c)-ab(x-c)-bc(x-a)-ac(x-b)\geqslant 2abc.$$

4. 直线方程的行列式表示.

例 35 求证:平面内过点 $P(x_1,y_1)$ 和 $Q(x_2,y_2)$ 的直线 PQ 的方程为

$$\begin{vmatrix} x_1 & y_1 & 1 \\ x_2 & y_2 & 1 \\ x & y & 1 \end{vmatrix}=0.$$

证 直线 PQ 的两点式方程为

$$\frac{x-x_2}{x_1-x_2}=\frac{y-y_2}{y_1-y_2}.$$

将上式展开并化简,

$$xy_1-xy_2-x_1y+x_2y-x_2y_1+x_1y_2=0,$$

即

$$x\begin{vmatrix} y_1 & 1 \\ y_2 & 1 \end{vmatrix}-y\begin{vmatrix} x_1 & 1 \\ x_2 & 1 \end{vmatrix}+\begin{vmatrix} x_1 & y_1 \\ x_2 & y_2 \end{vmatrix}=0,$$

所以

$$\begin{vmatrix} x_1 & y_1 & 1 \\ x_2 & y_2 & 1 \\ x & y & 1 \end{vmatrix}=0.$$

§ 2.3 习 题

1. 计算下列排列的逆序数,从而确定它们的奇偶性.

1) 13524867;2) 953846217.

2. 假设排列 $a_1a_2\cdots a_n$ 的逆序数为 k,求排列 $a_na_{n-1}\cdots a_2a_1$ 的逆序数.

3. 求证:当 $n\geqslant 2$ 时,n 阶排列中,奇排列、偶排列各半.

4. 按定义计算下列行列式:

1) $\begin{vmatrix} 0 & 1 & 0 & \cdots & 0 \\ 0 & 0 & 2 & \cdots & 0 \\ \vdots & \vdots & \vdots & & \vdots \\ 0 & 0 & 0 & \cdots & n-1 \\ n & 0 & 0 & \cdots & 0 \end{vmatrix}$; 2) $\begin{vmatrix} 0 & \cdots & 0 & 2 & 0 \\ 0 & \cdots & 3 & 0 & 0 \\ \vdots & & \vdots & \vdots & \vdots \\ n & \cdots & 0 & 0 & 0 \\ 0 & \cdots & 0 & 0 & 1 \end{vmatrix}$;

3) $\begin{vmatrix} -a_1 & -a_2 & \cdots & -a_{n-1} & -a_n \\ 1 & 0 & \cdots & 0 & 0 \\ 0 & 1 & \cdots & 0 & 0 \\ \vdots & \vdots & & \vdots & \vdots \\ 0 & 0 & \cdots & 1 & 0 \end{vmatrix}$; 4) $\begin{vmatrix} a_1 & a_2 & a_3 & a_4 & a_5 \\ b_1 & b_2 & b_3 & b_4 & b_5 \\ c_1 & c_2 & 0 & 0 & 0 \\ d_1 & d_2 & 0 & 0 & 0 \\ e_1 & e_2 & 0 & 0 & 0 \end{vmatrix}$.

5. 由行列式定义计算

$$f(x)=\begin{vmatrix} -x & 3x & 2 & 1 \\ 1 & x & 1 & -1 \\ 3 & 2 & 2x & 1 \\ 1 & 0 & 1 & x \end{vmatrix}$$

中 x^4, x^3 的系数.

6. 计算下列行列式：

1) $\begin{vmatrix} 1 & 0 & 0 & 0 & 0 \\ 2 & 3 & 0 & 0 & 0 \\ 4 & 5 & 6 & 0 & 0 \\ 7 & 8 & 9 & 1 & 2 \\ 10 & 11 & 12 & 0 & -1 \end{vmatrix}$; 2) $\begin{vmatrix} 46 & 24 & 36 \\ 80 & 34 & 70 \\ 124 & 44 & 114 \end{vmatrix}$;

3) $\begin{vmatrix} 5 & 6 & 7 & 8 \\ 6 & 7 & 8 & 5 \\ 7 & 8 & 5 & 6 \\ 8 & 5 & 6 & 7 \end{vmatrix}$; 4) $\begin{vmatrix} (a-1)^2 & a^2 & (a+1)^2 & 1 \\ (b-1)^2 & b^2 & (b+1)^2 & 1 \\ (c-1)^2 & c^2 & (c+1)^2 & 1 \\ (d-1)^2 & d^2 & (d+1)^2 & 1 \end{vmatrix}$;

5) $\begin{vmatrix} 1 & -1 & 1 & 1 \\ 1 & -1 & -1 & -1 \\ 1 & 1 & -1 & -1 \\ 1 & 1 & 1 & -1 \end{vmatrix}$; 6) $\begin{vmatrix} 1+x & 1 & 1 & 1 \\ 1 & 1-x & 1 & 1 \\ 1 & 1 & 1+y & 1 \\ 1 & 1 & 1 & 1-y \end{vmatrix}$.

7. 证明：

1) $\begin{vmatrix} a_0 & -1 & 0 & \cdots & 0 & 0 \\ a_1 & x & -1 & \cdots & 0 & 0 \\ \vdots & \vdots & \vdots & & \vdots & \vdots \\ a_{n-2} & 0 & 0 & \cdots & x & -1 \\ a_{n-1} & 0 & 0 & \cdots & 0 & x \end{vmatrix}=a_0x^{n-1}+a_1x^{n-2}+\cdots+a_{n-1}$;

2) $\begin{vmatrix} \alpha+\beta & \alpha\beta & 0 & \cdots & 0 & 0 \\ 1 & \alpha+\beta & \alpha\beta & \cdots & 0 & 0 \\ 0 & 1 & \alpha+\beta & \cdots & 0 & 0 \\ \vdots & \vdots & \vdots & & \vdots & \vdots \\ 0 & 0 & 0 & \cdots & 1 & \alpha+\beta \end{vmatrix}=\dfrac{\alpha^{n+1}-\beta^{n+1}}{\alpha-\beta}\ (\alpha\neq\beta)$;

3) $D_n=\begin{vmatrix} a & b & b & \cdots & b & b \\ c & a & b & \cdots & b & b \\ c & c & a & \cdots & b & b \\ \vdots & \vdots & \vdots & & \vdots & \vdots \\ c & c & c & \cdots & a & b \\ c & c & c & \cdots & c & a \end{vmatrix}=\dfrac{c(a-b)^n-b(a-c)^n}{c-b}\ (c\neq b).$

8. 计算 n 阶行列式

$$D_n=\begin{vmatrix} a_1+b_1 & a_1+b_2 & \cdots & a_1+b_n \\ a_2+b_1 & a_2+b_2 & \cdots & a_2+b_n \\ \vdots & \vdots & & \vdots \\ a_n+b_1 & a_n+b_2 & \cdots & a_n+b_n \end{vmatrix}.$$

9. 计算 n 阶行列式

$$D_n=\begin{vmatrix} 1 & 1 & \cdots & 1 & a_1-2 \\ a_2-2 & 1 & \cdots & 1 & 1 \\ 1 & a_3-2 & \cdots & 1 & 1 \\ \vdots & \vdots & & \vdots & \vdots \\ 1 & 1 & \cdots & a_n-2 & 1 \end{vmatrix}\quad (a_i\neq 3, i=1,2,\cdots,n).$$

10. 计算下列行列式(第 1 小题为 $2n$ 阶,第 5 小题为 $(n+1)$ 阶,其余均为 n 阶):

1) $\begin{vmatrix} a & 0 & 0 & \cdots & 0 & 0 & b \\ 0 & a & 0 & \cdots & 0 & b & 0 \\ 0 & 0 & a & \cdots & b & 0 & 0 \\ \vdots & \vdots & \vdots & & \vdots & \vdots & \vdots \\ 0 & 0 & b & \cdots & a & 0 & 0 \\ 0 & b & 0 & \cdots & 0 & a & 0 \\ b & 0 & 0 & \cdots & 0 & 0 & a \end{vmatrix}$; 2) $\begin{vmatrix} a_1 & b_1 & 0 & \cdots & 0 & 0 \\ 0 & a_2 & b_2 & \cdots & 0 & 0 \\ \vdots & \vdots & \vdots & & \vdots & \vdots \\ 0 & 0 & 0 & \cdots & a_{n-1} & b_{n-1} \\ b_n & 0 & 0 & \cdots & 0 & a_n \end{vmatrix}$;

3) $\begin{vmatrix} 1-a_1 & a_2 & 0 & \cdots & 0 & 0 \\ -1 & 1-a_2 & a_3 & \cdots & 0 & 0 \\ 0 & -1 & 1-a_3 & \cdots & 0 & 0 \\ \vdots & \vdots & \vdots & & \vdots & \vdots \\ 0 & 0 & 0 & \cdots & 1-a_{n-1} & a_n \\ 0 & 0 & 0 & \cdots & -1 & 1-a_n \end{vmatrix}$; 4) $\begin{vmatrix} 3 & 2 & 0 & \cdots & 0 & 0 \\ 1 & 3 & 2 & \cdots & 0 & 0 \\ 0 & 1 & 3 & \cdots & 0 & 0 \\ \vdots & \vdots & \vdots & & \vdots & \vdots \\ 0 & 0 & 0 & \cdots & 3 & 2 \\ 0 & 0 & 0 & \cdots & 1 & 3 \end{vmatrix}$;

5) $\begin{vmatrix} 1 & a_1 & 0 & 0 & \cdots & 0 & 0 \\ -1 & 1-a_1 & a_2 & 0 & \cdots & 0 & 0 \\ 0 & -1 & 1-a_2 & a_3 & \cdots & 0 & 0 \\ \vdots & \vdots & \vdots & \vdots & & \vdots & \vdots \\ 0 & 0 & 0 & 0 & \cdots & 1-a_{n-1} & a_n \\ 0 & 0 & 0 & 0 & \cdots & -1 & 1-a_n \end{vmatrix}$;

6) $\begin{vmatrix} 2 & -1 & 0 & \cdots & 0 & 0 \\ -1 & 2 & -1 & \cdots & 0 & 0 \\ 0 & -1 & 2 & \cdots & 0 & 0 \\ \vdots & \vdots & \vdots & & \vdots & \vdots \\ 0 & 0 & 0 & \cdots & 2 & -1 \\ 0 & 0 & 0 & \cdots & -1 & 2 \end{vmatrix}$; 7) $\begin{vmatrix} a & 0 & \cdots & 0 & 1 \\ 0 & a & \cdots & 0 & 0 \\ \vdots & \vdots & & \vdots & \vdots \\ 0 & 0 & \cdots & a & 0 \\ 1 & 0 & \cdots & 0 & a \end{vmatrix}$;

8) $\begin{vmatrix} 1 & 1 & 1 & \cdots & 1 \\ 1 & 2 & & & \\ 1 & & 3 & & \\ \vdots & & & \ddots & \\ 1 & & & & n \end{vmatrix}$.

11. 计算 n 阶行列式：

1) $\begin{vmatrix} 1 & 1 & & & & \\ 1 & 2 & 2 & & & \\ 1 & & 3 & 3 & & \\ \vdots & & & \ddots & \ddots & \\ 1 & & & & n-1 & n-1 \\ 1 & & & & & n \end{vmatrix}$; 2) $\begin{vmatrix} 1 & 2 & 3 & \cdots & n \\ -1 & 1 & & & \\ & -1 & 1 & & \\ & & \ddots & \ddots & \\ & & & -1 & 1 \end{vmatrix}$.

12. 计算 n 阶行列式：

1) $\begin{vmatrix} 0 & 1 & 2 & 3 & \cdots & n-1 \\ 1 & 0 & 1 & 2 & \cdots & n-2 \\ 2 & 1 & 0 & 1 & \cdots & n-3 \\ \vdots & \vdots & \vdots & \vdots & & \vdots \\ n-1 & n-2 & n-3 & n-4 & \cdots & 0 \end{vmatrix}$; 2) $\begin{vmatrix} 1 & 2 & 3 & \cdots & n \\ -1 & 0 & 3 & \cdots & n \\ -1 & -2 & 0 & \cdots & n \\ \vdots & \vdots & \vdots & & \vdots \\ -1 & -2 & -3 & \cdots & 0 \end{vmatrix}$;

3) $\begin{vmatrix} 1 & 1 & 1 & \cdots & 1 \\ 1 & 2-x & 1 & \cdots & 1 \\ 1 & 1 & 3-x & \cdots & 1 \\ \vdots & \vdots & \vdots & & \vdots \\ 1 & 1 & 1 & \cdots & n-x \end{vmatrix}$; 4) $\begin{vmatrix} a+1 & a & a & \cdots & a \\ a & a+2 & a & \cdots & a \\ a & a & a+2^2 & \cdots & a \\ \vdots & \vdots & \vdots & & \vdots \\ a & a & a & \cdots & a+2^n \end{vmatrix}$;

5) $\begin{vmatrix} x_1-m & x_2 & \cdots & x_n \\ x_1 & x_2-m & \cdots & x_n \\ \vdots & \vdots & & \vdots \\ x_1 & x_2 & \cdots & x_n-m \end{vmatrix}$.

13. 计算 n 阶行列式

$$D_n=\begin{vmatrix} x_1 & a & a & \cdots & a \\ b & x_2 & a & \cdots & a \\ b & b & x_3 & \cdots & a \\ \vdots & \vdots & \vdots & & \vdots \\ b & b & b & \cdots & x_n \end{vmatrix}\quad (a\neq b).$$

14. 计算$(n+1)$阶行列式

$$D_{n+1}=\begin{vmatrix} a & -1 & 0 & \cdots & 0 \\ ax & a & -1 & \cdots & 0 \\ ax^2 & ax & a & \cdots & 0 \\ \vdots & \vdots & \vdots & & \vdots \\ ax^n & ax^{n-1} & ax^{n-2} & \cdots & a \end{vmatrix}.$$

15. 计算 $f(x+1)-f(x)$，其中

$$f(x)=\begin{vmatrix} 1 & 0 & 0 & 0 & \cdots & 0 & x \\ 1 & C_2^1 & 0 & 0 & \cdots & 0 & x^2 \\ 1 & C_3^1 & C_3^2 & 0 & \cdots & 0 & x^3 \\ \vdots & \vdots & \vdots & \vdots & & \vdots & \vdots \\ 1 & C_n^1 & C_n^2 & C_n^3 & \cdots & C_n^{n-1} & x^n \\ 1 & C_{n+1}^1 & C_{n+1}^2 & C_{n+1}^3 & \cdots & C_{n+1}^{n-1} & x^{n+1} \end{vmatrix}.$$

16. 计算 n 阶行列式

$$D_n=\begin{vmatrix} 1+a_1+b_1 & a_1+b_2 & \cdots & a_1+b_n \\ a_2+b_1 & 1+a_2+b_2 & \cdots & a_2+b_n \\ \vdots & \vdots & & \vdots \\ a_n+b_1 & a_n+b_2 & \cdots & 1+a_n+b_n \end{vmatrix}.$$

17. 用克拉默法则解下列线性方程组：

1) $\begin{cases} 2x_1+x_2-5x_3+x_4=8, \\ x_1-3x_2-6x_4=9, \\ 2x_2-x_3+2x_4=-5, \\ x_1+4x_2-7x_3+6x_4=0; \end{cases}$　　2) $\begin{cases} 2x_1-x_2+3x_3+2x_4=6, \\ 3x_1-3x_2+3x_3+2x_4=5, \\ 3x_1-x_2-x_3+2x_4=3, \\ 3x_1-x_2+3x_3-x_4=4; \end{cases}$

3) $\begin{cases} 2x_1+3x_2+11x_3+5x_4=2, \\ x_1+x_2+5x_3+2x_4=1, \\ 2x_1+x_2+3x_3+2x_4=-3, \\ x_1+x_2+3x_3+4x_4=-3. \end{cases}$

§2.4 习题参考答案与提示

1. 1) 5,奇排列;2) 24,偶排列.

2. $\dfrac{n(n-1)}{2}-k$.

3. 提示:$D_n=\sum\limits_{j_1j_2\cdots j_n}\begin{vmatrix} 1 & 1 & \cdots & 1 \\ 1 & 1 & \cdots & 1 \\ \vdots & \vdots & & \vdots \\ 1 & 1 & \cdots & 1 \end{vmatrix}=0$.

4. 1) $(-1)^{n-1}n!$; 2) $(-1)^{\frac{(n-1)(n-2)}{2}}n!$; 3) $(-1)^n a_n$; 4) 0.

5. x^4 的系数为-2,x^3 由 $a_{12}a_{21}a_{33}a_{44}$得到,其系数为-6.

6. 1) -18,提示:利用拉普拉斯定理展开;

2) 1 000; 3) 416; 4) 0; 5) -8; 6) x^2y^2.

7. 1) 提示:第 j 行乘 $x^{n-j}(j=1,2,\cdots,n-1)$加到第 n 行,再按第 n 行展开;

2) 用数学归纳法或拆项递推法;

3) 提示:$D_n=c(a-b)^{n-1}+(a-c)D_{n-1}$.

8. 提示:$D_n=\begin{vmatrix} a_1 & 1 & 0 & \cdots & 0 \\ a_2 & 1 & 0 & \cdots & 0 \\ \vdots & \vdots & \vdots & & \vdots \\ a_n & 1 & 0 & \cdots & 0 \end{vmatrix}\cdot\begin{vmatrix} 1 & 1 & \cdots & 1 \\ b_1 & b_2 & \cdots & b_n \\ 0 & 0 & \cdots & 0 \\ \vdots & \vdots & & \vdots \\ 0 & 0 & \cdots & 0 \end{vmatrix}$

$$=\begin{cases} 0, & n\geqslant 3, \\ a_1+b_1, & n=1, \\ (a_1-a_2)(b_2-b_1), & n=2. \end{cases}$$

9. $D_n=(-1)^{n+1}\left(1+\sum\limits_{i=1}^{n}\dfrac{1}{a_i-3}\right)(a_1-3)(a_2-3)\cdots(a_n-3)$. 提示:加边法.

10. 1) $(a^2-b^2)^n$. 提示:用拉普拉斯定理展开,再用数学归纳法.

2) $\prod\limits_{i=1}^{n}a_i+(-1)^{n+1}\prod\limits_{i=1}^{n}b_i$. 提示:按第一列展开.

3) $1+\sum\limits_{i=1}^{n}(-1)^i a_1a_2\cdots a_i$. 提示:把第一列的元素看成两项和,用拆项法.

4) $2^{n+1}-1$. 提示:三对角行列式可用递推法.

5) 1. 提示:各行加到第一行,再按第一行展开.

6) $n+1$. 提示:$D_n=2D_{n-1}-D_{n-2}$.

7) a^n-a^{n-2}. 提示:利用拉普拉斯定理展开.

8) $\left(1-\sum_{k=2}^{n}\frac{1}{k}\right)n!$.

11. 1) $n!\left[(-1)^2+\frac{(-1)^3}{2}+\cdots+\frac{(-1)^{n+1}}{n}\right]$. 提示:按第 n 行展开,可得

$$D_n=(-1)^{n+1}(n-1)!+nD_{n-1}.$$

2) $\frac{n(n+1)}{2}$. 提示:各列加到第一列.

12. 1) $(-1)^{n+1}(n-1)\cdot 2^{n-2}$. 提示:用逐行相消法.

2) $n!$. 提示:第一行加到其余各行.

3) $(1-x)(2-x)\cdots[(n-1)-x]$.

4) $2^{\frac{n(n+1)}{2}}\left[1+\left(2-\frac{1}{2^n}\right)a\right]$. 提示:用加边法.

5) $\left(\sum_{i=1}^{n}x_i-m\right)(-m)^{n-1}$. 提示:各列加到第一列.

13. $D_n=\frac{1}{a-b}\left[a\prod_{i=1}^{n}(x_i-b)-b\prod_{i=1}^{n}(x_i-a)\right]$.

14. $D_{n+1}=a(x+a)^n$.

15. $(n+1)!\ x^n$.

16. $\left(1+\sum_{i=1}^{n}a_i\right)\left(1+\sum_{i=1}^{n}b_i\right)-n\sum_{i=1}^{n}(a_ib_i)$.

17. 1) $x_1=3, x_2=-4, x_3=-1, x_4=1$.

2) $x_1=x_2=x_3=x_4=1$.

3) $x_1=-2, x_2=0, x_3=1, x_4=-1$.

第二章典型习题详解

第三章　线性方程组

§3.1　基本知识

一、n 维向量空间

1. 设 P 为一个数域. P 中的 n 个数组成的有序数组

$$(a_1,a_2,\cdots,a_n)$$

称为 P 上的一个 n 维(行)向量,a_i 称为其第 i 分量,$i=1,2,\cdots,n$. 通常用小写希腊字母 $\boldsymbol{\alpha},\boldsymbol{\beta},\boldsymbol{\gamma},\cdots$ 来代表向量. 数域 P 上的 n 维向量的集合记为 P^n. 两个 n 维向量相等的含义为对应分量相等.

2. 向量

$$\boldsymbol{\gamma}=(a_1+b_1,a_2+b_2,\cdots,a_n+b_n)$$

称为向量

$$\boldsymbol{\alpha}=(a_1,a_2,\cdots,a_n),\quad \boldsymbol{\beta}=(b_1,b_2,\cdots,b_n)$$

的和,记为 $\boldsymbol{\gamma}=\boldsymbol{\alpha}+\boldsymbol{\beta}$. 向量

$$(ka_1,\ ka_2,\cdots,\ ka_n)$$

称为向量 $\boldsymbol{\alpha}=(a_1,a_2,\cdots,a_n)$ 与数域 P 中数 k 的数量乘积,记为 $k\boldsymbol{\alpha}$.

3. P^n 中向量的加法和数量乘积满足如下规律:

$\forall\,\boldsymbol{\alpha}=(a_1,a_2,\cdots,a_n),\boldsymbol{\beta},\boldsymbol{\gamma}\in P^n,\ \forall\,k,l\in P$,

1) $\boldsymbol{\alpha}+\boldsymbol{\beta}=\boldsymbol{\beta}+\boldsymbol{\alpha}$;

2) $(\boldsymbol{\alpha}+\boldsymbol{\beta})+\boldsymbol{\gamma}=\boldsymbol{\alpha}+(\boldsymbol{\beta}+\boldsymbol{\gamma})$;

3) 存在零向量 $\mathbf{0}=(0,0,\cdots,0)$, $\boldsymbol{\alpha}+\mathbf{0}=\boldsymbol{\alpha}$;

4) 存在 $\boldsymbol{\alpha}$ 的负向量 $-\boldsymbol{\alpha}=(-a_1,-a_2,\cdots,-a_n)$,$\boldsymbol{\alpha}+(-\boldsymbol{\alpha})=\mathbf{0}$;

5) $k(\boldsymbol{\alpha}+\boldsymbol{\beta})=k\boldsymbol{\alpha}+k\boldsymbol{\beta}$;

6) $(k+l)\boldsymbol{\alpha}=k\boldsymbol{\alpha}+l\boldsymbol{\alpha}$;

7) $(kl)\boldsymbol{\alpha}=k(l\boldsymbol{\alpha})$;

8) $1\boldsymbol{\alpha}=\boldsymbol{\alpha}$.

4. P^n 连同上述定义的加法和数量乘法(及其满足的 8 条性质)称为 P 上的 n 维向量空间.

二、向量组的线性相关性

1. 设 $\boldsymbol{\alpha}_1,\boldsymbol{\alpha}_2,\cdots,\boldsymbol{\alpha}_s,\boldsymbol{\beta}$ 是数域 P 上的 n 维向量,若存在 P 中的数 $k_1,k_2,\cdots,k_s$,使 $\boldsymbol{\beta}=k_1\boldsymbol{\alpha}_1+$

$k_2\boldsymbol{\alpha}_2+\cdots+k_s\boldsymbol{\alpha}_s$，则称 $\boldsymbol{\beta}$ 是 $\boldsymbol{\alpha}_1,\boldsymbol{\alpha}_2,\cdots,\boldsymbol{\alpha}_s$ 的线性组合，或称 $\boldsymbol{\beta}$ 可经 $\boldsymbol{\alpha}_1,\boldsymbol{\alpha}_2,\cdots,\boldsymbol{\alpha}_s$ 线性表出.

2. 若向量组 $\boldsymbol{\alpha}_1,\boldsymbol{\alpha}_2,\cdots,\boldsymbol{\alpha}_s\in P^n$ 中的每个向量都可经向量组 $\boldsymbol{\beta}_1,\boldsymbol{\beta}_2,\cdots,\boldsymbol{\beta}_t\in P^n$ 线性表出，则称向量组 $\boldsymbol{\alpha}_1,\boldsymbol{\alpha}_2,\cdots,\boldsymbol{\alpha}_s$ 可经向量组 $\boldsymbol{\beta}_1,\boldsymbol{\beta}_2,\cdots,\boldsymbol{\beta}_t$ 线性表出. 若两个向量组可以互相线性表出，则称它们等价.

3. 向量组 $\boldsymbol{\alpha}_1,\boldsymbol{\alpha}_2,\cdots,\boldsymbol{\alpha}_s\in P^n$ 称为线性相关，若存在 P 中不全为零的数 $k_1,k_2,\cdots,k_s$，使 $k_1\boldsymbol{\alpha}_1+k_2\boldsymbol{\alpha}_2+\cdots+k_s\boldsymbol{\alpha}_s=\mathbf{0}$. 否则称其线性无关.

4. 向量组 $\boldsymbol{\alpha}_1,\boldsymbol{\alpha}_2,\cdots,\boldsymbol{\alpha}_s\in P^n(s\geqslant 2)$ 线性相关当且仅当有一个向量可以经其余的向量线性表出.

5. 若向量组 $\boldsymbol{\alpha}_1,\boldsymbol{\alpha}_2,\cdots,\boldsymbol{\alpha}_s\in P^n$ 线性无关，而 $\boldsymbol{\alpha}_1,\boldsymbol{\alpha}_2,\cdots,\boldsymbol{\alpha}_s,\boldsymbol{\beta}$ 线性相关，则 $\boldsymbol{\beta}$ 可经 $\boldsymbol{\alpha}_1,\boldsymbol{\alpha}_2,\cdots,\boldsymbol{\alpha}_s$ 线性表出，且表法唯一.

6.（替换定理）设有向量组

$$\boldsymbol{\alpha}_1,\boldsymbol{\alpha}_2,\cdots,\boldsymbol{\alpha}_r\in P^n, \tag{1}$$

$$\boldsymbol{\beta}_1,\boldsymbol{\beta}_2,\cdots,\boldsymbol{\beta}_s\in P^n, \tag{2}$$

向量组(1)可经向量组(2)线性表出，且(1)线性无关，则

1) $r\leqslant s$;

2) 必要时可对(2)中向量重新编号，使得用 $\boldsymbol{\alpha}_1,\boldsymbol{\alpha}_2,\cdots,\boldsymbol{\alpha}_r$ 替换 $\boldsymbol{\beta}_1,\boldsymbol{\beta}_2,\cdots,\boldsymbol{\beta}_r$ 后所得向量组

$$\boldsymbol{\alpha}_1,\boldsymbol{\alpha}_2,\cdots,\boldsymbol{\alpha}_r,\boldsymbol{\beta}_{r+1},\cdots,\boldsymbol{\beta}_s \tag{3}$$

与(2)等价.

7. $(n+1)$ 个 n 维向量必线性相关.

三、向量组的极大无关组与秩

1. 若向量组 $\boldsymbol{\alpha}_1,\boldsymbol{\alpha}_2,\cdots,\boldsymbol{\alpha}_n\in P^n$ 有部分组 $\boldsymbol{\alpha}_{i_1},\boldsymbol{\alpha}_{i_2},\cdots,\boldsymbol{\alpha}_{i_r}$ 满足：

1) $\boldsymbol{\alpha}_{i_1},\boldsymbol{\alpha}_{i_2},\cdots,\boldsymbol{\alpha}_{i_r}$ 线性无关；

2) 每个 $\boldsymbol{\alpha}_i(1\leqslant i\leqslant n)$ 都可经 $\boldsymbol{\alpha}_{i_1},\boldsymbol{\alpha}_{i_2},\cdots,\boldsymbol{\alpha}_{i_r}$ 线性表出，

则称 $\boldsymbol{\alpha}_{i_1},\boldsymbol{\alpha}_{i_2},\cdots,\boldsymbol{\alpha}_{i_r}$ 为 $\boldsymbol{\alpha}_1,\boldsymbol{\alpha}_2,\cdots,\boldsymbol{\alpha}_n$ 的一个极大无关组.

2. 任何向量组都与其极大无关组等价.

3. 向量组的极大无关组所含向量的个数称为这个向量组的秩.

4. 若向量组 $\boldsymbol{\alpha}_1,\boldsymbol{\alpha}_2,\cdots,\boldsymbol{\alpha}_n\in P^n$ 的秩为 r，则

1) $\boldsymbol{\alpha}_1,\boldsymbol{\alpha}_2,\cdots,\boldsymbol{\alpha}_n$ 的任意 r 个线性无关的向量都构成它的一个极大无关组；

2) $\boldsymbol{\alpha}_1,\boldsymbol{\alpha}_2,\cdots,\boldsymbol{\alpha}_n$ 中任意 $m(>r)$ 个向量必线性相关.

5. 向量组的任一线性无关组都可扩充成一个极大无关组.

四、矩阵的秩

1. 矩阵的行向量组的秩称为它的行秩，列向量组的秩称为它的列秩.

2. 矩阵 $\boldsymbol{A}$ 的行秩等于 $\boldsymbol{A}$ 的列秩，统称为 $\boldsymbol{A}$ 的秩，记为秩$(\boldsymbol{A})$或 $R(\boldsymbol{A})$.

3. 把矩阵 $\boldsymbol{A}$ 的行列互换而得到的矩阵称为 $\boldsymbol{A}$ 的转置矩阵，记为 $\boldsymbol{A}^{\mathrm{T}}$.

4. 矩阵的秩等于其非零子式的最大阶数.

5. 阶梯形矩阵：任一行从第一个元素起至该行的第一个非零元素所在位置的下方全为零；如该行全为零，则它的下面的行也全为零.

6. 求矩阵 $\boldsymbol{A}$ 的秩的方法：对 $\boldsymbol{A}$ 进行初等行变换，化为阶梯形矩阵，则阶梯形矩阵中的非零行的个数等于 $\boldsymbol{A}$ 的秩.

7. 求向量组 $\boldsymbol{\alpha}_1,\boldsymbol{\alpha}_2,\cdots,\boldsymbol{\alpha}_s\in P^n$ 的极大无关组的方法：

把 $\boldsymbol{\alpha}_i^{\mathrm{T}}$ 作为矩阵的第 i 列，即令 $\boldsymbol{A}=(\boldsymbol{\alpha}_1^{\mathrm{T}},\boldsymbol{\alpha}_2^{\mathrm{T}},\cdots,\boldsymbol{\alpha}_s^{\mathrm{T}})$，对 $\boldsymbol{A}$ 进行初等行变换化为阶梯形矩阵 $\widetilde{\boldsymbol{A}}$. 设 $\widetilde{\boldsymbol{A}}$ 的列向量组的极大无关组为 $\widetilde{\boldsymbol{\alpha}}_{i_1},\widetilde{\boldsymbol{\alpha}}_{i_2},\cdots,\widetilde{\boldsymbol{\alpha}}_{i_r}$，则 $\boldsymbol{\alpha}_{i_1},\boldsymbol{\alpha}_{i_2},\cdots,\boldsymbol{\alpha}_{i_r}$ 就是 $\boldsymbol{\alpha}_1,\boldsymbol{\alpha}_2,\cdots,\boldsymbol{\alpha}_s$ 的极大无关组.

8. 若

$$(\boldsymbol{\beta}_1,\boldsymbol{\beta}_2,\cdots,\boldsymbol{\beta}_m)=(\boldsymbol{\alpha}_1,\boldsymbol{\alpha}_2,\cdots,\boldsymbol{\alpha}_s)\boldsymbol{A},$$

且 $\boldsymbol{\alpha}_1,\boldsymbol{\alpha}_2,\cdots,\boldsymbol{\alpha}_s$ 线性无关，则 $\boldsymbol{\beta}_1,\boldsymbol{\beta}_2,\cdots,\boldsymbol{\beta}_m$ 的秩等于秩($\boldsymbol{A}$)，且若 $\boldsymbol{A}$ 的第 $i_1,i_2,\cdots,i_r$ 列是 A 的列向量组的极大无关组，则 $\boldsymbol{\beta}_{i_1},\boldsymbol{\beta}_{i_2},\cdots,\boldsymbol{\beta}_{i_r}$ 是 $\boldsymbol{\beta}_1,\boldsymbol{\beta}_2,\cdots,\boldsymbol{\beta}_m$ 的极大无关组.

五、线性方程组

1. 线性方程组的表示形式：设线性方程组为

$$\begin{cases}a_{11}x_1+a_{12}x_2+\cdots+a_{1n}x_n=b_1,\\a_{21}x_1+a_{22}x_2+\cdots+a_{2n}x_n=b_2,\\\cdots\cdots\cdots\cdots\\a_{s1}x_1+a_{s2}x_2+\cdots+a_{sn}x_n=b_s,\end{cases}\tag{4}$$

则矩阵

$$\boldsymbol{A}=\begin{pmatrix}a_{11}&a_{12}&\cdots&a_{1n}\\a_{21}&a_{22}&\cdots&a_{2n}\\\vdots&\vdots&&\vdots\\a_{s1}&a_{s2}&\cdots&a_{sn}\end{pmatrix},\quad\overline{\boldsymbol{A}}=\begin{pmatrix}a_{11}&a_{12}&\cdots&a_{1n}&b_1\\a_{21}&a_{22}&\cdots&a_{2n}&b_2\\\vdots&\vdots&&\vdots&\vdots\\a_{s1}&a_{s2}&\cdots&a_{sn}&b_s\end{pmatrix}$$

分别称为线性方程组(4)的系数矩阵和增广矩阵.

1）矩阵形式：线性方程组(4)可表示为

$$\boldsymbol{AX}=\boldsymbol{b},$$

其中

$$\boldsymbol{X}=\begin{pmatrix}x_1\\x_2\\\vdots\\x_n\end{pmatrix},\quad\boldsymbol{b}=\begin{pmatrix}b_1\\b_2\\\vdots\\b_s\end{pmatrix}.$$

2）向量组形式：设 $\boldsymbol{A}$ 的列向量组为 $\boldsymbol{\alpha}_1,\boldsymbol{\alpha}_2,\cdots,\boldsymbol{\alpha}_n$，则线性方程组(4)可写为

$$x_1\boldsymbol{\alpha}_1+x_2\boldsymbol{\alpha}_2+\cdots+x_n\boldsymbol{\alpha}_n=\boldsymbol{b}.$$

2. 线性方程组有解的判定定理：线性方程组(4)有解的充要条件是秩($\boldsymbol{A}$)= 秩($\overline{\boldsymbol{A}}$)，且

1）当秩$(\boldsymbol{A})$=秩$(\overline{\boldsymbol{A}})=r=n$时，线性方程组(4)有唯一解；

2）当秩$(\boldsymbol{A})$=秩$(\overline{\boldsymbol{A}})=r<n$时，线性方程组(4)有无穷多解.

对于齐次线性方程组(此时$\boldsymbol{b}=\boldsymbol{0}$)，线性方程组(4)有非零解当且仅当秩$(\boldsymbol{A})<n$.

3. 高斯消元法解线性方程组的步骤：

1）利用初等行变换把增广矩阵$\overline{\boldsymbol{A}}$化为阶梯形矩阵$\boldsymbol{C}$；

2）若$\boldsymbol{C}$的某一行只有最后一个元素非零，则方程组无解，否则有解；

3）在有解的情况下：

若$\boldsymbol{C}$的非零行的个数r等于未知量的个数n，则方程组有唯一解；

若$\boldsymbol{C}$的非零行的个数r小于未知量的个数n，则方程组有$(n-r)$个自由未知量，方程组有无穷多解，可求一般解.

六、线性方程组解的结构

1. 齐次线性方程组的一组解向量$\boldsymbol{\eta}_1,\boldsymbol{\eta}_2,\cdots,\boldsymbol{\eta}_t$称为它的一个基础解系，若

1）它的任意解向量都能表示成$\boldsymbol{\eta}_1,\boldsymbol{\eta}_2,\cdots,\boldsymbol{\eta}_t$的线性组合；

2）$\boldsymbol{\eta}_1,\boldsymbol{\eta}_2,\cdots,\boldsymbol{\eta}_t$线性无关.

2. 基础解系的求法：设有齐次线性方程组

$$\begin{cases}a_{11}x_1+a_{12}x_2+\cdots+a_{1n}x_n=0,\\ a_{21}x_1+a_{22}x_2+\cdots+a_{2n}x_n=0,\\ \cdots\cdots\cdots\cdots\\ a_{s1}x_1+a_{s2}x_2+\cdots+a_{sn}x_n=0.\end{cases}\tag{5}$$

方程组(5)称为方程组(4)的导出组.

1）对方程组(5)的系数矩阵$\boldsymbol{A}$施行初等行变换，化为阶梯形矩阵，求出$\boldsymbol{A}$的秩r，写出与方程组(5)同解的阶梯形方程组.

2）若$r=n$(未知量的个数)，则方程组(5)只有零解，无基础解系.

3）当$r<n$时，求出阶梯形方程组的系数矩阵的一个非零r阶子式D，将该方程组改写为系数矩阵的行列式为D的方程组.

4）令$(n-r)$个自由未知量分别取值为

$$(1,0,\cdots,0),\ (0,1,0,\cdots,0),\ \cdots,\ (0,\cdots,0,1),$$

利用系数矩阵的行列式为D的方程组可求出方程组(5)的基础解系$\boldsymbol{\eta}_1,\boldsymbol{\eta}_2,\cdots,\boldsymbol{\eta}_{n-r}$.

3. 非齐次线性方程组的一般解：若$\boldsymbol{\gamma}_0$是非齐次线性方程组(4)的一个特解，$\boldsymbol{\eta}_1,\boldsymbol{\eta}_2,\cdots,\boldsymbol{\eta}_{n-r}$是其导出组的一个基础解系，则(4)的任一解$\boldsymbol{\gamma}$都可以表示成

$$\boldsymbol{\gamma}=\boldsymbol{\gamma}_0+k_1\boldsymbol{\eta}_1+\cdots+k_{n-r}\boldsymbol{\eta}_{n-r},$$

其中$k_1,k_2,\cdots,k_{n-r}$为任意数.

七、二元高次方程

1. 称行列式

$$
\begin{array}{r}
m\text{ 行}\left\{\begin{array}{l}\\ \\ \\ \\ \end{array}\right. \\
n\text{ 行}\left\{\begin{array}{l}\\ \\ \\ \\ \end{array}\right.
\end{array}
\begin{vmatrix}
a_0 & a_1 & a_2 & \cdots & a_n & & & \\
 & a_0 & a_1 & \cdots & a_{n-1} & a_n & & \\
 & & & \cdots\cdots\cdots & & & & \\
 & & & & a_0 & a_1 & \cdots & a_n \\
b_0 & b_1 & b_2 & \cdots & b_m & & & \\
 & b_0 & b_1 & \cdots & b_{m-1} & b_m & & \\
 & & & \cdots\cdots\cdots & & & & \\
 & & & & b_0 & b_1 & \cdots & b_m
\end{vmatrix}
$$

为多项式

$$f(x)=a_0x^n+a_1x^{n-1}+\cdots+a_n,$$

$$g(x)=b_0x^m+b_1x^{m-1}+\cdots+b_m$$

(它们可以是零多项式)的结式,记为 $R(f,g)$.

2. 设

$$f(x)=a_0x^n+a_1x^{n-1}+\cdots+a_n,$$

$$g(x)=b_0x^m+b_1x^{m-1}+\cdots+b_m$$

是 $P[x]$ 中两个多项式,$m,n>0$,于是它们的结式 $R(f,g)=0$ 的充要条件是 $f(x)$,$g(x)$ 在 $P[x]$ 中有非常数的公因式或者它们的第一个系数 a_0,b_0 全为零.

3. 设 $f(x,y)$,$g(x,y)$ 是两个复系数二元多项式,求方程组

$$\begin{cases}f(x,y)=0,\\ g(x,y)=0\end{cases} \tag{6}$$

在复数域中的全部解的步骤为:将 $f(x,y)$ 与 $g(x,y)$ 写成

$$f(x,y)=a_0(y)x^n+a_1(y)x^{n-1}+\cdots+a_n(y),$$

$$g(x,y)=b_0(y)x^m+b_1(y)x^{m-1}+\cdots+b_m(y),$$

其中 $a_i(y),b_j(y)(i=0,1,\cdots,n,j=0,1,\cdots,m)$ 是 y 的多项式,把 $f(x,y)$ 与 $g(x,y)$ 看成 x 的多项式,令

$$
R_x(f,g)=\begin{vmatrix}
a_0(y) & a_1(y) & a_2(y) & \cdots & a_n(y) & & & \\
 & a_0(y) & a_1(y) & \cdots & a_{n-1}(y) & a_n(y) & & \\
 & & & \cdots\cdots\cdots & & & & \\
 & & & & a_0(y) & a_1(y) & \cdots & a_n(y) \\
b_0(y) & b_1(y) & b_2(y) & \cdots & b_m(y) & & & \\
 & b_0(y) & b_1(y) & \cdots & b_{m-1}(y) & b_m(y) & & \\
 & & & \cdots\cdots\cdots & & & & \\
 & & & & b_0(y) & b_1(y) & \cdots & b_m(y)
\end{vmatrix}.
$$

如果 (x_0,y_0) 是方程组(6)的一个复数解,那么 y_0 就是 $R_x(f,g)$ 的一个根;反过来,如果 y_0 是 $R_x(f,g)$ 的一个复根,那么 $a_0(y_0)=b_0(y_0)=0$,或者存在一个复数 x_0 使 (x_0,y_0) 是方程组(6)的一个解.

§ 3.2 例　　题

例 1 设 $\boldsymbol{\alpha}_1=(1,2,3)$, $\boldsymbol{\alpha}_2=(2,-1,0)$, $\boldsymbol{\alpha}_3=(1,1,1)$, $\boldsymbol{\beta}=(-3,8,7)$，将 $\boldsymbol{\beta}$ 表示成 $\boldsymbol{\alpha}_1,\boldsymbol{\alpha}_2,\boldsymbol{\alpha}_3$ 的线性组合.

解 设 $\boldsymbol{\beta}=x_1\boldsymbol{\alpha}_1+x_2\boldsymbol{\alpha}_2+x_3\boldsymbol{\alpha}_3$，则

$$\begin{cases} x_1+2x_2+x_3=-3, \\ 2x_1-x_2+x_3=8, \\ 3x_1+x_3=7. \end{cases}$$

解得 $x_1=2, x_2=-3, x_3=1$，故 $\boldsymbol{\beta}=2\boldsymbol{\alpha}_1-3\boldsymbol{\alpha}_2+\boldsymbol{\alpha}_3$.

点评 把一个向量表示成一个向量组的线性组合，本质上等价于求对应的线性方程组的解.

例 2 确定常数 a，使向量组 $\boldsymbol{\alpha}_1=(1,1,a)$, $\boldsymbol{\alpha}_2=(1,a,1)$, $\boldsymbol{\alpha}_3=(a,1,1)$ 可经向量组 $\boldsymbol{\beta}_1=(1,1,a)$, $\boldsymbol{\beta}_2=(-2,a,4)$, $\boldsymbol{\beta}_3=(-2,a,a)$ 线性表出，但向量组 $\boldsymbol{\beta}_1,\boldsymbol{\beta}_2,\boldsymbol{\beta}_3$ 不能经向量组 $\boldsymbol{\alpha}_1,\boldsymbol{\alpha}_2,\boldsymbol{\alpha}_3$ 线性表出.

解 设 $\boldsymbol{A}=(\boldsymbol{\alpha}_1^{\mathrm{T}},\boldsymbol{\alpha}_2^{\mathrm{T}},\boldsymbol{\alpha}_3^{\mathrm{T}})$, $\boldsymbol{B}=(\boldsymbol{\beta}_1^{\mathrm{T}},\boldsymbol{\beta}_2^{\mathrm{T}},\boldsymbol{\beta}_3^{\mathrm{T}})$. 由于 $\boldsymbol{\beta}_1,\boldsymbol{\beta}_2,\boldsymbol{\beta}_3$ 不能经 $\boldsymbol{\alpha}_1,\boldsymbol{\alpha}_2,\boldsymbol{\alpha}_3$ 线性表出，因此 $\boldsymbol{\alpha}_1,\boldsymbol{\alpha}_2,\boldsymbol{\alpha}_3$ 线性相关，从而秩$(\boldsymbol{A})<3$，故

$$|\boldsymbol{A}|=-(a-1)^2(a+2)=0,$$

所以 $a=1$ 或 $a=-2$.

当 $a=1$ 时，$\boldsymbol{\alpha}_1=\boldsymbol{\alpha}_2=\boldsymbol{\alpha}_3=\boldsymbol{\beta}_1=(1,1,1)$，故 $\boldsymbol{\alpha}_1,\boldsymbol{\alpha}_2,\boldsymbol{\alpha}_3$ 可经 $\boldsymbol{\beta}_1,\boldsymbol{\beta}_2,\boldsymbol{\beta}_3$ 线性表出，但 $\boldsymbol{\beta}_2=(-2,1,4)$ 不能经 $\boldsymbol{\alpha}_1,\boldsymbol{\alpha}_2,\boldsymbol{\alpha}_3$ 线性表出，所以 $a=1$ 符合题意.

当 $a=-2$ 时，对矩阵$(\boldsymbol{B}\quad\boldsymbol{A})$作初等行变换：

$$(\boldsymbol{B}\quad\boldsymbol{A})=\begin{pmatrix} 1 & -2 & -2 & 1 & 1 & -2 \\ 1 & -2 & -2 & 1 & -2 & 1 \\ -2 & 4 & -2 & -2 & 1 & 1 \end{pmatrix}$$

$$\to\begin{pmatrix} 1 & -2 & -2 & 1 & 1 & -2 \\ 0 & 0 & -6 & 0 & 3 & -3 \\ 0 & 0 & 0 & 0 & -3 & 3 \end{pmatrix},$$

并考虑线性方程组 $\boldsymbol{BX}=\boldsymbol{\alpha}_2^{\mathrm{T}}$. 因为秩$(\boldsymbol{B})=2$，秩$((\boldsymbol{B}\quad\boldsymbol{\alpha}_2^{\mathrm{T}}))=3$，所以 $\boldsymbol{BX}=\boldsymbol{\alpha}_2^{\mathrm{T}}$ 无解，即 $\boldsymbol{\alpha}_2$ 不能经 $\boldsymbol{\beta}_1,\boldsymbol{\beta}_2,\boldsymbol{\beta}_3$ 线性表出，与题设矛盾.

综上所述，可得 $a=1$.

点评 行向量组 $\boldsymbol{\alpha}_1,\boldsymbol{\alpha}_2,\cdots,\boldsymbol{\alpha}_s$ 线性无关$\Leftrightarrow$矩阵 $\boldsymbol{A}=(\boldsymbol{\alpha}_1^{\mathrm{T}},\boldsymbol{\alpha}_2^{\mathrm{T}},\cdots,\boldsymbol{\alpha}_s^{\mathrm{T}})$ 的秩为 s. n 个 n 维行向量组成的向量组 $\boldsymbol{\alpha}_1,\boldsymbol{\alpha}_2,\cdots,\boldsymbol{\alpha}_n$ 线性无关$\Leftrightarrow\boldsymbol{A}=(\boldsymbol{\alpha}_1^{\mathrm{T}},\boldsymbol{\alpha}_2^{\mathrm{T}},\cdots,\boldsymbol{\alpha}_n^{\mathrm{T}})$是非退化的$\Leftrightarrow|\boldsymbol{A}|\neq 0$.

例 3 设 $\boldsymbol{\alpha}_1,\boldsymbol{\alpha}_2,\cdots,\boldsymbol{\alpha}_n$ 为数域 P 上线性空间 V 中一组线性无关的向量，讨论向量组 $\boldsymbol{\alpha}_1+\boldsymbol{\alpha}_2$, $\boldsymbol{\alpha}_2+\boldsymbol{\alpha}_3,\cdots,\boldsymbol{\alpha}_n+\boldsymbol{\alpha}_1$ 的线性相关性.

解 设 $x_1(\boldsymbol{\alpha}_1+\boldsymbol{\alpha}_2)+x_2(\boldsymbol{\alpha}_2+\boldsymbol{\alpha}_3)+\cdots+x_n(\boldsymbol{\alpha}_n+\boldsymbol{\alpha}_1)=\boldsymbol{0}$，得

$$(x_1+x_2)\boldsymbol{\alpha}_2+(x_2+x_3)\boldsymbol{\alpha}_3+\cdots+(x_n+x_1)\boldsymbol{\alpha}_1=\boldsymbol{0}.$$

由于 $\boldsymbol{\alpha}_1,\boldsymbol{\alpha}_2,\cdots,\boldsymbol{\alpha}_n$ 线性无关，得

$$\begin{cases} x_1+x_2=0, \\ x_2+x_3=0, \\ \cdots\cdots\cdots\cdots \\ x_{n-1}+x_n=0, \\ x_n+x_1=0, \end{cases}$$

该方程组的系数矩阵的行列式为

$$\begin{vmatrix} 1 & 1 & 0 & \cdots & 0 & 0 \\ 0 & 1 & 1 & \cdots & 0 & 0 \\ 0 & 0 & 1 & \cdots & 0 & 0 \\ \vdots & \vdots & \vdots & & \vdots & \vdots \\ 0 & 0 & 0 & \cdots & 1 & 1 \\ 1 & 0 & 0 & \cdots & 0 & 1 \end{vmatrix} = 1+(-1)^{n+1}.$$

故当 n 为奇数时，$\boldsymbol{\alpha}_1+\boldsymbol{\alpha}_2,\boldsymbol{\alpha}_2+\boldsymbol{\alpha}_3,\cdots,\boldsymbol{\alpha}_n+\boldsymbol{\alpha}_1$ 线性无关；当 n 为偶数时，$\boldsymbol{\alpha}_1+\boldsymbol{\alpha}_2,\boldsymbol{\alpha}_2+\boldsymbol{\alpha}_3,\cdots,\boldsymbol{\alpha}_n+\boldsymbol{\alpha}_1$ 线性相关.

点评 判定向量组线性相关性，可以转化成判断一个齐次线性方程组是否有非零解：若有非零解则线性相关，否则线性无关.

例 4 设向量组 $\boldsymbol{\alpha}_1,\boldsymbol{\alpha}_2,\cdots,\boldsymbol{\alpha}_m$ 线性无关，向量 $\boldsymbol{\beta}_1$ 可经它线性表出，而向量 $\boldsymbol{\beta}_2$ 不能经它线性表出. 证明 $\boldsymbol{\alpha}_1,\boldsymbol{\alpha}_2,\cdots,\boldsymbol{\alpha}_m,\boldsymbol{\beta}_1+\boldsymbol{\beta}_2$ 线性无关.

证明 （反证法）设 $\boldsymbol{\alpha}_1,\boldsymbol{\alpha}_2,\cdots,\boldsymbol{\alpha}_m,\boldsymbol{\beta}_1+\boldsymbol{\beta}_2$ 线性相关，则存在一组不全为零的数 $k_1,k_2,\cdots,k_m,k_{m+1}$，使

$$k_1\boldsymbol{\alpha}_1+k_2\boldsymbol{\alpha}_2+\cdots+k_m\boldsymbol{\alpha}_m+k_{m+1}(\boldsymbol{\beta}_1+\boldsymbol{\beta}_2)=\mathbf{0}. \tag{1}$$

由 $\boldsymbol{\alpha}_1,\boldsymbol{\alpha}_2,\cdots,\boldsymbol{\alpha}_m$ 线性无关知 $k_{m+1}\neq 0$（否则 $k_1\boldsymbol{\alpha}_1+k_2\boldsymbol{\alpha}_2+\cdots+k_m\boldsymbol{\alpha}_m=\mathbf{0}$，而 $k_1,k_2,\cdots,k_m$ 不全为零，从而 $\boldsymbol{\alpha}_1,\boldsymbol{\alpha}_2,\cdots,\boldsymbol{\alpha}_m$ 线性相关，矛盾），所以由(1)式知，

$$\boldsymbol{\beta}_2=-\boldsymbol{\beta}_1-\frac{k_1}{k_{m+1}}\boldsymbol{\alpha}_1-\cdots-\frac{k_m}{k_{m+1}}\boldsymbol{\alpha}_m.$$

又 $\boldsymbol{\beta}_1$ 可经 $\boldsymbol{\alpha}_1,\boldsymbol{\alpha}_2,\cdots,\boldsymbol{\alpha}_m$ 线性表出，故 $\boldsymbol{\beta}_2$ 也可经 $\boldsymbol{\alpha}_1,\boldsymbol{\alpha}_2,\cdots,\boldsymbol{\alpha}_m$ 线性表出，与题设矛盾. 因此 $\boldsymbol{\alpha}_1,\boldsymbol{\alpha}_2,\cdots,\boldsymbol{\alpha}_m,\boldsymbol{\beta}_1+\boldsymbol{\beta}_2$ 线性无关.

点评 证明向量组 $\boldsymbol{\alpha}_1,\boldsymbol{\alpha}_2,\cdots,\boldsymbol{\alpha}_m$ 线性无关，通常有两种方法：

1）证明 $k_1\boldsymbol{\alpha}_1+k_2\boldsymbol{\alpha}_2+\cdots+k_m\boldsymbol{\alpha}_m=\mathbf{0}\Rightarrow k_1=k_2=\cdots=k_m=0$.

2）反证法. 因为线性相关与线性无关是两个相互排斥的概念，故证明这类命题时，反证法具有基本的重要性.

例 5 设 $\boldsymbol{\alpha}_1=(2,1,2,2,-4)$，$\boldsymbol{\alpha}_2=(1,1,-1,0,2)$，$\boldsymbol{\alpha}_3=(0,1,2,1,-1)$，$\boldsymbol{\alpha}_4=(-1,-1,-1,-1,1)$，$\boldsymbol{\alpha}_5=(1,2,1,1,1)$，求 $\boldsymbol{\alpha}_1,\boldsymbol{\alpha}_2,\boldsymbol{\alpha}_3,\boldsymbol{\alpha}_4,\boldsymbol{\alpha}_5$ 的秩和一个极大无关组.

解 令 $\boldsymbol{A}=(\boldsymbol{\alpha}_1^{\mathrm{T}},\boldsymbol{\alpha}_2^{\mathrm{T}},\boldsymbol{\alpha}_3^{\mathrm{T}},\boldsymbol{\alpha}_4^{\mathrm{T}},\boldsymbol{\alpha}_5^{\mathrm{T}})$，对 $\boldsymbol{A}$ 进行初等行变换，化为阶梯形矩阵：

$$\boldsymbol{A}=\begin{pmatrix} 2 & 1 & 0 & -1 & 1 \\ 1 & 1 & 1 & -1 & 2 \\ 2 & -1 & 2 & -1 & 1 \\ 2 & 0 & 1 & -1 & 1 \\ -4 & 2 & -1 & 1 & 1 \end{pmatrix} \to \begin{pmatrix} 1 & 1 & 1 & -1 & 2 \\ 0 & -1 & -2 & 1 & -3 \\ 0 & -2 & 2 & 0 & 0 \\ 0 & -1 & 1 & 0 & 0 \\ 0 & 2 & 1 & -1 & 3 \end{pmatrix}$$

$$\to\begin{pmatrix}1&1&1&-1&2\\0&1&-1&0&0\\0&0&3&1&-3\\0&0&-3&1&-3\\0&0&0&0&0\end{pmatrix}\to\begin{pmatrix}1&1&1&-1&2\\0&1&-1&0&0\\0&0&3&-1&3\\0&0&0&0&0\\0&0&0&0&0\end{pmatrix}=\boldsymbol{B}.$$

$$\boldsymbol{\beta}_1\quad\boldsymbol{\beta}_2\quad\boldsymbol{\beta}_3\quad\boldsymbol{\beta}_4\quad\boldsymbol{\beta}_5$$

$\boldsymbol{\beta}_1,\boldsymbol{\beta}_2,\boldsymbol{\beta}_3$ 是 $\boldsymbol{B}$ 的列向量组的极大无关组，故 $\boldsymbol{\alpha}_1,\boldsymbol{\alpha}_2,\boldsymbol{\alpha}_3,\boldsymbol{\alpha}_4,\boldsymbol{\alpha}_5$ 的秩为 3，$\boldsymbol{\alpha}_1,\boldsymbol{\alpha}_2,\boldsymbol{\alpha}_3$ 是其一个极大无关组.

点评 求向量组的极大无关组的常规方法见 § 3.1 的基本知识. 向量组的极大无关组不是唯一的. 本题中，$\boldsymbol{\alpha}_1,\boldsymbol{\alpha}_2,\boldsymbol{\alpha}_4$ 以及 $\boldsymbol{\alpha}_1,\boldsymbol{\alpha}_2,\boldsymbol{\alpha}_5$ 都是 $\boldsymbol{\alpha}_1,\boldsymbol{\alpha}_2,\boldsymbol{\alpha}_3,\boldsymbol{\alpha}_4,\boldsymbol{\alpha}_5$ 的极大无关组.

例 6 设向量组 $\boldsymbol{\alpha}_1=(1,1,1,3)$，$\boldsymbol{\alpha}_2=(-1,-3,5,1)$，$\boldsymbol{\alpha}_3=(3,2,-1,p+2)$，$\boldsymbol{\alpha}_4=(-2,-6,10,p)$，

1）当 p 为何值时，该向量组线性无关？并在此时将 $\boldsymbol{\alpha}=(4,1,6,10)$ 用 $\boldsymbol{\alpha}_1,\boldsymbol{\alpha}_2,\boldsymbol{\alpha}_3,\boldsymbol{\alpha}_4$ 线性表出；

2）当 p 为何值时，该向量组线性相关？并在此时求它的秩和一个极大无关组.

解 对矩阵 $(\boldsymbol{\alpha}_1^{\mathrm{T}},\boldsymbol{\alpha}_2^{\mathrm{T}},\boldsymbol{\alpha}_3^{\mathrm{T}},\boldsymbol{\alpha}_4^{\mathrm{T}},\boldsymbol{\alpha}^{\mathrm{T}})$ 作初等行变换：

$$\begin{pmatrix}1&-1&3&-2&4\\1&-3&2&-6&1\\1&5&-1&10&6\\3&1&p+2&p&10\end{pmatrix}\to\begin{pmatrix}1&-1&3&-2&4\\0&-2&-1&-4&-3\\0&6&-4&12&2\\0&4&p-7&p+6&-2\end{pmatrix}$$

$$\to\begin{pmatrix}1&-1&3&-2&4\\0&-2&-1&-4&-3\\0&0&-7&0&-7\\0&0&p-9&p-2&-8\end{pmatrix}\to\begin{pmatrix}1&-1&3&-2&4\\0&-2&-1&-4&-3\\0&0&1&0&1\\0&0&0&p-2&1-p\end{pmatrix}.$$

1）当 $p\neq 2$ 时，$\boldsymbol{\alpha}_1,\boldsymbol{\alpha}_2,\boldsymbol{\alpha}_3,\boldsymbol{\alpha}_4$ 线性无关. 此时设 $\boldsymbol{\alpha}=k_1\boldsymbol{\alpha}_1+k_2\boldsymbol{\alpha}_2+k_3\boldsymbol{\alpha}_3+k_4\boldsymbol{\alpha}_4$，解得 $k_1=2$，$k_2=\dfrac{3p-4}{p-2}$，$k_3=1$，$k_4=\dfrac{1-p}{p-2}$，即

$$\boldsymbol{\alpha}=2\boldsymbol{\alpha}_1+\frac{3p-4}{p-2}\boldsymbol{\alpha}_2+\boldsymbol{\alpha}_3+\frac{1-p}{p-2}\boldsymbol{\alpha}_4.$$

2）当 $p=2$ 时，$\boldsymbol{\alpha}_1,\boldsymbol{\alpha}_2,\boldsymbol{\alpha}_3,\boldsymbol{\alpha}_4$ 线性相关. 此时向量组的秩为 3，$\boldsymbol{\alpha}_1,\boldsymbol{\alpha}_2,\boldsymbol{\alpha}_3$（或 $\boldsymbol{\alpha}_1,\boldsymbol{\alpha}_3,\boldsymbol{\alpha}_4$）为其一个极大无关组.

点评 4 个四维向量是否线性相关，可直接由其构成的行列式是否为零来判断. 考虑到还要求把 $\boldsymbol{\alpha}$ 用 $\boldsymbol{\alpha}_1,\boldsymbol{\alpha}_2,\boldsymbol{\alpha}_3,\boldsymbol{\alpha}_4$ 线性表出，两步结合在一起进行，直接通过初等行变换把矩阵

$$(\boldsymbol{\alpha}_1^{\mathrm{T}},\boldsymbol{\alpha}_2^{\mathrm{T}},\boldsymbol{\alpha}_3^{\mathrm{T}},\boldsymbol{\alpha}_4^{\mathrm{T}},\boldsymbol{\alpha}^{\mathrm{T}})$$

化为阶梯形.

例 7 设有向量组

$$\boldsymbol{\alpha}_1=(1,0,2)^{\mathrm{T}},\quad \boldsymbol{\alpha}_2=(1,1,3)^{\mathrm{T}},\quad \boldsymbol{\alpha}_3=(1,-1,a+2)^{\mathrm{T}},\tag{1}$$

$$\boldsymbol{\beta}_1=(1,2,a+3)^{\mathrm{T}},\quad \boldsymbol{\beta}_2=(2,1,a+6)^{\mathrm{T}},\quad \boldsymbol{\beta}_3=(2,1,a+4)^{\mathrm{T}}.\tag{2}$$

试问：当 a 为何值时，向量组(1)与(2)等价？当 a 为何值时，向量组(1)与(2)不等价？

解 令矩阵 $\boldsymbol{A}=(\boldsymbol{\alpha}_1,\boldsymbol{\alpha}_2,\boldsymbol{\alpha}_3)$，$\boldsymbol{B}=(\boldsymbol{\beta}_1,\boldsymbol{\beta}_2,\boldsymbol{\beta}_3)$，对矩阵$(\boldsymbol{A}\quad\boldsymbol{B})$进行初等行变换：

$$(\boldsymbol{A}\quad\boldsymbol{B})=\begin{pmatrix}1&1&1&1&2&2\\0&1&-1&2&1&1\\2&3&a+2&a+3&a+6&a+4\end{pmatrix}$$

$$\rightarrow\begin{pmatrix}1&0&2&-1&1&1\\0&1&-1&2&1&1\\0&0&a+1&a-1&a+1&a-1\end{pmatrix}.$$

1）当 $a\neq-1$ 时，$|\boldsymbol{A}|=a+1\neq0$，故线性方程组 $x_1\boldsymbol{\alpha}_1+x_2\boldsymbol{\alpha}_2+x_3\boldsymbol{\alpha}_3=\boldsymbol{\beta}_i(i=1,2,3)$ 均有唯一解，所以向量组(2)可经(1)线性表出. 同理，$|\boldsymbol{B}|=6\neq0$，故向量组(1)可经向量组(2)线性表出. 因此向量组(1)与(2)等价.

2）当 $a=-1$ 时，

$$(\boldsymbol{A}\quad\boldsymbol{B})\longrightarrow\begin{pmatrix}1&0&2&-1&1&1\\0&1&-1&2&1&1\\0&0&0&-2&0&-2\end{pmatrix},$$

由于秩$(\boldsymbol{A})\neq$秩$((\boldsymbol{A}\quad\boldsymbol{\beta}_1))$，所以线性方程组 $x_1\boldsymbol{\alpha}_1+x_2\boldsymbol{\alpha}_2+x_3\boldsymbol{\alpha}_3=\boldsymbol{\beta}_1$ 无解，故 $\boldsymbol{\beta}_1$ 不能经 $\boldsymbol{\alpha}_1,\boldsymbol{\alpha}_2,\boldsymbol{\alpha}_3$ 线性表出，因此向量组(1)与(2)不等价.

点评 一个向量可经一个向量组线性表出，等价于对应的线性方程组有解，即对应的线性方程组的系数矩阵与增广矩阵的秩相等.

例 8 设向量组

$$\boldsymbol{\alpha}_1=(a,2,10)^{\mathrm{T}},\quad\boldsymbol{\alpha}_2=(-2,1,5)^{\mathrm{T}},\quad\boldsymbol{\alpha}_3=(-1,1,4)^{\mathrm{T}},\quad\boldsymbol{\beta}=(1,b,c)^{\mathrm{T}}.$$

试问：当 a,b,c 满足什么条件时，

1）$\boldsymbol{\beta}$ 可经 $\boldsymbol{\alpha}_1,\boldsymbol{\alpha}_2,\boldsymbol{\alpha}_3$ 线性表出，且表示法唯一？

2）$\boldsymbol{\beta}$ 不能经 $\boldsymbol{\alpha}_1,\boldsymbol{\alpha}_2,\boldsymbol{\alpha}_3$ 线性表出？

3）$\boldsymbol{\beta}$ 可经 $\boldsymbol{\alpha}_1,\boldsymbol{\alpha}_2,\boldsymbol{\alpha}_3$ 线性表出，但表示法不唯一？并求出一般表达式.

解 1）$\boldsymbol{\beta}$ 可经 $\boldsymbol{\alpha}_1,\boldsymbol{\alpha}_2,\boldsymbol{\alpha}_3$ 线性表出，且表示法唯一

$\Leftrightarrow\boldsymbol{\alpha}_1,\boldsymbol{\alpha}_2,\boldsymbol{\alpha}_3$ 线性无关$\Leftrightarrow(\boldsymbol{\alpha}_1,\boldsymbol{\alpha}_2,\boldsymbol{\alpha}_3)$的秩为 3

$$\Leftrightarrow\begin{vmatrix}a&-2&-1\\2&1&1\\10&5&4\end{vmatrix}\neq0$$

$\Leftrightarrow a\neq-4.$

2）当 $a=-4$ 时，令

$$x_1\boldsymbol{\alpha}_1+x_2\boldsymbol{\alpha}_2+x_3\boldsymbol{\alpha}_3=\boldsymbol{\beta},\tag{1}$$

则方程组(1)的增广矩阵为

$$\begin{pmatrix}-4&-2&-1&1\\2&1&1&b\\10&5&4&c\end{pmatrix}\longrightarrow\begin{pmatrix}2&1&1&b\\0&0&1&2b+1\\0&0&0&c-3b+1\end{pmatrix}.$$

当 $c-3b+1\neq0$ 且 $a=-4$ 时，方程组(1)无解，即 $\boldsymbol{\beta}$ 不能经 $\boldsymbol{\alpha}_1,\boldsymbol{\alpha}_2,\boldsymbol{\alpha}_3$ 线性表出.

3）当 $a=-4$ 且 $c-3b+1=0$ 时，方程组(1)有无穷多解，即 $\boldsymbol{\beta}$ 的表示法不唯一. 此时方程组(1)

同解于

$$\begin{cases}2x_1+x_2+x_3=b,\\ \qquad\qquad x_3=2b+1.\end{cases}\tag{2}$$

方程组(2)的一般解为 $x_2=-b-1-2x_1$, $x_3=2b+1$,所以 $\boldsymbol{\beta}$ 的表达式为

$$\boldsymbol{\beta}=x_1\boldsymbol{\alpha}_1-(b+1+2x_1)\boldsymbol{\alpha}_2+(2b+1)\boldsymbol{\alpha}_3.$$

例 9 求如下齐次线性方程组的一个基础解系:

$$\begin{cases}3x_1+2x_2+\ x_3+3x_4+5x_5=0,\\ 6x_1+4x_2+3x_3+5x_4+7x_5=0,\\ 9x_1+6x_2+5x_3+7x_4+9x_5=0,\\ 3x_1+2x_2\qquad\ +4x_4+8x_5=0.\end{cases}$$

解 对系数矩阵 $\boldsymbol{A}$ 进行初等行变换化为阶梯形矩阵:

$$\boldsymbol{A}=\begin{pmatrix}3&2&1&3&5\\6&4&3&5&7\\9&6&5&7&9\\3&2&0&4&8\end{pmatrix}\rightarrow\begin{pmatrix}3&2&1&3&5\\0&0&1&-1&-3\\0&0&2&-2&-6\\0&0&-1&1&3\end{pmatrix}$$

$$\rightarrow\begin{pmatrix}3&2&1&3&5\\0&0&1&-1&-3\\0&0&0&0&0\\0&0&0&0&0\end{pmatrix}.$$

故原方程组同解于

$$\begin{cases}3x_1+2x_2+x_3+3x_4+5x_5=0,\\ \qquad\qquad\quad x_3-\ x_4-3x_5=0,\end{cases}$$

即

$$\begin{cases}3x_1+x_3=-2x_2-3x_4-5x_5,\\ \qquad\ x_3=x_4+3x_5,\end{cases}$$

其中 x_2,x_4,x_5 为自由未知量. 取 $x_2=1$, $x_4=x_5=0$,得 $x_1=-\dfrac{2}{3}$, $x_3=0$;取 $x_4=1$, $x_2=x_5=0$,得 $x_1=-\dfrac{4}{3}$, $x_3=1$;取 $x_5=1$, $x_2=x_4=0$,得 $x_1=-\dfrac{8}{3}$, $x_3=3$. 令

$$\boldsymbol{\eta}_1=\begin{pmatrix}-\dfrac{2}{3}\\1\\0\\0\\0\end{pmatrix},\quad \boldsymbol{\eta}_2=\begin{pmatrix}-\dfrac{4}{3}\\0\\1\\1\\0\end{pmatrix},\quad \boldsymbol{\eta}_3=\begin{pmatrix}-\dfrac{8}{3}\\0\\3\\0\\1\end{pmatrix},$$

则 $\boldsymbol{\eta}_1,\boldsymbol{\eta}_2,\boldsymbol{\eta}_3$ 为所求基础解系.

点评 这是求基础解系的常规方法:先用初等行变换化系数矩阵为阶梯形矩阵,求出其秩 r,

写出同解方程组,然后对$(n-r)$个自由未知量分别取1,其余取0,即可求出基础解系.

例 10　设线性方程组为

$$\begin{cases}2x_1-\ x_2+\ 3x_3+\ 2x_4=0,\\9x_1-\ x_2+14x_3+\ 2x_4=1,\\3x_1+2x_2+\ 5x_3-\ 4x_4=1,\\4x_1+5x_2+\ 7x_3-10x_4=2.\end{cases}$$

用特解和导出组的基础解系表示方程组的所有解.

解　对增广矩阵 $\overline{\boldsymbol{A}}$ 进行初等行变换:

$$\overline{\boldsymbol{A}}=\begin{pmatrix}2&-1&3&2&0\\9&-1&14&2&1\\3&2&5&-4&1\\4&5&7&-10&2\end{pmatrix}\rightarrow\begin{pmatrix}1&3&2&-6&1\\9&-1&14&2&1\\3&2&5&-4&1\\4&5&7&-10&2\end{pmatrix}$$

$$\rightarrow\begin{pmatrix}1&3&2&-6&1\\0&7&1&-14&2\\0&0&0&0&0\\0&0&0&0&0\end{pmatrix}.$$

导出组与如下线性方程组同解:

$$\begin{cases}x_1+3x_2+2x_3-\ 6x_4=0,\\\qquad 7x_2+\ x_3-14x_4=0,\end{cases}$$

即

$$\begin{cases}x_1+3x_2=-2x_3+\ 6x_4,\\\qquad 7x_2=-\ x_3+14x_4,\end{cases}$$

其中 x_3,x_4 是自由未知量.导出组的基础解系为

$$\boldsymbol{\eta}_1=\left(-\frac{11}{7},-\frac{1}{7},1,0\right)^{\mathrm{T}},\quad \boldsymbol{\eta}_2=(0,2,0,1)^{\mathrm{T}}.$$

原方程组与如下线性方程组同解:

$$\begin{cases}x_1+3x_2+2x_3-\ 6x_4=1,\\\qquad 7x_2+\ x_3-14x_4=2.\end{cases}$$

取 $x_3=x_4=0$,得原方程组的特解 $\boldsymbol{\eta}_0=\left(\frac{1}{7},\frac{2}{7},0,0\right)^{\mathrm{T}}$.所以原方程组的所有解为

$$\boldsymbol{\eta}=\boldsymbol{\eta}_0+k_1\boldsymbol{\eta}_1+k_2\boldsymbol{\eta}_2.$$

点评　对增广矩阵进行初等行变换化为阶梯形矩阵,可得到导出组和原方程组的同解方程组,从而求得导出组的基础解系和原方程组的一个特解.

例 11　已知下列线性方程组:

$$\begin{cases}x_1+x_2\qquad -2x_4=-6,\\4x_1-x_2-x_3-\ x_4=1,\\3x_1-x_2-x_3\qquad =3;\end{cases}\tag{1}$$

$$\begin{cases} x_1+mx_2-x_3-\ \ x_4=-5, \\ \qquad nx_2-x_3-2x_4=-11, \\ \qquad\qquad x_3-2x_4=-t+1. \end{cases} \tag{2}$$

1）求解方程组(1)，用其导出组的基础解系表示一般解；

2）当方程组(2)中的参数 m,n,t 为何值时，方程组(1)与(2)同解？

解 1）设方程组(1)的系数矩阵为 $\boldsymbol{A}$，增广矩阵为 $\overline{\boldsymbol{A}}$，对 $\overline{\boldsymbol{A}}$ 施行初等行变换：

$$\overline{\boldsymbol{A}}=\begin{pmatrix}1&1&0&-2&-6\\4&-1&-1&-1&1\\3&-1&-1&0&3\end{pmatrix}\to\begin{pmatrix}1&1&0&-2&-6\\0&-5&-1&7&25\\0&-4&-1&6&21\end{pmatrix}$$

$$\to\begin{pmatrix}1&1&0&-2&-6\\0&-1&0&1&4\\0&-4&-1&6&21\end{pmatrix}\to\begin{pmatrix}1&1&0&-2&-6\\0&1&0&-1&-4\\0&0&1&-2&-5\end{pmatrix}.$$

因为秩($\boldsymbol{A}$)= 秩($\overline{\boldsymbol{A}}$)= 3<4，故方程组(1)有无穷解，且一般解为

$$\boldsymbol{\gamma}=\begin{pmatrix}-2\\-4\\-5\\0\end{pmatrix}+k\begin{pmatrix}1\\1\\2\\1\end{pmatrix},$$

其中 k 为任意常数.

2）将 $\boldsymbol{\gamma}$ 代入方程组(2)的第一个方程得

$$(-2+k)+m(-4+k)-(-5+2k)-k=-5,$$

解得 $m=2$. 将 $\boldsymbol{\gamma}$ 代入方程组(2)的第二个和第三个方程分别得 $n=4,t=6$，即当 $m=2,n=4,t=6$ 时，方程组(1)的解都是方程组(2)的解. 此时，方程组(2)化为

$$\begin{cases} x_1+2x_2-x_3-\ \ x_4=-5, \\ \qquad 4x_2-x_3-2x_4=-11, \\ \qquad\qquad x_3-2x_4=-5. \end{cases}$$

可求得方程组(2)的一般解为

$$\boldsymbol{\gamma}=\begin{pmatrix}-2\\-4\\-5\\0\end{pmatrix}+k\begin{pmatrix}1\\1\\2\\1\end{pmatrix},$$

其中 k 为任意常数，即方程组(1)与(2)同解.

点评 求出 m,n,t 后，要验证方程组(2)的一般解与方程组(1)的相同.

例 12 已知

$$\boldsymbol{\alpha}_1=\begin{pmatrix}7\\-10\\1\\1\\1\end{pmatrix},\quad \boldsymbol{\alpha}_2=\begin{pmatrix}6\\-8\\-2\\3\\1\end{pmatrix},\quad \boldsymbol{\alpha}_3=\begin{pmatrix}5\\-6\\-5\\5\\1\end{pmatrix},\quad \boldsymbol{\alpha}_4=\begin{pmatrix}1\\-2\\3\\-2\\0\end{pmatrix}$$

都是线性方程组

$$\begin{cases} x_1+x_2+x_3+x_4+x_5=0, \\ 3x_1+2x_2+x_3+x_4-3x_5=0, \\ x_2+2x_3+2x_4+6x_5=0, \\ 5x_1+4x_2+3x_3+3x_4-x_5=0 \end{cases} \tag{1}$$

的解向量，试问方程组(1)的解能否都能经 $\boldsymbol{\alpha}_1,\boldsymbol{\alpha}_2,\boldsymbol{\alpha}_3,\boldsymbol{\alpha}_4$ 线性表出？并求出方程组(1)的一组包含 $\boldsymbol{\alpha}_1,\boldsymbol{\alpha}_2,\boldsymbol{\alpha}_3,\boldsymbol{\alpha}_4$ 的一个极大线性无关组的基础解系.

解　对方程组(1)的系数矩阵 $\boldsymbol{A}$ 施行初等行变换化为阶梯形矩阵：

$$\boldsymbol{A}=\begin{pmatrix} 1 & 1 & 1 & 1 & 1 \\ 3 & 2 & 1 & 1 & -3 \\ 0 & 1 & 2 & 2 & 6 \\ 5 & 4 & 3 & 3 & -1 \end{pmatrix} \to \begin{pmatrix} 1 & 1 & 1 & 1 & 1 \\ 0 & 1 & 2 & 2 & 6 \\ 0 & 0 & 0 & 0 & 0 \\ 0 & 0 & 0 & 0 & 0 \end{pmatrix},$$

所以秩$(\boldsymbol{A})=2$，基础解系所含向量个数为 $5-2=3$.

再求 $\boldsymbol{\alpha}_1,\boldsymbol{\alpha}_2,\boldsymbol{\alpha}_3,\boldsymbol{\alpha}_4$ 的一个极大线性无关组. 对矩阵$(\boldsymbol{\alpha}_1,\boldsymbol{\alpha}_2,\boldsymbol{\alpha}_3,\boldsymbol{\alpha}_4)$施行初等行变换化为阶梯形矩阵：

$$(\boldsymbol{\alpha}_1,\boldsymbol{\alpha}_2,\boldsymbol{\alpha}_3,\boldsymbol{\alpha}_4)=\begin{pmatrix} 7 & 6 & 5 & 1 \\ -10 & -8 & -6 & -2 \\ 1 & -2 & -5 & 3 \\ 1 & 3 & 5 & -2 \\ 1 & 1 & 1 & 0 \end{pmatrix} \to \begin{pmatrix} 1 & 0 & -1 & 1 \\ 0 & 1 & 2 & -1 \\ 0 & 0 & 0 & 0 \\ 0 & 0 & 0 & 0 \\ 0 & 0 & 0 & 0 \end{pmatrix},$$

所以 $\boldsymbol{\alpha}_1,\boldsymbol{\alpha}_2$ 为 $\boldsymbol{\alpha}_1,\boldsymbol{\alpha}_2,\boldsymbol{\alpha}_3,\boldsymbol{\alpha}_4$ 的一个极大线性无关组，由此可知方程组(1)的解不能都经 $\boldsymbol{\alpha}_1,\boldsymbol{\alpha}_2,\boldsymbol{\alpha}_3,\boldsymbol{\alpha}_4$ 线性表出.

易知 $\boldsymbol{\alpha}_5=(1,-2,1,0,0)^{\mathrm{T}}$ 是方程组(1)的解，且不能经 $\boldsymbol{\alpha}_1,\boldsymbol{\alpha}_2$ 线性表出，从而 $\boldsymbol{\alpha}_1,\boldsymbol{\alpha}_2,\boldsymbol{\alpha}_5$ 是方程组(1)的一个基础解系，即为所求.

点评　方程组(1)的解都能经 $\boldsymbol{\alpha}_1,\boldsymbol{\alpha}_2,\boldsymbol{\alpha}_3,\boldsymbol{\alpha}_4$ 线性表出当且仅当 $\boldsymbol{\alpha}_1,\boldsymbol{\alpha}_2,\boldsymbol{\alpha}_3,\boldsymbol{\alpha}_4$ 的秩为 3. 方程组(1)的基础解系含 3 个向量，要求包含 $\boldsymbol{\alpha}_1,\boldsymbol{\alpha}_2$ 的基础解系，只需求方程组(1)的一个不能经 $\boldsymbol{\alpha}_1,\boldsymbol{\alpha}_2$ 线性表出的解.

例 13　已知线性方程组

$$\begin{cases} x_1+2x_2+3x_3=0, \\ 2x_1+3x_2+5x_3=0, \\ x_1+x_2+ax_3=0 \end{cases} \tag{1}$$

和

$$\begin{cases} x_1+bx_2+cx_3=0, \\ 2x_1+b^2x_2+(c+1)x_3=0 \end{cases} \tag{2}$$

同解，求 a,b,c 的值.

解　因为方程组(2)的未知量个数大于方程个数，故(2)有无穷多解. 又方程组(1)与(2)同解，所以(1)的系数矩阵 $\boldsymbol{A}$ 的秩小于 3. 对 $\boldsymbol{A}$ 施行初等行变换：

$$A=\begin{pmatrix}1&2&3\\2&3&5\\1&1&a\end{pmatrix}\to\begin{pmatrix}1&2&3\\0&-1&-1\\0&-1&a-3\end{pmatrix}\to\begin{pmatrix}1&2&3\\0&1&1\\0&0&a-2\end{pmatrix},$$

从而 $a=2$.

此时,方程组(1)的系数矩阵经初等行变换可化为

$$A=\begin{pmatrix}1&2&3\\2&3&5\\1&1&2\end{pmatrix}\to\begin{pmatrix}1&0&1\\0&1&1\\0&0&0\end{pmatrix},$$

故 $(-1,-1,1)^{\mathrm{T}}$ 为方程组(1)的一个基础解系. 将 $x_1=-1,x_2=-1,x_3=1$ 代入方程组(2),可得 $b=1,c=2$ 或 $b=0,c=1$.

当 $b=1,c=2$ 时,对方程组(2)的系数矩阵 $\boldsymbol{B}$ 施行初等行变换化为阶梯形矩阵:

$$B=\begin{pmatrix}1&1&2\\2&1&3\end{pmatrix}\to\begin{pmatrix}1&0&1\\0&1&1\end{pmatrix},$$

故方程组(1)与(2)同解.

当 $b=0,c=1$ 时,对 $\boldsymbol{B}$ 施行初等行变换化为阶梯形矩阵:

$$B=\begin{pmatrix}1&0&1\\2&0&2\end{pmatrix}\to\begin{pmatrix}1&0&1\\0&0&0\end{pmatrix},$$

故方程组(1)与(2)不同解.

综上所述,当 $a=2,b=1,c=2$ 时,方程组(1)与(2)同解.

例 14 已知齐次线性方程组

$$\begin{cases}(a_1+b)x_1+a_2x_2+a_3x_3+\cdots+a_nx_n=0,\\ a_1x_1+(a_2+b)x_2+a_3x_3+\cdots+a_nx_n=0,\\ a_1x_1+a_2x_2+(a_3+b)x_3+\cdots+a_nx_n=0,\\ \cdots\cdots\cdots\cdots\\ a_1x_1+a_2x_2+a_3x_3+\cdots+(a_n+b)x_n=0,\end{cases}$$

其中 $\sum\limits_{i=1}^{n}a_i\neq0$. 试讨论当 $a_1,a_2,\cdots,a_n$ 和 b 满足何种关系时,

1) 方程组只有零解?

2) 方程组有非零解? 在有非零解时,求一般解.

解 方程组的系数矩阵的行列式为

$$\begin{vmatrix}a_1+b&a_2&a_3&\cdots&a_n\\a_1&a_2+b&a_3&\cdots&a_n\\a_1&a_2&a_3+b&\cdots&a_n\\\vdots&\vdots&\vdots&&\vdots\\a_1&a_2&a_3&\cdots&a_n+b\end{vmatrix}=\left(\sum_{i=1}^{n}a_i+b\right)\begin{vmatrix}1&a_2&a_3&\cdots&a_n\\1&a_2+b&a_3&\cdots&a_n\\1&a_2&a_3+b&\cdots&a_n\\\vdots&\vdots&\vdots&&\vdots\\1&a_2&a_3&\cdots&a_n+b\end{vmatrix}$$

$$
=\left(\sum_{i=1}^{n}a_i+b\right)\begin{vmatrix}1 & a_2 & a_3 & \cdots & a_n\\0 & b & 0 & \cdots & 0\\0 & 0 & b & \cdots & 0\\\vdots & \vdots & \vdots & & \vdots\\0 & 0 & 0 & \cdots & b\end{vmatrix}=\left(\sum_{i=1}^{n}a_i+b\right)b^{n-1}.
$$

1）当 $\sum\limits_{i=1}^{n}a_i+b\neq 0$ 且 $b\neq 0$ 时，方程组只有零解.

2）当 $\sum\limits_{i=1}^{n}a_i+b=0$ 时，对系数矩阵施行初等行变换：

$$
\begin{pmatrix}a_1+b & a_2 & a_3 & \cdots & a_n\\a_1 & a_2+b & a_3 & \cdots & a_n\\a_1 & a_2 & a_3+b & \cdots & a_n\\\vdots & \vdots & \vdots & & \vdots\\a_1 & a_2 & a_3 & \cdots & a_n+b\end{pmatrix}\to\begin{pmatrix}a_1+b & a_2 & a_3 & \cdots & a_n\\-b & b & 0 & \cdots & 0\\-b & 0 & b & \cdots & 0\\\vdots & \vdots & \vdots & & \vdots\\-b & 0 & 0 & \cdots & b\end{pmatrix}
$$

$$
\to\begin{pmatrix}a_1+b & a_2 & a_3 & \cdots & a_n\\-1 & 1 & 0 & \cdots & 0\\-1 & 0 & 1 & \cdots & 0\\\vdots & \vdots & \vdots & & \vdots\\-1 & 0 & 0 & \cdots & 1\end{pmatrix}\to\begin{pmatrix}\sum\limits_{i=1}^{n}a_i+b & 0 & 0 & \cdots & 0\\-1 & 1 & 0 & \cdots & 0\\-1 & 0 & 1 & \cdots & 0\\\vdots & \vdots & \vdots & & \vdots\\-1 & 0 & 0 & \cdots & 1\end{pmatrix}
$$

$$
=\begin{pmatrix}0 & 0 & 0 & \cdots & 0\\-1 & 1 & 0 & \cdots & 0\\-1 & 0 & 1 & \cdots & 0\\\vdots & \vdots & \vdots & & \vdots\\-1 & 0 & 0 & \cdots & 1\end{pmatrix},
$$

原方程组同解于

$$
\begin{cases}x_1=x_2,\\x_1=x_3,\\\cdots\cdots\cdots\cdots\\x_1=x_n,\end{cases}
$$

解得基础解系为 $\boldsymbol{\eta}=(1,1,\cdots,1)^{\mathrm{T}}$，一般解为 $k\boldsymbol{\eta}$，k 为任意常数.

当 $b=0$ 时，对系数矩阵作初等行变换：

$$
\begin{pmatrix}a_1 & a_2 & a_3 & \cdots & a_n\\a_1 & a_2 & a_3 & \cdots & a_n\\a_1 & a_2 & a_3 & \cdots & a_n\\\vdots & \vdots & \vdots & & \vdots\\a_1 & a_2 & a_3 & \cdots & a_n\end{pmatrix}\to\begin{pmatrix}a_1 & a_2 & a_3 & \cdots & a_n\\0 & 0 & 0 & \cdots & 0\\0 & 0 & 0 & \cdots & 0\\\vdots & \vdots & \vdots & & \vdots\\0 & 0 & 0 & \cdots & 0\end{pmatrix},
$$

原方程组同解于

$$a_1x_1+a_2x_2+\cdots+a_nx_n=0.$$

由于 $\sum\limits_{i=1}^{n}a_i\neq 0$，$a_i(i=1,2,\cdots,n)$不全为零，不妨设 $a_1\neq 0$，可得基础解系为

$$\boldsymbol{\eta}_1=\left(-\frac{a_2}{a_1},1,0,\cdots,0\right)^{\mathrm{T}},$$

$$\boldsymbol{\eta}_2=\left(-\frac{a_3}{a_1},0,1,\cdots,0\right)^{\mathrm{T}},$$

$$\cdots,$$

$$\boldsymbol{\eta}_{n-1}=\left(-\frac{a_n}{a_1},0,0,\cdots,1\right)^{\mathrm{T}}.$$

所以一般解为

$$l_1\boldsymbol{\eta}_1+l_2\boldsymbol{\eta}_2+\cdots+l_{n-1}\boldsymbol{\eta}_{n-1},$$

其中 $l_1,l_2,\cdots,l_{n-1}$ 为任意常数.

点评 本题方程组中，未知量的个数和方程的个数相同，且系数矩阵的元素排列有规律，故先求系数矩阵的行列式，再利用克拉默法则讨论参数.

例 15 当 λ 取何值时，方程组

$$\begin{cases}2x_1+\lambda x_2-x_3=1,\\ \lambda x_1-x_2+x_3=2,\\ 4x_1+5x_2-5x_3=-1\end{cases}$$

无解，有唯一解或有无穷多解？并在有无穷多解时写出方程组的通解.

解 解法 1 原方程组的系数矩阵的行列式

$$\begin{vmatrix}2&\lambda&-1\\ \lambda&-1&1\\ 4&5&-5\end{vmatrix}=(\lambda-1)(5\lambda+4),$$

故当 $\lambda\neq 1$ 且 $\lambda\neq-\frac{4}{5}$时，方程组有唯一解.

当 $\lambda=1$ 时，原方程组为

$$\begin{cases}2x_1+x_2-x_3=1,\\ x_1-x_2+x_3=2,\\ 4x_1+5x_2-5x_3=-1,\end{cases}$$

对其增广矩阵施行初等行变换：

$$\begin{pmatrix}2&1&-1&1\\ 1&-1&1&2\\ 4&5&-5&-1\end{pmatrix}\to\begin{pmatrix}1&-1&1&2\\ 0&1&-1&-1\\ 0&0&0&0\end{pmatrix}.$$

因此，当 $\lambda=1$ 时，原方程组有无穷多解，其通解为

$$\begin{cases}x_1=1,\\x_2=-1+k,\\x_3=k,\end{cases}$$

其中 k 为任意常数.

当 $\lambda=-\dfrac{4}{5}$ 时,原方程组的同解方程组为

$$\begin{cases}10x_1-4x_2-5x_3=5,\\4x_1+5x_2-5x_3=-10,\\4x_1+5x_2-5x_3=-1,\end{cases}$$

对其增广矩阵施行初等行变换:

$$\begin{pmatrix}10&-4&-5&5\\4&5&-5&-10\\4&5&-5&-1\end{pmatrix}\to\begin{pmatrix}10&-4&-5&5\\4&5&-5&-10\\0&0&0&9\end{pmatrix},$$

故当 $\lambda=-\dfrac{4}{5}$ 时,原方程组无解.

解法 2　对原方程组的增广矩阵施行初等行变换:

$$\begin{pmatrix}2&\lambda&-1&1\\\lambda&-1&1&2\\4&5&-5&-1\end{pmatrix}\to\begin{pmatrix}2&\lambda&-1&1\\\lambda+2&\lambda-1&0&3\\-6&-5\lambda+5&0&-6\end{pmatrix}$$

$$\to\begin{pmatrix}2&\lambda&-1&1\\\lambda+2&\lambda-1&0&3\\5\lambda+4&0&0&9\end{pmatrix}.$$

当 $\lambda=-\dfrac{4}{5}$ 时,原方程组无解;

当 $\lambda\neq1$ 且 $\lambda\neq-\dfrac{4}{5}$ 时,原方程组有唯一解;

当 $\lambda=1$ 时,原方程组有无穷多解,其通解为

$$\begin{cases}x_1=1,\\x_2=-1+k,\\x_3=k,\end{cases}$$

其中 k 为任意常数.

点评　解法 2 是先对增广矩阵进行初等行变换,再讨论参数.

例 16　设线性方程组

$$\begin{cases}x_1+x_2+x_3=0,\\x_1+2x_2+ax_3=0,\\x_1+4x_2+a^2x_3=0\end{cases}\tag{1}$$

与方程

$$x_1+2x_2+x_3=a-1 \tag{2}$$

有公共解,求 a 的值及所有公共解.

解法 1 方程组(1)与方程(2)的公共解即为方程组

$$\begin{cases} x_1+x_2+x_3=0, \\ x_1+2x_2+ax_3=0, \\ x_1+4x_2+a^2x_3=0, \\ x_1+2x_2+x_3=a-1 \end{cases} \tag{3}$$

的解. 对方程组(3)的增广矩阵 $\overline{\boldsymbol{A}}$ 进行初等行变换:

$$\overline{\boldsymbol{A}}=\begin{pmatrix} 1 & 1 & 1 & 0 \\ 1 & 2 & a & 0 \\ 1 & 4 & a^2 & 0 \\ 1 & 2 & 1 & a-1 \end{pmatrix} \to \begin{pmatrix} 1 & 1 & 1 & 0 \\ 0 & 1 & a-1 & 0 \\ 0 & 3 & a^2-1 & 0 \\ 0 & 1 & 0 & a-1 \end{pmatrix}$$

$$\to \begin{pmatrix} 1 & 1 & 1 & 0 \\ 0 & 1 & a-1 & 0 \\ 0 & 0 & (a-1)(a-2) & 0 \\ 0 & 0 & 1-a & a-1 \end{pmatrix} \to \begin{pmatrix} 1 & 1 & 1 & 0 \\ 0 & 1 & a-1 & 0 \\ 0 & 0 & 1-a & a-1 \\ 0 & 0 & 0 & (a-1)(a-2) \end{pmatrix}.$$

由于方程组(3)有解,故 $(a-1)(a-2)=0$,即 $a=1$ 或 $a=2$.

当 $a=1$ 时,方程组(3)的同解方程组为

$$\begin{cases} x_1+x_2+x_3=0, \\ x_2=0, \end{cases}$$

因此方程组(1)与方程(2)的公共解为

$$k(-1,0,1)^{\mathrm{T}},$$

其中 k 为任意常数.

当 $a=2$ 时,方程组(3)的同解方程组为

$$\begin{cases} x_1+x_2+x_3=0, \\ x_2+x_3=0, \\ x_3=-1, \end{cases}$$

故方程组(1)与方程(2)的公共解为

$$(0,1,-1)^{\mathrm{T}}.$$

解法 2 方程组(1)的系数行列式

$$\begin{vmatrix} 1 & 1 & 1 \\ 1 & 2 & a \\ 1 & 4 & a^2 \end{vmatrix}=(a-1)(a-2).$$

当 $a\neq 1$ 且 $a\neq 2$ 时,方程组(1)只有零解,但 $(0,0,0)^{\mathrm{T}}$ 不是方程(2)的解.

当 $a=1$ 时,对方程组(1)的系数矩阵进行初等行变换:

$$\begin{pmatrix}1&1&1\\1&2&1\\1&4&1\end{pmatrix}\to\begin{pmatrix}1&0&1\\0&1&0\\0&0&0\end{pmatrix},$$

因此方程组(1)的通解为 $k(-1,0,1)^{\mathrm{T}}$,其中 k 为任意常数. 此解也满足方程(2),故方程组(1)与方程(2)的所有公共解为

$$k(-1,0,1)^{\mathrm{T}},$$

其中 k 为任意常数.

当 $a=2$ 时,对方程组(1)的系数矩阵进行初等行变换:

$$\begin{pmatrix}1&1&1\\1&2&2\\1&4&4\end{pmatrix}\to\begin{pmatrix}1&0&0\\0&1&1\\0&0&0\end{pmatrix},$$

因此方程组(1)的通解为 $k(0,-1,1)^{\mathrm{T}}$,其中 k 为任意常数. 将此解代入方程(2),得$k=-1$,故方程组(1)与方程(2)的公共解为

$$(0,1,-1)^{\mathrm{T}}.$$

点评　解法 1 通过构造一个新的方程组求公共解. 解法 2 利用通解表达式相同求公共解.

例 17　设四元齐次线性方程组

$$\begin{cases}2x_1+3x_2-x_3=0,\\x_1+2x_2+x_3-x_4=0,\end{cases}\tag{1}$$

且已知另一个四元齐次线性方程组(记为方程组(2))的一个基础解系为

$$\boldsymbol{\alpha}_1=(2,-1,a+2,1)^{\mathrm{T}},\quad \boldsymbol{\alpha}_2=(-1,2,4,a+8)^{\mathrm{T}}.$$

1) 求方程组(1)的一个基础解系;

2) 当 a 为何值时,方程组(1)与(2)有非零公共解? 在有非零公共解时,求出全部非零公共解.

解　1)对方程组(1)的系数矩阵进行初等行变换:

$$\begin{pmatrix}2&3&-1&0\\1&2&1&-1\end{pmatrix}\to\begin{pmatrix}1&0&-5&3\\0&1&3&-2\end{pmatrix},$$

方程组(1)的同解方程组为

$$\begin{cases}x_1=5x_3-3x_4,\\x_2=-3x_3+2x_4.\end{cases}$$

故方程组(1)的一个基础解系为

$$\boldsymbol{\beta}_1=(5,-3,1,0)^{\mathrm{T}},\quad \boldsymbol{\beta}_2=(-3,2,0,1)^{\mathrm{T}}.$$

2)由条件,方程组(2)的全部解为

$$k_1\boldsymbol{\alpha}_1+k_2\boldsymbol{\alpha}_2=(2k_1-k_2,-k_1+2k_2,(a+2)k_1+4k_2,\ k_1+(a+8)k_2)^{\mathrm{T}},$$

其中 k_1,k_2 为任意常数. 将方程组(2)的解代入方程组(1),得

$$\begin{cases}(a+1)k_1=0,\\(a+1)k_1-(a+1)k_2=0.\end{cases}$$

要使方程组(1)与(2)有非零公共解,只需上面这个关于 k_1,k_2 的方程组有非零解. 因为

$$\begin{vmatrix} a+1 & 0 \\ a+1 & -(a+1) \end{vmatrix} = -(a+1)^2,$$

所以,当 $a\neq -1$ 时,方程组(1)与(2)无非零公共解. 当 $a=-1$ 时,上述关于 k_1,k_2 的方程组有非零解,且 k_1,k_2 为不全为零的任意常数. 此时,方程组(2)的解都是方程组(1)的解. 故方程组(1)与(2)的全部非零解为

$$k_1(2,-1,1,1)^{\mathrm{T}}+k_2(-1,2,4,7)^{\mathrm{T}},$$

其中 k_1,k_2 为不全为零的任意常数.

点评 要求方程组(1)与(2)的公共解,只需把方程组(2)的通解代入(1),讨论任意常数满足的条件,从而得公共解. 若求非零公共解,则需注意最后得到的公共解中要把零解去掉.

例 18 设秩$(\boldsymbol{A})$= 秩$(\overline{\boldsymbol{A}})=r$,则方程组 $\boldsymbol{AX}=\boldsymbol{b}$ 的解向量集合的秩是 $n-r+1$,其中 $\overline{\boldsymbol{A}}=(\boldsymbol{A}\quad \boldsymbol{b})$.

证明 设 $\boldsymbol{AX}=\boldsymbol{b}$ 的一个解为 $\boldsymbol{\beta}$,$\boldsymbol{AX}=\boldsymbol{0}$ 的基础解系为 $\boldsymbol{\alpha}_1,\boldsymbol{\alpha}_2,\cdots,\boldsymbol{\alpha}_{n-r}$,则 $\boldsymbol{\beta},\boldsymbol{\beta}+\boldsymbol{\alpha}_1,\cdots,\boldsymbol{\beta}+\boldsymbol{\alpha}_{n-r}$ 均为 $\boldsymbol{AX}=\boldsymbol{b}$ 的解. 下面证明它们是线性无关的.

若有 $k\boldsymbol{\beta}+\sum\limits_{i=1}^{n-r}k_i(\boldsymbol{\beta}+\boldsymbol{\alpha}_i)=\boldsymbol{0}$,则有

$$\left(k+\sum_{i=1}^{n-r}k_i\right)\boldsymbol{\beta}+\sum_{i=1}^{n-r}k_i\boldsymbol{\alpha}_i=\boldsymbol{0},$$

故 $k+\sum\limits_{i=1}^{n-r}k_i=0$. 否则 $\boldsymbol{\beta}$ 可经 $\boldsymbol{\alpha}_1,\boldsymbol{\alpha}_2,\cdots,\boldsymbol{\alpha}_{n-r}$ 线性表示,因而是 $\boldsymbol{AX}=\boldsymbol{0}$ 的解,这是不可能的,进而得

$$\sum_{i=1}^{n-r}k_i\boldsymbol{\alpha}_i=\boldsymbol{0},\quad k_i=0,i=1,2,\cdots,n-r,$$

从而 $k=0$.

再设 $\boldsymbol{\gamma}$ 为 $\boldsymbol{AX}=\boldsymbol{b}$ 的任意一个解,则 $\boldsymbol{\gamma}-\boldsymbol{\beta}$ 是 $\boldsymbol{AX}=\boldsymbol{0}$ 的解,因此可由基础解系 $\boldsymbol{\alpha}_1,\boldsymbol{\alpha}_2,\cdots,\boldsymbol{\alpha}_{n-r}$ 线性表示. 设

$$\boldsymbol{\gamma}-\boldsymbol{\beta}=k_1\boldsymbol{\alpha}_1+k_2\boldsymbol{\alpha}_2+\cdots+k_{n-r}\boldsymbol{\alpha}_{n-r},$$

则

$$\boldsymbol{\gamma}=\boldsymbol{\beta}+\sum_{i=1}^{n-r}k_i\boldsymbol{\alpha}_i=\left(1-\sum_{i=1}^{n-r}k_i\right)\boldsymbol{\beta}+\sum_{i=1}^{n-r}k_i(\boldsymbol{\beta}+\boldsymbol{\alpha}_i),$$

故 $\boldsymbol{\beta},\boldsymbol{\beta}+\boldsymbol{\alpha}_1,\cdots,\boldsymbol{\beta}+\boldsymbol{\alpha}_{n-r}$ 为 $\boldsymbol{AX}=\boldsymbol{b}$ 的解集合的极大线性无关组.

点评 为证明 $\boldsymbol{AX}=\boldsymbol{b}$ 的解向量所组成向量组的极大无关组含$(n-r+1)$个解向量,需找出 $\boldsymbol{AX}=\boldsymbol{b}$ 的$(n-r+1)$个解向量,证明这$(n-r+1)$个解向量线性无关,以及 $\boldsymbol{AX}=\boldsymbol{b}$ 的任意解向量都可由这$(n-r+1)$个解向量线性表出.

例 19 设

$$\boldsymbol{A}=\begin{pmatrix} a_{11} & a_{12} & \cdots & a_{1n} \\ a_{21} & a_{22} & \cdots & a_{2n} \\ \vdots & \vdots & & \vdots \\ a_{n1} & a_{n2} & \cdots & a_{nn} \end{pmatrix}$$

为实数域上的矩阵,证明:

1) 如果 $|a_{ii}|>\sum\limits_{j\neq i}|a_{ij}|$,$i,j=1,2,\cdots,n$,则 $|\boldsymbol{A}|\neq 0$;

2) 如果 $a_{ii}>\sum_{j\neq i}|a_{ij}|,i,j=1,2,\cdots,n$,则 $|\boldsymbol{A}|>0$.

证明 1) 对任意的非零向量 $(b_1,b_2,\cdots,b_n)$,设

$$k=\max\{|b_1|,|b_2|,\cdots,|b_n|\},$$

显然 $k>0$,不妨设 $k=|b_i|$(i 是 $1,2,\cdots,n$ 中某一个). 由条件 1)得

$$|a_{ii}b_i|>\sum_{j\neq i}|a_{ij}||b_j|=\sum_{j\neq i}|a_{ij}b_j|\geqslant\left|\sum_{j\neq i}a_{ij}b_j\right|,$$

因此 $\sum_{j=1}^{n}a_{ij}b_j=a_{ii}b_i+\sum_{j\neq i}a_{ij}b_j\neq 0$,

$$\boldsymbol{A}\begin{pmatrix}x_1\\x_2\\\vdots\\x_n\end{pmatrix}=\boldsymbol{0}$$

只有唯一零解,故 $|\boldsymbol{A}|\neq 0$.

2) 设 $0\leqslant t\leqslant 1$,令

$$f(t)=\begin{vmatrix}a_{11}&a_{12}&a_{13}&\cdots&a_{1,n-1}&a_{1n}\\a_{21}t&a_{22}&a_{23}&\cdots&a_{2,n-1}&a_{2n}\\a_{31}t&a_{32}t&a_{33}&\cdots&a_{3,n-1}&a_{3n}\\\vdots&\vdots&\vdots&&\vdots&\vdots\\a_{n1}t&a_{n2}t&a_{n3}t&\cdots&a_{n,n-1}t&a_{nn}\end{vmatrix}.$$

利用本题 1)得 $f(t)\neq 0$. 显然 $f(1)=|\boldsymbol{A}|$,$f(0)=a_{11}a_{22}\cdots a_{nn}>0$. 若 $f(1)<0$,而 $f(t)$ 是 t 的连续函数,则必定存在点 $t_1\in(0,1)$,使 $f(t_1)=0$. 这与上述结论矛盾,所以 $f(1)=|\boldsymbol{A}|>0$.

点评 为证 $|\boldsymbol{A}|\neq 0$,等价于证明齐次线性方程组 $\boldsymbol{AX}=\boldsymbol{0}$ 只有唯一的零解,即为 1)的证明思路. 2)比 1)更深入,要进一步证明 $|\boldsymbol{A}|>0$. 为此,构造了关于 t 的行列式,借助连续函数的性质得证.

例 20 设

$$\boldsymbol{A}=\begin{pmatrix}a_{11}&a_{12}&\cdots&a_{1n}\\a_{21}&a_{22}&\cdots&a_{2n}\\\vdots&\vdots&&\vdots\\a_{n1}&a_{n2}&\cdots&a_{nn}\end{pmatrix}$$

为实数域上的矩阵,

$$a_{ii}>0,\quad i=1,2,\cdots,n,$$
$$a_{ij}<0,\quad i\neq j,\ i,\ j=1,2,\cdots,n,$$

且 $\sum_{j=1}^{n}a_{ij}=0,i=1,2,\cdots,n$. 证明:秩$(\boldsymbol{A})=n-1$.

证明 由 $\sum_{j=1}^{n}a_{ij}=0,i=1,2,\cdots,n$ 知,$(1,1,\cdots,1)^{\mathrm{T}}$ 是齐次线性方程组 $\boldsymbol{AX}=\boldsymbol{0}$ 的解,故 $|\boldsymbol{A}|=0$. 又

$$a_{ii}=-\sum_{j\neq i}a_{ij}=\sum_{j\neq i}|a_{ij}|>\sum_{j\neq i,n}|a_{ij}|,\quad i=1,2,\cdots,n-1,$$

由上题结论知,

$$\begin{vmatrix} a_{11} & a_{12} & \cdots & a_{1,n-1} \\ a_{21} & a_{22} & \cdots & a_{2,n-1} \\ \vdots & \vdots & & \vdots \\ a_{n-1,1} & a_{n-1,2} & \cdots & a_{n-1,n} \end{vmatrix}\neq 0,$$

因此秩$(\boldsymbol{A})=n-1$.

点评 要证秩$(\boldsymbol{A})=n-1$,只需证明$|\boldsymbol{A}|=0$且$\boldsymbol{A}$有一个$(n-1)$阶子式不等于0.

例 21 设$\boldsymbol{AX}=\boldsymbol{0}$与$\boldsymbol{BX}=\boldsymbol{0}$均为$n$元齐次线性方程组,秩$(\boldsymbol{A})=$秩$(\boldsymbol{B})$且$\boldsymbol{AX}=\boldsymbol{0}$的解均为方程组$\boldsymbol{BX}=\boldsymbol{0}$的解,证明:方程组$\boldsymbol{AX}=\boldsymbol{0}$与$\boldsymbol{BX}=\boldsymbol{0}$同解.

证明 不妨设秩$(\boldsymbol{A})=$秩$(\boldsymbol{B})=r(>0)$,记$\boldsymbol{AX}=\boldsymbol{0}$与$\boldsymbol{BX}=\boldsymbol{0}$的基础解系分别为

$$\boldsymbol{\xi}_1,\boldsymbol{\xi}_2,\cdots,\boldsymbol{\xi}_{n-r},\tag{1}$$

$$\boldsymbol{\eta}_1,\boldsymbol{\eta}_2,\cdots,\boldsymbol{\eta}_{n-r},\tag{2}$$

考察向量组

$$\boldsymbol{\xi}_1,\boldsymbol{\xi}_2,\cdots,\boldsymbol{\xi}_{n-r},\boldsymbol{\eta}_1,\boldsymbol{\eta}_2,\cdots,\boldsymbol{\eta}_{n-r}.\tag{3}$$

由已知,向量组(1)可经向量组(2)线性表出,所以$\boldsymbol{\eta}_1,\boldsymbol{\eta}_2,\cdots,\boldsymbol{\eta}_{n-r}$是向量组(3)的一个极大无关组. 又$\boldsymbol{\xi}_1,\boldsymbol{\xi}_2,\cdots,\boldsymbol{\xi}_{n-r}$线性无关,故$\boldsymbol{\xi}_1,\boldsymbol{\xi}_2,\cdots,\boldsymbol{\xi}_{n-r}$也是(3)的一个极大无关组. 于是$\boldsymbol{\eta}_1,\boldsymbol{\eta}_2,\cdots,\boldsymbol{\eta}_{n-r}$可经$\boldsymbol{\xi}_1,\boldsymbol{\xi}_2,\cdots,\boldsymbol{\xi}_{n-r}$线性表出,从而$\boldsymbol{BX}=\boldsymbol{0}$的任一解也是$\boldsymbol{AX}=\boldsymbol{0}$的解,故$\boldsymbol{AX}=\boldsymbol{0}$与$\boldsymbol{BX}=\boldsymbol{0}$同解.

点评 若向量组的秩为r,则它的任意$(n-r)$个线性无关的向量都构成它的一个极大无关组.

例 22 设$\boldsymbol{A}$是一个$m\times n$矩阵,证明:线性方程组$\boldsymbol{AX}=\boldsymbol{b}$有解的充要条件是若$\boldsymbol{A}^{\mathrm T}\boldsymbol{Z}=\boldsymbol{0}$,则$\boldsymbol{b}^{\mathrm T}\boldsymbol{Z}=\boldsymbol{0}$.

证明 必要性. 设$\boldsymbol{AX}_0=\boldsymbol{b}$且$\boldsymbol{A}^{\mathrm T}\boldsymbol{Z}=\boldsymbol{0}$,则$\boldsymbol{b}^{\mathrm T}=\boldsymbol{X}_0{}^{\mathrm T}\boldsymbol{A}^{\mathrm T}$,右乘$\boldsymbol{Z}$,得

$$\boldsymbol{b}^{\mathrm T}\boldsymbol{Z}=\boldsymbol{X}_0{}^{\mathrm T}\boldsymbol{A}^{\mathrm T}\boldsymbol{Z}=\boldsymbol{0}.$$

充分性. 由充分性假设知,线性方程组$\begin{pmatrix}\boldsymbol{A}^{\mathrm T}\\ \boldsymbol{b}^{\mathrm T}\end{pmatrix}\boldsymbol{X}=\boldsymbol{0}$与$\boldsymbol{A}^{\mathrm T}\boldsymbol{X}=\boldsymbol{0}$同解. 所以

$$\begin{aligned}\text{秩}(\boldsymbol{A})=\text{秩}(\boldsymbol{A}^{\mathrm T})=\text{秩}\left(\begin{pmatrix}\boldsymbol{A}^{\mathrm T}\\ \boldsymbol{b}^{\mathrm T}\end{pmatrix}\right)&=\text{秩}((\boldsymbol{A}\quad\boldsymbol{b})^{\mathrm T})\\ &=\text{秩}((\boldsymbol{A}\quad\boldsymbol{b}))=\text{秩}(\overline{\boldsymbol{A}}),\end{aligned}$$

即证$\boldsymbol{AX}=\boldsymbol{b}$有解.

点评 线性方程组$\boldsymbol{AX}=\boldsymbol{b}$有解当且仅当秩$(\boldsymbol{A})=$秩$(\overline{\boldsymbol{A}})$.

例 23 设齐次线性方程组

$$\begin{cases} a_{11}x_1+a_{12}x_2+\cdots+a_{1n}x_n=0,\\ a_{21}x_1+a_{22}x_2+\cdots+a_{2n}x_n=0,\\ \cdots\cdots\cdots\cdots\\ a_{n-1,1}x_1+a_{n-1,2}x_2+\cdots+a_{n-1,n}x_n=0,\end{cases}\tag{1}$$

$M_i(i=1,2,\cdots,n)$为系数矩阵 $\boldsymbol{A}$ 中划去第 i 列剩下的$(n-1)\times(n-1)$矩阵的行列式. 证明:如果秩$(\boldsymbol{A})=n-1$,则 $\boldsymbol{\eta}_0=(M_1,-M_2,\cdots,(-1)^{n-1}M_n)^{\mathrm{T}}$ 是方程组(1)的一个基础解系.

证明 1) 构造行列式

$$D(i)=\begin{vmatrix} a_{i1} & a_{i2} & \cdots & a_{in} \\ a_{11} & a_{12} & \cdots & a_{1n} \\ \vdots & \vdots & & \vdots \\ a_{n-1,1} & a_{n-1,2} & \cdots & a_{n-1,n} \end{vmatrix}, \quad i=1,2,\cdots,n-1.$$

因为 $D(i)$有两行相同,故 $D(i)=0(i=1,2,\cdots,n-1)$. 将 $D(i)$按第一行展开,

$$\begin{aligned} D(i)&=a_{i1}M_1-a_{i2}M_2+\cdots+(-1)^{n+1}a_{in}M_n \\ &=a_{i1}M_1-a_{i2}M_2+\cdots+(-1)^{n-1}a_{in}M_n=0 \quad (i=1,2,\cdots,n-1). \end{aligned}$$

由此知,$(M_1,-M_2,\cdots,(-1)^{n-1}M_n)^{\mathrm{T}}$ 是方程组(1)的一个解.

2) 欲证 $\boldsymbol{\eta}_0$ 线性无关,只需证 $\boldsymbol{\eta}_0\neq\boldsymbol{0}$. 因为秩$(\boldsymbol{A})=n-1$,故 $\boldsymbol{A}$ 至少有一个$(n-1)$阶子式不为零. 由此知,$M_1,M_2,\cdots,M_n$至少有一个不为零. 故$(M_1,-M_2,\cdots,(-1)^{n-1}M_n)^{\mathrm{T}}$ 不是零向量.

由 1),2)知$(M_1,-M_2,\cdots,(-1)^{n-1}M_n)^{\mathrm{T}}$ 是方程组(1)的一个基础解系.

点评 已知秩$(\boldsymbol{A})=n-1$,所以方程组(1)的基础解系只含一个解向量,欲证 $\boldsymbol{\eta}_0$ 是方程组(1)的一个基础解系,只需证:1) $\boldsymbol{\eta}_0$是方程组(1)的一个解向量;2) $\boldsymbol{\eta}_0$线性无关. 可先假定 $\boldsymbol{\eta}_0$是方程组(1)的一个解向量,则把 $\boldsymbol{\eta}_0$代入(1)的第 i 个方程,应有

$$a_{i1}M_1-a_{i2}M_2+\cdots+(-1)^{n-1}a_{in}M_n=0 \quad (i=1,2,\cdots,n-1).$$

上式从形式上看,很像一个行列式按以 $a_{i1},a_{i2},\cdots,a_{in}$ 为元素的行展开的结果. 由此启发我们,可构造一个满足上式要求的行列式,作为证 1)的工具.

例 24 设 $\boldsymbol{\alpha}_1,\boldsymbol{\alpha}_2,\cdots,\boldsymbol{\alpha}_s$ 是线性无关的 n 维列向量,令

$$\boldsymbol{A}=(\boldsymbol{\alpha}_1,\boldsymbol{\alpha}_2,\cdots,\boldsymbol{\alpha}_s)^{\mathrm{T}},$$

齐次线性方程组 $\boldsymbol{AX}=\boldsymbol{0}$ 的一个基础解系为 $\boldsymbol{\beta}_1,\boldsymbol{\beta}_2,\cdots,\boldsymbol{\beta}_{n-s}$(均为 n 维列向量). 证明:方程组 $\boldsymbol{BX}=\boldsymbol{0}$ 的一个基础解系为 $\boldsymbol{\alpha}_1,\boldsymbol{\alpha}_2,\cdots,\boldsymbol{\alpha}_s$,其中

$$\boldsymbol{B}=(\boldsymbol{\beta}_1,\boldsymbol{\beta}_2,\cdots,\boldsymbol{\beta}_{n-s})^{\mathrm{T}}.$$

证明 由 $\boldsymbol{A}(\boldsymbol{\beta}_1,\boldsymbol{\beta}_2,\cdots,\boldsymbol{\beta}_{n-s})=\boldsymbol{O}$ 知,$\boldsymbol{B}(\boldsymbol{\alpha}_1,\boldsymbol{\alpha}_2,\cdots,\boldsymbol{\alpha}_s)=\boldsymbol{O}$,即 $\boldsymbol{\alpha}_1,\boldsymbol{\alpha}_2,\cdots,\boldsymbol{\alpha}_s$ 是 $\boldsymbol{BX}=\boldsymbol{0}$ 的解. 因为秩$(\boldsymbol{B})=n-s$,且 $\boldsymbol{\alpha}_1,\boldsymbol{\alpha}_2,\cdots,\boldsymbol{\alpha}_s$ 线性无关,所以 $\boldsymbol{\alpha}_1,\boldsymbol{\alpha}_2,\cdots,\boldsymbol{\alpha}_s$ 是 $\boldsymbol{BX}=\boldsymbol{0}$ 的一个基础解系.

点评 若 n 元齐次线性方程组的系数矩阵的秩为 r,则它的任意$(n-r)$个线性无关的解都是它的基础解系.

例 25 试构造一个齐次线性方程组,使其一个基础解系为

$$\boldsymbol{\alpha}_1=(1,-1,1,0)^{\mathrm{T}}, \quad \boldsymbol{\alpha}_2=(1,1,0,1)^{\mathrm{T}}.$$

解 令

$$\boldsymbol{A}=\begin{pmatrix} \boldsymbol{\alpha}_1^{\mathrm{T}} \\ \boldsymbol{\alpha}_2^{\mathrm{T}} \end{pmatrix}=\begin{pmatrix} 1 & -1 & 1 & 0 \\ 1 & 1 & 0 & 1 \end{pmatrix},$$

构造齐次线性方程组 $\boldsymbol{AX}=\boldsymbol{0}$,即

$$\begin{cases} x_1-x_2+x_3=0, \\ x_1+x_2+x_4=0, \end{cases}$$

得基础解系为 $\boldsymbol{\beta}_1=(1,0,-1,-1)^{\mathrm{T}}$, $\boldsymbol{\beta}_2=(0,1,1,-1)^{\mathrm{T}}$. 令

$$\boldsymbol{B}=\begin{pmatrix}\boldsymbol{\beta}_1^{\mathrm{T}}\\ \boldsymbol{\beta}_2^{\mathrm{T}}\end{pmatrix}=\begin{pmatrix}1&0&-1&-1\\0&1&1&-1\end{pmatrix},$$

则方程组 $\boldsymbol{BX}=\boldsymbol{0}$ 的一个基础解系为 $\boldsymbol{\alpha}_1,\boldsymbol{\alpha}_2$.

点评 由例 24,求齐次线性方程组 $\boldsymbol{BX}=\boldsymbol{0}$ 转化为求方程组 $\boldsymbol{AX}=\boldsymbol{0}$ 的基础解系.

例 26 当 λ 为何值时,多项式

$$f(x)=x^3-\lambda x+4,\quad g(x)=2x^2+(1-\lambda)x+2$$

有公共根?

解 由

$$R(f,g)=\begin{vmatrix}1&0&-\lambda&4&0\\0&1&0&-\lambda&4\\2&1-\lambda&2&0&0\\0&2&1-\lambda&2&0\\0&0&2&1-\lambda&2\end{vmatrix}$$

$$=2(\lambda^3-8\lambda^2-3\lambda+90)=0$$

解得 $\lambda=-3,5,6$,故当 $\lambda=-3,5,6$ 时,多项式 $f(x)$ 与 $g(x)$ 有公共根.

点评 由 $f(x)$ 与 $g(x)$ 的结式 $R(f,g)=0$ 求解 λ,即为所求.

例 27 解方程组

$$\begin{cases}y^2+2xy+3x^2+2x-2y+2=0,\\ y^2+4xy+x^2+y-5x-4=0.\end{cases}$$

解 原方程组化为

$$\begin{cases}y^2+(2x-2)y+3x^2+2x+2=0,\\ y^2+(4x+1)y+x^2-5x-4=0,\end{cases}$$

结式

$$R_y(f,g)=\begin{vmatrix}1&2x-2&3x^2+2x+2&0\\0&1&2x-2&3x^2+2x+2\\1&4x+1&x^2-5x-4&0\\0&1&4x+1&x^2-5x-4\end{vmatrix}$$

$$=2(2x+3)^2(x+1)(3x+1)=0,$$

解得 $x=-\dfrac{3}{2},x=-1,x=-\dfrac{1}{3}$,并分别代入原方程组得

$$1)\begin{cases}4y^2-20y+23=0,\\4y^2-20y+23=0;\end{cases}\quad 2)\begin{cases}y^2-3y+2=0,\\y^2-4y+3=0;\end{cases}\quad 3)\begin{cases}9y^2-3y-20=0,\\3y^2-8y+5=0.\end{cases}$$

从 1)解得 $y=\dfrac{5\pm\sqrt{2}}{2}$,从 2)解得 $y=1$,从 3)解得 $y=\dfrac{5}{3}$,故

$$\left(-\frac{3}{2},\frac{5+\sqrt{2}}{2}\right),\quad\left(-\frac{3}{2},\frac{5-\sqrt{2}}{2}\right),\quad(-1,1),\quad\left(-\frac{1}{3},\frac{5}{3}\right)$$

为原方程组的解.

§3.3　习　　题

1. 用消元法解下列方程组:

1) $\begin{cases} x_1+3x_2+5x_3-4x_4 \qquad =1, \\ x_1+3x_2+2x_3-2x_4+x_5=-1, \\ x_1-2x_2+\ x_3-\ x_4-x_5=3, \\ x_1-4x_2+\ x_3+\ x_4-x_5=3, \\ x_1+2x_2+\ x_3-\ x_4+x_5=-1; \end{cases}$　　2) $\begin{cases} x_1+2x_2- \qquad 3x_4+2x_5=1, \\ x_1-\ x_2-3x_3+\ \ x_4-3x_5=2, \\ 2x_1-3x_2+4x_3-\ 5x_4+2x_5=7, \\ 9x_1-9x_2+6x_3-16x_4+2x_5=25; \end{cases}$

3) $\begin{cases} x_1-\ 2x_2+3x_3-4x_4=4, \\ \qquad x_2-\ x_3+\ x_4=-3, \\ x_1+\ 3x_2+ \qquad x_4=1, \\ \quad -7x_2+3x_3+\ x_4=-3; \end{cases}$　　4) $\begin{cases} 3x_1+\ 4x_2-\ 5x_3+\ 7x_4=0, \\ 2x_1-\ 3x_2+\ 3x_3-\ 2x_4=0, \\ 4x_1+11x_2-13x_3+16x_4=0, \\ 7x_1-\ 2x_2+\ \ x_3+\ 3x_4=0; \end{cases}$

5) $\begin{cases} 2x_1+\ x_2-\ x_3+\ x_4=1, \\ 3x_1-2x_2+2x_3-3x_4=2, \\ 5x_1+\ x_2-\ x_3+2x_4=-1, \\ 2x_1-\ x_2+\ x_3-3x_4=4; \end{cases}$　　6) $\begin{cases} x_1+2x_2+3x_3-x_4=1, \\ 3x_1+2x_2+\ x_3-x_4=1, \\ 2x_1+3x_2+\ x_3+x_4=1, \\ 2x_1+2x_2+2x_3-x_4=1, \\ 5x_1+5x_2+2x_3 \qquad =2. \end{cases}$

2. 把向量 $\boldsymbol{\beta}$ 表示成向量 $\boldsymbol{\alpha}_1,\boldsymbol{\alpha}_2,\boldsymbol{\alpha}_3,\boldsymbol{\alpha}_4$ 的线性组合:

1) $\boldsymbol{\beta}=(1,2,1,1),\boldsymbol{\alpha}_1=(1,1,1,1),\boldsymbol{\alpha}_2=(1,1,-1,-1),\boldsymbol{\alpha}_3=(1,-1,1,-1),\boldsymbol{\alpha}_4=(1,-1,-1,1)$;

2) $\boldsymbol{\beta}=(0,0,0,1),\boldsymbol{\alpha}_1=(1,1,0,1),\boldsymbol{\alpha}_2=(2,1,3,1),\boldsymbol{\alpha}_3=(1,1,0,0),\boldsymbol{\alpha}_4=(0,1,-1,-1)$.

3. 证明:如果向量组 $\boldsymbol{\alpha}_1,\boldsymbol{\alpha}_2,\cdots,\boldsymbol{\alpha}_r$ 线性无关,而 $\boldsymbol{\alpha}_1,\boldsymbol{\alpha}_2,\cdots,\boldsymbol{\alpha}_r,\boldsymbol{\beta}$ 线性相关,则向量 $\boldsymbol{\beta}$ 可以经 $\boldsymbol{\alpha}_1,\boldsymbol{\alpha}_2,\cdots,\boldsymbol{\alpha}_r$ 线性表出.

4. 设 $\boldsymbol{\alpha}_i=(a_{i1},a_{i2},\cdots,a_{in}),i=1,2,\cdots,n$. 证明:如果 $|(a_{ij})_{n\times n}|\neq 0$,那么 $\boldsymbol{\alpha}_1,\boldsymbol{\alpha}_2,\cdots,\boldsymbol{\alpha}_n$ 线性无关.

5. 设 $t_1,t_2,\cdots,t_r$ 是互不相同的数,$r\leqslant n$. 证明:$\boldsymbol{\alpha}_i=(1,t_i,\cdots,t_i^{n-1})$, $i=1,2,\cdots,r$是线性无关的.

6. 设 $\boldsymbol{\alpha}_1,\boldsymbol{\alpha}_2,\boldsymbol{\alpha}_3$ 线性无关,证明:$\boldsymbol{\alpha}_1+\boldsymbol{\alpha}_2,\boldsymbol{\alpha}_2+\boldsymbol{\alpha}_3,\boldsymbol{\alpha}_3+\boldsymbol{\alpha}_1$ 也线性无关.

7. 已知 $\boldsymbol{\alpha}_1,\boldsymbol{\alpha}_2,\cdots,\boldsymbol{\alpha}_s$ 的秩为 r,证明:$\boldsymbol{\alpha}_1,\boldsymbol{\alpha}_2,\cdots,\boldsymbol{\alpha}_s$ 中任意 r 个线性无关的向量都构成它的一个极大线性无关组.

8. 设 $\boldsymbol{\alpha}_1,\boldsymbol{\alpha}_2,\cdots,\boldsymbol{\alpha}_s$ 的秩为 $r,\boldsymbol{\alpha}_{i_1},\boldsymbol{\alpha}_{i_2},\cdots,\boldsymbol{\alpha}_{i_r}$ 是 $\boldsymbol{\alpha}_1,\boldsymbol{\alpha}_2,\cdots,\boldsymbol{\alpha}_s$ 中的 r 个向量,使得 $\boldsymbol{\alpha}_1,\boldsymbol{\alpha}_2,\cdots,\boldsymbol{\alpha}_s$ 中每个向量都可被它们线性表出,证明:$\boldsymbol{\alpha}_{i_1},\boldsymbol{\alpha}_{i_2},\cdots,\boldsymbol{\alpha}_{i_r}$ 是 $\boldsymbol{\alpha}_1,\boldsymbol{\alpha}_2,\cdots,\boldsymbol{\alpha}_s$ 的一个极大线性无关组.

9. 设 $\boldsymbol{\alpha}_1=(1,-1,2,4),\boldsymbol{\alpha}_2=(0,3,1,2),\boldsymbol{\alpha}_3=(3,0,7,14),\boldsymbol{\alpha}_4=(1,-1,2,0),\boldsymbol{\alpha}_5=(2,1,5,6)$.

1) 证明:$\boldsymbol{\alpha}_1,\boldsymbol{\alpha}_2$ 线性无关;

2）把 $\boldsymbol{\alpha}_1,\boldsymbol{\alpha}_2$ 扩充成 $\boldsymbol{\alpha}_1,\boldsymbol{\alpha}_2,\cdots,\boldsymbol{\alpha}_5$ 的一个极大线性无关组.

10. 求下列向量组的极大线性无关组与秩：

1）$\boldsymbol{\alpha}_1=(6,4,1,-1,2)$，$\boldsymbol{\alpha}_2=(1,0,2,3,-4)$，$\boldsymbol{\alpha}_3=(1,4,-9,-16,22)$，$\boldsymbol{\alpha}_4=(7,1,0,-1,3)$；

2）$\boldsymbol{\alpha}_1=(1,-1,2,4)$，$\boldsymbol{\alpha}_2=(0,3,1,2)$，$\boldsymbol{\alpha}_3=(3,0,7,14)$，$\boldsymbol{\alpha}_4=(1,-1,2,0)$，$\boldsymbol{\alpha}_5=(2,1,5,6)$.

11. 设 $\boldsymbol{\alpha}_1,\boldsymbol{\alpha}_2,\cdots,\boldsymbol{\alpha}_n$ 是一组 n 维向量，已知 n 维单位向量 $\boldsymbol{\varepsilon}_1,\boldsymbol{\varepsilon}_2,\cdots,\boldsymbol{\varepsilon}_n$ 可以经它们线性表出，其中 $\boldsymbol{\varepsilon}_i$ 的第 i 个分量为 1，其余分量为 0，$i=1,2,\cdots,n$. 证明：$\boldsymbol{\alpha}_1,\boldsymbol{\alpha}_2,\cdots,\boldsymbol{\alpha}_n$ 线性无关.

12. 设 $\boldsymbol{\alpha}_1,\boldsymbol{\alpha}_2,\cdots,\boldsymbol{\alpha}_n$ 是一组 n 维向量，证明：$\boldsymbol{\alpha}_1,\boldsymbol{\alpha}_2,\cdots,\boldsymbol{\alpha}_n$ 线性无关的充要条件是任一 n 维向量都可以经它们线性表出.

13. 证明：线性方程组

$$\begin{cases} a_{11}x_1+a_{12}x_2+\cdots+a_{1n}x_n=b_1, \\ a_{21}x_1+a_{22}x_2+\cdots+a_{2n}x_n=b_2, \\ \cdots\cdots\cdots\cdots \\ a_{n1}x_1+a_{n2}x_2+\cdots+a_{nn}x_n=b_n \end{cases}$$

对任何 $b_1,b_2,\cdots,b_n$ 都有解的充要条件是系数行列式 $|(a_{ij})_{n\times n}|\neq 0$.

14. 已知向量组 $\boldsymbol{\alpha}_1,\boldsymbol{\alpha}_2,\cdots,\boldsymbol{\alpha}_r$ 与 $\boldsymbol{\alpha}_1,\boldsymbol{\alpha}_2,\cdots,\boldsymbol{\alpha}_r,\boldsymbol{\alpha}_{r+1},\cdots,\boldsymbol{\alpha}_s$ 有相同的秩，证明：$\boldsymbol{\alpha}_1,\boldsymbol{\alpha}_2,\cdots,\boldsymbol{\alpha}_r$ 与 $\boldsymbol{\alpha}_1,\boldsymbol{\alpha}_2,\cdots,\boldsymbol{\alpha}_r,\boldsymbol{\alpha}_{r+1},\cdots,\boldsymbol{\alpha}_s$ 等价.

15. 设 $\boldsymbol{\beta}_1=\boldsymbol{\alpha}_2+\boldsymbol{\alpha}_3+\boldsymbol{\alpha}_4+\cdots+\boldsymbol{\alpha}_r$，$\boldsymbol{\beta}_2=\boldsymbol{\alpha}_1+\boldsymbol{\alpha}_3+\cdots+\boldsymbol{\alpha}_r$，$\cdots$，$\boldsymbol{\beta}_r=\boldsymbol{\alpha}_1+\boldsymbol{\alpha}_2+\cdots+\boldsymbol{\alpha}_{r-1}$，证明：$\boldsymbol{\beta}_1,\boldsymbol{\beta}_2,\cdots,\boldsymbol{\beta}_r$ 与 $\boldsymbol{\alpha}_1,\boldsymbol{\alpha}_2,\cdots,\boldsymbol{\alpha}_r$ 有相同的秩.

16. 计算下列矩阵的秩：

1）$\begin{pmatrix} 0 & 1 & 1 & -1 & 2 \\ 0 & 2 & -2 & -2 & 0 \\ 0 & -1 & -1 & 1 & 1 \\ 1 & 1 & 0 & 1 & -1 \end{pmatrix}$；　2）$\begin{pmatrix} 1 & -1 & 2 & 1 & 0 \\ 2 & -2 & 4 & -2 & 0 \\ 3 & 0 & 6 & -1 & 1 \\ 0 & 3 & 0 & 0 & 1 \end{pmatrix}$；

3）$\begin{pmatrix} 14 & 12 & 6 & 8 & 2 \\ 6 & 104 & 21 & 9 & 17 \\ 7 & 6 & 3 & 4 & 1 \\ 35 & 30 & 15 & 20 & 5 \end{pmatrix}$；　4）$\begin{pmatrix} 1 & 0 & 0 & 1 & 4 \\ 0 & 1 & 0 & 2 & 5 \\ 0 & 0 & 1 & 3 & 6 \\ 1 & 2 & 3 & 14 & 32 \\ 4 & 5 & 6 & 32 & 77 \end{pmatrix}$；

5）$\begin{pmatrix} 1 & 0 & 1 & 0 & 0 \\ 1 & 1 & 0 & 0 & 0 \\ 0 & 1 & 1 & 0 & 0 \\ 0 & 0 & 1 & 1 & 0 \\ 0 & 1 & 0 & 1 & 1 \end{pmatrix}$.

17. 讨论 λ,a,b 取什么值时下列方程组有解，并求解：

1）$\begin{cases} \lambda x_1+x_2+x_3=1, \\ x_1+\lambda x_2+x_3=\lambda, \\ x_1+x_2+\lambda x_3=\lambda^2; \end{cases}$

2) $\begin{cases}(\lambda+3)x_1+x_2+2x_3=\lambda,\\ \lambda x_1+(\lambda-1)x_2+x_3=2\lambda,\\ 3(\lambda+1)x_1+\lambda x_2+(\lambda+3)x_3=3;\end{cases}$　　3) $\begin{cases}ax_1+x_2+x_3=4,\\ x_1+bx_2+x_3=3,\\ x_1+2bx_2+x_3=4.\end{cases}$

18. 求下列齐次线性方程组的一个基础解系，并用它表示全部解：

1) $\begin{cases}x_1+x_2+x_3+x_4+x_5=0,\\ 3x_1+2x_2+x_3+x_4-3x_5=0,\\ x_2+2x_3+2x_4+6x_5=0,\\ 5x_1+4x_2+3x_3+3x_4-x_5=0;\end{cases}$　　2) $\begin{cases}x_1+x_2-3x_4-x_5=0,\\ x_1-x_2+2x_3-x_4=0,\\ 4x_1-2x_2+6x_3+3x_4-4x_5=0,\\ 2x_1+4x_2-2x_3+4x_4-7x_5=0;\end{cases}$

3) $\begin{cases}x_1-2x_2+x_3+x_4-x_5=0,\\ 2x_1+x_2-x_3-x_4-x_5=0,\\ x_1+7x_2-5x_3-5x_4+5x_5=0,\\ 3x_1-x_2-2x_3+x_4-x_5=0;\end{cases}$　　4) $\begin{cases}x_1-2x_2+x_3-x_4+x_5=0,\\ 2x_1+x_2-x_3+2x_4-3x_5=0,\\ 3x_1-2x_2-x_3+x_4-2x_5=0,\\ 2x_1-5x_2+x_3-2x_4+2x_5=0.\end{cases}$

19. 用导出组的基础解系表示下列方程组的全部解：

1) $\begin{cases}x_1+3x_2+5x_3-4x_4=1,\\ x_1+3x_2+2x_3-2x_4+x_5=-1,\\ x_1-2x_2+x_3-x_4-x_5=3,\\ x_1-4x_2+x_3+x_4-x_5=3,\\ x_1+2x_2+x_3-x_4+x_5=-1;\end{cases}$　　2) $\begin{cases}x_1+2x_2+3x_3-x_4=1,\\ 3x_1+2x_2+x_3-x_4=1,\\ 2x_1+3x_2+x_3+x_4=1,\\ 2x_1+2x_2+2x_3-x_4=1,\\ 5x_1+5x_2+2x_3=2.\end{cases}$

20. 当 a,b 取何值时，线性方程组

$$\begin{cases}x_1+x_2+x_3+x_4+x_5=1,\\ 3x_1+2x_2+x_3+x_4-3x_5=a,\\ x_2+2x_3+2x_4+6x_5=3,\\ 5x_1+4x_2+3x_3+3x_4-x_5=b\end{cases}$$

有解？在有解的情形，求通解.

21. 设

$$\begin{cases}x_1-x_2=a_1,\\ x_2-x_3=a_2,\\ x_3-x_4=a_3,\\ x_4-x_5=a_4,\\ x_5-x_1=a_5.\end{cases}$$

证明：这个方程组有解的充要条件为 $\sum\limits_{i=1}^{5}a_i=0$. 在有解的情形，求通解.

22. 设齐次线性方程组

$$\begin{cases} a_{11}x_1+a_{12}x_2+\cdots+a_{1n}x_n=0, \\ a_{21}x_1+a_{22}x_2+\cdots+a_{2n}x_n=0, \\ \cdots\cdots\cdots\cdots \\ a_{s1}x_1+a_{s2}x_2+\cdots+a_{sn}x_n=0 \end{cases}$$

的系数矩阵的秩为 r,证明:方程组的任意$(n-r)$个线性无关的解都是它的一个基础解系.

23. 设 $\boldsymbol{\alpha}_i=(a_{i1},a_{i2},\cdots,a_{in})$,$i=1,2,\cdots,s$,$\boldsymbol{\beta}=(b_1,b_2,\cdots,b_n)$.证明:如果线性方程组

$$\begin{cases} a_{11}x_1+a_{12}x_2+\cdots+a_{1n}x_n=0, \\ a_{21}x_1+a_{22}x_2+\cdots+a_{2n}x_n=0, \\ \cdots\cdots\cdots\cdots \\ a_{s1}x_1+a_{s2}x_2+\cdots+a_{sn}x_n=0 \end{cases}$$

的解全是方程 $b_1x_1+b_2x_2+\cdots+b_nx_n=0$ 的解,那么 $\boldsymbol{\beta}$ 可以经 $\boldsymbol{\alpha}_1,\boldsymbol{\alpha}_2,\cdots,\boldsymbol{\alpha}_s$ 线性表出.

24. 证明:如果 $\boldsymbol{\eta}_1,\boldsymbol{\eta}_2,\cdots,\boldsymbol{\eta}_t$ 是一个线性方程组的解.那么 $u_1\boldsymbol{\eta}_1+u_2\boldsymbol{\eta}_2+\cdots+u_t\boldsymbol{\eta}_t$(其中 $u_1+u_2+\cdots+u_t=1$)也是该方程组的一个解.

25. 设 $\boldsymbol{\eta}^*$ 是非齐次线性方程组 $\boldsymbol{AX}=\boldsymbol{b}$ 的一个解,$\boldsymbol{\xi}_1,\boldsymbol{\xi}_2,\cdots,\boldsymbol{\xi}_{n-1}$是其导出组 $\boldsymbol{AX}=\boldsymbol{0}$ 的一个基础解系,证明:

1)$\boldsymbol{\eta}^*,\boldsymbol{\xi}_1,\boldsymbol{\xi}_2,\cdots,\boldsymbol{\xi}_{n-1}$线性无关;

2)$\boldsymbol{\eta}^*,\boldsymbol{\eta}^*+\boldsymbol{\xi}_1,\boldsymbol{\eta}^*+\boldsymbol{\xi}_2,\cdots,\boldsymbol{\eta}^*+\boldsymbol{\xi}_{n-1}$线性无关.

26. 已知非齐次线性方程组

$$\begin{cases} x_1+x_2+x_3+x_4=-1, \\ 4x_1+3x_2+5x_3-x_4=-1, \\ ax_1+x_2+3x_3+bx_4=1 \end{cases}$$

有 3 个线性无关的解.

1)证明:方程组的系数矩阵 $\boldsymbol{A}$ 满足秩$(\boldsymbol{A})=2$;

2)求 a,b 的值及方程组的通解.

27. 已知三阶矩阵 $\boldsymbol{B}\neq\boldsymbol{O}$,且 $\boldsymbol{B}$ 的每一个列向量都是如下方程组的解:

$$\begin{cases} x_1+2x_2-2x_3=0, \\ 2x_1-x_2+\lambda x_3=0, \\ 3x_1+x_2-x_3=0. \end{cases}$$

1)求 λ 的值;

2)证明:秩$(\boldsymbol{B})=1$,从而 $|\boldsymbol{B}|=0$.

28. 设

$$\boldsymbol{\alpha}=\begin{pmatrix}1\\2\\1\end{pmatrix},\quad \boldsymbol{\beta}=\begin{pmatrix}1\\ \frac{1}{2}\\0\end{pmatrix},\quad \boldsymbol{\gamma}=\begin{pmatrix}0\\0\\8\end{pmatrix},\qquad \boldsymbol{A}=\boldsymbol{\alpha}\boldsymbol{\beta}^{\mathrm{T}},\ B=\boldsymbol{\beta}^{\mathrm{T}}\boldsymbol{\alpha},$$

其中 $\boldsymbol{\beta}^{\mathrm{T}}$ 是 $\boldsymbol{\beta}$ 的转置,求解方程

$$2B^2\boldsymbol{A}^2\boldsymbol{X}=\boldsymbol{A}^4\boldsymbol{X}+B^4\boldsymbol{X}+\boldsymbol{\gamma}.$$

29. 设三元非齐次线性方程组 $\boldsymbol{AX}=\boldsymbol{b}$ 有三个特解 $\boldsymbol{\alpha}_1,\boldsymbol{\alpha}_2,\boldsymbol{\alpha}_3$，且 $\boldsymbol{\alpha}_1+\boldsymbol{\alpha}_2+\boldsymbol{\alpha}_3=(1,1,1)^{\mathrm{T}}$，$\boldsymbol{\alpha}_3-\boldsymbol{\alpha}_2=(1,0,0)^{\mathrm{T}}$，秩$(\boldsymbol{A})=2$，求 $\boldsymbol{AX}=\boldsymbol{b}$ 的通解.

30. 多项式 $f(x)=2x^3-3x^2+\lambda x+3$ 与 $g(x)=x^3+\lambda x+1$ 在 λ 取什么值时，有公共根？

31. 解下列联立方程：

1) $\begin{cases}5y^2-6xy+5x^2-16=0,\\ y^2-xy+2x^2-y-x-4=0;\end{cases}$ 2) $\begin{cases}x^2+y^2+4x-2y+3=0,\\ x^2+4xy-y^2+10y-9=0;\end{cases}$

3) $\begin{cases}y^2+(x-4)y+x^2-2x+3=0,\\ y^3-5y^2+(x+7)y+x^3-x^2-5x-3=0.\end{cases}$

32. 求出通过点 $M_1(1,0,0)$，$M_2(1,1,0)$，$M_3(1,1,1)$，$M_4(0,1,1)$的球面方程.

33. 求出通过点 $M_1(0,0)$，$M_2(1,0)$，$M_3(2,1)$，$M_4(1,1)$，$M_5(1,4)$的二次曲线的方程.

34. 求下列曲线的直角坐标方程：

1) $\begin{cases}x=t^2-t+1,\\ y=2t^2+t-3;\end{cases}$ 2) $\begin{cases}x=\dfrac{2t+1}{t^2+1},\\ y=\dfrac{t^2+2t-1}{t^2+1}.\end{cases}$

35. 求结式：

1) $\dfrac{x^5-1}{x-1}$与$\dfrac{x^7-1}{x-1}$； 2) x^n+x+1 与 x^2-3x+2； 3) x^n+1 与$(x-1)^n$.

§3.4 习题参考答案与提示

1. 1) $x_1=-\dfrac{1}{2}x_5$，$x_2=-1-\dfrac{1}{2}x_5$，$x_3=0$，$x_4=-1-\dfrac{1}{2}x_5$，x_5 是自由未知量；2) 无解；3) $x_1=-8$，$x_2=3$，$x_3=6$，$x_4=0$；4) $x_1=\dfrac{3}{17}x_3-\dfrac{13}{17}x_4$，$x_2=\dfrac{19}{17}x_3-\dfrac{20}{17}x_4$，$x_3,x_4$ 是自由未知量；5) 无解；6) $x_1=\dfrac{1+5x_4}{6}$，$x_2=\dfrac{1-7x_4}{6}$，$x_3=\dfrac{1+5x_4}{6}$，x_4 是自由未知量.

2. 1) $\boldsymbol{\beta}=\dfrac{5}{4}\boldsymbol{\alpha}_1+\dfrac{1}{4}\boldsymbol{\alpha}_2-\dfrac{1}{4}\boldsymbol{\alpha}_3-\dfrac{1}{4}\boldsymbol{\alpha}_4$；2) $\boldsymbol{\beta}=\boldsymbol{\alpha}_1-\boldsymbol{\alpha}_3$.

3. 提示：根据线性相关、线性无关的性质.

4. 提示：方程个数与未知量个数相等的齐次线性方程组有非零解$\Leftrightarrow$系数矩阵 $\boldsymbol{A}=(a_{ij})_{n\times n}$ 的行列式 $|\boldsymbol{A}|=0$.

5,6. 方法同第 4 题.

7. 提示：根据极大线性无关组和向量组的秩的定义.

8,9. 方法同第 7 题.

10. 1) $\boldsymbol{\alpha}_1,\boldsymbol{\alpha}_2,\boldsymbol{\alpha}_3,\boldsymbol{\alpha}_4$ 的秩为 3，且 $\boldsymbol{\alpha}_1,\boldsymbol{\alpha}_2,\boldsymbol{\alpha}_4$(或 $\boldsymbol{\alpha}_1,\boldsymbol{\alpha}_3,\boldsymbol{\alpha}_4$)为极大线性无关组；2) $\boldsymbol{\alpha}_1,\boldsymbol{\alpha}_2,\boldsymbol{\alpha}_3,\boldsymbol{\alpha}_4,\boldsymbol{\alpha}_5$ 的秩为 3，极大线性无关组为 $\boldsymbol{\alpha}_1,\boldsymbol{\alpha}_2,\boldsymbol{\alpha}_4$(或 $\boldsymbol{\alpha}_1,\boldsymbol{\alpha}_3,\boldsymbol{\alpha}_4$，或 $\boldsymbol{\alpha}_1,\boldsymbol{\alpha}_2,\boldsymbol{\alpha}_5$，或 $\boldsymbol{\alpha}_1,\boldsymbol{\alpha}_3,\boldsymbol{\alpha}_5$).

11. 提示：等价向量组有相同的秩.

12. 提示：利用第 11 题的结论.

13. 提示：$|(a_{ij})_{n\times n}|\neq 0\Leftrightarrow$矩阵$(a_{ij})_{n\times n}$的秩为 n，再利用第 11 题的结论.

14,15. 方法同第 11 题.

16. 1) 4； 2) 3； 3) 2； 4) 3； 5) 5.

17. 1) 当 $\lambda=1$ 时，有无穷多解，且解为 $x_1=1-x_2-x_3$，x_2，x_3 为自由未知量；当 $\lambda=-2$ 时，无解；当 $\lambda\neq 1$ 且 $\lambda\neq -2$ 时，有唯一解，且 $x_1=-\dfrac{\lambda+1}{\lambda+2}$，$x_2=\dfrac{1}{\lambda+2}$，$x_3=\dfrac{(\lambda+1)^2}{\lambda+2}$.

2) 当 $\lambda\neq 0,1$ 时有唯一解，$x_1=\dfrac{\lambda^3+3\lambda^2-15\lambda+9}{\lambda^2(\lambda-1)}$，$x_2=\dfrac{\lambda^3+12\lambda-9}{\lambda^2(\lambda-1)}$，$x_3=-\dfrac{4\lambda^3-3\lambda^2-12\lambda+9}{\lambda^2(\lambda-1)}$；当 $\lambda=0,1$ 时无解.

3) 当 $a\neq 1$，$b\neq 0$ 时有唯一解，$x_1=\dfrac{2b-1}{b(a-1)}$，$x_2=\dfrac{1}{b}$，$x_3=\dfrac{1+2ab-4b}{b(a-1)}$；当 $a=1$，$b=\dfrac{1}{2}$时有无穷多解，$x_1=2-x_3$，$x_2=2$，x_3 为自由未知量；当 $a=1$，$b\neq\dfrac{1}{2}$时无解；当 $b=0$ 时无解.

18. 1) $\boldsymbol{\eta}_1=(1,-2,1,0,0)$，$\boldsymbol{\eta}_2=(1,-2,0,1,0)$，$\boldsymbol{\eta}_3=(5,-6,0,0,1)$，全部解为 $k_1\boldsymbol{\eta}_1+k_2\boldsymbol{\eta}_2+k_3\boldsymbol{\eta}_3$，$k_1,k_2,k_3$ 为任意常数.

2) $\boldsymbol{\eta}_1=(-1,1,1,0,0)$，$\boldsymbol{\eta}_2=\left(\dfrac{7}{6},\dfrac{5}{6},0,\dfrac{1}{3},1\right)$，全部解为 $k_1\boldsymbol{\eta}_1+k_2\boldsymbol{\eta}_2$，$k_1,k_2$ 为任意常数.

3) $\boldsymbol{\eta}_1=\left(2,4,\dfrac{8}{3},\dfrac{13}{3},1\right)$，全部解为 $k\boldsymbol{\eta}_1$，k 为任意常数.

4) $\boldsymbol{\eta}_1=\left(-\dfrac{1}{2},-\dfrac{1}{2},\dfrac{1}{2},1,0\right)$，$\boldsymbol{\eta}_2=\left(\dfrac{7}{8},\dfrac{5}{8},-\dfrac{5}{8},0,1\right)$，全部解为 $k_1\boldsymbol{\eta}_1+k_2\boldsymbol{\eta}_2$，$k_1,k_2$ 为任意常数.

19. 1) $(-1,-2,0,-2,2)+k(1,1,0,1,-2)$，$k$ 为任意常数；

2) $(1,-1,1,1)+k(5,-7,5,6)$，k 为任意常数.

20. 当 $a=0$，$b=2$ 时有解，通解为

$(-2,3,0,0,0)+k_1(1,-2,1,0,0)+k_2(1,-2,0,1,0)+k_3(5,-6,0,0,1)$，$k_1,k_2,k_3$ 为任意常数.

21. 通解为$\left(\sum\limits_{i=1}^{4}a_i,\sum\limits_{i=2}^{4}a_i,\sum\limits_{i=3}^{4}a_i,a_4,0\right)+k(1,1,1,1,1)$，$k$ 为任意常数.

22. 提示：证明方程组的任意一个解都可经这$(n-r)$个线性无关的解线性表出.

23. 提示：构造方程组

$$\begin{cases}a_{11}x_1+a_{12}x_2+\cdots+a_{1n}x_n=0,\\ a_{21}x_1+a_{22}x_2+\cdots+a_{2n}x_n=0,\\ \cdots\cdots\cdots\cdots\\ a_{s1}x_1+a_{s2}x_2+\cdots+a_{sn}x_n=0,\\ b_1x_1+b_2x_2+\cdots+b_nx_n=0.\end{cases}$$

24. 提示：根据线性方程组的解的结构.

25. 提示：根据线性无关的定义.

26. 提示：非齐次线性方程组的两个解的差是其导出组的解.

27. 提示：1) $\lambda=1$；2) 秩$(\boldsymbol{B})$的最大值为 3−秩$(\boldsymbol{A})$，$\boldsymbol{A}$ 为题中方程组的系数矩阵.

28. 提示：把已知方程转化为一个非齐次线性方程组 $8(\boldsymbol{A}-2\boldsymbol{E})\boldsymbol{X}=\boldsymbol{\gamma}$.

29. $\frac{1}{3}(1,1,1)^{\mathrm{T}}+k(1,0,0)^{\mathrm{T}}$，$k$ 为任意常数.

30. 当 $\lambda=-2,-\frac{1}{2}(7+5\sqrt{3}),-\frac{1}{2}(7-5\sqrt{3})$ 时，$f(x)$，$g(x)$ 有公共根.

31. 1) $\begin{cases}x_1=1,\\y_1=-1;\end{cases}$ $\begin{cases}x_2=1,\\y_2=-1;\end{cases}$ $\begin{cases}x_3=-1,\\y_3=1;\end{cases}$ $\begin{cases}x_4=2,\\y_4=2.\end{cases}$

2) $\begin{cases}x_1=-3,\\y_1=0;\end{cases}$ $\begin{cases}x_2=-1,\\y_2=2;\end{cases}$ $\begin{cases}x_3=\dfrac{-10-3\sqrt{5}}{5},\\y_3=\dfrac{5-\sqrt{5}}{5};\end{cases}$ $\begin{cases}x_4=\dfrac{-10+3\sqrt{5}}{5},\\y_4=\dfrac{5+\sqrt{5}}{5}.\end{cases}$

3) $\begin{cases}x_1=0,\\y_1=1;\end{cases}$ $\begin{cases}x_2=0,\\y_2=3;\end{cases}$ $\begin{cases}x_3=-1,\\y_3=2;\end{cases}$ $\begin{cases}x_4=-1,\\y_4=3;\end{cases}$ $\begin{cases}x_5=2,\\y_5=1+\sqrt{2}\,\mathrm{i};\end{cases}$ $\begin{cases}x_6=2,\\y_6=1-\sqrt{2}\,\mathrm{i}.\end{cases}$

32. $x^2+y^2+z^2-x-y-z=0$.

33. $x^2-2xy-x+2y=0$.

34. 1) $4x^2-4xy+y^2-23x+7y+19=0$；　2) $8x^2+5y^2-4xy-8x+2y-7=0$.

35. 1) 1；　2) $3(2^n+3)$；　3) $(-1)^n\cdot 2^n$.

第三章典型习题详解

第四章　矩　　阵

§4.1　基本知识

一、矩阵的概念

由数域 P 中 $s\times n$ 个数排成的 s 行 n 列的数表称为数域 P 上的一个 $s\times n$ 矩阵，记为 $\boldsymbol{A}_{s\times n}$ 或 $\boldsymbol{A}_{sn}$，简记为 $\boldsymbol{A}$，也记为 $(a_{ij})_{s\times n}$ 或 (a_{ij})，即

$$\boldsymbol{A}=\begin{pmatrix} a_{11} & a_{12} & \cdots & a_{1n} \\ a_{21} & a_{22} & \cdots & a_{2n} \\ \vdots & \vdots & & \vdots \\ a_{s1} & a_{s2} & \cdots & a_{sn} \end{pmatrix},$$

其中 a_{ij} 称为矩阵 $\boldsymbol{A}$ 的元素.

当 $s=n$ 时，$n\times n$ 矩阵称为 n 阶方阵，也称 n 阶矩阵. 行列式

$$\begin{vmatrix} a_{11} & a_{12} & \cdots & a_{1n} \\ a_{21} & a_{22} & \cdots & a_{2n} \\ \vdots & \vdots & & \vdots \\ a_{n1} & a_{n2} & \cdots & a_{nn} \end{vmatrix}$$

称为矩阵 $\boldsymbol{A}$ 的行列式，记为 $|\boldsymbol{A}|$.

若矩阵 $\boldsymbol{A}$ 与 $\boldsymbol{B}$ 的行数、列数相同，且对应元素相等，则称 $\boldsymbol{A}$ 与 $\boldsymbol{B}$ 相等，记为 $\boldsymbol{A}=\boldsymbol{B}$.

元素全为 0 的矩阵称为零矩阵，记为 $\boldsymbol{O}$.

将 $\boldsymbol{A}$ 的所有元素取相反数得到的矩阵称为 $\boldsymbol{A}$ 的负矩阵，记为 $-\boldsymbol{A}$.

二、矩阵的运算

1. 矩阵的加法：设 $\boldsymbol{A}=(a_{ij})_{s\times n}$，$\boldsymbol{B}=(b_{ij})_{s\times n}$，则 $(a_{ij}+b_{ij})_{s\times n}$ 称为矩阵 $\boldsymbol{A}$ 与 $\boldsymbol{B}$ 的和，记为 $\boldsymbol{A}+\boldsymbol{B}$.

2. 数与矩阵的乘法：设 $k\in P$，$\boldsymbol{A}=(a_{ij})_{s\times n}$，则 $(ka_{ij})_{s\times n}$ 称为 k 与 $\boldsymbol{A}$ 的数量乘积，记为 $k\boldsymbol{A}$.

3. 矩阵的乘法：设 $\boldsymbol{A}=(a_{ij})_{m\times n}$，$\boldsymbol{B}=(b_{jk})_{n\times s}$，则矩阵 $(c_{ik})_{m\times s}$（其中 $c_{ik}=\sum\limits_{j=1}^{n}a_{ij}b_{jk}$）称为矩阵 $\boldsymbol{A}$ 与 $\boldsymbol{B}$ 的乘积，记为 $\boldsymbol{AB}$.

4. 矩阵的转置：把矩阵 $\boldsymbol{A}=(a_{ij})_{s\times n}$ 的行、列互换而得到的矩阵 $(a_{ji})_{n\times s}$ 称为 $\boldsymbol{A}$ 的转置矩阵，记为 $\boldsymbol{A}^{\mathrm{T}}$.

5. 方阵的幂运算:设 $\boldsymbol{A}$ 是 n 阶方阵,则$\underbrace{\boldsymbol{AA}\cdots\boldsymbol{A}}_{k个}$称为 $\boldsymbol{A}$ 的 k 次幂,记为 $\boldsymbol{A}^k$.

三、矩阵的运算规律

1. 矩阵的加法满足如下规律:

1) $\boldsymbol{A}+\boldsymbol{B}=\boldsymbol{B}+\boldsymbol{A}$;

2) $(\boldsymbol{A}+\boldsymbol{B})+\boldsymbol{C}=\boldsymbol{A}+(\boldsymbol{B}+\boldsymbol{C})$;

3) $\boldsymbol{A}+\boldsymbol{O}=\boldsymbol{A}$;

4) $\boldsymbol{A}+(-\boldsymbol{A})=\boldsymbol{O}$;

5) $\boldsymbol{A}-\boldsymbol{B}=\boldsymbol{A}+(-\boldsymbol{B})$.

2. 矩阵的乘法满足如下规律:

1) $(\boldsymbol{AB})\boldsymbol{C}=\boldsymbol{A}(\boldsymbol{BC})$;

2) $\boldsymbol{A}(\boldsymbol{B}+\boldsymbol{C})=\boldsymbol{AB}+\boldsymbol{AC}$;

3) $(\boldsymbol{B}+\boldsymbol{C})\boldsymbol{D}=\boldsymbol{BD}+\boldsymbol{CD}$;

4) $k(\boldsymbol{AB})=(k\boldsymbol{A})\boldsymbol{B}=\boldsymbol{A}(k\boldsymbol{B})$;

5) $\boldsymbol{A}^k\boldsymbol{A}^l=\boldsymbol{A}^{k+l}$;

6) $(\boldsymbol{A}^k)^l=\boldsymbol{A}^{kl}$.

3. 数量乘积满足如下规律:

1) $(k+l)\boldsymbol{A}=k\boldsymbol{A}+l\boldsymbol{A}$;

2) $k(\boldsymbol{A}+\boldsymbol{B})=k\boldsymbol{A}+k\boldsymbol{B}$;

3) $k(l\boldsymbol{A})=(kl)\boldsymbol{A}$;

4) $1\boldsymbol{A}=\boldsymbol{A}$.

4. 矩阵的转置满足如下规律:

1) $(\boldsymbol{A}^{\mathrm{T}})^{\mathrm{T}}=\boldsymbol{A}$;

2) $(\boldsymbol{A}+\boldsymbol{B})^{\mathrm{T}}=\boldsymbol{A}^{\mathrm{T}}+\boldsymbol{B}^{\mathrm{T}}$;

3) $(k\boldsymbol{A})^{\mathrm{T}}=k\boldsymbol{A}^{\mathrm{T}}$;

4) $(\boldsymbol{AB})^{\mathrm{T}}=\boldsymbol{B}^{\mathrm{T}}\boldsymbol{A}^{\mathrm{T}}$.

5. 方阵的行列式满足如下规律:

1) $|\boldsymbol{A}^{\mathrm{T}}|=|\boldsymbol{A}|$;

2) $|k\boldsymbol{A}|=k^n|\boldsymbol{A}|$,$\boldsymbol{A}$ 为 n 阶方阵;

3) $|\boldsymbol{AB}|=|\boldsymbol{A}||\boldsymbol{B}|$;

4) $|\boldsymbol{AB}|=|\boldsymbol{BA}|$.

6. 矩阵的乘法不满足交换律,即 $\boldsymbol{AB}$ 有意义时 $\boldsymbol{BA}$ 未必有意义;即使 $\boldsymbol{AB}$ 和 $\boldsymbol{BA}$ 都有意义,两者也未必相等.

7. 两个非零矩阵相乘可能是零矩阵,即由 $\boldsymbol{AB}=\boldsymbol{O}$ 不能推出 $\boldsymbol{A}=\boldsymbol{O}$ 或 $\boldsymbol{B}=\boldsymbol{O}$.

8. 矩阵的乘法不满足消去律,即由 $\boldsymbol{AB}=\boldsymbol{AC}$ 未必能推出 $\boldsymbol{B}=\boldsymbol{C}$.

四、几种特殊矩阵

1. 单位矩阵:主对角线上的元素全是 1,其余元素全为 0 的方阵称为单位矩阵,记为 $\boldsymbol{E}$.

2. 对角矩阵：主对角线外的元素均为零的矩阵称为对角矩阵；若对角矩阵的主对角线上的元素相等，则称为数量矩阵.

3. 三角形矩阵：主对角线下方元素全为零的方阵称为上三角形矩阵；主对角线上方元素全为零的方阵称为下三角形矩阵；上三角形矩阵、下三角形矩阵统称为三角形矩阵.

4. 对称矩阵：若 n 阶方阵 $\boldsymbol{A}=(a_{ij})$ 满足 $a_{ij}=a_{ji}(i,j=1,2,\cdots,n)$，即 $\boldsymbol{A}^{\mathrm{T}}=\boldsymbol{A}$，则称 $\boldsymbol{A}$ 为对称矩阵.

5. 反称矩阵：若 n 阶方阵 $\boldsymbol{A}=(a_{ij})$ 满足 $a_{ij}=-a_{ji}(i,j=1,2,\cdots,n)$，即 $\boldsymbol{A}^{\mathrm{T}}=-\boldsymbol{A}$，则称 $\boldsymbol{A}$ 为反称矩阵.

6. 正交矩阵：若 n 阶方阵 $\boldsymbol{A}$ 满足 $\boldsymbol{A}^{\mathrm{T}}\boldsymbol{A}=\boldsymbol{A}\boldsymbol{A}^{\mathrm{T}}=\boldsymbol{E}$，则称 $\boldsymbol{A}$ 为正交矩阵.

7. 幂零矩阵：令 $\boldsymbol{A}$ 为 n 阶方阵，若有正整数 m，使 $\boldsymbol{A}^m=\boldsymbol{O}$，则称 $\boldsymbol{A}$ 为幂零矩阵.

8. 幂等矩阵：满足 $\boldsymbol{A}^2=\boldsymbol{A}$ 的方阵 $\boldsymbol{A}$ 称为幂等矩阵.

9. 对合矩阵：满足 $\boldsymbol{A}^2=\boldsymbol{E}$ 的方阵 $\boldsymbol{A}$ 称为对合矩阵.

五、可逆矩阵与初等矩阵

1. 可逆矩阵：对 n 阶方阵 $\boldsymbol{A}$，若有 n 阶方阵 $\boldsymbol{B}$，使 $\boldsymbol{AB}=\boldsymbol{BA}=\boldsymbol{E}$，则称 $\boldsymbol{A}$ 为可逆矩阵，称 $\boldsymbol{B}$ 为 $\boldsymbol{A}$ 的逆矩阵.

可逆矩阵 $\boldsymbol{A}$ 的逆矩阵是唯一的，记为 $\boldsymbol{A}^{-1}$.

2. 非退化矩阵：对 n 阶方阵 $\boldsymbol{A}$，若 $|\boldsymbol{A}|\neq 0$，则称 $\boldsymbol{A}$ 为非退化的；否则称为退化的.

n 阶方阵 $\boldsymbol{A}$ 可逆 $\Leftrightarrow \boldsymbol{A}$ 是非退化的.

3. 伴随矩阵：

1）设 $\boldsymbol{A}=(a_{ij})_{n\times n}$，称

$$\boldsymbol{A}^*=\begin{pmatrix} A_{11} & A_{21} & \cdots & A_{n1} \\ A_{12} & A_{22} & \cdots & A_{n2} \\ \vdots & \vdots & & \vdots \\ A_{1n} & A_{2n} & \cdots & A_{nn} \end{pmatrix}$$

为 $\boldsymbol{A}$ 的伴随矩阵，其中 A_{ij} 为 $|\boldsymbol{A}|$ 的元素 a_{ij} 的代数余子式 $(i,j=1,2,\cdots,n)$；

2）$\boldsymbol{AA}^*=\boldsymbol{A}^*\boldsymbol{A}=|\boldsymbol{A}|\boldsymbol{E}$；若 $\boldsymbol{A}$ 可逆，则 $\boldsymbol{A}^{-1}=\dfrac{1}{|\boldsymbol{A}|}\boldsymbol{A}^*$；

3）$(\boldsymbol{AB})^*=\boldsymbol{B}^*\boldsymbol{A}^*$；

4）$(\boldsymbol{A}^*)^{\mathrm{T}}=(\boldsymbol{A}^{\mathrm{T}})^*$；

5）$(k\boldsymbol{A})^*=k^{n-1}\boldsymbol{A}^*$，$\boldsymbol{A}$ 为 n 阶方阵；

6）$|\boldsymbol{A}^*|=|\boldsymbol{A}|^{n-1}$，$\boldsymbol{A}$ 为 n 阶方阵$(n\geqslant 2)$；

7）$(\boldsymbol{A}^*)^*=|\boldsymbol{A}|^{n-2}\boldsymbol{A}$，$\boldsymbol{A}$ 为 n 阶方阵$(n\geqslant 2)$.

4. 初等矩阵：

1）由单位矩阵经过一次初等变换得到的矩阵称为初等矩阵，

交换单位矩阵 $\boldsymbol{E}$ 的第 i 行(列)与第 j 行(列)，得 $\boldsymbol{P}(i,j)$；

用非零数 c 乘 $\boldsymbol{E}$ 的第 i 行(列)，得 $\boldsymbol{P}(i(c))$；

把 $\boldsymbol{E}$ 的第 j 行(i 列)的 k 倍加到第 i 行(j 列)得 $\boldsymbol{P}(i,j(k))$；

2）$\boldsymbol{P}(i,j)^{-1}=\boldsymbol{P}(i,j)$，$\boldsymbol{P}(i(c))^{-1}=\boldsymbol{P}\left(i\left(\frac{1}{c}\right)\right)$，$\boldsymbol{P}(i,j(k))^{-1}=\boldsymbol{P}(i,j(-k))$；

3）对 $s\times n$ 矩阵 $\boldsymbol{A}$ 作一次初等行变换相当于在 $\boldsymbol{A}$ 的左边乘相应的 $s\times s$ 初等矩阵，对 $\boldsymbol{A}$ 作一次初等列变换相当于在 $\boldsymbol{A}$ 的右边乘相应的 $n\times n$ 初等矩阵.

5. 矩阵的等价：

1）矩阵 $\boldsymbol{A}$ 与 $\boldsymbol{B}$ 称为等价的，如果 $\boldsymbol{B}$ 可以由 $\boldsymbol{A}$ 经过一系列初等变换得到；

2）方阵 $\boldsymbol{A}$ 可逆$\Leftrightarrow\boldsymbol{A}$ 与单位矩阵等价$\Leftrightarrow\boldsymbol{A}$ 能表示成一些初等矩阵的乘积；

3）$s\times n$ 矩阵 $\boldsymbol{A}$ 与 $\boldsymbol{B}$ 等价$\Leftrightarrow$存在 $s\times s$ 可逆矩阵 $\boldsymbol{P}$ 和 $n\times n$ 可逆矩阵 $\boldsymbol{Q}$，使 $\boldsymbol{B}=\boldsymbol{PAQ}$；

4）可逆矩阵可经过一系列初等行（列）变换化成单位矩阵.

6. 令 $\boldsymbol{A}=(a_{ij})_{s\times n}$，则存在 $s\times s$ 可逆矩阵 $\boldsymbol{P}$ 和 $n\times n$ 可逆矩阵 $\boldsymbol{Q}$，使

$$\boldsymbol{PAQ}=\begin{pmatrix}\boldsymbol{E}_r & \boldsymbol{O}\\ \boldsymbol{O} & \boldsymbol{O}\end{pmatrix},\quad r=\text{秩}(\boldsymbol{A}).$$

7. 利用初等变换求逆矩阵：设 $\boldsymbol{A}$ 为 n 阶可逆方阵，则

1）$(\boldsymbol{A}\quad \boldsymbol{E})\xrightarrow{\text{初等行变换}}(\boldsymbol{E}\quad \boldsymbol{A}^{-1})$；

2）$\begin{pmatrix}\boldsymbol{A}\\ \boldsymbol{E}\end{pmatrix}\xrightarrow{\text{初等列变换}}\begin{pmatrix}\boldsymbol{E}\\ \boldsymbol{A}^{-1}\end{pmatrix}$；

3）$(\boldsymbol{A}\quad \boldsymbol{B})\xrightarrow{\text{初等行变换}}(\boldsymbol{E}\quad \boldsymbol{A}^{-1}\boldsymbol{B})$；

4）$\begin{pmatrix}\boldsymbol{A}\\ \boldsymbol{B}\end{pmatrix}\xrightarrow{\text{初等列变换}}\begin{pmatrix}\boldsymbol{E}\\ \boldsymbol{BA}^{-1}\end{pmatrix}$.

六、矩阵的分块

1. 分块的概念：令 $\boldsymbol{A}$ 为 $m\times n$ 矩阵，把 $\boldsymbol{A}$ 分成如下形式：

$$\begin{pmatrix}\boldsymbol{A}_{11} & \boldsymbol{A}_{12} & \cdots & \boldsymbol{A}_{1t}\\ \boldsymbol{A}_{21} & \boldsymbol{A}_{22} & \cdots & \boldsymbol{A}_{2t}\\ \vdots & \vdots & & \vdots\\ \boldsymbol{A}_{s1} & \boldsymbol{A}_{s2} & \cdots & \boldsymbol{A}_{st}\end{pmatrix},\tag{1}$$

其中 $\boldsymbol{A}_{ij}(i=1,2,\cdots,s;j=1,2,\cdots,t)$ 为 $m_i\times n_j$ 矩阵，且 $\sum\limits_{i=1}^{s}m_i=m$，$\sum\limits_{j=1}^{t}n_j=n$，称（1）式为 $\boldsymbol{A}$ 的一个分块.

2. 常用的分块：设 $\boldsymbol{A}=(a_{ij})_{s\times n}$，

1）$\boldsymbol{A}=(\boldsymbol{A})$；

2）$\boldsymbol{A}=\begin{pmatrix}a_{11} & a_{12} & \cdots & a_{1n}\\ a_{21} & a_{22} & \cdots & a_{2n}\\ \vdots & \vdots & & \vdots\\ a_{s1} & a_{s2} & \cdots & a_{sn}\end{pmatrix}$，即把 $\boldsymbol{A}$ 的每个元素看成 1×1 矩阵.

3）$\boldsymbol{A}=(\boldsymbol{A}_1,\boldsymbol{A}_2,\cdots,\boldsymbol{A}_n)$，$\boldsymbol{A}_j=\begin{pmatrix}a_{1j}\\a_{2j}\\\vdots\\a_{sj}\end{pmatrix}$，$j=1,2,\cdots,n$；

4）$\boldsymbol{A}=\begin{pmatrix}\boldsymbol{B}_1\\\boldsymbol{B}_2\\\vdots\\\boldsymbol{B}_s\end{pmatrix}$，$\boldsymbol{B}_i=(a_{i1},a_{i2},\cdots,a_{in})$，$i=1,2,\cdots,s$.

3. 分块矩阵的运算：

1）加法：对 $m\times n$ 矩阵 $\boldsymbol{A}$ 与 $\boldsymbol{B}$ 进行相同的分块，设

$$\boldsymbol{A}=\begin{pmatrix}\boldsymbol{A}_{11}&\boldsymbol{A}_{12}&\cdots&\boldsymbol{A}_{1r}\\\boldsymbol{A}_{21}&\boldsymbol{A}_{22}&\cdots&\boldsymbol{A}_{2r}\\\vdots&\vdots&&\vdots\\\boldsymbol{A}_{s1}&\boldsymbol{A}_{s2}&\cdots&\boldsymbol{A}_{sr}\end{pmatrix},\quad \boldsymbol{B}=\begin{pmatrix}\boldsymbol{B}_{11}&\boldsymbol{B}_{12}&\cdots&\boldsymbol{B}_{1r}\\\boldsymbol{B}_{21}&\boldsymbol{B}_{22}&\cdots&\boldsymbol{B}_{2r}\\\vdots&\vdots&&\vdots\\\boldsymbol{B}_{s1}&\boldsymbol{B}_{s2}&\cdots&\boldsymbol{B}_{sr}\end{pmatrix},$$

其中 $\boldsymbol{A}_{ij}$ 与 $\boldsymbol{B}_{ij}$ 的行数与列数相同（$i=1,2,\cdots,s$；$j=1,2,\cdots,r$），则

$$\boldsymbol{A}+\boldsymbol{B}=\begin{pmatrix}\boldsymbol{A}_{11}+\boldsymbol{B}_{11}&\boldsymbol{A}_{12}+\boldsymbol{B}_{12}&\cdots&\boldsymbol{A}_{1r}+\boldsymbol{B}_{1r}\\\boldsymbol{A}_{21}+\boldsymbol{B}_{21}&\boldsymbol{A}_{22}+\boldsymbol{B}_{22}&\cdots&\boldsymbol{A}_{2r}+\boldsymbol{B}_{2r}\\\vdots&\vdots&&\vdots\\\boldsymbol{A}_{s1}+\boldsymbol{B}_{s1}&\boldsymbol{A}_{s2}+\boldsymbol{B}_{s2}&\cdots&\boldsymbol{A}_{sr}+\boldsymbol{B}_{sr}\end{pmatrix}.$$

两个可加矩阵分块后，作为分块矩阵可加当且仅当它们的分法相同.

2）乘法：设 $\boldsymbol{A}=(a_{ik})_{s\times n}$，$\boldsymbol{B}=(b_{kj})_{n\times m}$，对 $\boldsymbol{A},\boldsymbol{B}$ 进行分块，设

$$\boldsymbol{A}=\begin{pmatrix}\boldsymbol{A}_{11}&\boldsymbol{A}_{12}&\cdots&\boldsymbol{A}_{1l}\\\boldsymbol{A}_{21}&\boldsymbol{A}_{22}&\cdots&\boldsymbol{A}_{2l}\\\vdots&\vdots&&\vdots\\\boldsymbol{A}_{t1}&\boldsymbol{A}_{t2}&\cdots&\boldsymbol{A}_{tl}\end{pmatrix},\quad \boldsymbol{B}=\begin{pmatrix}\boldsymbol{B}_{11}&\boldsymbol{B}_{12}&\cdots&\boldsymbol{B}_{1r}\\\boldsymbol{B}_{21}&\boldsymbol{B}_{22}&\cdots&\boldsymbol{B}_{2r}\\\vdots&\vdots&&\vdots\\\boldsymbol{B}_{l1}&\boldsymbol{B}_{l2}&\cdots&\boldsymbol{B}_{lr}\end{pmatrix},$$

其中 $\boldsymbol{A}_{ij}$ 为 $s_i\times n_j$ 矩阵，$\boldsymbol{B}_{jk}$ 为 $n_j\times m_k$ 矩阵，$i=1,2,\cdots,t$；$j=1,2,\cdots,l$；$k=1,2,\cdots,r$，则

$$\boldsymbol{AB}=\begin{pmatrix}\boldsymbol{C}_{11}&\boldsymbol{C}_{12}&\cdots&\boldsymbol{C}_{1r}\\\boldsymbol{C}_{21}&\boldsymbol{C}_{22}&\cdots&\boldsymbol{C}_{2r}\\\vdots&\vdots&&\vdots\\\boldsymbol{C}_{t1}&\boldsymbol{C}_{t2}&\cdots&\boldsymbol{C}_{tr}\end{pmatrix},$$

其中 $\boldsymbol{C}_{ik}=\sum\limits_{j=1}^{l}\boldsymbol{A}_{ij}\boldsymbol{B}_{jk}$.

$\boldsymbol{A}_{s\times n}$ 与 $\boldsymbol{B}_{n\times m}$ 分块后可乘当且仅当 $\boldsymbol{A}$ 的列分法与 $\boldsymbol{B}$ 的行分法一致.

3）转置：设 $\boldsymbol{A}=\begin{pmatrix}\boldsymbol{A}_{11} & \boldsymbol{A}_{12} & \cdots & \boldsymbol{A}_{1r}\\ \boldsymbol{A}_{21} & \boldsymbol{A}_{22} & \cdots & \boldsymbol{A}_{2r}\\ \vdots & \vdots & & \vdots\\ \boldsymbol{A}_{s1} & \boldsymbol{A}_{s2} & \cdots & \boldsymbol{A}_{sr}\end{pmatrix}$，则 $\boldsymbol{A}^{\mathrm{T}}=\begin{pmatrix}\boldsymbol{A}_{11}^{\mathrm{T}} & \boldsymbol{A}_{21}^{\mathrm{T}} & \cdots & \boldsymbol{A}_{s1}^{\mathrm{T}}\\ \boldsymbol{A}_{12}^{\mathrm{T}} & \boldsymbol{A}_{22}^{\mathrm{T}} & \cdots & \boldsymbol{A}_{s2}^{\mathrm{T}}\\ \vdots & \vdots & & \vdots\\ \boldsymbol{A}_{1r}^{\mathrm{T}} & \boldsymbol{A}_{2r}^{\mathrm{T}} & \cdots & \boldsymbol{A}_{sr}^{\mathrm{T}}\end{pmatrix}$.

4. 准对角矩阵：

1）如下形式的矩阵

$$\boldsymbol{A}=\begin{pmatrix}\boldsymbol{A}_1 & \boldsymbol{O} & \cdots & \boldsymbol{O}\\ \boldsymbol{O} & \boldsymbol{A}_2 & \cdots & \boldsymbol{O}\\ \vdots & \vdots & & \vdots\\ \boldsymbol{O} & \boldsymbol{O} & \cdots & \boldsymbol{A}_s\end{pmatrix},$$

其中 $\boldsymbol{A}_i$ 为 n_i 阶方阵（$i=1,2,\cdots,s$），称为准对角矩阵；当各 $n_i=1$ 时，$\boldsymbol{A}$ 为对角矩阵；

2）设

$$\boldsymbol{A}=\begin{pmatrix}\boldsymbol{A}_1 & & & \\ & \boldsymbol{A}_2 & & \\ & & \ddots & \\ & & & \boldsymbol{A}_s\end{pmatrix},$$

其中 $\boldsymbol{A}_i(i=1,2,\cdots,s)$ 均为可逆矩阵，则

$$\boldsymbol{A}^{-1}=\begin{pmatrix}\boldsymbol{A}_1^{-1} & & & \\ & \boldsymbol{A}_2^{-1} & & \\ & & \ddots & \\ & & & \boldsymbol{A}_s^{-1}\end{pmatrix};$$

3）设

$$\boldsymbol{A}=\begin{pmatrix} & & & \boldsymbol{A}_1\\ & & \boldsymbol{A}_2 & \\ & \iddots & & \\ \boldsymbol{A}_s & & & \end{pmatrix},$$

其中 $\boldsymbol{A}_i(i=1,2,\cdots,s)$ 均为可逆矩阵，则

$$\boldsymbol{A}^{-1}=\begin{pmatrix} & & & \boldsymbol{A}_s^{-1}\\ & & \iddots & \\ & \boldsymbol{A}_2^{-1} & & \\ \boldsymbol{A}_1^{-1} & & & \end{pmatrix}.$$

七、几个常用结论

1. 设 $\boldsymbol{A},\boldsymbol{B}$ 为 n 阶方阵，则 $|\boldsymbol{AB}|=|\boldsymbol{A}|\cdot|\boldsymbol{B}|$.

2. 秩$(\boldsymbol{A}+\boldsymbol{B})\leqslant$秩$(\boldsymbol{A})+$秩$(\boldsymbol{B})$.

3. 秩($\boldsymbol{AB}$)$\leqslant \min\{$秩($\boldsymbol{A}$),秩($\boldsymbol{B}$)$\}$.

4. $\boldsymbol{A}$ 是 $s\times n$ 矩阵,如果 $\boldsymbol{P}$ 是 $s\times s$ 可逆矩阵,$\boldsymbol{Q}$ 是 $n\times n$ 可逆矩阵,那么

$$秩(\boldsymbol{A})=秩(\boldsymbol{PA})=秩(\boldsymbol{AQ})=秩(\boldsymbol{PAQ}).$$

§4.2 例　　题

例 1 设

$$\boldsymbol{A}=\begin{pmatrix}1&0&0\\2&-1&0\\1&2&1\end{pmatrix},$$

试求 $\boldsymbol{A}^{100}$.

解 记

$$\boldsymbol{B}=\begin{pmatrix}0&0&0\\2&-2&0\\1&2&0\end{pmatrix},$$

则 $\boldsymbol{A}=\boldsymbol{E}+\boldsymbol{B}$,从而

$$\begin{aligned}\boldsymbol{A}^{100}&=(\boldsymbol{E}+\boldsymbol{B})^{100}=\boldsymbol{E}^{100}+\mathrm{C}_{100}^{1}\boldsymbol{E}^{99}\boldsymbol{B}+\cdots+\mathrm{C}_{100}^{99}\boldsymbol{E}\boldsymbol{B}^{99}+\boldsymbol{B}^{100}\\&=\boldsymbol{E}+\mathrm{C}_{100}^{1}\boldsymbol{B}+\cdots+\mathrm{C}_{100}^{99}\boldsymbol{B}^{99}+\boldsymbol{B}^{100}\\&=\begin{pmatrix}1&0&0\\0&1&0\\0&0&1\end{pmatrix}+\mathrm{C}_{100}^{1}\begin{pmatrix}0&0&0\\2&-2&0\\1&2&0\end{pmatrix}+\mathrm{C}_{100}^{2}\begin{pmatrix}0&0&0\\-2^{2}&2^{2}&0\\2^{2}&-2^{2}&0\end{pmatrix}+\\&\quad\mathrm{C}_{100}^{3}\begin{pmatrix}0&0&0\\2^{3}&-2^{3}&0\\-2^{3}&2^{3}&0\end{pmatrix}+\cdots+\mathrm{C}_{100}^{99}\begin{pmatrix}0&0&0\\2^{99}&-2^{99}&0\\-2^{99}&2^{99}&0\end{pmatrix}+\begin{pmatrix}0&0&0\\-2^{100}&2^{100}&0\\2^{100}&-2^{100}&0\end{pmatrix}\\&=\begin{pmatrix}1&0&0\\1-(2-1)^{100}&(2-1)^{100}&0\\299+(2-1)^{100}&1-(2-1)^{100}&1\end{pmatrix}\\&=\begin{pmatrix}1&0&0\\0&1&0\\300&0&1\end{pmatrix}.\end{aligned}$$

点评 将矩阵 $\boldsymbol{A}$ 拆成单位矩阵 $\boldsymbol{E}$ 与另一个矩阵 $\boldsymbol{B}$ 的和,再利用二项式定理展开,同时注意到

$$\boldsymbol{B}^{n}=\begin{pmatrix}0&0&0\\(-1)^{n-1}2^{n}&(-1)^{n}2^{n}&0\\(-1)^{n}2^{n}&(-1)^{n-1}2^{n}&0\end{pmatrix}\quad(n\geqslant 2).$$

例 2 设

$$A=\begin{pmatrix}1&0&1\\0&2&0\\-2&0&1\end{pmatrix},$$

且满足 $A^2B-A-B=E$,求 $|B|$.

解　由 $A^2B-A-B=E$ 得 $(A^2-E)B=A+E$,从而

$$(A+E)(A-E)B=A+E.$$

对等式两边同时取行列式:

$$|A+E|\cdot|A-E|\cdot|B|=|A+E|.$$

又 $|A+E|=18$, $|A-E|=2$,所以 $|B|=\frac{1}{2}$.

点评　此类题目一般求解方法:先对所给的等式进行变形,使等式两边均为矩阵相乘的形式,再对等式两边同时取行列式,利用公式 $|AB|=|A|\cdot|B|$ 进行求解.

例 3　设

$$A=\begin{pmatrix}2&1&0\\1&2&0\\0&0&1\end{pmatrix},$$

且满足 $ABA^*=2BA^*+E$,试求 $|B|$.

解　由 $ABA^*=2BA^*+E$ 得 $(A-2E)BA^*=E$,从而

$$|A-2E|\cdot|B|\cdot|A^*|=1.$$

又

$$|A-2E|=\begin{vmatrix}0&1&0\\1&0&0\\0&0&-1\end{vmatrix}=1,$$

$$|A|=\begin{vmatrix}2&1&0\\1&2&0\\0&0&1\end{vmatrix}=3,\quad |A^*|=|A|^{3-1}=9,$$

故 $|B|=\frac{1}{9}$.

点评　$|A^*|=|A|^{n-1}$,A 为 n 阶方阵$(n\geqslant 2)$.

例 4　解矩阵方程

$$\begin{pmatrix}1&1\\0&1\end{pmatrix}X\begin{pmatrix}7&9\\4&5\end{pmatrix}=\begin{pmatrix}4&1\\-1&-3\end{pmatrix}.$$

解　作矩阵的初等行变换:

$$\begin{pmatrix}1&1&4&1\\0&1&-1&-3\end{pmatrix}\to\begin{pmatrix}1&0&5&4\\0&1&-1&-3\end{pmatrix},$$

再作矩阵的初等列变换:

$$\begin{pmatrix} 7 & 9 \\ 4 & 5 \\ 5 & 4 \\ -1 & -3 \end{pmatrix} \to \begin{pmatrix} 1 & 0 \\ 0 & 1 \\ -9 & 17 \\ -7 & 12 \end{pmatrix},$$

则

$$X=\begin{pmatrix} -9 & 17 \\ -7 & 12 \end{pmatrix}.$$

点评 解形如 $\boldsymbol{AXB}=\boldsymbol{C}$ 的矩阵方程,其中 $\boldsymbol{A}$,$\boldsymbol{B}$ 可逆,即求 $\boldsymbol{X}=\boldsymbol{A}^{-1}\boldsymbol{C}\boldsymbol{B}^{-1}$,可以借助矩阵的初等变换求解.

例 5 设实矩阵 $\boldsymbol{A}=(a_{ij})_{3\times 3}$ 满足条件:

1) $a_{ij}=A_{ij}(i,j=1,2,3)$,其中 A_{ij} 是 a_{ij} 的代数余子式;

2) $a_{11}=-1$,

试求 $|\boldsymbol{A}|$,且求方程组

$$\boldsymbol{A}\begin{pmatrix} x_1 \\ x_2 \\ x_3 \end{pmatrix}=\begin{pmatrix} 1 \\ 0 \\ 0 \end{pmatrix}$$

的解.

解 因为 $a_{ij}=A_{ij}(i,j=1,2,3)$,所以 $\boldsymbol{A}^*=\boldsymbol{A}^{\mathrm{T}}$,且

$$\boldsymbol{A}\boldsymbol{A}^{\mathrm{T}}=\boldsymbol{A}\boldsymbol{A}^*=|\boldsymbol{A}|\boldsymbol{E}.$$

两边取行列式,得 $|\boldsymbol{A}|^2=|\boldsymbol{A}|^3$,从而 $|\boldsymbol{A}|=1$ 或 $|\boldsymbol{A}|=0$. 由于 $a_{11}=-1$,所以

$$|\boldsymbol{A}|=a_{11}A_{11}+a_{12}A_{12}+a_{13}A_{13}=a_{11}^2+a_{12}^2+a_{13}^2\neq 0,$$

于是 $|\boldsymbol{A}|=1$,从而 $a_{12}=a_{13}=0$. 由 $|\boldsymbol{A}|=1$ 可知,$\boldsymbol{A}^{-1}=\boldsymbol{A}^*=\boldsymbol{A}^{\mathrm{T}}$,则方程组

$$\boldsymbol{A}\begin{pmatrix} x_1 \\ x_2 \\ x_3 \end{pmatrix}=\begin{pmatrix} 1 \\ 0 \\ 0 \end{pmatrix}$$

的解为

$$\begin{pmatrix} x_1 \\ x_2 \\ x_3 \end{pmatrix}=\boldsymbol{A}^{\mathrm{T}}\begin{pmatrix} 1 \\ 0 \\ 0 \end{pmatrix}=\begin{pmatrix} a_{11} \\ a_{12} \\ a_{13} \end{pmatrix}=\begin{pmatrix} -1 \\ 0 \\ 0 \end{pmatrix}.$$

点评 条件 $a_{ij}=A_{ij}(i,j=1,2,3)$ 表明 $\boldsymbol{A}^*=\boldsymbol{A}^{\mathrm{T}}$,再利用 $\boldsymbol{A}\boldsymbol{A}^*=|\boldsymbol{A}|\boldsymbol{E}$,取行列式之后,其证明的主要过程就基本完成了. 应熟练应用公式 $\boldsymbol{A}\boldsymbol{A}^*=|\boldsymbol{A}|\boldsymbol{E}$.

例 6 设

$$\boldsymbol{A}=\begin{pmatrix} 1 & 2 & 3 \\ 4 & 5 & 6 \\ 7 & 8 & 9 \end{pmatrix},\quad \boldsymbol{P}=\begin{pmatrix} 0 & 0 & 1 \\ 0 & 1 & 0 \\ 1 & 0 & 0 \end{pmatrix},\quad \boldsymbol{Q}=\begin{pmatrix} 1 & 0 & 0 \\ 0 & 0 & 1 \\ 0 & 1 & 0 \end{pmatrix},$$

求 $\boldsymbol{P}^{20}\boldsymbol{A}\boldsymbol{Q}^{21}$.

解　易见 $\boldsymbol{P}=\boldsymbol{P}(1,3)$，$\boldsymbol{Q}=\boldsymbol{P}(2,3)$ 均为初等矩阵，$\boldsymbol{P}(1,3)$ 左乘 $\boldsymbol{A}$ 相当于交换 $\boldsymbol{A}$ 的第一、三行，故 $\boldsymbol{P}^{20}\boldsymbol{A}$ 是把 $\boldsymbol{A}$ 的第一、三行交换 20 次，结果仍为 $\boldsymbol{A}$. 同理可知 $\boldsymbol{A}\boldsymbol{Q}^{21}$ 相当于把 $\boldsymbol{A}$ 的第二、三列交换 21 次，结果把 $\boldsymbol{A}$ 的第二、三列交换了位置. 故 $\boldsymbol{P}^{20}\boldsymbol{A}\boldsymbol{Q}^{21}=\begin{pmatrix}1&3&2\\4&6&5\\7&9&8\end{pmatrix}$.

点评　对矩阵 $\boldsymbol{A}$ 作一次初等行(列)变换相当于在 $\boldsymbol{A}$ 的左(右)边乘相应的初等矩阵.

例 7　设

$$\boldsymbol{A}=\begin{pmatrix}1&2&3\\2&1&2\\3&3&5\\1&-1&-1\\4&2&4\end{pmatrix},$$

求可逆矩阵 $\boldsymbol{P},\boldsymbol{Q}$，使 $\boldsymbol{PAQ}$ 为 $\boldsymbol{A}$ 的等价标准形.

解　对矩阵 $\begin{pmatrix}\boldsymbol{A}&\boldsymbol{E}_5\\\boldsymbol{E}_3&\boldsymbol{O}\end{pmatrix}$ 作初等变换：

$$\begin{pmatrix}1&2&3&1&0&0&0&0\\2&1&2&0&1&0&0&0\\3&3&5&0&0&1&0&0\\1&-1&-1&0&0&0&1&0\\4&2&4&0&0&0&0&1\\1&0&0&0&0&0&0&0\\0&1&0&0&0&0&0&0\\0&0&1&0&0&0&0&0\end{pmatrix}\to\begin{pmatrix}1&0&0&1&0&0&0&0\\0&1&0&-2&1&0&0&0\\0&0&0&-1&-1&1&0&0\\0&0&0&1&-1&0&1&0\\0&0&0&0&-2&0&0&1\\1&\frac{2}{3}&-\frac{1}{3}&0&0&0&0&0\\0&-\frac{1}{3}&-\frac{4}{3}&0&0&0&0&0\\0&0&1&0&0&0&0&0\end{pmatrix}.$$

令

$$\boldsymbol{P}=\begin{pmatrix}1&0&0&0&0\\-2&1&0&0&0\\-1&-1&1&0&0\\1&-1&0&1&0\\0&-2&0&0&1\end{pmatrix},\quad \boldsymbol{Q}=\begin{pmatrix}1&\frac{2}{3}&-\frac{1}{3}\\0&-\frac{1}{3}&-\frac{4}{3}\\0&0&1\end{pmatrix},$$

则

$$\boldsymbol{PAQ}=\begin{pmatrix}1&0&0\\0&1&0\\0&0&0\\0&0&0\\0&0&0\end{pmatrix}.$$

点评 本题采用行、列同时变换的方法,同时得到 $\boldsymbol{P},\boldsymbol{Q}$.

例 8 如果 n 阶可逆方阵 $\boldsymbol{A}$ 的每行元素的和为 a,试证明:$\boldsymbol{A}^{-1}$的每行元素之和为$\dfrac{1}{a}$.

证明 证法 1 方阵 $\boldsymbol{A}$ 的每行元素之和为 a,亦即

$$\boldsymbol{A}\begin{pmatrix}1\\1\\\vdots\\1\end{pmatrix}=\begin{pmatrix}a\\a\\\vdots\\a\end{pmatrix}.$$

因 $\boldsymbol{A}$ 可逆,则 $\boldsymbol{A}^{-1}\begin{pmatrix}a\\a\\\vdots\\a\end{pmatrix}=\begin{pmatrix}1\\1\\\vdots\\1\end{pmatrix}$,仍由 $\boldsymbol{A}$ 可逆知 $a\neq0$,于是,

$$\boldsymbol{A}^{-1}\begin{pmatrix}1\\1\\\vdots\\1\end{pmatrix}=\begin{pmatrix}a^{-1}\\a^{-1}\\\vdots\\a^{-1}\end{pmatrix},$$

此即表明 $\boldsymbol{A}^{-1}$的每行元素之和为 a^{-1}.

证法 2 因 $\boldsymbol{A}$ 可逆,则 $|\boldsymbol{A}|\neq0$. 把 $|\boldsymbol{A}|$ 的第 2,3,$\cdots$,n 列都加到第一列,之后提出 a,再将新的行列式按第一列展开得

$$|\boldsymbol{A}|=a(A_{11}+A_{21}+\cdots+A_{n1}),$$

其中 A_{i1} 为对应元素的代数余子式. 由于 $|\boldsymbol{A}|\neq0$,故 $a\neq0$,从而

$$\frac{A_{11}}{|\boldsymbol{A}|}+\frac{A_{21}}{|\boldsymbol{A}|}+\cdots+\frac{A_{n1}}{|\boldsymbol{A}|}=a^{-1}.$$

注意到 $\boldsymbol{A}^{-1}=\dfrac{\boldsymbol{A}^*}{|\boldsymbol{A}|}$,因此上式即表明 $\boldsymbol{A}^{-1}$的第一行元素之和为 a^{-1}.

同理可证 $\boldsymbol{A}^{-1}$的其他各行元素之和也为 a^{-1}.

例 9 设 $\boldsymbol{A}$ 是 $s\times n$ 实矩阵,求证:

$$秩(\boldsymbol{E}_n-\boldsymbol{A}^{\mathrm{T}}\boldsymbol{A})-秩(\boldsymbol{E}_s-\boldsymbol{A}\boldsymbol{A}^{\mathrm{T}})=n-s.$$

证明 作矩阵

$$\boldsymbol{B}=\begin{pmatrix}\boldsymbol{E}_s&\boldsymbol{A}\\\boldsymbol{A}^{\mathrm{T}}&\boldsymbol{E}_n\end{pmatrix},$$

于是

$$\begin{pmatrix}\boldsymbol{E}_s&\boldsymbol{O}\\-\boldsymbol{A}^{\mathrm{T}}&\boldsymbol{E}_n\end{pmatrix}\begin{pmatrix}\boldsymbol{E}_s&\boldsymbol{A}\\\boldsymbol{A}^{\mathrm{T}}&\boldsymbol{E}_n\end{pmatrix}\begin{pmatrix}\boldsymbol{E}_s&-\boldsymbol{A}\\\boldsymbol{O}&\boldsymbol{E}_n\end{pmatrix}=\begin{pmatrix}\boldsymbol{E}_s&\boldsymbol{O}\\\boldsymbol{O}&\boldsymbol{E}_n-\boldsymbol{A}^{\mathrm{T}}\boldsymbol{A}\end{pmatrix},$$

所以秩$(\boldsymbol{B})=s+$秩$(\boldsymbol{E}_n-\boldsymbol{A}^{\mathrm{T}}\boldsymbol{A})$. 又因为

$$\begin{pmatrix}\boldsymbol{E}_s&-\boldsymbol{A}\\\boldsymbol{O}&\boldsymbol{E}_n\end{pmatrix}\begin{pmatrix}\boldsymbol{E}_s&\boldsymbol{A}\\\boldsymbol{A}^{\mathrm{T}}&\boldsymbol{E}_n\end{pmatrix}\begin{pmatrix}\boldsymbol{E}_s&\boldsymbol{O}\\-\boldsymbol{A}^{\mathrm{T}}&\boldsymbol{E}_n\end{pmatrix}=\begin{pmatrix}\boldsymbol{E}_s-\boldsymbol{A}\boldsymbol{A}^{\mathrm{T}}&\boldsymbol{O}\\\boldsymbol{O}&\boldsymbol{E}_n\end{pmatrix},$$

所以秩$(\boldsymbol{B})=n+$秩$(\boldsymbol{E}_s-\boldsymbol{A}\boldsymbol{A}^{\mathrm{T}})$，从而

$$\text{秩}(\boldsymbol{E}_n-\boldsymbol{A}^{\mathrm{T}}\boldsymbol{A})-\text{秩}(\boldsymbol{E}_s-\boldsymbol{A}\boldsymbol{A}^{\mathrm{T}})=n-s.$$

点评　对分块矩阵 $\boldsymbol{B}$ 施行初等变换，构造新矩阵 $\boldsymbol{E}_n-\boldsymbol{A}^{\mathrm{T}}\boldsymbol{A}$ 和 $\boldsymbol{E}_s-\boldsymbol{A}\boldsymbol{A}^{\mathrm{T}}$.

例 10　设 $\boldsymbol{A},\boldsymbol{B}$ 是 n 阶方阵，且秩$(\boldsymbol{A})+$秩$(\boldsymbol{B})\leqslant n$，证明：存在 n 阶可逆矩阵 $\boldsymbol{M}$，使 $\boldsymbol{AMB}=\boldsymbol{O}$.

证明　设 $\boldsymbol{A},\boldsymbol{B}$ 的秩分别为 r,s，则存在 n 阶可逆矩阵 $\boldsymbol{P}_1,\boldsymbol{Q}_1,\boldsymbol{P}_2,\boldsymbol{Q}_2$，使得

$$\boldsymbol{P}_1\boldsymbol{A}\boldsymbol{Q}_1=\begin{pmatrix}\boldsymbol{E}_r & \boldsymbol{O}\\ \boldsymbol{O} & \boldsymbol{O}\end{pmatrix},\quad \boldsymbol{P}_2\boldsymbol{B}\boldsymbol{Q}_2=\begin{pmatrix}\boldsymbol{O} & \boldsymbol{O}\\ \boldsymbol{O} & \boldsymbol{E}_s\end{pmatrix},$$

因为 $r+s\leqslant n$，所以 $\boldsymbol{P}_1\boldsymbol{A}\boldsymbol{Q}_1\boldsymbol{P}_2\boldsymbol{B}\boldsymbol{Q}_2=\boldsymbol{O}$，从而 $\boldsymbol{A}\boldsymbol{Q}_1\boldsymbol{P}_2\boldsymbol{B}=\boldsymbol{O}$，取 $\boldsymbol{M}=\boldsymbol{Q}_1\boldsymbol{P}_2$ 即可.

点评　令 $\boldsymbol{A}=(a_{ij})_{s\times n}$，则存在 s 阶可逆矩阵 $\boldsymbol{P}$ 和 n 阶可逆矩阵 $\boldsymbol{Q}$，使

$$\boldsymbol{PAQ}=\begin{pmatrix}\boldsymbol{O} & \boldsymbol{O}\\ \boldsymbol{O} & \boldsymbol{E}_r\end{pmatrix},\quad r=\text{秩}(\boldsymbol{A}).$$

例 11　设 $\boldsymbol{A}$ 为 n 阶方阵，且秩$(\boldsymbol{A})=$秩$(\boldsymbol{A}^2)=r$，证明：存在 n 阶可逆矩阵 $\boldsymbol{P}$ 和 r 阶可逆矩阵 $\boldsymbol{Q}$，使得

$$\boldsymbol{P}^{-1}\boldsymbol{AP}=\begin{pmatrix}\boldsymbol{Q} & \boldsymbol{O}\\ \boldsymbol{O} & \boldsymbol{O}\end{pmatrix}.$$

证明　由于秩$(\boldsymbol{A})=r$，则有 n 阶可逆矩阵 $\boldsymbol{R},\boldsymbol{T}$，使得

$$\boldsymbol{A}=\boldsymbol{R}\begin{pmatrix}\boldsymbol{E}_r & \boldsymbol{O}\\ \boldsymbol{O} & \boldsymbol{O}\end{pmatrix}\boldsymbol{T},$$

于是

$$\boldsymbol{R}^{-1}\boldsymbol{AR}=\begin{pmatrix}\boldsymbol{E}_r & \boldsymbol{O}\\ \boldsymbol{O} & \boldsymbol{O}\end{pmatrix}\boldsymbol{TR}.$$

把 $\boldsymbol{TR}$ 分块：

$$\boldsymbol{TR}=\begin{pmatrix}\boldsymbol{Q} & \boldsymbol{Q}_1\\ \boldsymbol{Q}_2 & \boldsymbol{Q}_3\end{pmatrix},$$

其中 $\boldsymbol{Q}$ 为 r 阶方阵，则

$$\boldsymbol{R}^{-1}\boldsymbol{AR}=\begin{pmatrix}\boldsymbol{E}_r & \boldsymbol{O}\\ \boldsymbol{O} & \boldsymbol{O}\end{pmatrix}\begin{pmatrix}\boldsymbol{Q} & \boldsymbol{Q}_1\\ \boldsymbol{Q}_2 & \boldsymbol{Q}_3\end{pmatrix}=\begin{pmatrix}\boldsymbol{Q} & \boldsymbol{Q}_1\\ \boldsymbol{O} & \boldsymbol{O}\end{pmatrix},$$

于是

$$\boldsymbol{R}^{-1}\boldsymbol{A}^2\boldsymbol{R}=\begin{pmatrix}\boldsymbol{Q}^2 & \boldsymbol{Q}\boldsymbol{Q}_1\\ \boldsymbol{O} & \boldsymbol{O}\end{pmatrix}.$$

由于秩$(\boldsymbol{A})=$秩$(\boldsymbol{A}^2)=r$，则

$$r=(\boldsymbol{Q}^2,\boldsymbol{Q}\boldsymbol{Q}_1)\text{的秩}=\boldsymbol{Q}(\boldsymbol{Q},\boldsymbol{Q}_1)\text{的秩}\leqslant\text{秩}(\boldsymbol{Q}).$$

又因为 $\boldsymbol{Q}$ 为 r 阶方阵，所以秩$(\boldsymbol{Q})=r$，即 $\boldsymbol{Q}$ 为可逆矩阵. 注意到

$$\begin{pmatrix}\boldsymbol{Q} & \boldsymbol{Q}_1\\ \boldsymbol{O} & \boldsymbol{O}\end{pmatrix}\begin{pmatrix}\boldsymbol{E}_r & -\boldsymbol{Q}^{-1}\boldsymbol{Q}_1\\ \boldsymbol{O} & \boldsymbol{E}_{n-r}\end{pmatrix}=\begin{pmatrix}\boldsymbol{Q} & \boldsymbol{O}\\ \boldsymbol{O} & \boldsymbol{O}\end{pmatrix},$$

令

$$P=R\begin{pmatrix}E_r & -Q^{-1}Q_1\\ O & E_{n-r}\end{pmatrix},$$

则易验证

$$P^{-1}AP=\begin{pmatrix}Q & O\\ O & O\end{pmatrix}.$$

点评 证明例 11 用到的主要结论就是

$$A=R\begin{pmatrix}E_r & O\\ O & O\end{pmatrix}T,$$

后面的工作基本上是技术处理，如对 TR 的分块及对 P 的构造.

例 12 设 n 阶方阵 A 的秩为 r，且 $A^2=kA(k\neq0)$，证明：存在 n 阶可逆矩阵 P，使得

$$P^{-1}AP=\begin{pmatrix}kE_r & O\\ O & O\end{pmatrix}.$$

证明 由于 $A^2=kA(k\neq0)$，则秩$(A^2)=$ 秩(A)，由例 11，存在 n 阶可逆矩阵 P，使得

$$P^{-1}AP=\begin{pmatrix}Q & O\\ O & O\end{pmatrix},$$

其中 Q 为 r 阶可逆矩阵. 又 $A^2=kA$，所以 $Q^2=kQ$，从而 $Q=kE_r$.

例 13 设 n 阶方阵 A 的秩为 r，证明：

1）$A^2=A\Leftrightarrow$存在 $n\times r$ 矩阵 C，使得秩$(C)=r$，$A=CB$，且 $BC=E_r$；

2）当 $A^2=A$ 时，$|2E-A|=2^{n-r}$，$|A+E|=2^r$.

证明 1）$\Rightarrow$：由于 $A^2=A$，则由例 12，存在 n 阶可逆矩阵 P，使得

$$A=P\begin{pmatrix}E_r & O\\ O & O\end{pmatrix}P^{-1}=P\begin{pmatrix}E_r\\ O\end{pmatrix}(E_r,O)P^{-1}.$$

令

$$C=P\begin{pmatrix}E_r\\ O\end{pmatrix},\quad B=(E_r,O)P^{-1},$$

则 $A=CB$，$BC=E_r$，秩$(C)=r$.

$\Leftarrow$：由于 $A=CB$，$BC=E_r$，则

$$A^2=CBCB=CE_rB=CB=A.$$

2）由于

$$2E-A=2E-P\begin{pmatrix}E_r & O\\ O & O\end{pmatrix}P^{-1}=P\begin{pmatrix}E_r & O\\ O & 2E_{n-r}\end{pmatrix}P^{-1},$$

所以

$$|2E-A|=\begin{vmatrix}E_r & O\\ O & 2E_{n-r}\end{vmatrix}=2^{n-r}.$$

再由于

$$A+E=P\begin{pmatrix}E_r & O\\ O & O\end{pmatrix}P^{-1}+E=P\begin{pmatrix}2E_r & O\\ O & E_{n-r}\end{pmatrix}P^{-1},$$

所以

$$|\boldsymbol{A}+\boldsymbol{E}|=\begin{vmatrix}2\boldsymbol{E}_r & \boldsymbol{O}\\ \boldsymbol{O} & \boldsymbol{E}_{n-r}\end{vmatrix}=\boldsymbol{2}^r.$$

点评 $\boldsymbol{A}=\boldsymbol{P}\begin{pmatrix}\boldsymbol{E}_r & \boldsymbol{O}\\ \boldsymbol{O} & \boldsymbol{O}\end{pmatrix}\boldsymbol{P}^{-1}$或$\boldsymbol{P}^{-1}\boldsymbol{A}\boldsymbol{P}=\begin{pmatrix}\boldsymbol{E}_r & \boldsymbol{O}\\ \boldsymbol{O} & \boldsymbol{O}\end{pmatrix}$是幂等矩阵的重要性质.

例 14 任一 n 阶方阵 $\boldsymbol{A}$ 都可表示成一个可逆矩阵与一个幂等矩阵的积.

证明 不妨设秩$(\boldsymbol{A})=r$,则存在 n 阶可逆矩阵 $\boldsymbol{P}$ 与 $\boldsymbol{Q}$,使得

$$\boldsymbol{A}=\boldsymbol{P}\begin{pmatrix}\boldsymbol{E}_r & \boldsymbol{O}\\ \boldsymbol{O} & \boldsymbol{O}\end{pmatrix}\boldsymbol{Q}=\boldsymbol{P}\boldsymbol{Q}\boldsymbol{Q}^{-1}\begin{pmatrix}\boldsymbol{E}_r & \boldsymbol{O}\\ \boldsymbol{O} & \boldsymbol{O}\end{pmatrix}\boldsymbol{Q}.$$

令 $\boldsymbol{B}=\boldsymbol{P}\boldsymbol{Q},\boldsymbol{C}=\boldsymbol{Q}^{-1}\begin{pmatrix}\boldsymbol{E}_r & \boldsymbol{O}\\ \boldsymbol{O} & \boldsymbol{O}\end{pmatrix}\boldsymbol{Q}$,则易验证:$\boldsymbol{B}$ 为可逆矩阵,$\boldsymbol{C}$ 为幂等矩阵.

点评 这是较为简单的矩阵分解问题,只要记住结论

$$\boldsymbol{A}=\boldsymbol{P}\begin{pmatrix}\boldsymbol{E}_r & \boldsymbol{O}\\ \boldsymbol{O} & \boldsymbol{O}\end{pmatrix}\boldsymbol{Q},$$

同时给以适当的变化,即可得到证明.

例 15 设 $\boldsymbol{A},\boldsymbol{B}$ 均为 $m\times n$ 矩阵,证明:秩$(\boldsymbol{A}+\boldsymbol{B})\leqslant$秩$(\boldsymbol{A})+$秩$(\boldsymbol{B})$.

证明 证法 1 把 $\boldsymbol{A},\boldsymbol{B},\boldsymbol{A}+\boldsymbol{B}$ 都按每一列分块:

$$\boldsymbol{A}=(\boldsymbol{\alpha}_1,\boldsymbol{\alpha}_2,\cdots,\boldsymbol{\alpha}_n),\quad \boldsymbol{B}=(\boldsymbol{\beta}_1,\boldsymbol{\beta}_2,\cdots,\boldsymbol{\beta}_n),\quad \boldsymbol{A}+\boldsymbol{B}=(\boldsymbol{\gamma}_1,\boldsymbol{\gamma}_2,\cdots,\boldsymbol{\gamma}_n),$$

则向量组 $\boldsymbol{\gamma}_1,\boldsymbol{\gamma}_2,\cdots,\boldsymbol{\gamma}_n$ 可经向量组 $\boldsymbol{\alpha}_1,\boldsymbol{\alpha}_2,\cdots,\boldsymbol{\alpha}_n,\boldsymbol{\beta}_1,\boldsymbol{\beta}_2,\cdots,\boldsymbol{\beta}_n$ 线性表出,因此

$$\begin{aligned}\text{秩}(\boldsymbol{A}+\boldsymbol{B})&\leqslant\boldsymbol{\alpha}_1,\boldsymbol{\alpha}_2,\cdots,\boldsymbol{\alpha}_n,\boldsymbol{\beta}_1,\boldsymbol{\beta}_2,\cdots,\boldsymbol{\beta}_n\text{ 的秩}\\&\leqslant\boldsymbol{\alpha}_1,\boldsymbol{\alpha}_2,\cdots,\boldsymbol{\alpha}_n\text{ 的秩}+\boldsymbol{\beta}_1,\boldsymbol{\beta}_2,\cdots,\boldsymbol{\beta}_n\text{ 的秩}\\&=\text{秩}(\boldsymbol{A})+\text{秩}(\boldsymbol{B}).\end{aligned}$$

证法 2 因为

$$\begin{pmatrix}\boldsymbol{E}_m & \boldsymbol{E}_m\\ \boldsymbol{O} & \boldsymbol{E}_m\end{pmatrix}\begin{pmatrix}\boldsymbol{A} & \boldsymbol{O}\\ \boldsymbol{O} & \boldsymbol{B}\end{pmatrix}\begin{pmatrix}\boldsymbol{E}_n & \boldsymbol{E}_n\\ \boldsymbol{O} & \boldsymbol{E}_n\end{pmatrix}=\begin{pmatrix}\boldsymbol{A} & \boldsymbol{A}+\boldsymbol{B}\\ \boldsymbol{O} & \boldsymbol{B}\end{pmatrix},$$

所以

$$\text{秩}(\boldsymbol{A})+\text{秩}(\boldsymbol{B})=\text{秩}\left(\begin{pmatrix}\boldsymbol{A} & \boldsymbol{A}+\boldsymbol{B}\\ \boldsymbol{O} & \boldsymbol{B}\end{pmatrix}\right)\geqslant\text{秩}(\boldsymbol{A}+\boldsymbol{B}).$$

证法 3 考虑 n 元线性方程组

$$\begin{pmatrix}\boldsymbol{A}\\ \boldsymbol{B}\end{pmatrix}\boldsymbol{X}=\boldsymbol{0},\quad (\boldsymbol{A}+\boldsymbol{B})\boldsymbol{X}=\boldsymbol{0},$$

由于

$$\begin{pmatrix}\boldsymbol{A}\\ \boldsymbol{B}\end{pmatrix}\boldsymbol{X}=\boldsymbol{0}\Rightarrow\boldsymbol{A}\boldsymbol{X}=\boldsymbol{0},\boldsymbol{B}\boldsymbol{X}=\boldsymbol{0}\Rightarrow(\boldsymbol{A}+\boldsymbol{B})\boldsymbol{X}=\boldsymbol{0},$$

所以

$$n-\text{秩}\left(\begin{pmatrix}\boldsymbol{A}\\ \boldsymbol{B}\end{pmatrix}\right)\leqslant n-\text{秩}(\boldsymbol{A}+\boldsymbol{B}),$$

因此

$$秩(\boldsymbol{A}+\boldsymbol{B}) \leqslant 秩\left(\begin{pmatrix}\boldsymbol{A}\\ \boldsymbol{B}\end{pmatrix}\right) \leqslant 秩(\boldsymbol{A})+秩(\boldsymbol{B}).$$

点评 证法 1 是向量方法，证法 2 是分块矩阵的初等变换法，证法 3 是利用齐次线性方程组的基础解系的性质.

例 16 设 $\boldsymbol{A}$ 为 n 阶可逆的反称矩阵，$\boldsymbol{b}$ 为 n 维列向量，又设

$$\boldsymbol{B}=\begin{pmatrix}\boldsymbol{A} & \boldsymbol{b}\\ \boldsymbol{b}^{\mathrm{T}} & 0\end{pmatrix},$$

证明：秩$(\boldsymbol{B})=n$.

证明 由于 $\boldsymbol{A}$ 为可逆的反称矩阵，则 $\boldsymbol{A}^{-1}$ 也是反称矩阵. 又 $\boldsymbol{b}^{\mathrm{T}}\boldsymbol{A}^{-1}\boldsymbol{b}$ 为 1×1 矩阵，故

$$\boldsymbol{b}^{\mathrm{T}}\boldsymbol{A}^{-1}\boldsymbol{b}=(\boldsymbol{b}^{\mathrm{T}}\boldsymbol{A}^{-1}\boldsymbol{b})^{\mathrm{T}}=\boldsymbol{b}^{\mathrm{T}}(\boldsymbol{A}^{-1})^{\mathrm{T}}\boldsymbol{b}=-\boldsymbol{b}^{\mathrm{T}}\boldsymbol{A}^{-1}\boldsymbol{b},$$

从而 $\boldsymbol{b}^{\mathrm{T}}\boldsymbol{A}^{-1}\boldsymbol{b}=0$. 对 $\boldsymbol{B}$ 作初等变换：

$$\begin{pmatrix}\boldsymbol{A} & \boldsymbol{b}\\ \boldsymbol{b}^{\mathrm{T}} & 0\end{pmatrix}\to\begin{pmatrix}\boldsymbol{A} & \boldsymbol{b}\\ \boldsymbol{0} & -\boldsymbol{b}^{\mathrm{T}}\boldsymbol{A}^{-1}\boldsymbol{b}\end{pmatrix}\to\begin{pmatrix}\boldsymbol{A} & \boldsymbol{0}\\ \boldsymbol{0} & -\boldsymbol{b}^{\mathrm{T}}\boldsymbol{A}^{-1}\boldsymbol{b}\end{pmatrix}=\begin{pmatrix}\boldsymbol{A} & \boldsymbol{0}\\ \boldsymbol{0} & 0\end{pmatrix},$$

即

$$\begin{pmatrix}\boldsymbol{E}_n & \boldsymbol{0}\\ -\boldsymbol{b}^{\mathrm{T}}\boldsymbol{A}^{-1} & 1\end{pmatrix}\begin{pmatrix}\boldsymbol{A} & \boldsymbol{b}\\ \boldsymbol{b}^{\mathrm{T}} & 0\end{pmatrix}\begin{pmatrix}\boldsymbol{E}_n & -\boldsymbol{A}^{-1}\boldsymbol{b}\\ \boldsymbol{0} & 1\end{pmatrix}=\begin{pmatrix}\boldsymbol{A} & \boldsymbol{0}\\ \boldsymbol{0} & 0\end{pmatrix},$$

故

$$秩(\boldsymbol{B})=秩\left(\begin{pmatrix}\boldsymbol{A} & \boldsymbol{0}\\ \boldsymbol{0} & 0\end{pmatrix}\right)=秩(\boldsymbol{A})=n.$$

例 17 设 $\boldsymbol{A}_{m\times n}$ 为列满秩矩阵，即秩$(\boldsymbol{A})=n$，证明：存在 m 阶可逆矩阵 $\boldsymbol{S}$ 和行满秩矩阵 $\boldsymbol{T}_{n\times m}$（即秩$(\boldsymbol{T})=n$），使得 $\boldsymbol{SA}=\begin{pmatrix}\boldsymbol{E}_n\\ \boldsymbol{O}\end{pmatrix}$，$\boldsymbol{TA}=\boldsymbol{E}_n$.

证明 由于秩$(\boldsymbol{A}_{m\times n})=n$，则 $m\geqslant n$，存在 $m\times m$ 可逆矩阵 $\boldsymbol{P}$ 和 $n\times n$ 可逆矩阵 $\boldsymbol{Q}$，使得

$$\boldsymbol{PAQ}=\begin{pmatrix}\boldsymbol{E}_n\\ \boldsymbol{O}\end{pmatrix},$$

故

$$\boldsymbol{PA}=\begin{pmatrix}\boldsymbol{E}_n\\ \boldsymbol{O}\end{pmatrix}\boldsymbol{Q}^{-1}=\begin{pmatrix}\boldsymbol{Q}^{-1}\\ \boldsymbol{O}\end{pmatrix}.$$

令

$$\boldsymbol{S}=\begin{pmatrix}\boldsymbol{Q} & \boldsymbol{O}\\ \boldsymbol{O} & \boldsymbol{E}_{m-n}\end{pmatrix}\boldsymbol{P},$$

则 $\boldsymbol{S}$ 为 m 阶可逆矩阵，且 $\boldsymbol{SA}=\begin{pmatrix}\boldsymbol{E}_n\\ \boldsymbol{O}\end{pmatrix}$. 令

$$\boldsymbol{T}=(\boldsymbol{Q},\boldsymbol{O}_{n\times(m-n)})\boldsymbol{P},$$

则 $\boldsymbol{T}$ 为 $n\times m$ 行满秩矩阵，且 $\boldsymbol{TA}=\boldsymbol{E}_n$.

点评　例 17 是列满秩矩阵的重要性质,结论

$$PAQ=\begin{pmatrix}E_r & O\\ O & O\end{pmatrix},\quad r=秩(A)$$

是构造矩阵的基础,也是这一章的重要结论之一.

例 18　设 $A_{m\times n}$ 为行满秩矩阵,证明:存在 n 阶可逆矩阵 S 和 $n\times m$ 列满秩矩阵 T,使得 $AS=(E_m,O)$,$AT=E_m$.

证明　由于秩$(A_{m\times n})=m$,则 $m\leqslant n$,存在 $m\times m$ 可逆矩阵 P,$n\times n$ 可逆矩阵 Q,使得

$$PAQ=(E_m,O),$$

故

$$AQ=P^{-1}(E_m,O)=(P^{-1},O).$$

令

$$S=Q\begin{pmatrix}P & O\\ O & E_{n-m}\end{pmatrix},$$

则 S 为 n 阶可逆矩阵,且 $AS=(E_m,O)$. 令

$$T=Q\begin{pmatrix}P\\ O_{(n-m)\times m}\end{pmatrix},$$

则 T 为 $n\times m$ 列满秩矩阵,且 $AT=E_m$.

点评　这是行满秩矩阵的常用结论,下例也是.

例 19　设 A 为 $m\times n$ 矩阵,P 是 $s\times m$ 列满秩矩阵,Q 是 $n\times k$ 行满秩矩阵. 证明:

$$秩(PA)=秩(AQ)=秩(A).$$

证明　由于 P 是列满秩矩阵,则 $m\leqslant n$,存在 $s\times s$ 可逆矩阵 S,使得

$$SP=\begin{pmatrix}E_m\\ O\end{pmatrix},$$

于是

$$秩(PA)=秩(SPA)=秩\left(\begin{pmatrix}E_m\\ O\end{pmatrix}A\right)=秩\left(\begin{pmatrix}A\\ O\end{pmatrix}\right)=秩(A).$$

由于 Q 是行满秩矩阵,则存在 $k\times k$ 可逆矩阵 T,使得 $QT=(E_n,O)$,于是

$$\begin{aligned}秩(AQ)&=秩(AQT)=秩(A(E_n,O))\\ &=秩((A,O))=秩(A).\end{aligned}$$

点评　矩阵 A 左乘列满秩矩阵或右乘行满秩矩阵,秩不变.

例 20　令 A 为 $n\times s$ 实列满秩矩阵,证明:存在列满秩矩阵 $B_{n\times(n-s)}$,使 $P=(A,B)$ 可逆,且 $B^{\mathrm T}A=O$.

证明　因秩$(A)=s$,则秩$(A^{\mathrm T})=s$,故齐次线性方程组 $A^{\mathrm T}X=0$ 的基础解系含$(n-s)$个解向量:$\beta_1,\beta_2,\cdots,\beta_{n-s}$. 作矩阵 $B=(\beta_1,\beta_2,\cdots,\beta_{n-s})$,则秩$(B)=n-s$,且

$$A^{\mathrm T}B=A^{\mathrm T}(\beta_1,\beta_2,\cdots,\beta_{n-s})=(A^{\mathrm T}\beta_1,A^{\mathrm T}\beta_2,\cdots,A^{\mathrm T}\beta_{n-s})=O,$$

从而 $B^{\mathrm T}A=O$.

因 $\boldsymbol{A},\boldsymbol{B}$ 为列满秩矩阵,则 $|\boldsymbol{A}^{\mathrm{T}}\boldsymbol{A}|\neq 0$, $|\boldsymbol{B}^{\mathrm{T}}\boldsymbol{B}|\neq 0$,又

$$\boldsymbol{P}^{\mathrm{T}}\boldsymbol{P}=\begin{pmatrix}\boldsymbol{A}^{\mathrm{T}}\\ \boldsymbol{B}^{\mathrm{T}}\end{pmatrix}(\boldsymbol{A},\boldsymbol{B})=\begin{pmatrix}\boldsymbol{A}^{\mathrm{T}}\boldsymbol{A} & \boldsymbol{A}^{\mathrm{T}}\boldsymbol{B}\\ \boldsymbol{B}^{\mathrm{T}}\boldsymbol{A} & \boldsymbol{B}^{\mathrm{T}}\boldsymbol{B}\end{pmatrix}=\begin{pmatrix}\boldsymbol{A}^{\mathrm{T}}\boldsymbol{A} & \boldsymbol{O}\\ \boldsymbol{O} & \boldsymbol{B}^{\mathrm{T}}\boldsymbol{B}\end{pmatrix},$$

故 $|\boldsymbol{P}^{\mathrm{T}}||\boldsymbol{P}|=|\boldsymbol{A}^{\mathrm{T}}\boldsymbol{A}||\boldsymbol{B}^{\mathrm{T}}\boldsymbol{B}|\neq 0$,从而 $\boldsymbol{P}$ 可逆.

点评 此例的巧妙之处是构造齐次线性方程组 $\boldsymbol{A}^{\mathrm{T}}\boldsymbol{X}=\boldsymbol{0}$. 因为 $\boldsymbol{B}^{\mathrm{T}}\boldsymbol{A}=\boldsymbol{O}\Leftrightarrow\boldsymbol{A}^{\mathrm{T}}\boldsymbol{B}=\boldsymbol{O}$,此方程组的基础解系正是要作的矩阵 $\boldsymbol{B}$ 的列向量.

例 21 设 $\boldsymbol{A}$ 是 $m\times n$ 矩阵,证明:秩$(\boldsymbol{A})=r>0\Leftrightarrow$存在 $m\times r$ 列满秩矩阵 $\boldsymbol{F}$ 和 $r\times n$ 行满秩矩阵 $\boldsymbol{G}$,使得 $\boldsymbol{A}=\boldsymbol{F}\boldsymbol{G}$.

证明 $\Leftarrow$:由例 19 即得.

$\Rightarrow$:由于秩$(\boldsymbol{A})=r$,则存在 $m\times m$ 可逆矩阵 $\boldsymbol{P}$ 和 $n\times n$ 可逆矩阵 $\boldsymbol{Q}$,使得

$$\boldsymbol{A}=\boldsymbol{P}\begin{pmatrix}\boldsymbol{E}_r & \boldsymbol{O}\\ \boldsymbol{O} & \boldsymbol{O}\end{pmatrix}\boldsymbol{Q}=\boldsymbol{P}\begin{pmatrix}\boldsymbol{E}_r\\ \boldsymbol{O}\end{pmatrix}(\boldsymbol{E}_r,\boldsymbol{O})\boldsymbol{Q}.$$

取 $\boldsymbol{F}=\boldsymbol{P}\begin{pmatrix}\boldsymbol{E}_r\\ \boldsymbol{O}\end{pmatrix}$, $\boldsymbol{G}=(\boldsymbol{E}_r,\boldsymbol{O})\boldsymbol{Q}$ 即可.

点评 在代数中称例 21 的分解为满秩分解,对

$$\boldsymbol{A}=\boldsymbol{P}\begin{pmatrix}\boldsymbol{E}_r & \boldsymbol{O}\\ \boldsymbol{O} & \boldsymbol{O}\end{pmatrix}\boldsymbol{Q}$$

适当变化即可得到证明.

例 22 证明:$m\times n$ 矩阵 $\boldsymbol{A}$ 的秩为 $r(r>0)\Leftrightarrow\boldsymbol{A}=\boldsymbol{\alpha}_1\boldsymbol{\beta}_1+\boldsymbol{\alpha}_2\boldsymbol{\beta}_2+\cdots+\boldsymbol{\alpha}_r\boldsymbol{\beta}_r$,其中 $\boldsymbol{\alpha}_1,\boldsymbol{\alpha}_2,\cdots,\boldsymbol{\alpha}_r$ 是线性无关的 m 维列向量,$\boldsymbol{\beta}_1,\boldsymbol{\beta}_2,\cdots,\boldsymbol{\beta}_r$ 是线性无关的 n 维行向量.

证明 $\Leftarrow$:令

$$\boldsymbol{B}=(\boldsymbol{\alpha}_1,\boldsymbol{\alpha}_2,\cdots,\boldsymbol{\alpha}_r),\quad \boldsymbol{C}=\begin{pmatrix}\boldsymbol{\beta}_1\\ \boldsymbol{\beta}_2\\ \vdots\\ \boldsymbol{\beta}_r\end{pmatrix},$$

则 $\boldsymbol{B}$ 为 $m\times r$ 列满秩矩阵,$\boldsymbol{C}$ 为 $r\times n$ 行满秩矩阵,且 $\boldsymbol{A}=\boldsymbol{B}\boldsymbol{C}$,故秩$(\boldsymbol{A})=r$.

$\Rightarrow$:由秩$(\boldsymbol{A})=r$ 知,存在 m 阶可逆方阵 $\boldsymbol{P}$ 和 n 阶可逆方阵 $\boldsymbol{Q}$,使得

$$\boldsymbol{A}=\boldsymbol{P}\begin{pmatrix}\boldsymbol{E}_r & \boldsymbol{O}\\ \boldsymbol{O} & \boldsymbol{O}\end{pmatrix}\boldsymbol{Q}.$$

记

$$\boldsymbol{P}=(\boldsymbol{\alpha}_1,\boldsymbol{\alpha}_2,\cdots,\boldsymbol{\alpha}_m),\quad \boldsymbol{Q}=\begin{pmatrix}\boldsymbol{\beta}_1\\ \boldsymbol{\beta}_2\\ \vdots\\ \boldsymbol{\beta}_n\end{pmatrix},$$

其中 $\boldsymbol{\alpha}_1,\boldsymbol{\alpha}_2,\cdots,\boldsymbol{\alpha}_m$ 是 $\boldsymbol{P}$ 的列向量组,$\boldsymbol{\beta}_1,\boldsymbol{\beta}_2,\cdots,\boldsymbol{\beta}_n$ 是 $\boldsymbol{Q}$ 的行向量组,则

$$A=(\boldsymbol{\alpha}_1,\boldsymbol{\alpha}_2,\cdots,\boldsymbol{\alpha}_m)\begin{pmatrix}E_r\\O\end{pmatrix}(E_r,O)\begin{pmatrix}\boldsymbol{\beta}_1\\\boldsymbol{\beta}_2\\\vdots\\\boldsymbol{\beta}_n\end{pmatrix}$$

$$=(\boldsymbol{\alpha}_1,\boldsymbol{\alpha}_2,\cdots,\boldsymbol{\alpha}_r)\begin{pmatrix}\boldsymbol{\beta}_1\\\boldsymbol{\beta}_2\\\vdots\\\boldsymbol{\beta}_r\end{pmatrix}=\boldsymbol{\alpha}_1\boldsymbol{\beta}_1+\boldsymbol{\alpha}_2\boldsymbol{\beta}_2+\cdots+\boldsymbol{\alpha}_r\boldsymbol{\beta}_r.$$

点评　对例 22,证明充分性的关键是把 A 写成 BC,证明必要性的关键是记住结论

$$A=P\begin{pmatrix}E_r&O\\O&O\end{pmatrix}Q.$$

例 23　设 A 是 n 阶可逆矩阵,$\boldsymbol{\alpha},\boldsymbol{\beta}$ 是 n 维列向量,证明:秩$(A+\boldsymbol{\alpha}\boldsymbol{\beta}^{\mathrm{T}})\geqslant n-1$,且

$$秩(A+\boldsymbol{\alpha}\boldsymbol{\beta}^{\mathrm{T}})=n-1\Leftrightarrow\boldsymbol{\beta}^{\mathrm{T}}A^{-1}\boldsymbol{\alpha}=-1.$$

证明　作分块矩阵 G,然后进行初等变换:

$$G=\begin{pmatrix}A&-\boldsymbol{\alpha}\\\boldsymbol{\beta}^{\mathrm{T}}&1\end{pmatrix}\to\begin{pmatrix}A&\mathbf{0}\\\boldsymbol{\beta}^{\mathrm{T}}&1+\boldsymbol{\beta}^{\mathrm{T}}A^{-1}\boldsymbol{\alpha}\end{pmatrix}\to\begin{pmatrix}A&\mathbf{0}\\\mathbf{0}&1+\boldsymbol{\beta}^{\mathrm{T}}A^{-1}\boldsymbol{\alpha}\end{pmatrix},$$

则

$$秩(G)=秩(A)+秩(1+\boldsymbol{\beta}^{\mathrm{T}}A^{-1}\boldsymbol{\alpha})=n+秩(1+\boldsymbol{\beta}^{\mathrm{T}}A^{-1}\boldsymbol{\alpha}).$$

另一方面,

$$G=\begin{pmatrix}A&-\boldsymbol{\alpha}\\\boldsymbol{\beta}^{\mathrm{T}}&1\end{pmatrix}\to\begin{pmatrix}A+\boldsymbol{\alpha}\boldsymbol{\beta}^{\mathrm{T}}&\mathbf{0}\\\boldsymbol{\beta}^{\mathrm{T}}&1\end{pmatrix}\to\begin{pmatrix}A+\boldsymbol{\alpha}\boldsymbol{\beta}^{\mathrm{T}}&\mathbf{0}\\\mathbf{0}&1\end{pmatrix},$$

则秩$(G)=$秩$(A+\boldsymbol{\alpha}\boldsymbol{\beta}^{\mathrm{T}})+1$,于是

$$秩(A+\boldsymbol{\alpha}\boldsymbol{\beta}^{\mathrm{T}})+1=n+秩(1+\boldsymbol{\beta}^{\mathrm{T}}A^{-1}\boldsymbol{\alpha}),$$

故秩$(A+\boldsymbol{\alpha}\boldsymbol{\beta}^{\mathrm{T}})\geqslant n-1$,且秩$(A+\boldsymbol{\alpha}\boldsymbol{\beta}^{\mathrm{T}})=n-1\Leftrightarrow\boldsymbol{\beta}^{\mathrm{T}}A^{-1}\boldsymbol{\alpha}=-1$.

点评　根据要证的结论,需要构造矩阵 $A+\boldsymbol{\alpha}\boldsymbol{\beta}^{\mathrm{T}}$ 和 $1+\boldsymbol{\beta}^{\mathrm{T}}A^{-1}\boldsymbol{\alpha}$,而这可通过对分块矩阵 G 施行适当的初等变换来达到目的.

例 24　设 A 是 n 阶方阵,证明:

1) $A^2=A\Leftrightarrow$秩$(A)+$秩$(E-A)=n$;

2) $A^2=E\Leftrightarrow$秩$(A+E)+$秩$(A-E)=n$.

证明　1) 作分块矩阵 B,然后进行初等变换:

$$B=\begin{pmatrix}A&O\\O&E-A\end{pmatrix}\to\begin{pmatrix}A&O\\A&E-A\end{pmatrix}\to\begin{pmatrix}A&A\\A&E\end{pmatrix}$$

$$\to\begin{pmatrix}A-A^2&O\\A&E\end{pmatrix}\to\begin{pmatrix}A-A^2&O\\O&E\end{pmatrix},$$

则

$$秩(A)+秩(E-A)=秩(A-A^2)+秩(E)=秩(A-A^2)+n,$$

于是

$$A^2=A\Leftrightarrow \text{秩}(A)+\text{秩}(E-A)=n.$$

2）作分块矩阵 C,然后进行初等变换：

$$C=\begin{pmatrix}A+E & O\\ O & A-E\end{pmatrix}\to\begin{pmatrix}A+E & A+E\\ O & A-E\end{pmatrix}\to\begin{pmatrix}A+E & A+E\\ -A-E & -2E\end{pmatrix}$$

$$\to\begin{pmatrix}A+E & A+E\\ A+E & 2E\end{pmatrix}\to\begin{pmatrix}\dfrac{E-A^2}{2} & O\\ A+E & 2E\end{pmatrix}\to\begin{pmatrix}E-A^2 & O\\ O & 2E\end{pmatrix},$$

则

$$\text{秩}(A+E)+\text{秩}(A-E)=\text{秩}(E-A^2)+n,$$

于是

$$A^2=E\Leftrightarrow \text{秩}(A+E)+\text{秩}(A-E)=n.$$

点评 对分块矩阵进行初等变换,秩不变,故通过对分块矩阵进行初等变换构造所需要的矩阵.下两例也是.

例 25 设 A 是 n 阶方阵,$f(x),g(x)$ 为一元多项式,$(f(x),g(x))=d(x)$,且 $d(A)$ 可逆,证明：

$$\text{秩}(f(A)g(A))=\text{秩}(f(A))+\text{秩}(g(A))-n.$$

证明 因 $(f(x),g(x))=d(x)$,则存在 $u(x),v(x)$,使得

$$u(x)f(x)+v(x)g(x)=d(x),$$

于是

$$d^{-1}(A)u(A)f(A)+d^{-1}(A)v(A)g(A)=E.$$

作分块矩阵 G,然后进行初等变换：

$$G=\begin{pmatrix}f(A) & O\\ O & g(A)\end{pmatrix}\to\begin{pmatrix}f(A) & O\\ E & g(A)\end{pmatrix}\to\begin{pmatrix}f(A) & -f(A)g(A)\\ E & O\end{pmatrix}$$

$$\to\begin{pmatrix}O & f(A)g(A)\\ E & O\end{pmatrix},$$

则

$$\text{秩}(f(A))+\text{秩}(g(A))=\text{秩}(f(A)g(A))+n,$$

即

$$\text{秩}(f(A)g(A))=\text{秩}(f(A))+\text{秩}(g(A))-n.$$

例 26 设 A,B 都是 n 阶方阵,其中 A 可逆,证明：

$$\text{秩}(A-B)\geqslant \text{秩}(A)-\text{秩}(B),$$

并且等式成立的充要条件是 $BA^{-1}B=B$.

证明 考虑分块矩阵 $\begin{pmatrix}A-B & O\\ O & B\end{pmatrix}$,然后对它作初等变换.因为 A 可逆,有

$$\begin{pmatrix}A-B & O\\ O & B\end{pmatrix}\to\begin{pmatrix}A-B & B\\ O & B\end{pmatrix}\to\begin{pmatrix}A & B\\ B & B\end{pmatrix}$$

$$\rightarrow\begin{pmatrix} A & B \\ O & B-BA^{-1}B \end{pmatrix}\rightarrow\begin{pmatrix} A & O \\ O & B-BA^{-1}B \end{pmatrix},$$

所以

$$秩(A-B)+秩(B)=秩(A)+秩(B-BA^{-1}B)\geqslant 秩(A), \tag{1}$$

即

$$秩(A-B)\geqslant 秩(A)-秩(B).$$

由(1)式知,等式成立当且仅当秩$(B-BA^{-1}B)=0$,即 $BA^{-1}B=B$.

§4.3　习　　题

1. 计算:

1) $\begin{pmatrix} 2 & 1 & 1 \\ 3 & 1 & 0 \\ 0 & 1 & 2 \end{pmatrix}^2$;　　2) $\begin{pmatrix} 3 & 2 \\ -4 & -2 \end{pmatrix}^5$;

3) $\begin{pmatrix} 1 & 1 \\ 0 & 1 \end{pmatrix}^n$;　　4) $\begin{pmatrix} \cos\varphi & -\sin\varphi \\ \sin\varphi & \cos\varphi \end{pmatrix}^n$;

5) $(2,3,-1)\begin{pmatrix} 1 \\ -1 \\ -1 \end{pmatrix},\begin{pmatrix} 1 \\ -1 \\ -1 \end{pmatrix}(2,3,-1)$;　　6) $(x,y,1)\begin{pmatrix} a_{11} & a_{12} & b_1 \\ a_{12} & a_{22} & b_2 \\ b_1 & b_2 & c \end{pmatrix}\begin{pmatrix} x \\ y \\ 1 \end{pmatrix}$;

7) $\begin{pmatrix} 1 & -1 & -1 & -1 \\ -1 & 1 & -1 & -1 \\ -1 & -1 & 1 & -1 \\ -1 & -1 & -1 & 1 \end{pmatrix}^2,\begin{pmatrix} 1 & -1 & -1 & -1 \\ -1 & 1 & -1 & -1 \\ -1 & -1 & 1 & -1 \\ -1 & -1 & -1 & 1 \end{pmatrix}^n$;

8) $\begin{pmatrix} \lambda & 1 & 0 \\ 0 & \lambda & 1 \\ 0 & 0 & \lambda \end{pmatrix}^n$.

2. 设 $f(\lambda)=a_0\lambda^m+a_1\lambda^{m-1}+\cdots+a_m$,$A$ 为 $n\times n$ 矩阵,定义

$$f(A)=a_0A^m+a_1A^{m-1}+\cdots+a_mE.$$

若分别有

1) $f(\lambda)=\lambda^2-\lambda-1, A=\begin{pmatrix} 2 & 1 & 1 \\ 3 & 1 & 2 \\ 1 & -1 & 0 \end{pmatrix}$;

2) $f(\lambda)=\lambda^2-5\lambda+3, A=\begin{pmatrix} 2 & -1 \\ -3 & 3 \end{pmatrix}$,

试求 $f(A)$.

3. 如果 $AB=BA$,矩阵 B 就称与 A 可交换. 分别设

1) $\boldsymbol{A}=\begin{pmatrix}1 & 1\\ 0 & 1\end{pmatrix}$; 2) $\boldsymbol{A}=\begin{pmatrix}1 & 0 & 0\\ 0 & 1 & 2\\ 3 & 1 & 2\end{pmatrix}$; 3) $\boldsymbol{A}=\begin{pmatrix}0 & 1 & 0\\ 0 & 0 & 1\\ 0 & 0 & 0\end{pmatrix}$,

求所有与 $\boldsymbol{A}$ 可交换的矩阵.

4. 设 n 阶方阵

$$\boldsymbol{A}=\begin{pmatrix}\lambda & 1 & & & \\ & \lambda & \ddots & & \\ & & \ddots & \ddots & \\ & & & \ddots & 1\\ & & & & \lambda\end{pmatrix},$$

证明:当且仅当

$$\boldsymbol{B}=\begin{pmatrix}b_{11} & b_{12} & b_{13} & \cdots & b_{1n}\\ & b_{11} & b_{12} & \cdots & b_{1,n-1}\\ & & \ddots & \ddots & \vdots\\ & & & \ddots & b_{12}\\ & & & & b_{11}\end{pmatrix}$$

时,$\boldsymbol{AB}=\boldsymbol{BA}$.

5. 设

$$\boldsymbol{A}=\begin{pmatrix}a_1 & & & \\ & a_2 & & \\ & & \ddots & \\ & & & a_n\end{pmatrix},$$

其中当 $i\neq j, i,j=1,2,\cdots,n$ 时,$a_i\neq a_j$,证明:与 $\boldsymbol{A}$ 可交换的矩阵只能是对角矩阵.

6. 设

$$\boldsymbol{A}=\begin{pmatrix}a_1\boldsymbol{E}_1 & & & \\ & a_2\boldsymbol{E}_2 & & \\ & & \ddots & \\ & & & a_r\boldsymbol{E}_r\end{pmatrix},$$

其中当 $i\neq j, i,j=1,2,\cdots,r$ 时,$a_i\neq a_j$,$\boldsymbol{E}_i$ 是 n_i 阶单位矩阵,$i=1,2,\cdots,r$, $\sum_{i=1}^{r} n_i=n$. 证明:与 $\boldsymbol{A}$ 可交换的矩阵只能是准对角矩阵

$$\begin{pmatrix}\boldsymbol{A}_1 & & & \\ & \boldsymbol{A}_2 & & \\ & & \ddots & \\ & & & \boldsymbol{A}_r\end{pmatrix},$$

其中 $\boldsymbol{A}_i$ 是 n_i 阶方阵,$i=1,2,\cdots,r$.

7. 令 $\boldsymbol{E}_{ij}$为第 i 行第 j 列的元素为 1,其余元素全为 0 的 n 阶矩阵,$i,j=1,2,\cdots,n$,而 $\boldsymbol{A}=$

$(a_{ij})_{n\times n}$，证明：

1）若 $\boldsymbol{A}\boldsymbol{E}_{12}=\boldsymbol{E}_{12}\boldsymbol{A}$，则当 $k\neq 1$ 时，$a_{k1}=0$；当 $k\neq 2$ 时，$a_{2k}=0$；

2）若 $\boldsymbol{A}\boldsymbol{E}_{ij}=\boldsymbol{E}_{ij}\boldsymbol{A}$，则当 $k\neq i$ 时，$a_{ki}=0$；当 $k\neq j$ 时，$a_{jk}=0$ 且 $a_{ii}=a_{jj}$；

3）若 $\boldsymbol{A}$ 与所有 n 阶方阵可交换，则 $\boldsymbol{A}$ 是数量矩阵.

8. 设 $\boldsymbol{A}=\dfrac{1}{2}(\boldsymbol{B}+\boldsymbol{E})$，证明：$\boldsymbol{A}^2=\boldsymbol{A}\Leftrightarrow\boldsymbol{B}^2=\boldsymbol{E}$.

9. 证明：若 $\boldsymbol{A}$ 是实对称矩阵，且 $\boldsymbol{A}^2=\boldsymbol{O}$，则 $\boldsymbol{A}=\boldsymbol{O}$.

10. 证明：任一 $n\times n$ 矩阵都可表示为一个对称矩阵与一个反称矩阵之和.

11. 令 $\boldsymbol{A}$ 为 $m\times n$ 矩阵，秩$(\boldsymbol{A})=r(r>0)$，证明：$\boldsymbol{A}$ 可表示成 r 个秩为 1 的矩阵之和.

12. 设 $s_k=x_1^k+x_2^k+\cdots+x_n^k$，$k=0,1,2,\cdots$，$a_{ij}=s_{i+j-2}$，$i,j=1,2,\cdots,n$，证明：行列式

$$|(a_{ij})_{n\times n}|=\prod_{i<j}(x_i-x_j)^2.$$

13. 设 $\boldsymbol{A}$ 是 $n\times n$ 矩阵，证明：存在一个 $n\times n$ 非零矩阵 $\boldsymbol{B}$，使 $\boldsymbol{A}\boldsymbol{B}=\boldsymbol{O}$ 的充要条件是 $|\boldsymbol{A}|=0$.

14. 设 $\boldsymbol{A}$ 是 $n\times n$ 矩阵，如果对任一 n 维向量 $\boldsymbol{X}$，都有 $\boldsymbol{A}\boldsymbol{X}=\boldsymbol{0}$，证明：$\boldsymbol{A}=\boldsymbol{O}$.

15. 设 $\boldsymbol{B}$ 为 $r\times r$ 矩阵，$\boldsymbol{C}$ 为 $r\times n$ 矩阵，且秩$(\boldsymbol{C})=r$，证明：

1）若 $\boldsymbol{B}\boldsymbol{C}=\boldsymbol{O}$，则 $\boldsymbol{B}=\boldsymbol{O}$；

2）若 $\boldsymbol{B}\boldsymbol{C}=\boldsymbol{C}$，则 $\boldsymbol{B}=\boldsymbol{E}$.

16. 求下列矩阵的逆矩阵：

1）$\begin{pmatrix}a&b\\c&d\end{pmatrix}$，$ad-bc=1$；　　2）$\begin{pmatrix}1&1&-1\\2&1&0\\1&-1&0\end{pmatrix}$；

3）$\begin{pmatrix}2&2&3\\1&-1&0\\-1&2&1\end{pmatrix}$；　　4）$\begin{pmatrix}1&2&3&4\\2&3&1&2\\1&1&1&-1\\1&0&-2&-6\end{pmatrix}$；

5）$\begin{pmatrix}1&1&1&1\\1&1&-1&-1\\1&-1&1&-1\\1&-1&-1&1\end{pmatrix}$；　　6）$\begin{pmatrix}3&3&-4&-3\\0&6&1&1\\5&4&2&1\\2&3&3&2\end{pmatrix}$；

7）$\begin{pmatrix}1&3&-5&7\\0&1&2&-3\\0&0&1&2\\0&0&0&1\end{pmatrix}$；　　8）$\begin{pmatrix}2&1&0&0\\3&2&0&0\\5&7&1&8\\-1&-3&-1&-6\end{pmatrix}$；

9）$\begin{pmatrix}0&0&1&-1\\0&3&1&4\\2&7&6&-1\\1&2&2&-1\end{pmatrix}$；　　10）$\begin{pmatrix}2&1&0&0&0\\0&2&1&0&0\\0&0&2&1&0\\0&0&0&2&1\\0&0&0&0&2\end{pmatrix}$.

17. 求下列矩阵 $\boldsymbol{X}$：

1) $\begin{pmatrix}2&5\\1&3\end{pmatrix}\boldsymbol{X}=\begin{pmatrix}4&-6\\2&1\end{pmatrix}$； 2) $\begin{pmatrix}1&1&-1\\0&2&2\\1&-1&0\end{pmatrix}\boldsymbol{X}=\begin{pmatrix}1&-1&1\\1&1&0\\2&1&1\end{pmatrix}$；

3) $\begin{pmatrix}1&1&1&\cdots&1&1\\0&1&1&\cdots&1&1\\0&0&1&\cdots&1&1\\\vdots&\vdots&\vdots&&\vdots&\vdots\\0&0&0&\cdots&0&1\end{pmatrix}_{n\times n}\boldsymbol{X}=\begin{pmatrix}2&1&0&\cdots&0&0\\1&2&1&\cdots&0&0\\0&1&2&\cdots&0&0\\\vdots&\vdots&\vdots&&\vdots&\vdots\\0&0&0&\cdots&1&2\end{pmatrix}_{n\times n}$；

4) $\boldsymbol{X}\begin{pmatrix}1&1&-1\\0&2&2\\1&-1&0\end{pmatrix}=\begin{pmatrix}1&-1&1\\1&1&0\\2&1&1\end{pmatrix}$.

18. 证明：

1) 如果 $\boldsymbol{A}$ 可逆且对称(反称)，那么 $\boldsymbol{A}^{-1}$ 也对称(反称)；

2) 不存在奇数阶的可逆反称矩阵.

19. 矩阵 $\boldsymbol{A}=(a_{ij})$ 称为上(下)三角形矩阵，如果 $i>j(i<j)$ 时有 $a_{ij}=0$，证明：

1) 两个上(下)三角形矩阵的乘积仍是上(下)三角形矩阵；

2) 可逆的上(下)三角形矩阵的逆仍是上(下)三角形矩阵.

20. 证明：

$$|\boldsymbol{A}^*|=|\boldsymbol{A}|^{n-1},$$

其中 $\boldsymbol{A}$ 是 $n\times n$ 矩阵($n\geqslant 2$).

21. 证明：如果 $\boldsymbol{A}$ 是 $n\times n$ 矩阵($n\geqslant 2$)，那么

$$\text{秩}(\boldsymbol{A}^*)=\begin{cases}n, & \text{秩}(\boldsymbol{A})=n,\\1, & \text{秩}(\boldsymbol{A})=n-1,\\0, & \text{秩}(\boldsymbol{A})<n-1.\end{cases}$$

22. 设 $\boldsymbol{A}$ 是 $n\times m$ 矩阵，$\boldsymbol{B}$ 是 $n\times s$ 矩阵，$\boldsymbol{C}$ 是 $m\times t$ 矩阵，$\boldsymbol{D}$ 是 $s\times t$ 矩阵，并且秩($\boldsymbol{B}$)$=s$，$\boldsymbol{AC}+\boldsymbol{BD}=\boldsymbol{O}$，证明：

$$\text{秩}\left(\begin{pmatrix}\boldsymbol{C}\\\boldsymbol{D}\end{pmatrix}\right)=t \text{ 当且仅当秩}(\boldsymbol{C})=t.$$

23. 设 $\boldsymbol{A}$ 是 $m\times n$ 矩阵，$\boldsymbol{\eta}_1,\boldsymbol{\eta}_2,\cdots,\boldsymbol{\eta}_{n-r}$ 是齐次线性方程组 $\boldsymbol{AX}=\boldsymbol{0}$ 的基础解系，

$$\boldsymbol{B}=(\boldsymbol{\eta}_1,\boldsymbol{\eta}_2,\cdots,\boldsymbol{\eta}_{n-r}).$$

证明：若 $\boldsymbol{AC}=\boldsymbol{O}$，则存在唯一的矩阵 $\boldsymbol{D}$，使 $\boldsymbol{C}=\boldsymbol{BD}$.

24. 令 $\boldsymbol{A}$ 为 $m\times n$ 矩阵，证明：线性方程组 $\boldsymbol{AX}=\boldsymbol{b}$ 有解当且仅当若 $\boldsymbol{A}^{\mathrm{T}}\boldsymbol{Z}=\boldsymbol{0}$，则 $\boldsymbol{b}^{\mathrm{T}}\boldsymbol{Z}=0$.

25. 设 $\boldsymbol{A}$ 为 $n\times n$ 矩阵，秩($\boldsymbol{A}$)$=1$. 证明：

1）$\boldsymbol{A}$ 可以表示为 $\begin{pmatrix} a_1 \\ a_2 \\ \vdots \\ a_n \end{pmatrix}(b_1, b_2, \cdots, b_n)$；　　2）$\boldsymbol{A}^2 = k\boldsymbol{A}$.

26. 设 $\boldsymbol{A}$ 为 2×2 矩阵，证明：若 $\boldsymbol{A}^l=\boldsymbol{O}, l>2$，则 $\boldsymbol{A}^2=\boldsymbol{O}$.

27. 设 $\boldsymbol{A}$ 为 n 阶方阵$(n>2)$，证明：$(\boldsymbol{A}^*)^* = |\boldsymbol{A}|^{n-2}\boldsymbol{A}$.

28. 设 $\boldsymbol{A},\boldsymbol{B},\boldsymbol{C},\boldsymbol{D}$ 都是 n 阶方阵，且 $|\boldsymbol{A}|\neq0, \boldsymbol{AC}=\boldsymbol{CA}$，证明：

$$\begin{vmatrix} \boldsymbol{A} & \boldsymbol{B} \\ \boldsymbol{C} & \boldsymbol{D} \end{vmatrix} = |\boldsymbol{AD}-\boldsymbol{CB}|.$$

29. 设 $\boldsymbol{A}$ 是 $n\times n$ 矩阵，且秩$(\boldsymbol{A})=r$，证明：存在 $n\times n$ 可逆矩阵 $\boldsymbol{P}$，使 $\boldsymbol{PAP}^{-1}$ 的后$(n-r)$行全为 0.

30. 用下列两种方法：

1）初等变换；

2）按 $\boldsymbol{A}$ 中的划分，利用分块矩阵的初等变换（注意各小块矩阵的特点），

求矩阵

$$\boldsymbol{A}=\left(\begin{array}{cc:cc} 1 & 1 & 1 & 1 \\ 1 & -1 & 1 & -1 \\ \hdashline 1 & 1 & -1 & -1 \\ 1 & -1 & -1 & 1 \end{array}\right)$$

的逆矩阵.

31. 设 $\boldsymbol{A},\boldsymbol{B}$ 分别是 $n\times m$ 矩阵和 $m\times n$ 矩阵，证明：

$$\begin{vmatrix} \boldsymbol{E}_m & \boldsymbol{B} \\ \boldsymbol{A} & \boldsymbol{E}_n \end{vmatrix} |\boldsymbol{E}_n-\boldsymbol{AB}| = |\boldsymbol{E}_m-\boldsymbol{BA}|.$$

32. $\boldsymbol{A},\boldsymbol{B}$ 如上题，$\lambda\neq0$，证明：

$$|\lambda\boldsymbol{E}_n-\boldsymbol{AB}| = \lambda^{n-m}|\lambda\boldsymbol{E}_m-\boldsymbol{BA}|.$$

33. 令 $\boldsymbol{A},\boldsymbol{B}$ 都是 n 阶方阵，$\boldsymbol{AB}=\boldsymbol{O}$. 证明：

$$\text{秩}(\boldsymbol{A})+\text{秩}(\boldsymbol{B})\leqslant n.$$

34. 设 $\boldsymbol{A}$ 为 n 阶方阵，证明：存在矩阵 $\boldsymbol{B}$，使得 $\boldsymbol{AB}=\boldsymbol{O}$，秩$(\boldsymbol{A})$+秩$(\boldsymbol{B})=k$，其中秩$(\boldsymbol{A})\leqslant k\leqslant n$.

§4.4　习题参考答案与提示

1. 1）$\begin{pmatrix} 7 & 4 & 4 \\ 9 & 4 & 3 \\ 3 & 3 & 4 \end{pmatrix}$；2）$\begin{pmatrix} 3 & -2 \\ 4 & 8 \end{pmatrix}$；3）$\begin{pmatrix} 1 & n \\ 0 & 1 \end{pmatrix}$；4）$\begin{pmatrix} \cos n\varphi & -\sin n\varphi \\ \sin n\varphi & \cos n\varphi \end{pmatrix}$；

5）$0, \begin{pmatrix} 2 & 3 & -1 \\ -2 & -3 & 1 \\ -2 & -3 & 1 \end{pmatrix}$；6）$a_{11}x^2+2a_{12}xy+a_{22}y^2+2b_1x+2b_2y+c$；

7) 设 $\boldsymbol{A}$ 为题中矩阵,则 $\boldsymbol{A}^2=2^2\boldsymbol{E}$, $\boldsymbol{A}^n=\begin{cases}2^n\boldsymbol{E}, & n \text{ 为偶数},\\ 2^{n-1}A, & n \text{ 为奇数};\end{cases}$

8) $\begin{pmatrix}\lambda^n & n\lambda^{n-1} & \dfrac{n(n-1)}{2}\lambda^{n-2}\\ 0 & \lambda^n & n\lambda^{n-1}\\ 0 & 0 & \lambda^n\end{pmatrix}$.

2. 1) $\begin{pmatrix}5 & 1 & 3\\ 8 & 0 & 3\\ -2 & 1 & -2\end{pmatrix}$; 2) $\begin{pmatrix}0 & 0\\ 0 & 0\end{pmatrix}$.

3. 1) $\begin{pmatrix}x_{11} & x_{12}\\ 0 & x_{11}\end{pmatrix}$,其中 $x_{1j}(j=1,2)$ 为任意常数.

2) $\begin{pmatrix}x_{11} & 0 & 0\\ x_{21} & x_{11}+\dfrac{1}{3}x_{21} & \dfrac{2}{3}x_{31}\\ x_{31} & \dfrac{1}{3}x_{31} & x_{11}+\dfrac{1}{3}x_{21}+\dfrac{1}{3}x_{31}\end{pmatrix}$,其中 $x_{i1}(i=1,2,3)$ 为任意常数.

3) $\begin{pmatrix}x_{11} & x_{12} & x_{13}\\ 0 & x_{11} & x_{12}\\ 0 & 0 & x_{11}\end{pmatrix}$,其中 $x_{1j}(j=1,2,3)$ 为任意常数.

4. 提示:记 $\boldsymbol{A}=\lambda\boldsymbol{E}+\boldsymbol{C}$,其中

$$\boldsymbol{C}=\begin{pmatrix}0 & 1 & & \\ & 0 & \ddots & \\ & & \ddots & 1\\ & & & 0\end{pmatrix},$$

则 $\boldsymbol{B}$ 与 $\boldsymbol{A}$ 可交换当且仅当 $\boldsymbol{B}$ 与 $\boldsymbol{C}$ 可交换.

5. 提示:利用矩阵相等的定义,解线性方程组.

6. 提示:仿上题,令

$$\boldsymbol{B}=\begin{pmatrix}\boldsymbol{B}_{11} & \boldsymbol{B}_{12} & \cdots & \boldsymbol{B}_{1r}\\ \boldsymbol{B}_{21} & \boldsymbol{B}_{22} & \cdots & \boldsymbol{B}_{2r}\\ \vdots & \vdots & & \vdots\\ \boldsymbol{B}_{r1} & \boldsymbol{B}_{r2} & \cdots & \boldsymbol{B}_{rr}\end{pmatrix},$$

其中 $\boldsymbol{B}_{ij}$ 为 $n_i\times n_j$ 矩阵, $i,j=1,2,\cdots,r$.

7. 提示:3) 由 $\boldsymbol{A}\boldsymbol{E}_{ij}=\boldsymbol{E}_{ij}\boldsymbol{A}$,得

$$a_{ii}=a_{jj},\quad a_{ij}=0\,(i\neq j),\quad i,j=1,2,\cdots,n.$$

8. 提示:直接计算.

9. 提示：$A^2=AA^{\mathrm{T}}$，所以 A^2 的主对角线上的元素为 $\sum_{k=1}^{n} a_{ik}^2, i=1,2,\cdots,n$.

10. 提示：$A=\frac{1}{2}(A+A^{\mathrm{T}})+\frac{1}{2}(A-A^{\mathrm{T}})$.

11. 提示：$A=P\begin{pmatrix} E_r & O \\ O & O \end{pmatrix}Q$，其中 P 为 $m\times m$ 可逆矩阵，Q 为 $n\times n$ 可逆矩阵.

12. 提示：

$$(a_{ij})_{n\times n}=\begin{pmatrix} 1 & 1 & \cdots & 1 \\ x_1 & x_2 & \cdots & x_n \\ \vdots & \vdots & & \vdots \\ x_1^{n-1} & x_2^{n-1} & \cdots & x_n^{n-1} \end{pmatrix}\begin{pmatrix} 1 & x_1 & \cdots & x_1^{n-1} \\ 1 & x_2 & \cdots & x_2^{n-1} \\ \vdots & \vdots & & \vdots \\ 1 & x_n & \cdots & x_n^{n-1} \end{pmatrix}.$$

13. 提示：$AB=O$ 即指 B 的列向量是 $AX=0$ 的解向量.

14. 提示：分别取

$$X=\begin{pmatrix} 0 \\ \vdots \\ 0 \\ 1 \\ 0 \\ \vdots \\ 0 \end{pmatrix}\text{第 } i \text{ 行}, \quad i=1,2,\cdots,n.$$

15. 1）提示：因 $BC=O$，则 $C^{\mathrm{T}}B^{\mathrm{T}}=O$，于是 B^{T} 的列向量是线性方程组 $C^{\mathrm{T}}X=0$ 的解向量. $C^{\mathrm{T}}X=0$ 只有零解，故 $B^{\mathrm{T}}=O$，即 $B=O$.

2）由 1）即得.

16. 1）$\begin{pmatrix} d & -b \\ -c & a \end{pmatrix}$；　2）$\begin{pmatrix} 0 & \frac{1}{3} & \frac{1}{3} \\ 0 & \frac{1}{3} & -\frac{2}{3} \\ -1 & \frac{2}{3} & -\frac{1}{3} \end{pmatrix}$；　3）$\begin{pmatrix} 1 & -4 & -3 \\ 1 & -5 & -3 \\ -1 & 6 & 4 \end{pmatrix}$；

4）$\begin{pmatrix} 22 & -6 & -26 & 17 \\ -17 & 5 & 20 & -13 \\ -1 & 0 & 2 & -1 \\ 4 & -1 & -5 & 3 \end{pmatrix}$；　5）$\frac{1}{4}\begin{pmatrix} 1 & 1 & 1 & 1 \\ 1 & 1 & -1 & -1 \\ 1 & -1 & 1 & -1 \\ 1 & -1 & -1 & 1 \end{pmatrix}$；

6）$\begin{pmatrix} -7 & 5 & 12 & -19 \\ 3 & -2 & -5 & 8 \\ 41 & -30 & -69 & 111 \\ -59 & 43 & 99 & -159 \end{pmatrix}$；　7）$\begin{pmatrix} 1 & -3 & 11 & 38 \\ 0 & 1 & -2 & 7 \\ 0 & 0 & 9 & -2 \\ 0 & 0 & 0 & 1 \end{pmatrix}$；

8) $\begin{pmatrix} 2 & -1 & 0 & 0 \\ -3 & 2 & 4 & 0 \\ -5 & 7 & -3 & -4 \\ 2 & -2 & \frac{1}{2} & \frac{1}{2} \end{pmatrix}$; 9) $\frac{1}{6}\begin{pmatrix} -1 & 3 & -7 & 20 \\ -7 & -3 & 5 & -10 \\ 9 & 3 & -3 & 6 \\ 3 & 3 & -3 & 6 \end{pmatrix}$;

10) $\begin{pmatrix} \frac{1}{2} & -\frac{1}{4} & \frac{1}{8} & -\frac{1}{16} & \frac{1}{32} \\ 0 & \frac{1}{2} & -\frac{1}{4} & \frac{1}{8} & -\frac{1}{16} \\ 0 & 0 & \frac{1}{2} & -\frac{1}{4} & \frac{1}{8} \\ 0 & 0 & 0 & \frac{1}{2} & -\frac{1}{4} \\ 0 & 0 & 0 & 0 & \frac{1}{2} \end{pmatrix}$.

17. 1) $\begin{pmatrix} 2 & -23 \\ 0 & 8 \end{pmatrix}$; 2) $\frac{1}{6}\begin{pmatrix} 11 & 3 & 6 \\ -1 & -3 & 0 \\ 4 & 6 & 0 \end{pmatrix}$;

3) $\begin{pmatrix} 1 & -1 & -1 & 0 & 0 & \cdots & 0 & 0 & 0 & 0 \\ 1 & 1 & -1 & -1 & 0 & \cdots & 0 & 0 & 0 & 0 \\ 0 & 1 & 1 & -1 & -1 & \cdots & 0 & 0 & 0 & 0 \\ \vdots & \vdots & \vdots & \vdots & \vdots & & \vdots & \vdots & \vdots & \vdots \\ 0 & 0 & 0 & 0 & 0 & \cdots & 0 & 1 & 1 & -1 \\ 0 & 0 & 0 & 0 & 0 & \cdots & 0 & 0 & 1 & 2 \end{pmatrix}_{n\times n}$;

4) $\frac{1}{6}\begin{pmatrix} -2 & 2 & 8 \\ 4 & 2 & 2 \\ 4 & 5 & 8 \end{pmatrix}$.

18. 提示:按定义验证.

19. 2) 提示:$\boldsymbol{A}^{-1}=\frac{1}{|\boldsymbol{A}|}\boldsymbol{A}^*$,上(下)三角形矩阵的伴随矩阵仍为上(下)三角形矩阵.

20. 提示:$\boldsymbol{AA}^*=|\boldsymbol{A}|\boldsymbol{E}$,两边取行列式之后讨论.

21. 提示:$\boldsymbol{AA}^*=|\boldsymbol{A}|\boldsymbol{E}$;如果 $\boldsymbol{AB}=\boldsymbol{O}$,则秩$(\boldsymbol{A})$+秩$(\boldsymbol{B})\leqslant n$.

22. 提示:用反证法证必要性. 若秩$(\boldsymbol{C})<t$,则齐次线性方程组 $\boldsymbol{CX}=\boldsymbol{0}$ 有非零解 $\boldsymbol{X}_0$,由于秩$\left(\begin{pmatrix}\boldsymbol{C}\\\boldsymbol{D}\end{pmatrix}\right)=t$,则齐次线性方程组$\begin{pmatrix}\boldsymbol{C}\\\boldsymbol{D}\end{pmatrix}\boldsymbol{X}=\boldsymbol{0}$ 只有零解,于是 $\boldsymbol{DX}_0\neq\boldsymbol{0}$. 因为

$$\boldsymbol{0}=(\boldsymbol{AC}+\boldsymbol{BD})\boldsymbol{X}_0=\boldsymbol{ACX}_0+\boldsymbol{BDX}_0=\boldsymbol{B}(\boldsymbol{DX}_0),$$

所以齐次线性方程组 $\boldsymbol{BX}=\boldsymbol{0}$ 有非零解,与秩$(\boldsymbol{B})=s$ 矛盾.

23. 提示:因 $\boldsymbol{AC}=\boldsymbol{O}$,则 $\boldsymbol{C}$ 的列向量组可经 $\boldsymbol{\eta}_1,\boldsymbol{\eta}_2,\cdots,\boldsymbol{\eta}_{n-r}$ 线性表出. 因 $\boldsymbol{B}$ 是列满秩矩阵,则齐次线性方程组 $\boldsymbol{BX}=\boldsymbol{0}$ 只有零解.

24. 提示:必要性:设 $\boldsymbol{AX}_0=\boldsymbol{b}$,且 $\boldsymbol{A}^{\mathrm{T}}\boldsymbol{Z}=\boldsymbol{0}$,则

$$\boldsymbol{b}^{\mathrm{T}}\boldsymbol{Z}=\boldsymbol{X}_0^{\mathrm{T}}(\boldsymbol{A}^{\mathrm{T}}\boldsymbol{Z})=\boldsymbol{X}_0^{\mathrm{T}}\boldsymbol{0}=0.$$

充分性:由条件,$\boldsymbol{A}^{\mathrm{T}}\boldsymbol{X}=\boldsymbol{0}$ 与 $\begin{pmatrix}\boldsymbol{A}^{\mathrm{T}}\\ \boldsymbol{b}^{\mathrm{T}}\end{pmatrix}\boldsymbol{X}=\boldsymbol{0}$ 同解,于是

$$秩(\boldsymbol{A})=秩(\boldsymbol{A}^{\mathrm{T}})=秩\left(\begin{pmatrix}\boldsymbol{A}^{\mathrm{T}}\\ \boldsymbol{b}^{\mathrm{T}}\end{pmatrix}\right)=秩((\boldsymbol{A},\boldsymbol{b})^{\mathrm{T}})=秩((\boldsymbol{A},\boldsymbol{b})),$$

从而 $\boldsymbol{AX}=\boldsymbol{b}$ 有解.

25. 提示:利用矩阵的满秩分解.

26. 提示:秩$(\boldsymbol{A})=0$ 或 1. 当秩$(\boldsymbol{A})=0$ 时,$\boldsymbol{A}=\boldsymbol{O}$. 当秩$(\boldsymbol{A})=1$ 时,由上题 $\boldsymbol{A}^2=k\boldsymbol{A}$,于是 $\boldsymbol{O}=\boldsymbol{A}^l=k^{l-1}\boldsymbol{A}$. 因 $\boldsymbol{A}\neq\boldsymbol{O}$,则 $k=0$,于是 $\boldsymbol{A}^2=\boldsymbol{O}$.

27. 提示:利用公式 $\boldsymbol{AA}^*=|\boldsymbol{A}|\boldsymbol{E}$,及例 21.

28. 提示:$\begin{pmatrix}\boldsymbol{E} & \boldsymbol{O}\\ -\boldsymbol{CA}^{-1} & \boldsymbol{E}\end{pmatrix}\begin{pmatrix}\boldsymbol{A} & \boldsymbol{B}\\ \boldsymbol{C} & \boldsymbol{D}\end{pmatrix}=\begin{pmatrix}\boldsymbol{A} & \boldsymbol{B}\\ \boldsymbol{O} & \boldsymbol{D}-\boldsymbol{CA}^{-1}\boldsymbol{B}\end{pmatrix}$.

29. 提示:存在 $n\times n$ 可逆矩阵 $\boldsymbol{P},\boldsymbol{Q}$,使得

$$\boldsymbol{PAQ}=\begin{pmatrix}\boldsymbol{E}_r & \boldsymbol{O}\\ \boldsymbol{O} & \boldsymbol{O}\end{pmatrix},$$

于是

$$\boldsymbol{PAP}^{-1}=\begin{pmatrix}\boldsymbol{E}_r & \boldsymbol{O}\\ \boldsymbol{O} & \boldsymbol{O}\end{pmatrix}\boldsymbol{Q}^{-1}\boldsymbol{P}^{-1}=\begin{pmatrix}\boldsymbol{E}_r & \boldsymbol{O}\\ \boldsymbol{O} & \boldsymbol{O}\end{pmatrix}\begin{pmatrix}\boldsymbol{X}_1 & \boldsymbol{X}_2\\ \boldsymbol{X}_3 & \boldsymbol{X}_4\end{pmatrix}=\begin{pmatrix}\boldsymbol{X}_1 & \boldsymbol{X}_2\\ \boldsymbol{O} & \boldsymbol{O}\end{pmatrix},$$

其中 $\boldsymbol{X}_1$ 为 $r\times r$ 矩阵.

30. 2) 提示:$\boldsymbol{A}=\begin{pmatrix}\boldsymbol{B} & \boldsymbol{B}\\ \boldsymbol{B} & -\boldsymbol{B}\end{pmatrix}$,其中 $\boldsymbol{B}=\begin{pmatrix}1 & 1\\ 1 & -1\end{pmatrix}$.

31. 提示:

$$\begin{pmatrix}\boldsymbol{E}_m & \boldsymbol{O}\\ -\boldsymbol{A} & \boldsymbol{E}_n\end{pmatrix}\begin{pmatrix}\boldsymbol{E}_m & \boldsymbol{B}\\ \boldsymbol{A} & \boldsymbol{E}_n\end{pmatrix}=\begin{pmatrix}\boldsymbol{E}_m & \boldsymbol{B}\\ \boldsymbol{O} & \boldsymbol{E}_n-\boldsymbol{AB}\end{pmatrix},$$

$$\begin{pmatrix}\boldsymbol{E}_m & \boldsymbol{B}\\ \boldsymbol{A} & \boldsymbol{E}_n\end{pmatrix}\begin{pmatrix}\boldsymbol{E}_m & \boldsymbol{O}\\ -\boldsymbol{A} & \boldsymbol{E}_n\end{pmatrix}=\begin{pmatrix}\boldsymbol{E}_m-\boldsymbol{BA} & \boldsymbol{B}\\ \boldsymbol{O} & \boldsymbol{E}_n\end{pmatrix}.$$

32. 提示:

$$\begin{pmatrix}\boldsymbol{E}_m & \boldsymbol{O}\\ -\boldsymbol{A} & \boldsymbol{E}_n\end{pmatrix}\begin{pmatrix}\lambda\boldsymbol{E}_m & \boldsymbol{B}\\ \lambda\boldsymbol{A} & \lambda\boldsymbol{E}_n\end{pmatrix}=\begin{pmatrix}\lambda\boldsymbol{E}_m & \boldsymbol{B}\\ \boldsymbol{O} & \lambda\boldsymbol{E}_n-\boldsymbol{AB}\end{pmatrix},$$

$$\begin{pmatrix}\lambda\boldsymbol{E}_m & \boldsymbol{B}\\ \lambda\boldsymbol{A} & \lambda\boldsymbol{E}_n\end{pmatrix}\begin{pmatrix}\boldsymbol{E}_m & \boldsymbol{O}\\ -\boldsymbol{A} & \boldsymbol{E}_n\end{pmatrix}=\begin{pmatrix}\lambda\boldsymbol{E}_m-\boldsymbol{BA} & \boldsymbol{B}\\ \boldsymbol{O} & \lambda\boldsymbol{E}_n\end{pmatrix}.$$

33. 提示:$\boldsymbol{B}$ 的列向量是齐次线性方程组 $\boldsymbol{AX}=\boldsymbol{0}$ 的解向量.

34. 提示:设秩$(\boldsymbol{A})=r$,则存在 n 阶可逆矩阵 $\boldsymbol{P},\boldsymbol{Q}$,使

$$\boldsymbol{A}=\boldsymbol{P}\begin{pmatrix}\boldsymbol{E}_r & \boldsymbol{O}\\ \boldsymbol{O} & \boldsymbol{O}\end{pmatrix}\boldsymbol{Q}.$$

作矩阵

$$\boldsymbol{B}=\boldsymbol{Q}^{-1}\begin{pmatrix}\boldsymbol{O}_{r\times r} & & \\ & \boldsymbol{E}_{k-r} & \\ & & \boldsymbol{O}_{(n-k)\times(n-k)}\end{pmatrix}\boldsymbol{P},$$

则 $\boldsymbol{AB}=\boldsymbol{O}$,且秩$(\boldsymbol{A})$+秩$(\boldsymbol{B})=k$.

第四章典型习题详解

第五章　二　次　型

§5.1　基本知识

一、二次型及其矩阵

1. 设 P 是一个数域，系数在 P 中的 n 元二次齐次多项式

$$f(x_1,x_2,\cdots,x_n)=a_{11}x_1^2+2a_{12}x_1x_2+\cdots+2a_{1n}x_1x_n+ a_{22}x_2^2+\cdots+2a_{2n}x_2x_n+\cdots+a_{nn}x_n^2$$

称为数域 P 上的一个 n 元二次型，简称二次型.

2. 二次型 $f(x_1,x_2,\cdots,x_n)$ 都可唯一地表示成

$$f(x_1,x_2,\cdots,x_n)=\boldsymbol{X}^{\mathrm{T}}\boldsymbol{A}\boldsymbol{X},$$

其中 $\boldsymbol{X}=(x_1,x_2,\cdots,x_n)^{\mathrm{T}}$，

$$\boldsymbol{A}=\begin{pmatrix} a_{11} & a_{12} & \cdots & a_{1n} \\ a_{12} & a_{22} & \cdots & a_{2n} \\ \vdots & \vdots & & \vdots \\ a_{1n} & a_{2n} & \cdots & a_{nn} \end{pmatrix}$$

为对称矩阵，称为二次型 $f(x_1,x_2,\cdots,x_n)$ 的矩阵，$\boldsymbol{A}$ 的秩称为 $f(x_1,x_2,\cdots,x_n)$ 的秩.

3. 合同：

1）设 $\boldsymbol{A}$ 与 $\boldsymbol{B}$ 是数域 P 上的两个 n 阶方阵，如果有 P 上的可逆矩阵 $\boldsymbol{C}$，使得 $\boldsymbol{B}=\boldsymbol{C}^{\mathrm{T}}\boldsymbol{A}\boldsymbol{C}$，则称 $\boldsymbol{B}$ 与 $\boldsymbol{A}$ 是合同的；

2）合同关系具有反身性、对称性及传递性；

3）经过非退化线性替换，新二次型的矩阵与原二次型的矩阵是合同的.

二、标准形

1. 数域 P 上任意一个二次型都可以经过非退化线性替换化成标准形

$$d_1y_1^2+d_2y_2^2+\cdots+d_ny_n^2,$$

其中非零系数的个数等于该二次型的秩.

2. 在数域 P 上，任意一个对称矩阵都合同于一个对角矩阵，即对任意一个对称矩阵 $\boldsymbol{A}$，都可找到一个可逆矩阵 $\boldsymbol{C}$，使 $\boldsymbol{C}^{\mathrm{T}}\boldsymbol{A}\boldsymbol{C}$ 是对角矩阵.

三、规范形

1. 任意一个复二次型,经过一个适当的非退化线性替换可以变成规范形

$$y_1^2+y_2^2+\cdots+y_r^2,$$

且规范形是唯一的.

2. 任一复对称矩阵合同于如下形式的对角矩阵:

$$\begin{pmatrix} \boldsymbol{E}_r & \boldsymbol{O} \\ \boldsymbol{O} & \boldsymbol{O} \end{pmatrix},$$

其中 r 为该复对称矩阵的秩.

3. 两个 n 阶复对称矩阵合同的充要条件是它们的秩相等.

4. 惯性定理:任意一个实二次型,经过一个适当的非退化线性替换可以变成规范形

$$y_1^2+y_2^2+\cdots+y_p^2-y_{p+1}^2-\cdots-y_r^2,$$

且规范形是唯一的.

在实二次型 $f(x_1,x_2,\cdots,x_n)$ 的规范形中,正平方项的个数 p 称为 $f(x_1,x_2,\cdots,x_n)$ 的正惯性指数;负平方项的个数 $r-p$ 称为 $f(x_1,x_2,\cdots,x_n)$ 的负惯性指数;它们的差

$$p-(r-p)=2p-r$$

称为 $f(x_1,x_2,\cdots,x_n)$ 的符号差.

5. 任一实对称矩阵 $\boldsymbol{A}$ 合同于对角矩阵

$$\begin{pmatrix} \boldsymbol{E}_p & & \\ & -\boldsymbol{E}_{r-p} & \\ & & \boldsymbol{O} \end{pmatrix},$$

其中对角线上 1 的个数 p 及 -1 的个数 $r-p$ ($r=$秩$(\boldsymbol{A})$) 都是唯一确定的,分别称为 $\boldsymbol{A}$ 的正、负惯性指数,它们的差 $2p-r$ 称为 $\boldsymbol{A}$ 的符号差.

6. 两个 n 阶实对称矩阵合同的充要条件是它们有相同的秩和正惯性指数(或负惯性指数,或符号差).

四、正定二次型

1. 实二次型 $f(x_1,x_2,\cdots,x_n)$ 称为正定的,如果对任意一组不全为零的实数 $c_1,c_2,\cdots,c_n$,都有 $f(c_1,c_2,\cdots,c_n)>0$;

称 $f(x_1,x_2,\cdots,x_n)$ 是半正定的,如果都有 $f(c_1,c_2,\cdots,c_n)\geqslant 0$;

称 $f(x_1,x_2,\cdots,x_n)$ 是负定的,如果都有 $f(c_1,c_2,\cdots,c_n)<0$;

称 $f(x_1,x_2,\cdots,x_n)$ 是半负定的,如果都有 $f(c_1,c_2,\cdots,c_n)\leqslant 0$.

2. n 元实二次型是正定的充要条件是它的正惯性指数等于 n.

3. 正定矩阵:

1) 实对称矩阵 $\boldsymbol{A}$ 称为正定的,如果二次型 $\boldsymbol{X}^{\mathrm{T}}\boldsymbol{A}\boldsymbol{X}$ 正定.

2) 设 $\boldsymbol{A}$ 是 n 阶实对称矩阵,以下条件都是 $\boldsymbol{A}$ 为正定矩阵的充要条件:

(1) $\boldsymbol{A}$ 的特征值(即 $|\lambda\boldsymbol{E}-\boldsymbol{A}|$ 的根)全大于零;

(2) $\boldsymbol{A}$ 的顺序主子式全大于零;

(3) $\boldsymbol{A}$ 的主子式全大于零;

(4) 存在可逆矩阵 $\boldsymbol{C}$,使 $\boldsymbol{A}=\boldsymbol{C}^{\mathrm{T}}\boldsymbol{C}$;

(5) $\boldsymbol{A}$ 与单位矩阵合同;

(6) $\boldsymbol{A}$ 的正惯性指数为 n.

3) 设 $\boldsymbol{A}$ 是 n 阶实对称矩阵,以下条件都是 $\boldsymbol{A}$ 为半正定矩阵的充要条件:

(1) $\boldsymbol{A}$ 的主子式全大于或等于 0;

(2) $\boldsymbol{A}$ 的正惯性指数等于 $\boldsymbol{A}$ 的秩;

(3) $\boldsymbol{A}$ 合同于$\begin{pmatrix}\boldsymbol{E}_r & \boldsymbol{O}\\ \boldsymbol{O} & \boldsymbol{O}\end{pmatrix}$;

(4) 存在实矩阵 $\boldsymbol{C}$,使 $\boldsymbol{A}=\boldsymbol{C}^{\mathrm{T}}\boldsymbol{C}$;

(5) $\boldsymbol{A}$ 的特征值全大于或等于 0.

五、实对称矩阵的标准形

1. n 阶实矩阵 $\boldsymbol{A}$ 称为正交矩阵,如果 $\boldsymbol{A}^{\mathrm{T}}\boldsymbol{A}=\boldsymbol{E}$.

2. 设 $\boldsymbol{A}$ 为实对称矩阵,则 $\boldsymbol{A}$ 的复特征值皆为实数.

3. 设 $\boldsymbol{A}$ 是实对称矩阵,则 $\mathbf{R}^n$ 中属于 $\boldsymbol{A}$ 的不同特征值的特征向量正交.

4. 对于任意一个 n 阶实对称矩阵 $\boldsymbol{A}$,都存在一个 n 阶正交矩阵 $\boldsymbol{T}$,使 $\boldsymbol{T}^{\mathrm{T}}\boldsymbol{A}\boldsymbol{T}=\boldsymbol{T}^{-1}\boldsymbol{A}\boldsymbol{T}$ 成对角形.

5. 任意一个实二次型 $f(x_1,x_2,\cdots,x_n)$ 都可以经过正交的线性替换变成平方和

$$\lambda_1y_1^2+\lambda_2y_2^2+\cdots+\lambda_ny_n^2,$$

其中 $\lambda_1,\lambda_2,\cdots,\lambda_n$ 就是 $f(x_1,x_2,\cdots,x_n)$ 的矩阵 $\boldsymbol{A}$ 的特征多项式全部的根.

§5.2 例 题

例 1 用非退化线性替换,化下面实二次型为标准形,并写出非退化线性替换:

$$f(x_1,x_2,x_3)=2x_1^2+4x_1x_2-4x_1x_3+5x_2^2-8x_2x_3+5x_3^2.$$

解 解法 1 配方法.

$$\begin{aligned}f(x_1,x_2,x_3)&=2[x_1^2+2x_1(x_2-x_3)+(x_2-x_3)^2]+\\&\quad 3\left[x_2^2-2\cdot\frac{2}{3}x_2x_3+\left(\frac{2}{3}x_3\right)^2\right]+\frac{5}{3}x_3^2\\&=2(x_1+x_2-x_3)^2+3\left(x_2-\frac{2}{3}x_3\right)^2+\frac{5}{3}x_3^2.\end{aligned}$$

令

$$\begin{cases}y_1=x_1+x_2-x_3,\\ y_2=x_2-\dfrac{2}{3}x_3,\\ y_3=x_3,\end{cases}$$

则有

$$f(x_1,x_2,x_3)=2y_1^2+3y_2^2+\frac{5}{3}y_3^2,$$

替换矩阵

$$C=\begin{pmatrix}1 & -1 & \frac{1}{3}\\ 0 & 1 & \frac{2}{3}\\ 0 & 0 & 1\end{pmatrix}.$$

由于 $|C|\neq 0$,因此所作的线性替换是非退化的.

解法 2 初等变换法. $f(x_1,x_2,x_3)$ 的矩阵为

$$\begin{pmatrix}2 & 2 & -2\\ 2 & 5 & -4\\ -2 & -4 & 5\end{pmatrix},$$

对 (A,E) 作合同变换,即对 A 作成对的初等行变换和初等列变换,对 E 只作初等行变换,

$$\begin{pmatrix}2 & 2 & -2 & 1 & 0 & 0\\ 2 & 5 & -4 & 0 & 1 & 0\\ -2 & -4 & 5 & 0 & 0 & 1\end{pmatrix}\to\begin{pmatrix}2 & 0 & 0 & 1 & 0 & 0\\ 0 & 3 & -2 & -1 & 1 & 0\\ 0 & -2 & 3 & 1 & 0 & 1\end{pmatrix}$$

$$\to\begin{pmatrix}2 & 0 & 0 & 1 & 0 & 0\\ 0 & 3 & 0 & -1 & 1 & 0\\ 0 & 0 & \frac{5}{3} & \frac{1}{3} & \frac{2}{3} & 1\end{pmatrix}.$$

因此

$$C=\begin{pmatrix}1 & -1 & \frac{1}{3}\\ 0 & 1 & \frac{2}{3}\\ 0 & 0 & 1\end{pmatrix},$$

即经非退化线性替换 $X=CY$ 有

$$f(x_1,x_2,x_3)=2y_1^2+3y_2^2+\frac{5}{3}y_3^2.$$

解法 3 正交替换法. 由方程

$$|\lambda E-A|=\begin{vmatrix}\lambda-2 & -2 & 2\\ -2 & \lambda-5 & 4\\ 2 & 4 & \lambda-5\end{vmatrix}=(\lambda-1)^2(\lambda-10)=0,$$

得 A 的特征值为 1(二重)与 10.

1) 对于 $\lambda=1$,求解齐次线性方程组 $(E-A)X=\mathbf{0}$,得到两个线性无关的特征向量:

$$\boldsymbol{\alpha}_1=(-2,1,0)^{\mathrm{T}},\quad \boldsymbol{\alpha}_2=(2,0,1)^{\mathrm{T}}.$$

先正交化:

$$\boldsymbol{\beta}_1=\boldsymbol{\alpha}_1=(-2,1,0)^{\mathrm{T}},$$

$$\boldsymbol{\beta}_2=\boldsymbol{\alpha}_2-\frac{(\boldsymbol{\alpha}_2,\boldsymbol{\beta}_1)}{(\boldsymbol{\beta}_1,\boldsymbol{\beta}_1)}\boldsymbol{\beta}_1=(2,0,1)^{\mathrm{T}}+\frac{4}{5}(-2,1,0)^{\mathrm{T}}=\left(\frac{2}{5},\frac{4}{5},1\right)^{\mathrm{T}},$$

再单位化：

$$\boldsymbol{\eta}_1=\frac{1}{|\boldsymbol{\beta}_1|}\boldsymbol{\beta}_1=\begin{pmatrix}-\frac{2}{\sqrt{5}}\\ \frac{1}{\sqrt{5}}\\ 0\end{pmatrix},\quad \boldsymbol{\eta}_2=\frac{1}{|\boldsymbol{\beta}_2|}\boldsymbol{\beta}_2=\begin{pmatrix}\frac{2}{3\sqrt{5}}\\ \frac{4}{3\sqrt{5}}\\ \frac{5}{3\sqrt{5}}\end{pmatrix}.$$

2）对于 $\lambda=10$，求解齐次线性方程组 $(10\boldsymbol{E}-\boldsymbol{A})\boldsymbol{X}=\boldsymbol{0}$，得特征向量

$$\boldsymbol{\alpha}_3=(1,2,-2)^{\mathrm{T}},$$

单位化，

$$\boldsymbol{\eta}_3=\frac{1}{|\boldsymbol{\alpha}_3|}\boldsymbol{\alpha}_3=\left(\frac{1}{3},\frac{2}{3},-\frac{2}{3}\right)^{\mathrm{T}}.$$

令

$$\boldsymbol{T}=\begin{pmatrix}-\frac{2}{\sqrt{5}} & \frac{2}{3\sqrt{5}} & \frac{1}{3}\\ \frac{1}{\sqrt{5}} & \frac{4}{3\sqrt{5}} & \frac{2}{3}\\ 0 & \frac{5}{3\sqrt{5}} & -\frac{2}{3}\end{pmatrix},$$

则有

$$\boldsymbol{T}^{\mathrm{T}}\boldsymbol{A}\boldsymbol{T}=\begin{pmatrix}1&0&0\\0&1&0\\0&0&10\end{pmatrix},$$

即经正交线性替换 $\boldsymbol{X}=\boldsymbol{T}\boldsymbol{Y}$ 得

$$f(x_1,x_2,x_3)=y_1^2+y_2^2+10y_3^2.$$

点评 利用非退化线性替换化二次型为标准形有四种常用的方法：

方法 1（配方法）：将含文字 $x_1,x_2,\cdots,x_n$ 的项逐个配成完全平方形式. 若二次型没有平方项，先变换出平方项，再进行配方.

方法 2（初等变换法）：先写出二次型 $f(x_1,x_2,\cdots,x_n)$ 的矩阵 $\boldsymbol{A}$，再对矩阵 $(\boldsymbol{A},\boldsymbol{E})$ 或 $\begin{pmatrix}\boldsymbol{A}\\ \boldsymbol{E}\end{pmatrix}$ 作合同变换，即每对 $(\boldsymbol{A},\boldsymbol{E})$ 或 $\begin{pmatrix}\boldsymbol{A}\\ \boldsymbol{E}\end{pmatrix}$ 作一次初等行变换，再同时对它们作一次相应的初等列变换. 当 $\boldsymbol{A}$ 化为对角矩阵 $\boldsymbol{D}$ 时，$\boldsymbol{E}$ 也相应地化为 $\boldsymbol{C}^{\mathrm{T}}$ 或 $\boldsymbol{C}$，且 $\boldsymbol{C}^{\mathrm{T}}\boldsymbol{A}\boldsymbol{C}=\boldsymbol{D}$，即

$$(\boldsymbol{A},\boldsymbol{E})\xrightarrow{\text{合同变换}}(\boldsymbol{D},\boldsymbol{C}^{\mathrm{T}}),$$

$$\begin{pmatrix} \boldsymbol{A} \\ \boldsymbol{E} \end{pmatrix} \xrightarrow{\text{合同变换}} \begin{pmatrix} \boldsymbol{D} \\ \boldsymbol{C} \end{pmatrix}.$$

当 $\boldsymbol{X}=\boldsymbol{CY}$ 时，$f(x_1,x_2,\cdots,x_n)$ 就化成标准形.

方法 3(正交替换法)：先写出二次型 $f(x_1,x_2,\cdots,x_n)$ 的矩阵 $\boldsymbol{A}$，求正交矩阵 $\boldsymbol{T}$，使

$$\boldsymbol{T}^{\mathrm{T}}\boldsymbol{A}\boldsymbol{T}=\begin{pmatrix} \lambda_1 & & & \\ & \lambda_2 & & \\ & & \ddots & \\ & & & \lambda_n \end{pmatrix},$$

其中 $\lambda_i(i=1,2,\cdots,n)$ 为 $\boldsymbol{A}$ 的所有特征值，则当 $\boldsymbol{X}=\boldsymbol{TY}$ 时，

$$f(x_1,x_2,\cdots,x_n)=\lambda_1 y_1^2+\lambda_2 y_2^2+\cdots+\lambda_n y_n^2.$$

方法 4(偏导数法)：此方法与配方法实质上是相同的，但不需要凭观察去配方，而是按下列固定程序进行.

1) 设 $f(x_1,x_2,\cdots,x_n)=\sum\limits_{i=1}^{n}\sum\limits_{j=1}^{n}a_{ij}x_ix_j$，若 $a_{11}\neq 0$，求出 $f_1=\dfrac{1}{2}\dfrac{\partial f}{\partial x_1}$，则

$$f(x_1,x_2,\cdots,x_n)=\frac{1}{a_{11}}(f_1)^2+Q,$$

其中 Q 已不含变量 x_1，继续对 Q 进行类似计算，直至都配成完全平方项为止.

2) 设 $f(x_1,x_2,\cdots,x_n)=\sum\limits_{i=1}^{n}\sum\limits_{j=1}^{n}a_{ij}x_ix_j$ 中 $a_{ii}=0,i=1,2,\cdots,n$，而$a_{12}\neq 0$，求出

$$f_1=\frac{1}{2}\frac{\partial f}{\partial x_1},\quad f_2=\frac{1}{2}\frac{\partial f}{\partial x_2},$$

则

$$f(x_1,x_2,\cdots,x_n)=\frac{1}{2a_{12}}[(f_1+f_2)^2-(f_1-f_2)^2]+Q,$$

其中 Q 已不含 x_1,x_2，对 Q 继续进行上述计算. 若 Q 中含有平方项，则可按 1)中方法进行.

例 2 把实二次型

$$f(x_1,x_2,x_3)=2x_1^2+3x_2^2+5x_3^2+4x_1x_2-4x_1x_3-8x_2x_3$$

化为标准形，并求相应的线性替换和符号差.

解 求出 $f_1=\dfrac{1}{2}\dfrac{\partial f}{\partial x_1}=2x_1+2x_2-2x_3$，则

$$\begin{aligned} f(x_1,x_2,x_3)&=\frac{1}{a_{11}}(f_1)^2+Q=\frac{1}{2}(2x_1+2x_2-2x_3)^2+x_2^2+3x_3^2-4x_2x_3 \\ &=2(x_1+x_2-x_3)^2+x_2^2+3x_3^2-4x_2x_3. \end{aligned}$$

再求出

$$Q_1=\frac{1}{2}\frac{\partial Q}{\partial x_2}=\frac{1}{2}(2x_2-4x_3)=x_2-2x_3,$$

则

$$Q=\frac{1}{a'_{22}}(Q_1)^2+\psi=(x_2-2x_3)^2-x_3^2.$$

令

$$\begin{cases} y_1 = x_1 + x_2 - x_3, \\ y_2 = x_2 - 2x_3, \\ y_3 = x_3, \end{cases} \quad \text{即} \begin{cases} x_1 = y_1 - y_2 - y_3, \\ x_2 = y_2 + 2y_3, \\ x_3 = y_3, \end{cases}$$

可将二次型化为标准形

$$f(x_1, x_2, x_3) = 2y_1^2 + y_2^2 - y_3^2.$$

符号差为 $2-1=1$.

例 3 求二次型

$$f(x_1, x_2, \cdots, x_n) = \frac{x_1^2 + x_2^2 + \cdots + x_n^2}{n} - \left(\frac{x_1 + x_2 + \cdots + x_n}{n}\right)^2$$

的正、负惯性指数.

解

$$\begin{aligned} f(x_1, x_2, \cdots, x_n) &= \frac{1}{n^2}[(nx_1^2 + nx_2^2 + \cdots + nx_n^2) - (x_1 + x_2 + \cdots + x_n)^2] \\ &= \frac{1}{n^2}\left[\sum_{i=1}^{n}(n-1)x_i^2 - 2\sum_{1 \leqslant i < j \leqslant n} x_i x_j\right], \end{aligned}$$

故 $f(x_1, x_2, \cdots, x_n)$ 的矩阵是

$$\boldsymbol{A} = \frac{1}{n^2}\begin{pmatrix} n-1 & -1 & \cdots & -1 \\ -1 & n-1 & \cdots & -1 \\ \vdots & \vdots & & \vdots \\ -1 & -1 & \cdots & n-1 \end{pmatrix}.$$

特征多项式

$$\begin{aligned} |\lambda \boldsymbol{E} - \boldsymbol{A}| &= \left|\lambda \boldsymbol{E} - \frac{1}{n^2}\begin{pmatrix} n-1 & -1 & \cdots & -1 \\ -1 & n-1 & \cdots & -1 \\ \vdots & \vdots & & \vdots \\ -1 & -1 & \cdots & n-1 \end{pmatrix}\right| \\ &= \left|\left(\lambda - \frac{1}{n}\right)\boldsymbol{E} + \frac{1}{n^2}\begin{pmatrix} 1 \\ 1 \\ \vdots \\ 1 \end{pmatrix}(1, 1, \cdots, 1)\right| \\ &= \left(\lambda - \frac{1}{n}\right)^{n-1}\left[\lambda - \frac{1}{n} + \frac{1}{n^2}(1, 1, \cdots, 1)\begin{pmatrix} 1 \\ 1 \\ \vdots \\ 1 \end{pmatrix}\right] \\ &= \lambda\left(\lambda - \frac{1}{n}\right)^{n-1}, \end{aligned}$$

所以 $\boldsymbol{A}$ 的特征值是 $\lambda_1=0,\lambda_2=\lambda_3=\cdots=\lambda_n=\dfrac{1}{n}$，因此 $f(x_1,x_2,\cdots,x_n)$ 的正惯性指数 $p=n-1$，负惯性指数为 0.

点评 要求二次型的正、负惯性指数需知道二次型的标准形，而 n 元二次型化为标准形的难度较大. 但在正交线性替换下，标准形平方项的系数是二次型矩阵的特征值，所以此题考虑求出 $\boldsymbol{A}$ 的特征值. 证明过程用到公式

$$|\lambda \boldsymbol{E}_n+\boldsymbol{A}_{n\times m}\boldsymbol{B}_{m\times n}|=\lambda^{n-m}|\lambda \boldsymbol{E}_m+\boldsymbol{B}_{m\times n}\boldsymbol{A}_{n\times m}|.$$

例 4 设 $\boldsymbol{A}$ 是 n 阶实对称矩阵，且 $\boldsymbol{A}^3-3\boldsymbol{A}^2+5\boldsymbol{A}-3\boldsymbol{E}=\boldsymbol{O}$，问 $\boldsymbol{A}$ 是否是正定矩阵？如果是，说明理由；如果不是，举反例.

解 设 λ 是 $\boldsymbol{A}$ 的任一特征值，$\boldsymbol{\alpha}$ 是属于 λ 的特征向量，则 $\lambda\in\mathbf{R},\boldsymbol{A\alpha}=\lambda\boldsymbol{\alpha},\boldsymbol{\alpha}\neq\boldsymbol{0}$，从而 $\boldsymbol{A}^m\boldsymbol{\alpha}=\lambda^m\boldsymbol{\alpha}$，$m$ 是任意正整数. 于是

$$\boldsymbol{0}=(\boldsymbol{A}^3-3\boldsymbol{A}^2+5\boldsymbol{A}-3\boldsymbol{E})\boldsymbol{\alpha}=(\lambda^3-3\lambda^2+5\lambda-3)\boldsymbol{\alpha},$$

而 $\boldsymbol{\alpha}\neq\boldsymbol{0}$，则

$$\lambda^3-3\lambda^2+5\lambda-3=(\lambda-1)(\lambda^2-2\lambda+3)=0.$$

又 $\lambda\in\mathbf{R}$，所以 $\lambda=1$，故 $\boldsymbol{A}$ 的特征值全为 $1(>0)$，于是 $\boldsymbol{A}$ 是正定矩阵.

点评 判定 $\boldsymbol{A}$ 的正定性，一般从定义（即对应的二次型为正定二次型）和其特征值全大于零这两方面去分析.

例 5 设 $\boldsymbol{A}=(a_{ij})_{n\times n}$ 是可逆的实对称矩阵，证明：

$$f(x_1,x_2,\cdots,x_n)=\begin{vmatrix} 0 & x_1 & \cdots & x_n \\ -x_1 & a_{11} & \cdots & a_{1n} \\ \vdots & \vdots & & \vdots \\ -x_n & a_{n1} & \cdots & a_{nn}\end{vmatrix}$$

是一个 n 元二次型，并求其矩阵.

证明 记 $\boldsymbol{X}^{\mathrm{T}}=(x_1,x_2,\cdots,x_n)$，利用分块矩阵的初等变换，

$$f(x_1,x_2,\cdots,x_n)=\begin{vmatrix} 0 & \boldsymbol{X}^{\mathrm{T}} \\ -\boldsymbol{X} & \boldsymbol{A}\end{vmatrix}=\begin{vmatrix} \boldsymbol{X}^{\mathrm{T}}\boldsymbol{A}^{-1}\boldsymbol{X} & \boldsymbol{X}^{\mathrm{T}} \\ \boldsymbol{0} & \boldsymbol{A}\end{vmatrix}$$
$$=|\boldsymbol{A}|(\boldsymbol{X}^{\mathrm{T}}\boldsymbol{A}^{-1}\boldsymbol{X})=\boldsymbol{X}^{\mathrm{T}}\boldsymbol{A}^{*}\boldsymbol{X},$$

所以 $f(x_1,x_2,\cdots,x_n)$ 是一个二次型. 又因为 $(\boldsymbol{A}^*)^{\mathrm{T}}=(\boldsymbol{A}^{\mathrm{T}})^*=\boldsymbol{A}^*$，所以 $f(x_1,x_2,\cdots,x_n)$ 的矩阵为 $\boldsymbol{A}^*$.

点评 例 5 的证明利用了结论：对任一 n 阶方阵 $\boldsymbol{B}$，$\boldsymbol{X}^{\mathrm{T}}\boldsymbol{BX}$ 是一个 n 元二次型，其矩阵为 $\dfrac{\boldsymbol{B}+\boldsymbol{B}^{\mathrm{T}}}{2}$，且利用了分块矩阵的初等变换.

例 6 设 $\boldsymbol{A}$ 是 n 阶实对称矩阵，证明：$\boldsymbol{A}$ 是正定的充要条件是 $\boldsymbol{A}=\boldsymbol{B}^k$，其中 $\boldsymbol{B}$ 是正定矩阵，k 是正整数.

证明 充分性：设 $\boldsymbol{B}$ 的特征值为 $\mu_1,\mu_2,\cdots,\mu_n$，则 $\boldsymbol{B}^k$ 的特征值为 $\mu_1^k,\mu_2^k,\cdots,\mu_n^k$，从而 $\boldsymbol{B}$ 正定，则 $\boldsymbol{B}^k$ 也是正定的.

必要性：因 $\boldsymbol{A}$ 是正定矩阵，则存在正交矩阵 $\boldsymbol{T}$，使

$$\boldsymbol{A}=\boldsymbol{T}\begin{pmatrix}\lambda_1 & & & \\ & \lambda_2 & & \\ & & \ddots & \\ & & & \lambda_n\end{pmatrix}\boldsymbol{T}^{\mathrm{T}},\quad \lambda_i>0, i=1,2,\cdots,n.$$

令

$$\boldsymbol{B}=\boldsymbol{T}\begin{pmatrix}\lambda_1^{\frac{1}{k}} & & & \\ & \lambda_2^{\frac{1}{k}} & & \\ & & \ddots & \\ & & & \lambda_n^{\frac{1}{k}}\end{pmatrix}\boldsymbol{T}^{\mathrm{T}},$$

则 $\boldsymbol{B}$ 是正定矩阵,且 $\boldsymbol{A}=\boldsymbol{B}^k$.

点评　对于必要性,矩阵 $\boldsymbol{B}$ 构造的基础也是常用的结论,即

$$\boldsymbol{A}=\boldsymbol{T}\begin{pmatrix}\lambda_1 & & & \\ & \lambda_2 & & \\ & & \ddots & \\ & & & \lambda_n\end{pmatrix}\boldsymbol{T}^{\mathrm{T}},$$

其中 $\lambda_1,\lambda_2,\cdots,\lambda_n$ 是 $\boldsymbol{A}$ 的全部特征值. 这一结论有时写成

$$\boldsymbol{T}^{\mathrm{T}}\boldsymbol{A}\boldsymbol{T}=\begin{pmatrix}\lambda_1 & & & \\ & \lambda_2 & & \\ & & \ddots & \\ & & & \lambda_n\end{pmatrix}$$

会方便一些,可参考下例.

例 7　设 $\boldsymbol{A},\boldsymbol{B}$ 是 n 阶实对称矩阵,且 $\boldsymbol{A}$ 是正定矩阵,证明:存在实可逆矩阵 $\boldsymbol{T}$,使 $\boldsymbol{T}^{\mathrm{T}}(\boldsymbol{A}+\boldsymbol{B})\boldsymbol{T}$ 为对角矩阵.

证明　因 $\boldsymbol{A}$ 是正定矩阵,则 $\boldsymbol{A}$ 合同于 $\boldsymbol{E}$,即存在实矩阵 $\boldsymbol{P}$,使

$$\boldsymbol{P}^{\mathrm{T}}\boldsymbol{A}\boldsymbol{P}=\boldsymbol{E}.$$

而 $\boldsymbol{P}^{\mathrm{T}}\boldsymbol{B}\boldsymbol{P}$ 仍为实对称矩阵,从而存在正交矩阵 $\boldsymbol{Q}$,使

$$\boldsymbol{Q}^{\mathrm{T}}(\boldsymbol{P}^{\mathrm{T}}\boldsymbol{B}\boldsymbol{P})\boldsymbol{Q}=\begin{pmatrix}\lambda_1 & & & \\ & \lambda_2 & & \\ & & \ddots & \\ & & & \lambda_n\end{pmatrix},$$

其中 $\lambda_1,\lambda_2,\cdots,\lambda_n$ 是 $\boldsymbol{P}^{\mathrm{T}}\boldsymbol{B}\boldsymbol{P}$ 的特征值. 令 $\boldsymbol{T}=\boldsymbol{P}\boldsymbol{Q}$,则

$$\boldsymbol{T}^{\mathrm{T}}(\boldsymbol{A}+\boldsymbol{B})\boldsymbol{T}=\begin{pmatrix}1+\lambda_1 & & & \\ & 1+\lambda_2 & & \\ & & \ddots & \\ & & & 1+\lambda_n\end{pmatrix}.$$

点评 例 7 证明中附带得到一个重要结果：若 $\boldsymbol{A},\boldsymbol{B}$ 都是 n 阶实对称矩阵，且 $\boldsymbol{A}$ 正定，则存在实可逆矩阵 $\boldsymbol{T}$，使 $\boldsymbol{T}^{\mathrm{T}}\boldsymbol{A}\boldsymbol{T}=\boldsymbol{E}$，$\boldsymbol{T}^{\mathrm{T}}\boldsymbol{B}\boldsymbol{T}$ 为对角矩阵. 这一结果会经常用到.

例 8 设 $\boldsymbol{A},\boldsymbol{B}$ 都是 n 阶正定矩阵，证明：

$$|\boldsymbol{A}+\boldsymbol{B}|\geqslant|\boldsymbol{A}|+|\boldsymbol{B}|.$$

证明 因 $\boldsymbol{A},\boldsymbol{B}$ 是正定矩阵，则存在实可逆矩阵 $\boldsymbol{T}$，使

$$\boldsymbol{T}^{\mathrm{T}}\boldsymbol{A}\boldsymbol{T}=\boldsymbol{E},$$

$$\boldsymbol{T}^{\mathrm{T}}\boldsymbol{B}\boldsymbol{T}=\begin{pmatrix}\lambda_1&&&\\&\lambda_2&&\\&&\ddots&\\&&&\lambda_n\end{pmatrix}.$$

从而

$$|\boldsymbol{T}|^2\cdot|\boldsymbol{A}|=1,\quad |\boldsymbol{T}|^2\cdot|\boldsymbol{B}|=\lambda_1\lambda_2\cdots\lambda_n,$$

且

$$\boldsymbol{T}^{\mathrm{T}}(\boldsymbol{A}+\boldsymbol{B})\boldsymbol{T}=\begin{pmatrix}1+\lambda_1&&&\\&1+\lambda_2&&\\&&\ddots&\\&&&1+\lambda_n\end{pmatrix}.$$

因 $\boldsymbol{T}^{\mathrm{T}}\boldsymbol{B}\boldsymbol{T}$ 也是正定矩阵，则 $\lambda_i>0,i=1,2,\cdots,n$，所以

$$\begin{aligned}|\boldsymbol{T}|^2\cdot|\boldsymbol{A}+\boldsymbol{B}|&=(1+\lambda_1)(1+\lambda_2)\cdots(1+\lambda_n)\\&\geqslant1+\lambda_1\lambda_2\cdots\lambda_n\\&=|\boldsymbol{T}|^2|\boldsymbol{A}|+|\boldsymbol{T}|^2|\boldsymbol{B}|,\end{aligned}$$

从而 $|\boldsymbol{A}+\boldsymbol{B}|\geqslant|\boldsymbol{A}|+|\boldsymbol{B}|$.

例 9 设 $\boldsymbol{A}$ 是 $m\times n$ 实矩阵，证明：当秩$(\boldsymbol{A})=n$ 时，$\boldsymbol{A}^{\mathrm{T}}\boldsymbol{A}$ 是正定矩阵.

证明 证法 1 因为 $(\boldsymbol{A}^{\mathrm{T}}\boldsymbol{A})^{\mathrm{T}}=\boldsymbol{A}^{\mathrm{T}}\boldsymbol{A}$，所以 $\boldsymbol{A}^{\mathrm{T}}\boldsymbol{A}$ 是 n 阶实对称矩阵. 对任一 n 维实向量 $\boldsymbol{X}$，因为秩$(\boldsymbol{A})=n$，所以齐次线性方程组 $\boldsymbol{A}\boldsymbol{X}=\boldsymbol{0}$ 只有零解. 故由

$$\boldsymbol{X}^{\mathrm{T}}\boldsymbol{A}^{\mathrm{T}}\boldsymbol{A}\boldsymbol{X}=(\boldsymbol{A}\boldsymbol{X})^{\mathrm{T}}\boldsymbol{A}\boldsymbol{X}=0$$

必有 $\boldsymbol{A}\boldsymbol{X}=\boldsymbol{0}$，从而 $\boldsymbol{X}=\boldsymbol{0}$，所以 $\boldsymbol{A}^{\mathrm{T}}\boldsymbol{A}$ 是正定的.

证法 2 因为秩$(\boldsymbol{A})=n$，即 $\boldsymbol{A}$ 是列满秩矩阵，所以存在可逆矩阵 $\boldsymbol{P}$，使

$$\boldsymbol{P}\boldsymbol{A}=\begin{pmatrix}\boldsymbol{E}_n\\\boldsymbol{O}\end{pmatrix}.$$

于是

$$\boldsymbol{A}^{\mathrm{T}}\boldsymbol{A}=(\boldsymbol{E}_n,\boldsymbol{O})(\boldsymbol{P}^{-1})^{\mathrm{T}}\boldsymbol{P}^{-1}\begin{pmatrix}\boldsymbol{E}_n\\\boldsymbol{O}\end{pmatrix}=(\boldsymbol{E}_n,\boldsymbol{O})\begin{pmatrix}\boldsymbol{P}_1&\boldsymbol{P}_2\\\boldsymbol{P}_3&\boldsymbol{P}_4\end{pmatrix}\begin{pmatrix}\boldsymbol{E}_n\\\boldsymbol{O}\end{pmatrix}=\boldsymbol{P}_1,$$

其中 $\begin{pmatrix}\boldsymbol{P}_1&\boldsymbol{P}_2\\\boldsymbol{P}_3&\boldsymbol{P}_4\end{pmatrix}=(\boldsymbol{P}^{-1})^{\mathrm{T}}\boldsymbol{P}^{-1}$ 是正定矩阵，则 $\boldsymbol{P}_1$ 也是正定矩阵，所以 $\boldsymbol{A}^{\mathrm{T}}\boldsymbol{A}$ 是正定矩阵.

点评 证法 1 是用正定二次型的定义证明的，对任一 n 维实向量 $\boldsymbol{X}\neq\boldsymbol{0}$，$\boldsymbol{X}^{\mathrm{T}}\boldsymbol{A}^{\mathrm{T}}\boldsymbol{A}\boldsymbol{X}\neq0$，所以

$X^{\mathrm{T}}A^{\mathrm{T}}AX>0$；证法 2 用到的主要结论是

$$PA=\begin{pmatrix}E_n\\O\end{pmatrix},$$

至于后面的工作基本是技术处理，如对 $(P^{-1})^{\mathrm{T}}P^{-1}$ 的合理分块.

例 10　设 A 是 n 阶正定矩阵，C 是 $n\times m$ 矩阵，秩$(C)=m$，证明：$C^{\mathrm{T}}AC$ 也是正定矩阵.

证明　因为秩$(C)=m$，所以 m 元齐次线性方程组 $CX=\mathbf{0}$ 只有零解. 设 X 是任一 m 维实列向量，如果 $X^{\mathrm{T}}C^{\mathrm{T}}ACX=0$，即 $(CX)^{\mathrm{T}}ACX=0$，由 A 的正定性，得 $CX=\mathbf{0}$，而 $CX=\mathbf{0}$ 只有零解，所以 $X=\mathbf{0}$. 故对任一非零 m 维实列向量 X，$X^{\mathrm{T}}(C^{\mathrm{T}}AC)X>0$，又 $C^{\mathrm{T}}AC$ 是实对称矩阵，所以 $C^{\mathrm{T}}AC$ 是正定矩阵.

例 11　设 $A=(a_{ij})_{n\times n}$ 是 n 阶正定矩阵，$b_1,b_2,\cdots,b_n$ 是任意 n 个非零实数，证明：$B=(a_{ij}b_ib_j)_{n\times n}$ 也是一个正定矩阵.

证明　证法 1　实际上，

$$B=\begin{pmatrix}b_1&&&\\&b_2&&\\&&\ddots&\\&&&b_n\end{pmatrix}A\begin{pmatrix}b_1&&&\\&b_2&&\\&&\ddots&\\&&&b_n\end{pmatrix}=C^{\mathrm{T}}AC,$$

其中

$$C=\begin{pmatrix}b_1&&&\\&b_2&&\\&&\ddots&\\&&&b_n\end{pmatrix}$$

是 n 阶实可逆矩阵. 由于 A 是正定矩阵，因此与 A 合同的矩阵 $B=C^{\mathrm{T}}AC$ 也是一个正定矩阵.

证法 2　令

$$\mathbf{0}\neq X=\begin{pmatrix}x_1\\x_2\\\vdots\\x_n\end{pmatrix}=\begin{pmatrix}b_1y_1\\b_2y_2\\\vdots\\b_ny_n\end{pmatrix},\quad Y=\begin{pmatrix}y_1\\y_2\\\vdots\\y_n\end{pmatrix},$$

则

$$0<X^{\mathrm{T}}AX=(b_1y_1,b_2y_2,\cdots,b_ny_n)A\begin{pmatrix}b_1y_1\\b_2y_2\\\vdots\\b_ny_n\end{pmatrix}=Y^{\mathrm{T}}BY,$$

所以 B 是正定矩阵.

点评　证法 1 是证明 B 与一个正定矩阵合同，从而 B 也是正定的；证法 2 是利用正定矩阵的定义证明的.

例 12　已知二次型

$$f(x_1,x_2,x_3)=5x_1^2+5x_2^2+cx_3^2-2x_1x_2+6x_1x_3-6x_2x_3$$

的秩为 2.

1）求参数 c 及此二次型对应矩阵的特征值；

2）指出方程 $f(x_1,x_2,x_3)=1$ 表示何种二次曲面.

解 1）此二次型对应的矩阵为

$$\boldsymbol{A}=\begin{pmatrix}5&-1&3\\-1&5&-3\\3&-3&c\end{pmatrix},$$

因秩$(\boldsymbol{A})=2$,故 $|\boldsymbol{A}|=0$. 由此解得 $c=3$,易验证,此时 $\boldsymbol{A}$ 的秩的确为 2. 进而由

$$|\lambda\boldsymbol{E}-\boldsymbol{A}|=\begin{vmatrix}\lambda-5&1&-3\\1&\lambda-5&3\\-3&3&\lambda-3\end{vmatrix}=\lambda(\lambda-4)(\lambda-9)=0$$

得特征值为 $\lambda_1=0,\lambda_2=4,\lambda_3=9$.

2）由 $\boldsymbol{A}$ 的特征值知,$f(x_1,x_2,x_3)=1$ 可经过适当的非退化线性替换化为 $4y_2^2+9y_3^2=1$. 而经过非退化线性替换并不改变空间曲面的类型,可见这是椭圆柱面.

点评 二次型的秩为 2 是指二次型对应矩阵 $\boldsymbol{A}$ 的秩为 2,从而有 $|\boldsymbol{A}|=0$,由此可求出参数 c. $\boldsymbol{A}$ 的非零特征值的个数及其正负号决定了二次型的标准形,从而决定了方程 $f(x_1,x_2,x_3)=1$ 表示何种二次曲面.

例 13 设 $\boldsymbol{A}$ 是 n 阶实对称矩阵,证明:当实数 t 充分大时,$t\boldsymbol{E}+\boldsymbol{A}$ 是正定矩阵.

证明 证法 1 因为 $\boldsymbol{A}$ 是实对称矩阵,故有正交矩阵 $\boldsymbol{T}$,使

$$\boldsymbol{T}^{\mathrm{T}}\boldsymbol{A}\boldsymbol{T}=\boldsymbol{T}^{-1}\boldsymbol{A}\boldsymbol{T}=\begin{pmatrix}\lambda_1&&&\\&\lambda_2&&\\&&\ddots&\\&&&\lambda_n\end{pmatrix},$$

其中 $\lambda_i(i=1,2,\cdots,n)$ 是 $\boldsymbol{A}$ 的特征值,于是

$$\boldsymbol{T}^{\mathrm{T}}(t\boldsymbol{E}+\boldsymbol{A})\boldsymbol{T}=\begin{pmatrix}t+\lambda_1&&&\\&t+\lambda_2&&\\&&\ddots&\\&&&t+\lambda_n\end{pmatrix}.$$

取 $t>\max\{|\lambda_1|,|\lambda_2|,\cdots,|\lambda_n|\}$,那么 $t+\lambda_i>0,i=1,2,\cdots,n$,所以 $t\boldsymbol{E}+\boldsymbol{A}$ 是正定矩阵($t\boldsymbol{E}+\boldsymbol{A}$ 显然是实对称矩阵).

证法 2 对 $k=1,2,\cdots,n$,设 $\boldsymbol{A}$ 的 k 阶顺序主子式是 $|\boldsymbol{A}_k|$,则 $t\boldsymbol{E}+\boldsymbol{A}$ 的 k 阶顺序主子式是 $|t\boldsymbol{E}_k+\boldsymbol{A}_k|$,此行列式是一个 k 次多项式,设为

$$|t\boldsymbol{E}_k+\boldsymbol{A}_k|=t^k+b_{k-1}t^{k-1}+\cdots+b_1t+b_0.$$

t^k 是高阶无穷大,必存在 t_k,当 $t>t_k$ 时,$|t\boldsymbol{E}_k+\boldsymbol{A}_k|>0$,取

$$t_0=\max\{t_1,t_2,\cdots,t_n\},$$

则当 $t>t_0$ 时,$|t\boldsymbol{E}_k+\boldsymbol{A}_k|>0,k=1,2,\cdots,n$,所以 $t\boldsymbol{E}+\boldsymbol{A}$ 是正定矩阵.

点评 证法 1 是从特征值都大于零得到实对称矩阵的正定性；证法 2 从顺序主子式全大于零得到实对称矩阵的正定性.

例 14 设 $\boldsymbol{A}$ 为 n 阶实反称矩阵，$\boldsymbol{D}$ 为 n 阶正定矩阵，证明：$|\boldsymbol{D}+\boldsymbol{A}|>0$.

证明 先证 $|\boldsymbol{D}+\boldsymbol{A}|\neq 0$. 若 $|\boldsymbol{D}+\boldsymbol{A}|=0$，则存在 n 维实列向量 $\boldsymbol{X}\neq\boldsymbol{0}$，使 $(\boldsymbol{D}+\boldsymbol{A})\boldsymbol{X}=\boldsymbol{0}$. 但

$$\boldsymbol{X}^{\mathrm{T}}(\boldsymbol{D}+\boldsymbol{A})\boldsymbol{X}=\boldsymbol{X}^{\mathrm{T}}\boldsymbol{D}\boldsymbol{X}+\boldsymbol{X}^{\mathrm{T}}\boldsymbol{A}\boldsymbol{X}=\boldsymbol{X}^{\mathrm{T}}\boldsymbol{D}\boldsymbol{X}>0,$$

矛盾，所以 $|\boldsymbol{D}+\boldsymbol{A}|\neq 0$.

再证 $|\boldsymbol{D}+\boldsymbol{A}|>0$. 令

$$f(x)=|\boldsymbol{D}+x\boldsymbol{A}|,\quad x\in[0,1],$$

则 $f(x)$ 在 $[0,1]$ 上连续，且同上可证，$f(x)\neq 0, x\in[0,1]$. 因 $f(0)=|\boldsymbol{D}|>0$，所以由介值定理，得 $f(1)>0$，即 $|\boldsymbol{D}+\boldsymbol{A}|>0$.

点评 证明 $|\boldsymbol{D}+\boldsymbol{A}|\neq 0$ 用的是反证法：若 $|\boldsymbol{D}+\boldsymbol{A}|=0$，则齐次线性方程组 $(\boldsymbol{D}+\boldsymbol{A})\boldsymbol{X}=\boldsymbol{0}$ 有非零解. 为证 $|\boldsymbol{D}+\boldsymbol{A}|>0$，构造了 $[0,1]$ 上的连续函数 $f(x)$，$f(x)$ 在 $[0,1]$ 上无根，且 $f(0)>0$，从而 $f(1)>0$.

例 15 设 $\boldsymbol{A}$ 为 n 阶实对称矩阵，其特征值为 $\lambda_1\leqslant\lambda_2\leqslant\cdots\leqslant\lambda_n$. 证明：对任意实 n 维（列）向量 $\boldsymbol{X}$ 均有

$$\lambda_1\boldsymbol{X}^{\mathrm{T}}\boldsymbol{X}\leqslant\boldsymbol{X}^{\mathrm{T}}\boldsymbol{A}\boldsymbol{X}\leqslant\lambda_n\boldsymbol{X}^{\mathrm{T}}\boldsymbol{X}.$$

证明 证法 1 因 $\boldsymbol{A}$ 为实对称矩阵，故存在正交替换 $\boldsymbol{X}=\boldsymbol{T}\boldsymbol{Y}$（其中 $\boldsymbol{T}$ 为正交矩阵），使

$$f(x_1,x_2,\cdots,x_n)=\boldsymbol{X}^{\mathrm{T}}\boldsymbol{A}\boldsymbol{X}=\lambda_1y_1^2+\lambda_2y_2^2+\cdots+\lambda_ny_n^2,\tag{1}$$

其中 $\lambda_1,\lambda_2,\cdots,\lambda_n$ 为 $\boldsymbol{A}$ 的特征值. 由 $\lambda_1\leqslant\lambda_2\leqslant\cdots\leqslant\lambda_n$ 以及

$$y_1^2+y_2^2+\cdots+y_n^2=(y_1,y_2,\cdots,y_n)\begin{pmatrix}y_1\\y_2\\\vdots\\y_n\end{pmatrix}=\boldsymbol{Y}^{\mathrm{T}}\boldsymbol{Y},$$

于是对任意实 n 维向量 $\boldsymbol{X}$，由(1)式得

$$\lambda_1\boldsymbol{Y}^{\mathrm{T}}\boldsymbol{Y}\leqslant\boldsymbol{X}^{\mathrm{T}}\boldsymbol{A}\boldsymbol{X}=\lambda_1y_1^2+\lambda_2y_2^2+\cdots+\lambda_ny_n^2\leqslant\lambda_n\boldsymbol{Y}^{\mathrm{T}}\boldsymbol{Y}.\tag{2}$$

又因 $\boldsymbol{T}$ 是正交矩阵，故 $\boldsymbol{T}^{\mathrm{T}}\boldsymbol{T}=\boldsymbol{E}$，于是

$$\boldsymbol{X}^{\mathrm{T}}\boldsymbol{X}=(\boldsymbol{T}\boldsymbol{Y})^{\mathrm{T}}(\boldsymbol{T}\boldsymbol{Y})=\boldsymbol{Y}^{\mathrm{T}}\boldsymbol{T}^{\mathrm{T}}\boldsymbol{T}\boldsymbol{Y}=\boldsymbol{Y}^{\mathrm{T}}\boldsymbol{Y}.$$

故由(2)式得 $\lambda_1\boldsymbol{X}^{\mathrm{T}}\boldsymbol{X}\leqslant\boldsymbol{X}^{\mathrm{T}}\boldsymbol{A}\boldsymbol{X}\leqslant\lambda_n\boldsymbol{X}^{\mathrm{T}}\boldsymbol{X}$.

证法 2 因 $\boldsymbol{A}$ 为实对称的，故存在正交矩阵 $\boldsymbol{T}$ 使

$$\boldsymbol{T}^{-1}\boldsymbol{A}\boldsymbol{T}=\begin{pmatrix}\lambda_1&&&\\&\lambda_2&&\\&&\ddots&\\&&&\lambda_n\end{pmatrix}.$$

由于 $\lambda_1\leqslant\lambda_2\leqslant\cdots\leqslant\lambda_n$，于是 $\boldsymbol{T}^{-1}\boldsymbol{A}\boldsymbol{T}-\lambda_1\boldsymbol{E}=\boldsymbol{T}^{-1}(\boldsymbol{A}-\lambda_1\boldsymbol{E})\boldsymbol{T}$ 的特征值为 $0,\lambda_2-\lambda_1,\cdots,\lambda_n-\lambda_1$ 且都是非负实数，从而 $\boldsymbol{A}-\lambda_1\boldsymbol{E}$ 是半正定的. 因此对任意实 n 维向量 $\boldsymbol{X}$ 都有

$$\boldsymbol{X}^{\mathrm{T}}(\boldsymbol{A}-\lambda_1\boldsymbol{E})\boldsymbol{X}\geqslant 0,$$

即

$$\lambda_1 X^{\mathrm{T}} X \leqslant X^{\mathrm{T}} A X. \tag{3}$$

同理，由于 $\lambda_n E - T^{-1}AT = T^{-1}(\lambda_n E - A)T$ 的特征值为 $\lambda_n - \lambda_1, \cdots, \lambda_n - \lambda_{n-1}, 0$ 且都是非负实数，故 $\lambda_n E - A$ 也是半正定的. 因此对任意实 n 维向量 X 都有

$$X^{\mathrm{T}}(\lambda_n E - A)X \geqslant 0,$$

即

$$X^{\mathrm{T}} A X \leqslant \lambda_n X^{\mathrm{T}} X. \tag{4}$$

由(3)式和(4)式得

$$\lambda_1 X^{\mathrm{T}} X \leqslant X^{\mathrm{T}} A X \leqslant \lambda_n X^{\mathrm{T}} X.$$

点评 证法 1 是利用二次型 $f(x_1, x_2, \cdots, x_n) = X^{\mathrm{T}} A X$ 可通过正交线性替换化为平方和的形式，各平方项的系数为 A 的特征值，以及正交矩阵的定义得证的. 证法 2 是利用若 A 的特征值都是非负实数，则 A 是半正定的；以及对任意实 n 维向量 X 都有 $X^{\mathrm{T}} A X \geqslant 0$，则 A 是半正定的而得证的.

例 16 求函数

$$f(x,y,z) = 5x^2 + y^2 + 5z^2 + 4xy - 8xz - 4yz$$

在实单位球面 $x^2 + y^2 + z^2 = 1$ 上达到的最大值与最小值，并求出达到最大值与最小值时 x, y, z 所取的值.

解 $f(x,y,z) = X^{\mathrm{T}} A X$，其中

$$A = \begin{pmatrix} 5 & 2 & -4 \\ 2 & 1 & -2 \\ -4 & -2 & 5 \end{pmatrix}, \quad X = (x,y,z)^{\mathrm{T}}.$$

由上题知，$\forall X \in \mathbf{R}^n$，

$$\lambda_1(x^2 + y^2 + z^2) \leqslant f(x,y,z) \leqslant \lambda_3(x^2 + y^2 + z^2),$$

其中 λ_1, λ_3 分别是 A 的最小特征值与最大特征值. 因为

$$|\lambda E - A| = (\lambda - 1)(\lambda^2 - 10\lambda + 1),$$

所以 $\lambda_1 = 5 - 2\sqrt{6}, \lambda_2 = 1, \lambda_3 = 5 + 2\sqrt{6}$.

当 $\lambda_1 = 5 - 2\sqrt{6}$ 时，得特征向量 $\boldsymbol{\alpha}_1 = (-1, 2+\sqrt{6}, 1)^{\mathrm{T}}$，单位化，得

$$\boldsymbol{\beta}_1 = \frac{1}{\sqrt{12+4\sqrt{6}}}(-1, 2+\sqrt{6}, 1)^{\mathrm{T}}.$$

当 $\lambda_3 = 5 + 2\sqrt{6}$ 时，得特征向量 $\boldsymbol{\alpha}_2 = (-1, 2-\sqrt{6}, 1)^{\mathrm{T}}$，单位化，得

$$\boldsymbol{\beta}_2 = \frac{1}{\sqrt{12-4\sqrt{6}}}(-1, 2-\sqrt{6}, 1)^{\mathrm{T}}.$$

所以，当 $(x,y,z) = \pm\dfrac{1}{\sqrt{12+4\sqrt{6}}}(-1, 2+\sqrt{6}, 1)$ 时，$f(x,y,z)$ 在实单位球面上达到最小值 $5-2\sqrt{6}$；当 $(x,y,z) = \pm\dfrac{1}{\sqrt{12-4\sqrt{6}}}(-1, 2-\sqrt{6}, 1)$ 时，$f(x,y,z)$ 在实单位球面上达到最大值 $5+2\sqrt{6}$.

点评 若 $AX = \lambda X$，则 $X^{\mathrm{T}} A X = \lambda X^{\mathrm{T}} X$，所以求 $f(x,y,z)$ 在实单位球面上达到最小值与最大值时 x, y, z 的值，就是分别求特征值 λ_1 和 λ_3 对应的单位特征向量.

例 17 设 $\boldsymbol{A}$ 是 n 阶实对称矩阵，λ_1,λ_n 分别是其最大特征值与最小特征值，试证明：

$$\lambda_1=\sup_{\mathbf{0}\neq \boldsymbol{X}\in\mathbf{R}^n}\frac{\boldsymbol{X}^{\mathrm{T}}\boldsymbol{A}\boldsymbol{X}}{\boldsymbol{X}^{\mathrm{T}}\boldsymbol{X}},\quad \lambda_n=\inf_{\mathbf{0}\neq \boldsymbol{X}\in\mathbf{R}^n}\frac{\boldsymbol{X}^{\mathrm{T}}\boldsymbol{A}\boldsymbol{X}}{\boldsymbol{X}^{\mathrm{T}}\boldsymbol{X}}.$$

证明 由例 15 知，$\forall \boldsymbol{X}\in\mathbf{R}^n$，

$$\lambda_n\boldsymbol{X}^{\mathrm{T}}\boldsymbol{X}\leqslant \boldsymbol{X}^{\mathrm{T}}\boldsymbol{A}\boldsymbol{X}\leqslant\lambda_1\boldsymbol{X}^{\mathrm{T}}\boldsymbol{X},$$

所以 $\forall\,\mathbf{0}\neq\boldsymbol{X}\in\mathbf{R}^n$，

$$\lambda_n\leqslant\frac{\boldsymbol{X}^{\mathrm{T}}\boldsymbol{A}\boldsymbol{X}}{\boldsymbol{X}^{\mathrm{T}}\boldsymbol{X}}\leqslant\lambda_1. \tag{1}$$

再设 λ_1,λ_n 对应的特征向量分别为 $\boldsymbol{\alpha}_1,\boldsymbol{\alpha}_n$，则

$$\boldsymbol{A}\boldsymbol{\alpha}_1=\lambda_1\boldsymbol{\alpha}_1\Rightarrow\lambda_1=\frac{\boldsymbol{\alpha}_1^{\mathrm{T}}\boldsymbol{A}\boldsymbol{\alpha}_1}{\boldsymbol{\alpha}_1^{\mathrm{T}}\boldsymbol{\alpha}_1} \tag{2}$$

由(1)式和(2)式即证

$$\lambda_1=\sup_{\mathbf{0}\neq \boldsymbol{X}\in\mathbf{R}^n}\frac{\boldsymbol{X}^{\mathrm{T}}\boldsymbol{A}\boldsymbol{X}}{\boldsymbol{X}^{\mathrm{T}}\boldsymbol{X}}.$$

类似地，有

$$\lambda_n=\frac{\boldsymbol{\alpha}_n^{\mathrm{T}}\boldsymbol{A}\boldsymbol{\alpha}_n}{\boldsymbol{\alpha}_n^{\mathrm{T}}\boldsymbol{\alpha}_n}, \tag{3}$$

再由(1)式和(3)式即证

$$\lambda_n=\inf_{\mathbf{0}\neq \boldsymbol{X}\in\mathbf{R}^n}\frac{\boldsymbol{X}^{\mathrm{T}}\boldsymbol{A}\boldsymbol{X}}{\boldsymbol{X}^{\mathrm{T}}\boldsymbol{X}}.$$

例 18 设 $\boldsymbol{A}$ 是 n 阶实对称矩阵，证明：$\boldsymbol{A}$ 可逆的充要条件是存在 n 阶实矩阵 $\boldsymbol{B}$，使得 $\boldsymbol{AB}+\boldsymbol{B}^{\mathrm{T}}\boldsymbol{A}$ 正定.

证明 对任意 n 阶实矩阵 $\boldsymbol{B}$，因

$$(\boldsymbol{AB}+\boldsymbol{B}^{\mathrm{T}}\boldsymbol{A})^{\mathrm{T}}=(\boldsymbol{AB})^{\mathrm{T}}+(\boldsymbol{B}^{\mathrm{T}}\boldsymbol{A})^{\mathrm{T}}=\boldsymbol{AB}+\boldsymbol{B}^{\mathrm{T}}\boldsymbol{A},$$

则 $\boldsymbol{AB}+\boldsymbol{B}^{\mathrm{T}}\boldsymbol{A}$ 是 n 阶实对称矩阵.

必要性：取 $\boldsymbol{B}=\boldsymbol{A}^{-1}$，则

$$\boldsymbol{AB}+\boldsymbol{B}^{\mathrm{T}}\boldsymbol{A}=\boldsymbol{AA}^{-1}+(\boldsymbol{A}^{-1})^{\mathrm{T}}\boldsymbol{A}^{\mathrm{T}}=\boldsymbol{E}+(\boldsymbol{AA}^{-1})^{\mathrm{T}}=2\boldsymbol{E},$$

所以 $\boldsymbol{AB}+\boldsymbol{B}^{\mathrm{T}}\boldsymbol{A}$ 正定.

充分性：设 $\boldsymbol{AB}+\boldsymbol{B}^{\mathrm{T}}\boldsymbol{A}$ 正定，则对任一实 n 维(列)向量 $\boldsymbol{X}\neq\mathbf{0}$，

$$0<\boldsymbol{X}^{\mathrm{T}}(\boldsymbol{AB}+\boldsymbol{B}^{\mathrm{T}}\boldsymbol{A})\boldsymbol{X}=(\boldsymbol{AX})^{\mathrm{T}}\boldsymbol{BX}+(\boldsymbol{BX})^{\mathrm{T}}\boldsymbol{AX},$$

所以 $\boldsymbol{AX}\neq\mathbf{0}$. 故齐次线性方程组 $\boldsymbol{AX}=\mathbf{0}$ 只有零解，从而 $|\boldsymbol{A}|\neq0$，即 $\boldsymbol{A}$ 可逆.

点评 充分性的思路是：把证明 $\boldsymbol{A}$ 可逆转化为证明齐次线性方程组 $\boldsymbol{AX}=\mathbf{0}$ 只有零解.

例 19 设 $\boldsymbol{A},\boldsymbol{B}$ 分别是 $m\times n$ 和 $s\times n$ 行满秩实矩阵，$\boldsymbol{Q}=\boldsymbol{AB}^{\mathrm{T}}(\boldsymbol{BB}^{\mathrm{T}})^{-1}\boldsymbol{BA}^{\mathrm{T}}$. 证明：

1) $\boldsymbol{AA}^{\mathrm{T}}-\boldsymbol{Q}$ 是半正定矩阵；

2) $0\leqslant|\boldsymbol{Q}|\leqslant|\boldsymbol{AA}^{\mathrm{T}}|$.

证明 由例 9 知，$\boldsymbol{AA}^{\mathrm{T}}$ 和 $\boldsymbol{BB}^{\mathrm{T}}$ 都是正定矩阵.

1) 令

$$\boldsymbol{C}=\begin{pmatrix}\boldsymbol{A}\\ \boldsymbol{B}\end{pmatrix},\quad \boldsymbol{G}=\boldsymbol{CC}^{\mathrm{T}}=\begin{pmatrix}\boldsymbol{AA}^{\mathrm{T}} & \boldsymbol{AB}^{\mathrm{T}}\\ \boldsymbol{BA}^{\mathrm{T}} & \boldsymbol{BB}^{\mathrm{T}}\end{pmatrix},$$

则 G 是半正定矩阵. 对 G 作初等变换:

$$\begin{pmatrix} E & -AB^{\mathrm{T}}(BB^{\mathrm{T}})^{-1} \\ O & E \end{pmatrix}\begin{pmatrix} AA^{\mathrm{T}} & AB^{\mathrm{T}} \\ BA^{\mathrm{T}} & BB^{\mathrm{T}} \end{pmatrix}\begin{pmatrix} E & -AB^{\mathrm{T}}(BB^{\mathrm{T}})^{-1} \\ O & E \end{pmatrix}^{\mathrm{T}}=\begin{pmatrix} AA^{\mathrm{T}}-Q & O \\ O & BB^{\mathrm{T}} \end{pmatrix}.$$

由于 G 是半正定矩阵,而合同不改变半正定性,所以 $\begin{pmatrix} AA^{\mathrm{T}}-Q & O \\ O & BB^{\mathrm{T}} \end{pmatrix}$ 是半正定矩阵,从而 $AA^{\mathrm{T}}-Q$ 是半正定矩阵.

2) 因 $(BB^{\mathrm{T}})^{-1}$ 也是正定矩阵,则存在实可逆矩阵 D,使

$$(BB^{\mathrm{T}})^{-1}=DD^{\mathrm{T}}.$$

所以

$$Q=AB^{\mathrm{T}}(BB^{\mathrm{T}})^{-1}BA^{\mathrm{T}}=AB^{\mathrm{T}}(DD^{\mathrm{T}})BA^{\mathrm{T}}=(AB^{\mathrm{T}}D)(AB^{\mathrm{T}}D)^{\mathrm{T}},$$

此即 Q 是半正定矩阵. 于是存在实可逆矩阵 T,使

$$T^{\mathrm{T}}(AA^{\mathrm{T}})T=E, \tag{1}$$

$$T^{\mathrm{T}}QT=\begin{pmatrix} \lambda_1 & & & \\ & \lambda_2 & & \\ & & \ddots & \\ & & & \lambda_n \end{pmatrix}, \quad \lambda_i\geqslant 0(i=1,2,\cdots,n), \tag{2}$$

由(1)式和(2)式得

$$T^{\mathrm{T}}(AA^{\mathrm{T}}-Q)T=\begin{pmatrix} 1-\lambda_1 & & & \\ & 1-\lambda_2 & & \\ & & \ddots & \\ & & & 1-\lambda_n \end{pmatrix}.$$

因 $AA^{\mathrm{T}}-Q$ 是半正定矩阵,故 $0\leqslant\lambda_i\leqslant 1, i=1,2,\cdots,n.$

对(2)式两边取行列式: $|Q|\,|T|^2=\lambda_1\lambda_2\cdots\lambda_n$,故

$$0\leqslant |Q| \leqslant\frac{1}{|T|^2}; \tag{3}$$

对(1)式两边取行列式: $|AA^{\mathrm{T}}|\cdot|T|^2=1$,故

$$|AA^{\mathrm{T}}|=\frac{1}{|T|^2}. \tag{4}$$

将(4)式代入(3)式,得

$$0\leqslant |Q| \leqslant |AA^{\mathrm{T}}|.$$

点评 1)中 A,B 是行满秩矩阵,则 $A^{\mathrm{T}},B^{\mathrm{T}}$ 为列满秩矩阵,于是 $AA^{\mathrm{T}},BB^{\mathrm{T}}$ 为正定矩阵. 根据要证的结论,需要构造矩阵

$$Q,\quad AA^{\mathrm{T}}-Q,$$

而这可以利用分块矩阵

$$\begin{pmatrix} AA^{\mathrm{T}} & AB^{\mathrm{T}} \\ BA^{\mathrm{T}} & BB^{\mathrm{T}} \end{pmatrix},$$

对其作适当的初等变换就可以达到目的. 2) 中用到的主要结论是：若 $\boldsymbol{A}, \boldsymbol{B}$ 都是 n 阶实对称矩阵，且 $\boldsymbol{A}$ 正定，则存在实可逆矩阵 $\boldsymbol{T}$，使 $\boldsymbol{T}^{\mathrm{T}}\boldsymbol{A}\boldsymbol{T}=\boldsymbol{E}, \boldsymbol{T}^{\mathrm{T}}\boldsymbol{B}\boldsymbol{T}$ 为对角矩阵. 这一结论是本章的常用结论之一.

例 20　设 $\boldsymbol{A}_1, \boldsymbol{A}_2$ 是 n 阶正定矩阵，$\boldsymbol{B}_1, \boldsymbol{B}_2$ 是 n 阶实对称矩阵，证明：存在 n 阶实可逆矩阵 $\boldsymbol{C}$，使得 $\boldsymbol{C}^{\mathrm{T}}\boldsymbol{A}_1\boldsymbol{C}=\boldsymbol{A}_2, \boldsymbol{C}^{\mathrm{T}}\boldsymbol{B}_1\boldsymbol{C}=\boldsymbol{B}_2$ 当且仅当 $|\lambda\boldsymbol{A}_1-\boldsymbol{B}_1|$ 与 $|\lambda\boldsymbol{A}_2-\boldsymbol{B}_2|$ 有相同的根.

证明　由条件知，存在 n 阶实可逆矩阵 $\boldsymbol{P}, \boldsymbol{Q}$，使得

$$\boldsymbol{P}^{\mathrm{T}}\boldsymbol{A}_1\boldsymbol{P}=\boldsymbol{E},\ \boldsymbol{P}^{\mathrm{T}}\boldsymbol{B}_1\boldsymbol{P}=\begin{pmatrix}\lambda_1 & & & \\ & \lambda_2 & & \\ & & \ddots & \\ & & & \lambda_n\end{pmatrix},\quad \lambda_1\geqslant\lambda_2\geqslant\cdots\geqslant\lambda_n,$$

$$\boldsymbol{Q}^{\mathrm{T}}\boldsymbol{A}_2\boldsymbol{Q}=\boldsymbol{E},\ \boldsymbol{Q}^{\mathrm{T}}\boldsymbol{B}_2\boldsymbol{Q}=\begin{pmatrix}\mu_1 & & & \\ & \mu_2 & & \\ & & \ddots & \\ & & & \mu_n\end{pmatrix},\quad \mu_1\geqslant\mu_2\geqslant\cdots\geqslant\mu_n.$$

$\Rightarrow$：设存在 n 阶实可逆矩阵 $\boldsymbol{C}$，使 $\boldsymbol{C}^{\mathrm{T}}\boldsymbol{A}_1\boldsymbol{C}=\boldsymbol{A}_2, \boldsymbol{C}^{\mathrm{T}}\boldsymbol{B}_1\boldsymbol{C}=\boldsymbol{B}_2$，则

$$|\lambda\boldsymbol{A}_2-\boldsymbol{B}_2|=|\lambda\boldsymbol{C}^{\mathrm{T}}\boldsymbol{A}_1\boldsymbol{C}-\boldsymbol{C}^{\mathrm{T}}\boldsymbol{B}_1\boldsymbol{C}|=|\boldsymbol{C}|^2|\lambda\boldsymbol{A}_1-\boldsymbol{B}_1|,$$

所以 $|\lambda\boldsymbol{A}_1-\boldsymbol{B}_1|$ 与 $|\lambda\boldsymbol{A}_2-\boldsymbol{B}_2|$ 有相同的根.

$\Leftarrow$：设 $|\lambda\boldsymbol{A}_1-\boldsymbol{B}_1|$ 与 $|\lambda\boldsymbol{A}_2-\boldsymbol{B}_2|$ 有相同的根. 因为

$$|\boldsymbol{P}|^2|\lambda\boldsymbol{A}_1-\boldsymbol{B}_1|=|\lambda\boldsymbol{E}-\boldsymbol{P}^{\mathrm{T}}\boldsymbol{B}_1\boldsymbol{P}|,$$
$$|\boldsymbol{Q}|^2|\lambda\boldsymbol{A}_2-\boldsymbol{B}_2|=|\lambda\boldsymbol{E}-\boldsymbol{Q}^{\mathrm{T}}\boldsymbol{B}_2\boldsymbol{Q}|,$$

所以 $\lambda_i=\mu_i, i=1,2,\cdots,n$，此即 $\boldsymbol{P}^{\mathrm{T}}\boldsymbol{B}_1\boldsymbol{P}=\boldsymbol{Q}^{\mathrm{T}}\boldsymbol{B}_2\boldsymbol{Q}$. 令 $\boldsymbol{C}=\boldsymbol{P}\boldsymbol{Q}^{-1}$，则 $\boldsymbol{C}^{\mathrm{T}}\boldsymbol{A}_1\boldsymbol{C}=\boldsymbol{A}_2, \boldsymbol{C}^{\mathrm{T}}\boldsymbol{B}_1\boldsymbol{C}=\boldsymbol{B}_2$.

例 21　设 $\boldsymbol{A}=(a_{ij})_{n\times n}, \boldsymbol{B}=(b_{ij})_{n\times n}, \boldsymbol{C}=(c_{ij})_{n\times n}, c_{ij}=a_{ij}b_{ij}, i,j=1,2,\cdots,n$. 若 $\boldsymbol{A}, \boldsymbol{B}$ 均为正定矩阵，证明：$\boldsymbol{C}$ 亦正定.

证明　因 $\boldsymbol{B}$ 正定，故存在 n 阶可逆矩阵 $\boldsymbol{M}=(m_{ij})_{n\times n}$，使 $\boldsymbol{B}=\boldsymbol{M}\boldsymbol{M}^{\mathrm{T}}$，则

$$b_{ij}=m_{i1}m_{j1}+m_{i2}m_{j2}+\cdots+m_{in}m_{jn}=\sum_{k=1}^{n}m_{ik}m_{jk},\quad i,j=1,2,\cdots,n.$$

对任意 $\boldsymbol{X}=(x_1,x_2,\cdots,x_n)^{\mathrm{T}}$，

$$\begin{aligned}\boldsymbol{X}^{\mathrm{T}}\boldsymbol{C}\boldsymbol{X}&=\sum_{i,j=1}^{n}a_{ij}b_{ij}x_ix_j=\sum_{i,j=1}^{n}a_{ij}\Big(\sum_{k=1}^{n}m_{ik}m_{jk}\Big)x_ix_j\\&=\sum_{k=1}^{n}\sum_{i,j=1}^{n}a_{ij}(m_{ik}x_i)(m_{jk}x_j)=\sum_{k=1}^{n}\sum_{i,j=1}^{n}a_{ij}y_{ik}y_{jk}\\&=\sum_{k=1}^{n}\boldsymbol{Y}_k^{\mathrm{T}}\boldsymbol{A}\boldsymbol{Y}k\geqslant 0,\end{aligned}$$

其中 $m_{ik}x_i=y_{ik}, \boldsymbol{Y}_k=\begin{pmatrix}y_{1k}\\y_{2k}\\\vdots\\y_{nk}\end{pmatrix}$.

当 $\boldsymbol{X}\neq\boldsymbol{0}$ 时,必有某数 $x_l\neq 0$,而 $|\boldsymbol{M}|\neq 0$,故 $\boldsymbol{M}$ 的第 l 行元素不全为零. 因 $m_{lk}x_l=y_{lk}$,则存在数 k,使 $y_{lk}\neq 0$,即存在 $\boldsymbol{Y}_k\neq\boldsymbol{0}$. 故 $\boldsymbol{X}^{\mathrm{T}}\boldsymbol{C}\boldsymbol{X}=\sum\limits_{k=1}^{n}\boldsymbol{Y}_k^{\mathrm{T}}\boldsymbol{A}\boldsymbol{Y}_k>0$. 因此 $\boldsymbol{C}$ 是正定矩阵.

点评 例 21 是利用若 $\boldsymbol{B}$ 正定,则存在可逆矩阵 $\boldsymbol{M}$ 使 $\boldsymbol{B}=\boldsymbol{M}\boldsymbol{M}^{\mathrm{T}}$,以及正定矩阵的定义进行证明的. 另外用数学归纳法可以证明:若 $(a_{ij})_{n\times n}$ 是正定的,则对正整数 k,$(a_{ij}^k)_{n\times n}$ 也是正定的.

例 22 设 $\boldsymbol{B}$ 是 n 阶正定矩阵,$\boldsymbol{A}-\boldsymbol{B}$ 是 n 阶半正定矩阵,证明:

1) 关于 λ 的方程 $|\boldsymbol{A}-\lambda\boldsymbol{B}|=0$ 的所有根大于或等于 1;

2) $|\boldsymbol{A}|\geqslant|\boldsymbol{B}|$.

证明 1) 因为 $\boldsymbol{B}$ 是正定的,则存在可逆实矩阵 $\boldsymbol{C}$,使 $\boldsymbol{B}=\boldsymbol{C}^{\mathrm{T}}\boldsymbol{C}$,所以

$$\begin{aligned}|\boldsymbol{A}-\lambda\boldsymbol{B}|&=|\boldsymbol{A}-\boldsymbol{B}+(1-\lambda)\boldsymbol{B}|=|\boldsymbol{A}-\boldsymbol{B}+(1-\lambda)\boldsymbol{C}^{\mathrm{T}}\boldsymbol{C}|\\&=|\boldsymbol{C}|^2\,|(\boldsymbol{C}^{\mathrm{T}})^{-1}(\boldsymbol{A}-\boldsymbol{B})\boldsymbol{C}^{-1}+(1-\lambda)\boldsymbol{E}|\\&=|\boldsymbol{C}|^2(-1)^n\,|(\lambda-1)\boldsymbol{E}-(\boldsymbol{C}^{-1})^{\mathrm{T}}(\boldsymbol{A}-\boldsymbol{B})\boldsymbol{C}^{-1}|.\end{aligned}$$

$(\boldsymbol{C}^{-1})^{\mathrm{T}}(\boldsymbol{A}-\boldsymbol{B})\boldsymbol{C}^{-1}$ 仍是半正定矩阵,所以 $\lambda-1\geqslant 0$,即 $\lambda\geqslant 1$.

2) 设 $|\boldsymbol{A}-\lambda\boldsymbol{B}|=0$ 的 n 个根为 $\lambda_1,\lambda_2,\cdots,\lambda_n$,则由 1) 有 $\lambda_1\lambda_2\cdots\lambda_n\geqslant 1$. 因为

$$|\boldsymbol{A}-\lambda\boldsymbol{B}|=(-1)^n|\boldsymbol{B}|\,|\lambda\boldsymbol{E}-\boldsymbol{B}^{-1}A|,$$

则 $|\lambda\boldsymbol{E}-\boldsymbol{B}^{-1}\boldsymbol{A}|=0$ 的 n 个根仍为 $\lambda_1,\lambda_2,\cdots,\lambda_n$,所以

$$|\boldsymbol{B}^{-1}\boldsymbol{A}|=\lambda_1\lambda_2\cdots\lambda_n\geqslant 1,$$

即 $|\boldsymbol{A}|\geqslant|\boldsymbol{B}|$.

点评 1) 是利用若 $\boldsymbol{B}$ 正定,则存在可逆实矩阵 $\boldsymbol{C}$,使 $\boldsymbol{B}=\boldsymbol{C}^{\mathrm{T}}\boldsymbol{C}$,以及半正定矩阵的特征值全大于或等于 0 进行证明的.

例 23 设 $\boldsymbol{A}$ 是 n 阶实可逆矩阵,证明:存在正交矩阵 $\boldsymbol{P},\boldsymbol{Q}$,使

$$\boldsymbol{PAQ}=\begin{pmatrix}\lambda_1&&&\\&\lambda_2&&\\&&\ddots&\\&&&\lambda_n\end{pmatrix},\quad\lambda_i>0,i=1,2,\cdots,n.$$

证明 因为 $\boldsymbol{A}$ 是实可逆矩阵,所以 $\boldsymbol{A}^{\mathrm{T}}\boldsymbol{A}$ 是正定矩阵,$\boldsymbol{A}^{\mathrm{T}}\boldsymbol{A}$ 的特征值都是大于零的实数,设为 $\lambda_1^2,\lambda_2^2,\cdots,\lambda_n^2(\lambda_i>0,i=1,2,\cdots,n)$. 由 $\boldsymbol{A}^{\mathrm{T}}\boldsymbol{A}$ 的正定性,存在正交矩阵 $\boldsymbol{Q}$,使

$$\boldsymbol{Q}^{\mathrm{T}}\boldsymbol{A}^{\mathrm{T}}\boldsymbol{A}\boldsymbol{Q}=\boldsymbol{D}^2,$$

其中

$$\boldsymbol{D}=\begin{pmatrix}\lambda_1&&&\\&\lambda_2&&\\&&\ddots&\\&&&\lambda_n\end{pmatrix}.$$

记 $\boldsymbol{P}=\boldsymbol{D}^{-1}\boldsymbol{Q}^{\mathrm{T}}\boldsymbol{A}^{\mathrm{T}}$,则

$$\boldsymbol{P}\boldsymbol{P}^{\mathrm{T}}=\boldsymbol{D}^{-1}\boldsymbol{Q}^{\mathrm{T}}\boldsymbol{A}^{\mathrm{T}}\boldsymbol{A}\boldsymbol{Q}\boldsymbol{D}^{-1}=\boldsymbol{D}^{-1}\boldsymbol{D}^2\boldsymbol{D}^{-1}=\boldsymbol{E},$$

所以 $\boldsymbol{P}$ 是正交矩阵,且

$$\boldsymbol{PAQ}=\boldsymbol{D}^{-1}\boldsymbol{Q}^{\mathrm{T}}\boldsymbol{A}^{\mathrm{T}}\boldsymbol{A}\boldsymbol{Q}=\boldsymbol{D}^{-1}\boldsymbol{D}^2=\boldsymbol{D}.$$

点评　根据要证的结论，

$$Q^{\mathrm{T}}A^{\mathrm{T}}AQ=(PAQ)^{\mathrm{T}}PAQ=\begin{pmatrix}\lambda_1^2 & & & \\ & \lambda_2^2 & & \\ & & \ddots & \\ & & & \lambda_n^2\end{pmatrix},$$

这就提供了证明思路. 根据要证的结论，分析解题思路是一种常用的方法.

例 24　设 A, B 都是 n 阶正定矩阵，证明：关于 λ 的方程 $|\lambda A-B|=0$ 的根全大于零.

证明　证法 1　A 是正定矩阵，则有实可逆矩阵 P，使 $A=PP^{\mathrm{T}}$. 因为

$$\begin{aligned}|\lambda A-B|&=|P(\lambda E-P^{-1}B(P^{\mathrm{T}})^{-1})P^{\mathrm{T}}|\\&=|P|^2|\lambda E-P^{-1}B(P^{-1})^{\mathrm{T}}|,\end{aligned}$$

而 $P^{-1}B(P^{-1})^{\mathrm{T}}$ 与 B 合同，仍为正定矩阵，其特征值全大于零，所以 $|\lambda A-B|=0$ 的根全大于零.

证法 2　A 是正定矩阵，则有实可逆矩阵 P，使 $P^{\mathrm{T}}AP=E$. 因为

$$|P|^2|\lambda A-B|=|P^{\mathrm{T}}(\lambda A-B)P|=|\lambda E-P^{\mathrm{T}}BP|,$$

而 $P^{\mathrm{T}}BP$ 与 B 合同，仍为正定矩阵，其特征值全大于零，所以 $|\lambda A-B|=0$ 的根全大于零.

点评　证法 1 的思路：若 A 正定，则有可逆实矩阵 P，使 $A=PP^{\mathrm{T}}$；证法 2 的思路：若 A 正定，则 A 与单位矩阵合同.

例 25　设 A 是 n 阶实对称矩阵，证明：

1) A 正定$\Leftrightarrow$存在 n 个线性无关的实 n 维（列）向量 $\alpha_1,\alpha_2,\cdots,\alpha_n$，使 $A=\alpha_1\alpha_1^{\mathrm{T}}+\alpha_2\alpha_2^{\mathrm{T}}+\cdots+\alpha_n\alpha_n^{\mathrm{T}}$；

2) A 正定$\Leftrightarrow$存在 $\mathbf{R}^n$ 的标准正交基 $\beta_1,\beta_2,\cdots,\beta_n$ 和一组大于零的数 $\lambda_1,\lambda_2,\cdots,\lambda_n$，使 $A=\lambda_1\beta_1\beta_1^{\mathrm{T}}+\lambda_2\beta_2\beta_2^{\mathrm{T}}+\cdots+\lambda_n\beta_n\beta_n^{\mathrm{T}}$；

3) A 正定$\Leftrightarrow A$ 能表示成 n 个秩为 1 的矩阵 A_i 的线性组合，组合系数全大于零，且 $A_i^2=A_i$，$A_iA_j=O(i\neq j,i,j=1,2,\cdots,n)$.

证明　1) $\Rightarrow$：A 正定，则有可逆实矩阵 C，使 $A=CC^{\mathrm{T}}$. 令 $C=(\alpha_1,\alpha_2,\cdots,\alpha_n)$，$\alpha_1,\alpha_2,\cdots,\alpha_n$ 为 C 的列向量组，则 $\alpha_1,\alpha_2,\cdots,\alpha_n$ 线性无关，且 $A=\alpha_1\alpha_1^{\mathrm{T}}+\alpha_2\alpha_2^{\mathrm{T}}+\cdots+\alpha_n\alpha_n^{\mathrm{T}}$.

$\Leftarrow$：令 $C=(\alpha_1,\alpha_2,\cdots,\alpha_n)$，则 C 是实可逆矩阵，且 $A=CC^{\mathrm{T}}$，所以 A 正定.

2) $\Rightarrow$：A 正定，则有正交矩阵 P，使

$$A=P\begin{pmatrix}\lambda_1 & & & \\ & \lambda_2 & & \\ & & \ddots & \\ & & & \lambda_n\end{pmatrix}P^{\mathrm{T}},\quad \lambda_i>0,i=1,2,\cdots,n.$$

令 $P=(\beta_1,\beta_2,\cdots,\beta_n)$，$\beta_1,\beta_2,\cdots,\beta_n$ 是 P 的列向量组，则 $\beta_1,\beta_2,\cdots,\beta_n$ 是 $\mathbf{R}^n$ 的标准正交基，且 $A=\lambda_1\beta_1\beta_1^{\mathrm{T}}+\lambda_2\beta_2\beta_2^{\mathrm{T}}+\cdots+\lambda_n\beta_n\beta_n^{\mathrm{T}}$.

$\Leftarrow$：令 $P=(\beta_1,\beta_2,\cdots,\beta_n)$，则 P 是正交矩阵，且

$$A=P\begin{pmatrix}\lambda_1 & & & \\ & \lambda_2 & & \\ & & \ddots & \\ & & & \lambda_n\end{pmatrix}P^{\mathrm{T}},$$

所以 $\boldsymbol{A}$ 正定.

3) ⇒:$\boldsymbol{A}$ 正定,则有正交矩阵 $\boldsymbol{P}$,使

$$\boldsymbol{A}=\boldsymbol{P}\begin{pmatrix}\lambda_1 & & & \\ & \lambda_2 & & \\ & & \ddots & \\ & & & \lambda_n\end{pmatrix}\boldsymbol{P}^{\mathrm{T}},\quad \lambda_i>0,i=1,2,\cdots,n.$$

令

$$\boldsymbol{A}_i=\boldsymbol{P}\begin{pmatrix}0 & & & & & & \\ & \ddots & & & & & \\ & & 0 & & & & \\ & & & 1 & & & \\ & & & & 0 & & \\ & & & & & \ddots & \\ & & & & & & 0\end{pmatrix}\boldsymbol{P}^{\mathrm{T}},\quad i=1,2,\cdots,n,$$

第 i 列

则

$$\boldsymbol{A}=\lambda_1\boldsymbol{A}_1+\lambda_2\boldsymbol{A}_2+\cdots+\lambda_n\boldsymbol{A}_n,$$

其中秩$(\boldsymbol{A}_i)=1$,$\boldsymbol{A}_i^2=\boldsymbol{A}_i$,$\boldsymbol{A}_i\boldsymbol{A}_j=\boldsymbol{O}(i\neq j,i,j=1,2,\cdots,n)$.

⇐:设 $\boldsymbol{A}=\sum\limits_{i=1}^{n}\lambda_i\boldsymbol{A}_i$,$\lambda_i>0$,秩$(\boldsymbol{A}_i)=1$,$\boldsymbol{A}_i^2=\boldsymbol{A}_i$,$\boldsymbol{A}_i\boldsymbol{A}_j=\boldsymbol{O}(i\neq j,i,j=1,2,\cdots,n)$. 因为秩$(\boldsymbol{A}_i)=1$,则 $\boldsymbol{A}_i=\boldsymbol{\alpha}_i\boldsymbol{\beta}_i^{\mathrm{T}}$,其中 $\boldsymbol{\alpha}_i,\boldsymbol{\beta}_i$ 为非零的实 n 维列向量,

$$\boldsymbol{A}_i^2=\boldsymbol{A}_i\Rightarrow(\boldsymbol{\beta}_i^{\mathrm{T}}\boldsymbol{\alpha}_i)\boldsymbol{\alpha}_i\boldsymbol{\beta}_i^{\mathrm{T}}=\boldsymbol{\alpha}_i\boldsymbol{\beta}_i^{\mathrm{T}}\Rightarrow\boldsymbol{\beta}_i^{\mathrm{T}}\boldsymbol{\alpha}_i=1,$$

$$\boldsymbol{A}_i\boldsymbol{A}_j=\boldsymbol{O}\Rightarrow\boldsymbol{\alpha}_i\boldsymbol{\beta}_i^{\mathrm{T}}\boldsymbol{\alpha}_j\boldsymbol{\beta}_j^{\mathrm{T}}=(\boldsymbol{\beta}_i^{\mathrm{T}}\boldsymbol{\alpha}_j)\boldsymbol{\alpha}_i\boldsymbol{\beta}_j^{\mathrm{T}}=0\Rightarrow\boldsymbol{\beta}_i^{\mathrm{T}}\boldsymbol{\alpha}_j=0\quad(i\neq j),$$

所以

$$\begin{pmatrix}\boldsymbol{\beta}_1^{\mathrm{T}}\\ \boldsymbol{\beta}_2^{\mathrm{T}}\\ \vdots\\ \boldsymbol{\beta}_n^{\mathrm{T}}\end{pmatrix}(\boldsymbol{\alpha}_1,\boldsymbol{\alpha}_2,\cdots,\boldsymbol{\alpha}_n)=\boldsymbol{E}.$$

于是

$$\boldsymbol{A}=(\boldsymbol{\alpha}_1,\boldsymbol{\alpha}_2,\cdots,\boldsymbol{\alpha}_n)\begin{pmatrix}\lambda_1 & & & \\ & \lambda_2 & & \\ & & \ddots & \\ & & & \lambda_n\end{pmatrix}(\boldsymbol{\alpha}_1,\boldsymbol{\alpha}_2,\cdots,\boldsymbol{\alpha}_n)^{-1},$$

故 $\boldsymbol{A}$ 的特征值为 $\lambda_1,\lambda_2,\cdots,\lambda_n$,全大于零,因此 $\boldsymbol{A}$ 正定.

点评 1)的证明思路:$\boldsymbol{A}$ 正定⇔有可逆实矩阵 $\boldsymbol{C}$,使 $\boldsymbol{A}=\boldsymbol{C}\boldsymbol{C}^{\mathrm{T}}$;2)的证明思路:$\boldsymbol{A}$ 正定⇔有正交矩阵 $\boldsymbol{P}$,使

$$A=P\begin{pmatrix}\lambda_1 & & & \\ & \lambda_2 & & \\ & & \ddots & \\ & & & \lambda_n\end{pmatrix}P^{\mathrm{T}},\quad \lambda_i>0, i=1,2,\cdots,n;$$

3)的充分性的证明思路：利用矩阵的满秩分解，把 A_i 写成

$$A_i=\alpha_i\beta_i^{\mathrm{T}},\quad i=1,2,\cdots,n,$$

证明

$$\begin{pmatrix}\beta_1^{\mathrm{T}}\\ \beta_2^{\mathrm{T}}\\ \vdots\\ \beta_n^{\mathrm{T}}\end{pmatrix}(\alpha_1,\alpha_2,\cdots,\alpha_n)=E,$$

从而得出 A 的特征值为 $\lambda_1,\lambda_2,\cdots,\lambda_n$.

例 26　设 A,B 为实对称矩阵，且 B 为正定的，若 BA 的特征值均大于零，证明：A 为正定矩阵.

证明　证法 1　因 B 为正定的，故存在正定矩阵 S，使 $B=S^2$，所以

$$S^{-1}BAS=S^{-1}S^2AS=SAS=S^{\mathrm{T}}AS.$$

$S^{-1}BAS$ 与 BA 的特征值相同，则 $S^{-1}BAS$ 的特征值全为正的. 故 $S^{\mathrm{T}}AS$ 的特征值全为正的，因而正定，于是 A 为正定的.

证法 2　因 B 正定，故 B^{-1} 正定，所以存在可逆矩阵 P，使

$$P^{\mathrm{T}}B^{-1}P=E,\quad P^{\mathrm{T}}AP=\begin{pmatrix}\lambda_1 & & & \\ & \lambda_2 & & \\ & & \ddots & \\ & & & \lambda_n\end{pmatrix}.$$

故对 $i=1,2,\cdots,n$，

$$|\lambda_iE-P^{\mathrm{T}}AP|=|\lambda_iP^{\mathrm{T}}B^{-1}P-P^{\mathrm{T}}AP|=0,$$

于是 $|\lambda_iB^{-1}-A|=0$，从而 $|\lambda_iE-BA|=0$，表明 λ_i 为 BA 的特征值. 而 $\lambda_i>0, i=1,2,\cdots,n$，所以

$$A=(P^{\mathrm{T}})^{-1}\begin{pmatrix}\lambda_1 & & & \\ & \lambda_2 & & \\ & & \ddots & \\ & & & \lambda_n\end{pmatrix}P^{-1}$$

为正定的.

点评　证法 1 是利用若 B 正定，则存在正定矩阵 S，使 $B=S^2$，以及相似矩阵有相同的特征值进行证明的；证法 2 是利用若 B 正定，则 B^{-1} 正定，且正定矩阵与单位矩阵 E 合同等性质进行证明的.

例 27　设 A 是 n 阶实对称矩阵，存在线性无关的实 n 维向量 α_1,α_2，使 $\alpha_1^{\mathrm{T}}A\alpha_1>0$，$\alpha_2^{\mathrm{T}}A\alpha_2<0$，证明：存在线性无关的实 n 维向量 α_3,α_4，使 α_1,α_2 与 α_3 或 α_4 线性相关，且 $\alpha_3^{\mathrm{T}}A\alpha_3=\alpha_4^{\mathrm{T}}A\alpha_4=0$.

证明 令

$$\boldsymbol{\alpha}=k\boldsymbol{\alpha}_1+\boldsymbol{\alpha}_2,\quad k\in\mathbf{R},$$

则

$$\boldsymbol{\alpha}^{\mathrm{T}}\boldsymbol{A}\boldsymbol{\alpha}=(k\boldsymbol{\alpha}_1^{\mathrm{T}}+\boldsymbol{\alpha}_2^{\mathrm{T}})\boldsymbol{A}(k\boldsymbol{\alpha}_1+\boldsymbol{\alpha}_2)=(\boldsymbol{\alpha}_1^{\mathrm{T}}\boldsymbol{A}\boldsymbol{\alpha}_1)k^2+2(\boldsymbol{\alpha}_1^{\mathrm{T}}\boldsymbol{A}\boldsymbol{\alpha}_2)k+\boldsymbol{\alpha}_2^{\mathrm{T}}\boldsymbol{A}\boldsymbol{\alpha}_2.$$

因为对上述关于 k 的二次多项式，

$$\Delta=4(\boldsymbol{\alpha}_1^{\mathrm{T}}\boldsymbol{A}\boldsymbol{\alpha}_2)^2-4(\boldsymbol{\alpha}_1^{\mathrm{T}}\boldsymbol{A}\boldsymbol{\alpha}_1)(\boldsymbol{\alpha}_2^{\mathrm{T}}\boldsymbol{A}\boldsymbol{\alpha}_2)>0,$$

所以，存在 $k_1\neq k_2(\in\mathbf{R})$，当 $\boldsymbol{\alpha}_3=k_1\boldsymbol{\alpha}_1+\boldsymbol{\alpha}_2,\boldsymbol{\alpha}_4=k_2\boldsymbol{\alpha}_1+\boldsymbol{\alpha}_2$ 时，

$$\boldsymbol{\alpha}_3^{\mathrm{T}}\boldsymbol{A}\boldsymbol{\alpha}_3=0,\quad \boldsymbol{\alpha}_4^{\mathrm{T}}\boldsymbol{A}\boldsymbol{\alpha}_4=0.$$

由 $\boldsymbol{\alpha}_1,\boldsymbol{\alpha}_2$ 线性无关可知，$\boldsymbol{\alpha}_3,\boldsymbol{\alpha}_4$ 线性无关.

点评 求 $\boldsymbol{\alpha}_3,\boldsymbol{\alpha}_4$ 用的是待定系数法. 关于 k 的一元二次方程

$$(\boldsymbol{\alpha}_1^{\mathrm{T}}\boldsymbol{A}\boldsymbol{\alpha}_1)k^2+2(\boldsymbol{\alpha}_1^{\mathrm{T}}\boldsymbol{A}\boldsymbol{\alpha}_2)k+\boldsymbol{\alpha}_2^{\mathrm{T}}\boldsymbol{A}\boldsymbol{\alpha}_2=0$$

的判别式 $\Delta>0$，所以其有两个不相等的实根.

§5.3 习 题

1. 用非退化线性替换化下列二次型为标准形并利用矩阵验算所得结果：

1) $-4x_1x_2+2x_1x_3+2x_2x_3$；

2) $x_1^2+2x_1x_2+2x_2^2+4x_2x_3+4x_3^2$；

3) $x_1^2-3x_2^2-2x_1x_2+2x_1x_3-6x_2x_3$；

4) $8x_1x_4+2x_3x_4+2x_2x_3+8x_2x_4$；

5) $x_1x_2+x_1x_3+x_1x_4+x_2x_3+x_2x_4+x_3x_4$；

6) $x_1^2+2x_2^2+x_4^2+4x_1x_2+4x_1x_3+2x_1x_4+2x_2x_3+2x_2x_4+2x_3x_4$；

7) $x_1^2+x_2^2+x_3^2+x_4^2+2x_1x_2+2x_2x_3+2x_3x_4$.

2. 证明：秩等于 r 的对称矩阵可以表示成 r 个秩等于 1 的对称矩阵之和.

3. 证明：$\begin{pmatrix}\lambda_1 & & & \\ & \lambda_2 & & \\ & & \ddots & \\ & & & \lambda_n\end{pmatrix}$ 与 $\begin{pmatrix}\lambda_{i_1} & & & \\ & \lambda_{i_2} & & \\ & & \ddots & \\ & & & \lambda_{i_n}\end{pmatrix}$ 合同，其中 $i_1i_2\cdots i_n$ 是 $1,2,\cdots,n$ 的一个排列.

4. 设 $\boldsymbol{A}$ 是一个 n 阶矩阵，证明：

1) $\boldsymbol{A}$ 是反称矩阵当且仅当对任一个 n 维向量 $\boldsymbol{X}$，有 $\boldsymbol{X}^{\mathrm{T}}\boldsymbol{A}\boldsymbol{X}=0$；

2) 如果 $\boldsymbol{A}$ 是对称矩阵，且对任一个 n 维向量 $\boldsymbol{X}$ 有 $\boldsymbol{X}^{\mathrm{T}}\boldsymbol{A}\boldsymbol{X}=0$，那么 $\boldsymbol{A}=\boldsymbol{O}$.

5. 如果把 n 阶实对称矩阵按合同分类，即两个 n 阶实对称矩阵属于同一类当且仅当它们合同，问共有几类？

6. 证明：一个实二次型可以分解成两个实系数的一次齐次多项式的乘积的充要条件是，它的秩等于 2 和符号差等于 0，或者秩等于 1.

7. 判别下列二次型是否正定：

1）$99x_1^2-12x_1x_2+48x_1x_3+130x_2^2-60x_2x_3+71x_3^2$；

2）$10x_1^2+8x_1x_2+24x_1x_3+2x_2^2-28x_2x_3+x_3^2$；

3）$\sum\limits_{i=1}^{n}x_i^2+\sum\limits_{1\leqslant i<j\leqslant n}x_ix_j$；

4）$\sum\limits_{i=1}^{n}x_i^2+\sum\limits_{i=1}^{n-1}x_ix_{i+1}$.

8. 当 t 取什么值时，下列二次型是正定的？

1）$x_1^2+x_2^2+5x_3^2+2tx_1x_2-2x_1x_3+4x_2x_3$；

2）$x_1^2+4x_2^2+x_3^2+2tx_1x_2+10x_1x_3+6x_2x_3$.

9. 证明：如果 $\boldsymbol{A}$ 是正定矩阵，那么 $\boldsymbol{A}$ 的主子式全大于零（主子式就是行指标与列指标相同的子式）.

10. 设 $\boldsymbol{A}$ 为一个 n 阶实对称矩阵，且 $|\boldsymbol{A}|<0$，证明：必存在实 n 维向量 $\boldsymbol{X}\neq\boldsymbol{0}$，使 $\boldsymbol{X}^{\mathrm{T}}\boldsymbol{A}\boldsymbol{X}<0$.

11. 设 $f(x_1,x_2,\cdots,x_n)=\boldsymbol{X}^{\mathrm{T}}\boldsymbol{A}\boldsymbol{X}$ 是一个实二次型. 已知有实 n 维向量 $\boldsymbol{X}_1,\boldsymbol{X}_2$，使

$$\boldsymbol{X}_1^{\mathrm{T}}\boldsymbol{A}\boldsymbol{X}_1>0,\quad \boldsymbol{X}_2^{\mathrm{T}}\boldsymbol{A}\boldsymbol{X}_2<0,$$

证明：必存在实 n 维向量 $\boldsymbol{X}_0\neq\boldsymbol{0}$，使 $\boldsymbol{X}_0^{\mathrm{T}}\boldsymbol{A}\boldsymbol{X}_0=0$.

12. $\boldsymbol{A}$ 是一个实矩阵，证明：秩$(\boldsymbol{A}^{\mathrm{T}}\boldsymbol{A})$＝秩$(\boldsymbol{A})$.

13. 设实二次型 $f(x_1,x_2,\cdots,x_n)=\sum\limits_{i=1}^{s}(a_{i1}x_1+a_{i2}x_2+\cdots+a_{in}x_n)^2$，证明：$f(x_1,x_2,\cdots,x_n)$ 的秩等于矩阵

$$\boldsymbol{A}=\begin{pmatrix}a_{11}&a_{12}&\cdots&a_{1n}\\a_{21}&a_{22}&\cdots&a_{2n}\\\vdots&\vdots&&\vdots\\a_{s1}&a_{s2}&\cdots&a_{sn}\end{pmatrix}$$

的秩.

14. 设 $f(x_1,x_2,\cdots,x_n)=l_1^2+l_2^2+\cdots+l_p^2-l_{p+1}^2-\cdots-l_{p+q}^2$，其中 $l_i(i=1,2,\cdots,p+q)$ 是 $x_1,x_2,\cdots,x_n$ 的一次齐次式. 证明：$f(x_1,x_2,\cdots,x_n)$ 的正惯性指数小于或等于 p，负惯性指数小于或等于 q.

15. 设分块矩阵

$$\boldsymbol{A}=\begin{pmatrix}\boldsymbol{A}_{11}&\boldsymbol{A}_{12}\\\boldsymbol{A}_{21}&\boldsymbol{A}_{22}\end{pmatrix}$$

是一个对称矩阵，且 $|\boldsymbol{A}_{11}|\neq0$，证明：存在 $\boldsymbol{T}=\begin{pmatrix}\boldsymbol{E}&\boldsymbol{X}\\\boldsymbol{O}&\boldsymbol{E}\end{pmatrix}$ 使

$$\boldsymbol{T}^{\mathrm{T}}\boldsymbol{A}\boldsymbol{T}=\begin{pmatrix}\boldsymbol{A}_{11}&\boldsymbol{O}\\\boldsymbol{O}&*\end{pmatrix},$$

其中 $*$ 表示一个 $\boldsymbol{A}_{22}$ 的同型矩阵.

16. 设 $\boldsymbol{A}$ 是反称矩阵，证明：$\boldsymbol{A}$ 合同于矩阵

$$\begin{pmatrix} 0 & 1 & & & & & & & & \\ -1 & 0 & & & & & & & & \\ & & 0 & 1 & & & & & & \\ & & -1 & 0 & & & & & & \\ & & & & \ddots & & & & & \\ & & & & & 0 & 1 & & & \\ & & & & & -1 & 0 & & & \\ & & & & & & & 0 & & \\ & & & & & & & & \ddots & \\ & & & & & & & & & 0 \end{pmatrix}.$$

17. 设 $\boldsymbol{A}$ 是 n 阶实对称矩阵，证明：存在正实数 c，使对任一实 n 维向量 $\boldsymbol{X}$，

$$|\boldsymbol{X}^{\mathrm{T}}\boldsymbol{A}\boldsymbol{X}| \leqslant c\boldsymbol{X}^{\mathrm{T}}\boldsymbol{X}.$$

18. 主对角线上全是 1 的上三角形矩阵称为特殊上三角形矩阵.

1）设 $\boldsymbol{A}$ 是对称矩阵，$\boldsymbol{T}$ 为特殊上三角形矩阵，而 $\boldsymbol{B}=\boldsymbol{T}^{\mathrm{T}}\boldsymbol{A}\boldsymbol{T}$，证明：$\boldsymbol{A}$ 与 $\boldsymbol{B}$ 的对应顺序主子式有相同的值；

2）证明：如果对称矩阵 $\boldsymbol{A}$ 的顺序主子式全不为 0，那么一定有一个特殊上三角形矩阵 $\boldsymbol{T}$ 使 $\boldsymbol{T}^{\mathrm{T}}\boldsymbol{A}\boldsymbol{T}$ 成对角形.

19. 证明：

1）如果 $\sum_{i=1}^{n}\sum_{j=1}^{n} a_{ij}x_ix_j\,(a_{ij}=a_{ji})$ 是正定二次型，那么

$$f(y_1,y_2,\cdots,y_n)=\begin{vmatrix} a_{11} & a_{12} & \cdots & a_{1n} & y_1 \\ a_{21} & a_{22} & \cdots & a_{2n} & y_2 \\ \vdots & \vdots & & \vdots & \vdots \\ a_{n1} & a_{n2} & \cdots & a_{nn} & y_n \\ y_1 & y_2 & \cdots & y_n & 0 \end{vmatrix}$$

是负定二次型；

2）如果 $\boldsymbol{A}$ 是正定矩阵，那么

$$|\boldsymbol{A}| \leqslant a_{nn}H_{n-1},$$

这里 H_{n-1} 是 $\boldsymbol{A}$ 的 $(n-1)$ 阶顺序主子式；

3）如果 $\boldsymbol{A}$ 是正定矩阵，那么

$$|\boldsymbol{A}| \leqslant a_{11}a_{22}\cdots a_{nn};$$

4）如果 $\boldsymbol{T}=(t_{ij})_{n\times n}$ 是 n 阶实可逆矩阵，那么

$$|\boldsymbol{T}|^2=\prod_{i=1}^{n}(t_{1i}^2+t_{2i}^2+\cdots+t_{ni}^2).$$

20. 求正交矩阵 $\boldsymbol{T}$ 使 $\boldsymbol{T}^{\mathrm{T}}\boldsymbol{A}\boldsymbol{T}$ 成对角形，其中 $\boldsymbol{A}$ 分别为：

1）$\begin{pmatrix} 2 & -2 & 0 \\ -2 & 1 & -2 \\ 0 & -2 & 0 \end{pmatrix}$；　　2）$\begin{pmatrix} 2 & 2 & -2 \\ 2 & 5 & -4 \\ -2 & -4 & 5 \end{pmatrix}$；

3) $\begin{pmatrix} 0 & 0 & 4 & 1 \\ 0 & 0 & 1 & 4 \\ 4 & 1 & 0 & 0 \\ 1 & 4 & 0 & 0 \end{pmatrix}$; 4) $\begin{pmatrix} -1 & -3 & 3 & -3 \\ -3 & -1 & -3 & 3 \\ 3 & -3 & -1 & -3 \\ -3 & 3 & -3 & -1 \end{pmatrix}$;

5) $\begin{pmatrix} 1 & 1 & 1 & 1 \\ 1 & 1 & 1 & 1 \\ 1 & 1 & 1 & 1 \\ 1 & 1 & 1 & 1 \end{pmatrix}$.

21. 用正交线性替换化下列二次型为标准形:

1) $x_1^2+2x_2^2+3x_3^2-4x_1x_2-4x_2x_3$;

2) $x_1^2-2x_2^2-2x_3^2-4x_1x_2+4x_1x_3+8x_2x_3$;

3) $2x_1x_2+2x_3x_4$;

4) $x_1^2+x_2^2+x_3^2+x_4^2-2x_1x_2+6x_1x_3-4x_1x_4-4x_2x_3+6x_2x_4-2x_3x_4$.

22. 设 $\boldsymbol{A}$ 是 n 阶实对称矩阵,且 $\boldsymbol{A}^2=\boldsymbol{A}$,证明:存在正交矩阵 $\boldsymbol{T}$,使得

$$\boldsymbol{T}^{-1}\boldsymbol{A}\boldsymbol{T}=\begin{pmatrix} 1 & & & & & & \\ & 1 & & & & & \\ & & \ddots & & & & \\ & & & 1 & & & \\ & & & & 0 & & \\ & & & & & \ddots & \\ & & & & & & 0 \end{pmatrix}.$$

23. 证明:正交矩阵的实特征根为±1.

24. 设 $\boldsymbol{A}$ 是 n 阶实对称矩阵,且 $\boldsymbol{A}^2=\boldsymbol{E}$,证明:存在正交矩阵 $\boldsymbol{T}$ 和非负整数 r,使得

$$\boldsymbol{T}^{-1}\boldsymbol{A}\boldsymbol{T}=\begin{pmatrix} \boldsymbol{E}_r & \boldsymbol{O} \\ \boldsymbol{O} & -\boldsymbol{E}_{n-r} \end{pmatrix}.$$

25. 证明:不存在正交矩阵 $\boldsymbol{A},\boldsymbol{B}$,使 $\boldsymbol{A}^2=\boldsymbol{A}\boldsymbol{B}+\boldsymbol{B}^2$.

26. 设 $\boldsymbol{A}$ 为正交矩阵,$|\boldsymbol{A}|=-1$,证明:$|\boldsymbol{A}+\boldsymbol{E}|=0$.

27. 设 $\boldsymbol{A},\boldsymbol{B}$ 都是 n 阶正交矩阵,且 $|\boldsymbol{A}|+|\boldsymbol{B}|=0$,证明:$|\boldsymbol{A}+\boldsymbol{B}|=0$.

28. 设 $\boldsymbol{A},\boldsymbol{B}$ 都是 n 阶正交矩阵,且 $\dfrac{|\boldsymbol{A}|}{|\boldsymbol{B}|}=-1$,证明:秩$((\boldsymbol{A}+\boldsymbol{B})^*)\leqslant 1$.

29. 设实对称矩阵 $\boldsymbol{A}$ 的所有特征值的模都是 1,证明:$\boldsymbol{A}$ 是正交矩阵.

30. 设 $\boldsymbol{A}$ 为 n 阶实对称矩阵,$\boldsymbol{S}$ 为 n 阶实反称矩阵,且

$$\boldsymbol{A}\boldsymbol{S}=\boldsymbol{S}\boldsymbol{A},\quad |\boldsymbol{A}-\boldsymbol{S}|\neq 0,$$

证明:$(\boldsymbol{A}+\boldsymbol{S})(\boldsymbol{A}-\boldsymbol{S})^{-1}$ 为正交矩阵.

31. 设 $\boldsymbol{A}$ 为奇数阶的正交矩阵,$|\boldsymbol{A}|=1$,证明:$\boldsymbol{A}$ 有特征值 1.

§ 5.4　习题参考答案与提示

1. 1) $-y_1^2+4y_2^2+y_3^2$, $\boldsymbol{T}=\begin{pmatrix}\frac{1}{2} & 1 & \frac{1}{2}\\ \frac{1}{2} & -1 & \frac{1}{2}\\ 0 & 0 & 1\end{pmatrix}$;

2) $y_1^2+y_2^2$, $\boldsymbol{T}=\begin{pmatrix}1 & -1 & 2\\ 0 & 1 & -2\\ 0 & 0 & 1\end{pmatrix}$;

3) $y_1^2-y_2^2$, $\boldsymbol{T}=\begin{pmatrix}1 & -1 & 3\\ 0 & 0 & 1\\ 0 & 1 & -2\end{pmatrix}$;

4) $8y_1^2-2y_2^2-4y_3^2+4y_4^2$, $\boldsymbol{T}=\begin{pmatrix}1 & -\frac{1}{2} & \frac{7}{4} & -\frac{9}{4}\\ 0 & 1 & -\frac{7}{4} & \frac{9}{4}\\ 0 & 0 & 1 & 1\\ 1 & -\frac{1}{2} & -\frac{1}{4} & -\frac{1}{4}\end{pmatrix}$;

5) $y_1^2-y_2^2-y_3^2-\frac{3}{4}y_4^2$, $\boldsymbol{T}=\begin{pmatrix}1 & 1 & -1 & -\frac{1}{2}\\ 1 & -1 & -1 & -\frac{1}{2}\\ 0 & 0 & 1 & -\frac{1}{2}\\ 0 & 0 & 0 & 1\end{pmatrix}$;

6) $y_1^2-2y_2^2+\frac{1}{2}y_3^2$, $\boldsymbol{T}=\begin{pmatrix}1 & -2 & 1 & -1\\ 0 & 1 & -\frac{3}{2} & 1\\ 0 & 0 & 1 & -1\\ 0 & 0 & 0 & 1\end{pmatrix}$;

7) $y_1^2+y_2^2+2y_3^2-2y_4^2$, $\boldsymbol{T}=\begin{pmatrix}1 & 0 & -1 & -1\\ 0 & 0 & 1 & 1\\ 0 & 0 & 1 & -1\\ 0 & 1 & -1 & 1\end{pmatrix}$.

2. 提示：设秩$(\boldsymbol{A})=r$，则

$$A=C^{\mathrm{T}}\begin{pmatrix} d_1 & & & & & & \\ & d_2 & & & & & \\ & & \ddots & & & & \\ & & & d_r & & & \\ & & & & 0 & & \\ & & & & & \ddots & \\ & & & & & & 0 \end{pmatrix}C,$$

其中 C 是可逆矩阵，$d_i\neq 0, i=1,2,\cdots,r$.

3. 提示：经过非退化线性替换后，新二次型的矩阵与原二次型的矩阵合同.

4. 1）提示：二次型 $X^{\mathrm{T}}AX$ 的矩阵为 $\dfrac{A+A^{\mathrm{T}}}{2}$； 2）由 1）即得.

5. $\dfrac{(n+1)(n+2)}{2}$类.

6. 提示：必要性：设

$$f(x_1,x_2,\cdots,x_n)=(a_1x_1+a_2x_2+\cdots+a_nx_n)(b_1x_1+b_2x_2+\cdots+b_nx_n).$$

若$(a_1,a_2,\cdots,a_n)$与$(b_1,b_2,\cdots,b_n)$线性相关，则 $f(x_1,x_2,\cdots,x_n)$的秩为 1.

若$(a_1,a_2,\cdots,a_n)$与$(b_1,b_2,\cdots,b_n)$线性无关，则 $f(x_1,x_2,\cdots,x_n)$的秩为 2，符号差为 0.

充分性：若 $f(x_1,x_2,\cdots,x_n)$的秩为 2，符号差为 0，则 $f(x_1,x_2,\cdots,x_n)$的规范形为 $y_1^2-y_2^2$. 若 $f(x_1,x_2,\cdots,x_n)$的秩为 1，则其规范形为$\pm y_1^2$.

7. 1）是； 2）不是； 3）是； 4）是.

8. 1）$-\dfrac{4}{5}<t<0$； 2）不存在 t 值，使二次型正定.

9. 提示：利用正定矩阵的标准形.

10. 提示：令 $f(x_1,x_2,\cdots,x_n)=X^{\mathrm{T}}AX$，则 $f(x_1,x_2,\cdots,x_n)$的规范形为

$$y_1^2+y_2^2+\cdots+y_p^2-y_{p+1}^2-\cdots-y_n^2,\quad 0\leqslant p<n.$$

11. 提示：$f(x_1,x_2,\cdots,x_n)$的规范形为

$$y_1^2+y_2^2+\cdots+y_p^2-y_{p+1}^2-\cdots-y_r^2,\quad 0<p<r.$$

12. 提示：证线性方程组 $A^{\mathrm{T}}AX=\mathbf{0}$ 与 $AX=\mathbf{0}$ 同解.

13. 提示：$f(x_1,x_2,\cdots,x_n)=X^{\mathrm{T}}(A^{\mathrm{T}}A)X$.

14. 提示：用反证法.

15. 提示：$T=\begin{pmatrix} E & -A_{11}^{-1}A_{12} \\ O & E \end{pmatrix}$.

16. 提示：对 A 的阶数用数学归纳法.

17. 提示：存在正实数 c，使 $cE+A, cE-A$ 都是正定矩阵.

18. 1）提示：令

$$T=\begin{pmatrix} T_{11} & T_{12} \\ O & T_{22} \end{pmatrix},\quad A=\begin{pmatrix} A_{11} & A_{12} \\ A_{21} & A_{22} \end{pmatrix},$$

其中 $\boldsymbol{T}_{11}$,$\boldsymbol{A}_{11}$ 为 k 阶方阵. 则

$$\boldsymbol{B}=\begin{pmatrix}\boldsymbol{T}_{11}^{\mathrm{T}}\boldsymbol{A}_{11}\boldsymbol{T}_{11} & * \\ * & *\end{pmatrix}.$$

2) 提示:对 $\boldsymbol{A}$ 的阶数用数学归纳法.

19. 1) 提示:令 $\boldsymbol{Y}=\boldsymbol{A}\boldsymbol{Z}$,则 $f(y_1,y_2,\cdots,y_n)=-|\boldsymbol{A}|\boldsymbol{Z}^{\mathrm{T}}\boldsymbol{A}\boldsymbol{Z}$;

2) 提示:记

$$g(y_1,y_2,\cdots,y_{n-1})=\begin{vmatrix}a_{11} & a_{12} & \cdots & a_{1,n-1} & y_1\\ a_{21} & a_{22} & \cdots & a_{2,n-1} & y_2\\ \vdots & \vdots & & \vdots & \vdots\\ a_{n-1,1} & a_{n-1,2} & \cdots & a_{n-1,n-1} & y_{n-1}\\ y_1 & y_2 & \cdots & y_{n-1} & 0\end{vmatrix},$$

则 $|\boldsymbol{A}|=g(a_{n1},a_{n2},\cdots,a_{n,n-1})+a_{nn}H_{n-1}$;

3) 由 2)即得;

4) 提示:$\boldsymbol{T}^{\mathrm{T}}\boldsymbol{T}$ 是正定矩阵,由 3)即得.

20. 1) $\begin{pmatrix}\frac{1}{3} & \frac{2}{3} & \frac{2}{3}\\ \frac{2}{3} & \frac{1}{3} & -\frac{2}{3}\\ \frac{2}{3} & -\frac{2}{3} & \frac{1}{3}\end{pmatrix}$; 2) $\begin{pmatrix}\frac{2}{\sqrt{5}} & \frac{2}{3\sqrt{5}} & \frac{1}{3}\\ \frac{-1}{\sqrt{5}} & \frac{4}{3\sqrt{5}} & \frac{2}{3}\\ 0 & \frac{\sqrt{5}}{3} & -\frac{2}{3}\end{pmatrix}$;

3) $\begin{pmatrix}-\frac{1}{2} & \frac{1}{2} & -\frac{1}{2} & \frac{1}{2}\\ -\frac{1}{2} & -\frac{1}{2} & \frac{1}{2} & \frac{1}{2}\\ \frac{1}{2} & -\frac{1}{2} & -\frac{1}{2} & \frac{1}{2}\\ \frac{1}{2} & \frac{1}{2} & \frac{1}{2} & \frac{1}{2}\end{pmatrix}$; 4) $\begin{pmatrix}\frac{\sqrt{2}}{2} & \frac{\sqrt{6}}{6} & \frac{\sqrt{3}}{6} & \frac{1}{2}\\ \frac{\sqrt{2}}{2} & -\frac{\sqrt{6}}{6} & -\frac{\sqrt{3}}{6} & -\frac{1}{2}\\ 0 & -\frac{\sqrt{6}}{3} & \frac{\sqrt{3}}{6} & \frac{1}{2}\\ 0 & 0 & \frac{\sqrt{3}}{2} & -\frac{1}{2}\end{pmatrix}$;

5) $\begin{pmatrix}\frac{1}{\sqrt{2}} & \frac{1}{\sqrt{6}} & \frac{\sqrt{3}}{6} & \frac{1}{2}\\ -\frac{1}{\sqrt{2}} & \frac{1}{\sqrt{6}} & \frac{\sqrt{3}}{6} & \frac{1}{2}\\ 0 & -\frac{2}{\sqrt{6}} & \frac{\sqrt{3}}{6} & \frac{1}{2}\\ 0 & 0 & -\frac{\sqrt{3}}{2} & \frac{1}{2}\end{pmatrix}$.

21. 1) 正交线性替换为

$$X=\begin{pmatrix}\frac{2}{3} & -\frac{2}{3} & -\frac{1}{3}\\ \frac{2}{3} & \frac{1}{3} & \frac{2}{3}\\ \frac{1}{3} & \frac{2}{3} & -\frac{2}{3}\end{pmatrix}Y,$$

标准形为$-y_1^2+2y_2^2+5y_3^2$.

2）正交线性替换为

$$X=\begin{pmatrix}-\frac{2}{5}\sqrt{5} & \frac{2}{15}\sqrt{5} & -\frac{1}{3}\\ \frac{1}{5}\sqrt{5} & \frac{4}{15}\sqrt{5} & -\frac{2}{3}\\ 0 & \frac{\sqrt{5}}{3} & \frac{2}{3}\end{pmatrix}Y,$$

标准形为 $2y_1^2+2y_2^2-7y_3^2$.

3）正交线性替换为

$$X=\begin{pmatrix}0 & \frac{1}{\sqrt{2}} & 0 & \frac{1}{\sqrt{2}}\\ 0 & \frac{1}{\sqrt{2}} & 0 & -\frac{1}{\sqrt{2}}\\ \frac{1}{\sqrt{2}} & 0 & \frac{1}{\sqrt{2}} & 0\\ \frac{1}{\sqrt{2}} & 0 & -\frac{1}{\sqrt{2}} & 0\end{pmatrix}Y,$$

标准形为 $y_1^2+y_2^2-y_3^2-y_4^2$.

4）正交线性替换为

$$X=\begin{pmatrix}\frac{1}{2} & -\frac{1}{2} & -\frac{1}{2} & \frac{1}{2}\\ \frac{1}{2} & \frac{1}{2} & -\frac{1}{2} & -\frac{1}{2}\\ \frac{1}{2} & -\frac{1}{2} & \frac{1}{2} & -\frac{1}{2}\\ \frac{1}{2} & \frac{1}{2} & \frac{1}{2} & \frac{1}{2}\end{pmatrix}Y,$$

标准形为 $y_1^2+7y_2^2-y_3^2-3y_4^2$.

22. 提示：$\boldsymbol{A}$ 的特征值为 0 和 1.

23. 提示：利用正交矩阵的定义.

24. 提示：$\boldsymbol{A}$ 的特征值为 1 和 -1.

25. 提示：用反证法.

26. 提示：$|\boldsymbol{A}+\boldsymbol{E}|=|\boldsymbol{A}+\boldsymbol{A}^{\mathrm{T}}\boldsymbol{A}|=|\boldsymbol{A}|\,|\boldsymbol{E}+\boldsymbol{A}^{\mathrm{T}}|=|\boldsymbol{A}|\,|\boldsymbol{E}+\boldsymbol{A}|$.

27. 提示：$|AB^{-1}|=-1$，由第 26 题知，$|E+AB^{-1}|=0$.

28. 提示：由第 27 题知，$|A+B|=0$，所以秩$(A+B)\leqslant n-1$，从而秩$((A+B)^*)\leqslant 1$.

29. 提示：$A=C^{\mathrm{T}}\begin{pmatrix} E_r & O \\ O & -E_{n-r} \end{pmatrix}C$，其中 C 是正交矩阵，r 为 A 的正惯性指数.

30. 提示：$(A+S)(A-S)=(A-S)(A+S)$.

31. 提示：$|E-A|=|A^{\mathrm{T}}A-A|=|A^{\mathrm{T}}-E|\cdot|A|=|A-E|=-|E-A|$，所以 $|E-A|=0$.

第五章典型习题详解

第六章　线性空间

§6.1　基本知识

一、线性空间的定义及其性质

1. 线性空间的定义：

令 P 是一个数域，V 是一个非空集合，在集合 V 的元素之间定义了一个代数运算，叫做加法，即 $\forall \boldsymbol{\alpha},\boldsymbol{\beta}\in \boldsymbol{V},\boldsymbol{\alpha}+\boldsymbol{\beta}\in V$. 在数域 P 和 V 的元素之间还定义了一种运算，叫做数量乘法，即 $\forall \boldsymbol{\alpha}\in V$，$\forall k\in P, k\boldsymbol{\alpha}\in V$，且满足

1）$\boldsymbol{\alpha}+\boldsymbol{\beta}=\boldsymbol{\beta}+\boldsymbol{\alpha},\boldsymbol{\alpha},\boldsymbol{\beta}\in V$；

2）$(\boldsymbol{\alpha}+\boldsymbol{\beta})+\boldsymbol{\gamma}=\boldsymbol{\alpha}+(\boldsymbol{\beta}+\boldsymbol{\gamma}),\boldsymbol{\alpha},\boldsymbol{\beta},\boldsymbol{\gamma}\in V$；

3）在 V 中有一个元素 $\mathbf{0}$，叫做 V 的零元，$\forall \boldsymbol{\alpha}\in V$，有 $\boldsymbol{\alpha}+\mathbf{0}=\boldsymbol{\alpha}$；

4）对 V 中任一元素 $\boldsymbol{\alpha}$，$\exists \boldsymbol{\beta}\in V$（叫做 $\boldsymbol{\alpha}$ 的负元），使 $\boldsymbol{\alpha}+\boldsymbol{\beta}=\mathbf{0}$（且记 $\boldsymbol{\beta}=-\boldsymbol{\alpha}$）；

5）$1\boldsymbol{\alpha}=\boldsymbol{\alpha},\boldsymbol{\alpha}\in V$；

6）$k(l\boldsymbol{\alpha})=(kl)\boldsymbol{\alpha},\boldsymbol{\alpha}\in V,k,l\in P$；

7）$(k+l)\boldsymbol{\alpha}=k\boldsymbol{\alpha}+l\boldsymbol{\alpha},\boldsymbol{\alpha}\in V,k,l\in P$；

8）$k(\boldsymbol{\alpha}+\boldsymbol{\beta})=k\boldsymbol{\alpha}+k\boldsymbol{\beta},\boldsymbol{\alpha},\boldsymbol{\beta}\in V,k\in P$，

则称 V 是数域 P 上的线性空间. 线性空间的元素也称为向量.

2. 线性空间 V 的性质：

1）V 中零元唯一；

2）V 中每个元的负元唯一；

3）$0\boldsymbol{\alpha}=\mathbf{0},k\mathbf{0}=\mathbf{0},(-1)\boldsymbol{\alpha}=-\boldsymbol{\alpha}$；

4）$\boldsymbol{\alpha}+(-\boldsymbol{\beta})$ 记作 $\boldsymbol{\alpha}-\boldsymbol{\beta}$；

5）由 $k\boldsymbol{\alpha}=\mathbf{0}$ 可推出 $k=0$ 或 $\boldsymbol{\alpha}=\mathbf{0}$；

6）V 中向量的线性相关、线性无关、线性组合、线性表示、极大线性无关组和向量组的秩等概念均与 P^n 中所定义的相同.

二、线性空间的基、维数和坐标

1. 设 V 是数域 P 上的线性空间，$\boldsymbol{\alpha}_1,\boldsymbol{\alpha}_2,\cdots,\boldsymbol{\alpha}_n\in V$，若有

1）$\boldsymbol{\alpha}_1,\boldsymbol{\alpha}_2,\cdots,\boldsymbol{\alpha}_n$ 线性无关；

2）$\forall \boldsymbol{\alpha} \in V, \boldsymbol{\alpha}$ 可经 $\boldsymbol{\alpha}_1, \boldsymbol{\alpha}_2, \cdots, \boldsymbol{\alpha}_n$ 线性表示，

则称 $\boldsymbol{\alpha}_1, \boldsymbol{\alpha}_2, \cdots, \boldsymbol{\alpha}_n$ 是线性空间 V 的一组基，并称 V 是 n 维线性空间，记维$(V)=n$. 若 V 中不存在满足条件1)和2)的向量组 $\boldsymbol{\alpha}_1, \boldsymbol{\alpha}_2, \cdots, \boldsymbol{\alpha}_n$，则称 V 是无限维线性空间.

若 V 是数域 P 上 n 维线性空间，$\boldsymbol{\alpha}_1, \boldsymbol{\alpha}_2, \cdots, \boldsymbol{\alpha}_n$ 是 V 的一组基，设

$$\boldsymbol{\alpha}=k_1\boldsymbol{\alpha}_1+k_2\boldsymbol{\alpha}_2+\cdots+k_n\boldsymbol{\alpha}_n, \quad k_i \in P, i=1,2,\cdots,n,$$

则称$(k_1, k_2, \cdots, k_n)$是向量 $\boldsymbol{\alpha}$ 在基 $\boldsymbol{\alpha}_1, \boldsymbol{\alpha}_2, \cdots, \boldsymbol{\alpha}_n$ 下的坐标.

2. n 维线性空间 V 的任意 n 个线性无关的向量都是 V 的基.

3. n 维线性空间 V 的任意 r 个线性无关的向量 $\boldsymbol{\alpha}_1, \boldsymbol{\alpha}_2, \cdots, \boldsymbol{\alpha}_r$ 都可以扩充为 V 的一组基

$$\boldsymbol{\alpha}_1, \boldsymbol{\alpha}_2, \cdots, \boldsymbol{\alpha}_r, \boldsymbol{\alpha}_{r+1}, \cdots, \boldsymbol{\alpha}_n,$$

但 $\boldsymbol{\alpha}_{r+1}, \cdots, \boldsymbol{\alpha}_n$ 不唯一.

4. 过渡矩阵：设 $\boldsymbol{\alpha}_1, \boldsymbol{\alpha}_2, \cdots, \boldsymbol{\alpha}_n$ 是 n 维线性空间 V 的一组基，$\forall \boldsymbol{\beta} \in V$,

$$\boldsymbol{\beta}=k_1\boldsymbol{\alpha}_1+k_2\boldsymbol{\alpha}_2+\cdots+k_n\boldsymbol{\alpha}_n=(\boldsymbol{\alpha}_1, \boldsymbol{\alpha}_2, \cdots, \boldsymbol{\alpha}_n)\begin{pmatrix} k_1 \\ k_2 \\ \vdots \\ k_n \end{pmatrix},$$

即将 $\boldsymbol{\beta}$ 形式地写成两个矩阵相乘，坐标$(k_1, k_2, \cdots, k_n)$由基 $\boldsymbol{\alpha}_1, \boldsymbol{\alpha}_2, \cdots, \boldsymbol{\alpha}_n$ 唯一确定. 若 $\boldsymbol{\beta}_1, \boldsymbol{\beta}_2, \cdots, \boldsymbol{\beta}_s \in V$，将 $\boldsymbol{\beta}_1, \boldsymbol{\beta}_2, \cdots, \boldsymbol{\beta}_s$ 用基 $\boldsymbol{\alpha}_1, \boldsymbol{\alpha}_2, \cdots, \boldsymbol{\alpha}_n$ 表示为

$$(\boldsymbol{\beta}_1, \boldsymbol{\beta}_2, \cdots, \boldsymbol{\beta}_s)=(\boldsymbol{\alpha}_1, \boldsymbol{\alpha}_2, \cdots, \boldsymbol{\alpha}_n)\begin{pmatrix} a_{11} & a_{12} & \cdots & a_{1s} \\ a_{21} & a_{22} & \cdots & a_{2s} \\ \vdots & \vdots & & \vdots \\ a_{n1} & a_{n2} & \cdots & a_{ns} \end{pmatrix}.$$

令

$$\boldsymbol{A}=\begin{pmatrix} a_{11} & a_{12} & \cdots & a_{1s} \\ a_{21} & a_{22} & \cdots & a_{2s} \\ \vdots & \vdots & & \vdots \\ a_{n1} & a_{n2} & \cdots & a_{ns} \end{pmatrix},$$

若 $s=n$，并且 $\boldsymbol{\beta}_1, \boldsymbol{\beta}_2, \cdots, \boldsymbol{\beta}_n$ 也是 V 的一组基，则称 $\boldsymbol{A}$ 是由基 $\boldsymbol{\alpha}_1, \boldsymbol{\alpha}_2, \cdots, \boldsymbol{\alpha}_n$ 到基 $\boldsymbol{\beta}_1, \boldsymbol{\beta}_2, \cdots, \boldsymbol{\beta}_n$ 的过渡矩阵. 由于 $\boldsymbol{A}$ 是可逆矩阵，故 $\boldsymbol{\beta}_1, \boldsymbol{\beta}_2, \cdots, \boldsymbol{\beta}_n$ 到 $\boldsymbol{\alpha}_1, \boldsymbol{\alpha}_2, \cdots, \boldsymbol{\alpha}_n$ 的过渡矩阵是 $\boldsymbol{A}^{-1}$.

5. 向量在不同基下坐标之间的关系：设 $\boldsymbol{\alpha}_1, \boldsymbol{\alpha}_2, \cdots, \boldsymbol{\alpha}_n$ 和 $\boldsymbol{\beta}_1, \boldsymbol{\beta}_2, \cdots, \boldsymbol{\beta}_n$ 是 n 维线性空间 V 的两组基，且

$$(\boldsymbol{\beta}_1, \boldsymbol{\beta}_2, \cdots, \boldsymbol{\beta}_n)=(\boldsymbol{\alpha}_1, \boldsymbol{\alpha}_2, \cdots, \boldsymbol{\alpha}_n)\boldsymbol{A}.$$

$\forall \boldsymbol{\alpha} \in V$，若有

$$\boldsymbol{\alpha}=(\boldsymbol{\beta}_1, \boldsymbol{\beta}_2, \cdots, \boldsymbol{\beta}_n)\begin{pmatrix} x_1 \\ x_2 \\ \vdots \\ x_n \end{pmatrix},$$

则

$$\boldsymbol{\alpha}=(\boldsymbol{\alpha}_1,\boldsymbol{\alpha}_2,\cdots,\boldsymbol{\alpha}_n)\boldsymbol{A}\begin{pmatrix}x_1\\x_2\\\vdots\\x_n\end{pmatrix},$$

即 $\boldsymbol{\alpha}$ 在两组不同基下的坐标之间的关系由一组基到另一组基的过渡矩阵来确定.

三、子空间及其交与和

1. 子空间的定义：设 V 是数域 P 上的线性空间，W 是 V 的非空子集，若 W 关于 V 的加法和数量乘法也构成 P 上的线性空间，称 W 是 V 的子空间.

2. 子空间的判别：设 W 是线性空间 V 的非空子集，则 W 是 V 的子空间当且仅当下列两个条件同时成立：

1）$\forall\,\boldsymbol{\alpha},\boldsymbol{\beta}\in W,\boldsymbol{\alpha}+\boldsymbol{\beta}\in W$；

2）$\forall\,k\in P,\forall\,\boldsymbol{\alpha}\in W,k\boldsymbol{\alpha}\in W$.

3. 生成子空间：V 是数域 P 上的线性空间，$\boldsymbol{\alpha}_1,\boldsymbol{\alpha}_2,\cdots,\boldsymbol{\alpha}_s\in V$，令 $W=\left\{\sum\limits_{i=1}^{s}k_i\boldsymbol{\alpha}_i\mid k_i\in P\right\}$，易知，$W$ 是 V 的子空间，并且 W 是含 $\boldsymbol{\alpha}_1,\boldsymbol{\alpha}_2,\cdots,\boldsymbol{\alpha}_s$ 的最小子空间，称此子空间是由 $\boldsymbol{\alpha}_1,\boldsymbol{\alpha}_2,\cdots,\boldsymbol{\alpha}_s$ 生成的子空间，记作 $W=L(\boldsymbol{\alpha}_1,\boldsymbol{\alpha}_2,\cdots,\boldsymbol{\alpha}_s)$. 向量组 $\boldsymbol{\alpha}_1,\boldsymbol{\alpha}_2,\cdots,\boldsymbol{\alpha}_s$ 的极大线性无关组为 W 的一组基. 而且 W 的维数等于向量组 $\boldsymbol{\alpha}_1,\boldsymbol{\alpha}_2,\cdots,\boldsymbol{\alpha}_s$ 的秩.

4. 子空间的相等：V 的两个子空间 $L(\boldsymbol{\alpha}_1,\boldsymbol{\alpha}_2,\cdots,\boldsymbol{\alpha}_s)=L(\boldsymbol{\beta}_1,\boldsymbol{\beta}_2,\cdots,\boldsymbol{\beta}_k)$ 当且仅当两个向量组 $\boldsymbol{\alpha}_1,\boldsymbol{\alpha}_2,\cdots,\boldsymbol{\alpha}_s$ 和 $\boldsymbol{\beta}_1,\boldsymbol{\beta}_2,\cdots,\boldsymbol{\beta}_k$ 等价.

5. 子空间的交：设 $V_1,V_2,\cdots,V_s$ 是线性空间 V 的 s 个子空间，

$$\bigcap_{i=1}^{s}V_i=\{\boldsymbol{\alpha}\mid\boldsymbol{\alpha}\in V_i,i=1,2,\cdots,s\}$$

是子空间 $V_1,V_2,\cdots,V_s$ 的交，它也是 V 的一个子空间. 特别地，当 $s=2$ 时，该子空间记作 $V_1\cap V_2$.

6. 子空间的和：设 $V_1,V_2,\cdots,V_s$ 是线性空间 V 的 s 个子空间，它们的和

$$V_1+V_2+\cdots+V_s=\{\boldsymbol{\alpha}_1+\boldsymbol{\alpha}_2+\cdots+\boldsymbol{\alpha}_s\mid\boldsymbol{\alpha}_i\in V_i,i=1,2,\cdots,s\}$$

也是 V 的一个子空间.

若 $V_1=L(\boldsymbol{\alpha}_1,\boldsymbol{\alpha}_2,\cdots,\boldsymbol{\alpha}_r)$，$V_2=L(\boldsymbol{\beta}_1,\boldsymbol{\beta}_2,\cdots,\boldsymbol{\beta}_t)$，则

$$V_1+V_2=L(\boldsymbol{\alpha}_1,\boldsymbol{\alpha}_2,\cdots,\boldsymbol{\alpha}_r,\boldsymbol{\beta}_1,\boldsymbol{\beta}_2,\cdots,\boldsymbol{\beta}_t),$$

且维$(V_1+V_2)\leqslant$维$(V_1)+$维(V_2).

7. 维数公式：设 V 是数域 P 上的 n 维线性空间，V_1,V_2 是 V 的两个有限维子空间，则

$$维(V_1+V_2)+维(V_1\cap V_2)=维(V_1)+维(V_2).$$

四、子空间的直和

1. 直和的定义：设 $V_1,V_2,\cdots,V_s$ 是线性空间 V 的 s 个子空间，若和 $V_1+V_2+\cdots+V_s$ 中的每个向量 $\boldsymbol{\alpha}=\sum\limits_{i=1}^{s}\boldsymbol{\alpha}_i(\boldsymbol{\alpha}_i\in V_i,i=1,2,\cdots,s)$ 的分解唯一，称和 $V_1+V_2+\cdots+V_s$ 为直和，记作

$$V_1\oplus V_2\oplus\cdots\oplus V_s.$$

2. 直和的判别:等价的叙述有

1) $\sum_{i=1}^{s} V_i$ 是直和;

2) $\forall \boldsymbol{\alpha} \in \sum_{i=1}^{s} V_i$, $\boldsymbol{\alpha}$ 的分解唯一;

3) 零向量的分解唯一;

4) $V_i \cap \sum_{j \neq i} V_j = \{\mathbf{0}\}$;

5) 维$\left(\sum_{i=1}^{s} V_i\right) = \sum_{i=1}^{s}$ 维(V_i);

6) 所有 $V_i(i=1,2,\cdots,s)$ 的基的联合是 $\sum_{i=1}^{s} V_i$ 的基;

7) $V_i \cap \sum_{j=1}^{i-1} V_j = \{\mathbf{0}\}$, $i=2,3,\cdots,s$.

五、线性空间的同构

1. 线性空间同构的定义:设 V 和 W 都是数域 P 上的两个线性空间,若存在 V 到 W 的一一映射(双射)σ,使

$$\sigma(\boldsymbol{\alpha}+\boldsymbol{\beta})=\sigma(\boldsymbol{\alpha})+\sigma(\boldsymbol{\beta}), \quad \sigma(k\boldsymbol{\alpha})=k\sigma(\boldsymbol{\alpha}),$$

其中 $k \in P$, $\boldsymbol{\alpha}, \boldsymbol{\beta} \in V$,则称 σ 是线性空间 V 到线性空间 W 的同构映射. 记作 $V \cong W$(或 $V \overset{\sigma}{\cong} W$).

特别地,当 $V=W$ 时,也说 σ 是线性空间 V 的自同构.

2. 同构的性质:设 V 和 W 是数域 P 上的线性空间,σ 是 V 到 W 的同构映射,则

1) $\sigma(\mathbf{0})=\mathbf{0}$;

2) $\sigma(-\boldsymbol{\alpha})=-\sigma(\boldsymbol{\alpha})$;

3) $\sigma\left(\sum_{i=1}^{s} k_i\boldsymbol{\alpha}_i\right)=\sum_{i=1}^{s} k_i\sigma(\boldsymbol{\alpha}_i)$, $\boldsymbol{\alpha}_i \in V$, $k_i \in P$, $i=1,2,\cdots,s$;

4) $\forall \boldsymbol{\alpha}_1,\boldsymbol{\alpha}_2,\cdots,\boldsymbol{\alpha}_t \in V$,向量组 $\boldsymbol{\alpha}_1,\boldsymbol{\alpha}_2,\cdots,\boldsymbol{\alpha}_t$ 和 $\sigma(\boldsymbol{\alpha}_1),\sigma(\boldsymbol{\alpha}_2),\cdots,\sigma(\boldsymbol{\alpha}_t)$ 有完全相同的线性关系;

5) 维(V)=维(W);

6) 若 σ 可逆,$\sigma^{-1}: W \to V, \boldsymbol{\beta} \mapsto \boldsymbol{\alpha}$,当 $\sigma(\boldsymbol{\alpha})=\boldsymbol{\beta}$,则 σ^{-1} 是 W 到 V 的同构映射;

7) 若维$(V)=n$,则 $V \cong P^n$.

§6.2 例　　题

例 1 线性空间中,设 $\boldsymbol{\varepsilon}_1,\boldsymbol{\varepsilon}_2,\cdots,\boldsymbol{\varepsilon}_n$ 线性无关,且

$$(\boldsymbol{\beta}_1,\boldsymbol{\beta}_2,\cdots,\boldsymbol{\beta}_s)=(\boldsymbol{\varepsilon}_1,\boldsymbol{\varepsilon}_2,\cdots,\boldsymbol{\varepsilon}_n)\boldsymbol{A}_{n\times s},$$

证明:向量组 $\boldsymbol{\beta}_1,\boldsymbol{\beta}_2,\cdots,\boldsymbol{\beta}_s$ 的秩等于秩$(\boldsymbol{A})$.

证明 把矩阵 $\boldsymbol{A}$ 按列分块:

$$\boldsymbol{A}=(\boldsymbol{\alpha}_1,\boldsymbol{\alpha}_2,\cdots,\boldsymbol{\alpha}_s),$$

则

$$\boldsymbol{\beta}_i=(\boldsymbol{\varepsilon}_1,\boldsymbol{\varepsilon}_2,\cdots,\boldsymbol{\varepsilon}_n)\boldsymbol{\alpha}_i,\quad i=1,2,\cdots,s.$$

不妨设 $\boldsymbol{\alpha}_1,\boldsymbol{\alpha}_2,\cdots,\boldsymbol{\alpha}_r$ 是 $\boldsymbol{A}$ 的列向量组 $\boldsymbol{\alpha}_1,\boldsymbol{\alpha}_2,\cdots,\boldsymbol{\alpha}_s$ 的一个极大线性无关组,并设

$$k_1\boldsymbol{\beta}_1+k_2\boldsymbol{\beta}_2+\cdots+k_r\boldsymbol{\beta}_r=\boldsymbol{0},$$

则

$$(\boldsymbol{\varepsilon}_1,\boldsymbol{\varepsilon}_2,\cdots,\boldsymbol{\varepsilon}_n)(k_1\boldsymbol{\alpha}_1+k_2\boldsymbol{\alpha}_2+\cdots+k_r\boldsymbol{\alpha}_r)=\boldsymbol{0}.$$

由 $\boldsymbol{\varepsilon}_1,\boldsymbol{\varepsilon}_2,\cdots,\boldsymbol{\varepsilon}_n$ 线性无关知,$k_1\boldsymbol{\alpha}_1+k_2\boldsymbol{\alpha}_2+\cdots+k_r\boldsymbol{\alpha}_r=\boldsymbol{0}$,而 $\boldsymbol{\alpha}_1,\boldsymbol{\alpha}_2,\cdots,\boldsymbol{\alpha}_r$ 也是线性无关的,所以 $k_1=k_2=\cdots=k_r=0$,即 $\boldsymbol{\beta}_1,\boldsymbol{\beta}_2,\cdots,\boldsymbol{\beta}_r$ 是线性无关的.

对任一 $\boldsymbol{\beta}_j,j=r+1,\cdots,s$,则

$$\boldsymbol{\beta}_j=(\boldsymbol{\varepsilon}_1,\boldsymbol{\varepsilon}_2,\cdots,\boldsymbol{\varepsilon}_n)\boldsymbol{\alpha}_j,\quad j=r+1,\cdots,s.$$

因为 $\boldsymbol{\alpha}_1,\boldsymbol{\alpha}_2,\cdots,\boldsymbol{\alpha}_r$ 是 $\boldsymbol{\alpha}_1,\boldsymbol{\alpha}_2,\cdots,\boldsymbol{\alpha}_s$ 的极大线性无关组,所以 $\boldsymbol{\alpha}_j$ 可经 $\boldsymbol{\alpha}_1,\boldsymbol{\alpha}_2,\cdots,\boldsymbol{\alpha}_r$ 线性表出,设

$$\boldsymbol{\alpha}_j=l_1\boldsymbol{\alpha}_1+l_2\boldsymbol{\alpha}_2+\cdots+l_r\boldsymbol{\alpha}_r,$$

则

$$\begin{aligned}\boldsymbol{\beta}_j&=(\boldsymbol{\varepsilon}_1,\boldsymbol{\varepsilon}_2,\cdots,\boldsymbol{\varepsilon}_n)(l_1\boldsymbol{\alpha}_1+l_2\boldsymbol{\alpha}_2+\cdots+l_r\boldsymbol{\alpha}_r)\\&=l_1\boldsymbol{\beta}_1+l_2\boldsymbol{\beta}_2+\cdots+l_r\boldsymbol{\beta}_r,\end{aligned}$$

因此 $\boldsymbol{\beta}_1,\boldsymbol{\beta}_2,\cdots,\boldsymbol{\beta}_r$ 是 $\boldsymbol{\beta}_1,\boldsymbol{\beta}_2,\cdots,\boldsymbol{\beta}_s$ 的极大线性无关组,$\boldsymbol{\beta}_1,\boldsymbol{\beta}_2,\cdots,\boldsymbol{\beta}_s$ 的秩也是 r.

例 2　在 $P[x]$ 中,求如下多项式向量组的秩:

$$f_1(x)=x^4+x^3+4x^2-x,\quad f_2(x)=2x^3+x+4,$$
$$f_3(x)=-x^4-x^2+1,\quad f_4(x)=2x^4+3x^3+5x^2+3.$$

解　取线性无关向量组 $1,x,x^2,x^3,x^4$,则

$$(f_1(x),f_2(x),f_3(x),f_4(x))=(1,x,x^2,x^3,x^4)\boldsymbol{A},$$

其中

$$\boldsymbol{A}=\begin{pmatrix}0&4&1&3\\-1&1&0&0\\4&0&-1&5\\1&2&0&3\\1&0&-1&2\end{pmatrix},$$

所以秩$(f_1(x),f_2(x),f_3(x),f_4(x))=$秩$(\boldsymbol{A})=3$.

点评　在线性空间中,求向量组的秩,通常把这组向量用一组线性无关的向量组线性表出,只要求出表示矩阵的秩,就是原向量组的秩.

例 3　设 $\boldsymbol{A}\in P^{n\times n}$,$\boldsymbol{A}$ 的全体多项式 $F(\boldsymbol{A})=\{f(\boldsymbol{A})\mid f(x)\in P[x]\}$,证明:$F(\boldsymbol{A})$ 是 $P^{n\times n}$ 的子空间,并求 $F(\boldsymbol{A})$ 的维数.

证明　$\forall f(\boldsymbol{A}),g(\boldsymbol{A})\in F(\boldsymbol{A})$,记 $h(x)=f(x)+g(x)$,则 $h(x)\in P[x]$,所以 $f(\boldsymbol{A})+g(\boldsymbol{A})=h(\boldsymbol{A})\in F(\boldsymbol{A})$. 类似可得,$kf(\boldsymbol{A})\in F(\boldsymbol{A})$,$k\in P$. 所以 $F(\boldsymbol{A})$ 是 $P^{n\times n}$ 的子空间.

设

$$p(x)=x^m+a_{m-1}x^{m-1}+\cdots a_1x+a_0$$

是 $P[x]$ 中满足 $p(\boldsymbol{A})=\boldsymbol{O}$ 的次数最低的多项式($\boldsymbol{A}$ 的最小多项式),则 $\boldsymbol{E},\boldsymbol{A},\boldsymbol{A}^2,\cdots,\boldsymbol{A}^{m-1}$ 线性无关. $\forall f(\boldsymbol{A})\in F(\boldsymbol{A})$,设 $f(x)=p(x)q(x)+r(x)$,$r(x)=0$ 或 $\partial(r(x))<m$,则

$$f(\boldsymbol{A})=p(\boldsymbol{A})q(\boldsymbol{A})+r(\boldsymbol{A})=r(\boldsymbol{A}),$$

所以 $f(\boldsymbol{A})$ 可经 $\boldsymbol{E},\boldsymbol{A},\cdots,\boldsymbol{A}^{m-1}$ 线性表出，因此 $\boldsymbol{E},\boldsymbol{A},\cdots,\boldsymbol{A}^{m-1}$ 是 $F(\boldsymbol{A})$ 的一组基，维$(F(\boldsymbol{A}))=m$.

点评 要求一个线性空间的维数，关键是要求出这个空间的基向量，要做到这一点，必须先弄清楚这个空间中向量的表示形式.

例 4 设 $\boldsymbol{A}$ 是 n 阶方阵，秩$(\boldsymbol{A})=r$，$W=\{\boldsymbol{B}\in P^{n\times n}\mid \boldsymbol{AB}=\boldsymbol{O}\}$，求维$(W)$.

解 取齐次线性方程组 $\boldsymbol{AX}=\boldsymbol{0}$ 的基础解系 $\boldsymbol{\eta}_1,\boldsymbol{\eta}_2,\cdots,\boldsymbol{\eta}_{n-r}$，再取 n 阶方阵

$$\boldsymbol{B}_{1j}=(\boldsymbol{\eta}_j,\boldsymbol{0},\cdots,\boldsymbol{0}),\quad \boldsymbol{B}_{2j}=(\boldsymbol{0},\boldsymbol{\eta}_j,\cdots,\boldsymbol{0}),\quad \cdots,$$
$$\boldsymbol{B}_{nj}=(\boldsymbol{0},\boldsymbol{0},\cdots,\boldsymbol{\eta}_j),\quad j=1,2,\cdots,n-r,$$

共有 $n(n-r)$ 个，且 $\boldsymbol{AB}_{ij}=\boldsymbol{O}$.

由 $\boldsymbol{\eta}_1,\boldsymbol{\eta}_2,\cdots,\boldsymbol{\eta}_{n-r}$ 的线性无关性可知，$\boldsymbol{B}_{ij}(i=1,2,\cdots,n,j=1,2,\cdots,n-r)$ 线性无关. 又设 $\boldsymbol{B}\in W$，则 $\boldsymbol{AB}=\boldsymbol{O}$，$\boldsymbol{B}$ 的每个列向量都是齐次线性方程组 $\boldsymbol{AX}=\boldsymbol{0}$ 的解，从而可经 $\boldsymbol{\eta}_1,\boldsymbol{\eta}_2,\cdots,\boldsymbol{\eta}_{n-r}$ 线性表出，因此 $\boldsymbol{B}$ 可经 $\boldsymbol{B}_{ij}(i=1,2,\cdots,n,j=1,2,\cdots,n-r)$ 线性表出. 故 $\boldsymbol{B}_{ij}(i=1,2,\cdots,n,j=1,2,\cdots,n-r)$ 是 W 的一组基，维$(W)=n(n-r)$.

点评 若 $\boldsymbol{AB}=\boldsymbol{O}$，则 $\boldsymbol{B}$ 的每个列向量都是齐次线性方程组 $\boldsymbol{AX}=\boldsymbol{0}$ 的解，利用 $\boldsymbol{AX}=\boldsymbol{0}$ 的基础解系构造 W 的一组基.

例 5 设 P 为数域，在 P^4 中，设

$$\boldsymbol{\alpha}_1=(1,1,0,1),\quad \boldsymbol{\alpha}_2=(1,0,0,1),\quad \boldsymbol{\alpha}_3=(1,1,-1,1),$$
$$\boldsymbol{\beta}_1=(1,2,0,1),\quad \boldsymbol{\beta}_2=(0,1,1,0),$$

求 $L(\boldsymbol{\alpha}_1,\boldsymbol{\alpha}_2,\boldsymbol{\alpha}_3)+L(\boldsymbol{\beta}_1,\boldsymbol{\beta}_2)$ 和 $L(\boldsymbol{\alpha}_1,\boldsymbol{\alpha}_2,\boldsymbol{\alpha}_3)\cap L(\boldsymbol{\beta}_1,\boldsymbol{\beta}_2)$ 各自的维数和一组基.

解 由于 $L(\boldsymbol{\alpha}_1,\boldsymbol{\alpha}_2,\boldsymbol{\alpha}_3)+L(\boldsymbol{\beta}_1,\boldsymbol{\beta}_2)=L(\boldsymbol{\alpha}_1,\boldsymbol{\alpha}_2,\boldsymbol{\alpha}_3,\boldsymbol{\beta}_1,\boldsymbol{\beta}_2)$，因此，只需求 $\boldsymbol{\alpha}_1,\boldsymbol{\alpha}_2,\boldsymbol{\alpha}_3,\boldsymbol{\beta}_1,\boldsymbol{\beta}_2$ 的极大线性无关组即可. 因为

$$(\boldsymbol{\alpha}_1^{\mathrm{T}},\boldsymbol{\alpha}_2^{\mathrm{T}},\boldsymbol{\alpha}_3^{\mathrm{T}},\boldsymbol{\beta}_1^{\mathrm{T}},\boldsymbol{\beta}_2^{\mathrm{T}})=\begin{pmatrix}1&1&1&1&0\\1&0&1&2&1\\0&0&-1&0&1\\1&1&1&1&0\end{pmatrix}\xrightarrow{\text{只作行变换}}\begin{pmatrix}1&0&0&2&2\\0&1&0&-1&-1\\0&0&1&0&-1\\0&0&0&0&0\end{pmatrix},$$

其极大线性无关组是 $\boldsymbol{\alpha}_1,\boldsymbol{\alpha}_2,\boldsymbol{\alpha}_3$ 或 $\boldsymbol{\alpha}_1,\boldsymbol{\alpha}_2,\boldsymbol{\beta}_2$，或 $\boldsymbol{\alpha}_1,\boldsymbol{\alpha}_3,\boldsymbol{\beta}_1$，或 $\boldsymbol{\alpha}_1,\boldsymbol{\beta}_1,\boldsymbol{\beta}_2$，它们都是 $L(\boldsymbol{\alpha}_1,\boldsymbol{\alpha}_2,\boldsymbol{\alpha}_3)+L(\boldsymbol{\beta}_1,\boldsymbol{\beta}_2)$ 的基，因而 $L(\boldsymbol{\alpha}_1,\boldsymbol{\alpha}_2,\boldsymbol{\alpha}_3)+L(\boldsymbol{\beta}_1,\boldsymbol{\beta}_2)$ 的维数为 3.

接着求 $L(\boldsymbol{\alpha}_1,\boldsymbol{\alpha}_2,\boldsymbol{\alpha}_3)\cap L(\boldsymbol{\beta}_1,\boldsymbol{\beta}_2)$ 的基和维数. 首先，给出 P^4 的一组基：

$$\boldsymbol{\varepsilon}_1=(1,0,0,0),\quad \boldsymbol{\varepsilon}_2=(0,1,0,0),$$
$$\boldsymbol{\varepsilon}_3=(0,0,1,0),\quad \boldsymbol{\varepsilon}_4=(0,0,0,1),$$

而 $(\boldsymbol{\alpha}_1,\boldsymbol{\alpha}_2,\boldsymbol{\alpha}_3,\boldsymbol{\beta}_1,\boldsymbol{\beta}_2)=(\boldsymbol{\varepsilon}_1,\boldsymbol{\varepsilon}_2,\boldsymbol{\varepsilon}_3,\boldsymbol{\varepsilon}_4)\boldsymbol{A}$，其中

$$\boldsymbol{A}=\begin{pmatrix}1&1&1&1&0\\1&0&1&2&1\\0&0&-1&0&1\\1&1&1&1&0\end{pmatrix}.$$

$\forall\boldsymbol{\alpha}\in L(\boldsymbol{\alpha}_1,\boldsymbol{\alpha}_2,\boldsymbol{\alpha}_3)\cap L(\boldsymbol{\beta}_1,\boldsymbol{\beta}_2)$，设

$$\boldsymbol{\alpha}=x_1\boldsymbol{\alpha}_1+x_2\boldsymbol{\alpha}_2+x_3\boldsymbol{\alpha}_3=y_1\boldsymbol{\beta}_1+y_2\boldsymbol{\beta}_2,$$

则

$$\begin{aligned}\mathbf{0}&=x_1\boldsymbol{\alpha}_1+x_2\boldsymbol{\alpha}_2+x_3\boldsymbol{\alpha}_3-y_1\boldsymbol{\beta}_1-y_2\boldsymbol{\beta}_2\\&=(\boldsymbol{\alpha}_1,\boldsymbol{\alpha}_2,\boldsymbol{\alpha}_3,\boldsymbol{\beta}_1,\boldsymbol{\beta}_2)\begin{pmatrix}x_1\\x_2\\x_3\\-y_1\\-y_2\end{pmatrix}=(\boldsymbol{\varepsilon}_1,\boldsymbol{\varepsilon}_2,\boldsymbol{\varepsilon}_3,\boldsymbol{\varepsilon}_4)\boldsymbol{A}\begin{pmatrix}x_1\\x_2\\x_3\\-y_1\\-y_2\end{pmatrix},\end{aligned}$$

故有

$$\boldsymbol{A}\begin{pmatrix}x_1\\x_2\\x_3\\-y_1\\-y_2\end{pmatrix}=\mathbf{0},\quad \text{基础解系:}\begin{pmatrix}-2\\1\\0\\1\\0\end{pmatrix},\begin{pmatrix}-2\\1\\1\\0\\1\end{pmatrix}.$$

因此,$L(\boldsymbol{\alpha}_1,\boldsymbol{\alpha}_2,\boldsymbol{\alpha}_3)\cap L(\boldsymbol{\beta}_1,\boldsymbol{\beta}_2)$的维数为2,它的一组基是

$$\boldsymbol{\beta}_1,\boldsymbol{\beta}_2\quad\text{或}\quad -2\boldsymbol{\alpha}_1+\boldsymbol{\alpha}_2,-2\boldsymbol{\alpha}_1+\boldsymbol{\alpha}_2+\boldsymbol{\alpha}_3.$$

点评　求 $L(\boldsymbol{\alpha}_1,\boldsymbol{\alpha}_2,\boldsymbol{\alpha}_3)\cap L(\boldsymbol{\beta}_1,\boldsymbol{\beta}_2)$的基和维数,就是求方程组

$$(\boldsymbol{\alpha}_1^{\mathrm{T}},\boldsymbol{\alpha}_2^{\mathrm{T}},\boldsymbol{\alpha}_3^{\mathrm{T}},\boldsymbol{\beta}_1^{\mathrm{T}},\boldsymbol{\beta}_2^{\mathrm{T}})\begin{pmatrix}x_1\\x_2\\x_3\\-y_1\\-y_2\end{pmatrix}=\mathbf{0}$$

的基础解系,基础解系所含解的个数是交的维数,基础解系的每个解向量的前3个分量 x_1,x_2,x_3 与 $\boldsymbol{\alpha}_1,\boldsymbol{\alpha}_2,\boldsymbol{\alpha}_3$ 作线性组合(或后2个分量$-y_1,-y_2$ 与 $\boldsymbol{\beta}_1,\boldsymbol{\beta}_2$ 作线性组合),便可得到交的一组基.

例6　设 P 为数域,在 $P^{2\times2}$中,令

$$V_1=\left\{\begin{pmatrix}x&-x\\y&z\end{pmatrix}\middle|\, x,y,z\in P\right\},\quad V_2=\left\{\begin{pmatrix}a&b\\-a&c\end{pmatrix}\middle|\, a,b,c\in P\right\}.$$

1) 证明 V_1 和 V_2 均为 $P^{2\times2}$的子空间;

2) 求 V_1+V_2 和 $V_1\cap V_2$ 各自的维数和一组基.

1) **证明**　显然 V_1 和 V_2 对于加法和数量乘法是封闭的,故 V_1 和 V_2 都是 $P^{2\times2}$的子空间.

2) **解**　解法1　易知维$(V_1)=3$,其一组基为

$$\begin{pmatrix}1&-1\\0&0\end{pmatrix},\begin{pmatrix}0&0\\1&0\end{pmatrix},\begin{pmatrix}0&0\\0&1\end{pmatrix},$$

维$(V_2)=3$,其一组基为

$$\begin{pmatrix}1&0\\-1&0\end{pmatrix},\begin{pmatrix}0&1\\0&0\end{pmatrix},\begin{pmatrix}0&0\\0&1\end{pmatrix}.$$

于是

$$V_1+V_2=L\left(\begin{pmatrix}1&-1\\0&0\end{pmatrix},\begin{pmatrix}0&0\\1&0\end{pmatrix},\begin{pmatrix}0&0\\0&1\end{pmatrix},\begin{pmatrix}1&0\\-1&0\end{pmatrix},\begin{pmatrix}0&1\\0&0\end{pmatrix}\right),$$

易知，$\begin{pmatrix}1&-1\\0&0\end{pmatrix},\begin{pmatrix}0&0\\1&0\end{pmatrix},\begin{pmatrix}0&0\\0&1\end{pmatrix},\begin{pmatrix}0&1\\0&0\end{pmatrix}$是 V_1+V_2 的一组基，维$(V_1+V_2)=4$.

由维数公式，

$$维(V_1\cap V_2)=维(V_1)+维(V_2)-维(V_1+V_2)=2.$$

因为$\begin{pmatrix}1&-1\\-1&0\end{pmatrix},\begin{pmatrix}0&0\\0&1\end{pmatrix}\in V_1\cap V_2$，且线性无关，故$\begin{pmatrix}1&-1\\-1&0\end{pmatrix},\begin{pmatrix}0&0\\0&1\end{pmatrix}$是 $V_1\cap V_2$ 的一组基.

解法 2　用(a_1,a_2,a_3,a_4)代替$\begin{pmatrix}a_1&a_2\\a_3&a_4\end{pmatrix}$，由例 5 的解法，给出线性方程组

$$\begin{pmatrix}1&0&0&1&0&0\\-1&0&0&0&1&0\\0&1&0&-1&0&0\\0&0&1&0&0&1\end{pmatrix}\begin{pmatrix}x_1\\x_2\\x_3\\x_4\\x_5\\x_6\end{pmatrix}=\mathbf{0},\quad 基础解系：\begin{pmatrix}1\\-1\\0\\-1\\1\\0\end{pmatrix},\quad\begin{pmatrix}0\\0\\-1\\0\\0\\1\end{pmatrix},$$

故维$(V_1\cap V_2)=2$，且 $V_1\cap V_2$ 的基是

$$\begin{pmatrix}1&-1\\0&0\end{pmatrix}-\begin{pmatrix}0&0\\1&0\end{pmatrix}=\begin{pmatrix}1&-1\\-1&0\end{pmatrix},\quad -\begin{pmatrix}0&0\\0&1\end{pmatrix}=\begin{pmatrix}0&0\\0&-1\end{pmatrix}$$

或

$$-\begin{pmatrix}1&0\\-1&0\end{pmatrix}+\begin{pmatrix}0&1\\0&0\end{pmatrix}=\begin{pmatrix}-1&1\\1&0\end{pmatrix},\begin{pmatrix}0&0\\0&1\end{pmatrix}.$$

由维数公式知，维$(V_1+V_2)=4$. 由 V_1 和 V_2 的元素形式，不难看出，

$$\begin{pmatrix}1&-1\\0&0\end{pmatrix},\begin{pmatrix}0&0\\1&0\end{pmatrix},\begin{pmatrix}1&0\\-1&0\end{pmatrix},\begin{pmatrix}0&0\\0&1\end{pmatrix}$$

是 V_1+V_2 的一组基.

点评　由于子空间和的维数和基较易求出，因此在解法 1 中，首先确定和的维数和维数的和，再利用维数公式确定交的维数，并利用交的元素的形式确定交的基. 解法 2 是利用通常求和与交的维数及基的方法求解. 由此，当子空间的元素的形式给出之后，解法 1 较解法 2 就显得更为简单些.

例 7　设 P 为数域，在 P^4 中，令

$$W_1=\{(x_1,x_2,x_3,x_4)\mid x_1-2x_2+2x_4=0,x_1+2x_3=0\},$$

$$W_2=\{(x_1,x_2,x_3,x_4)\mid x_1-4x_2-2x_3+4x_4=0\}.$$

求 $W_1\cap W_2$ 与 W_1+W_2 各自的维数和一组基.

解　解法 1　对于 $W_1\cap W_2$，解方程组

$$\begin{cases}x_1-2x_2\quad\quad+2x_4=0,\\x_1\quad\quad+2x_3\quad\quad=0,\\x_1-4x_2-2x_3+4x_4=0,\end{cases}$$

得基础解系$(-2,-1,1,0),(0,1,0,1)$. 因此,维$(W_1\cap W_2)=2$,且$(-2,-1,1,0),(0,1,0,1)$为$W_1\cap W_2$的一组基.

对于 W_1+W_2,由于 W_1 是方程组

$$\begin{cases}x_1-2x_2\quad\quad+2x_4=0,\\x_1\quad\quad+2x_3\quad\quad=0\end{cases}$$

的解空间,因而,维$(W_1)=2$. 同理可知,维$(W_2)=3$. 由维数公式,维$(W_1+W_2)=3$. 由于$(-2,-1,1,0),(0,1,0,1)\in W_1+W_2$,不妨再取 W_2 的一个向量$(2,0,1,0)$. 由于$(-2,-1,1,0),(0,1,0,1),(2,0,1,0)$线性无关,其为 W_1+W_2 的一组基.

解法 2 对于 W_1 和 W_2,分别解方程组

$$\begin{cases}x_1-2x_2\quad\quad+2x_4=0,\\x_1\quad\quad+2x_3\quad\quad=0\end{cases}$$

和方程

$$x_1-4x_2-2x_3+4x_4=0$$

得

$$维(W_1)=2,\quad 其基为(-2,-1,1,0),(0,1,0,1),$$
$$维(W_2)=3,\quad 其基为(4,1,0,0),(2,0,1,0),(-4,0,0,1).$$

将 W_1 和 W_2 的基联合,求出一组极大无关组为

$$\boldsymbol{\alpha}_1=(-2,-1,1,0),\quad \boldsymbol{\alpha}_2=(0,1,0,1),\quad \boldsymbol{\alpha}_3=(2,0,1,0),$$

故维$(W_1+W_2)=3$,且基为 $\boldsymbol{\alpha}_1,\boldsymbol{\alpha}_2,\boldsymbol{\alpha}_3$.

对于 $W_1\cap W_2$,解方程组

$$\begin{pmatrix}-2&0&4&2&-4\\-1&1&1&0&0\\1&0&0&1&0\\0&1&0&0&1\end{pmatrix}\begin{pmatrix}x_1\\x_2\\x_3\\x_4\\x_5\end{pmatrix}=0$$

得基础解系$(-1,0,-1,1,0),(0,-1,1,0,1)$. 故维$(W_1\cap W_2)=2$,且$(2,1,-1,0),(0,-1,0,-1)$为其一组基.

点评 解法 1 是利用维数公式求解. 解法 2 是利用 W_1 和 W_2 的基联合求解. 这两种方法是解决此类问题的最基本的方法.

例 8 设 V_1,V_2 是线性空间 V 的两个子空间,证明:$V_1\cup V_2$ 是 V 的子空间的充要条件是 $V_1\subseteq V_2$或 $V_2\subseteq V_1$.

证明 充分性显然,下面证明必要性.

证法 1 设 $V_1\cup V_2$ 是 V 的子空间,且 $V_1\not\subseteq V_2$,$V_2\not\subseteq V_1$,则存在 $\boldsymbol{\alpha}\in V_1$ 使 $\boldsymbol{\alpha}\notin V_2$,也存在 $\boldsymbol{\beta}\in V_2$ 使 $\boldsymbol{\beta}\notin V_1$. 由于 $V_1\cup V_2$ 是 V 的子空间,因而 $\boldsymbol{\alpha}+\boldsymbol{\beta}\in V_1\cup V_2$,于是有$\boldsymbol{\alpha}+\boldsymbol{\beta}\in V_1$ 或 $\boldsymbol{\alpha}+\boldsymbol{\beta}\in V_2$. 故有 $\boldsymbol{\beta}\in$

V_1 或 $\boldsymbol{\alpha}\in V_2$，与 $\boldsymbol{\alpha}\notin V_2$ 且 $\boldsymbol{\beta}\notin V_1$ 矛盾，因此 $V_1\subseteq V_2$ 或 $V_2\subseteq V_1$.

证法 2 设 $V_1\not\subseteq V_2$，则存在 $\boldsymbol{\alpha}\in V_1$ 使 $\boldsymbol{\alpha}\notin V_2$. $\forall\boldsymbol{\beta}\in V_2$，由于 $V_1\cup V_2$ 是 V 的子空间，因而 $\boldsymbol{\alpha}+\boldsymbol{\beta}\in V_1\cup V_2$，由 $\boldsymbol{\alpha}\notin V_2$ 且 $\boldsymbol{\beta}\in V_2$，则 $\boldsymbol{\alpha}+\boldsymbol{\beta}\notin V_2$. 因此 $\boldsymbol{\alpha}+\boldsymbol{\beta}\in V_1$，继而有 $\boldsymbol{\beta}\in V_1$，即 $V_2\subseteq V_1$.

点评 证明此种类型的问题，证法 1 和证法 2 是最基本的两种方法，希望能通过这一例题熟练掌握其证明的基本思路.

例 9 设 V_1,V_2 是数域 P 上线性空间 V 的两个非平凡子空间，证明：V 中存在向量 $\boldsymbol{\alpha}$ 使 $\boldsymbol{\alpha}\notin V_1,\boldsymbol{\alpha}\notin V_2$.

证 证法 1 由 V_1 是 V 的非平凡子空间，故存在 $\boldsymbol{\alpha}\in V$ 使 $\boldsymbol{\alpha}\notin V_1$. 若 $\boldsymbol{\alpha}\notin V_2$，则结论成立.

若 $\boldsymbol{\alpha}\in V_2$，由 V_2 的非平凡性，存在 $\boldsymbol{\beta}\in V$ 使 $\boldsymbol{\beta}\notin V_2$. 若 $\boldsymbol{\beta}\notin V_1$，则结论也成立. 若 $\boldsymbol{\beta}\in V_1$，下证

$$\boldsymbol{\alpha}+\boldsymbol{\beta}\notin V_2,\boldsymbol{\alpha}+\boldsymbol{\beta}\notin V_1.$$

若 $\boldsymbol{\alpha}+\boldsymbol{\beta}\in V_1$，由 $\boldsymbol{\beta}\in V_1$ 得 $\boldsymbol{\alpha}\in V_1$，与 $\boldsymbol{\alpha}\notin V_1$ 矛盾，故 $\boldsymbol{\alpha}+\boldsymbol{\beta}\notin V_1$. 同理 $\boldsymbol{\alpha}+\boldsymbol{\beta}\notin V_2$.

证法 2 假设 $\forall\boldsymbol{\alpha}\in V$，有 $\boldsymbol{\alpha}\in V_1$ 或 $\boldsymbol{\alpha}\in V_2$，则 $V_1\cup V_2=V$，即 $V_1\cup V_2$ 是 V 的子空间. 由例 8，$V_1\subseteq V_2$ 或 $V_2\subseteq V_1$，从而可得 $V_1=V$ 或 $V_2=V$，与题设条件矛盾，故必存在向量 $\boldsymbol{\alpha}$，使 $\boldsymbol{\alpha}\notin V_1,\boldsymbol{\alpha}\notin V_2$.

点评 证法 1 是我们最容易想到的证明方法. 证法 2 借助于例 8 的结论，证起来较简单，但不能像证法 1 那样将不在 V_1 也不在 V_2 中的元素找出来.

例 10 设 $V_1,V_2,\cdots,V_s$是线性空间 V 的 s 个非平凡子空间，证明：V 中存在向量 $\boldsymbol{\alpha}$，使 $\boldsymbol{\alpha}\notin V_i$，$i=1,2,\cdots,s$.

证明 对 s 用数学归纳法. 当 $s=2$ 时，由例 9，结论正确. 假设对 $(s-1)$ 个非平凡子空间的情况，结论正确. 我们对 s 个非平凡子空间 $V_1,V_2,\cdots,V_s$的情况进行证明. 由归纳假设，$\exists\boldsymbol{\alpha}\notin V_i,i=1,2,\cdots,s-1$.

若 $\boldsymbol{\alpha}\notin V_s$，则结论成立.

若 $\boldsymbol{\alpha}\in V_s$，由 V_s非平凡，故 $\exists\boldsymbol{\beta}\notin V_s$，于是 $\forall k\in P,k\boldsymbol{\alpha}+\boldsymbol{\beta}\notin V_s$. 取 $k_1,k_2\in P,k_1\neq k_2$，则 $k_1\boldsymbol{\alpha}+\boldsymbol{\beta}$，$k_2\boldsymbol{\alpha}+\boldsymbol{\beta}$ 不属于同一个 $V_i,i=1,2,\cdots,s-1$，否则，若 $\exists V_k,1\leqslant k\leqslant s-1$，使 $k_1\boldsymbol{\alpha}+\boldsymbol{\beta}-k_2\boldsymbol{\alpha}-\boldsymbol{\beta}=(k_1-k_2)\boldsymbol{\alpha}\in V_k$，由于 $k_1-k_2\neq 0$，因而 $\boldsymbol{\alpha}\in V_k$矛盾.

在 P 中，取 s 个互不相同的数 $k_1,k_2,\cdots,k_s$，由上述证明知在向量组 $k_1\boldsymbol{\alpha}+\boldsymbol{\beta},k_2\boldsymbol{\alpha}+\boldsymbol{\beta},\cdots,k_s\boldsymbol{\alpha}+\boldsymbol{\beta}$ 中，$\exists j(1\leqslant j\leqslant s)$ 使 $k_j\boldsymbol{\alpha}+\boldsymbol{\beta}$ 不属于 $V_1,V_2,\cdots,V_{s-1}$ 中的任何一个，而 $k_j\boldsymbol{\alpha}+\boldsymbol{\beta}\notin V_s$（否则 $\boldsymbol{\beta}\in V_s$矛盾），即有 $k_j\boldsymbol{\alpha}+\boldsymbol{\beta}$ 不属于 $V_1,V_2,\cdots,V_s$中的任何一个.

点评 此题是普通二维平面、三维空间情形的推广，例如在三维空间 $\mathbf{R}^3$ 中，过原点的 s 个平面都是 $\mathbf{R}^3$ 的子空间，一定可以找到一个向量 $\boldsymbol{\alpha}$，它不在任何一个平面上.

例 11 设 V 是数域 P 上的 n 维线性空间，V 中有 s 组向量，且每一组都含有 t 个线性无关的向量 $\boldsymbol{\beta}_{i1},\boldsymbol{\beta}_{i2},\cdots,\boldsymbol{\beta}_{it},i=1,2,\cdots,s,t<n$，证明：$V$ 中必存在 $(n-t)$ 个向量，它们与每一组的 t 个线性无关向量的联合构成 V 的一组基.

证明 令 $V_i=L(\boldsymbol{\beta}_{i1},\boldsymbol{\beta}_{i2},\cdots,\boldsymbol{\beta}_{it}),i=1,2,\cdots,s$，因为 $t<n$，所以 V_i是 V 的非平凡子空间，$i=1,2,\cdots,s$. 由例 10，存在 $\boldsymbol{\alpha}_1\in V$，但 $\boldsymbol{\alpha}_1$ 不属于 $V_1,V_2,\cdots,V_s$中的任何一个. 因而 $\boldsymbol{\alpha}_1,\boldsymbol{\beta}_{i1},\boldsymbol{\beta}_{i2},\cdots,\boldsymbol{\beta}_{it}$线性无关，$i=1,2,\cdots,s$.

若 $t+1<n$，令 $W_i=L(\boldsymbol{\alpha}_1,\boldsymbol{\beta}_{i1},\boldsymbol{\beta}_{i2},\cdots,\boldsymbol{\beta}_{it})$，$W_i$ 也是 V 的非平凡子空间，$i=1,2,\cdots,s$. 同理，存在 $\boldsymbol{\alpha}_2\in V$，使 $\boldsymbol{\alpha}_2,\boldsymbol{\alpha}_1,\boldsymbol{\beta}_{i1},\boldsymbol{\beta}_{i2},\cdots,\boldsymbol{\beta}_{it}$ 线性无关，$i=1,2,\cdots,s$.

如此继续下去，可得到 V 的 $(n-t)$ 个向量 $\boldsymbol{\alpha}_1,\boldsymbol{\alpha}_2,\cdots,\boldsymbol{\alpha}_{n-t}$，使得 $\boldsymbol{\alpha}_1,\boldsymbol{\alpha}_2,\cdots,\boldsymbol{\alpha}_{n-t},\boldsymbol{\beta}_{i1},\boldsymbol{\beta}_{i2},\cdots,\boldsymbol{\beta}_{it}$ 为 V 的一组基，$i=1,2,\cdots,s$.

例 12　设 $V_1,V_2,\cdots,V_s$ 是数域 P 上 n 维线性空间 V 的非平凡子空间，证明：存在 V 的一组基，使基中的每一个向量均不在 V_i 中，$i=1,2,\cdots,s$.

证明　对 s 用数学归纳法.

当 $s=1$ 时，由 V_1 非平凡，设维$(V_1)=r(r<n)$，令 $\boldsymbol{\varepsilon}_1,\boldsymbol{\varepsilon}_2,\cdots,\boldsymbol{\varepsilon}_r$ 为 V_1 的一组基，并将其扩充为 V 的一组基 $\boldsymbol{\varepsilon}_1,\boldsymbol{\varepsilon}_2,\cdots,\boldsymbol{\varepsilon}_r,\boldsymbol{\varepsilon}_{r+1},\cdots,\boldsymbol{\varepsilon}_n$. 令 $\boldsymbol{\varepsilon}_i'=\boldsymbol{\varepsilon}_i+\boldsymbol{\varepsilon}_n$，$i=1,2,\cdots,r$，因 $\boldsymbol{\varepsilon}_n\notin V_1$，故 $\boldsymbol{\varepsilon}_i'\notin V_1$，$i=1,2,\cdots,r$. 易证 $\boldsymbol{\varepsilon}_1',\boldsymbol{\varepsilon}_2',\cdots,\boldsymbol{\varepsilon}_r',\boldsymbol{\varepsilon}_{r+1},\cdots,\boldsymbol{\varepsilon}_n$ 是 V 的一组基，且此基的每一个向量均不在 V_1 中.

设子空间的个数为 $s-1$ 时结论成立，下证子空间的个数为 s 时结论也成立.

由归纳假设，存在 V 的一组基 $\boldsymbol{\beta}_1,\boldsymbol{\beta}_2,\cdots,\boldsymbol{\beta}_n$，使对每一个 $\boldsymbol{\beta}_i$，$i=1,2,\cdots,n$，有 $\boldsymbol{\beta}_i\notin V_j$，$j=1,2,\cdots,s-1$. 由 V_s 是非平凡的，不妨设 $\boldsymbol{\beta}_1,\boldsymbol{\beta}_2,\cdots,\boldsymbol{\beta}_r\in V_s$，而 $\boldsymbol{\beta}_{r+1},\cdots,\boldsymbol{\beta}_n\notin V_s(r<n)$. 因 $\boldsymbol{\beta}_n\notin V_i$，$i=1,2,\cdots,s-1$，故 $\boldsymbol{\beta}_1+m\boldsymbol{\beta}_n(m=1,2,\cdots)$ 中不能有两个同时属于 $V_1,V_2,\cdots,V_{s-1}$ 中的某一个. 因而，可取 m_1，使 $\boldsymbol{\beta}_1+m_1\boldsymbol{\beta}_n$ 不属于所有的 V_j，$j=1,2\cdots,s-1$.

同理，存在 $m_2,m_3,\cdots,m_r$，使 $\boldsymbol{\beta}_2+m_2\boldsymbol{\beta}_n,\boldsymbol{\beta}_3+m_3\boldsymbol{\beta}_n,\cdots,\boldsymbol{\beta}_r+m_r\boldsymbol{\beta}_n$ 不属于所有的 V_j，$j=1,2,\cdots,s-1$. 于是 $\boldsymbol{\beta}_1+m_1\boldsymbol{\beta}_n,\boldsymbol{\beta}_2+m_2\boldsymbol{\beta}_n,\cdots,\boldsymbol{\beta}_r+m_r\boldsymbol{\beta}_n,\boldsymbol{\beta}_{r+1},\cdots,\boldsymbol{\beta}_n$ 就为所求的 V 的一组基.

例 13　证明：n 维线性空间 V 的任一真子空间 W 都可表示为若干个 $(n-1)$ 维子空间的交.

证明　若维$(W)=n-1$，结论当然成立. 设维$(W)=r<n-1$，$\boldsymbol{\alpha}_1,\boldsymbol{\alpha}_2,\cdots,\boldsymbol{\alpha}_r$ 是其一组基，扩充为 V 的一组基 $\boldsymbol{\alpha}_1,\boldsymbol{\alpha}_2,\cdots,\boldsymbol{\alpha}_r,\boldsymbol{\alpha}_{r+1},\cdots,\boldsymbol{\alpha}_n$. 作 $(n-1)$ 维子空间

$$\begin{aligned}W_1&=L(\boldsymbol{\alpha}_1,\boldsymbol{\alpha}_2,\cdots,\boldsymbol{\alpha}_r,\boldsymbol{\alpha}_{r+1},\cdots,\boldsymbol{\alpha}_{n-1}),\\W_2&=L(\boldsymbol{\alpha}_1,\boldsymbol{\alpha}_2,\cdots,\boldsymbol{\alpha}_r,\boldsymbol{\alpha}_{r+1}+\boldsymbol{\alpha}_n,\cdots,\boldsymbol{\alpha}_{n-1}),\\&\cdots,\\W_{n-r}&=L(\boldsymbol{\alpha}_1,\boldsymbol{\alpha}_2,\cdots,\boldsymbol{\alpha}_r,\boldsymbol{\alpha}_{r+1},\cdots,\boldsymbol{\alpha}_{n-1}+\boldsymbol{\alpha}_n).\end{aligned}$$

设 $\boldsymbol{\alpha}\in W_1\cap W_2\cap\cdots\cap W_{n-r}$，则 $\boldsymbol{\alpha}\in W_1\cap W_2$，设

$$\begin{aligned}\boldsymbol{\alpha}&=k_1\boldsymbol{\alpha}_1+k_2\boldsymbol{\alpha}_2+\cdots+k_r\boldsymbol{\alpha}_r+k_{r+1}\boldsymbol{\alpha}_{r+1}+\cdots+k_{n-1}\boldsymbol{\alpha}_{n-1}\\&=l_1\boldsymbol{\alpha}_1+l_2\boldsymbol{\alpha}_2+\cdots+l_r\boldsymbol{\alpha}_r+l_{r+1}(\boldsymbol{\alpha}_{r+1}+\boldsymbol{\alpha}_n)+\cdots+l_{n-1}\boldsymbol{\alpha}_{n-1},\end{aligned}$$

因 $\boldsymbol{\alpha}_1,\boldsymbol{\alpha}_2,\cdots\boldsymbol{\alpha}_n$ 线性无关，故 $k_{r+1}=l_{r+1}=0$. 同理，由 $\boldsymbol{\alpha}\in W_1\cap W_3$ 可得 $k_{r+2}=0$，如此推导得 $\boldsymbol{\alpha}=k_1\boldsymbol{\alpha}_1+k_2\boldsymbol{\alpha}_2+\cdots+k_r\boldsymbol{\alpha}_r\in W$，所以 $W=W_1\cap W_2\cap\cdots\cap W_{n-r}$.

例 14　设 $\boldsymbol{A}$ 为 n 阶实对称幂等矩阵，秩$(\boldsymbol{A})=r$，$\boldsymbol{X}$ 为 n 维实列向量.

1）证明：$V=\{\boldsymbol{X}\in\mathbf{R}^n\mid\boldsymbol{X}^{\mathrm{T}}\boldsymbol{AX}=\boldsymbol{0}\}$ 为线性空间；

2）求 V 的维数.

1）**证明**　因为 $\boldsymbol{A}$ 是实对称幂等矩阵，所以

$$\boldsymbol{X}^{\mathrm{T}}\boldsymbol{AX}=\boldsymbol{X}^{\mathrm{T}}\boldsymbol{A}^2\boldsymbol{X}=\boldsymbol{X}^{\mathrm{T}}\boldsymbol{A}^{\mathrm{T}}\boldsymbol{AX}=(\boldsymbol{AX})^{\mathrm{T}}\boldsymbol{AX},$$

于是

$$\boldsymbol{X}^{\mathrm{T}}\boldsymbol{AX}=\boldsymbol{0}\Leftrightarrow\boldsymbol{AX}=\boldsymbol{0}.$$

因而 $V=\{\boldsymbol{X}\in\mathbf{R}^n\mid\boldsymbol{AX}=\boldsymbol{0}\}$，即 V 是齐次线性方程组 $\boldsymbol{AX}=\boldsymbol{0}$ 的解空间，故 V 是线性空间.

2）**解**　因 $V=\{\boldsymbol{X}\in\mathbf{R}^n\mid\boldsymbol{AX}=\boldsymbol{0}\}$，则维$(V)=n-r$.

点评 A 是实对称幂等矩阵,则 $\boldsymbol{A}=\boldsymbol{A}^2=\boldsymbol{A}^{\mathrm{T}}\boldsymbol{A}$,从而得出 V 是齐次线性方程组 $\boldsymbol{AX}=\boldsymbol{0}$ 的解空间.

例 15 设 $\boldsymbol{A}\in P^{n\times s}$,$\boldsymbol{B}\in P^{s\times n}$,证明:

1) $W=\{\boldsymbol{B\alpha}\mid \boldsymbol{AB\alpha}=\boldsymbol{0},\boldsymbol{\alpha}\in P^n\}$ 是 P^s 的子空间;

2) 维(W)=秩$(\boldsymbol{B})$-秩$(\boldsymbol{AB})$.

证明 1) $\forall\, \boldsymbol{B\alpha},\boldsymbol{B\beta}\in W$,

$$\boldsymbol{A}(\boldsymbol{B\alpha}+\boldsymbol{B\beta})=\boldsymbol{AB\alpha}+\boldsymbol{AB\beta}=\boldsymbol{0},$$

所以 $\boldsymbol{B\alpha}+\boldsymbol{B\beta}\in W$;$\forall\, k\in P$,

$$\boldsymbol{A}(k\,\boldsymbol{B\alpha})=k(\boldsymbol{AB\alpha})=\boldsymbol{0},$$

所以 $k\boldsymbol{B\alpha}\in W$,即 W 是 P^s 的子空间.

2) 设秩$(\boldsymbol{B})=r$,秩$(\boldsymbol{AB})=t$,并记

$$V_1=\{\boldsymbol{X}\in P^n\mid \boldsymbol{BX}=\boldsymbol{0}\},$$

$$V_2=\{\boldsymbol{X}\in P^n\mid \boldsymbol{ABX}=\boldsymbol{0}\},$$

则 $p\overset{\text{def}}{=\!=}$维$(V_1)=n-r$,$q\overset{\text{def}}{=\!=}$维$(V_2)=n-t$,且 $V_1\subset V_2$.

取 V_1 的一组基 $\boldsymbol{\alpha}_1,\boldsymbol{\alpha}_2,\cdots,\boldsymbol{\alpha}_p$,将其扩充为 V_2 的一组基 $\boldsymbol{\alpha}_1,\boldsymbol{\alpha}_2,\cdots,\boldsymbol{\alpha}_p,\boldsymbol{\alpha}_{p+1},\cdots,\boldsymbol{\alpha}_q$. 由 $W=\{\boldsymbol{B\alpha}\mid \boldsymbol{AB\alpha}=\boldsymbol{0},\boldsymbol{\alpha}\in P^n\}$,则 $W=L(\boldsymbol{B\alpha}_1,\boldsymbol{B\alpha}_2,\cdots,\boldsymbol{B\alpha}_p,\boldsymbol{B\alpha}_{p+1},\cdots,\boldsymbol{B\alpha}_q)$. 由 $\boldsymbol{B\alpha}_1=\boldsymbol{B\alpha}_2=\cdots=\boldsymbol{B\alpha}_p=\boldsymbol{0}$,故 $W=L(\boldsymbol{B\alpha}_{p+1},\cdots,\boldsymbol{B\alpha}_q)$. 下证:$\boldsymbol{B\alpha}_{p+1},\cdots,\boldsymbol{B\alpha}_q$ 线性无关.

设 $k_{p+1}\boldsymbol{B\alpha}_{p+1}+\cdots+k_q\boldsymbol{B\alpha}_q=\boldsymbol{0}$,则 $\boldsymbol{B}(k_{p+1}\boldsymbol{\alpha}_{p+1}+\cdots+k_q\boldsymbol{\alpha}_q)=\boldsymbol{0}$,即 $k_{p+1}\boldsymbol{\alpha}_{p+1}+\cdots+k_q\boldsymbol{\alpha}_q\in V_1$,于是存在 $k_1,k_2,\cdots,k_p$,使

$$k_{p+1}\boldsymbol{\alpha}_{p+1}+\cdots+k_q\boldsymbol{\alpha}_q=k_1\boldsymbol{\alpha}_1+k_2\boldsymbol{\alpha}_2+\cdots+k_p\boldsymbol{\alpha}_p.$$

由于 $\boldsymbol{\alpha}_1,\boldsymbol{\alpha}_2,\cdots,\boldsymbol{\alpha}_p,\boldsymbol{\alpha}_{p+1},\cdots,\boldsymbol{\alpha}_q$ 为 V_2 的基,因而 $k_i=0,i=1,2,\cdots,q$,故 $\boldsymbol{B\alpha}_{p+1},\cdots,\boldsymbol{B\alpha}_q$ 线性无关,因此

$$\text{维}(W)=q-p=(n-t)-(n-r)=r-t=\text{秩}(\boldsymbol{B})-\text{秩}(\boldsymbol{AB}).$$

点评 $V_1\subset V_2$,所以 V_1 的基可扩充为 V_2 的基,从而得 $W=L(\boldsymbol{B\alpha}_{p+1},\cdots,\boldsymbol{B\alpha}_q)$. 要证维$(W)=r-t$,只需证 $\boldsymbol{B\alpha}_{p+1},\cdots,\boldsymbol{B\alpha}_q$ 线性无关.

例 16 设 P 为数域,给出 P^3 的两个子空间

$$V_1=\{(a,a,a)\mid a\in P\},\quad V_2=\{(0,x,y)\mid x,y\in P\}.$$

证明:$P^3=V_1\oplus V_2$.

证明 证法 1 易知 $V_1=L((1,1,1))$,$V_2=L((0,1,0),(0,0,1))$. $\forall\,(a,b,c)\in P^3$,

$$(a,b,c)=(a,a,a)+(0,b-a,c-a)\in V_1+V_2,$$

因而 $P^3=V_1+V_2$. 由维$(V_1)=1$,维$(V_2)=2$,因而

$$\text{维}(V_1)+\text{维}(V_2)=\text{维}(V_1+V_2),$$

故 $P^3=V_1\oplus V_2$.

证法 2 对于 $P^3=V_1+V_2$,设 $(x,y,z)\in V_1\cap V_2$,则由 $(x,y,z)\in V_1$,可推出 $x=y=z$;由 $(x,y,z)\in V_2$,可推出 $x=0$. 因此,$x=y=z=0$,即 $V_1\cap V_2=\{\boldsymbol{0}\}$,从而 $P^3=V_1\oplus V_2$.

证法 3 对于 $P^3=V_1+V_2$,取 V_1 的基 $(1,1,1)$,取 V_2 的基 $(0,1,0)$,$(0,0,1)$,显然有 $(1,1,1)$,$(0,1,0)$,$(0,0,1)$ 为 P^3 的基,即 V_1 与 V_2 的基的联合为 $P^3=V_1+V_2$ 的基,因此 $P^3=V_1\oplus V_2$.

点评　以上用一个和是直和的不同判别条件进行了证明. 在证明过程中,应针对不同的问题,选择最优的证明方法.

例 17　设 V 是数域 P 上 n 维线性空间,$\boldsymbol{\alpha}_1,\boldsymbol{\alpha}_2,\cdots,\boldsymbol{\alpha}_n$ 是 V 的一组基,V_1 是由 $\boldsymbol{\alpha}_1+\boldsymbol{\alpha}_2+\cdots+\boldsymbol{\alpha}_n$ 生成的子空间,令

$$V_2=\left\{\sum_{i=1}^{n}k_i\boldsymbol{\alpha}_i\ \middle|\ \sum_{i=1}^{n}k_i=0,k_i\in P,i=1,2,\cdots,n\right\}.$$

证明:1) V_2 是 V 的子空间;

2) $V=V_1\oplus V_2$.

证明　1) $\mathbf{0}=0\boldsymbol{\alpha}_1+0\boldsymbol{\alpha}_2+\cdots+0\boldsymbol{\alpha}_n\in V_2$,所以 $V_2\neq\varnothing$.

$\forall\ \sum\limits_{i=1}^{n}k_i\boldsymbol{\alpha}_i,\ \sum\limits_{i=1}^{n}l_i\boldsymbol{\alpha}_i\in V_2,\ \forall\, k\in P$,则 $\sum\limits_{i=1}^{n}k_i=\sum\limits_{i=1}^{n}l_i=0$,且

$$\sum_{i=1}^{n}k_i\boldsymbol{\alpha}_i+\sum_{i=1}^{n}l_i\boldsymbol{\alpha}_i=\sum_{i=1}^{n}(k_i+l_i)\boldsymbol{\alpha}_i\in V_2,$$

$$k\left(\sum_{i=1}^{n}k_i\boldsymbol{\alpha}_i\right)=\sum_{i=1}^{n}(kk_i)\boldsymbol{\alpha}_i\in V_2,$$

即证 V_2 是 V 的子空间.

2) 令 $\boldsymbol{\beta}=\boldsymbol{\alpha}_1+\boldsymbol{\alpha}_2+\cdots+\boldsymbol{\alpha}_n$,则 $V_1=L(\boldsymbol{\beta})$. 因为 $\boldsymbol{\beta}\neq\mathbf{0}$,所以维$(V_1)=1$. 可以证明 $\boldsymbol{\alpha}_2-\boldsymbol{\alpha}_1,\boldsymbol{\alpha}_3-\boldsymbol{\alpha}_1,\cdots,\boldsymbol{\alpha}_n-\boldsymbol{\alpha}_1\in V_2$,且线性无关.

事实上,若

$$k_2(\boldsymbol{\alpha}_2-\boldsymbol{\alpha}_1)+k_3(\boldsymbol{\alpha}_3-\boldsymbol{\alpha}_1)+\cdots+k_n(\boldsymbol{\alpha}_n-\boldsymbol{\alpha}_1)=\mathbf{0},$$

则

$$-(k_2+k_3+\cdots+k_n)\boldsymbol{\alpha}_1+k_2\boldsymbol{\alpha}_2+\cdots+k_n\boldsymbol{\alpha}_n=\mathbf{0},$$

由 $\boldsymbol{\alpha}_1,\boldsymbol{\alpha}_2,\cdots,\boldsymbol{\alpha}_n$ 线性无关知,$k_2=k_3=\cdots=k_n=0$.

$\forall\,\boldsymbol{\delta}=\sum\limits_{i=1}^{n}k_i\boldsymbol{\alpha}_i\in V_2$,则 $k_1=-\sum\limits_{i=2}^{n}k_i$,所以

$$\boldsymbol{\delta}=k_2(\boldsymbol{\alpha}_2-\boldsymbol{\alpha}_1)+k_3(\boldsymbol{\alpha}_3-\boldsymbol{\alpha}_1)+\cdots+k_n(\boldsymbol{\alpha}_n-\boldsymbol{\alpha}_1),$$

即 $\boldsymbol{\delta}$ 可以经 $\boldsymbol{\alpha}_2-\boldsymbol{\alpha}_1,\boldsymbol{\alpha}_3-\boldsymbol{\alpha}_1,\cdots,\boldsymbol{\alpha}_n-\boldsymbol{\alpha}_1$ 线性表出,从而 $\boldsymbol{\alpha}_2-\boldsymbol{\alpha}_1,\boldsymbol{\alpha}_3-\boldsymbol{\alpha}_1,\cdots,\boldsymbol{\alpha}_n-\boldsymbol{\alpha}_1$ 是 V_2 的一组基,维$(V_2)=n-1$.

$\forall\,\boldsymbol{\gamma}\in V_1\cap V_2$,有

$$\boldsymbol{\gamma}=l(\boldsymbol{\alpha}_1+\boldsymbol{\alpha}_2+\cdots+\boldsymbol{\alpha}_n)=\sum_{i=1}^{n}k_i\boldsymbol{\alpha}_i,$$

其中 $\sum\limits_{i=1}^{n}k_i=0$,则 $\sum\limits_{i=1}^{n}(l-k_i)\boldsymbol{\alpha}_i=\mathbf{0}$,所以 $l=k_i,i=1,2,\cdots,n$,从而 $nl=\sum\limits_{i=1}^{n}k_i=0$,即 $l=0$,且 $\boldsymbol{\gamma}=\mathbf{0}$. 所以 $V_1\cap V_2=\{\mathbf{0}\}$. 由维数公式,

$$维(V_1+V_2)=维(V_1)+维(V_2)=n,$$

故 $V=V_1\oplus V_2$.

点评　若 V_1,V_2 是 V 的子空间,且维$(V_1+V_2)=$维(V),则 $V=V_1\oplus V_2$.

例 18　设 U 和 W 分别是方程(组)

$$x_1+x_2+\cdots+x_n=0\quad 和\quad x_1=x_2=\cdots=x_n$$

的解空间,证明:$P^n=U\oplus W$.

证明 证法 1 $\forall \boldsymbol{\alpha}=(a_1,a_2,\cdots,a_n)\in P^n$,令 $a=\dfrac{a_1+a_2+\cdots+a_n}{n}$,则

$$\boldsymbol{\alpha}=(a_1-a,a_2-a,\cdots,a_n-a)+(a,a,\cdots,a)\in U+W,$$

所以 $P^n=U+W$.

设$(b_1,b_2,\cdots,b_n)\in U\cap W$,则

$$b_1+b_2+\cdots+b_n=0,\quad b_1=b_2=\cdots=b_n,$$

所以 $b_i=0,i=1,2,\cdots,n$,即 $U\cap W=\{\mathbf{0}\}$. 故 $P^n=U\oplus W$.

证法 2 由于 $x_1+x_2+\cdots+x_n=0$ 的系数矩阵的秩为 1,所以,维$(U)=n-1$. 取 U 的一组基为

$$\begin{cases}\boldsymbol{\alpha}_1=(-1,1,0,\cdots,0),\\ \boldsymbol{\alpha}_2=(-1,0,1,0,\cdots,0),\\ \cdots\cdots\cdots\cdots\\ \boldsymbol{\alpha}_{n-1}=(-1,0,\cdots,0,1).\end{cases}$$

方程组 $x_1=x_2=\cdots=x_n$ 可写为

$$\begin{pmatrix}1&-1&0&\cdots&0&0&0\\0&1&-1&\cdots&0&0&0\\\vdots&\vdots&\vdots&&\vdots&\vdots&\vdots\\0&0&0&\cdots&1&-1&0\\0&0&0&\cdots&0&1&-1\end{pmatrix}\begin{pmatrix}x_1\\x_2\\\vdots\\x_{n-1}\\x_n\end{pmatrix}=0,$$

系数矩阵的秩为 $n-1$,因此维$(W)=1$,其基为

$$\boldsymbol{\beta}=(1,1,\cdots,1).$$

由于行列式

$$\begin{vmatrix}-1&-1&-1&\cdots&-1&-1&1\\1&0&0&\cdots&0&0&1\\0&1&0&\cdots&0&0&1\\\vdots&\vdots&\vdots&&\vdots&\vdots&\vdots\\0&0&0&\cdots&1&0&1\\0&0&0&\cdots&0&1&1\end{vmatrix}\neq 0,$$

所以 $\boldsymbol{\alpha}_1,\boldsymbol{\alpha}_2,\cdots,\boldsymbol{\alpha}_{n-1},\boldsymbol{\beta}$ 线性无关. 故

$$P^n=L(\boldsymbol{\alpha}_1,\boldsymbol{\alpha}_2,\cdots,\boldsymbol{\alpha}_{n-1},\boldsymbol{\beta})=L(\boldsymbol{\alpha}_1,\boldsymbol{\alpha}_2,\cdots,\boldsymbol{\alpha}_{n-1})+L(\boldsymbol{\beta})=U\oplus W.$$

证法 3 将各个方程联立有

$$\begin{pmatrix}1&1&1&\cdots&1&1&1\\1&-1&0&\cdots&0&0&0\\0&1&-1&\cdots&0&0&0\\\vdots&\vdots&\vdots&&\vdots&\vdots&\vdots\\0&0&0&\cdots&1&-1&0\\0&0&0&\cdots&0&1&-1\end{pmatrix}\begin{pmatrix}x_1\\x_2\\x_3\\\vdots\\x_{n-1}\\x_n\end{pmatrix}=0,$$

由于系数行列式不为零,故只有零解,即 $U\cap W=\{\mathbf{0}\}$,因此

$$\text{维}(U)+\text{维}(W)=\text{维}(U+W).$$

由于维$(U)=n-1$,维$(W)=1$,所以,维$(U+W)=n$,于是有,$P^n=U\oplus W$.

点评 由于 U 和 W 的基及 $U+W$ 易求出,故可利用维数公式或基的联合来证明该问题.

例 19 设 M 是数域 P 上 n 阶循环矩阵的集合,即

$$M=\left\{\begin{pmatrix} a_1 & a_2 & \cdots & a_{n-1} & a_n \\ a_n & a_1 & \cdots & a_{n-2} & a_{n-1} \\ \vdots & \vdots & & \vdots & \vdots \\ a_3 & a_4 & \cdots & a_1 & a_2 \\ a_2 & a_3 & \cdots & a_n & a_1 \end{pmatrix}\middle| a_i\in P, i=1,2,\cdots,n\right\}.$$

证明:M 是 $P^{n\times n}$的子空间,且 $\forall \boldsymbol{A},\boldsymbol{B}\in M$,有 $\boldsymbol{AB}=\boldsymbol{BA}$,并求 M 的维数和一组基.

证明 由于两个循环矩阵的和以及数与循环矩阵的积仍是循环矩阵,故 M 是 $P^{n\times n}$的子空间.

取 $\boldsymbol{D}=\begin{pmatrix} \mathbf{0} & \boldsymbol{E}_{n-1} \\ 1 & \mathbf{0} \end{pmatrix}$,则

$$\boldsymbol{D}^k=\begin{pmatrix} \boldsymbol{O} & \boldsymbol{E}_{n-k} \\ \boldsymbol{E}_k & \boldsymbol{O} \end{pmatrix},\quad k=1,2,\cdots,n-1.$$

易知 $\boldsymbol{D}^k\in M$,且 $\boldsymbol{E},\boldsymbol{D},\boldsymbol{D}^2,\cdots,\boldsymbol{D}^{n-1}$线性无关. 对于

$$\boldsymbol{A}=\begin{pmatrix} a_1 & a_2 & \cdots & a_{n-1} & a_n \\ a_n & a_1 & \cdots & a_{n-2} & a_{n-1} \\ \vdots & \vdots & & \vdots & \vdots \\ a_3 & a_4 & \cdots & a_1 & a_2 \\ a_2 & a_3 & \cdots & a_n & a_1 \end{pmatrix}\in M,$$

$\boldsymbol{A}=a_1\boldsymbol{E}+a_2\boldsymbol{D}+a_3\boldsymbol{D}^2+\cdots+a_n\boldsymbol{D}^{n-1}$,故维$(M)=n$. $\forall \boldsymbol{A},\boldsymbol{B}\in M$,设 $\boldsymbol{A}=f(\boldsymbol{D})$,$\boldsymbol{B}=g(\boldsymbol{D})$,则

$$\boldsymbol{AB}=f(\boldsymbol{D})g(\boldsymbol{D})=g(\boldsymbol{D})f(\boldsymbol{D})=\boldsymbol{BA}.$$

例 20 设 P 为数域,$\boldsymbol{A}\in P^{n\times n}$,$f(x),g(x)\in P[x]$,且$(f(x),g(x))=1$. 令

$$\boldsymbol{X}=\begin{pmatrix} x_1 \\ x_2 \\ \vdots \\ x_n \end{pmatrix},$$

对于 P^n 的 3 个子空间

$$V=\{\boldsymbol{X}\in P^n \mid f(\boldsymbol{A})g(\boldsymbol{A})\boldsymbol{X}=\mathbf{0}\},$$
$$V_1=\{\boldsymbol{X}\in P^n \mid f(\boldsymbol{A})\boldsymbol{X}=\mathbf{0}\},$$
$$V_2=\{\boldsymbol{X}\in P^n \mid g(\boldsymbol{A})\boldsymbol{X}=\mathbf{0}\},$$

证明:$V=V_1\oplus V_2$.

证明 由于$f(\boldsymbol{A})g(\boldsymbol{A})=g(\boldsymbol{A})f(\boldsymbol{A})$,因而 $V_1,V_2\subseteq V$,于是 $V_1+V_2\subseteq V$.

由于$(f(x),g(x))=1$,故 $\exists\, u(x),v(x)\in P[x]$,使

$$f(x)u(x)+g(x)v(x)=1,$$

从而有

$$f(\boldsymbol{A})u(\boldsymbol{A})+g(\boldsymbol{A})v(\boldsymbol{A})=\boldsymbol{E}.$$

对任一 $\boldsymbol{\alpha}\in V$,

$$\boldsymbol{\alpha}=\boldsymbol{E\alpha}=(f(\boldsymbol{A})u(\boldsymbol{A})+g(\boldsymbol{A})v(\boldsymbol{A}))\boldsymbol{\alpha}=f(\boldsymbol{A})u(\boldsymbol{A})\boldsymbol{\alpha}+g(\boldsymbol{A})v(\boldsymbol{A})\boldsymbol{\alpha},$$

由 $\boldsymbol{\alpha}\in V$,因而 $f(\boldsymbol{A})g(\boldsymbol{A})\boldsymbol{\alpha}=\boldsymbol{0}$. 于是,令

$$\boldsymbol{\alpha}_1=f(\boldsymbol{A})u(\boldsymbol{A})\boldsymbol{\alpha},\quad \boldsymbol{\alpha}_2=g(\boldsymbol{A})v(\boldsymbol{A})\boldsymbol{\alpha},$$

则

$$g(\boldsymbol{A})\boldsymbol{\alpha}_1=g(\boldsymbol{A})f(\boldsymbol{A})u(\boldsymbol{A})\boldsymbol{\alpha}=u(\boldsymbol{A})f(\boldsymbol{A})g(\boldsymbol{A})\boldsymbol{\alpha}=\boldsymbol{0},$$
$$f(\boldsymbol{A})\boldsymbol{\alpha}_2=f(\boldsymbol{A})g(\boldsymbol{A})v(\boldsymbol{A})\boldsymbol{\alpha}=v(\boldsymbol{A})f(\boldsymbol{A})g(\boldsymbol{A})\boldsymbol{\alpha}=\boldsymbol{0},$$

故 $\boldsymbol{\alpha}_1\in V_2,\boldsymbol{\alpha}_2\in V_1$,即 $\boldsymbol{\alpha}=\boldsymbol{\alpha}_1+\boldsymbol{\alpha}_2\in V_2+V_1=V_1+V_2$,所以 $V=V_1+V_2$.

设 $\boldsymbol{\beta}\in V_1\cap V_2$,则 $f(\boldsymbol{A})\boldsymbol{\beta}=g(\boldsymbol{A})\boldsymbol{\beta}=\boldsymbol{0}$,因此

$$\boldsymbol{\beta}=\boldsymbol{E\beta}=f(\boldsymbol{A})u(\boldsymbol{A})\boldsymbol{\beta}+g(\boldsymbol{A})v(\boldsymbol{A})\boldsymbol{\beta}=\boldsymbol{0}.$$

所以 $V_1\cap V_2=\{\boldsymbol{0}\}$,即 $V=V_1\oplus V_2$.

例 21 设 $\boldsymbol{A}\in P^{m\times n},\boldsymbol{B}\in P^{(n-m)\times n},m<n,V_1$ 和 V_2 分别是齐次线性方程组 $\boldsymbol{AX}=\boldsymbol{0}$ 和 $\boldsymbol{BX}=\boldsymbol{0}$ 的解空间. 证明:$P^n=V_1\oplus V_2$ 的充要条件是齐次线性方程组$\begin{pmatrix}\boldsymbol{A}\\\boldsymbol{B}\end{pmatrix}\boldsymbol{X}=\boldsymbol{0}$ 只有零解.

证明 先证充分性. 因$\begin{pmatrix}\boldsymbol{A}\\\boldsymbol{B}\end{pmatrix}\in P^{n\times n}$,若$\begin{pmatrix}\boldsymbol{A}\\\boldsymbol{B}\end{pmatrix}\boldsymbol{X}=\boldsymbol{0}$ 只有零解,则$\begin{vmatrix}\boldsymbol{A}\\\boldsymbol{B}\end{vmatrix}\neq 0$,且

$$秩(\boldsymbol{A})=m,\quad 秩(\boldsymbol{B})=n-m.$$

$\forall \boldsymbol{X}_0\in V_1\cap V_2$,则$\begin{pmatrix}\boldsymbol{A}\\\boldsymbol{B}\end{pmatrix}\boldsymbol{X}_0=\boldsymbol{0}$,所以 $\boldsymbol{X}_0=\boldsymbol{0}$,即证 $V_1\cap V_2=\{\boldsymbol{0}\}$,所以

$$维(V_1+V_2)=维(V_1)+维(V_2)=(n-m)+[n-(n-m)]=n,$$

从而 $P^n=V_1\oplus V_2$.

再证必要性. 设 $P^n=V_1\oplus V_2$,则 $V_1\cap V_2=\{\boldsymbol{0}\}$. 若$\begin{pmatrix}\boldsymbol{A}\\\boldsymbol{B}\end{pmatrix}\boldsymbol{X}=\boldsymbol{0}$,则

$$\begin{cases}\boldsymbol{AX}=\boldsymbol{0},\\\boldsymbol{BX}=\boldsymbol{0},\end{cases}\quad 即\quad \boldsymbol{X}\in V_1\cap V_2,$$

故 $\boldsymbol{X}=\boldsymbol{0}$,即证$\begin{pmatrix}\boldsymbol{A}\\\boldsymbol{B}\end{pmatrix}\boldsymbol{X}=\boldsymbol{0}$ 只有零解.

例 22 设 $\boldsymbol{A}$ 为 n 阶可逆方阵,在 $\boldsymbol{A}$ 的两行之间划线分块使 $\boldsymbol{A}=\begin{pmatrix}\boldsymbol{A}_1\\\boldsymbol{A}_2\end{pmatrix}$,证明:$P^n$ 是齐次线性方程组 $\boldsymbol{A}_1\boldsymbol{X}=\boldsymbol{0}$ 与 $\boldsymbol{A}_2\boldsymbol{X}=\boldsymbol{0}$ 的两个解空间 V_1 与 V_2 的直和.

证明 设秩$(\boldsymbol{A}_1)=r$,由 $\boldsymbol{A}$ 可逆,秩$(\boldsymbol{A}_2)=n-r$,因而维$(V_1)=n-r$,维$(V_2)=r$.

设 $\boldsymbol{\varepsilon}_1,\boldsymbol{\varepsilon}_2,\cdots,\boldsymbol{\varepsilon}_{n-r}$ 为 V_1 的一组基,$\boldsymbol{\eta}_1,\boldsymbol{\eta}_2,\cdots,\boldsymbol{\eta}_r$ 为 V_2 的一组基. 下证 $\boldsymbol{\varepsilon}_1,\boldsymbol{\varepsilon}_2,\cdots,\boldsymbol{\varepsilon}_{n-r},\boldsymbol{\eta}_1,\boldsymbol{\eta}_2,\cdots,\boldsymbol{\eta}_r$ 线性无关.

设

$$k_1\boldsymbol{\varepsilon}_1+k_2\boldsymbol{\varepsilon}_2+\cdots+k_{n-r}\boldsymbol{\varepsilon}_{n-r}+l_1\boldsymbol{\eta}_1+l_2\boldsymbol{\eta}_2+\cdots+l_r\boldsymbol{\eta}_r=\mathbf{0},$$

令

$$\boldsymbol{\alpha}=k_1\boldsymbol{\varepsilon}_1+k_2\boldsymbol{\varepsilon}_2+\cdots+k_{n-r}\boldsymbol{\varepsilon}_{n-r}=-l_1\boldsymbol{\eta}_1-l_2\boldsymbol{\eta}_2-\cdots-l_r\boldsymbol{\eta}_r,$$

则 $\boldsymbol{\alpha}\in V_1\cap V_2$，因而

$$\boldsymbol{A}\boldsymbol{\alpha}=\begin{pmatrix}\boldsymbol{A}_1\\ \boldsymbol{A}_2\end{pmatrix}\boldsymbol{\alpha}=\begin{pmatrix}\boldsymbol{A}_1\boldsymbol{\alpha}\\ \boldsymbol{A}_2\boldsymbol{\alpha}\end{pmatrix}=\mathbf{0}.$$

由 $\boldsymbol{A}$ 可逆，有 $\boldsymbol{\alpha}=\mathbf{0}$，即

$$k_1\boldsymbol{\varepsilon}_1+k_2\boldsymbol{\varepsilon}_2+\cdots+k_{n-r}\boldsymbol{\varepsilon}_{n-r}=\mathbf{0},\quad l_1\boldsymbol{\eta}_1+l_2\boldsymbol{\eta}_2+\cdots+l_r\boldsymbol{\eta}_r=\mathbf{0}.$$

由于 $\boldsymbol{\varepsilon}_1,\boldsymbol{\varepsilon}_2,\cdots,\boldsymbol{\varepsilon}_{n-r}$ 与 $\boldsymbol{\eta}_1,\boldsymbol{\eta}_2,\cdots,\boldsymbol{\eta}_r$ 分别是 V_1 和 V_2 的基，故有

$$k_i=0,\ i=1,2,\cdots,n-r,\quad l_j=0,\ j=1,2,\cdots,r.$$

因而 $\boldsymbol{\varepsilon}_1,\boldsymbol{\varepsilon}_2,\cdots,\boldsymbol{\varepsilon}_{n-r},\boldsymbol{\eta}_1,\boldsymbol{\eta}_2,\cdots,\boldsymbol{\eta}_r$ 线性无关，即 $\boldsymbol{\varepsilon}_1,\boldsymbol{\varepsilon}_2,\cdots,\boldsymbol{\varepsilon}_{n-r},\boldsymbol{\eta}_1,\boldsymbol{\eta}_2,\cdots,\boldsymbol{\eta}_r$ 是 P^n 的一组基. 故有 $P^n=V_1\oplus V_2$.

点评　此题是利用基的联合来证明直和，也可以直接利用例 21 的结论.

例 23　设 V 是数域 P 上的 n 维线性空间，V_1,V_2 是 V 的子空间，且

$$维(V_1+V_2)=维(V_1\cap V_2)+1,$$

证明：

$$V_1+V_2=V_1,V_1\cap V_2=V_2\quad 或\quad V_1+V_2=V_2,V_1\cap V_2=V_1.$$

证明　由维数公式，

$$维(V_1)+维(V_2)=维(V_1+V_2)+维(V_1\cap V_2).$$

由已知条件，

$$维(V_1)+维(V_2)=2\,维(V_1\cap V_2)+1,$$

于是有

$$(维(V_1)-维(V_1\cap V_2))+(维(V_2)-维(V_1\cap V_2))=1.$$

从而得，$维(V_1)-维(V_1\cap V_2)=0$ 或 1.

若 $维(V_1)-维(V_1\cap V_2)=0$，由 $V_1\cap V_2\subseteq V_1$，故有 $V_1=V_1\cap V_2$，由此可知 $V_1\subseteq V_2$，也有 $V_1+V_2=V_2$.

若 $维(V_1)-维(V_1\cap V_2)=1$，则有 $维(V_2)-维(V_1\cap V_2)=0$，类似地，有 $V_1\cap V_2=V_2$，且 $V_1+V_2=V_1$.

例 24　设 W 是 n 维线性空间 V 的非平凡子空间，证明：存在无限多个子空间 U，使 $V=U\oplus W$.

证明　设 $\boldsymbol{\alpha}_1,\boldsymbol{\alpha}_2,\cdots,\boldsymbol{\alpha}_m$ 是 W 的一组基，将它扩充为 V 的一组基 $\boldsymbol{\alpha}_1,\boldsymbol{\alpha}_2,\cdots,\boldsymbol{\alpha}_m,\boldsymbol{\alpha}_{m+1},\cdots,\boldsymbol{\alpha}_n$. 取

$$U_k=L(\boldsymbol{\alpha}_{m+1}+k\boldsymbol{\alpha}_1,\boldsymbol{\alpha}_{m+2},\cdots,\boldsymbol{\alpha}_n),\quad k=1,2,\cdots,$$

则可验证：$V=U_k\oplus W,U_k\neq U_s(k\neq s)$.

点评　本题是利用“若 $\boldsymbol{\alpha}_1,\boldsymbol{\alpha}_2,\cdots,\boldsymbol{\alpha}_n$ 线性无关，则 $\boldsymbol{\alpha}_1,\boldsymbol{\alpha}_2,\cdots,\boldsymbol{\alpha}_m,\boldsymbol{\alpha}_{m+1}+k\boldsymbol{\alpha}_1,\boldsymbol{\alpha}_{m+2},\cdots,\boldsymbol{\alpha}_n$ 也线性无关”进行证明的.

§6.3　习　　题

1. 求下列线性空间的维数和一组基：

1）数域 P 上的空间 $P^{n\times n}$；

2）$P^{n\times n}$ 中全体对称（反称、上三角形）矩阵作成的数域 P 上的空间；

3）实数域上由矩阵 $\boldsymbol{A}$ 的全体实系数多项式组成的空间，其中

$$\boldsymbol{A}=\begin{pmatrix}1&0&0\\0&\omega&0\\0&0&\omega^2\end{pmatrix},\quad \omega=\frac{-1+\sqrt{3}\,\mathrm{i}}{2}.$$

2. 在 P^4 中，求由基 $\boldsymbol{\varepsilon}_1,\boldsymbol{\varepsilon}_2,\boldsymbol{\varepsilon}_3,\boldsymbol{\varepsilon}_4$ 到基 $\boldsymbol{\eta}_1,\boldsymbol{\eta}_2,\boldsymbol{\eta}_3,\boldsymbol{\eta}_4$ 的过渡矩阵，并求向量 $\boldsymbol{\xi}$ 在所指基下的坐标：

1）$\begin{cases}\boldsymbol{\varepsilon}_1=(1,0,0,0),\\ \boldsymbol{\varepsilon}_2=(0,1,0,0),\\ \boldsymbol{\varepsilon}_3=(0,0,1,0),\\ \boldsymbol{\varepsilon}_4=(0,0,0,1),\end{cases}\qquad \begin{cases}\boldsymbol{\eta}_1=(2,1,-1,1),\\ \boldsymbol{\eta}_2=(0,3,1,0),\\ \boldsymbol{\eta}_3=(5,3,2,1),\\ \boldsymbol{\eta}_4=(6,6,1,3),\end{cases}$

$\boldsymbol{\xi}=(x_1,x_2,x_3,x_4)$ 在 $\boldsymbol{\eta}_1,\boldsymbol{\eta}_2,\boldsymbol{\eta}_3,\boldsymbol{\eta}_4$ 下的坐标；

2）$\begin{cases}\boldsymbol{\varepsilon}_1=(1,2,-1,0),\\ \boldsymbol{\varepsilon}_2=(1,-1,1,1),\\ \boldsymbol{\varepsilon}_3=(-1,2,1,1),\\ \boldsymbol{\varepsilon}_4=(-1,-1,0,1),\end{cases}\qquad \begin{cases}\boldsymbol{\eta}_1=(2,1,0,1),\\ \boldsymbol{\eta}_2=(0,1,2,2),\\ \boldsymbol{\eta}_3=(-2,1,1,2),\\ \boldsymbol{\eta}_4=(1,3,1,2),\end{cases}$

$\boldsymbol{\xi}=(1,0,0,0)$ 在 $\boldsymbol{\varepsilon}_1,\boldsymbol{\varepsilon}_2,\boldsymbol{\varepsilon}_3,\boldsymbol{\varepsilon}_4$ 下的坐标；

3）$\begin{cases}\boldsymbol{\varepsilon}_1=(1,1,1,1),\\ \boldsymbol{\varepsilon}_2=(1,1,-1,-1),\\ \boldsymbol{\varepsilon}_3=(1,-1,1,-1),\\ \boldsymbol{\varepsilon}_4=(1,-1,-1,1),\end{cases}\qquad \begin{cases}\boldsymbol{\eta}_1=(1,1,0,1),\\ \boldsymbol{\eta}_2=(2,1,3,1),\\ \boldsymbol{\eta}_3=(1,1,0,0),\\ \boldsymbol{\eta}_4=(0,1,-1,-1),\end{cases}$

$\boldsymbol{\xi}=(1,0,0,-1)$ 在 $\boldsymbol{\eta}_1,\boldsymbol{\eta}_2,\boldsymbol{\eta}_3,\boldsymbol{\eta}_4$ 下的坐标.

3. 在 P^4 中，求非零向量 $\boldsymbol{\xi}$，使它在基 $\boldsymbol{\varepsilon}_1,\boldsymbol{\varepsilon}_2,\boldsymbol{\varepsilon}_3,\boldsymbol{\varepsilon}_4$ 与 $\boldsymbol{\eta}_1,\boldsymbol{\eta}_2,\boldsymbol{\eta}_3,\boldsymbol{\eta}_4$ 下有相同的坐标，其中

$$\begin{cases}\boldsymbol{\varepsilon}_1=(1,0,0,0),\\ \boldsymbol{\varepsilon}_2=(0,1,0,0),\\ \boldsymbol{\varepsilon}_3=(0,0,1,0),\\ \boldsymbol{\varepsilon}_4=(0,0,0,1),\end{cases}\qquad \begin{cases}\boldsymbol{\eta}_1=(2,1,-1,1),\\ \boldsymbol{\eta}_2=(0,3,1,0),\\ \boldsymbol{\eta}_3=(5,3,2,1),\\ \boldsymbol{\eta}_4=(6,6,1,3).\end{cases}$$

4. 在 P^4 中，求由向量 $\boldsymbol{\alpha}_i(i=1,2,3,4)$ 生成的子空间的基与维数，其中

1）$\begin{cases}\boldsymbol{\alpha}_1=(2,1,3,1),\\ \boldsymbol{\alpha}_2=(1,2,0,1),\\ \boldsymbol{\alpha}_3=(-1,1,-3,0),\\ \boldsymbol{\alpha}_4=(1,1,1,1);\end{cases}\qquad$ 2）$\begin{cases}\boldsymbol{\alpha}_1=(2,1,3,-1),\\ \boldsymbol{\alpha}_2=(-1,1,-3,1),\\ \boldsymbol{\alpha}_3=(4,5,3,-1),\\ \boldsymbol{\alpha}_4=(1,5,-3,1).\end{cases}$

5. 在 P^5 中，求方程组

$$\begin{cases}x_1+x_2\qquad\quad -3x_4-x_5=0,\\ x_1-x_2+2x_3-x_4\qquad\quad =0,\\ 4x_1-2x_2+6x_3+3x_4-4x_5=0,\\ 2x_1+4x_2-2x_3+4x_4-7x_5=0\end{cases}$$

的解空间的维数和一组基.

6. 求由向量 $\boldsymbol{\alpha}_i$ 生成的子空间与由 $\boldsymbol{\beta}_i$ 生成的子空间的交的基和维数,$i=1,2$,其中

$$\begin{cases}\boldsymbol{\alpha}_1=(1,2,1,0),\\ \boldsymbol{\alpha}_2=(-1,1,1,1),\end{cases}\qquad \begin{cases}\boldsymbol{\beta}_1=(2,-1,0,1),\\ \boldsymbol{\beta}_2=(1,-1,3,7).\end{cases}$$

7. 给出数域 P 上的两个方程组

$$\begin{cases}x_1+x_2+x_3+x_4+x_5=0,\\ 3x_1+2x_2+x_3+x_4-3x_5=0,\\ x_2+2x_3+2x_4+6x_5=0,\\ 5x_1+4x_2+3x_3+3x_4-x_5=0\end{cases}\quad 和 \quad \begin{cases}x_1+x_2-3x_4-x_5=0,\\ x_1-x_2+2x_3-x_4=0,\\ 4x_1-2x_2+6x_3-4x_5=0,\\ 2x_1+4x_2-2x_3-7x_5=0.\end{cases}$$

它们的解空间分别是 V_1 和 V_2,求 $V_1\cap V_2$ 和 V_1+V_2 的维数和一组基.

8. 设 P 是数域,$\boldsymbol{A},\boldsymbol{B},\boldsymbol{C},\boldsymbol{D}\in P^{n\times n}$,两两可交换,且 $\boldsymbol{AC}+\boldsymbol{BD}=\boldsymbol{E}$,给出 P^n 的三个子空间

$$V=\{\boldsymbol{X}\in P^n\mid \boldsymbol{ABX}=\boldsymbol{0}\},$$
$$V_1=\{\boldsymbol{X}\in P^n\mid \boldsymbol{BX}=\boldsymbol{0}\},$$
$$V_2=\{\boldsymbol{X}\in P^n\mid \boldsymbol{AX}=\boldsymbol{0}\}.$$

证明:$V=V_1\oplus V_2$.

9. 设 V_1,W 是数域 P 上线性空间 V 的两个子空间,且 $V_1\subset W$,设 V_1 在 V 中的补空间是 V_2,证明:$W=V_1\oplus(V_2\cap W)$.

10. 设 V_1,V_2,V_3 都是 n 维线性空间的子空间,若

$$V_2\subseteq V_3,\quad V_1\cap V_2=V_1\cap V_3,\quad V_1+V_2=V_1+V_3,$$

证明:$V_2=V_3$.

11. 设 $\mathbf{R}$ 是实数域,$M=\left\{\begin{pmatrix}a&-b\\b&a\end{pmatrix}\middle| a,b\in\mathbf{R}\right\}$,证明:

1）M 是 $\mathbf{R}$ 上的线性空间,并求 M 的维数和一组基;

2）复数域 $\mathbf{C}$ 作为 $\mathbf{R}$ 上的线性空间与 M 同构,并写出其同构映射.

12. 设 V 是数域 P 上的线性空间,$V_1,V_2,\cdots,V_s$是 V 的子空间,若 $W=V_1+V_2+\cdots+V_s$不是直和,证明:W 的每个向量的表示法都不唯一.

13. 1）证明:在 $P[x]_n$ 中,多项式

$$f_i=(x-a_1)\cdots(x-a_{i-1})(x-a_{i+1})\cdots(x-a_n),\quad i=1,2,\cdots,n,$$

是一组基,其中 $a_1,a_2,\cdots,a_n$ 是互不相同的数;

2）在 1)中,取 $a_1,a_2,\cdots a_n$ 是全体 n 次单位根,求由基 $1,x,\cdots,x^{n-1}$ 到基 $f_1,f_2,\cdots,f_n$ 的过渡矩阵.

14. 设 $f(x_1,x_2,\cdots,x_n)$是秩为 n 的二次型,证明:存在 $\mathbf{R}^n$ 的一个$\frac{1}{2}(n-|s|)$维子空间 V_1(其中 s 为符号差),使对任一$(x_1,x_2,\cdots,x_n)\in V_1$ 有

$$f(x_1,x_2,\cdots,x_n)=0.$$

15. 设 $V_i,i=1,2,\cdots,s$ 是线性空间 V 的子空间,证明:和 $\sum\limits_{i=1}^{s}V_i$ 是直和的充要条件是

$$V_i \cap \sum_{j=1}^{i-1} V_j = \{\mathbf{0}\}, \quad i=2,3,\cdots,s.$$

16. 设 P 为数域,在 $P^{m\times n}$ 中,令

$$P^{m\times n}\boldsymbol{E}_{ii} = \{\boldsymbol{A}\boldsymbol{E}_{ii} \mid \boldsymbol{A} \in P^{m\times n}\},$$

其中 $\boldsymbol{E}_{ii}$ 表示第 i 行第 i 列的元素为 1,其余元素全为 0 的 $n\times n$ 矩阵,$1\leqslant i\leqslant n$,证明:

1) $P^{m\times n}\boldsymbol{E}_{ii}$ 是 $P^{m\times n}$ 的子空间,$1\leqslant i\leqslant n$;

2) $P^{m\times n} = P^{m\times n}\boldsymbol{E}_{11} \oplus P^{m\times n}\boldsymbol{E}_{22} \oplus \cdots \oplus P^{m\times n}\boldsymbol{E}_{nn}$.

17. 设 $\boldsymbol{A}$ 为 $m\times n$ 实矩阵,用 U 表示 $\boldsymbol{A}$ 的列空间,W 表示 $\boldsymbol{A}\boldsymbol{A}^{\mathrm{T}}$ 的列空间,证明:$U=W$.

18. 设 P 为数域,$\boldsymbol{A} \in P^{n\times n}$,且 $\boldsymbol{A}$ 可逆,将 $\boldsymbol{A}$ 和 $\boldsymbol{A}^{-1}$ 分块

$$\boldsymbol{A} = \begin{pmatrix} \boldsymbol{A}_{11} & \boldsymbol{A}_{12} \\ \boldsymbol{A}_{21} & \boldsymbol{A}_{22} \end{pmatrix}, \quad \boldsymbol{A}^{-1} = \begin{pmatrix} \boldsymbol{B}_{11} & \boldsymbol{B}_{12} \\ \boldsymbol{B}_{21} & \boldsymbol{B}_{22} \end{pmatrix},$$

其中 $\boldsymbol{A}_{11} \in P^{r\times k}$,$\boldsymbol{B}_{11} \in P^{k\times r}$. 设 W 和 U 分别为 $\boldsymbol{A}_{12}\boldsymbol{X}=\mathbf{0}$ 和 $\boldsymbol{B}_{12}\boldsymbol{Y}=\mathbf{0}$ 的解空间,证明:$W\cong U$.

19. 设 P 为实数域,对任意正整数 $m,n(m\geqslant n)$,证明:在 P^n 中存在 m 个向量 $\boldsymbol{\alpha}_1,\boldsymbol{\alpha}_2,\cdots,\boldsymbol{\alpha}_m$,使其中任意 n 个向量线性无关.

20. 设 V 为有限维线性空间,V_1 为非零子空间,如果存在唯一的子空间 V_2,使 $V=V_1\oplus V_2$,则 $V_1=V$,试证明之.

21. 设 $\boldsymbol{A},\boldsymbol{B}$ 是数域 P 上 n 阶方阵,已知齐次线性方程组 $\boldsymbol{A}\boldsymbol{X}=\mathbf{0}$ 与 $\boldsymbol{B}\boldsymbol{X}=\mathbf{0}$ 分别有 l,m 个线性无关的解向量,这里 $l\geqslant 0,m\geqslant 0$.

1) 证明:$(\boldsymbol{A}\boldsymbol{B})\boldsymbol{X}=\mathbf{0}$ 至少有 $\max\{l,m\}$ 个线性无关的解向量;

2) 如果 $\boldsymbol{A}\boldsymbol{X}=\mathbf{0}$ 与 $\boldsymbol{B}\boldsymbol{X}=\mathbf{0}$ 无公共非零解向量,且 $l+m=n$,证明:P^n 中任一向量 $\boldsymbol{\alpha}$ 可唯一表成 $\boldsymbol{\alpha}=\boldsymbol{\beta}+\boldsymbol{\gamma}$,这里 $\boldsymbol{\beta},\boldsymbol{\gamma}$ 分别是 $\boldsymbol{A}\boldsymbol{X}=\mathbf{0}$ 与 $\boldsymbol{B}\boldsymbol{X}=\mathbf{0}$ 的解向量.

§ 6.4　习题参考答案与提示

1. 1) $P^{n\times n}$ 是 n^2 维,基是 $\boldsymbol{E}_{ij}(i,j=1,2,\cdots,n)$,其中 $\boldsymbol{E}_{ij}$ 表示第 i 行第 j 列的元素为 1,而其余元素全为 0 的 $n\times n$ 矩阵;

2) $P^{n\times n}$ 中全体对称矩阵作成的数域 P 上的线性空间的维数是 $\dfrac{n(n+1)}{2}$,一组基为

$$\boldsymbol{E}_{ii}, \boldsymbol{E}_{ij}+\boldsymbol{E}_{ji}(i\neq j), \quad i,j=1,2,\cdots,n;$$

$P^{n\times n}$ 中全体反称矩阵作成数域 P 上的线性空间的维数是 $\dfrac{n(n-1)}{2}$,一组基为

$$\boldsymbol{E}_{ij}-\boldsymbol{E}_{ji}(i\neq j), \quad i,j=1,2,\cdots,n;$$

$P^{n\times n}$ 中全体上三角形矩阵作成的数域 P 上的线性空间的维数是 $\dfrac{n(n+1)}{2}$,一组基为

$$\boldsymbol{E}_{ii}, \boldsymbol{E}_{ij}(i<j), \quad i,j=1,2,\cdots,n;$$

3) $\boldsymbol{A}$ 的全体实系数多项式组成的实数域上的线性空间的维数是 3,一组基为 $\boldsymbol{E},\boldsymbol{A},\boldsymbol{A}^2$.

2. 1) $\begin{pmatrix} 2 & 0 & 5 & 6 \\ 1 & 3 & 3 & 6 \\ -1 & 1 & 2 & 1 \\ 1 & 0 & 1 & 3 \end{pmatrix}$, $\begin{pmatrix} \frac{4}{9}x_1+\frac{1}{3}x_2-x_3-\frac{11}{9}x_4 \\ \frac{1}{27}x_1+\frac{4}{9}x_2-\frac{1}{3}x_3-\frac{23}{27}x_4 \\ \frac{1}{3}x_1-\frac{2}{3}x_4 \\ -\frac{7}{27}x_1-\frac{1}{9}x_2+\frac{1}{3}x_3+\frac{26}{27}x_4 \end{pmatrix}$;

2) $\begin{pmatrix} 1 & 0 & 0 & 1 \\ 1 & 1 & 0 & 1 \\ 0 & 1 & 1 & 1 \\ 0 & 0 & 1 & 0 \end{pmatrix}$, $\begin{pmatrix} \frac{3}{13} \\ \frac{5}{13} \\ -\frac{2}{13} \\ -\frac{3}{13} \end{pmatrix}$;

3) $\begin{pmatrix} \frac{3}{4} & \frac{7}{4} & \frac{1}{2} & -\frac{1}{4} \\ \frac{1}{4} & -\frac{1}{4} & \frac{1}{2} & \frac{3}{4} \\ -\frac{1}{4} & \frac{3}{4} & 0 & -\frac{1}{4} \\ \frac{1}{4} & -\frac{1}{4} & 0 & -\frac{1}{4} \end{pmatrix}$, $\begin{pmatrix} -2 \\ -\frac{1}{2} \\ 4 \\ -\frac{3}{2} \end{pmatrix}$.

3. $(1,1,1,-1)$.

4. 1) $L(\boldsymbol{\alpha}_1,\boldsymbol{\alpha}_2,\boldsymbol{\alpha}_3,\boldsymbol{\alpha}_4)$的一组基为 $\boldsymbol{\alpha}_1,\boldsymbol{\alpha}_2,\boldsymbol{\alpha}_4$，其维数为 3；

2) $L(\boldsymbol{\alpha}_1,\boldsymbol{\alpha}_2,\boldsymbol{\alpha}_3,\boldsymbol{\alpha}_4)$的一组基为 $\boldsymbol{\alpha}_1,\boldsymbol{\alpha}_2$，其维数为 2.

5. 维数为 2，一组基是 $\boldsymbol{\alpha}_1=(-1,1,1,0,0)$，$\boldsymbol{\alpha}_2=\left(\frac{7}{2},\frac{5}{2},0,1,3\right)$.

6. $L(\boldsymbol{\alpha}_1,\boldsymbol{\alpha}_2)\cap L(\boldsymbol{\beta}_1,\boldsymbol{\beta}_2)$的维数为 1，其一组基为$(5,-2,-3,-4)$.

7. $V_1=L(\boldsymbol{\alpha}_1,\boldsymbol{\alpha}_2,\boldsymbol{\alpha}_3)$，$V_2=L(\boldsymbol{\beta}_1,\boldsymbol{\beta}_2)$，其中

$$\begin{cases} \boldsymbol{\alpha}_1=(1,-2,1,0,0), \\ \boldsymbol{\alpha}_2=(1,-2,0,1,0), \\ \boldsymbol{\alpha}_3=(5,-6,0,0,1), \end{cases} \quad \begin{cases} \boldsymbol{\beta}_1=(1,-1,-1,0,0), \\ \boldsymbol{\beta}_2=(3,2,0,1,2). \end{cases}$$

维$(V_1+V_2)=5$，一组基为 $\boldsymbol{\alpha}_1,\boldsymbol{\alpha}_2,\boldsymbol{\alpha}_3,\boldsymbol{\beta}_1,\boldsymbol{\beta}_2$，维$(V_1\cap V_2)=0$.

8. 提示：由 $\boldsymbol{A},\boldsymbol{B},\boldsymbol{C},\boldsymbol{D}$ 两两可交换可证 $V=V_1+V_2$，且 $V_1\cap V_2=\{\boldsymbol{0}\}$.

9. 提示：利用补空间的定义证明.

10. 提示：利用维数公式证明维$(V_2)=$维(V_3)，再由 $V_2\subset V_3$ 即得.

11. 提示：2) $\varphi: M\to\mathbf{C}$，$\begin{pmatrix} a & -b \\ b & a \end{pmatrix}\mapsto a+b\mathrm{i}$.

12. 提示:证明零向量表示不唯一.

13. 提示:运用基的定义可证得 1),利用 n 次单位根的性质可求得 2).

14. 提示:对 s 的正负进行讨论,构造出所求子空间的一组基.

15. 提示:$\sum_{j=1}^{i-1} V_j \subset \sum_{j\neq i} V_j(i=2,3,\cdots,s)$.

16. 提示:2)设 $\boldsymbol{A}\boldsymbol{E}_{ii}=\boldsymbol{B}$,则 $\boldsymbol{B}$ 除第 i 列外全为 0,且 $\boldsymbol{B}$ 的第 i 列与 $\boldsymbol{A}$ 的第 i 列相同.

17. 提示:秩($\boldsymbol{A}$)= 秩($\boldsymbol{A}\boldsymbol{A}^{\mathrm{T}}$),且 $\boldsymbol{A}\boldsymbol{A}^{\mathrm{T}}$ 的列向量是 $\boldsymbol{A}$ 的列向量组的线性组合.

18. 提示:$\forall \boldsymbol{\alpha}\in W$,有

$$\begin{pmatrix}\boldsymbol{0}\\ \boldsymbol{\alpha}\end{pmatrix}=\boldsymbol{A}^{-1}\boldsymbol{A}\begin{pmatrix}\boldsymbol{0}\\ \boldsymbol{\alpha}\end{pmatrix}=\begin{pmatrix}\boldsymbol{B}_{12}\boldsymbol{A}_{22}\boldsymbol{\alpha}\\ \boldsymbol{B}_{22}\boldsymbol{A}_{22}\boldsymbol{\alpha}\end{pmatrix},$$

于是 $\boldsymbol{B}_{12}\boldsymbol{A}_{22}\boldsymbol{\alpha}=\boldsymbol{0}$,即 $\boldsymbol{A}_{22}\boldsymbol{\alpha}\in U$. 令 $\sigma(\boldsymbol{\alpha})=\boldsymbol{A}_{22}\boldsymbol{\alpha}$,验证 σ 是同构映射.

19. 提示:取

$$\begin{gathered}\boldsymbol{\alpha}_1=(1,2,2^2,\cdots,2^{n-1}),\\ \boldsymbol{\alpha}_2=(1,2^2,(2^2)^2,\cdots,(2^2)^{n-1}),\\ \cdots,\\ \boldsymbol{\alpha}_m=(1,2^m,(2^m)^2,\cdots,(2^m)^{n-1})\end{gathered}$$

即可.

20. 提示:用反证法.

21. 提示:设 $\boldsymbol{A}\boldsymbol{X}=\boldsymbol{0}$,$\boldsymbol{B}\boldsymbol{X}=\boldsymbol{0}$ 和($\boldsymbol{A}\boldsymbol{B}$)$\boldsymbol{X}=\boldsymbol{0}$ 的解空间分别为 W_1,W_2,W_3,则

$$秩(A)\leqslant n-l,秩(\boldsymbol{B})\leqslant n-m.$$

1)当 $m\geqslant l$ 时,$\max\{m,l\}=m$,$\boldsymbol{B}\boldsymbol{X}=\boldsymbol{0}$ 的 m 个线性无关的解也是($\boldsymbol{A}\boldsymbol{B}$)$\boldsymbol{X}=\boldsymbol{0}$ 的解.

当 $m<l$ 时,$\max\{m,l\}=l$,于是

$$秩(\boldsymbol{A}\boldsymbol{B})\leqslant \min\{秩(\boldsymbol{A}),秩(\boldsymbol{B})\}\leqslant n-l,$$

故维(W_3)$=n-$秩(AB)$\geqslant l$.

2)证明维(W_1+W_2)$=n$,且 $W_1\cap W_2=\{\boldsymbol{0}\}$.

第六章典型习题详解

第七章 线性变换

§7.1 基本知识

一、线性变换的定义、性质及运算

1. 线性变换的定义：数域 P 上线性空间 V 的一个变换 $\mathscr{A}$ 称为 V 的线性变换，若 $\forall \boldsymbol{\alpha},\boldsymbol{\beta}\in V$，$\forall k\in P$，有

1）$\mathscr{A}(\boldsymbol{\alpha}+\boldsymbol{\beta})=\mathscr{A}(\boldsymbol{\alpha})+\mathscr{A}(\boldsymbol{\beta})$；

2）$\mathscr{A}(k\boldsymbol{\alpha})=k\mathscr{A}(\boldsymbol{\alpha})$.

若 $\forall \boldsymbol{\alpha}\in V$，$\mathscr{A}(\boldsymbol{\alpha})=\mathbf{0}$，则称 $\mathscr{A}$ 为零变换，记作 $\mathscr{O}$.

若 $\forall \boldsymbol{\alpha}\in V$，$\mathscr{A}(\boldsymbol{\alpha})=\boldsymbol{\alpha}$，则称 $\mathscr{A}$ 为恒等变换，记作 $\mathscr{E}$.

V 上全体线性变换的集合记为 $L(V)$.

2. 线性变换的性质：设 $\mathscr{A}$ 是数域 P 上线性空间 V 的线性变换，则

1）$\mathscr{A}(\mathbf{0})=\mathbf{0}$；

2）$\mathscr{A}(-\boldsymbol{\alpha})=-\mathscr{A}(\boldsymbol{\alpha})$，$\forall \boldsymbol{\alpha}\in V$；

3）$\mathscr{A}\left(\sum\limits_{i=1}^{s}k_i\boldsymbol{\alpha}_i\right)=\sum\limits_{i=1}^{s}k_i\mathscr{A}(\boldsymbol{\alpha}_i)$，$\boldsymbol{\alpha}_i\in V,k_i\in P,i=1,2,\cdots,s$；

4）若 $\boldsymbol{\alpha}_1,\boldsymbol{\alpha}_2,\cdots,\boldsymbol{\alpha}_s\in V$，且线性相关，则 $\mathscr{A}(\boldsymbol{\alpha}_1),\mathscr{A}(\boldsymbol{\alpha}_2),\cdots,\mathscr{A}(\boldsymbol{\alpha}_s)$ 也线性相关，反之未必.

3. 线性变换的运算：

1）设 V 是数域 P 上的线性空间，$k\in P$，$\mathscr{A},\mathscr{B}\in L(V)$，则

$$(\mathscr{A}+\mathscr{B})(\boldsymbol{\alpha})=\mathscr{A}(\boldsymbol{\alpha})+\mathscr{B}(\boldsymbol{\alpha}),\quad \forall \boldsymbol{\alpha}\in V,$$
$$(k\mathscr{A})(\boldsymbol{\alpha})=k\mathscr{A}(\boldsymbol{\alpha}),\quad \forall \boldsymbol{\alpha}\in V,$$
$$(\mathscr{A}\mathscr{B})(\boldsymbol{\alpha})=\mathscr{A}(\mathscr{B}(\boldsymbol{\alpha})),\quad \forall \boldsymbol{\alpha}\in V.$$

2）$L(V)$ 关于线性变换的加法和数量乘法构成 P 上的线性空间.

3）设 $\mathscr{A}$ 是线性空间 V 的变换，若存在 V 的变换 $\mathscr{B}$，使

$$\mathscr{A}\mathscr{B}=\mathscr{B}\mathscr{A}=\mathscr{E},$$

其中 $\mathscr{E}$ 为恒等变换，则称 $\mathscr{A}$ 是可逆的，且称 $\mathscr{B}$ 是 $\mathscr{A}$ 的逆变换，记作 $\mathscr{B}=\mathscr{A}^{-1}$.

若 $\mathscr{A}$ 是可逆的线性变换，则 $\mathscr{A}^{-1}$ 也是线性变换.

$\mathscr{A}$ 可逆当且仅当 $\mathscr{A}$ 是双射.

4）线性变换的多项式：设 $\mathscr{A}$ 是数域 P 上线性空间 V 的线性变换，$f(x)=a_nx^n+a_{n-1}x^{n-1}+\cdots+a_1x+a_0\in P[x]$，则

$$f(\mathscr{A})=a_n\mathscr{A}^n+a_{n-1}\mathscr{A}^{n-1}+\cdots+a_1\mathscr{A}+a_0\mathscr{E}.$$

$f(\mathscr{A})\in L(V)$,称为 $\mathscr{A}$ 的多项式.

二、线性变换的矩阵和矩阵的相似

1. 线性变换的矩阵的定义:设 $\mathscr{A}$ 是数域 P 上 n 维线性空间 V 的线性变换,$\boldsymbol{\alpha}_1,\boldsymbol{\alpha}_2,\cdots,\boldsymbol{\alpha}_n$ 为 V 的一组基,令

$$\begin{aligned}\mathscr{A}(\boldsymbol{\alpha}_1)&=a_{11}\boldsymbol{\alpha}_1+a_{21}\boldsymbol{\alpha}_2+\cdots+a_{n1}\boldsymbol{\alpha}_n,\\ \mathscr{A}(\boldsymbol{\alpha}_2)&=a_{12}\boldsymbol{\alpha}_1+a_{22}\boldsymbol{\alpha}_2+\cdots+a_{n2}\boldsymbol{\alpha}_n,\\ &\cdots,\\ \mathscr{A}(\boldsymbol{\alpha}_n)&=a_{1n}\boldsymbol{\alpha}_1+a_{2n}\boldsymbol{\alpha}_2+\cdots+a_{nn}\boldsymbol{\alpha}_n,\end{aligned}$$

用矩阵形式表示为

$$\begin{aligned}\mathscr{A}(\boldsymbol{\alpha}_1,\boldsymbol{\alpha}_2,\cdots,\boldsymbol{\alpha}_n)&=(\mathscr{A}(\boldsymbol{\alpha}_1),\mathscr{A}(\boldsymbol{\alpha}_2),\cdots,\mathscr{A}(\boldsymbol{\alpha}_n))\\ &=(\boldsymbol{\alpha}_1,\boldsymbol{\alpha}_2,\cdots,\boldsymbol{\alpha}_n)\begin{pmatrix}a_{11}&a_{12}&\cdots&a_{1n}\\ a_{21}&a_{22}&\cdots&a_{2n}\\ \vdots&\vdots&&\vdots\\ a_{n1}&a_{n2}&\cdots&a_{nn}\end{pmatrix}.\end{aligned}$$

令

$$\boldsymbol{A}=\begin{pmatrix}a_{11}&a_{12}&\cdots&a_{1n}\\ a_{21}&a_{22}&\cdots&a_{2n}\\ \vdots&\vdots&&\vdots\\ a_{n1}&a_{n2}&\cdots&a_{nn}\end{pmatrix},$$

称 n 阶方阵 $\boldsymbol{A}$ 为线性变换 $\mathscr{A}$ 在基 $\boldsymbol{\alpha}_1,\boldsymbol{\alpha}_2,\cdots,\boldsymbol{\alpha}_n$ 下的矩阵,且称矩阵 $\boldsymbol{A}$ 的秩是线性变换 $\mathscr{A}$ 的秩,即秩$(\mathscr{A})=$秩$(\boldsymbol{A})$.

2. 线性变换与其矩阵的关系:

1) 设 $\mathscr{A},\mathscr{B}$ 是数域 P 上线性空间 V 的线性变换,$k\in P$,且 $\mathscr{A},\mathscr{B}$ 在基 $\boldsymbol{\varepsilon}_1,\boldsymbol{\varepsilon}_2,\cdots,\boldsymbol{\varepsilon}_n$ 下的矩阵分别为 $\boldsymbol{A}$ 和 $\boldsymbol{B}$,则 $\mathscr{A}+\mathscr{B}$, $k\mathscr{A}$ 和 $\mathscr{A}\mathscr{B}$ 在基 $\boldsymbol{\varepsilon}_1,\boldsymbol{\varepsilon}_2,\cdots,\boldsymbol{\varepsilon}_n$ 下的矩阵分别为 $\boldsymbol{A}+\boldsymbol{B}$, $k\boldsymbol{A}$ 和 $\boldsymbol{AB}$.

2) 设 $\mathscr{A}$ 是线性空间 V 的线性变换,$\mathscr{A}$ 在基 $\boldsymbol{\varepsilon}_1,\boldsymbol{\varepsilon}_2,\cdots,\boldsymbol{\varepsilon}_n$ 下的矩阵为 $\boldsymbol{A}$,则 $\mathscr{A}$ 可逆的充要条件是 $\boldsymbol{A}$ 为可逆矩阵,且 $\mathscr{A}^{-1}$在 $\boldsymbol{\varepsilon}_1,\boldsymbol{\varepsilon}_2,\cdots,\boldsymbol{\varepsilon}_n$ 下的矩阵为 $\boldsymbol{A}^{-1}$.

3. 线性变换与坐标变换:设 $\mathscr{A}$ 在基 $\boldsymbol{\alpha}_1,\boldsymbol{\alpha}_2,\cdots,\boldsymbol{\alpha}_n$ 下的矩阵为 $\boldsymbol{A}$, $\forall\boldsymbol{\alpha}\in V$,设 $\boldsymbol{\alpha}$ 在基 $\boldsymbol{\alpha}_1,\boldsymbol{\alpha}_2,\cdots,\boldsymbol{\alpha}_n$ 下的坐标为$(x_1,x_2,\cdots,x_n)^{\mathrm{T}}$,即

$$\boldsymbol{\alpha}=(\boldsymbol{\alpha}_1,\boldsymbol{\alpha}_2,\cdots,\boldsymbol{\alpha}_n)\begin{pmatrix}x_1\\ x_2\\ \vdots\\ x_n\end{pmatrix},$$

则 $\mathscr{A}\boldsymbol{\alpha}$ 在基 $\boldsymbol{\alpha}_1,\boldsymbol{\alpha}_2,\cdots,\boldsymbol{\alpha}_n$ 下的坐标是

$$\boldsymbol{A}\begin{pmatrix}x_1\\x_2\\\vdots\\x_n\end{pmatrix}.$$

4. 同一线性变换在不同基下的矩阵之间的关系：设 $\boldsymbol{\alpha}_1,\boldsymbol{\alpha}_2,\cdots,\boldsymbol{\alpha}_n$ 和 $\boldsymbol{\beta}_1,\boldsymbol{\beta}_2,\cdots,\boldsymbol{\beta}_n$ 是 V 的两组基，且 $\boldsymbol{\alpha}_1,\boldsymbol{\alpha}_2,\cdots,\boldsymbol{\alpha}_n$ 到 $\boldsymbol{\beta}_1,\boldsymbol{\beta}_2,\cdots,\boldsymbol{\beta}_n$ 的过渡矩阵为 $\boldsymbol{T}$，即

$$(\boldsymbol{\beta}_1,\boldsymbol{\beta}_2,\cdots,\boldsymbol{\beta}_n)=(\boldsymbol{\alpha}_1,\boldsymbol{\alpha}_2,\cdots,\boldsymbol{\alpha}_n)\boldsymbol{T},$$

则 $\boldsymbol{T}$ 是 n 阶可逆矩阵. 若 $\mathscr{A}$ 在基 $\boldsymbol{\alpha}_1,\boldsymbol{\alpha}_2,\cdots,\boldsymbol{\alpha}_n$ 下的矩阵为 $\boldsymbol{A}$，则 $\mathscr{A}$ 在基 $\boldsymbol{\beta}_1,\boldsymbol{\beta}_2,\cdots,\boldsymbol{\beta}_n$ 下的矩阵为 $\boldsymbol{T}^{-1}\boldsymbol{A}\boldsymbol{T}$，它和 $\mathscr{A}$ 在基 $\boldsymbol{\alpha}_1,\boldsymbol{\alpha}_2,\cdots,\boldsymbol{\alpha}_n$ 下的矩阵 $\boldsymbol{A}$ 是相似的，即同一个线性变换在不同基下的矩阵相似.

若 $\boldsymbol{A}$ 与 $\boldsymbol{B}$ 相似，记为 $\boldsymbol{A}\sim\boldsymbol{B}$. 易知矩阵的相似关系是一个等价关系.

5. 两个相似矩阵可视为同一个线性变换在不同基下的矩阵：设 $\boldsymbol{A}\sim\boldsymbol{B},\boldsymbol{A},\boldsymbol{B}\in P^{n\times n}$，则有可逆矩阵 $\boldsymbol{T}$，使 $\boldsymbol{B}=\boldsymbol{T}^{-1}\boldsymbol{A}\boldsymbol{T}$. 设 $\boldsymbol{\alpha}_1,\boldsymbol{\alpha}_2,\cdots,\boldsymbol{\alpha}_n$ 为 V 的一组基，定义

$$\mathscr{A}(\boldsymbol{\alpha}_1,\boldsymbol{\alpha}_2,\cdots,\boldsymbol{\alpha}_n)=(\boldsymbol{\alpha}_1,\boldsymbol{\alpha}_2,\cdots,\boldsymbol{\alpha}_n)\boldsymbol{A},$$

则 $\mathscr{A}$ 是 V 的线性变换. 令

$$(\boldsymbol{\beta}_1,\boldsymbol{\beta}_2,\cdots,\boldsymbol{\beta}_n)=(\boldsymbol{\alpha}_1,\boldsymbol{\alpha}_2,\cdots,\boldsymbol{\alpha}_n)\boldsymbol{T},$$

则 $\boldsymbol{\beta}_1,\boldsymbol{\beta}_2,\cdots,\boldsymbol{\beta}_n$ 也是 V 的一组基，$\boldsymbol{A}$ 和 $\boldsymbol{B}=\boldsymbol{T}^{-1}\boldsymbol{A}\boldsymbol{T}$ 是线性变换 $\mathscr{A}$ 分别在基 $\boldsymbol{\alpha}_1,\boldsymbol{\alpha}_2,\cdots,\boldsymbol{\alpha}_n$ 和基 $\boldsymbol{\beta}_1,\boldsymbol{\beta}_2,\cdots,\boldsymbol{\beta}_n$ 下的矩阵.

6. 设 V 是数域 P 上 n 维线性空间，$\boldsymbol{\alpha}_1,\boldsymbol{\alpha}_2,\cdots,\boldsymbol{\alpha}_n$ 是 V 的一组基，令

$$\varphi: L(V)\to P^{n\times n},\quad \mathscr{A}\to\boldsymbol{A},$$

其中

$$\mathscr{A}(\boldsymbol{\alpha}_1,\boldsymbol{\alpha}_2,\cdots,\boldsymbol{\alpha}_n)=(\boldsymbol{\alpha}_1,\boldsymbol{\alpha}_2,\cdots,\boldsymbol{\alpha}_n)\boldsymbol{A},$$

则 φ 是同构映射，从而维$(L(V))=n^2$.

三、线性变换（或 n 阶方阵）的特征值与特征向量

1. 特征矩阵与特征多项式：设 $\mathscr{A}$ 是数域 P 上 n 维线性空间 V 的线性变换，$\boldsymbol{\alpha}_1,\boldsymbol{\alpha}_2,\cdots,\boldsymbol{\alpha}_n$ 是 V 的一组基，

$$\mathscr{A}(\boldsymbol{\alpha}_1,\boldsymbol{\alpha}_2,\cdots,\boldsymbol{\alpha}_n)=(\boldsymbol{\alpha}_1,\boldsymbol{\alpha}_2,\cdots,\boldsymbol{\alpha}_n)\boldsymbol{A},$$

称 $\lambda\boldsymbol{E}-\boldsymbol{A}$ 为 $\mathscr{A}$（或 $\boldsymbol{A}$）的特征矩阵，称 $f(\lambda)=|\lambda\boldsymbol{E}-\boldsymbol{A}|$ 为 $\mathscr{A}$（或 $\boldsymbol{A}$）的特征多项式.

$$|\lambda\boldsymbol{E}-\boldsymbol{A}|=\lambda^n-a_1\lambda^{n-1}+\cdots+(-1)^{n-1}a_{n-1}\lambda+(-1)^n|\boldsymbol{A}|,$$

其中 a_i 为 $\boldsymbol{A}$ 的一切 i 阶主子式之和，$i=1,2,\cdots,n-1$.

2. 特征值与特征向量：

1）设 $\boldsymbol{A}\in P^{n\times n}$，$|\lambda\boldsymbol{E}-\boldsymbol{A}|$ 在数域 P 中的根称为 $\boldsymbol{A}$ 的特征值. 设 λ_0 是 $\boldsymbol{A}$ 的特征值，齐次线性方程组 $(\lambda_0\boldsymbol{E}-\boldsymbol{A})\boldsymbol{X}=\boldsymbol{0}$ 的非零解 $\boldsymbol{\alpha}$ 称为 $\boldsymbol{A}$ 的属于 λ_0 的特征向量，从而有 $\boldsymbol{A}\boldsymbol{\alpha}=\lambda_0\boldsymbol{\alpha}$.

2）设 $\mathscr{A}$ 是数域 P 上 n 维线性空间 V 的线性变换，若 $\exists\lambda_0\in P$，$\exists\boldsymbol{\alpha}\in V,\boldsymbol{\alpha}\neq\boldsymbol{0}$，使 $\mathscr{A}(\boldsymbol{\alpha})=\lambda_0\boldsymbol{\alpha}$，则称 λ_0 是线性变换 $\mathscr{A}$ 的特征值，$\boldsymbol{\alpha}$ 是 $\mathscr{A}$ 的属于特征值 λ_0 的特征向量.

$\mathscr{A}$ 的属于特征值 λ_0 的全部特征向量再添上零向量所成的集合是 V 的一个子空间，称为 V

的特征子空间,记为 V_{λ_0},即 $V_{\lambda_0}=\{\boldsymbol{\alpha}\in V\mid \mathscr{A}(\boldsymbol{\alpha})=\lambda_0\boldsymbol{\alpha}\}$.

3. 求线性变换 $\mathscr{A}$ 的特征值与特征向量的步骤:

1) 取线性空间 V 的一组基 $\boldsymbol{\varepsilon}_1,\boldsymbol{\varepsilon}_2,\cdots,\boldsymbol{\varepsilon}_n$,写出 $\mathscr{A}$ 在这组基下的矩阵 $\boldsymbol{A}$;

2) 求 $|\lambda\boldsymbol{E}-\boldsymbol{A}|$ 在 V 的基域 P 中的根,它们就是 $\mathscr{A}$ 的全部特征值;

3) 对特征值 λ_0,解齐次线性方程组 $(\lambda_0\boldsymbol{E}-\boldsymbol{A})\boldsymbol{X}=\boldsymbol{0}$,求出一组基础解系,它们就是属于特征值 λ_0 的线性无关的特征向量在基 $\boldsymbol{\varepsilon}_1,\boldsymbol{\varepsilon}_2,\cdots,\boldsymbol{\varepsilon}_n$ 下的坐标,属于 λ_0 的特征向量都是这几个线性无关的特征向量的线性组合.

由此可知,

$$\text{维}(V_{\lambda_0})=n-\text{秩}(\lambda_0\boldsymbol{E}-\boldsymbol{A}).$$

4. 特征多项式的降阶定理:设 $m>n,\boldsymbol{A}\in P^{m\times n},\boldsymbol{B}\in P^{n\times m}$,则 $\forall\lambda\in P,\lambda\neq 0$,有

$$|\lambda\boldsymbol{E}_m-\boldsymbol{AB}|=\lambda^{m-n}|\lambda\boldsymbol{E}_n-\boldsymbol{BA}|.$$

特别地,当 $n=1$ 时,

$$|\lambda\boldsymbol{E}_m-\boldsymbol{AB}|=\lambda^{m-1}(\lambda-\boldsymbol{BA}),$$

当 $n=m$ 时,

$$|\lambda\boldsymbol{E}-\boldsymbol{AB}|=|\lambda\boldsymbol{E}-\boldsymbol{BA}|.$$

5. 哈密顿-凯莱定理:设 $\boldsymbol{A}\in P^{n\times n}$,$f(\lambda)=|\lambda\boldsymbol{E}-\boldsymbol{A}|$ 是 $\boldsymbol{A}$ 的特征多项式,则

$$f(\boldsymbol{A})=\boldsymbol{A}^n-(a_{11}+a_{22}+\cdots+a_{nn})\boldsymbol{A}^{n-1}+\cdots+(-1)^n|\boldsymbol{A}|\boldsymbol{E}=\boldsymbol{O}.$$

四、线性变换(或 n 阶方阵)的对角化

1. 设 $\mathscr{A}$ 是数域 P 上 n 维线性空间 V 的线性变换,$\lambda_1,\lambda_2,\cdots,\lambda_s$ 是 $\mathscr{A}$ 的全部互异的特征值,则下列条件等价:

1) $\mathscr{A}$ 在某组基下的矩阵是对角形(也称 $\mathscr{A}$ 是可对角化的);

2) $\mathscr{A}$ 有 n 个线性无关的特征向量;

3) $\sum\limits_{i=1}^{s}(\lambda_i\text{ 的重数})=n$,且维$(V_{\lambda_i})=\lambda_i$ 的重数,$i=1,2,\cdots,s$;

4) $\sum\limits_{i=1}^{s}\text{维}(V_{\lambda_i})=n$.

2. 设 $\boldsymbol{A}\in P^{n\times n}$,$\lambda_1,\lambda_2,\cdots,\lambda_s$ 是 $\boldsymbol{A}$ 的所有互异的特征值,则下列条件等价:

1) $\boldsymbol{A}$ 与数域 P 上的对角矩阵相似(也称 $\boldsymbol{A}$ 在 P 上可对角化);

2) $\boldsymbol{A}$ 在 P^n 中有 n 个线性无关的特征向量;

3) $\sum\limits_{i=1}^{s}(\lambda_i\text{ 的重数})=n$,且 λ_i 的重数$=n-$秩$(\lambda_i\boldsymbol{E}-\boldsymbol{A})$,$i=1,2,\cdots,s$;

4) $\sum\limits_{i=1}^{s}(n-\text{秩}(\lambda_i\boldsymbol{E}-\boldsymbol{A}))=n$.

五、线性变换的值域、核和不变子空间

设 V 是数域 P 上的线性空间,$\mathscr{A}$ 是 V 的线性变换,称集合 $\{\mathscr{A}(\boldsymbol{\alpha})\mid\boldsymbol{\alpha}\in V\}$ 是 $\mathscr{A}$ 的像,也叫 $\mathscr{A}$ 的值域,表示为 $\mathscr{A}(V)$ 或 $\mathrm{Im}\,\mathscr{A}$. 称集合 $\{\mathscr{A}(\boldsymbol{\alpha})\mid\mathscr{A}(\boldsymbol{\alpha})=\boldsymbol{0}\}$ 是 $\mathscr{A}$ 的核,表示为 $\mathrm{Ker}\,\mathscr{A}$

或 $\mathscr{A}^{-1}(\mathbf{0})$.

设 W 是 V 的一个子空间,如果 $\mathscr{A}(W)\subseteq W$,称 W 是 V 的不变子空间.

关于数域 P 上线性空间 V 的线性变换 $\mathscr{A}$,以下诸结论成立:

1) $\mathscr{A}(V)$ 和 $\mathscr{A}^{-1}(\mathbf{0})$ 是 $\mathscr{A}$ 的不变子空间,$\mathscr{A}^{-1}(\mathbf{0})$ 的维数称为 $\mathscr{A}$ 的零度,记为零度($\mathscr{A}$).

2) 线性变换 $\mathscr{A}$ 是单射的充要条件是 $\mathscr{A}^{-1}(\mathbf{0})=\{\mathbf{0}\}$.

3) 若 V 是有限维线性空间,则 $\mathscr{A}$ 是单射当且仅当 $\mathscr{A}$ 是满射,当且仅当 $\mathscr{A}$ 将一组基变为另一组基.

4) 若 V 是 n 维线性空间,$\boldsymbol{\alpha}_1,\boldsymbol{\alpha}_2,\cdots,\boldsymbol{\alpha}_n$是 V 的一组基,且

$$\mathscr{A}(\boldsymbol{\alpha}_1,\boldsymbol{\alpha}_2,\cdots,\boldsymbol{\alpha}_n)=(\boldsymbol{\alpha}_1,\boldsymbol{\alpha}_2,\cdots,\boldsymbol{\alpha}_n)\boldsymbol{A},$$

称矩阵 $\boldsymbol{A}$ 的秩为线性变换 $\mathscr{A}$ 的秩,记为秩($\mathscr{A}$)= 秩($\boldsymbol{A}$). 易知,$\mathscr{A}$ 的秩是子空间$\mathscr{A}(V)$的维数.

5) 若 V 是 n 维线性空间,则

$$\text{秩}(\mathscr{A})+\text{零度}(\mathscr{A})=n.$$

6) 若 $\mathscr{A}$ 是数乘变换,则 V 的任一子空间是 $\mathscr{A}$ 的不变子空间.

7) 若 $\mathscr{A}$ 和 $\mathscr{B}$ 均为 V 的线性变换且 $\mathscr{A}\mathscr{B}=\mathscr{B}\mathscr{A}$,则 $\mathscr{B}(V)$ 和 $\mathscr{B}^{-1}(\mathbf{0})$ 都是 $\mathscr{A}$ 的不变子空间.

8) 若 W 是线性变换 $\mathscr{A}$ 和 $\mathscr{B}$ 的不变子空间,则 W 一定是 $\mathscr{A}+\mathscr{B}$ 和 $\mathscr{A}\mathscr{B}$ 的不变子空间.

9) $\mathscr{A}$ 是可逆线性变换,则 W 是 $\mathscr{A}$ 的不变子空间当且仅当 W 是 $\mathscr{A}^{-1}$的不变子空间.

10) 若 W_1,W_2 是 $\mathscr{A}$ 的不变子空间,则 W_1+W_2 和 $W_1\cap W_2$ 都是 $\mathscr{A}$ 的不变子空间.

11) 若 V 是有限维线性空间,则 V 能分解为 $\mathscr{A}$ 的若干个不变子空间的直和当且仅当 $\mathscr{A}$ 在某组基下的矩阵为准对角形矩阵.

§7.2 例 题

例 1 设 $\boldsymbol{\alpha}_1,\boldsymbol{\alpha}_2,\boldsymbol{\alpha}_3$ 是线性空间 V 的一组基,$\mathscr{A}$ 是 V 的线性变换,且

$$\mathscr{A}(\boldsymbol{\alpha}_1)=\boldsymbol{\alpha}_1,\ \mathscr{A}(\boldsymbol{\alpha}_2)=\boldsymbol{\alpha}_1+\boldsymbol{\alpha}_2,\ \mathscr{A}(\boldsymbol{\alpha}_3)=\boldsymbol{\alpha}_1+\boldsymbol{\alpha}_2+\boldsymbol{\alpha}_3.$$

1) 证明:$\mathscr{A}$ 是可逆的线性变换;

2) 求 $2\mathscr{A}-\mathscr{A}^{-1}$在基 $\boldsymbol{\alpha}_1,\boldsymbol{\alpha}_2,\boldsymbol{\alpha}_3$ 下的矩阵.

解 由已知,

$$\mathscr{A}(\boldsymbol{\alpha}_1,\boldsymbol{\alpha}_2,\boldsymbol{\alpha}_3)=(\boldsymbol{\alpha}_1,\boldsymbol{\alpha}_2,\boldsymbol{\alpha}_3)\begin{pmatrix}1&1&1\\0&1&1\\0&0&1\end{pmatrix}=(\boldsymbol{\alpha}_1,\boldsymbol{\alpha}_2,\boldsymbol{\alpha}_3)\boldsymbol{A},$$

其中 $\boldsymbol{A}=\begin{pmatrix}1&1&1\\0&1&1\\0&0&1\end{pmatrix}$.

1) 由于 $|\boldsymbol{A}|=1\neq 0$,因此 $\boldsymbol{A}$ 可逆,故 $\mathscr{A}$ 可逆.

2) 因

$$\boldsymbol{A}^{-1}=\begin{pmatrix}1&-1&0\\0&1&-1\\0&0&1\end{pmatrix},$$

故 $2\mathscr{A}-\mathscr{A}^{-1}$ 在 $\boldsymbol{\alpha}_1,\boldsymbol{\alpha}_2,\boldsymbol{\alpha}_3$ 下的矩阵为

$$2\boldsymbol{A}-\boldsymbol{A}^{-1}=\begin{pmatrix}1&3&2\\0&1&3\\0&0&1\end{pmatrix}.$$

点评 利用线性变换与其矩阵的关系求解.

例 2 设 $\mathscr{A}$ 是 n 维线性空间 V 的线性变换,

$$\mathscr{A}^3=2\mathscr{E},\quad \mathscr{B}=\mathscr{A}^2-2\mathscr{A}+2\mathscr{E},$$

其中 $\mathscr{E}$ 为恒等变换,证明:$\mathscr{A},\mathscr{B}$ 都是可逆变换.

证明 取 V 的一组基 $\boldsymbol{\alpha}_1,\boldsymbol{\alpha}_2,\cdots,\boldsymbol{\alpha}_n$,且设

$$\mathscr{A}(\boldsymbol{\alpha}_1,\boldsymbol{\alpha}_2,\cdots,\boldsymbol{\alpha}_n)=(\boldsymbol{\alpha}_1,\boldsymbol{\alpha}_2,\cdots,\boldsymbol{\alpha}_n)\boldsymbol{A}.$$

因 $\mathscr{A}^3=2\mathscr{E}$,故 $\boldsymbol{A}^3=2\boldsymbol{E}$,从而 $|\boldsymbol{A}|^3=2^n$,所以 $\boldsymbol{A}$ 可逆,即 $\mathscr{A}$ 是可逆变换.

设 $\mathscr{B}$ 在 $\boldsymbol{\alpha}_1,\boldsymbol{\alpha}_2,\cdots,\boldsymbol{\alpha}_n$ 下的矩阵为 $\boldsymbol{B}$,则

$$\boldsymbol{B}=\boldsymbol{A}^2-2\boldsymbol{A}+2\boldsymbol{E}=\boldsymbol{A}^2-2\boldsymbol{A}+\boldsymbol{A}^3=\boldsymbol{A}(\boldsymbol{A}-\boldsymbol{E})(\boldsymbol{A}+2\boldsymbol{E}).$$

由 $\boldsymbol{A}^3=2\boldsymbol{E}$ 可得:

$$\boldsymbol{E}=\boldsymbol{A}^3-\boldsymbol{E}=(\boldsymbol{A}-\boldsymbol{E})(\boldsymbol{A}^2+\boldsymbol{A}+\boldsymbol{E}),$$

$$10\boldsymbol{E}=\boldsymbol{A}^3+8\boldsymbol{E}=(\boldsymbol{A}+2\boldsymbol{E})(\boldsymbol{A}^2-2\boldsymbol{A}+4\boldsymbol{E}),$$

故 $|\boldsymbol{A}-\boldsymbol{E}|\neq 0$, $|\boldsymbol{A}+2\boldsymbol{E}|\neq 0$,于是

$$|\boldsymbol{B}|=|\boldsymbol{A}|\cdot|\boldsymbol{A}-\boldsymbol{E}|\cdot|\boldsymbol{A}+2\boldsymbol{E}|\neq 0,$$

即 $\boldsymbol{B}$ 可逆,所以 $\mathscr{B}$ 是可逆变换.

例 3 在 P^3 中,定义线性变换 $\mathscr{A}$ 为

$$\mathscr{A}(x_1,x_2,x_3)=(2x_1-x_2,x_2+x_3,x_1).$$

1) 求 $\mathscr{A}$ 在基 $\boldsymbol{\varepsilon}_1=(1,0,0),\boldsymbol{\varepsilon}_2=(0,1,0),\boldsymbol{\varepsilon}_3=(0,0,1)$ 下的矩阵;

2) 设 $\boldsymbol{\alpha}=(1,0,-2)$,求 $\mathscr{A}(\boldsymbol{\alpha})$ 在基 $\boldsymbol{\alpha}_1=(2,0,1),\boldsymbol{\alpha}_2=(0,-1,1),\boldsymbol{\alpha}_3=(-1,0,2)$ 下的坐标;

3) 判断 $\mathscr{A}$ 是否可逆,若可逆,求 $\mathscr{A}^{-1}$.

解 1) $\mathscr{A}(\boldsymbol{\varepsilon}_1)=(2,0,1)$, $\mathscr{A}(\boldsymbol{\varepsilon}_2)=(-1,1,0)$, $\mathscr{A}(\boldsymbol{\varepsilon}_3)=(0,1,0)$,于是

$$\mathscr{A}(\boldsymbol{\varepsilon}_1,\boldsymbol{\varepsilon}_2,\boldsymbol{\varepsilon}_3)=(\boldsymbol{\varepsilon}_1,\boldsymbol{\varepsilon}_2,\boldsymbol{\varepsilon}_3)\begin{pmatrix}2&-1&0\\0&1&1\\1&0&0\end{pmatrix}.$$

2) 解法 1 $(\boldsymbol{\alpha}_1,\boldsymbol{\alpha}_2,\boldsymbol{\alpha}_3)=(\boldsymbol{\varepsilon}_1,\boldsymbol{\varepsilon}_2,\boldsymbol{\varepsilon}_3)\begin{pmatrix}2&0&-1\\0&-1&0\\1&1&2\end{pmatrix}$,

$$\mathscr{A}(\boldsymbol{\alpha})=\mathscr{A}\left((\boldsymbol{\varepsilon}_1,\boldsymbol{\varepsilon}_2,\boldsymbol{\varepsilon}_3)\begin{pmatrix}1\\0\\-2\end{pmatrix}\right)=(\mathscr{A}(\boldsymbol{\varepsilon}_1,\boldsymbol{\varepsilon}_2,\boldsymbol{\varepsilon}_3))\begin{pmatrix}1\\0\\-2\end{pmatrix}$$

$$=(\boldsymbol{\varepsilon}_1,\boldsymbol{\varepsilon}_2,\boldsymbol{\varepsilon}_3)\begin{pmatrix}2&-1&0\\0&1&1\\1&0&0\end{pmatrix}\begin{pmatrix}1\\0\\-2\end{pmatrix}$$

$$=(\boldsymbol{\alpha}_1,\boldsymbol{\alpha}_2,\boldsymbol{\alpha}_3)\begin{pmatrix}2&0&-1\\0&-1&0\\1&1&2\end{pmatrix}^{-1}\begin{pmatrix}2&-1&0\\0&1&1\\1&0&0\end{pmatrix}\begin{pmatrix}1\\0\\-2\end{pmatrix}$$

$$=(\boldsymbol{\alpha}_1,\boldsymbol{\alpha}_2,\boldsymbol{\alpha}_3)\begin{pmatrix}\frac{3}{5}\\2\\-\frac{4}{5}\end{pmatrix}.$$

解法 2　$\mathscr{A}(\boldsymbol{\alpha})=\mathscr{A}(1,0,-2)=(2,-2,1)=(\boldsymbol{\varepsilon}_1,\boldsymbol{\varepsilon}_2,\boldsymbol{\varepsilon}_3)\begin{pmatrix}2\\-2\\1\end{pmatrix}$

$$=(\boldsymbol{\alpha}_1,\boldsymbol{\alpha}_2,\boldsymbol{\alpha}_3)\begin{pmatrix}2&0&-1\\0&-1&0\\1&1&2\end{pmatrix}^{-1}\begin{pmatrix}2\\-2\\1\end{pmatrix}$$

$$=(\boldsymbol{\alpha}_1,\boldsymbol{\alpha}_2,\boldsymbol{\alpha}_3)\begin{pmatrix}\frac{2}{5}&\frac{1}{5}&\frac{1}{5}\\0&-1&0\\-\frac{1}{5}&\frac{2}{5}&\frac{2}{5}\end{pmatrix}\begin{pmatrix}2\\-2\\1\end{pmatrix}$$

$$=(\boldsymbol{\alpha}_1,\boldsymbol{\alpha}_2,\boldsymbol{\alpha}_3)\begin{pmatrix}\frac{3}{5}\\2\\-\frac{4}{5}\end{pmatrix}.$$

解法 3　$\mathscr{A}(\boldsymbol{\alpha})=(2,-2,1)$，设 $\mathscr{A}(\boldsymbol{\alpha})$ 在基 $\boldsymbol{\alpha}_1,\boldsymbol{\alpha}_2,\boldsymbol{\alpha}_3$ 下的坐标为 (x_1,x_2,x_3)，则有

$$(\boldsymbol{\alpha}_1,\boldsymbol{\alpha}_2,\boldsymbol{\alpha}_3)\begin{pmatrix}x_1\\x_2\\x_3\end{pmatrix}=(2,-2,1),$$

即

$$\begin{pmatrix}2&0&-1\\0&-1&0\\1&1&2\end{pmatrix}\begin{pmatrix}x_1\\x_2\\x_3\end{pmatrix}=\begin{pmatrix}2\\-2\\1\end{pmatrix},$$

解方程组得

$$\begin{pmatrix}x_1\\x_2\\x_3\end{pmatrix}=\begin{pmatrix}\frac{3}{5}\\2\\-\frac{4}{5}\end{pmatrix}.$$

3）由于 $\mathscr{A}$ 在基 $\boldsymbol{\varepsilon}_1,\boldsymbol{\varepsilon}_2,\boldsymbol{\varepsilon}_3$ 下的矩阵可逆，故 $\mathscr{A}$ 可逆. $\forall\boldsymbol{\beta}=(x_1,x_2,x_3)\in P^3$，

$$\mathscr{A}^{-1}(\boldsymbol{\beta})=\mathscr{A}^{-1}(\boldsymbol{\varepsilon}_1,\boldsymbol{\varepsilon}_2,\boldsymbol{\varepsilon}_3)\begin{pmatrix}x_1\\x_2\\x_3\end{pmatrix}=(\boldsymbol{\varepsilon}_1,\boldsymbol{\varepsilon}_2,\boldsymbol{\varepsilon}_3)\begin{pmatrix}2&-1&0\\0&1&1\\1&0&0\end{pmatrix}^{-1}\begin{pmatrix}x_1\\x_2\\x_3\end{pmatrix}$$

$$=(\boldsymbol{\varepsilon}_1,\boldsymbol{\varepsilon}_2,\boldsymbol{\varepsilon}_3)\begin{pmatrix}0&0&1\\-1&0&2\\1&1&-2\end{pmatrix}\begin{pmatrix}x_1\\x_2\\x_3\end{pmatrix}$$

$$=(x_3,-x_1+2x_3,x_1+x_2-2x_3).$$

例 4 设 $\boldsymbol{A}=\begin{pmatrix}3&2&-1\\-2&-2&2\\3&6&-1\end{pmatrix}$,求 $\boldsymbol{A}$ 的特征值和特征向量,并说明 $\boldsymbol{A}$ 是否与对角矩阵相似. 若与对角矩阵相似,试求可逆矩阵 $\boldsymbol{T}$,使 $\boldsymbol{T}^{-1}\boldsymbol{A}\boldsymbol{T}$ 为对角形.

解 $\boldsymbol{A}$ 的特征多项式为

$$|\lambda\boldsymbol{E}-\boldsymbol{A}|=\begin{vmatrix}\lambda-3&-2&1\\2&\lambda+2&-2\\-3&-6&\lambda+1\end{vmatrix}=\lambda^3-12\lambda+16=(\lambda-2)^2(\lambda+4),$$

故 $\boldsymbol{A}$ 的特征值为 $\lambda_1=-4,\lambda_2=2$(2 重).

对于特征值 $\lambda_1=-4$,解方程组

$$\begin{pmatrix}-7&-2&1\\2&-2&-2\\-3&-6&-3\end{pmatrix}\begin{pmatrix}x_1\\x_2\\x_3\end{pmatrix}=\boldsymbol{0},$$

得基础解系

$$\boldsymbol{\alpha}_1=\begin{pmatrix}\frac{1}{3}\\-\frac{2}{3}\\1\end{pmatrix}.$$

对于特征值 $\lambda_2=2$,解方程组

$$\begin{pmatrix}-1&-2&1\\2&4&-2\\-3&-6&3\end{pmatrix}\begin{pmatrix}x_1\\x_2\\x_3\end{pmatrix}=\boldsymbol{0},$$

得基础解系

$$\boldsymbol{\alpha}_2=\begin{pmatrix}-2\\1\\0\end{pmatrix},\quad \boldsymbol{\alpha}_3=\begin{pmatrix}1\\0\\1\end{pmatrix}.$$

由于基础解系含解向量的个数与对应特征值的重数相同,或由于 3 阶方阵有 3 个线性无关的特征向量,故 $\boldsymbol{A}$ 与对角矩阵相似.

令

$$T=\begin{pmatrix}\frac{1}{3} & -2 & 1\\ -\frac{2}{3} & 1 & 0\\ 1 & 0 & 1\end{pmatrix},$$

则有

$$T^{-1}AT=\begin{pmatrix}-4 & 0 & 0\\ 0 & 2 & 0\\ 0 & 0 & 2\end{pmatrix}.$$

例 5　设

$$A=\begin{pmatrix}-4 & -10 & 0\\ 1 & 3 & 0\\ 3 & 6 & 1\end{pmatrix}.$$

1）求 A 的特征值与特征向量；

2）求 A^{100}.

解　1）A 的特征多项式为

$$|\lambda E-A|=\begin{vmatrix}\lambda+4 & 10 & 0\\ -1 & \lambda-3 & 0\\ -3 & -6 & \lambda-1\end{vmatrix}=(\lambda-1)^2(\lambda+2),$$

所以 A 的特征值为 $\lambda_1=1$（2 重），$\lambda_2=-2$.

对于特征值 $\lambda_1=1$，解齐次线性方程组 $(E-A)X=0$，即 $x_1+2x_2=0$，得基础解系

$$\alpha_1=\begin{pmatrix}-2\\ 1\\ 0\end{pmatrix},\quad \alpha_2=\begin{pmatrix}0\\ 0\\ 1\end{pmatrix}.$$

属于特征值 1 的全部特征向量为 $k_1\alpha_1+k_2\alpha_2$，k_1,k_2 不全为 0.

对于特征值 $\lambda_2=-2$，解齐次线性方程组 $(-2E-A)X=0$，即

$$\begin{cases}x_1+5x_2=0,\\ x_1+2x_2+x_3=0,\end{cases}$$

得基础解系

$$\alpha_3=\begin{pmatrix}5\\ -1\\ -3\end{pmatrix}.$$

属于特征值 -2 的全部特征向量为 $k\alpha_3$，$k\neq 0$.

2）因为

$$A(\alpha_1,\alpha_2,\alpha_3)=(\alpha_1,\alpha_2,\alpha_3)\begin{pmatrix}1 & & \\ & 1 & \\ & & -2\end{pmatrix},$$

令

$$P=(\boldsymbol{\alpha}_1,\boldsymbol{\alpha}_2,\boldsymbol{\alpha}_3)=\begin{pmatrix}-2&0&5\\1&0&-1\\0&1&-3\end{pmatrix},$$

则

$$P^{-1}AP=\begin{pmatrix}1&&\\&1&\\&&-2\end{pmatrix}.$$

所以

$$A^{100}=P\begin{pmatrix}1&&\\&1&\\&&-2\end{pmatrix}^{100}P^{-1}=\frac{1}{3}\begin{pmatrix}5\cdot 2^{100}-2&5\cdot 2^{101}-10&0\\1-2^{100}&5-2^{101}&0\\3-2^{100}&6-3\cdot 2^{101}&3\end{pmatrix}.$$

点评 例5的解题思路是把 A 写成 PDP^{-1} 的形式，其中 D 为对角矩阵，则 $A^k=PD^kP^{-1}$.

例 6 设

$$\boldsymbol{\alpha}=\begin{pmatrix}a_1\\a_2\\\vdots\\a_n\end{pmatrix},\quad \boldsymbol{\beta}=\begin{pmatrix}b_1\\b_2\\\vdots\\b_n\end{pmatrix}$$

都是非零向量，且 $\boldsymbol{\alpha}^{\mathrm{T}}\boldsymbol{\beta}=0$，令 $A=\boldsymbol{\alpha}\boldsymbol{\beta}^{\mathrm{T}}$，

1）求 A^2；

2）求 A 的特征值与特征向量.

解 1）$A^2=(\boldsymbol{\alpha}\boldsymbol{\beta}^{\mathrm{T}})(\boldsymbol{\alpha}\boldsymbol{\beta}^{\mathrm{T}})=\boldsymbol{\alpha}(\boldsymbol{\beta}^{\mathrm{T}}\boldsymbol{\alpha})\boldsymbol{\beta}^{\mathrm{T}}=\boldsymbol{\alpha}(\boldsymbol{\alpha}^{\mathrm{T}}\boldsymbol{\beta})\boldsymbol{\beta}^{\mathrm{T}}=O$.

2）A 的特征多项式为

$$\begin{aligned}|\lambda E-A|&=|\lambda E-\boldsymbol{\alpha}\boldsymbol{\beta}^{\mathrm{T}}|=\lambda^{n-1}(\lambda-\boldsymbol{\beta}^{\mathrm{T}}\boldsymbol{\alpha})\\&=\lambda^{n-1}(\lambda-\boldsymbol{\alpha}^{\mathrm{T}}\boldsymbol{\beta})=\lambda^n,\end{aligned}$$

故 A 的特征值为 $\lambda=0$（n 重）.

因为 $\boldsymbol{\alpha}\neq\mathbf{0}$，$\boldsymbol{\beta}\neq\mathbf{0}$，不妨设 $a_1\neq 0$，$b_1\neq 0$，则

$$秩(A)=秩(\boldsymbol{\alpha}\boldsymbol{\beta}^{\mathrm{T}})\leqslant 秩(\boldsymbol{\alpha})=1.$$

又 $\boldsymbol{\alpha}\boldsymbol{\beta}^{\mathrm{T}}\neq O$，即秩$(A)\geqslant 1$，所以秩$(A)=1$. 故齐次线性方程组 $(0E-A)X=\mathbf{0}$，即 $AX=\mathbf{0}$，同解于

$$b_1x_1+b_2x_2+\cdots+b_nx_n=0,$$

所以 $AX=\mathbf{0}$ 的基础解系为

$$\boldsymbol{\alpha}_1=\begin{pmatrix}-b_2\\b_1\\0\\\vdots\\0\end{pmatrix},\ \boldsymbol{\alpha}_2=\begin{pmatrix}-b_3\\0\\b_1\\\vdots\\0\end{pmatrix},\ \cdots,\ \boldsymbol{\alpha}_{n-1}=\begin{pmatrix}-b_n\\0\\\vdots\\0\\b_1\end{pmatrix}.$$

于是 A 的属于特征值0的全部特征向量为

$$k_1\boldsymbol{\alpha}_1+k_2\boldsymbol{\alpha}_2+\cdots+k_{n-1}\boldsymbol{\alpha}_{n-1},\quad k_1,k_2,\cdots,k_{n-1}\text{不全为 }0.$$

点评 解题中利用了特征多项式的降阶定理,以及 $\boldsymbol{\alpha}^{\mathrm{T}}\boldsymbol{\beta}=(\boldsymbol{\alpha}^{\mathrm{T}}\boldsymbol{\beta})^{\mathrm{T}}=\boldsymbol{\beta}^{\mathrm{T}}\boldsymbol{\alpha}$.

例 7 已知下列两个矩阵相似:

$$\boldsymbol{A}=\begin{pmatrix}-2&0&0\\2&x&2\\3&1&1\end{pmatrix},\quad \boldsymbol{B}=\begin{pmatrix}-1&&\\&2&\\&&y\end{pmatrix},$$

1) 求 x,y 的值;

2) 求矩阵 $\boldsymbol{P}$,使 $\boldsymbol{P}^{-1}\boldsymbol{A}\boldsymbol{P}=\boldsymbol{B}$.

解 1) 解法 1 因为

$$|\boldsymbol{A}|=\begin{vmatrix}-2&0&0\\2&x&2\\3&1&1\end{vmatrix}=-2(x-2),\quad |\boldsymbol{B}|=\begin{vmatrix}-1&&\\&2&\\&&y\end{vmatrix}=-2y,$$

而 $\boldsymbol{A}$ 与 $\boldsymbol{B}$ 相似,所以 $|\boldsymbol{A}|=|\boldsymbol{B}|$,由此可得 $y=x-2$.

$$|\lambda\boldsymbol{E}-\boldsymbol{A}|=\begin{vmatrix}\lambda+2&0&0\\-2&\lambda-x&-2\\-3&-1&\lambda-1\end{vmatrix}=(\lambda+2)(\lambda^2-(x+1)\lambda+(x-2)).$$

即 $\boldsymbol{A}$ 有特征值-2,故得 $y=-2$,从而 $x=0$.

解法 2 因为

$$|\lambda\boldsymbol{E}-\boldsymbol{A}|=\begin{vmatrix}\lambda+2&0&0\\-2&\lambda-x&-2\\-3&-1&\lambda-1\end{vmatrix}=(\lambda+2)(\lambda^2-(x+1)\lambda+(x-2)),$$

$$|\lambda\boldsymbol{E}-\boldsymbol{B}|=\begin{vmatrix}\lambda+1&&\\&\lambda-2&\\&&\lambda-y\end{vmatrix}=(\lambda+1)(\lambda-2)(\lambda-y),$$

而 $\boldsymbol{A}$ 与 $\boldsymbol{B}$ 相似,所以 $|\lambda\boldsymbol{E}-\boldsymbol{A}|=|\lambda\boldsymbol{E}-\boldsymbol{B}|$. 由此得 $y=-2$,且

$$\lambda^2-(x+1)\lambda+(x-2)=(\lambda+1)(\lambda-2)=\lambda^2-\lambda-2,$$

因而有 $x+1=1$,即 $x=0$.

2) $\boldsymbol{A},\boldsymbol{B}$ 的特征值是 $\lambda_1=-1,\lambda_2=2,\lambda_3=-2$.

当 $\lambda_1=-1$ 时,齐次线性方程组 $(-\boldsymbol{E}-\boldsymbol{A})\boldsymbol{X}=\boldsymbol{0}$ 有基础解系

$$\boldsymbol{\alpha}_1=\begin{pmatrix}0\\-2\\1\end{pmatrix};$$

当 $\lambda_2=2$ 时,齐次线性方程组 $(2\boldsymbol{E}-\boldsymbol{A})\boldsymbol{X}=\boldsymbol{0}$ 有基础解系

$$\boldsymbol{\alpha}_2=\begin{pmatrix}0\\1\\1\end{pmatrix};$$

当 $\lambda_3=-2$ 时,齐次线性方程组 $(-2\boldsymbol{E}-\boldsymbol{A})\boldsymbol{X}=\boldsymbol{0}$ 有基础解系

$$\boldsymbol{\alpha}_3=\begin{pmatrix}-1\\0\\1\end{pmatrix}.$$

取

$$\boldsymbol{P}=\begin{pmatrix}0&0&-1\\-2&1&0\\1&1&1\end{pmatrix},$$

则 $\boldsymbol{P}^{-1}\boldsymbol{AP}=\boldsymbol{B}$.

例 8 求 $\boldsymbol{A}^{500}$,其中

$$\boldsymbol{A}=\begin{pmatrix}1&0&0&0\\-1&-1&-1&0\\1&1&1&0\\2&2&2&0\end{pmatrix}.$$

解 $\boldsymbol{A}$ 的特征多项式

$$f(\lambda)=|\lambda\boldsymbol{E}-\boldsymbol{A}|=\lambda^3(\lambda-1).$$

设

$$\lambda^{500}=q(\lambda)f(\lambda)+(a\lambda^3+b\lambda^2+c\lambda+d),\tag{1}$$

令 $\lambda=0$,由上式得 $d=0$;令 $\lambda=1$,由上式得

$$a+b+c=1.\tag{2}$$

由(1)式关于 λ 求导可得

$$500\lambda^{499}=q'(\lambda)f(\lambda)+q(\lambda)f'(\lambda)+3a\lambda^2+2b\lambda+c.\tag{3}$$

在(3)式中,取 $\lambda=0$,得 $c=0$,于是

$$500\cdot499\lambda^{498}=q''(\lambda)f(\lambda)+2q'(\lambda)f'(\lambda)+q(\lambda)f''(\lambda)+6a\lambda+2b.\tag{4}$$

在(4)式中,取 $\lambda=0$,得 $b=0$. 将 $b=c=0$ 代入(2)式得 $a=1$. 再由(1)式得

$$\lambda^{500}=q(\lambda)f(\lambda)+\lambda^3.$$

由哈密顿-凯莱定理,$f(\boldsymbol{A})=\boldsymbol{O}$,故

$$\boldsymbol{A}^{500}=\boldsymbol{A}^3=\begin{pmatrix}1&0&0&0\\-1&0&0&0\\1&0&0&0\\2&0&0&0\end{pmatrix}.$$

点评 因为 $f(\boldsymbol{A})=\boldsymbol{O}$,所以要求 $\boldsymbol{A}^{500}$,只需求 $f(\lambda)$ 除 λ^{500} 的余式. 当 $f(x)$ 的次数较低,$g(x)$ 的次数很高时,可以考虑用待定系数法求 $f(x)$ 除 $g(x)$ 的余式.

例 9 设 $\boldsymbol{A}=\begin{pmatrix}1&1&0\\0&0&1\\0&-1&0\end{pmatrix}$.

1) 证明:$\boldsymbol{A}^n=-\boldsymbol{A}^{n-2}+\boldsymbol{A}^2+\boldsymbol{E}\ (n\geqslant3)$;

2) 计算 $\boldsymbol{A}^{103}$ 和 $\boldsymbol{A}^{102}$.

解 $\boldsymbol{A}$ 的特征多项式

$$f(\lambda)=|\lambda\boldsymbol{E}-\boldsymbol{A}|=\begin{vmatrix}\lambda-1 & -1 & 0\\ 0 & \lambda & -1\\ 0 & 1 & \lambda\end{vmatrix}$$
$$=(\lambda-1)(\lambda^2+1)=\lambda^3-\lambda^2+\lambda-1,$$

由哈密顿-凯莱定理,

$$\boldsymbol{A}^3-\boldsymbol{A}^2+\boldsymbol{A}-\boldsymbol{E}=\boldsymbol{O}. \tag{1}$$

1）由(1)式,

$$\boldsymbol{A}^m+\boldsymbol{A}^{m-2}=\boldsymbol{A}^{m-1}+\boldsymbol{A}^{m-3}\quad(m\geqslant 3),$$

因而

$$\boldsymbol{A}^n+\boldsymbol{A}^{n-2}=\boldsymbol{A}^{n-1}+\boldsymbol{A}^{n-3}=\boldsymbol{A}^{n-2}+\boldsymbol{A}^{n-4}=\cdots=\boldsymbol{A}^2+\boldsymbol{E},$$

所以 $\boldsymbol{A}^n=-\boldsymbol{A}^{n-2}+\boldsymbol{A}^2+\boldsymbol{E}$ $(n\geqslant 3)$.

2）因

$$\boldsymbol{A}^{103}=-\boldsymbol{A}^{103-2}+\boldsymbol{A}^2+\boldsymbol{E}=-(-\boldsymbol{A}^{103-4}+\boldsymbol{A}^2+\boldsymbol{E})+\boldsymbol{A}^2+\boldsymbol{E}=\boldsymbol{A}^{103-4}$$
$$=-\boldsymbol{A}^{103-6}+\boldsymbol{A}^2+\boldsymbol{E}=\cdots=-\boldsymbol{A}+\boldsymbol{A}^2+\boldsymbol{E}=\begin{pmatrix}1 & 0 & 1\\ 0 & 0 & -1\\ 0 & 1 & 0\end{pmatrix},$$

故

$$\boldsymbol{A}^{102}=\boldsymbol{A}^2=\begin{pmatrix}1 & 1 & 1\\ 0 & -1 & 0\\ 0 & 0 & -1\end{pmatrix}.$$

例 10 设 $\mathscr{A}$ 是数域 P 上的 n 维线性空间 V 的线性变换,证明:$\mathscr{A}$ 可逆的充要条件是 $\mathscr{A}$ 无零特征值.

证明 证法 1 由维$(V)=n$ 知,$\mathscr{A}$ 单$\Leftrightarrow\mathscr{A}$ 满,故有 $\mathscr{A}$ 可逆$\Leftrightarrow\mathscr{A}$ 单$\Leftrightarrow\mathscr{A}$ 无零特征值.

证法 2 设 $\boldsymbol{\alpha}_1,\boldsymbol{\alpha}_2,\cdots,\boldsymbol{\alpha}_n$ 是 V 的一组基,且 $\mathscr{A}$ 在这组基下的矩阵是 $\boldsymbol{A}$,则有 $\mathscr{A}$ 可逆$\Leftrightarrow$ $|\boldsymbol{A}|\neq 0$.

设 λ 为 $\mathscr{A}$ 的特征值,则 $|\lambda\boldsymbol{E}-\boldsymbol{A}|=0$,由 $|\boldsymbol{A}|\neq 0$,必有 $\lambda\neq 0$(否则,若 $\lambda=0$,则 $|-\boldsymbol{A}|=0\Rightarrow$ $|\boldsymbol{A}|=0$,矛盾).反之,由 $\mathscr{A}$ 无零特征值,则 $|0\boldsymbol{E}-\boldsymbol{A}|\neq 0$,从而 $|\boldsymbol{A}|\neq 0$.

点评 证法 1 利用特征值和特征向量的定义,证法 2 利用线性变换在某组基下的特征多项式.

例 11 设

$$\boldsymbol{A}=\begin{pmatrix}1 & -3 & -1\\ 2 & 1 & 0\\ 3 & 1 & 1\end{pmatrix},$$

证明:1）$\boldsymbol{A}$ 在复数域上可对角化;

2）$\boldsymbol{A}$ 在有理数域上不可对角化.

证明 1）$\boldsymbol{A}$ 的特征多项式

$$f(\lambda)=|\lambda\boldsymbol{E}-\boldsymbol{A}|=\lambda^3-3\lambda^2+12\lambda-8,$$
$$f'(\lambda)=3\lambda^2-6\lambda+12,$$

因为$(f(\lambda),f'(\lambda))=1$,所以$\boldsymbol{A}$在复数域上有3个不同的特征值,故$\boldsymbol{A}$在复数域上可对角化.

2) 若$\boldsymbol{A}$在有理数域上可对角化,则$f(\lambda)$有有理根,而$f(\lambda)$的首项系数为1,故$f(\lambda)$有整数根.$f(\lambda)$的整数根只可能是$\pm1,\pm2,\pm4$或±8,但经检验它们都不是$f(\lambda)$的根,因此$f(\lambda)$无有理根,从而$\boldsymbol{A}$在有理数域上不可对角化.

例 12 设矩阵

$$\boldsymbol{A}=\begin{pmatrix}1&0&0&0\\a&1&0&0\\a_1&b&2&0\\a_2&b_1&c&2\end{pmatrix},$$

问a,a_1,a_2,b,b_1,c为何值时,$\boldsymbol{A}$与对角矩阵相似?

解 $|\lambda\boldsymbol{E}-\boldsymbol{A}|=(\lambda-1)^2(\lambda-2)^2$,故$\boldsymbol{A}$的特征值为$\lambda_1=1$(2重),$\lambda_2=2$(2重).

$$2\boldsymbol{E}-\boldsymbol{A}=\begin{pmatrix}1&0&0&0\\-a&1&0&0\\-a_1&-b&0&0\\-a_2&-b_1&-c&0\end{pmatrix}\to\begin{pmatrix}1&0&0&0\\0&1&0&0\\0&0&0&0\\0&0&-c&0\end{pmatrix},$$

由$\boldsymbol{A}$与对角阵相似知,秩$(2\boldsymbol{E}-\boldsymbol{A})=2$,故$c=0$.

$$\boldsymbol{E}-\boldsymbol{A}=\begin{pmatrix}0&0&0&0\\-a&0&0&0\\-a_1&-b&-1&0\\-a_2&-b_1&0&-1\end{pmatrix},$$

因$\boldsymbol{A}$与对角矩阵相似,故秩$(\boldsymbol{E}-\boldsymbol{A})=2$,从而$a=0$.于是$\boldsymbol{A}$与对角矩阵相似当且仅当$a=c=0$.

点评 $\boldsymbol{A}$与对角矩阵相似当且仅当$\lambda_i(i=1,2)$的重数等于4−秩$(\lambda_i\boldsymbol{E}-\boldsymbol{A})$.

例 13 设$\boldsymbol{A}$是数域P上的n阶可逆矩阵,证明以下条件等价:

1) $\boldsymbol{A}$与对角矩阵相似;

2) $\boldsymbol{A}^{-1}$与对角矩阵相似;

3) $\boldsymbol{A}^*$与对角矩阵相似($\boldsymbol{A}^*$为$\boldsymbol{A}$的伴随矩阵).

证明 证法1 1)⇒2):设

$$\boldsymbol{D}=\begin{pmatrix}\lambda_1&&&\\&\lambda_2&&\\&&\ddots&\\&&&\lambda_n\end{pmatrix},$$

且$\boldsymbol{A}$与$\boldsymbol{D}$相似,则存在可逆矩阵$\boldsymbol{T}$,使$\boldsymbol{T}^{-1}\boldsymbol{A}\boldsymbol{T}=\boldsymbol{D}$.由$\boldsymbol{A}$可逆知,$\boldsymbol{D}$也可逆,于是有

$$\boldsymbol{T}^{-1}\boldsymbol{A}^{-1}\boldsymbol{T}=\begin{pmatrix}\lambda_1^{-1}&&&\\&\lambda_2^{-1}&&\\&&\ddots&\\&&&\lambda_n^{-1}\end{pmatrix},$$

即 $\boldsymbol{A}^{-1}$ 也与对角矩阵相似.

2)⇒3):设

$$\boldsymbol{U}=\begin{pmatrix}u_1&&&\\&u_2&&\\&&\ddots&\\&&&u_n\end{pmatrix},$$

且 $\boldsymbol{A}^{-1}$ 与 $\boldsymbol{U}$ 相似,则存在可逆矩阵 $\boldsymbol{Q}$,使 $\boldsymbol{Q}^{-1}\boldsymbol{A}^{-1}\boldsymbol{Q}=\boldsymbol{U}$. 于是有 $\boldsymbol{A}^{-1}=\boldsymbol{Q}\boldsymbol{U}\boldsymbol{Q}^{-1}$,进而有

$$\begin{aligned}\boldsymbol{A}^*=|\boldsymbol{A}|\boldsymbol{A}^{-1}=|\boldsymbol{A}|\boldsymbol{Q}\begin{pmatrix}u_1&&&\\&u_2&&\\&&\ddots&\\&&&u_n\end{pmatrix}\boldsymbol{Q}^{-1}\\=\boldsymbol{Q}\begin{pmatrix}|\boldsymbol{A}|u_1&&&\\&|\boldsymbol{A}|u_2&&\\&&\ddots&\\&&&|\boldsymbol{A}|u_n\end{pmatrix}\boldsymbol{Q}^{-1},\end{aligned}$$

即 $\boldsymbol{A}^*$ 也与对角矩阵相似.

3)⇒1):设

$$\boldsymbol{S}=\begin{pmatrix}s_1&&&\\&s_2&&\\&&\ddots&\\&&&s_n\end{pmatrix},$$

且 $\boldsymbol{A}^*$ 与 $\boldsymbol{S}$ 相似,则存在可逆矩阵 $\boldsymbol{K}$,使 $\boldsymbol{K}^{-1}\boldsymbol{A}^*\boldsymbol{K}=\boldsymbol{S}$,$\boldsymbol{S}$ 可逆. 而 $\boldsymbol{A}^*=\boldsymbol{K}\boldsymbol{S}\boldsymbol{K}^{-1}$,$(\boldsymbol{A}^*)^{-1}=\boldsymbol{K}\boldsymbol{S}^{-1}\boldsymbol{K}^{-1}$,因此

$$\begin{aligned}\boldsymbol{A}&=|\boldsymbol{A}|(\boldsymbol{A}^*)^{-1}=|\boldsymbol{A}|\boldsymbol{K}\boldsymbol{S}^{-1}\boldsymbol{K}^{-1}\\&=\boldsymbol{K}\begin{pmatrix}|\boldsymbol{A}|s_1^{-1}&&&\\&|\boldsymbol{A}|s_2^{-1}&&\\&&\ddots&\\&&&|\boldsymbol{A}|s_n^{-1}\end{pmatrix}\boldsymbol{K}^{-1},\end{aligned}$$

即 $\boldsymbol{A}$ 与对角矩阵相似.

证法 2　设 $\boldsymbol{\alpha}_1,\boldsymbol{\alpha}_2,\cdots,\boldsymbol{\alpha}_n$ 为 P^n 的一组基,

$$\mathscr{A}(\boldsymbol{\alpha}_1,\boldsymbol{\alpha}_2,\cdots,\boldsymbol{\alpha}_n)=(\boldsymbol{\alpha}_1,\boldsymbol{\alpha}_2,\cdots,\boldsymbol{\alpha}_n)\boldsymbol{A},$$

由 $\boldsymbol{A}$ 可逆知,$\mathscr{A}$ 可逆. 令 $\mathscr{A}^*=|\boldsymbol{A}|\mathscr{A}^{-1}$,由 $\boldsymbol{A}^*=|\boldsymbol{A}|\boldsymbol{A}^{-1}$,则

$$\mathscr{A}^{-1}(\boldsymbol{\alpha}_1,\boldsymbol{\alpha}_2,\cdots,\boldsymbol{\alpha}_n)=(\boldsymbol{\alpha}_1,\boldsymbol{\alpha}_2,\cdots,\boldsymbol{\alpha}_n)\boldsymbol{A}^{-1},$$

$$\mathscr{A}^*(\boldsymbol{\alpha}_1,\boldsymbol{\alpha}_2,\cdots,\boldsymbol{\alpha}_n)=(\boldsymbol{\alpha}_1,\boldsymbol{\alpha}_2,\cdots,\boldsymbol{\alpha}_n)\boldsymbol{A}^*.$$

1)⇒2):由 $\boldsymbol{A}$ 与对角矩阵相似,则 $\mathscr{A}$ 有 n 个线性无关的特征向量,设 $\boldsymbol{\alpha}$ 是 $\mathscr{A}$ 的一个特征向量,则 $\exists\lambda\in P$,使 $\mathscr{A}(\boldsymbol{\alpha})=\lambda\boldsymbol{\alpha}=\boldsymbol{A}\boldsymbol{\alpha}$. 由 $\boldsymbol{A}$ 可逆,$\lambda\neq0$,因而 $\mathscr{A}^{-1}(\boldsymbol{\alpha})=\boldsymbol{A}^{-1}\boldsymbol{\alpha}=\lambda^{-1}\boldsymbol{\alpha}$,即 $\boldsymbol{\alpha}$ 也是 $\mathscr{A}^{-1}$ 的

特征向量. 这样, $\mathscr{A}^{-1}$ 也有 n 个线性无关的特征向量, 即 $\boldsymbol{A}^{-1}$ 也与对角矩阵相似.

2) $\Rightarrow$ 3): 设 $\boldsymbol{\beta}$ 为 $\mathscr{A}^{-1}$ 的特征向量, 则 $\exists \mu \in P$, 使 $\mathscr{A}^{-1}(\boldsymbol{\beta})=\mu\boldsymbol{\beta}$, $\mathscr{A}^{*}(\boldsymbol{\beta})=|\boldsymbol{A}|\mathscr{A}^{-1}(\boldsymbol{\beta})=|\boldsymbol{A}|\mu\boldsymbol{\beta}$, 因而 $\boldsymbol{\beta}$ 也是 $\mathscr{A}^{*}$ 的特征向量. 由 $\mathscr{A}^{-1}$ 有 n 个线性无关的特征向量, 知 $\mathscr{A}^{*}$ 也有 n 个线性无关的特征向量, 即 $\boldsymbol{A}^{*}$ 与对角矩阵相似.

3) $\Rightarrow$ 1): 设 $\boldsymbol{\gamma}$ 为 $\mathscr{A}^{*}$ 的特征向量, $\exists k\neq 0\in P$, 使 $\mathscr{A}^{*}(\boldsymbol{\gamma})=k\boldsymbol{\gamma}=\boldsymbol{A}^{*}\boldsymbol{\gamma}$. 由 $\boldsymbol{A}^{*}$ 可逆, $k\neq 0$, $(\boldsymbol{A}^{*})^{-1}\boldsymbol{\gamma}=k^{-1}\boldsymbol{\gamma}$, 故 $\boldsymbol{A}\boldsymbol{\gamma}=(|\boldsymbol{A}|k^{-1})\boldsymbol{\gamma}$. 因而, $\boldsymbol{\gamma}$ 也是 $\mathscr{A}$ 的特征向量, 即 $\mathscr{A}$ 有 n 个线性无关的特征向量, 所以 $\boldsymbol{A}$ 与对角矩阵相似.

注: 由此题的证明知, $\mathscr{A}, \mathscr{A}^{-1}, \mathscr{A}^{*}$ (或 $\boldsymbol{A}, \boldsymbol{A}^{-1}, \boldsymbol{A}^{*}$) 有完全相同的特征向量, 而 λ 是 $\boldsymbol{A}$ 的特征值 $\Leftrightarrow \lambda^{-1}$ 是 $\boldsymbol{A}$ 的特征值 $\Leftrightarrow |\boldsymbol{A}|\lambda^{-1}$ 是 $\boldsymbol{A}^{*}$ 的特征值.

点评 证法 1 直接利用矩阵相似的定义, 证法 2 是将矩阵 $\boldsymbol{A}$ 转化为 P 上线性空间的线性变换 $\mathscr{A}$ 在基 $\boldsymbol{\alpha}_1, \boldsymbol{\alpha}_2, \cdots, \boldsymbol{\alpha}_n$ 下的矩阵, 利用 $\boldsymbol{A}$ 与对角矩阵相似当且仅当 $\mathscr{A}$ 有 n 个线性无关的特征向量这一事实.

例 14 设 $V=\mathbf{C}^4$ ($\mathbf{C}$ 为复数域), $\mathscr{A}$ 为 V 的线性变换, $\boldsymbol{e}_1, \boldsymbol{e}_2, \boldsymbol{e}_3, \boldsymbol{e}_4$ 为 V 的一组基, 而

$$\mathscr{A}(\boldsymbol{e}_1)=\boldsymbol{e}_1+2\boldsymbol{e}_2+6\boldsymbol{e}_3+7\boldsymbol{e}_4,\quad \mathscr{A}(\boldsymbol{e}_2)=-2\boldsymbol{e}_1-4\boldsymbol{e}_2-12\boldsymbol{e}_3-14\boldsymbol{e}_4,$$
$$\mathscr{A}(\boldsymbol{e}_3)=3\boldsymbol{e}_1+5\boldsymbol{e}_2+17\boldsymbol{e}_3+18\boldsymbol{e}_4,\quad \mathscr{A}(\boldsymbol{e}_4)=-4\boldsymbol{e}_1+7\boldsymbol{e}_2-9\boldsymbol{e}_3+17\boldsymbol{e}_4.$$

试求 $\mathscr{A}^{-1}(\mathbf{0})$ 的一组基与维数.

解 由已知,

$$\mathscr{A}(\boldsymbol{e}_1,\boldsymbol{e}_2,\boldsymbol{e}_3,\boldsymbol{e}_4)=(\boldsymbol{e}_1,\boldsymbol{e}_2,\boldsymbol{e}_3,\boldsymbol{e}_4)\boldsymbol{A},$$

其中

$$\boldsymbol{A}=\begin{pmatrix}1&-2&3&-4\\2&-4&5&7\\6&-12&17&-9\\7&-14&18&17\end{pmatrix}.$$

解齐次线性方程组 $\boldsymbol{AX}=\mathbf{0}$, 得基础解系

$$\boldsymbol{\alpha}_1=\begin{pmatrix}2\\1\\0\\0\end{pmatrix},\quad \boldsymbol{\alpha}_2=\begin{pmatrix}-41\\0\\15\\1\end{pmatrix}.$$

令 $\boldsymbol{\varepsilon}_1=2\boldsymbol{e}_1+\boldsymbol{e}_2$, $\boldsymbol{\varepsilon}_2=-41\boldsymbol{e}_1+15\boldsymbol{e}_3+\boldsymbol{e}_4$, 则 $\boldsymbol{\varepsilon}_1, \boldsymbol{\varepsilon}_2$ 为 $\mathscr{A}^{-1}(\mathbf{0})$ 的一组基, 维$(\mathscr{A}^{-1}(\mathbf{0}))=2$.

例 15 设 $\mathscr{A}$ 是 n 维线性空间 V 的线性变换, 试证: 秩$(\mathscr{A}^2)$ = 秩$(\mathscr{A})$ 的充要条件是 $V=\mathscr{A}(V)\oplus\mathscr{A}^{-1}(\mathbf{0})$.

证明 充分性: 设 $V=\mathscr{A}(V)\oplus\mathscr{A}^{-1}(\mathbf{0})$. $\forall \boldsymbol{\beta}\in\mathscr{A}(V)$, $\exists \boldsymbol{\alpha}\in V$, 使 $\boldsymbol{\beta}=\mathscr{A}(\boldsymbol{\alpha})$. 设

$$\boldsymbol{\alpha}=\boldsymbol{\alpha}_1+\boldsymbol{\alpha}_2,\quad \boldsymbol{\alpha}_1\in\mathscr{A}(V), \boldsymbol{\alpha}_2\in\mathscr{A}^{-1}(\mathbf{0}),$$

则

$$\boldsymbol{\beta}=\mathscr{A}(\boldsymbol{\alpha}_1)+\mathscr{A}(\boldsymbol{\alpha}_2)=\mathscr{A}(\boldsymbol{\alpha}_1)\in\mathscr{A}^2(V),$$

故 $\mathscr{A}(V)\subset\mathscr{A}^2(V)$. 又 $\mathscr{A}^2(V)\subset\mathscr{A}(V)$, 所以 $\mathscr{A}(V)=\mathscr{A}^2(V)$, 从而

$$\text{秩}(\mathscr{A})=\text{维}(\mathscr{A}(V))=\text{维}(\mathscr{A}^2(V))=\text{秩}(\mathscr{A}^2).$$

必要性: 设秩$(\mathscr{A})$ = 秩$(\mathscr{A}^2)$. 因为

$$\text{秩}(\mathscr{A})+\text{维}(\mathscr{A}^{-1}(\mathbf{0}))=\text{维}(\mathscr{A}(V))+\text{维}(\mathscr{A}^{-1}(\mathbf{0}))=n,$$
$$\text{秩}(\mathscr{A}^2)+\text{维}((\mathscr{A}^2)^{-1}(\mathbf{0}))=\text{维}(\mathscr{A}^2(V))+\text{维}((\mathscr{A}^2)^{-1}(\mathbf{0}))=n,$$

于是维$(\mathscr{A}^{-1}(\mathbf{0}))=$维$((\mathscr{A}^2)^{-1}(\mathbf{0}))$. 又 $\mathscr{A}^{-1}(\mathbf{0})\subset(\mathscr{A}^2)^{-1}(\mathbf{0})$,故 $\mathscr{A}^{-1}(\mathbf{0})=(\mathscr{A}^2)^{-1}(\mathbf{0})$,从而 $\mathscr{A}(V)\cap\mathscr{A}^{-1}(\mathbf{0})=\{\mathbf{0}\}$,因此 $V=\mathscr{A}(V)\oplus\mathscr{A}^{-1}(\mathbf{0})$.

例 16　设 $\mathscr{A},\mathscr{B}$ 是 n 维线性空间 V 的线性变换,证明

1) 若 W 是 V 的子空间,则维$(\mathscr{A}(W))$ +维$(\mathscr{A}^{-1}(\mathbf{0})\cap W)$ =维(W);

2) 秩$(\mathscr{A}\mathscr{B})\geqslant$秩$(\mathscr{A})$+秩$(\mathscr{B})-n$;

3) 零度$(\mathscr{A}\mathscr{B})\leqslant$零度$(\mathscr{A})$+零度$(\mathscr{B})$.

证明　证法 1　1) 若 $W=\{\mathbf{0}\}$,结论显然成立.

若 $W\neq\{\mathbf{0}\}$,而 $\mathscr{A}^{-1}(\mathbf{0})\cap W=\{\mathbf{0}\}$,令 $\boldsymbol{\alpha}_1,\boldsymbol{\alpha}_2,\cdots,\boldsymbol{\alpha}_s$ 是 W 的一组基. 设 $\sum\limits_{i=1}^{s}k_i\mathscr{A}(\boldsymbol{\alpha}_i)=\mathbf{0}$,则有 $\mathscr{A}\left(\sum\limits_{i=1}^{s}k_i\boldsymbol{\alpha}_i\right)=\mathbf{0}$,因而 $\sum\limits_{i=1}^{s}k_i\boldsymbol{\alpha}_i\in\mathscr{A}^{-1}(\mathbf{0})\cap W$,故 $\sum\limits_{i=1}^{s}k_i\boldsymbol{\alpha}_i=\mathbf{0}$,从而 $k_i=0,i=1,2,\cdots,s$. 于是有维$(\mathscr{A}(W))=$维(W).

若 $\mathscr{A}^{-1}(\mathbf{0})\cap W\neq\{\mathbf{0}\}$,设 $\boldsymbol{\alpha}_1,\boldsymbol{\alpha}_2,\cdots,\boldsymbol{\alpha}_r$ 为其基,将它扩充为 W 的基 $\boldsymbol{\alpha}_1,\boldsymbol{\alpha}_2,\cdots,\boldsymbol{\alpha}_r,\boldsymbol{\alpha}_{r+1},\cdots,\boldsymbol{\alpha}_k$,则

$$\begin{aligned}\mathscr{A}(W)&=L(\mathscr{A}(\boldsymbol{\alpha}_1),\mathscr{A}(\boldsymbol{\alpha}_2),\cdots,\mathscr{A}(\boldsymbol{\alpha}_r),\mathscr{A}(\boldsymbol{\alpha}_{r+1}),\cdots,\mathscr{A}(\boldsymbol{\alpha}_k))\\&=L(\mathscr{A}(\boldsymbol{\alpha}_{r+1}),\cdots,\mathscr{A}(\boldsymbol{\alpha}_k)).\end{aligned}$$

设 $\sum\limits_{i=r+1}^{k}x_i\mathscr{A}(\boldsymbol{\alpha}_i)=\mathbf{0}$,则 $\mathscr{A}\left(\sum\limits_{i=r+1}^{k}x_i\boldsymbol{\alpha}_i\right)=\mathbf{0}$,因而 $\sum\limits_{i=r+1}^{k}x_i\boldsymbol{\alpha}_i\in\mathscr{A}^{-1}(\mathbf{0})\cap W$,故 $\exists\, x_1,x_2,\cdots,x_r\in P$,使

$$\sum_{i=r+1}^{k}x_i\boldsymbol{\alpha}_i=\sum_{j=1}^{r}x_j\boldsymbol{\alpha}_j,\quad\text{即}\quad\sum_{i=r+1}^{k}x_i\boldsymbol{\alpha}_i-\sum_{j=1}^{r}x_j\boldsymbol{\alpha}_j=\mathbf{0}.$$

由 $\boldsymbol{\alpha}_1,\boldsymbol{\alpha}_2,\cdots,\boldsymbol{\alpha}_r,\boldsymbol{\alpha}_{r+1},\cdots,\boldsymbol{\alpha}_k$ 线性无关,故有 $x_i=0,i=1,2,\cdots,k$. 因而 $\mathscr{A}(\boldsymbol{\alpha}_{r+1}),\cdots,\mathscr{A}(\boldsymbol{\alpha}_k)$ 线性无关,故

$$\text{维}(\mathscr{A}(W))=k-r=\text{维}(W)-\text{维}(\mathscr{A}^{-1}(\mathbf{0})\cap W),$$

即

$$\text{维}(\mathscr{A}(W))+\text{维}(\mathscr{A}^{-1}(\mathbf{0})\cap W)=\text{维}(W).$$

2) 令 $W=\mathscr{B}(V)$,由 1),我们得到

$$\text{维}(\mathscr{A}\mathscr{B}(V))+\text{维}(\mathscr{A}^{-1}(\mathbf{0})\cap\mathscr{B}(V))=\text{维}(\mathscr{B}(V)).$$

由于维$(\mathscr{A}^{-1}(\mathbf{0}))\geqslant$维$(\mathscr{A}^{-1}(\mathbf{0})\cap W)$,因而有

$$\text{维}(\mathscr{A}\mathscr{B}(V))+\text{维}(\mathscr{A}^{-1}(\mathbf{0}))\geqslant\text{维}(\mathscr{B}(V)).$$

又由于维$(\mathscr{A}^{-1}(\mathbf{0}))=n-$维$(\mathscr{A}(V))$,故有

$$\text{维}(\mathscr{A}\mathscr{B}(V))+n-\text{维}(\mathscr{A}(V))\geqslant\text{维}(\mathscr{B}(V)),$$

因而

$$\text{秩}(\mathscr{A}\mathscr{B})\geqslant\text{秩}(\mathscr{A})+\text{秩}(\mathscr{B})-n.$$

3) 因为

$$\text{秩}(\mathscr{A}\mathscr{B})=n-\text{零度}(\mathscr{A}\mathscr{B}),$$
$$\text{秩}(\mathscr{A})=n-\text{零度}(\mathscr{A}),$$

$$秩(\mathscr{B})=n-零度(\mathscr{B}),$$

所以,

$$n-零度(\mathscr{A}\mathscr{B})\geqslant n-零度(\mathscr{A})+n-零度(\mathscr{B})-n,$$

于是

$$零度(\mathscr{A}\mathscr{B})\leqslant零度(\mathscr{A})+零度(\mathscr{B}).$$

对于 2)和 3),我们还有以下的证明方法.

证法 2 先证明 3). 设 $\boldsymbol{\alpha}_1,\boldsymbol{\alpha}_2,\cdots,\boldsymbol{\alpha}_n$ 为 V 的一组基,且

$$\mathscr{A}(\boldsymbol{\alpha}_1,\boldsymbol{\alpha}_2,\cdots,\boldsymbol{\alpha}_n)=(\boldsymbol{\alpha}_1,\boldsymbol{\alpha}_2,\cdots,\boldsymbol{\alpha}_n)\boldsymbol{A},$$

$$\mathscr{B}(\boldsymbol{\alpha}_1,\boldsymbol{\alpha}_2,\cdots,\boldsymbol{\alpha}_n)=(\boldsymbol{\alpha}_1,\boldsymbol{\alpha}_2,\cdots,\boldsymbol{\alpha}_n)\boldsymbol{B},$$

从而,$\mathscr{A}\mathscr{B}(\boldsymbol{\alpha}_1,\boldsymbol{\alpha}_2,\cdots,\boldsymbol{\alpha}_n)=(\boldsymbol{\alpha}_1,\boldsymbol{\alpha}_2,\cdots,\boldsymbol{\alpha}_n)\boldsymbol{AB}$. 由于

$$维((\mathscr{A}\mathscr{B})^{-1}(\boldsymbol{0}))=方程组(\boldsymbol{AB})\boldsymbol{X}=\boldsymbol{0}\text{ 的解空间的维数}=n-秩(\boldsymbol{AB}),$$

$$维(\mathscr{A}^{-1}(\boldsymbol{0}))=方程组\ \boldsymbol{AX}=\boldsymbol{0}\text{ 的解空间的维数}=n-秩(\boldsymbol{A}),$$

$$维(\mathscr{B}^{-1}(\boldsymbol{0}))=方程组\ \boldsymbol{BX}=\boldsymbol{0}\text{ 的解空间的维数}=n-秩(\boldsymbol{B}),$$

其中 $\boldsymbol{X}=(x_1,x_2,\cdots,x_n)^{\mathrm{T}}$,因而

$$\begin{aligned}维(\mathscr{A}^{-1}(\boldsymbol{0}))+维(\mathscr{B}^{-1}(\boldsymbol{0}))&=2n-(秩(\boldsymbol{A})+秩(\boldsymbol{B}))\\&=n-(秩(\boldsymbol{A})+秩(\boldsymbol{B}))+秩(\boldsymbol{AB})+n-秩(\boldsymbol{AB}).\end{aligned}$$

又秩$(\boldsymbol{AB})\geqslant$秩$(\boldsymbol{A})+$秩$(\boldsymbol{B})-n$,故

$$n-(秩(\boldsymbol{A})+秩(\boldsymbol{B}))+秩(\boldsymbol{AB})\geqslant 0.$$

因而,

$$维(\mathscr{A}^{-1}(\boldsymbol{0}))+维(\mathscr{B}^{-1}(\boldsymbol{0}))\geqslant n-秩(\boldsymbol{AB})=维((\mathscr{A}\mathscr{B})^{-1}(\boldsymbol{0})),$$

即

$$零度(\mathscr{A}\mathscr{B})\leqslant零度(\mathscr{A})+零度(\mathscr{B}).$$

再证明 2). 由于

$$零度(\mathscr{A}\mathscr{B})=n-秩(\mathscr{A}\mathscr{B}),$$

$$零度(\mathscr{A})=n-秩(\mathscr{A}),$$

$$零度(\mathscr{B})=n-秩(\mathscr{B}),$$

故有

$$n-秩(\mathscr{A}\mathscr{B})\leqslant n-秩(\mathscr{A})+n-秩(\mathscr{B}),$$

于是

$$秩(\mathscr{A}\mathscr{B})\geqslant秩(\mathscr{A})+秩(\mathscr{B})-n.$$

证法 3 2) 设 $\boldsymbol{\alpha}_1,\boldsymbol{\alpha}_2,\cdots,\boldsymbol{\alpha}_n$ 为 V 的一组基,且

$$\mathscr{A}(\boldsymbol{\alpha}_1,\boldsymbol{\alpha}_2,\cdots,\boldsymbol{\alpha}_n)=(\boldsymbol{\alpha}_1,\boldsymbol{\alpha}_2,\cdots,\boldsymbol{\alpha}_n)\boldsymbol{A},$$

$$\mathscr{B}(\boldsymbol{\alpha}_1,\boldsymbol{\alpha}_2,\cdots,\boldsymbol{\alpha}_n)=(\boldsymbol{\alpha}_1,\boldsymbol{\alpha}_2,\cdots,\boldsymbol{\alpha}_n)\boldsymbol{B},$$

从而,$\mathscr{A}\mathscr{B}(\boldsymbol{\alpha}_1,\boldsymbol{\alpha}_2,\cdots,\boldsymbol{\alpha}_n)=(\boldsymbol{\alpha}_1,\boldsymbol{\alpha}_2,\cdots,\boldsymbol{\alpha}_n)\boldsymbol{AB}$. 由第四章知,

$$秩(\boldsymbol{AB})\geqslant秩(\boldsymbol{A})+秩(\boldsymbol{B})-n.$$

又由于

$$秩(\boldsymbol{AB})=秩(\mathscr{A}\mathscr{B}),\ 秩(\boldsymbol{A})=秩(\mathscr{A}),\ 秩(\boldsymbol{B})=秩(\mathscr{B}),$$

故有

$$\text{秩}(\mathscr{A}\mathscr{B}) \geqslant \text{秩}(\mathscr{A})+\text{秩}(\mathscr{B})-n.$$

同证法 1 一样得到 3).

点评　对于 2) 和 3)，证法 1 利用 1) 及维数公式，证法 2 利用齐次线性方程组解空间维数，证法 3 利用矩阵的秩的结果.

例 17　设 $\mathscr{A}$ 是数域 P 上 n 维线性空间 V 的线性变换，且 $\mathscr{A}^2=\mathscr{A}$，证明：

1) $\mathscr{A}^{-1}(\mathbf{0})=\{\boldsymbol{\alpha}-\mathscr{A}(\boldsymbol{\alpha}) \mid \boldsymbol{\alpha}\in V\}$；

2) 若 $\mathscr{B}$ 是 V 的一个线性变换，则 $\mathscr{A}^{-1}(\mathbf{0})$ 与 $\mathscr{A}(V)$ 都是 $\mathscr{B}$ 的不变子空间的充要条件是 $\mathscr{A}\mathscr{B}=\mathscr{B}\mathscr{A}$.

证明　1) $\forall \boldsymbol{\beta}\in\mathscr{A}^{-1}(\mathbf{0})$，$\mathscr{A}(\boldsymbol{\beta})=\mathbf{0}$，故 $\boldsymbol{\beta}=\boldsymbol{\beta}-\mathscr{A}(\boldsymbol{\beta})$，此即

$$\mathscr{A}^{-1}(\mathbf{0})\subset\{\boldsymbol{\alpha}-\mathscr{A}(\boldsymbol{\alpha}) \mid \boldsymbol{\alpha}\in V\}.$$

反之，$\forall \boldsymbol{\gamma}\in V$，

$$\mathscr{A}(\boldsymbol{\gamma}-\mathscr{A}(\boldsymbol{\gamma}))=\mathscr{A}(\boldsymbol{\gamma})-\mathscr{A}^2(\boldsymbol{\gamma})=\mathbf{0},$$

故 $\boldsymbol{\gamma}-\mathscr{A}(\boldsymbol{\gamma})\in\mathscr{A}^{-1}(\mathbf{0})$，即

$$\{\boldsymbol{\alpha}-\mathscr{A}(\boldsymbol{\alpha}) \mid \boldsymbol{\alpha}\in V\}\subset\mathscr{A}^{-1}(\mathbf{0}),$$

因此 $\mathscr{A}^{-1}(\mathbf{0})=\{\boldsymbol{\alpha}-\mathscr{A}(\boldsymbol{\alpha}) \mid \boldsymbol{\alpha}\in V\}$.

2) 设 $\mathscr{A}\mathscr{B}=\mathscr{B}\mathscr{A}$，$\forall \boldsymbol{\alpha}\in\mathscr{A}^{-1}(\mathbf{0})$，

$$\mathscr{A}(\mathscr{B}(\boldsymbol{\alpha}))=\mathscr{B}(\mathscr{A}(\boldsymbol{\alpha}))=\mathscr{B}(\mathbf{0})=\mathbf{0},$$

故 $\mathscr{B}(\boldsymbol{\alpha})\in\mathscr{A}^{-1}(\mathbf{0})$，因此 $\mathscr{A}^{-1}(\mathbf{0})$ 是 $\mathscr{B}$ 的不变子空间. $\forall \boldsymbol{\delta}\in\mathscr{A}(V)$，$\exists \boldsymbol{\alpha}\in V$，使 $\boldsymbol{\delta}=\mathscr{A}(\boldsymbol{\alpha})$，故

$$\mathscr{B}(\boldsymbol{\delta})=\mathscr{B}(\mathscr{A}(\boldsymbol{\alpha}))=\mathscr{A}(\mathscr{B}(\boldsymbol{\alpha}))\in\mathscr{A}(V),$$

从而 $\mathscr{A}(V)$ 是 $\mathscr{B}$ 的不变子空间.

反之，设 $\mathscr{A}^{-1}(\mathbf{0})$ 与 $\mathscr{A}(V)$ 都是 $\mathscr{B}$ 的不变子空间. 由 $\mathscr{A}^2=\mathscr{A}$ 可知，$V=\mathscr{A}^{-1}(\mathbf{0})\oplus\mathscr{A}(V)$. $\forall \boldsymbol{\alpha}\in V$，设

$$\boldsymbol{\alpha}=\boldsymbol{\alpha}_1+\boldsymbol{\alpha}_2,\quad \boldsymbol{\alpha}_1\in\mathscr{A}^{-1}(\mathbf{0}),\boldsymbol{\alpha}_2\in\mathscr{A}(V).$$

因 $\mathscr{A}^{-1}(\mathbf{0})$ 与 $\mathscr{A}(V)$ 是 $\mathscr{B}$ 的不变子空间，故

$$\mathscr{B}(\boldsymbol{\alpha}_1)\in\mathscr{A}^{-1}(\mathbf{0}),\quad \mathscr{B}(\boldsymbol{\alpha}_2)\in\mathscr{A}(V).$$

再由 $\mathscr{A}^2=\mathscr{A}$ 知，$\mathscr{A}\mathscr{B}(\boldsymbol{\alpha}_2)=\mathscr{B}(\boldsymbol{\alpha}_2)$，$\mathscr{A}(\boldsymbol{\alpha}_2)=\boldsymbol{\alpha}_2$，因此

$$\mathscr{B}\mathscr{A}(\boldsymbol{\alpha})=\mathscr{B}\mathscr{A}(\boldsymbol{\alpha}_1+\boldsymbol{\alpha}_2)=\mathscr{B}\mathscr{A}(\boldsymbol{\alpha}_1)+\mathscr{B}\mathscr{A}(\boldsymbol{\alpha}_2)=\mathscr{B}(\boldsymbol{\alpha}_2),$$

$$\mathscr{A}\mathscr{B}(\boldsymbol{\alpha})=\mathscr{A}\mathscr{B}(\boldsymbol{\alpha}_1)+\mathscr{A}\mathscr{B}(\boldsymbol{\alpha}_2)=\mathscr{B}(\boldsymbol{\alpha}_2),$$

故 $\mathscr{A}\mathscr{B}=\mathscr{B}\mathscr{A}$.

例 18　设矩阵

$$\boldsymbol{A}=\begin{pmatrix}0&1&0&0\\1&0&0&0\\0&0&y&1\\0&0&1&2\end{pmatrix}.$$

1) 已知 $\boldsymbol{A}$ 的一个特征值为 3，试求 y；

2) 求矩阵 $\boldsymbol{P}$，使 $(\boldsymbol{AP})^{\mathrm{T}}(\boldsymbol{AP})$ 为对角矩阵.

解　1) $\boldsymbol{A}$ 的特征多项式

$$|\lambda\boldsymbol{E}-\boldsymbol{A}|=(\lambda^2-1)[\lambda^2-(y+2)\lambda+2y-1].$$

3 是 A 的特征多项式的根,故 $y=2$.

2) 当 $y=2$ 时,

$$\boldsymbol{A}=\begin{pmatrix}0&1&0&0\\1&0&0&0\\0&0&2&1\\0&0&1&2\end{pmatrix},\quad \boldsymbol{A}^2=\begin{pmatrix}1&0&0&0\\0&1&0&0\\0&0&5&4\\0&0&4&5\end{pmatrix}.$$

构造二次型

$$\begin{aligned}f(x_1,x_2,x_3,x_4)&=\boldsymbol{X}^{\mathrm{T}}\boldsymbol{A}^2\boldsymbol{X}=x_1^2+x_2^2+5x_3^2+5x_4^2+8x_3x_4\\&=x_1^2+x_2^2+5\left(x_3+\frac{4}{5}x_4\right)^2+\frac{9}{5}x_4^2,\end{aligned}$$

作非退化线性替换

$$\boldsymbol{X}=\boldsymbol{P}\boldsymbol{Y},$$

其中

$$\boldsymbol{P}=\begin{pmatrix}1&0&0&0\\0&1&0&0\\0&0&1&\frac{4}{5}\\0&0&0&1\end{pmatrix}^{-1}=\begin{pmatrix}1&0&0&0\\0&1&0&0\\0&0&1&-\frac{4}{5}\\0&0&0&1\end{pmatrix},$$

则 $f(x_1,x_2,x_3,x_4)=y_1^2+y_2^2+5y_3^2+\frac{9}{5}y_4^2$,且

$$(\boldsymbol{AP})^{\mathrm{T}}\boldsymbol{AP}=\boldsymbol{P}^{\mathrm{T}}\boldsymbol{A}^2\boldsymbol{P}=\begin{pmatrix}1&&&\\&1&&\\&&5&\\&&&\frac{9}{5}\end{pmatrix}.$$

点评 构造二次型 $\boldsymbol{X}^{\mathrm{T}}\boldsymbol{A}^2\boldsymbol{X}$,利用非退化线性替换化二次型为标准形.本题是利用配方法化二次型为标准形.

例 19 设 $\mathscr{A}$ 是数域 P 上线性空间 V 的线性变换,且 $\mathscr{A}^2=\mathscr{E}$($\mathscr{E}$ 是 V 的恒等变换).证明:对 V 中每个向量 α,$\exists\,\boldsymbol{\alpha}_1,\boldsymbol{\alpha}_2\in V$,使 $\mathscr{A}(\boldsymbol{\alpha}_1)=\boldsymbol{\alpha}_1$,$\mathscr{A}(\boldsymbol{\alpha}_2)=-\boldsymbol{\alpha}_2$,且 $\boldsymbol{\alpha}$ 可唯一地表示成 $\boldsymbol{\alpha}_1$ 与 $\boldsymbol{\alpha}_2$ 之和(即 $\boldsymbol{\alpha}=\boldsymbol{\alpha}_1+\boldsymbol{\alpha}_2$ 且表示方法唯一).

证明 $\forall\,\boldsymbol{\alpha}\in V$,设 $\boldsymbol{\alpha}_1=\frac{1}{2}(\mathscr{E}+\mathscr{A})(\boldsymbol{\alpha})$,$\boldsymbol{\alpha}_2=\frac{1}{2}(\mathscr{E}-\mathscr{A})(\boldsymbol{\alpha})$,则

$$\boldsymbol{\alpha}=\frac{1}{2}(\mathscr{E}+\mathscr{A})(\boldsymbol{\alpha})+\frac{1}{2}(\mathscr{E}-\mathscr{A})(\boldsymbol{\alpha})=\boldsymbol{\alpha}_1+\boldsymbol{\alpha}_2,$$

而且

$$\begin{aligned}\mathscr{A}(\boldsymbol{\alpha}_1)&=\mathscr{A}\left(\frac{1}{2}(\mathscr{E}+\mathscr{A})(\boldsymbol{\alpha})\right)=\frac{1}{2}\mathscr{A}(\boldsymbol{\alpha})+\frac{1}{2}\mathscr{A}^2(\boldsymbol{\alpha})=\frac{1}{2}\mathscr{A}(\boldsymbol{\alpha})+\frac{1}{2}\mathscr{E}(\boldsymbol{\alpha})\\&=\frac{1}{2}(\mathscr{E}+\mathscr{A})(\boldsymbol{\alpha})=\boldsymbol{\alpha}_1,\end{aligned}$$

$$\mathscr{A}(\boldsymbol{\alpha}_2)=\mathscr{A}\left(\frac{1}{2}(\mathscr{E}-\mathscr{A})(\boldsymbol{\alpha})\right)=\frac{1}{2}\mathscr{A}(\boldsymbol{\alpha})-\frac{1}{2}\mathscr{A}^2(\boldsymbol{\alpha})=\frac{1}{2}\mathscr{A}(\boldsymbol{\alpha})-\frac{1}{2}\mathscr{E}(\boldsymbol{\alpha})$$

$$=-\frac{1}{2}(\mathscr{E}-\mathscr{A})(\boldsymbol{\alpha})=-\boldsymbol{\alpha}_2,$$

设 $\boldsymbol{\alpha}=\boldsymbol{\beta}_1+\boldsymbol{\beta}_2$，且 $\mathscr{A}(\boldsymbol{\beta}_1)=\boldsymbol{\beta}_1$，$\mathscr{A}(\boldsymbol{\beta}_2)=-\boldsymbol{\beta}_2$，则

$$\mathscr{A}(\boldsymbol{\alpha})=\mathscr{A}(\boldsymbol{\alpha}_1)+\mathscr{A}(\boldsymbol{\alpha}_2)=\boldsymbol{\alpha}_1-\boldsymbol{\alpha}_2,$$

$$\mathscr{A}(\boldsymbol{\alpha})=\mathscr{A}(\boldsymbol{\beta}_1)+\mathscr{A}(\boldsymbol{\beta}_2)=\boldsymbol{\beta}_1-\boldsymbol{\beta}_2.$$

于是，

$$\boldsymbol{\alpha}_1+\boldsymbol{\alpha}_2=\boldsymbol{\beta}_1+\boldsymbol{\beta}_2,\quad \boldsymbol{\alpha}_1-\boldsymbol{\alpha}_2=\boldsymbol{\beta}_1-\boldsymbol{\beta}_2,$$

两边相加，得 $2\boldsymbol{\alpha}_1=2\boldsymbol{\beta}_1$，因而，$\boldsymbol{\alpha}_1=\boldsymbol{\beta}_1$. 进而有 $\boldsymbol{\alpha}_2=\boldsymbol{\beta}_2$，即 $\boldsymbol{\alpha}$ 可唯一地表示成 $\boldsymbol{\alpha}_1$ 与 $\boldsymbol{\alpha}_2$ 之和.

例 20　设 V 是数域 P 上 n 维线性空间，$\mathscr{A}$ 是 V 的线性变换，$\mathscr{A}\neq c\mathscr{E}$（$\forall c\in P$，$\mathscr{E}$ 为 V 的恒等变换），$g(x)=x^2-4$ 而且 $g(\mathscr{A})=\mathscr{O}$. 证明：

1）2 和 -2 都是 $\mathscr{A}$ 的特征值；

2）$V=V_2\oplus V_{-2}$.

证明　1）证法 1　设 $\boldsymbol{\alpha}_1,\boldsymbol{\alpha}_2,\cdots,\boldsymbol{\alpha}_n$ 为 V 的一组基，且 $\mathscr{A}$ 在这组基下的矩阵是 $\boldsymbol{A}$. 由 $g(\mathscr{A})=\mathscr{O}$，则

$$g(\boldsymbol{A})=\boldsymbol{O}=(\boldsymbol{A}-2\boldsymbol{E})(\boldsymbol{A}+2\boldsymbol{E})=(\boldsymbol{A}+2\boldsymbol{E})(\boldsymbol{A}-2\boldsymbol{E}).$$

由于 $\mathscr{A}\neq c\mathscr{E}$，则有 $\boldsymbol{A}\neq c\boldsymbol{E}$，$\forall c\in P$. 于是知

$$\boldsymbol{A}-2\boldsymbol{E}\neq\boldsymbol{O},\quad \boldsymbol{A}+2\boldsymbol{E}\neq\boldsymbol{O},$$

因而，方程组 $(\boldsymbol{A}-2\boldsymbol{E})\boldsymbol{X}=\boldsymbol{0}$ 和 $(\boldsymbol{A}+2\boldsymbol{E})\boldsymbol{X}=\boldsymbol{0}$ 都有非 $\boldsymbol{0}$ 解. 故有

$$|\boldsymbol{A}-2\boldsymbol{E}|=0,\quad |\boldsymbol{A}+2\boldsymbol{E}|=0,$$

即

$$|2\boldsymbol{E}-\boldsymbol{A}|=0,\quad |-2\boldsymbol{E}-\boldsymbol{A}|=0.$$

因此，2 和 -2 是 $\mathscr{A}$ 的特征值.

证法 2　$g(\mathscr{A})=(\mathscr{A}-2\mathscr{E})(\mathscr{A}+2\mathscr{E})=\mathscr{O}$. 由 $\mathscr{A}\neq c\mathscr{E}$，$\forall c\in P$，故 $\mathscr{A}+2\mathscr{E}\neq\mathscr{O}$，因而 $\exists\,\boldsymbol{\alpha}\in V$，$\boldsymbol{\alpha}\neq\boldsymbol{0}$，使 $(\mathscr{A}+2\mathscr{E})(\boldsymbol{\alpha})\neq\boldsymbol{0}$. 令 $\boldsymbol{\beta}=(\mathscr{A}+2\mathscr{E})(\boldsymbol{\alpha})\neq\boldsymbol{0}$，由于 $(\mathscr{A}-2\mathscr{E})(\boldsymbol{\beta})=\boldsymbol{0}$，即 $\mathscr{A}(\boldsymbol{\beta})=2\boldsymbol{\beta}$，$\boldsymbol{\beta}\neq\boldsymbol{0}$. 因此，2 是 $\mathscr{A}$ 的特征值. 同理 -2 也是 $\mathscr{A}$ 的特征值.

2）由 1）的证法 1，

$$\mathscr{A}(\boldsymbol{\alpha}_1,\boldsymbol{\alpha}_2,\cdots,\boldsymbol{\alpha}_n)=(\boldsymbol{\alpha}_1,\boldsymbol{\alpha}_2,\cdots,\boldsymbol{\alpha}_n)\boldsymbol{A},$$

且

$$(\boldsymbol{A}-2\boldsymbol{E})(\boldsymbol{A}+2\boldsymbol{E})=\boldsymbol{O},\quad 即\quad (2\boldsymbol{E}-\boldsymbol{A})(-2\boldsymbol{E}-\boldsymbol{A})=\boldsymbol{O},$$

于是

$$秩(2\boldsymbol{E}-\boldsymbol{A})+秩(-2\boldsymbol{E}-\boldsymbol{A})\leqslant n.$$

再由 $(2\boldsymbol{E}-\boldsymbol{A})-(-2\boldsymbol{E}-\boldsymbol{A})=4\boldsymbol{E}$，则

$$秩(2\boldsymbol{E}-\boldsymbol{A})+秩(-2\boldsymbol{E}-\boldsymbol{A})\geqslant n,$$

即有

$$秩(2\boldsymbol{E}-\boldsymbol{A})+秩(-2\boldsymbol{E}-\boldsymbol{A})=n.$$

因而，维(V_2)+维$(V_{-2})=n$. 故 $V=V_2\oplus V_{-2}$.

点评 1)的证法 1 利用齐次线性方程组的理论,证明了 2 和−2 是 $\mathscr{A}$ 的特征值,证法 2 通过 $\mathscr{A}\neq a\mathscr{E}$,由特征值的定义证明了 2 和−2 是 $\mathscr{A}$ 的特征值. 将题目中的条件稍做改动,即得山东大学的一个考研真题(证明方法类似):

设 $f(x)$ 是数域 F 上二次多项式,在 F 内有互异的根 x_1,x_2,σ 是 F 上线性空间 L 上一个线性变换,$\sigma\neq x_1\varepsilon$,$\sigma\neq x_2\varepsilon$($\varepsilon$ 为单位变换),且满足 $f(\sigma)=0$. 证明:x_1,x_2 是 σ 的特征值,而 L 可分解为 x_1,x_2 的特征子空间的直和.

例 21 设 V 是数域 P 上 n 维线性空间,$\mathscr{A}$,$\mathscr{B}$ 是 V 的两个线性变换,$\mathscr{A}$ 在 P 上有 n 个互异的特征值,则有

1) $\mathscr{A}$ 的特征向量都是 $\mathscr{B}$ 的特征向量的充要条件是 $\mathscr{A}\mathscr{B}=\mathscr{B}\mathscr{A}$;

2) 若 $\mathscr{A}\mathscr{B}=\mathscr{B}\mathscr{A}$,则 $\mathscr{B}$ 是 $\mathscr{E},\mathscr{A},\mathscr{A}^2,\cdots,\mathscr{A}^{n-1}$ 的线性组合,其中 $\mathscr{E}$ 为 V 的恒等变换.

证明 设 $\lambda_1,\lambda_2,\cdots,\lambda_n$ 是 $\mathscr{A}$ 的 n 个互异的特征值,$\boldsymbol{\alpha}_1,\boldsymbol{\alpha}_2,\cdots,\boldsymbol{\alpha}_n$ 是 $\mathscr{A}$ 的分别属于特征值 $\lambda_1,\lambda_2,\cdots,\lambda_n$ 的特征向量. 由于 $\lambda_1,\lambda_2,\cdots,\lambda_n$ 互异,因此,$\boldsymbol{\alpha}_1,\boldsymbol{\alpha}_2,\cdots,\boldsymbol{\alpha}_n$ 是线性空间 V 的一组基.

1) 证法 1 若每个 $\boldsymbol{\alpha}_i$ 都是 $\mathscr{B}$ 的特征向量,则 $\exists\mu_i\in P$,使 $\mathscr{B}(\boldsymbol{\alpha}_i)=\mu_i\boldsymbol{\alpha}_i$, $i=1,2,\cdots,n$. 于是

$$
\begin{aligned}
\mathscr{A}\mathscr{B}(\boldsymbol{\alpha}_i)&=\mathscr{A}(\mu_i\boldsymbol{\alpha}_i)=\mu_i\mathscr{A}(\boldsymbol{\alpha}_i)=\mu_i\lambda_i\boldsymbol{\alpha}_i\\
&=\lambda_i(\mu_i\boldsymbol{\alpha}_i)=\lambda_i(\mathscr{B}(\boldsymbol{\alpha}_i))=\mathscr{B}(\lambda_i\boldsymbol{\alpha}_i)\\
&=\mathscr{B}(\mathscr{A}(\boldsymbol{\alpha}_i))=\mathscr{B}\mathscr{A}(\boldsymbol{\alpha}_i),\quad i=1,2,\cdots,n.
\end{aligned}
$$

由于 $\boldsymbol{\alpha}_1,\boldsymbol{\alpha}_2,\cdots,\boldsymbol{\alpha}_n$ 是 V 的一组基,因此 $\mathscr{A}\mathscr{B}=\mathscr{B}\mathscr{A}$.

反之,设 $\mathscr{A}\mathscr{B}=\mathscr{B}\mathscr{A}$,对 $i=1,2,\cdots,n$,则有

$$
\begin{aligned}
\mathscr{A}(\mathscr{B}(\boldsymbol{\alpha}_i))&=(\mathscr{A}\mathscr{B})\boldsymbol{\alpha}_i=(\mathscr{B}\mathscr{A})\boldsymbol{\alpha}_i=\mathscr{B}(\mathscr{A}(\boldsymbol{\alpha}_i))\\
&=\mathscr{B}(\lambda_i\boldsymbol{\alpha}_i)=\lambda_i(\mathscr{B}(\boldsymbol{\alpha}_i)),
\end{aligned}
$$

于是 $\mathscr{B}(\boldsymbol{\alpha}_i)\in V_{\lambda_i}$. 由于维$(V_{\lambda_i})=1$,故 $\exists\mu_i\in P$,使 $\mathscr{B}(\boldsymbol{\alpha}_i)=\mu_i\boldsymbol{\alpha}_i$,即 $\boldsymbol{\alpha}_i$ 也是 $\mathscr{B}$ 的特征向量. 因此,$\mathscr{A}$ 的特征向量也是 $\mathscr{B}$ 的特征向量.

证法 2 必要性:设 $\boldsymbol{\varepsilon}_1,\boldsymbol{\varepsilon}_2,\cdots,\boldsymbol{\varepsilon}_n$ 为线性空间 V 的一组基,且 $\mathscr{A}$ 在这组基下的矩阵为 $\boldsymbol{A}$. 由于 $\boldsymbol{\alpha}_1,\boldsymbol{\alpha}_2,\cdots,\boldsymbol{\alpha}_n$ 是 $\mathscr{A}$ 的分别属于特征值 $\lambda_1,\lambda_2,\cdots,\lambda_n$ 的 n 个线性无关的特征向量(不妨设为列向量),因此,令 $\boldsymbol{T}=(\boldsymbol{\alpha}_1,\boldsymbol{\alpha}_2,\cdots,\boldsymbol{\alpha}_n)$,则有

$$
\boldsymbol{T}^{-1}\boldsymbol{A}\boldsymbol{T}=\begin{pmatrix}\lambda_1&&&\\&\lambda_2&&\\&&\ddots&\\&&&\lambda_n\end{pmatrix}.
$$

设 $\mathscr{B}$ 在基 $\boldsymbol{\varepsilon}_1,\boldsymbol{\varepsilon}_2,\cdots,\boldsymbol{\varepsilon}_n$ 下的矩阵为 $\boldsymbol{B}$,由于 $\boldsymbol{\alpha}_1,\boldsymbol{\alpha}_2,\cdots,\boldsymbol{\alpha}_n$ 也是 $\mathscr{B}$ 的 n 个线性无关的特征向量,因而,$\exists\mu_1,\mu_2,\cdots,\mu_n\in P$,使

$$
\boldsymbol{T}^{-1}\boldsymbol{B}\boldsymbol{T}=\begin{pmatrix}\mu_1&&&\\&\mu_2&&\\&&\ddots&\\&&&\mu_n\end{pmatrix}.
$$

于是有

$$\begin{aligned}\boldsymbol{T}^{-1}\boldsymbol{ABT}&=(\boldsymbol{T}^{-1}\boldsymbol{AT})(\boldsymbol{T}^{-1}\boldsymbol{BT})\\&=\begin{pmatrix}\lambda_1&&&\\&\lambda_2&&\\&&\ddots&\\&&&\lambda_n\end{pmatrix}\begin{pmatrix}\mu_1&&&\\&\mu_2&&\\&&\ddots&\\&&&\mu_n\end{pmatrix}\\&=\begin{pmatrix}\mu_1&&&\\&\mu_2&&\\&&\ddots&\\&&&\mu_n\end{pmatrix}\begin{pmatrix}\lambda_1&&&\\&\lambda_2&&\\&&\ddots&\\&&&\lambda_n\end{pmatrix}\\&=\boldsymbol{T}^{-1}\boldsymbol{BAT}.\end{aligned}$$

因此,$\boldsymbol{AB}=\boldsymbol{BA}$,即有 $\mathscr{A}\mathscr{B}=\mathscr{B}\mathscr{A}$.

充分性:设 $\boldsymbol{\varepsilon}_1,\boldsymbol{\varepsilon}_2,\cdots,\boldsymbol{\varepsilon}_n$ 为 V 的基,而且

$$\mathscr{A}(\boldsymbol{\varepsilon}_1,\boldsymbol{\varepsilon}_2,\cdots,\boldsymbol{\varepsilon}_n)=(\boldsymbol{\varepsilon}_1,\boldsymbol{\varepsilon}_2,\cdots,\boldsymbol{\varepsilon}_n)\boldsymbol{A},$$
$$\mathscr{B}(\boldsymbol{\varepsilon}_1,\boldsymbol{\varepsilon}_2,\cdots,\boldsymbol{\varepsilon}_n)=(\boldsymbol{\varepsilon}_1,\boldsymbol{\varepsilon}_2,\cdots,\boldsymbol{\varepsilon}_n)\boldsymbol{B}.$$

令 $\boldsymbol{T}=(\boldsymbol{\alpha}_1,\boldsymbol{\alpha}_2,\cdots,\boldsymbol{\alpha}_n)$,则有

$$\boldsymbol{T}^{-1}\boldsymbol{AT}=\begin{pmatrix}\lambda_1&&&\\&\lambda_2&&\\&&\ddots&\\&&&\lambda_n\end{pmatrix}.$$

由于 $\boldsymbol{AB}=\boldsymbol{BA}$,则有

$$(\boldsymbol{T}^{-1}\boldsymbol{AT})(\boldsymbol{T}^{-1}\boldsymbol{BT})=\boldsymbol{T}^{-1}\boldsymbol{ABT}=\boldsymbol{T}^{-1}\boldsymbol{BAT}=(\boldsymbol{T}^{-1}\boldsymbol{BT})(\boldsymbol{T}^{-1}\boldsymbol{AT}).$$

设

$$\boldsymbol{T}^{-1}\boldsymbol{BT}=\begin{pmatrix}x_{11}&x_{12}&\cdots&x_{1n}\\x_{21}&x_{22}&\cdots&x_{2n}\\\vdots&\vdots&&\vdots\\x_{n1}&x_{n2}&\cdots&x_{nn}\end{pmatrix},$$

则

$$\begin{pmatrix}x_{11}&x_{12}&\cdots&x_{1n}\\x_{21}&x_{22}&\cdots&x_{2n}\\\vdots&\vdots&&\vdots\\x_{n1}&x_{n2}&\cdots&x_{nn}\end{pmatrix}\begin{pmatrix}\lambda_1&&&\\&\lambda_2&&\\&&\ddots&\\&&&\lambda_n\end{pmatrix}=\begin{pmatrix}x_{11}\lambda_1&x_{12}\lambda_2&\cdots&x_{1n}\lambda_n\\x_{21}\lambda_1&x_{22}\lambda_2&\cdots&x_{2n}\lambda_n\\\vdots&\vdots&&\vdots\\x_{n1}\lambda_1&x_{n2}\lambda_2&\cdots&x_{nn}\lambda_n\end{pmatrix},$$

$$\begin{pmatrix}\lambda_1&&&\\&\lambda_2&&\\&&\ddots&\\&&&\lambda_n\end{pmatrix}\begin{pmatrix}x_{11}&x_{12}&\cdots&x_{1n}\\x_{21}&x_{22}&\cdots&x_{2n}\\\vdots&\vdots&&\vdots\\x_{n1}&x_{n2}&\cdots&x_{nn}\end{pmatrix}=\begin{pmatrix}x_{11}\lambda_1&x_{12}\lambda_1&\cdots&x_{1n}\lambda_1\\x_{21}\lambda_2&x_{22}\lambda_2&\cdots&x_{2n}\lambda_2\\\vdots&\vdots&&\vdots\\x_{n1}\lambda_n&x_{n2}\lambda_n&\cdots&x_{nn}\lambda_n\end{pmatrix}.$$

由于 $\lambda_1,\lambda_2,\cdots,\lambda_n$ 互异,故 $x_{ij}=0(i\neq j)$,即

$$T^{-1}BT=\begin{pmatrix} x_{11} & & & \\ & x_{22} & & \\ & & \ddots & \\ & & & x_{nn} \end{pmatrix},$$

从而

$$\begin{aligned} BT &=(B\alpha_1,B\alpha_2,\cdots,B\alpha_n)=T\begin{pmatrix} x_{11} & & & \\ & x_{22} & & \\ & & \ddots & \\ & & & x_{nn} \end{pmatrix} \\ &=(x_{11}\alpha_1,x_{22}\alpha_2,\cdots,x_{nn}\alpha_n). \end{aligned}$$

因而 $B\alpha_i=x_{ii}\alpha_i,i=1,2,\cdots,n$. 故 α_i 也是 $\mathscr{A}$ 的特征向量,$i=1,2,\cdots,n$.

2) 由 $\mathscr{A}\mathscr{B}=\mathscr{B}\mathscr{A}$ 和 1),α_i 也是 $\mathscr{B}$ 的特征向量,$i=1,2,\cdots,n$,则 $\exists\mu_i\in P$,使 $\mathscr{B}(\alpha_i)=\mu_i\alpha_i$,$i=1,2,\cdots,n$,于是有

$$\mathscr{A}(\alpha_1,\alpha_2,\cdots,\alpha_n)=(\alpha_1,\alpha_2,\cdots,\alpha_n)\begin{pmatrix} \lambda_1 & & & \\ & \lambda_2 & & \\ & & \ddots & \\ & & & \lambda_n \end{pmatrix},$$

$$\mathscr{B}(\alpha_1,\alpha_2,\cdots,\alpha_n)=(\alpha_1,\alpha_2,\cdots,\alpha_n)\begin{pmatrix} \mu_1 & & & \\ & \mu_2 & & \\ & & \ddots & \\ & & & \mu_n \end{pmatrix}.$$

考虑关于 $x_1,x_2,\cdots,x_n$ 的方程组

$$\begin{cases} x_1+\lambda_1x_2+\cdots+\lambda_1^{n-1}x_n=\mu_1, \\ x_1+\lambda_2x_2+\cdots+\lambda_2^{n-1}x_n=\mu_2, \\ \cdots\cdots\cdots\cdots \\ x_1+\lambda_nx_2+\cdots+\lambda_n^{n-1}x_n=\mu_n. \end{cases} \tag{1}$$

由于系数行列式

$$\begin{vmatrix} 1 & \lambda_1 & \lambda_1^2 & \cdots & \lambda_1^{n-1} \\ 1 & \lambda_2 & \lambda_2^2 & \cdots & \lambda_2^{n-1} \\ \vdots & \vdots & \vdots & & \vdots \\ 1 & \lambda_n & \lambda_n^2 & \cdots & \lambda_n^{n-1} \end{vmatrix}=\prod_{1\leqslant j<i\leqslant n}(\lambda_i-\lambda_j)\neq 0,$$

于是方程组(1)有唯一解,设为 $(a_0,a_1,\cdots,a_n)^{\mathrm{T}}$,即

$$a_0+a_1\lambda_i+\cdots+a_n\lambda_i^{n-1}=\mu_i,\quad i=1,2,\cdots,n.$$

于是

$$(a_0+a_1\lambda_i+\cdots+a_n\lambda_i^{n-1})\alpha_i=\mu_i\alpha_i,\quad i=1,2,\cdots,n.$$

由 $\mathscr{A}(\alpha_i)=\lambda_i\alpha_i,\mathscr{B}(\alpha_i)=\mu_i\alpha_i$,则

$$(a_0\mathscr{E}+a_1\mathscr{A}+a_2\mathscr{A}^2+\cdots+a_n\mathscr{A}^{n-1})\boldsymbol{\alpha}_i=\mathscr{B}(\boldsymbol{\alpha}_i),\quad i=1,2,\cdots,n.$$

由于 $\boldsymbol{\alpha}_1,\boldsymbol{\alpha}_2\cdots,\boldsymbol{\alpha}_n$ 是 V 的一组基,因此

$$\mathscr{B}=a_0\mathscr{E}+a_1\mathscr{A}+a_2\mathscr{A}^2+\cdots+a_n\mathscr{A}^{n-1}.$$

点评　1)中的证法 1 直接利用线性变换的定义,即两个线性变换相等的判别进行证明;而证法 2 是利用线性变换 $\mathscr{A}$ 和 $\mathscr{B}$ 的矩阵 $\boldsymbol{A}$ 和 $\boldsymbol{B}$,由 $\boldsymbol{A}$ 相似于对角形矩阵,及相似对角形矩阵对角线上的元素互异,再利用 $\mathscr{A}\mathscr{B}$ 和 $\mathscr{B}\mathscr{A}$ 的对应矩阵 $\boldsymbol{AB}$ 和 $\boldsymbol{BA}$ 相似,得到 $\boldsymbol{B}$ 也是对角形矩阵,由此得到要证结果.

例 22　设 S,T 是 n 维线性空间 V 的任意两个子空间,维数之和为 n,求证:存在线性变换 $\mathscr{A}$,使

$$\mathscr{A}(V)=T,\quad \mathscr{A}^{-1}(\mathbf{0})=S.$$

证明　设维$(T)=t$,维$(S)=n-t$.

若 $t=n$,则 $S=\{\mathbf{0}\}$,则取 $\mathscr{A}=\mathscr{E}$(恒等变换)即可.

若 $t=0$,即 $T=\{\mathbf{0}\}$,则取 $\mathscr{A}=\mathscr{O}$(零变换)即可.

若 $0<t<n$,令

$$T=L(\boldsymbol{\alpha}_1,\boldsymbol{\alpha}_2,\cdots,\boldsymbol{\alpha}_t),\quad S=L(\boldsymbol{\beta}_{t+1},\boldsymbol{\beta}_{t+2},\cdots,\boldsymbol{\beta}_n),$$

其中 $\boldsymbol{\alpha}_1,\boldsymbol{\alpha}_2,\cdots,\boldsymbol{\alpha}_t$ 为 T 的一组基,$\boldsymbol{\beta}_{t+1},\boldsymbol{\beta}_{t+2},\cdots,\boldsymbol{\beta}_n$ 为 S 的一组基. 将 $\boldsymbol{\beta}_{t+1},\boldsymbol{\beta}_{t+2},\cdots,\boldsymbol{\beta}_n$ 扩充为 V 的一组基

$$\boldsymbol{\beta}_1,\boldsymbol{\beta}_2,\cdots,\boldsymbol{\beta}_t,\boldsymbol{\beta}_{t+1},\cdots,\boldsymbol{\beta}_n,$$

则存在唯一的线性变换 $\mathscr{A}$,使

$$\mathscr{A}(\boldsymbol{\beta}_i)=\begin{cases}\boldsymbol{\alpha}_i, & i=1,2,\cdots,t,\\ \mathbf{0}, & i=t+1,\cdots,n.\end{cases}$$

易证:$\mathscr{A}^{-1}(\mathbf{0})=S,\mathscr{A}(V)=T.$

例 23　设 $\mathscr{A}$ 是数域 P 上线性空间 V 的线性变换,证明:

1)若 $f(x),g(x)\in P[x]$,且 $f(x)=g(x)h(x),(g(x),h(x))=1$,则

$$f^{-1}(\mathscr{A})(\mathbf{0})=g^{-1}(\mathscr{A})(\mathbf{0})\oplus h^{-1}(\mathscr{A})(\mathbf{0});$$

2)若 $f(x),f_1(x),\cdots,f_s(x)\in P[x]$,且 $f(x)=f_1(x)f_2(x)\cdots f_s(x),f_1(x),f_2(x),\cdots,f_s(x)$ 两两互素,则

$$f^{-1}(\mathscr{A})(\mathbf{0})=f_1^{-1}(\mathscr{A})(\mathbf{0})\oplus f_2^{-1}(\mathscr{A})(\mathbf{0})\oplus\cdots\oplus f_s^{-1}(\mathscr{A})(\mathbf{0}).$$

证明　1)由 $(g(x),h(x))=1$, $\exists\, u(x),v(x)\in P[x]$,使 $g(x)u(x)+h(x)v(x)=1$,从而

$$g(\mathscr{A})u(\mathscr{A})+h(\mathscr{A})v(\mathscr{A})=\mathscr{E}\quad(\mathscr{E}\text{ 为 }V\text{ 的恒等变换}).$$

$\forall\,\boldsymbol{\alpha}\in f^{-1}(\mathscr{A})(\mathbf{0})$,

$$\boldsymbol{\alpha}=\mathscr{E}(\boldsymbol{\alpha})=g(\mathscr{A})u(\mathscr{A})(\boldsymbol{\alpha})+h(\mathscr{A})v(\mathscr{A})(\boldsymbol{\alpha}),$$

由 $f(\mathscr{A})=g(\mathscr{A})h(\mathscr{A})$,则

$$h(\mathscr{A})g(\mathscr{A})u(\mathscr{A})(\boldsymbol{\alpha})=f(\mathscr{A})u(\mathscr{A})(\boldsymbol{\alpha})=u(\mathscr{A})(f(\mathscr{A})(\boldsymbol{\alpha}))=\mathbf{0},$$

于是

$$g(\mathscr{A})u(\mathscr{A})(\boldsymbol{\alpha})\in h^{-1}(\mathscr{A})(\mathbf{0}).$$

同理 $h(\mathscr{A})v(\mathscr{A})(\boldsymbol{\alpha})\in g^{-1}(\mathscr{A})(\mathbf{0})$,因此

$$(g(\mathscr{A})u(\mathscr{A})+h(\mathscr{A})v(\mathscr{A}))(\boldsymbol{\alpha})=\boldsymbol{\alpha}\in h^{-1}(\mathscr{A})(\mathbf{0})+g^{-1}(\mathscr{A})(\mathbf{0}),$$

即 $f^{-1}(\mathscr{A})(\mathbf{0})\subseteq g^{-1}(\mathscr{A})(\mathbf{0})+h^{-1}(\mathscr{A})(\mathbf{0})$.

反之,设

$$\boldsymbol{\alpha}+\boldsymbol{\beta}\in g^{-1}(\mathscr{A})(\mathbf{0})+h^{-1}(\mathscr{A})(\mathbf{0}),$$
$$\boldsymbol{\alpha}\in g^{-1}(\mathscr{A})(\mathbf{0}),\quad \boldsymbol{\beta}\in h^{-1}(\mathscr{A})(\mathbf{0}),$$

则

$$\begin{aligned}f(\mathscr{A})(\boldsymbol{\alpha}+\boldsymbol{\beta})&=g(\mathscr{A})h(\mathscr{A})(\boldsymbol{\alpha})+g(\mathscr{A})h(\mathscr{A})(\boldsymbol{\beta})\\&=h(\mathscr{A})g(\mathscr{A})(\boldsymbol{\alpha})+g(\mathscr{A})h(\mathscr{A})(\boldsymbol{\beta})=\mathbf{0},\end{aligned}$$

因此 $\boldsymbol{\alpha}+\boldsymbol{\beta}\in f^{-1}(\mathscr{A})(\mathbf{0})$，于是有 $f^{-1}(\mathscr{A})(\mathbf{0})=g^{-1}(\mathscr{A})(\mathbf{0})+h^{-1}(\mathscr{A})(\mathbf{0})$.

设 $\boldsymbol{\alpha}\in g^{-1}(\mathscr{A})(\mathbf{0})\cap h^{-1}(\mathscr{A})(\mathbf{0})$，则 $g(\mathscr{A})\boldsymbol{\alpha}=h(\mathscr{A})\boldsymbol{\alpha}=\mathbf{0}$，因而

$$\boldsymbol{\alpha}=\mathscr{E}(\boldsymbol{\alpha})=g(\mathscr{A})u(\mathscr{A})(\boldsymbol{\alpha})+h(\mathscr{A})v(\mathscr{A})(\boldsymbol{\alpha})=\mathbf{0},$$

即 $g^{-1}(\mathscr{A})(\mathbf{0})\cap h^{-1}(\mathscr{A})(\mathbf{0})=\{\mathbf{0}\}$. 因此

$$f^{-1}(\mathscr{A})(\mathbf{0})=g^{-1}(\mathscr{A})(\mathbf{0})\oplus h^{-1}(\mathscr{A})(\mathbf{0}).$$

2）对 s 用数学归纳法.

当 $s=2$ 时，由 1）结论成立.

假设结论对 $s-1$ 成立，下证结论对 s 也成立. 由于 $f_1(x),f_2(x),\cdots,f_s(x)$ 两两互素，因而

$$(f_1(x)f_2(x)\cdots f_{s-1}(x),f_s(x))=1.$$

令 $g(x)=f_1(x)f_2(x)\cdots f_{s-1}(x)$，由 1）得

$$f^{-1}(\mathscr{A})(\mathbf{0})=g^{-1}(\mathscr{A})(\mathbf{0})\oplus f_s^{-1}(\mathscr{A})(\mathbf{0}),$$

由归纳假设

$$g^{-1}(\mathscr{A})(\mathbf{0})=f_1^{-1}(\mathscr{A})(\mathbf{0})\oplus f_2^{-1}(\mathscr{A})(\mathbf{0})\oplus\cdots\oplus f_{s-1}^{-1}(\mathscr{A})(\mathbf{0}),$$

因此，

$$f^{-1}(\mathscr{A})(\mathbf{0})=f_1^{-1}(\mathscr{A})(\mathbf{0})\oplus f_2^{-1}(\mathscr{A})(\mathbf{0})\oplus\cdots\oplus f_s^{-1}(\mathscr{A})(\mathbf{0}).$$

点评 若 $\mathscr{A}$ 的特征多项式

$$f(\lambda)=(\lambda-\lambda_1)^{r_1}(\lambda-\lambda_2)^{r_2}\cdots(\lambda-\lambda_s)^{r_s},$$

其中 $\lambda_i\neq\lambda_j(i\neq j)$，则由 2）知，

$$V=[(\mathscr{A}-\lambda_1\mathscr{E})^{r_1}]^{-1}(\mathbf{0})\oplus[(\mathscr{A}-\lambda_2\mathscr{E})^{r_2}]^{-1}(\mathbf{0})\oplus\cdots\oplus[(\mathscr{A}-\lambda_s\mathscr{E})^{r_s}]^{-1}(\mathbf{0}).$$

例 24 设 $\boldsymbol{A}=(a_{ij})_{n\times n}$ 是数域 P 上的 n 阶方阵，$\boldsymbol{A}^2=\boldsymbol{A}$，$W=\{\boldsymbol{AY}\mid \boldsymbol{Y}\in P^n\}$. 证明：维$(W)=\sum\limits_{i=1}^{n}a_{ii}$.

证明 因 $\boldsymbol{A}^2=\boldsymbol{A}$，则 $\boldsymbol{A}$ 的特征值只有 0,1，且 $\boldsymbol{A}$ 相似于矩阵

$$\boldsymbol{B}=\begin{pmatrix}\boldsymbol{E}_r & \\ & \boldsymbol{O}_{n-r}\end{pmatrix},\quad r=\text{秩}(\boldsymbol{A}),$$

故 $\operatorname{tr}\boldsymbol{A}=\operatorname{tr}\boldsymbol{B}=r=$秩$(\boldsymbol{A})$. 又 W 中的向量是 $\boldsymbol{A}$ 的列向量的线性组合，因此

$$\text{维}(W)=\text{秩}(\boldsymbol{A})=\operatorname{tr}\boldsymbol{A}=\sum_{i=1}^{n}a_{ii}.$$

例 25 设 $\mathscr{A}$ 是数域 P 上线性空间 V 的一个线性变换，$\lambda_1,\lambda_2,\cdots,\lambda_k$ 是 $\mathscr{A}$ 的互不相同的特征值，$\boldsymbol{\alpha}_1,\boldsymbol{\alpha}_2,\cdots,\boldsymbol{\alpha}_k$ 分别是 $\mathscr{A}$ 的属于特征值 $\lambda_1,\lambda_2,\cdots,\lambda_k$ 的特征向量. 若 W 是 $\mathscr{A}$ 的不变子空间，并且 $\boldsymbol{\beta}=\boldsymbol{\alpha}_1+\boldsymbol{\alpha}_2+\cdots+\boldsymbol{\alpha}_k\in W$，证明：维$(W)\geqslant k$.

证明 设

$$f_i(\lambda)=(\lambda-\lambda_1)^{r_1}\cdots(\lambda-\lambda_{i-1})^{r_{i-1}}(\lambda-\lambda_{i+1})^{r_{i+1}}\cdots(\lambda-\lambda_k)^{r_k},$$

由 W 是 $\mathscr{A}$ 的不变子空间知 W 也是 $f_i(\mathscr{A})$ 的不变子空间. 由于 $\boldsymbol{\beta}\in W$，故 $f_i(\mathscr{A})(\boldsymbol{\beta})\in W$，$i=1$,

$2,\cdots,k$，即

$$f_i(\mathscr{A})(\boldsymbol{\alpha}_1)+f_i(\mathscr{A})(\boldsymbol{\alpha}_2)+\cdots+f_i(\mathscr{A})(\boldsymbol{\alpha}_k)\in W.$$

由于

$$(\mathscr{A}-\lambda_i\mathscr{E})\boldsymbol{\alpha}_i=\mathscr{A}(\boldsymbol{\alpha}_i)-\lambda_i\boldsymbol{\alpha}_i=\mathscr{A}(\boldsymbol{\alpha}_i)-\mathscr{A}(\boldsymbol{\alpha}_i)=\mathbf{0},$$

所以 $f_i(\mathscr{A})(\boldsymbol{\alpha}_j)=\mathbf{0},i\neq j$. 因而，

$$\begin{aligned}f_i(\mathscr{A})(\boldsymbol{\alpha}_i)&=f_i(\mathscr{A})(\boldsymbol{\alpha}_1+\boldsymbol{\alpha}_2+\cdots+\boldsymbol{\alpha}_i+\cdots+\boldsymbol{\alpha}_k)\\&=f_i(\mathscr{A})(\boldsymbol{\beta})\in W,\quad i=1,2,\cdots,k.\end{aligned}$$

由于 $((\lambda-\lambda_i)^{r_i},f_i(\lambda))=1$，故 $\exists\, u_i(\lambda),v_i(\lambda)\in P[\lambda]$，使

$$u_i(\lambda)(\lambda-\lambda_i)^{r_i}+v_i(\lambda)f_i(\lambda)=1,$$

于是，

$$\begin{aligned}\boldsymbol{\alpha}_i&=(u_i(\mathscr{A})(\mathscr{A}-\lambda_i\mathscr{E})^{r_i}+v_i(\mathscr{A})f_i(\mathscr{A}))(\boldsymbol{\alpha}_i)\\&=u_i(\mathscr{A})(\mathscr{A}-\lambda_i\mathscr{E})^{r_i}(\boldsymbol{\alpha}_i)+v_i(\mathscr{A})f_i(\mathscr{A})(\boldsymbol{\alpha}_i)\\&=v_i(\mathscr{A})f_i(\mathscr{A})(\boldsymbol{\alpha}_i)\in W,\quad i=1,2,\cdots,k.\end{aligned}$$

由于 $\boldsymbol{\alpha}_1,\boldsymbol{\alpha}_2,\cdots,\boldsymbol{\alpha}_k$ 线性无关，且均属于 W，故维$(W)\geqslant k$.

例 26　证明数域 P 上的任何 n 维线性空间的真子空间均可表示为若干个 $(n-1)$ 维子空间的交.

证明　设 V 为 P 上的线性空间，W 为其真子空间.

若维$(W)=n-1$，则结论正确.

设维$(W)=r\leqslant n-2$，令 $\boldsymbol{\varepsilon}_1,\boldsymbol{\varepsilon}_2,\cdots,\boldsymbol{\varepsilon}_r$ 为 W 的基，扩充为 V 的基 $\boldsymbol{\varepsilon}_1,\boldsymbol{\varepsilon}_2,\cdots,\boldsymbol{\varepsilon}_r,\boldsymbol{\varepsilon}_{r+1},\cdots,\boldsymbol{\varepsilon}_n$. 令

$$\begin{aligned}&W_1=L(\boldsymbol{\varepsilon}_1,\boldsymbol{\varepsilon}_2,\cdots,\boldsymbol{\varepsilon}_r,\boldsymbol{\varepsilon}_{r+1},\cdots,\boldsymbol{\varepsilon}_{n-1}),\\&W_2=L(\boldsymbol{\varepsilon}_1,\boldsymbol{\varepsilon}_2,\cdots,\boldsymbol{\varepsilon}_r,\boldsymbol{\varepsilon}_{r+1}+\boldsymbol{\varepsilon}_n,\cdots,\boldsymbol{\varepsilon}_{n-1}),\\&\qquad\cdots,\\&W_{n-r}=L(\boldsymbol{\varepsilon}_1,\cdots,\boldsymbol{\varepsilon}_r,\boldsymbol{\varepsilon}_{r+1},\cdots,\boldsymbol{\varepsilon}_{n-1}+\boldsymbol{\varepsilon}_n),\end{aligned}$$

则 $W\subseteq W_i,i=1,2,\cdots,n-r$，从而 $W\subseteq\bigcap\limits_{i=1}^{n-r}W_i$. 对任意的 $\boldsymbol{\alpha}\in\bigcap\limits_{i=1}^{n-r}W_i$，则

$$\begin{aligned}\boldsymbol{\alpha}&=k_1\boldsymbol{\varepsilon}_1+k_2\boldsymbol{\varepsilon}_2+\cdots+k_{r+1}\boldsymbol{\varepsilon}_{r+1}+\cdots+k_{n-1}\boldsymbol{\varepsilon}_{n-1}\\&=l_1\boldsymbol{\varepsilon}_1+l_2\boldsymbol{\varepsilon}_2+\cdots+l_{r+1}(\boldsymbol{\varepsilon}_{r+1}+\boldsymbol{\varepsilon}_n)+\cdots+l_{n-1}\boldsymbol{\varepsilon}_{n-1}.\end{aligned}$$

从而有 $l_{r+1}=0,k_{r+1}=0$. 用同样的方法可得 $k_{r+2}=\cdots=k_{n-1}=0$，即

$$\boldsymbol{\alpha}=k_1\boldsymbol{\varepsilon}_1+k_2\boldsymbol{\varepsilon}_2+\cdots+k_r\boldsymbol{\varepsilon}_r\in W,$$

故 $W=\bigcap\limits_{i=1}^{n-r}W_i$.

例 27　设 $\boldsymbol{A}$ 为 n 阶方阵，且满足 $\boldsymbol{A}^2-3\boldsymbol{A}+2\boldsymbol{E}=\boldsymbol{O}$，求一个可逆矩阵 $\boldsymbol{T}$，使 $\boldsymbol{T}^{-1}\boldsymbol{A}\boldsymbol{T}$ 为对角形.

解　由 $\boldsymbol{A}^2-3\boldsymbol{A}+2\boldsymbol{E}=\boldsymbol{O}$，则

$$(\boldsymbol{A}-\boldsymbol{E})(\boldsymbol{A}-2\boldsymbol{E})=(\boldsymbol{A}-2\boldsymbol{E})(\boldsymbol{A}-\boldsymbol{E})=\boldsymbol{O}.$$

由于 $\boldsymbol{A}-2\boldsymbol{E}$ 的每一个列向量是 $(\boldsymbol{A}-\boldsymbol{E})\boldsymbol{X}=\mathbf{0}$ 的解，因而秩$(\boldsymbol{A}-\boldsymbol{E})$+秩$(\boldsymbol{A}-2\boldsymbol{E})\leqslant n$. 又由于 $\boldsymbol{A}-\boldsymbol{E}-(\boldsymbol{A}-2\boldsymbol{E})=\boldsymbol{E}$，也有

$$秩(\boldsymbol{A}-\boldsymbol{E})+秩(\boldsymbol{A}-2\boldsymbol{E})\geqslant 秩(\boldsymbol{E})=n,$$

因此，秩$(\boldsymbol{A}-\boldsymbol{E})$+秩$(\boldsymbol{A}-2\boldsymbol{E})=n$. 设秩$(\boldsymbol{A}-\boldsymbol{E})=r$，秩$(\boldsymbol{A}-2\boldsymbol{E})=s$，则 $r+s=n$.

设 $\boldsymbol{\alpha}_1,\boldsymbol{\alpha}_2,\cdots,\boldsymbol{\alpha}_r$是 $\boldsymbol{A}-\boldsymbol{E}$ 的列极大线性无关组,$\boldsymbol{\beta}_1,\boldsymbol{\beta}_2,\cdots,\boldsymbol{\beta}_s$是 $\boldsymbol{A}-2\boldsymbol{E}$ 的列极大线性无关组. 由$(\boldsymbol{A}-\boldsymbol{E})(\boldsymbol{A}-2\boldsymbol{E})=\boldsymbol{O}$,知 $\boldsymbol{\beta}_1,\boldsymbol{\beta}_2,\cdots,\boldsymbol{\beta}_s$是属于特征值 1 的线性无关的特征向量. 由$(\boldsymbol{A}-2\boldsymbol{E})(\boldsymbol{A}-\boldsymbol{E})=\boldsymbol{O}$,知 $\boldsymbol{\alpha}_1,\boldsymbol{\alpha}_2,\cdots,\boldsymbol{\alpha}_r$是属于特征值 2 的线性无关的特征向量. 因而 $\boldsymbol{\alpha}_1,\boldsymbol{\alpha}_2,\cdots,\boldsymbol{\alpha}_r,\boldsymbol{\beta}_1,\boldsymbol{\beta}_2,\cdots,\boldsymbol{\beta}_s$线性无关. 令 $\boldsymbol{T}=(\boldsymbol{\alpha}_1,\boldsymbol{\alpha}_2,\cdots,\boldsymbol{\alpha}_r,\boldsymbol{\beta}_1,\boldsymbol{\beta}_2,\cdots,\boldsymbol{\beta}_s)$则有

$$\boldsymbol{T}^{-1}\boldsymbol{A}\boldsymbol{T}=\begin{pmatrix}1&&&&&&&\\&1&&&&&&\\&&\ddots&&&&&\\&&&1&&&&\\&&&&2&&&\\&&&&&2&&\\&&&&&&\ddots&\\&&&&&&&2\end{pmatrix}\begin{matrix}\left.\begin{matrix}\\ \\ \\ \\ \end{matrix}\right\}r\text{ 行}\\ \left.\begin{matrix}\\ \\ \\ \\ \end{matrix}\right\}s\text{ 行}\end{matrix}.$$

点评 $\forall \boldsymbol{A}\in P^{n\times n}$,若有$(\boldsymbol{A}-a\boldsymbol{E})(\boldsymbol{A}-b\boldsymbol{E})=\boldsymbol{O}$,其中 $a\neq b$,则 $\boldsymbol{A}$ 与对角矩阵

$$\begin{pmatrix}a&&&&&\\&\ddots&&&&\\&&a&&&\\&&&b&&\\&&&&\ddots&\\&&&&&b\end{pmatrix}$$

相似.

例 28 设 n 阶方阵 $\boldsymbol{A}=(a_{ij})_{n\times n}$满足

$$a_{ij}>0(i,j=1,2,\cdots,n),\quad \sum_{j=1}^{n}a_{ij}=1(i=1,2,\cdots,n).$$

1) 证明:$\boldsymbol{A}$ 有一个特征值是 1;

2) 对于 2 阶方阵 $\boldsymbol{A}$,当 $\boldsymbol{B}_m=\boldsymbol{A}^m$($m$ 是正整数)时,求 $\lim\limits_{m\to\infty}\boldsymbol{B}_m$.

解 1) 因 $\sum\limits_{j=1}^{n}a_{ij}=1(i=1,2,\cdots,n)$,则

$$\boldsymbol{A}\begin{pmatrix}1\\1\\\vdots\\1\end{pmatrix}=\begin{pmatrix}1\\1\\\vdots\\1\end{pmatrix},$$

故 1 是 $\boldsymbol{A}$ 的一个特征值.

2) 当 $n=2$ 时,由条件可设

$$\boldsymbol{A}=\begin{pmatrix}1-a&a\\b&1-b\end{pmatrix},$$

其中 $0<a<1,0<b<1$. $\boldsymbol{A}$ 的特征多项式

$$|\lambda\boldsymbol{E}-\boldsymbol{A}|=(\lambda-1)(\lambda-1+a+b),$$

故 $\boldsymbol{A}$ 的特征值为 $\lambda_1=1,\lambda_2=1-a-b$. 求属于 $\lambda_i(i=1,2)$的特征向量,得

$$A\begin{pmatrix}1\\1\end{pmatrix}=\begin{pmatrix}1\\1\end{pmatrix},\quad A\begin{pmatrix}a\\-b\end{pmatrix}=(1-a-b)\begin{pmatrix}a\\-b\end{pmatrix}.$$

所以

$$A^m\begin{pmatrix}1\\1\end{pmatrix}=\begin{pmatrix}1\\1\end{pmatrix},\quad A^m\begin{pmatrix}a\\-b\end{pmatrix}=(1-a-b)^m\begin{pmatrix}a\\-b\end{pmatrix},$$

从而

$$A^m\begin{pmatrix}1&a\\1&-b\end{pmatrix}=\begin{pmatrix}1&(1-a-b)^m a\\1&-(1-a-b)^m b\end{pmatrix},$$

于是

$$B_m=A^m=\begin{pmatrix}1&(1-a-b)^m a\\1&-(1-a-b)^m b\end{pmatrix}\begin{pmatrix}1&a\\1&-b\end{pmatrix}^{-1}.$$

因 $-1<1-a-b<1$，则 $\lim\limits_{m\to\infty}(1-a-b)^m=0$，故

$$\lim_{m\to\infty}B_m=\begin{pmatrix}1&0\\1&0\end{pmatrix}\begin{pmatrix}1&a\\1&-b\end{pmatrix}^{-1}=\frac{1}{a+b}\begin{pmatrix}b&a\\b&a\end{pmatrix}.$$

例 29 设 n 阶方阵 A,B 都相似于对角矩阵，证明：$AB=BA$ 当且仅当存在可逆矩阵 G，使 $G^{-1}AG,G^{-1}BG$ 同为对角矩阵.（$G^{-1}AG,G^{-1}BG$ 同为对角矩阵时，称 A,B 同时相似于对角矩阵.）

证明 设 $G^{-1}AG,G^{-1}BG$ 同为对角矩阵，则

$$(G^{-1}AG)(G^{-1}BG)=(G^{-1}BG)(G^{-1}AG),$$

即 $G^{-1}ABG=G^{-1}BAG$，故 $AB=BA$.

反之，设 $AB=BA$. 由条件，存在可逆矩阵 P，使

$$P^{-1}AP=\begin{pmatrix}\lambda_1E_{r_1}&&&\\&\lambda_2E_{r_2}&&\\&&\ddots&\\&&&\lambda_sE_{r_s}\end{pmatrix},\quad \lambda_i\neq\lambda_j(i\neq j).$$

因 $AB=BA$，则 $P^{-1}BP(P^{-1}AP)=P^{-1}AP(P^{-1}BP)$，故

$$P^{-1}BP=\begin{pmatrix}C_1&&&\\&C_2&&\\&&\ddots&\\&&&C_s\end{pmatrix},$$

其中 C_i 为 r_i 阶方阵，$i=1,2,\cdots,s$. 因 B 相似于对角矩阵，则 C_i 相似于对角矩阵 $D_i(i=1,2,\cdots,s)$，故存在可逆矩阵 Q_i，使 $Q_i^{-1}C_iQ_i=D_i(i=1,2,\cdots,s)$. 令

$$Q=\begin{pmatrix}Q_1&&&\\&Q_2&&\\&&\ddots&\\&&&Q_s\end{pmatrix},\quad G=PQ,$$

则

$$G^{-1}AG=\begin{pmatrix}\lambda_1E_{r_1}&&&\\&\lambda_2E_{r_2}&&\\&&\ddots&\\&&&\lambda_sE_{r_s}\end{pmatrix},\quad G^{-1}BG=\begin{pmatrix}D_1&&&\\&D_2&&\\&&\ddots&\\&&&D_s\end{pmatrix}.$$

点评 若 A,B 为 n 阶实对称矩阵,则 $AB=BA$ 当且仅当 A,B 可同时相似于对角矩阵.

例 30 设 $\mathbf{C}$ 为复数域,$A,B\in\mathbf{C}^{n\times n}$,且 $AB=BA$. 证明:存在 n 阶可逆矩阵 G,使 $G^{-1}AG$ 和 $G^{-1}BG$ 同时为上三角形矩阵.

证明 对 A,B 的阶数 n 用数学归纳法. 当 $n=1$ 时,结论显然成立. 假设结论对$(n-1)$阶方阵成立,下证对阶为 n 的方阵结论也成立.

由 $AB=BA$,故 A,B 有公共的特征向量 α,不妨设 $A\alpha=\lambda_1\alpha,B\alpha=\mu_1\alpha,\alpha\neq 0$,将 α 扩充为 $\mathbf{C}^n$ 的一组基 $\alpha,\alpha_2,\cdots,\alpha_n$(均为列向量). 设

$$A(\alpha,\alpha_2,\cdots,\alpha_n)=(A\alpha,A\alpha_2,\cdots,A\alpha_n)=(\alpha,\alpha_2,\cdots,\alpha_n)\begin{pmatrix}\lambda_1&*\\0&A_1\end{pmatrix},\tag{1}$$

$$B(\alpha,\alpha_2,\cdots,\alpha_n)=(B\alpha,B\alpha_2,\cdots,B\alpha_n)=(\alpha,\alpha_2,\cdots,\alpha_n)\begin{pmatrix}\mu_1&*\\0&B_1\end{pmatrix}.\tag{2}$$

由 $AB=BA$,故

$$\begin{pmatrix}\lambda_1&*\\0&A_1\end{pmatrix}\begin{pmatrix}\mu_1&*\\0&B_1\end{pmatrix}=\begin{pmatrix}\mu_1&*\\0&B_1\end{pmatrix}\begin{pmatrix}\lambda_1&*\\0&A_1\end{pmatrix},$$

于是 $A_1B_1=B_1A_1$.

由归纳假设,存在$(n-1)$阶可逆矩阵 Q 使

$$Q^{-1}A_1Q=\begin{pmatrix}\lambda_2&&*\\&\ddots&\\&&\lambda_n\end{pmatrix},\quad Q^{-1}B_1Q=\begin{pmatrix}\mu_2&&*\\&\ddots&\\&&\mu_n\end{pmatrix}.$$

令 $P=(\alpha,\alpha_2,\cdots,\alpha_n)$,由(1),(2)两式,则

$$P^{-1}AP=\begin{pmatrix}\lambda_1&*\\0&A_1\end{pmatrix},\quad P^{-1}BP=\begin{pmatrix}\mu_1&*\\0&B_1\end{pmatrix},$$

令 $G=P\begin{pmatrix}1&0\\0&Q\end{pmatrix}$,则

$$G^{-1}AG=\begin{pmatrix}\lambda_1&&*\\&\ddots&\\&&\lambda_n\end{pmatrix},\quad G^{-1}BG=\begin{pmatrix}\mu_1&&*\\&\ddots&\\&&\mu_n\end{pmatrix}.$$

例 31 设 n 阶方阵

$$B=\begin{pmatrix}0&1&\cdots&1\\1&0&\cdots&1\\\vdots&\vdots&&\vdots\\1&1&\cdots&0\end{pmatrix}=A-E_n,$$

其中

$$A=\begin{pmatrix}1&1&\cdots&1\\1&1&\cdots&1\\\vdots&\vdots&&\vdots\\1&1&\cdots&1\end{pmatrix}=\alpha\alpha^{\mathrm{T}},\quad \alpha=\begin{pmatrix}1\\1\\\vdots\\1\end{pmatrix},$$

求 B 的特征值.

解　B 的特征多项式为

$$\begin{aligned}|\lambda E_n-B|&=|\lambda E_n-A+E_n|=|(\lambda+1)E_n-A|\\&=|(\lambda+1)E_n-\alpha\alpha^{\mathrm{T}}|\\&=(\lambda+1)^{n+1}|(\lambda+1)E_1-\alpha^{\mathrm{T}}\alpha|\\&=(\lambda+1)^{n-1}(\lambda+1-n),\end{aligned}$$

故 B 的特征值为 -1（$(n-1)$ 重）和 $n-1$.

点评　例 31 是利用特征多项式的降阶定理求特征值. 下例也是如此.

例 32　求实对称矩阵

$$A=\begin{pmatrix}a_1^2&a_1a_2+1&\cdots&a_1a_n+1\\a_2a_1+1&a_2^2&\cdots&a_2a_n+1\\\vdots&\vdots&&\vdots\\a_na_1+1&a_na_2+1&\cdots&a_n^2\end{pmatrix}$$

的特征值，其中 $\sum\limits_{i=1}^{n}a_i=\sum\limits_{i=1}^{n}a_i^2=1$.

解　因为

$$A=\begin{pmatrix}a_1&1\\a_2&1\\\vdots&\vdots\\a_n&1\end{pmatrix}\begin{pmatrix}a_1&a_2&\cdots&a_n\\1&1&\cdots&1\end{pmatrix}-E_n\xlongequal{\text{def}}B^{\mathrm{T}}B-E_n,$$

其中

$$B=\begin{pmatrix}a_1&a_2&\cdots&a_n\\1&1&\cdots&1\end{pmatrix},$$

而 A 的特征多项式为

$$\begin{aligned}|\lambda E_n-A|&=|\lambda E_n-B^{\mathrm{T}}B+E_n|=|(\lambda+1)E_n-B^{\mathrm{T}}B|\\&=(\lambda+1)^{n-2}|(\lambda+1)E_2-BB^{\mathrm{T}}|\\&=(\lambda+1)^{n-2}\left|\begin{pmatrix}\lambda+1&0\\0&\lambda+1\end{pmatrix}-\begin{pmatrix}\sum\limits_{i=1}^{n}a_i^2&\sum\limits_{i=1}^{n}a_i\\\sum\limits_{i=1}^{n}a_i&n\end{pmatrix}\right|\end{aligned}$$

$$=(\lambda+1)^{n-2}\left|\begin{pmatrix}\lambda+1 & 0\\ 0 & \lambda+1\end{pmatrix}-\begin{pmatrix}1 & 1\\ 1 & n\end{pmatrix}\right|$$

$$=(\lambda+1)^{n-2}\begin{vmatrix}\lambda & -1\\ -1 & \lambda+1-n\end{vmatrix}$$

$$=(\lambda+1)^{n-2}[\lambda(\lambda+1-n)-1]$$

$$=(\lambda+1)^{n-2}(\lambda^2-(n-1)\lambda-1),$$

所以 $\lambda_1=\lambda_2=\cdots=\lambda_{n-2}=-1$,

$$\lambda_{n-1}=\frac{(n-1)+\sqrt{n^2-2n+5}}{2},\quad \lambda_n=\frac{(n-1)-\sqrt{n^2-2n+5}}{2}.$$

例 33 设 $\boldsymbol{B}=\begin{pmatrix}\boldsymbol{O} & \boldsymbol{A}\\ \boldsymbol{A} & \boldsymbol{O}\end{pmatrix}$,其中 $\boldsymbol{A}$ 为 n 阶方阵,$\boldsymbol{A}$ 的特征多项式 $f(\lambda)$ 的根为 $\lambda_1,\lambda_2,\cdots,\lambda_n$,求 $\boldsymbol{B}$ 的特征多项式及特征根.

解 因为

$$\begin{pmatrix}\boldsymbol{E} & \boldsymbol{E}\\ \boldsymbol{O} & \boldsymbol{E}\end{pmatrix}\begin{pmatrix}\lambda\boldsymbol{E} & -\boldsymbol{A}\\ -\boldsymbol{A} & \lambda\boldsymbol{E}\end{pmatrix}\begin{pmatrix}\boldsymbol{E} & -\boldsymbol{E}\\ \boldsymbol{O} & \boldsymbol{E}\end{pmatrix}=\begin{pmatrix}\lambda\boldsymbol{E}-\boldsymbol{A} & \boldsymbol{O}\\ -\boldsymbol{A} & \lambda\boldsymbol{E}+\boldsymbol{A}\end{pmatrix},$$

所以 $\boldsymbol{B}$ 的特征多项式为

$$|\lambda\boldsymbol{E}-\boldsymbol{B}|=\begin{vmatrix}\lambda\boldsymbol{E} & -\boldsymbol{A}\\ -\boldsymbol{A} & \lambda\boldsymbol{E}\end{vmatrix}=|\lambda\boldsymbol{E}-\boldsymbol{A}|\cdot|\lambda\boldsymbol{E}+\boldsymbol{A}|=(-1)^n f(\lambda)f(-\lambda),$$

因此 $\boldsymbol{B}$ 的特征根为 $\lambda_1,\lambda_2,\cdots,\lambda_n,-\lambda_1,-\lambda_2,\cdots,-\lambda_n$.

点评 先利用分块矩阵的初等变换,把 $\begin{pmatrix}\lambda\boldsymbol{E} & -\boldsymbol{A}\\ -\boldsymbol{A} & \lambda\boldsymbol{E}\end{pmatrix}$ 化为 $\begin{pmatrix}\lambda\boldsymbol{E}-\boldsymbol{A} & \boldsymbol{O}\\ -\boldsymbol{A} & \lambda\boldsymbol{E}+\boldsymbol{A}\end{pmatrix}$,再利用拉普拉斯定理,即得 $\boldsymbol{B}$ 的特征多项式.

例 34 设 $\boldsymbol{A}\in\mathbf{C}^{n\times n}$,$\boldsymbol{\alpha}\in\mathbf{C}^n$,$\boldsymbol{\alpha}$ 是复数域上的 n 维列向量,若 $\boldsymbol{\alpha},\boldsymbol{A\alpha},\cdots,\boldsymbol{A}^{n-1}\boldsymbol{\alpha}$ 线性无关,λ_0 是 $\boldsymbol{A}$ 的任一特征值,则 V_{λ_0} 是一维的.

证明 $\boldsymbol{\alpha},\boldsymbol{A\alpha},\cdots,\boldsymbol{A}^{n-1}\boldsymbol{\alpha}$ 是 $\mathbf{C}^n$ 的一组基,设

$$(\boldsymbol{A\alpha},\boldsymbol{A}^2\boldsymbol{\alpha},\cdots,\boldsymbol{A}^n\boldsymbol{\alpha})=(\boldsymbol{\alpha},\boldsymbol{A\alpha},\cdots,\boldsymbol{A}^{n-1}\boldsymbol{\alpha})\begin{pmatrix}0 & 0 & \cdots & 0 & k_1\\ 1 & 0 & \cdots & 0 & k_2\\ \vdots & \vdots & & \vdots & \vdots\\ 0 & 0 & \cdots & 1 & k_n\end{pmatrix}$$

$$=(\boldsymbol{\alpha},\boldsymbol{A\alpha},\cdots,\boldsymbol{A}^{n-1}\boldsymbol{\alpha})\begin{pmatrix}\boldsymbol{0} & k_1\\ \boldsymbol{E}_{n-1} & \boldsymbol{K}\end{pmatrix}.$$

令 $\boldsymbol{P}=(\boldsymbol{\alpha},\boldsymbol{A\alpha},\cdots,\boldsymbol{A}^{n-1}\boldsymbol{\alpha})\in\mathbf{C}^{n\times n}$,$\boldsymbol{P}$ 可逆,则

$$\boldsymbol{P}^{-1}\boldsymbol{AP}=\begin{pmatrix}\boldsymbol{0} & k_1\\ \boldsymbol{E}_{n-1} & \boldsymbol{K}\end{pmatrix}\overset{\text{def}}{=\!=}\boldsymbol{T},$$

即 $\boldsymbol{A}$ 与 $\boldsymbol{T}$ 相似. 故 $|\lambda_0\boldsymbol{E}-\boldsymbol{A}|=|\lambda_0\boldsymbol{E}-\boldsymbol{T}|$. 由于 $|\lambda_0\boldsymbol{E}-\boldsymbol{A}|=0$,且 $\lambda_0\boldsymbol{E}-\boldsymbol{T}$ 有一个 $(n-1)$ 阶子式不为 0,故秩 $(\lambda_0\boldsymbol{E}-\boldsymbol{T})=n-1$. 由于

$$\lambda_0\boldsymbol{E}-\boldsymbol{T}=\lambda_0\boldsymbol{E}-\boldsymbol{P}^{-1}\boldsymbol{AP}=\boldsymbol{P}^{-1}(\lambda_0\boldsymbol{E}-\boldsymbol{A})\boldsymbol{P},$$

故

$$\text{秩}(\lambda_0\boldsymbol{E}-\boldsymbol{A})=\text{秩}(\lambda_0\boldsymbol{E}-\boldsymbol{T})=n-1,$$

所以维$(V_{\lambda_0})=1$.

例 35 设 $\mathscr{A}$ 是数域 P 上的 n 维线性空间 V 的线性变换,证明:

1) 在 $P[x]$ 中存在次数不大于 n^2 的多项式 $f(x)$,使 $f(\mathscr{A})=\mathscr{O}$;

2) $f(x),g(x)\in P[x]$,且 $(f(x),g(x))=d(x)$,若 $f(\mathscr{A})=g(\mathscr{A})=\mathscr{O}$,则
$$d(\mathscr{A})=\mathscr{O};$$

3) $\mathscr{A}$ 可逆的充要条件是存在常数项不为 0 的多项式 $f(x)$,使 $f(\mathscr{A})=\mathscr{O}$.

证明 1) 令 $L(V)$ 是 V 上的全体线性变换构成的数域 P 上的线性空间,由于 $L(V)\cong P^{n\times n}$,故维$(L(V))=n^2$. 因而 $\mathscr{E},\mathscr{A},\mathscr{A}^2,\cdots,\mathscr{A}^{n^2}$ 线性相关,故存在 P 上不全为 0 的数 $a_0,a_1,\cdots,a_{n^2}$,使 $\sum\limits_{i=0}^{n^2}a_i\mathscr{A}^i=\mathscr{O}$. 令 $f(x)=\sum\limits_{i=0}^{n^2}a_ix^i$,则 $f(x)$ 的次数不大于 n^2,且有 $f(\mathscr{A})=\mathscr{O}$.

2) 由 $(f(x),g(x))=d(x)$,则存在 $u(x),v(x)\in P[x]$,使
$$f(x)u(x)+g(x)v(x)=d(x),$$
于是有
$$f(\mathscr{A})u(\mathscr{A})+g(\mathscr{A})v(\mathscr{A})=d(\mathscr{A}),$$
由 $f(\mathscr{A})=g(\mathscr{A})=\mathscr{O}$,则有 $d(\mathscr{A})=\mathscr{O}$.

3) 设 $\mathscr{A}$ 可逆,$\boldsymbol{\varepsilon}_1,\boldsymbol{\varepsilon}_2,\cdots,\boldsymbol{\varepsilon}_n$ 为 V 的一组基,且 $\mathscr{A}$ 在基 $\boldsymbol{\varepsilon}_1,\boldsymbol{\varepsilon}_2,\cdots,\boldsymbol{\varepsilon}_n$ 下的矩阵为 $\boldsymbol{A}$,则 $\boldsymbol{A}$ 的特征多项式 $f(x)=|x\boldsymbol{E}-\boldsymbol{A}|=x^n+a_{n-1}x^{n-1}+\cdots+a_1x+a_0$ 使 $f(\boldsymbol{A})=\boldsymbol{O}$. 由 $L(V)\cong P^{n\times n}$,故 $f(\mathscr{A})=\mathscr{O}$. 由于 $\mathscr{A}$ 可逆,$f(x)$ 无零根,故 $a_0\neq 0$.

反之,设 $f(x)=a_mx^m+a_{m-1}x^{m-1}+\cdots+a_1x+a_0(a_0\neq 0)$ 使 $f(\mathscr{A})=\mathscr{O}$,即
$$a_m\mathscr{A}^m+a_{m-1}\mathscr{A}^{m-1}+\cdots+a_1\mathscr{A}+a_0\mathscr{E}=\mathscr{O},$$
于是,
$$\begin{aligned}&\mathscr{A}(-a_0^{-1}(a_m\mathscr{A}^{m-1}+a_{m-1}\mathscr{A}^{m-2}+\cdots+a_2\mathscr{A}+a_1\mathscr{E}))\\=&-a_0^{-1}(a_m\mathscr{A}^m+a_{m-1}\mathscr{A}^{m-1}+\cdots+a_1\mathscr{A})=-a_0^{-1}(-a_0\mathscr{E})=\mathscr{E},\end{aligned}$$
因此,$\mathscr{A}$ 可逆.

例 36 设 $P^n=S\oplus M$,S,M 是 P^n 的真子空间. 证明:存在唯一的 P^n 的线性变换 $\mathscr{A}$,使 $\mathscr{A}^2=\mathscr{A}$,$\mathscr{A}(P^n)=S$,$\mathscr{A}^{-1}(\boldsymbol{0})=M$.

证明 设维$(S)=r$,则维$(M)=n-r$,取 S 的一组基 $\boldsymbol{\alpha}_1,\boldsymbol{\alpha}_2,\cdots,\boldsymbol{\alpha}_r$,$M$ 的一组基 $\boldsymbol{\alpha}_{r+1},\boldsymbol{\alpha}_{r+2},\cdots,\boldsymbol{\alpha}_n$,则 $\boldsymbol{\alpha}_1,\boldsymbol{\alpha}_2,\cdots,\boldsymbol{\alpha}_r,\boldsymbol{\alpha}_{r+1},\cdots,\boldsymbol{\alpha}_n$ 是 P^n 的一组基. 设 $\mathscr{A}$ 是 P^n 的线性变换,使
$$\mathscr{A}(\boldsymbol{\alpha}_i)=\begin{cases}\boldsymbol{\alpha}_i, & i=1,2,\cdots,r,\\ \boldsymbol{0}, & i=r+1,r+2,\cdots,n.\end{cases}$$
易证:$\mathscr{A}^2=\mathscr{A}$,$\mathscr{A}(P^n)=S$,$\mathscr{A}^{-1}(\boldsymbol{0})=M$.

设另有 $\mathscr{B}$ 是 P^n 的线性变换,$\mathscr{B}^2=\mathscr{B}$,$\mathscr{B}(P^n)=S$,$\mathscr{B}^{-1}(\boldsymbol{0})=M$,则
$$\mathscr{B}(\boldsymbol{\alpha}_i)=\boldsymbol{0},\quad i=r+1,r+2,\cdots,n.$$
因
$$\mathscr{B}(P^n)=L(\mathscr{B}(\boldsymbol{\alpha}_1),\mathscr{B}(\boldsymbol{\alpha}_2),\cdots,\mathscr{B}(\boldsymbol{\alpha}_n))=L(\mathscr{B}(\boldsymbol{\alpha}_1),\mathscr{B}(\boldsymbol{\alpha}_2),\cdots,\mathscr{B}(\boldsymbol{\alpha}_r)),$$

则 $\mathscr{B}(\boldsymbol{\alpha}_1),\mathscr{B}(\boldsymbol{\alpha}_2),\cdots,\mathscr{B}(\boldsymbol{\alpha}_r)$ 线性无关. 设

$$\mathscr{B}(\boldsymbol{\alpha}_1,\boldsymbol{\alpha}_2,\cdots,\boldsymbol{\alpha}_r)=(\boldsymbol{\alpha}_1,\boldsymbol{\alpha}_2,\cdots,\boldsymbol{\alpha}_r)\boldsymbol{B},$$

则 $|\boldsymbol{B}|\neq 0$. 又由 $\mathscr{B}^2=\mathscr{B}$ 知, $\boldsymbol{B}^2=\boldsymbol{B}$, 所以 $\boldsymbol{B}=\boldsymbol{E}$, 于是

$$\mathscr{B}(\boldsymbol{\alpha}_i)=\boldsymbol{\alpha}_i,\quad i=1,2,\cdots,r,$$

故 $\mathscr{B}=\mathscr{A}$.

点评 证明 $\mathscr{A}$ 的存在性用到的结论是: 若 $\boldsymbol{\varepsilon}_1,\boldsymbol{\varepsilon}_2,\cdots,\boldsymbol{\varepsilon}_n$ 是线性空间 V 的一组基, 则对 V 中任意 n 个向量 $\boldsymbol{\alpha}_1,\boldsymbol{\alpha}_2,\cdots,\boldsymbol{\alpha}_n$, 都有线性变换 $\mathscr{A}$, 使 $\mathscr{A}(\boldsymbol{\varepsilon}_i)=\boldsymbol{\alpha}_i, i=1,2,\cdots,n$. 要证两个线性变换相等, 只需验证它们在一组基上的作用相同.

例 37 设 $\mathbf{R}[x]_n$ 为全体次数小于 n 的实系数多项式再添上零多项式所构成的实数域上的线性空间, $\forall f(x)\in\mathbf{R}[x]_n$, 定义 $\mathscr{D}(f(x))=f'(x)$. 证明: $\mathscr{E}-\mathscr{D}$ 为可逆变换, 其中 $\mathscr{E}$ 为单位变换, 并指出线性变换 $\mathscr{D}$ 的全部不变子空间.

证明 取 $\mathbf{R}[x]_n$ 的一组基 $1,x,x^2,\cdots,x^{n-1}$, $\mathscr{D}$ 在此基下的矩阵为

$$\boldsymbol{A}=\begin{pmatrix}0&1&&\\&0&\ddots&\\&&\ddots&n-1\\&&&0\end{pmatrix}_{n\times n},$$

从而 $\mathscr{E}-\mathscr{D}$ 在 $1,x,x^2,\cdots,x^{n-1}$ 下的矩阵为

$$\boldsymbol{B}=\boldsymbol{E}-\boldsymbol{A}=\begin{pmatrix}1&-1&&\\&1&\ddots&\\&&\ddots&1-n\\&&&1\end{pmatrix}_{n\times n}.$$

因 $|\boldsymbol{B}|=1\neq 0$, 故 $\mathscr{E}-\mathscr{D}$ 为可逆变换.

其次, 由 $\mathscr{D}$ 的定义可知, $\mathscr{D}$ 的全部不变子空间为

$$\{0\},L(1),L(1,x),\cdots,L(1,x,\cdots,x^{n-1}).$$

点评 要证线性变换可逆只需证它在一组基下的矩阵可逆. $L(\boldsymbol{\alpha}_1,\boldsymbol{\alpha}_2,\cdots,\boldsymbol{\alpha}_r)$ 是线性变换 $\mathscr{A}$ 的不变子空间当且仅当 $\mathscr{A}\boldsymbol{\alpha}_i\in L(\boldsymbol{\alpha}_1,\boldsymbol{\alpha}_2,\cdots,\boldsymbol{\alpha}_r), i=1,2,\cdots,n$, 由此即可求出 $\mathscr{D}$ 的全部不变子空间.

例 38 设 $\mathscr{A},\mathscr{B}$ 是数域 P 上 n 维线性空间 V 的线性变换, 证明:

1) $\forall\boldsymbol{\alpha}\in V$, 存在正整数 k, 使

$$W=L(\boldsymbol{\alpha},\mathscr{A}\boldsymbol{\alpha},\cdots,\mathscr{A}^{k-1}\boldsymbol{\alpha})$$

为 $\mathscr{A}$ 的不变子空间, 并求 $\mathscr{A}|W$ 在一组基下的矩阵;

2) $\max\{$零度$(\mathscr{A})$, 零度$(\mathscr{B})\}\leqslant$ 零度$(\mathscr{A}\mathscr{B})\leqslant$ 零度$(\mathscr{A})+$零度$(\mathscr{B})$.

证明 1) $\forall\boldsymbol{\alpha}\in V(\boldsymbol{\alpha}\neq\mathbf{0}$, 否则 $W=\{\mathbf{0}\}$ 无基可言), 因维$(V)=n$, 则

$$\boldsymbol{\alpha},\mathscr{A}(\boldsymbol{\alpha}),\cdots,\mathscr{A}^n(\boldsymbol{\alpha})\tag{1}$$

线性相关, 故存在 $k\leqslant n$, 使

$$\boldsymbol{\alpha},\mathscr{A}(\boldsymbol{\alpha}),\cdots,\mathscr{A}^{k-1}(\boldsymbol{\alpha})\tag{2}$$

是(1)式的一个极大线性无关组. 令

$$W=L(\boldsymbol{\alpha},\mathscr{A}(\boldsymbol{\alpha}),\cdots,\mathscr{A}^{k-1}(\boldsymbol{\alpha})),$$

则 W 为 $\mathscr{A}$ 的不变子空间, $\boldsymbol{\alpha},\mathscr{A}(\boldsymbol{\alpha}),\cdots,\mathscr{A}^{k-1}(\boldsymbol{\alpha})$ 是 W 的一组基, 且 $\mathscr{A}|W$ 在这组基下的矩阵为

$$\begin{pmatrix} 0 & 0 & \cdots & 0 & m_0 \\ 1 & 0 & \cdots & 0 & m_1 \\ 0 & 1 & \cdots & 0 & m_2 \\ \vdots & \vdots & & \vdots & \vdots \\ 0 & 0 & \cdots & 1 & m_{k-1} \end{pmatrix},$$

其中 $\mathscr{A}^k(\boldsymbol{\alpha})=m_0\boldsymbol{\alpha}+m_1\mathscr{A}(\boldsymbol{\alpha})+\cdots+m_{k-1}\mathscr{A}^{k-1}(\boldsymbol{\alpha})$.

2）设 $\mathscr{A},\mathscr{B}$ 在 V 的一组基下的矩阵分别为 $\boldsymbol{A},\boldsymbol{B}$，则

$$零度(\mathscr{A})=n-秩(\boldsymbol{A}),\quad 零度(\mathscr{B})=n-秩(\boldsymbol{B}).$$

注意到

$$秩(\boldsymbol{A})+秩(\boldsymbol{B})-n\leqslant 秩(\boldsymbol{AB})\leqslant \min\{秩(\boldsymbol{A}),秩(\boldsymbol{B})\},$$

所以

$$\max\{零度(\mathscr{A}),零度(\mathscr{B})\}\leqslant 零度(\mathscr{A}\mathscr{B})\leqslant 零度(\mathscr{A})+零度(\mathscr{B}).$$

点评　若 $\boldsymbol{\alpha}$ 不是(1)式的极大线性无关组，则 $\boldsymbol{\alpha},\mathscr{A}(\boldsymbol{\alpha})$ 线性无关；若 $\boldsymbol{\alpha},\mathscr{A}(\boldsymbol{\alpha})$ 还不是(1)式的极大线性无关组，则 $\boldsymbol{\alpha},\mathscr{A}(\boldsymbol{\alpha}),\mathscr{A}^2(\boldsymbol{\alpha})$ 线性无关……从而得到(2)式是(1)式的极大线性无关组. 2)是用矩阵的秩的结果证明.

例 39　在实线性空间 $\mathbf{R}[x]_n$ 中，$\forall f(x)\in\mathbf{R}[x]_n$，设线性变换 $\mathscr{D}$ 和 $\mathscr{S}_a$ 为

$$\mathscr{D}(f(x))=f'(x),\quad \mathscr{S}_a(f(x))=f(x+a),\ a\in\mathbf{R},$$

求证：$\mathscr{S}_a$ 是 $\mathscr{D}$ 的一个多项式.

证明　易知 $\mathscr{D}^n=\mathscr{O}$. $\forall f(x)\in\mathbf{R}[x]_n$，由泰勒展开式，

$$f(x+a)=f(x)+af'(x)+\frac{a^2}{2!}f''(x)+\cdots+\frac{a^{n-1}}{(n-1)!}f^{(n-1)}(x),$$

于是

$$\mathscr{S}_a(f(x))=\mathscr{E}(f(x))+a\mathscr{D}(f(x))+\frac{a^2}{2!}\mathscr{D}^2(f(x))+\cdots+\frac{a^{n-1}}{(n-1)!}\mathscr{D}^{n-1}(f(x)),$$

其中 $\mathscr{E}$ 为恒等变换，故

$$\mathscr{S}_a=\mathscr{E}+a\mathscr{D}+\frac{a^2}{2!}\mathscr{D}^2+\cdots+\frac{a^{n-1}}{(n-1)!}\mathscr{D}^{n-1}.$$

例 40　设 V 是有理数域 $\mathbf{Q}$ 上的线性空间，$\mathscr{A}$ 是 V 的线性变换，设 $\boldsymbol{\alpha},\boldsymbol{\beta},\boldsymbol{\gamma}\in V,\boldsymbol{\alpha}\neq\mathbf{0}$，且 $\mathscr{A}(\boldsymbol{\alpha})=\boldsymbol{\beta},\mathscr{A}(\boldsymbol{\beta})=\boldsymbol{\gamma},\mathscr{A}(\boldsymbol{\gamma})=\boldsymbol{\alpha}+\boldsymbol{\beta}$. 证明：$\boldsymbol{\alpha},\boldsymbol{\beta},\boldsymbol{\gamma}$ 线性无关.

证明　首先证 $\boldsymbol{\alpha},\boldsymbol{\beta}$ 线性无关. 否则，由 $\boldsymbol{\alpha}\neq\mathbf{0}$，则 $\boldsymbol{\beta}$ 可由 $\boldsymbol{\alpha}$ 线性表示，不妨设 $\boldsymbol{\beta}=k\boldsymbol{\alpha},k\in\mathbf{Q}$，从而有

$$\boldsymbol{\gamma}=\mathscr{A}(\boldsymbol{\beta})=\mathscr{A}(k\boldsymbol{\alpha})=k(\mathscr{A}(\boldsymbol{\alpha}))=k\boldsymbol{\beta}=k^2\boldsymbol{\alpha},$$

于是

$$\boldsymbol{\alpha}+\boldsymbol{\beta}=\mathscr{A}(\boldsymbol{\gamma})=k^2\mathscr{A}(\boldsymbol{\alpha})=k^2\boldsymbol{\beta}=k^3\boldsymbol{\alpha}.$$

又因 $\boldsymbol{\alpha}+\boldsymbol{\beta}=\boldsymbol{\alpha}+k\boldsymbol{\alpha}$，故 $(k^3-k-1)\boldsymbol{\alpha}=\mathbf{0}$. 由 $\boldsymbol{\alpha}\neq\mathbf{0}$ 知 $k^3-k-1=0$，与 $x^3-x-1=0$ 无有理根矛盾，故 $\boldsymbol{\alpha},\boldsymbol{\beta}$ 线性无关.

下证 $\boldsymbol{\alpha},\boldsymbol{\beta},\boldsymbol{\gamma}$ 线性无关. 若 $\boldsymbol{\alpha},\boldsymbol{\beta},\boldsymbol{\gamma}$ 线性相关，由于 $\boldsymbol{\alpha},\boldsymbol{\beta}$ 线性无关，所以 $\exists k,l\in\mathbf{Q}$，使 $\boldsymbol{\gamma}=k\boldsymbol{\alpha}+l\boldsymbol{\beta}$，因而

$$\begin{aligned}\boldsymbol{\alpha}+\boldsymbol{\beta} &= \mathscr{A}(\boldsymbol{\gamma}) = k\mathscr{A}(\boldsymbol{\alpha})+l\mathscr{A}(\boldsymbol{\beta}) \\ &= k\boldsymbol{\beta}+l\boldsymbol{\gamma} = k\boldsymbol{\beta}+l(k\boldsymbol{\alpha}+l\boldsymbol{\beta}) \\ &= k\boldsymbol{\beta}+kl\boldsymbol{\alpha}+l^2\boldsymbol{\beta} = kl\boldsymbol{\alpha}+(k+l^2)\boldsymbol{\beta},\end{aligned}$$

即$(kl-1)\boldsymbol{\alpha}+(k+l^2-1)\boldsymbol{\beta}=\mathbf{0}$. 由 $\boldsymbol{\alpha},\boldsymbol{\beta}$ 线性无关，则 $kl=1, k+l^2=1$，从而 $l^3-l+1=0$，与 $x^3-x+1=0$ 无有理根矛盾(l 为该方程的解).

点评 例 40 用线性无关的定义、线性变换的性质及整系数多项式的有理根的判定进行证明.

例 41 $\mathbf{C}$ 为复数域，$\boldsymbol{A}\in\mathbf{C}^{n\times n}$，证明：$\boldsymbol{A}$ 与对角矩阵相似的充要条件是 $\forall\lambda\in\mathbf{C}$，$\lambda\boldsymbol{E}-\boldsymbol{A}$ 与$(\lambda\boldsymbol{E}-\boldsymbol{A})^2$ 有相同的秩.

证明 设 $\boldsymbol{A}$ 与对角矩阵相似，则存在可逆矩阵 $\boldsymbol{T}$，使

$$\boldsymbol{T}^{-1}\boldsymbol{A}\boldsymbol{T}=\begin{pmatrix}\lambda_1 & & & \\ & \lambda_2 & & \\ & & \ddots & \\ & & & \lambda_n\end{pmatrix}.$$

所以 $\forall\lambda\in\mathbf{C}$，有

$$\boldsymbol{T}^{-1}(\lambda\boldsymbol{E}-\boldsymbol{A})\boldsymbol{T}=\begin{pmatrix}\lambda-\lambda_1 & & & \\ & \lambda-\lambda_2 & & \\ & & \ddots & \\ & & & \lambda-\lambda_n\end{pmatrix},$$

$$\boldsymbol{T}^{-1}(\lambda\boldsymbol{E}-\boldsymbol{A})^2\boldsymbol{T}=\begin{pmatrix}(\lambda-\lambda_1)^2 & & & \\ & (\lambda-\lambda_2)^2 & & \\ & & \ddots & \\ & & & (\lambda-\lambda_n)^2\end{pmatrix},$$

因此 $\boldsymbol{T}^{-1}(\lambda\boldsymbol{E}-\boldsymbol{A})\boldsymbol{T}$ 与 $\boldsymbol{T}^{-1}(\lambda\boldsymbol{E}-\boldsymbol{A})^2\boldsymbol{T}$ 等秩. 由 $\boldsymbol{T}$ 可逆知，$\lambda\boldsymbol{E}-\boldsymbol{A}$ 与$(\lambda\boldsymbol{E}-\boldsymbol{A})^2$ 等秩.

反之，设 $\forall\lambda\in\mathbf{C}$，$\lambda\boldsymbol{E}-\boldsymbol{A}$ 与$(\lambda\boldsymbol{E}-\boldsymbol{A})^2$ 等秩. 由于 $\boldsymbol{A}\in\mathbf{C}^{n\times n}$，故 $\boldsymbol{A}$ 与若尔当形矩阵相似，即存在可逆矩阵 $\boldsymbol{T}$ 使

$$\boldsymbol{T}^{-1}\boldsymbol{A}\boldsymbol{T}=\begin{pmatrix}\boldsymbol{J}_1 & & & \\ & \boldsymbol{J}_2 & & \\ & & \ddots & \\ & & & \boldsymbol{J}_s\end{pmatrix},$$

其中 $\boldsymbol{J}_i$ 为若尔当块，$i=1,2,\cdots,s$. 若某个 $\boldsymbol{J}_i$ 不是对角形(即 $\boldsymbol{J}_i$ 不是 1 阶的)，不妨设为 $\boldsymbol{J}_1$，即

$$\boldsymbol{J}_1=\begin{pmatrix}\lambda_1 & & & \\ 1 & \lambda_1 & & \\ & \ddots & \ddots & \\ & & 1 & \lambda_1\end{pmatrix}_{k_1\text{阶}},\quad k_1\geqslant 2,$$

故

$$\lambda_1 E-J_1=\begin{pmatrix}0&&&\\1&0&&\\&\ddots&\ddots&\\&&1&0\end{pmatrix},\quad (\lambda_1 E-J_1)^2=\begin{pmatrix}0&&&&\\0&0&&&\\1&0&0&&\\&\ddots&\ddots&\ddots&\\&&1&0&0\end{pmatrix}.$$

由此可知$(\lambda_1 E-J_1)^2$的秩小于$\lambda_1 E-J_1$的秩,因而$T^{-1}(\lambda_1 E-A)^2 T$的秩小于$T^{-1}(\lambda_1 E-A)T$的秩,进而$(\lambda_1 E-A)^2$的秩小于$\lambda_1 E-A$的秩,矛盾. 故每个$J_i$为对角形,从而

$$T^{-1}AT=\begin{pmatrix}J_1&&&\\&J_2&&\\&&\ddots&\\&&&J_s\end{pmatrix}$$

为对角形($s=n$).

点评 A与对角矩阵相似的充要条件是$\forall\lambda\in C$,$\lambda E-A$与$(\lambda E-A)^k(k>1)$有相同的秩.

§7.3 习 题

1. 在P^3中,给出一组基$\alpha_1=(-1,0,2)$,$\alpha_2=(0,1,1)$,$\alpha_3=(3,-1,0)$,定义如下线性变换$\mathscr{A}$:

$$\mathscr{A}(\alpha_1)=(-5,0,3),\quad \mathscr{A}(\alpha_2)=(0,-1,6),\quad \mathscr{A}(\alpha_3)=(-5,-1,9).$$

1) 求$\mathscr{A}$分别在基$\varepsilon_1=(1,0,0)$,$\varepsilon_2=(0,1,0)$,$\varepsilon_3=(0,0,1)$和基$\alpha_1,\alpha_2,\alpha_3$下的矩阵;

2) 求$\mathscr{A}$的值域与核.

2. 在P^4中,$\forall\alpha=(x_1,x_2,x_3,x_4)\in P^4$,令

$$\mathscr{A}(\alpha)=(-x_2+x_3-x_4,x_1-x_3+x_4,-x_1+x_2,x_1-x_2).$$

1) 求$\mathscr{A}$在基$\alpha_1=(1,-1,0,0)$,$\alpha_2=(0,1,-1,0)$,$\alpha_3=(0,0,1,-1)$,$\alpha_4=(0,0,0,1)$下的矩阵;

2) 令$\xi=(3,-1,2,5)$,求$\mathscr{A}(\xi)$在基$\alpha_1,\alpha_2,\alpha_3,\alpha_4$下的坐标;

3) 求$\mathscr{A}$的值域与核.

3. 在$P^{2\times2}$中,给定矩阵$\begin{pmatrix}a&b\\c&d\end{pmatrix}$,$\forall X\in P^{2\times2}$,定义$\mathscr{A}_1,\mathscr{A}_2,\mathscr{A}_3$如下:

$$\mathscr{A}_1(X)=X\begin{pmatrix}a&b\\c&d\end{pmatrix},\quad \mathscr{A}_2(X)=\begin{pmatrix}a&b\\c&d\end{pmatrix}X,\quad \mathscr{A}_3(X)=\begin{pmatrix}a&b\\c&d\end{pmatrix}X\begin{pmatrix}a&b\\c&d\end{pmatrix}.$$

求$\mathscr{A}_1,\mathscr{A}_2,\mathscr{A}_3$在基$E_{11},E_{12},E_{21},E_{22}$下的矩阵.

4. 在P^3中,设线性变换$\mathscr{A}$满足

$$\mathscr{A}(x_1,x_2,x_3)=(2x_2,x_1-x_3,x_2+x_3).$$

1) 求$\mathscr{A}$在基$\alpha_1=(1,2,-1)$,$\alpha_2=(1,0,-2)$,$\alpha_3=(0,1,1)$下的矩阵;

2) 设$\xi=(2,2,-1)$,求$\mathscr{A}(\xi)$在基$\alpha_1,\alpha_2,\alpha_3$下的坐标;

3) $\mathscr{A}$是否可逆? 若可逆,求$\mathscr{A}^{-1}$.

5. 设 $\mathscr{A}$ 是数域 P 上线性空间 V 的线性变换，若有 $\boldsymbol{\xi}\in V$，使 $\mathscr{A}^{k-1}(\boldsymbol{\xi})\neq\mathbf{0}$，但 $\mathscr{A}^{k}(\boldsymbol{\xi})=\mathbf{0}$，证明

1）$\boldsymbol{\xi},\mathscr{A}(\boldsymbol{\xi}),\cdots,\mathscr{A}^{k-1}(\boldsymbol{\xi})$ 线性无关；

2）若维$(V)=n$，且 $\boldsymbol{\xi}$ 满足 $\mathscr{A}^{n-1}(\boldsymbol{\xi})\neq\mathbf{0}$，$\mathscr{A}^{n}(\boldsymbol{\xi})=\mathbf{0}$，求 V 的一组基，使 $\mathscr{A}$ 在这组基下的矩阵是

$$\begin{pmatrix}0&0&\cdots&0&0\\1&0&\cdots&0&0\\0&1&\cdots&0&0\\\vdots&\vdots&&\vdots&\vdots\\0&0&\cdots&1&0\end{pmatrix}.$$

6. 设 $\mathscr{A}$ 是数域 P 上 n 维线性空间 V 的一个线性变换，证明下列条件等价：

1）$\mathscr{A}$ 是数乘变换；

2）$\mathscr{A}$ 与 V 的全体线性变换可换；

3）$\mathscr{A}$ 在任一组基下的矩阵相同.

7. 设 $\boldsymbol{\varepsilon}_1,\boldsymbol{\varepsilon}_2,\boldsymbol{\varepsilon}_3,\boldsymbol{\varepsilon}_4$ 是四维线性空间 V 的一组基，已知线性变换 $\mathscr{A}$ 在这组基下的矩阵为

$$\begin{pmatrix}1&0&2&1\\-1&2&1&3\\1&2&5&5\\2&-2&1&-2\end{pmatrix}.$$

1）求 $\mathscr{A}$ 在基 $\boldsymbol{\eta}_1=\boldsymbol{\varepsilon}_1-2\boldsymbol{\varepsilon}_2+\boldsymbol{\varepsilon}_4,\boldsymbol{\eta}_2=3\boldsymbol{\varepsilon}_2-\boldsymbol{\varepsilon}_3-\boldsymbol{\varepsilon}_4,\boldsymbol{\eta}_3=\boldsymbol{\varepsilon}_3+\boldsymbol{\varepsilon}_4,\boldsymbol{\eta}_4=2\boldsymbol{\varepsilon}_4$ 下的矩阵；

2）求 $\mathscr{A}$ 的核与值域；

3）在 $\mathscr{A}$ 的核中选一组基，把它扩充成 V 的一组基，并求 $\mathscr{A}$ 在这组基下的矩阵；

4）在 $\mathscr{A}$ 的值域中选一组基，把它扩充成 V 的一组基，并求 $\mathscr{A}$ 在这组基下的矩阵.

8. 设 $\boldsymbol{\alpha}_1,\boldsymbol{\alpha}_2,\boldsymbol{\alpha}_3,\boldsymbol{\alpha}_4$ 是数域 P 上的四维线性空间 V 的一组基，线性变换 $\mathscr{A}$ 在这组基下的矩阵为

$$\boldsymbol{A}=\begin{pmatrix}1&0&0&0\\0&0&0&0\\1&0&0&0\\0&0&0&1\end{pmatrix}.$$

1）求 $\mathscr{A}$ 的特征值和特征向量；

2）求 V 的一组基，使 $\mathscr{A}$ 在这组基下的矩阵为对角形，并写出这个对角形矩阵；

3）求 $\mathscr{A}$ 的值域与核.

9. 在复数域 $\mathbf{C}$ 上，求下列矩阵的特征值与特征向量，并判断它们是否与对角矩阵相似. 若与对角矩阵相似，求可逆矩阵 $\boldsymbol{T}$，使 $\boldsymbol{T}^{-1}\boldsymbol{AT}$ 为对角矩阵.

1）$\boldsymbol{A}=\begin{pmatrix}1&1&1&1\\1&1&-1&-1\\1&-1&1&-1\\1&-1&-1&1\end{pmatrix}$； 2）$\boldsymbol{A}=\begin{pmatrix}5&6&-3\\-1&0&1\\1&2&-1\end{pmatrix}$；

3）$\boldsymbol{A}=\begin{pmatrix}0&0&1\\0&1&0\\1&0&0\end{pmatrix}$；　　4）$\boldsymbol{A}=\begin{pmatrix}0&2&1\\-2&0&3\\-1&-3&0\end{pmatrix}$；

5）$\boldsymbol{A}=\begin{pmatrix}3&1&0\\-4&-1&0\\4&-8&-2\end{pmatrix}$.

10. 在 $P[x]_n(n>1)$ 中，求微分变换 $\mathscr{D}$ 的特征多项式，并证明 $\mathscr{D}$ 在任何一组基下的矩阵都不可能是对角矩阵.

11. 证明：

$$\begin{pmatrix}\lambda_1&&&\\&\lambda_2&&\\&&\ddots&\\&&&\lambda_n\end{pmatrix} \text{与} \begin{pmatrix}\lambda_{i_1}&&&\\&\lambda_{i_2}&&\\&&\ddots&\\&&&\lambda_{i_n}\end{pmatrix}$$

相似，其中 $i_1i_2\cdots i_n$ 是 $1,2,\cdots,n$ 的一个排列.

12. 设

$$\boldsymbol{A}=\begin{pmatrix}1&4&2\\0&-3&4\\0&4&3\end{pmatrix},$$

求 $\boldsymbol{A}^k$，k 为正整数.

13. 1）设 λ_1,λ_2 是线性变换 $\mathscr{A}$ 的两个不同特征值，$\boldsymbol{\varepsilon}_1,\boldsymbol{\varepsilon}_2$ 是分别属于 λ_1,λ_2 的特征向量，证明：$\boldsymbol{\varepsilon}_1+\boldsymbol{\varepsilon}_2$ 不是 $\mathscr{A}$ 的特征向量；

2）证明：线性空间 V 的线性变换 $\mathscr{A}$ 以 V 中每个非零向量作为它的特征向量当且仅当 $\mathscr{A}$ 是数乘变换.

14. 设 V 是复数域上的 n 维线性空间，$\mathscr{A},\mathscr{B}$ 是 V 的线性变换，且 $\mathscr{A}\mathscr{B}=\mathscr{B}\mathscr{A}$. 证明：

1）如果 λ_0 是 $\mathscr{A}$ 的一个特征值，那么 V_{λ_0} 是 $\mathscr{B}$ 的不变子空间；

2）$\mathscr{A},\mathscr{B}$ 至少有一个公共的特征向量.

15. 设 V 是复数域上的 n 维线性空间，线性变换 $\mathscr{A}$ 在基 $\boldsymbol{\varepsilon}_1,\boldsymbol{\varepsilon}_2,\cdots,\boldsymbol{\varepsilon}_n$ 下的矩阵为

$$\begin{pmatrix}\lambda&0&0&\cdots&0&0\\1&\lambda&0&\cdots&0&0\\\vdots&\vdots&\vdots&&\vdots&\vdots\\0&0&0&\cdots&\lambda&0\\0&0&0&\cdots&1&\lambda\end{pmatrix}.$$

证明：

1）V 中包含 $\boldsymbol{\varepsilon}_1$ 的 $\mathscr{A}$ 的不变子空间只有 V 自身；

2）V 中任一 $\mathscr{A}$ 的非零不变子空间都包含 $\boldsymbol{\varepsilon}_n$；

3）V 不能分解成 $\mathscr{A}$ 的两个非平凡的不变子空间的直和.

16. 设 $\mathscr{A},\mathscr{B}$ 是线性空间 V 的线性变换，若 $\mathscr{A}\mathscr{B}-\mathscr{B}\mathscr{A}=\mathscr{E}$（$V$ 的恒等变换），证明：

$$\mathscr{A}^k\mathscr{B}-\mathscr{B}\mathscr{A}^k=k\mathscr{A}^{k-1},\quad k>1.$$

17. 证明:数域 P 上 n 维线性空间 V 的任一子空间 W 必为某一线性变换的核.

18. 设 $\mathscr{A}$ 是数域 P 上线性空间 V 的线性变换,证明:

1) $\mathscr{A}(V)\supseteq\mathscr{A}^2(V)\supseteq\mathscr{A}^3(V)\supseteq\cdots$;

2) $\mathscr{A}^{-1}(\mathbf{0})\subseteq(\mathscr{A}^2)^{-1}(\mathbf{0})\subseteq(\mathscr{A}^3)^{-1}(\mathbf{0})\subseteq\cdots$;

3) $\mathscr{A}(V)\subseteq\mathscr{A}^{-1}(\mathbf{0})$ 的充要条件是 $\mathscr{A}^2=\mathscr{O}$.

19. 设 $\boldsymbol{\alpha}_1,\boldsymbol{\alpha}_2,\cdots,\boldsymbol{\alpha}_n$ 和 $\boldsymbol{\beta}_1,\boldsymbol{\beta}_2,\cdots,\boldsymbol{\beta}_n$ 是数域 P 上 n 维线性空间 V 的两组基,$\mathscr{A}$ 是 V 的线性变换,使 $\mathscr{A}(\boldsymbol{\alpha}_i)=\boldsymbol{\beta}_i,i=1,2,\cdots,n$,证明:$\mathscr{A}$ 在这两组基下的矩阵相同.

20. 设 $\boldsymbol{A},\boldsymbol{B}$ 都为 n 阶正定矩阵,证明:

1) $|\lambda\boldsymbol{A}-\boldsymbol{B}|=0$ 的根都大于零;

2) $|\lambda\boldsymbol{A}-\boldsymbol{B}|=0$ 的所有根都等于 1 的充要条件是 $\boldsymbol{A}=\boldsymbol{B}$.

21. 设 $\boldsymbol{A},\boldsymbol{B}$ 为两个 n 阶方阵,证明:

1) $\boldsymbol{AB}$ 与 $\boldsymbol{BA}$ 有相同的特征值;

2) $\boldsymbol{AB}+\boldsymbol{B}$ 与 $\boldsymbol{BA}+\boldsymbol{B}$ 有相同的特征值.

22. 设 $\boldsymbol{A},\boldsymbol{B}$ 是数域 P 上的两个 n 阶可逆方阵,若 $\boldsymbol{A}$ 与 $\boldsymbol{B}$ 相似,证明:$\boldsymbol{A}^*$ 与 $\boldsymbol{B}^*$ 也相似($\boldsymbol{A}^*$,$\boldsymbol{B}^*$ 分别表示 $\boldsymbol{A}$ 和 $\boldsymbol{B}$ 的伴随矩阵).设 $\lambda_1,\lambda_2,\cdots,\lambda_s$ 为 $\boldsymbol{A}$ 的所有互异的特征值,求出 $\boldsymbol{A}^*$ 的所有互异的特征值.

23. 设 V 是数域 P 上 n 维线性空间,$\mathscr{A}$ 是 V 的线性变换,证明:$\mathscr{A}$ 可表示为可逆线性变换与幂等线性变换之积.

24. 设 V 是数域 P 上 n 维线性空间,$\mathscr{A}$ 是 V 的线性变换,且 $\mathscr{A}^2=\mathscr{A}$.证明:

1) $\mathscr{A}$ 的特征值是 0 或 1;

2) $V=V_1\oplus V_0$,V_1 和 V_0 是分别属于 1 和 0 的特征子空间.

25. 设 V 是数域 P 上 n 维线性空间,$\mathscr{A}$ 是 V 的线性变换,且在 P 中有 n 个互异的特征值 λ_1,$\lambda_2,\cdots,\lambda_n$,设 $\boldsymbol{\alpha}\in V$,证明:$\boldsymbol{\alpha},\mathscr{A}(\boldsymbol{\alpha}),\mathscr{A}^2(\boldsymbol{\alpha}),\cdots,\mathscr{A}^{n-1}(\boldsymbol{\alpha})$ 线性无关的充要条件是 $\boldsymbol{\alpha}=\sum\limits_{i=1}^{n}\boldsymbol{\alpha}_i$,$\boldsymbol{\alpha}_i$ 是 $\mathscr{A}$ 的属于特征值 λ_i 的特征向量,$i=1,2,\cdots,n$.

26. 设 $\mathscr{A},\mathscr{B}$ 是线性空间 V 的线性变换,$\mathscr{A}^2=\mathscr{A}$,$\mathscr{B}^2=\mathscr{B}$.证明:

1) 如果 $(\mathscr{A}+\mathscr{B})^2=\mathscr{A}+\mathscr{B}$,那么 $\mathscr{A}\mathscr{B}=\mathscr{O}$;

2) 如果 $\mathscr{A}\mathscr{B}=\mathscr{B}\mathscr{A}$,那么 $(\mathscr{A}+\mathscr{B}-\mathscr{A}\mathscr{B})^2=\mathscr{A}+\mathscr{B}-\mathscr{A}\mathscr{B}$.

27. 设 $\mathscr{A}$ 是线性空间 V 的线性变换,证明:$\mathscr{A}$ 的行列式为零的充要条件是 $\mathscr{A}$ 以零作为一个特征值.

28. 设 $\boldsymbol{A}$ 是一个 n 阶下三角形矩阵,证明:

1) 如果 $a_{ii}\neq a_{jj}$ 当 $i\neq j,i,j=1,2,\cdots,n$,那么 $\boldsymbol{A}$ 相似于一个对角矩阵;

2) 如果 $a_{11}=a_{22}=\cdots=a_{nn}$,而至少有一个 $a_{i_0j_0}\neq0\ (i_0>j_0)$,那么 $\boldsymbol{A}$ 不与对角矩阵相似.

29. 证明:对任一 n 阶复方阵 $\boldsymbol{A}$,存在可逆矩阵 $\boldsymbol{T}$,使 $\boldsymbol{T}^{-1}\boldsymbol{AT}$ 是上三角形矩阵.

30. 证明:如果 $\mathscr{A}_1,\mathscr{A}_2,\cdots,\mathscr{A}_s$ 是线性空间 V 的 s 个两两不同的线性变换,那么在 V 中必存在向量 $\boldsymbol{\alpha}$,使 $\mathscr{A}_1\boldsymbol{\alpha},\mathscr{A}_2\boldsymbol{\alpha},\cdots,\mathscr{A}_s\boldsymbol{\alpha}$ 也两两不同.

§7.4　习题参考答案与提示

1. 1) $\mathscr{A}$ 在基 $\boldsymbol{\varepsilon}_1,\boldsymbol{\varepsilon}_2,\boldsymbol{\varepsilon}_3$ 和基 $\boldsymbol{\alpha}_1,\boldsymbol{\alpha}_2,\boldsymbol{\alpha}_3$ 下的矩阵分别是

$$\frac{1}{7}\begin{pmatrix}-5 & 20 & -20\\ -4 & -5 & -2\\ 27 & 18 & 24\end{pmatrix}\quad 和 \quad \begin{pmatrix}2 & 3 & 5\\ -1 & 0 & 1\\ -1 & 1 & 0\end{pmatrix};$$

2) 提示：$\mathscr{A}(P^3)=L(\mathscr{A}(\boldsymbol{\varepsilon}_1),\mathscr{A}(\boldsymbol{\varepsilon}_2),\mathscr{A}(\boldsymbol{\varepsilon}_3))=L(\mathscr{A}(\boldsymbol{\alpha}_1),\mathscr{A}(\boldsymbol{\alpha}_2),\mathscr{A}(\boldsymbol{\alpha}_3))$，

$$\boldsymbol{\alpha}=x_1\boldsymbol{\alpha}_1+x_2\boldsymbol{\alpha}_2+x_3\boldsymbol{\alpha}_3\in\mathscr{A}^{-1}(\mathbf{0})\Leftrightarrow\begin{pmatrix}2 & 3 & 5\\ -1 & 0 & 1\\ -1 & 1 & 0\end{pmatrix}\begin{pmatrix}x_1\\ x_2\\ x_3\end{pmatrix}=0.$$

2. 1) $\mathscr{A}$ 在基 $\boldsymbol{\alpha}_1,\boldsymbol{\alpha}_2,\boldsymbol{\alpha}_3,\boldsymbol{\alpha}_4$ 下的矩阵为 $\begin{pmatrix}1 & -2 & 2 & -1\\ 2 & -1 & 0 & 0\\ 0 & 0 & 0 & 0\\ 2 & -1 & 0 & 0\end{pmatrix}$；

2) $\mathscr{A}(\xi)$ 在基 $\boldsymbol{\alpha}_1,\boldsymbol{\alpha}_2,\boldsymbol{\alpha}_3,\boldsymbol{\alpha}_4$ 下的坐标为 $(-2,4,0,4)$；

3) $\mathscr{A}(V)=L(\mathscr{A}(\boldsymbol{\alpha}_1),\mathscr{A}(\boldsymbol{\alpha}_3))$，$\mathscr{A}^{-1}(0)=L(\boldsymbol{\beta}_1,\boldsymbol{\beta}_2)$，$\boldsymbol{\beta}_1=(1,1,1,0)$，$\boldsymbol{\beta}_2=(-1,-1,0,1)$.

3. $\mathscr{A}_1,\mathscr{A}_2,\mathscr{A}_3$ 在基 $\boldsymbol{E}_{11},\boldsymbol{E}_{12},\boldsymbol{E}_{21},\boldsymbol{E}_{22}$ 下的矩阵分别是

$$\begin{pmatrix}a & c & 0 & 0\\ b & d & 0 & 0\\ 0 & 0 & a & c\\ 0 & 0 & b & d\end{pmatrix},\quad \begin{pmatrix}a & 0 & b & 0\\ 0 & a & 0 & b\\ c & 0 & d & 0\\ 0 & c & 0 & d\end{pmatrix}\quad 和 \quad \begin{pmatrix}a^2 & ac & ab & bc\\ ab & ad & b^2 & bd\\ ac & c^2 & ad & cd\\ cb & cd & bd & d^2\end{pmatrix}.$$

4. 1) $\mathscr{A}$ 在基 $\boldsymbol{\alpha}_1,\boldsymbol{\alpha}_2,\boldsymbol{\alpha}_3$ 下的矩阵是 $\begin{pmatrix}-7 & 5 & -7\\ 11 & -5 & 9\\ 16 & -7 & 13\end{pmatrix}$；

2) $\mathscr{A}(\boldsymbol{\xi})$ 在基 $\boldsymbol{\alpha}_1,\boldsymbol{\alpha}_2,\boldsymbol{\alpha}_3$ 下的坐标为 $(-2,6,9)$；

3) $\mathscr{A}$ 可逆，$\mathscr{A}^{-1}(x_1,x_2,x_3)=\left(-\dfrac{1}{2}x_1+x_2+x_3,\dfrac{1}{2}x_1,-\dfrac{1}{2}x_1+x_3\right)$.

5. 提示：1) 利用线性无关的定义；

2) $\boldsymbol{\xi},\mathscr{A}(\boldsymbol{\xi}),\cdots,\mathscr{A}^{n-1}(\boldsymbol{\xi})$ 是 V 的一组基.

6. 提示：在某组确定的基下，线性变换空间与矩阵空间同构.

7. 1) $\mathscr{A}$ 在基 $\boldsymbol{\eta}_1,\boldsymbol{\eta}_2,\boldsymbol{\eta}_3,\boldsymbol{\eta}_4$ 下的矩阵为

$$\begin{pmatrix}2 & -3 & 3 & 2\\ \frac{2}{3} & -\frac{4}{3} & \frac{10}{3} & \frac{10}{3}\\ \frac{8}{3} & -\frac{16}{3} & \frac{40}{3} & \frac{40}{3}\\ 0 & 1 & -7 & -8\end{pmatrix};$$

2）$\mathscr{A}^{-1}(\mathbf{0})=L(\boldsymbol{\alpha}_1,\boldsymbol{\alpha}_2)$，$\boldsymbol{\alpha}_1=4\boldsymbol{\varepsilon}_1+3\boldsymbol{\varepsilon}_2-2\boldsymbol{\varepsilon}_3$，$\boldsymbol{\alpha}_2=\boldsymbol{\varepsilon}_1+2\boldsymbol{\varepsilon}_2-\boldsymbol{\varepsilon}_4$；

$\mathscr{A}(V)=L(\boldsymbol{\beta}_1,\boldsymbol{\beta}_2)$，$\boldsymbol{\beta}_1=\boldsymbol{\varepsilon}_1+\boldsymbol{\varepsilon}_2+3\boldsymbol{\varepsilon}_3$，$\boldsymbol{\beta}_2=\boldsymbol{\varepsilon}_2+\boldsymbol{\varepsilon}_3-\boldsymbol{\varepsilon}_4$；

3）提示：$\boldsymbol{\alpha}_1,\boldsymbol{\alpha}_2,\boldsymbol{\varepsilon}_1,\boldsymbol{\varepsilon}_2$. 是 V 的一组基；

4）提示：$\boldsymbol{\beta}_1,\boldsymbol{\beta}_2,\boldsymbol{\varepsilon}_3,\boldsymbol{\varepsilon}_4$ 是 V 的一组基.

8. 1）特征值为 0（2 重），1（2 重）；

属于特征值 0 的特征向量为 $\boldsymbol{\alpha}_2,\boldsymbol{\alpha}_3$；

属于特征值 1 的特征向量为 $\boldsymbol{\alpha}_1+\boldsymbol{\alpha}_3,\boldsymbol{\alpha}_4$；

2）$\mathscr{A}$ 在基 $\boldsymbol{\alpha}_2,\boldsymbol{\alpha}_3,\boldsymbol{\alpha}_1+\boldsymbol{\alpha}_3,\boldsymbol{\alpha}_4$ 下的矩阵为

$$\begin{pmatrix}0&0&0&0\\0&0&0&0\\0&0&1&0\\0&0&0&1\end{pmatrix};$$

3）$\mathscr{A}(V)=L(\boldsymbol{\alpha}_1+\boldsymbol{\alpha}_3,\boldsymbol{\alpha}_4)$，$\mathscr{A}^{-1}(\mathbf{0})=L(\boldsymbol{\alpha}_2,\boldsymbol{\alpha}_3)$.

9. 1）特征值为 2（3 重）和 −2；

$$\boldsymbol{T}=\begin{pmatrix}1&1&1&1\\1&0&0&-1\\0&1&0&-1\\0&0&1&-1\end{pmatrix}.$$

2）特征值为 $2,1+\sqrt{3},1-\sqrt{3}$，

$$\boldsymbol{T}=\begin{pmatrix}-2&-3&-3\\1&1&1\\0&\sqrt{3}-2&-\sqrt{3}-2\end{pmatrix};$$

3）特征值为 1（2 重），−1，

$$\boldsymbol{T}=\begin{pmatrix}1&0&1\\0&1&0\\1&0&-1\end{pmatrix};$$

4）特征值为 $0,\sqrt{14}\,\mathrm{i},-\sqrt{14}\,\mathrm{i}$，

$$\boldsymbol{T}=\begin{pmatrix}3&6+\sqrt{14}\,\mathrm{i}&6-\sqrt{14}\,\mathrm{i}\\-1&-2+3\sqrt{14}\,\mathrm{i}&-2-3\sqrt{14}\,\mathrm{i}\\2&-10&-10\end{pmatrix};$$

5）特征值为 1（2 重）和 −2，$\boldsymbol{A}$ 不与对角矩阵相似.

10. 提示：$\mathscr{D}$ 的特征多项式 $|\lambda\boldsymbol{E}-\boldsymbol{D}|=\lambda^n$，$\mathscr{D}$ 的特征子空间维数和为 $1\neq n$.

11. 提示利用同一线性变换在不同基下的矩阵相似进行证明.

12. 提示：$\boldsymbol{A}=\boldsymbol{T}\begin{pmatrix}1&0&0\\0&5&0\\0&0&-5\end{pmatrix}\boldsymbol{T}^{-1}$，$\boldsymbol{T}=\begin{pmatrix}1&2&1\\0&1&-2\\0&2&1\end{pmatrix}$.

13. 1）反证法；

2) 提示:对必要性,证明 $\mathscr{A}$ 只有一个特征值,从而 V 是特征子空间.

14. 提示:1) 利用不变子空间的定义;

2) 利用 1) 的结论可构造出符合条件的特征向量.

15. 提示:1) 利用线性变换的运算性质;

2) 可通过递推思想来证明;

3) 利用 2) 的结论即得.

16. 提示:对 k 用数学归纳法.

17. 提示:若 $W\neq\{\mathbf{0}\}$,取 W 的一组基 $\boldsymbol{\alpha}_1,\boldsymbol{\alpha}_2,\cdots,\boldsymbol{\alpha}_s$,把它扩为 V 的一组基 $\boldsymbol{\alpha}_1,\boldsymbol{\alpha}_2,\cdots,\boldsymbol{\alpha}_s,\boldsymbol{\alpha}_{s+1},\cdots,\boldsymbol{\alpha}_n$,可以定义一个线性变换满足条件.

18. 提示:由定义验证.

19. 提示:$(\boldsymbol{\beta}_1,\boldsymbol{\beta}_2,\cdots,\boldsymbol{\beta}_n)=\mathscr{A}(\boldsymbol{\alpha}_1,\boldsymbol{\alpha}_2,\cdots,\boldsymbol{\alpha}_n)=(\boldsymbol{\alpha}_1,\boldsymbol{\alpha}_2,\cdots,\boldsymbol{\alpha}_n)\boldsymbol{A}$.

20. 提示:1) 证存在可逆矩阵 $\boldsymbol{P}$,使

$$\boldsymbol{P}^{\mathrm{T}}\boldsymbol{A}\boldsymbol{P}=\boldsymbol{E},\quad \boldsymbol{P}^{\mathrm{T}}\boldsymbol{B}\boldsymbol{P}=\begin{pmatrix}\lambda_1 & & & \\ & \lambda_2 & & \\ & & \ddots & \\ & & & \lambda_n\end{pmatrix}.$$

由 $\boldsymbol{B}$ 正定,$\lambda_i>0(i=1,2,\cdots,n)$,再由

$$|\boldsymbol{P}^{\mathrm{T}}(\lambda\boldsymbol{A}-\boldsymbol{B})\boldsymbol{P}|=|\boldsymbol{P}|^2|\lambda\boldsymbol{A}-\boldsymbol{B}|=\left|\lambda\boldsymbol{E}-\begin{pmatrix}\lambda_1 & & & \\ & \lambda_2 & & \\ & & \ddots & \\ & & & \lambda_n\end{pmatrix}\right|$$

可得;

2) 由 1) 易得.

21. 提示:1) 对 $\begin{pmatrix}\lambda\boldsymbol{E} & -\boldsymbol{A}\\ \boldsymbol{B} & \boldsymbol{E}\end{pmatrix}$ 施行初等变换;

2) 利用 1) 的结果.

22. 提示:利用 $\boldsymbol{A}$ 与 $\boldsymbol{A}^*$ 的关系可得.

23. 提示:设 $\mathscr{A}$ 在基 $\boldsymbol{\varepsilon}_1,\boldsymbol{\varepsilon}_2,\cdots,\boldsymbol{\varepsilon}_n$ 下的矩阵为 $\boldsymbol{A}$,存在可逆矩阵 $\boldsymbol{P},\boldsymbol{Q}$,使 $\boldsymbol{A}=\boldsymbol{P}\begin{pmatrix}\boldsymbol{E}_r & \boldsymbol{O}\\ \boldsymbol{O} & \boldsymbol{O}\end{pmatrix}\boldsymbol{Q}$. 当 $r=0$ 时,结论成立. 当 $r\neq0$ 时,$\boldsymbol{A}=\boldsymbol{P}\boldsymbol{Q}\left[\boldsymbol{Q}^{-1}\begin{pmatrix}\boldsymbol{E}_r & \boldsymbol{O}\\ \boldsymbol{O} & \boldsymbol{O}\end{pmatrix}\boldsymbol{Q}\right]$,进而可证明所要的结果.

24. 提示:2) $\forall\boldsymbol{\alpha}\in V,\boldsymbol{\alpha}=\mathscr{A}(\boldsymbol{\alpha})+(\mathscr{E}-\mathscr{A})(\boldsymbol{\alpha}),\mathscr{A}(\boldsymbol{\alpha})\in V_1,(\mathscr{E}-\mathscr{A})(\boldsymbol{\alpha})\in V_0$.

25. 提示:设 $\boldsymbol{\alpha}_1,\boldsymbol{\alpha}_2,\cdots,\boldsymbol{\alpha}_n$ 分别是 $\mathscr{A}$ 的属于特征值 $\lambda_1,\lambda_2,\cdots,\lambda_n$ 的特征向量,$\boldsymbol{\alpha}_1,\boldsymbol{\alpha}_2,\cdots,\boldsymbol{\alpha}_n$ 也是 V 的基. 设 $\boldsymbol{\alpha}=\sum\limits_{i=1}^{n}k_i\boldsymbol{\alpha}_i$,若 $k_i\neq0$,则 $k_i\boldsymbol{\alpha}_i$ 是属于 λ_i 的特征向量. 若 $\exists k_i=0$,不妨设 $k_1,k_2,\cdots,k_r\neq0$,而 $k_{r+1}=\cdots=k_n=0$,则

$$\boldsymbol{\alpha}=k_1\boldsymbol{\alpha}_1+k_2\boldsymbol{\alpha}_2+\cdots+k_r\boldsymbol{\alpha}_r,$$

$$(\boldsymbol{\alpha},\mathscr{A}(\boldsymbol{\alpha}),\cdots,\mathscr{A}^{n-1}(\boldsymbol{\alpha}))=(\boldsymbol{\alpha}_1,\boldsymbol{\alpha}_2,\cdots,\boldsymbol{\alpha}_r)\begin{pmatrix} k_1 & k_1\lambda_1 & \cdots & k_1\lambda_1^{n-1} \\ k_2 & k_2\lambda_2 & \cdots & k_2\lambda_2^{n-1} \\ \vdots & \vdots & & \vdots \\ k_r & k_r\lambda_r & \cdots & k_r\lambda_r^{n-1} \end{pmatrix},$$

因为 $r<n$,矛盾.

反之,设 $\boldsymbol{\alpha}=\boldsymbol{\alpha}_1+\boldsymbol{\alpha}_2+\cdots+\boldsymbol{\alpha}_n$,将 $\boldsymbol{\alpha},\mathscr{A}(\boldsymbol{\alpha}),\cdots,\mathscr{A}^{n-1}(\boldsymbol{\alpha})$用 $\boldsymbol{\alpha}_1,\boldsymbol{\alpha}_2,\cdots,\boldsymbol{\alpha}_n$ 线性表出.

26. 提示:用线性变换运算的基本性质可直接证得结论.

27. 提示:矩阵的行列式等于其所有特征值的乘积.

28. 提示:1) $\boldsymbol{A}$ 有 n 个不同的特征值;

2) $\boldsymbol{A}$ 只有一个特征值,线性无关的特征向量至多有$(n-1)$个.

29. 提示:对 n 施行数学归纳法.

30. 提示:令 $V_{ij}=\{\boldsymbol{\alpha}\in V\mid \mathscr{A}_i(\boldsymbol{\alpha})=\mathscr{A}_j(\boldsymbol{\alpha})\}(i,j=1,2,\cdots,n)$,则 V_{ij}是 V 的真子空间.

第七章典型习题详解

第八章　λ-矩阵

§8.1　基本知识

一、λ-矩阵

1. 设 P 是一个数域，λ 是一个文字，若 $\boldsymbol{A}(\lambda)=(a_{ij}(\lambda))_{n\times m}$，$a_{ij}(\lambda)\in P[\lambda]$，则称 $\boldsymbol{A}(\lambda)$ 为 P 上的 λ-矩阵.

2. 若 λ-矩阵 $\boldsymbol{A}(\lambda)$ 中，有一个 $r(\geqslant 1)$ 阶子式不为零，而所有 $(r+1)$ 阶子式（如果有的话）全为零，则称 $\boldsymbol{A}(\lambda)$ 的秩为 r，记为秩$(\boldsymbol{A}(\lambda))=r$. 零矩阵的秩规定为 0.

设 $\boldsymbol{A}\in P^{n\times n}$，则秩$(\lambda\boldsymbol{E}-\boldsymbol{A})=n$.

3. λ-矩阵的逆：

1）$n\times n$ 的 λ-矩阵 $\boldsymbol{A}(\lambda)$ 称为可逆的，若有一个 $n\times n$ 的 λ-矩阵 $\boldsymbol{B}(\lambda)$，使

$$\boldsymbol{B}(\lambda)\boldsymbol{A}(\lambda)=\boldsymbol{A}(\lambda)\boldsymbol{B}(\lambda)=\boldsymbol{E},$$

则称 $\boldsymbol{B}(\lambda)$ 为 $\boldsymbol{A}(\lambda)$ 的逆矩阵，记为 $\boldsymbol{A}^{-1}(\lambda)$.

2）$n\times n$ 的 λ-矩阵 $\boldsymbol{A}(\lambda)$ 可逆当且仅当 $|\boldsymbol{A}(\lambda)|$ 是 P 中一个非零数.

4. 初等变换与初等矩阵：

1）下列三种变换称为 λ-矩阵的初等变换：

1° 交换矩阵的两行（列）；

2° 用数域 P 中非零数 c 乘矩阵的某一行（列）；

3° 矩阵的某一行（列）加另一行（列）的 $\varphi(\lambda)$ 倍，$\varphi(\lambda)\in \boldsymbol{P}[\lambda]$.

2）对 λ-矩阵进行一次初等行（列）变换相当于左（右）乘相应的初等矩阵.

交换第 i,j 行（列）相当于左（右）乘初等矩阵 $\boldsymbol{P}(i,j)$.

用非零数 c 乘第 i 行（列）相当于左（右）乘初等矩阵 $\boldsymbol{P}(i(c))$.

将第 j 行（i 列）的 $\varphi(\lambda)$ 倍加到第 i 行（j 列），相当于左（右）乘初等矩阵 $\boldsymbol{P}(i,j(\varphi))$.

3）$\boldsymbol{A}(\lambda)$ 经过一系列初等变换变为 $\boldsymbol{B}(\lambda)$，则称 $\boldsymbol{A}(\lambda)$ 与 $\boldsymbol{B}(\lambda)$ 等价.

4）两个 $s\times n$ 的 λ-矩阵 $\boldsymbol{A}(\lambda)$ 与 $\boldsymbol{B}(\lambda)$ 等价的充要条件是存在 $s\times s$ 可逆矩阵 $\boldsymbol{P}(\lambda)$ 与 $n\times n$ 可逆矩阵 $\boldsymbol{Q}(\lambda)$，使

$$\boldsymbol{B}(\lambda)=\boldsymbol{P}(\lambda)\boldsymbol{A}(\lambda)\boldsymbol{Q}(\lambda).$$

二、λ-矩阵的标准形

1. 设 $\boldsymbol{A}(\lambda)$ 是 $s\times n$ 矩阵，且秩$(\boldsymbol{A}(\lambda))=r$，则 $\boldsymbol{A}(\lambda)$ 等价于如下形式的矩阵：

$$\begin{pmatrix} d_1(\lambda) & & & & & & \\ & d_2(\lambda) & & & & & \\ & & \ddots & & & & \\ & & & d_r(\lambda) & & & \\ & & & & 0 & & \\ & & & & & \ddots & \\ & & & & & & 0 \end{pmatrix},$$

其中 $d_i(\lambda)(i=1,2,\cdots,r)$ 是首项系数为 1 的多项式，且

$$d_i(\lambda) \mid d_{i+1}(\lambda), \quad i=1,2,\cdots,r-1.$$

这个矩阵称为 $\boldsymbol{A}(\lambda)$ 的标准形，标准形是唯一的.

2. 在上述标准形中，

$$d_1(\lambda), d_2(\lambda), \cdots, d_r(\lambda)$$

称为 $\boldsymbol{A}(\lambda)$ 的不变因子.

对 $\boldsymbol{A} \in P^{n\times n}$，$\lambda \boldsymbol{E}-\boldsymbol{A}$ 的不变因子称为 $\boldsymbol{A}$ 的不变因子.

3. 设 $\boldsymbol{A} \in P^{n\times n}$，$f(\lambda)=|\lambda \boldsymbol{E}-\boldsymbol{A}|$，则

$$f(\lambda)=d_1(\lambda)d_2(\lambda)\cdots d_n(\lambda),$$

其中 $d_1(\lambda), d_2(\lambda), \cdots, d_n(\lambda)$ 是 $\boldsymbol{A}$ 的不变因子.

4. 设 $\boldsymbol{A} \in P^{n\times n}$，则 $\boldsymbol{A}$ 的最小多项式是 $\boldsymbol{A}$ 的最后一个不变因子 $d_n(\lambda)$.

5. 行列式因子：

1）设 λ-矩阵 $\boldsymbol{A}(\lambda)$ 的秩为 r，对于正整数 k，$1\leqslant k\leqslant r$，$\boldsymbol{A}(\lambda)$ 必有非零的 k 阶子式，$\boldsymbol{A}(\lambda)$ 中全部 k 阶子式的首项系数为 1 的最大公因式 $D_k(\lambda)$ 称为 $\boldsymbol{A}(\lambda)$ 的 k 阶行列式因子.

$\lambda \boldsymbol{E}-\boldsymbol{A}$ 的 k 阶行列式因子称为 $\boldsymbol{A}$ 的 k 阶行列式因子.

2）行列式因子与不变因子的关系：设秩$(\boldsymbol{A}(\lambda))=r$，则

$$D_k(\lambda)=d_1(\lambda)d_2(\lambda)\cdots d_r(\lambda) \quad (k=1,2,\cdots,r),$$

$$d_1(\lambda)=D_1(\lambda), \quad d_k(\lambda)=\frac{D_k(\lambda)}{D_{k-1}(\lambda)}\ (k=2,3,\cdots,r).$$

3）两个 $s\times n$ 的 λ-矩阵等价的充要条件是它们有相同的行列式因子或相同的不变因子.

6. 初等因子：

1）把 n 阶方阵 $\boldsymbol{A}$ 的每个次数大于零的不变因子分解成互不相同的一次因式方幂的乘积，所有这些一次因式方幂（相同的按出现的次数计）称为 $\boldsymbol{A}$ 的初等因子.

2）利用初等因子求不变因子：

设 $\boldsymbol{A} \in P^{n\times n}$，$\boldsymbol{A}$ 的全部初等因子已知. 在 $\boldsymbol{A}$ 的全部初等因子中，将同一个一次因式 $\lambda-\lambda_j(j=1,2,\cdots,r)$ 的方幂按降幂排列，若这些初等因子的个数不足 n，就在后面补上适当个数的 1，凑成 n 个，设所得排列为

$$(\lambda-\lambda_j)^{k_{nj}}, (\lambda-\lambda_j)^{k_{n-1,j}}, \cdots, (\lambda-\lambda_j)^{k_{1j}} \quad (j=1,2,\cdots,r),$$

令

$$d_i(\lambda)=(\lambda-\lambda_1)^{k_{i1}}(\lambda-\lambda_2)^{k_{i2}}\cdots(\lambda-\lambda_r)^{k_{ir}} \quad (i=1,2,\cdots,n),$$

则 $d_1(\lambda), d_2(\lambda), \cdots, d_n(\lambda)$ 为 $\boldsymbol{A}$ 的不变因子.

三、矩阵的相似

1. 矩阵相似的条件：设 $\boldsymbol{A},\boldsymbol{B}\in P^{n\times n}$，则

$$\begin{aligned}\boldsymbol{A}\sim\boldsymbol{B}&\Leftrightarrow\lambda\boldsymbol{E}-\boldsymbol{A}\text{ 与 }\lambda\boldsymbol{E}-\boldsymbol{B}\text{ 等价}\\&\Leftrightarrow\boldsymbol{A},\boldsymbol{B}\text{ 有相同的行列式因子}\\&\Leftrightarrow\boldsymbol{A},\boldsymbol{B}\text{ 有相同的不变因子}\\&\Leftrightarrow\boldsymbol{A},\boldsymbol{B}\text{ 有相同的初等因子.}\end{aligned}$$

2. 矩阵的有理标准形：

1）设 $f(\lambda)=\lambda^n+a_1\lambda^{n-1}+\cdots+a_{n-1}\lambda+a_n\in P[\lambda]$，称矩阵

$$\boldsymbol{N}_0=\begin{pmatrix}0&0&\cdots&0&-a_n\\1&0&\cdots&0&-a_{n-1}\\0&1&\cdots&0&-a_{n-2}\\\vdots&\vdots&&\vdots&\vdots\\0&0&\cdots&1&-a_1\end{pmatrix}$$

为 $f(\lambda)$ 的友矩阵（伴侣矩阵）或弗罗贝尼乌斯块.

2）设 n 阶方阵 $\boldsymbol{A}$ 的不变因子为

$$1,\cdots,1,d_{k+1}(\lambda),d_{k+2}(\lambda),\cdots,d_n(\lambda),$$

其中 $d_{k+i}(\lambda)$ 的次数大于零，$i=1,2,\cdots,n-k$，且 $\boldsymbol{N}_1,\boldsymbol{N}_2,\cdots,\boldsymbol{N}_{n-k}$ 分别是 $d_{k+1}(\lambda),d_{k+2}(\lambda),\cdots,d_n(\lambda)$ 的友矩阵，称准对角矩阵

$$\boldsymbol{F}=\begin{pmatrix}\boldsymbol{N}_1&&&\\&\boldsymbol{N}_2&&\\&&\ddots&\\&&&\boldsymbol{N}_{n-k}\end{pmatrix}$$

为 $\boldsymbol{A}$ 的有理标准形或弗罗贝尼乌斯标准形.

3）数域 P 上 n 阶方阵在 P 上相似于它的有理标准形.

3. 矩阵的若尔当标准形：

1）每个复方阵都相似于一个若尔当形矩阵

$$\boldsymbol{J}=\begin{pmatrix}\boldsymbol{J}_1&&&\\&\boldsymbol{J}_2&&\\&&\ddots&\\&&&\boldsymbol{J}_s\end{pmatrix},$$

其中

$$\boldsymbol{J}_i=\begin{pmatrix}\lambda_i&0&\cdots&0&0\\1&\lambda_i&\cdots&0&0\\0&1&\cdots&0&0\\\vdots&\vdots&&\vdots&\vdots\\0&0&\cdots&1&\lambda_i\end{pmatrix}_{k_i\times k_i}\quad(i=1,2,\cdots,s)$$

称为若尔当块.这个若尔当形矩阵除去若尔当块的排列次序外是被 $\boldsymbol{A}$ 唯一决定的,它称为 $\boldsymbol{A}$ 的若尔当标准形,其中主对角线上的元素 $\lambda_1,\lambda_2,\cdots,\lambda_s$ 都是 $\boldsymbol{A}$ 的特征值.

2)每个复方阵都与一个上(下)三角形矩阵相似,其主对角线上的元素为 $\boldsymbol{A}$ 的全部特征值.

3)复方阵 $\boldsymbol{A}$ 与对角矩阵相似的充要条件是 $\boldsymbol{A}$ 的初等因子全为一次的.

4)复方阵 $\boldsymbol{A}$ 与对角矩阵相似的充要条件是 $\boldsymbol{A}$ 的最小多项式没有重根.

四、最小多项式

1. 设 $\boldsymbol{A}\in P^{n\times n}$,$P[x]$中次数最低、首项系数为 1 且以 $\boldsymbol{A}$ 为根的多项式,称为 $\boldsymbol{A}$ 的最小多项式,记为 $m_A(\lambda)$或 $m(\lambda)$.

2. 最小多项式的性质:

1)$\boldsymbol{A}$ 的最小多项式是唯一的,且 $g(\boldsymbol{A})=\boldsymbol{O}$ 当且仅当 $m(\lambda)g|(\lambda)$.

2)设

$$\boldsymbol{A}=\begin{pmatrix}\boldsymbol{A}_1 & & & \\ & \boldsymbol{A}_2 & & \\ & & \ddots & \\ & & & \boldsymbol{A}_s\end{pmatrix}$$

是准对角形矩阵,且 $m_i(\lambda)$分别是 $\boldsymbol{A}_i$ 的最小多项式,$m(\lambda)$为 $\boldsymbol{A}$ 的最小多项式,则

$$m(\lambda)=[m_1(\lambda),m_2(\lambda),\cdots,m_s(\lambda)].$$

3)数域 P 上 n 阶方阵 $\boldsymbol{A}$ 与 P 上的对角矩阵相似的充要条件是 $\boldsymbol{A}$ 的最小多项式是 P 上互素的一次因式的积.

4)复矩阵 $\boldsymbol{A}$ 与复数域上的对角矩阵相似的充要条件是 $\boldsymbol{A}$ 的最小多项式无重根.

§8.2 例　　题

例 1 求 λ-矩阵

$$\begin{pmatrix}\lambda+\alpha & \beta & 1 & 0\\ -\beta & \lambda+\alpha & 0 & 1\\ 0 & 0 & \lambda+\alpha & \beta\\ 0 & 0 & -\beta & \lambda+\alpha\end{pmatrix}$$

的不变因子和标准形.

解 借助行列式因子来求解.当 $\beta=0$ 时,

$$D_4(\lambda)=(\lambda+\alpha)^4,D_3(\lambda)=(\lambda+\alpha)^2,D_2(\lambda)=D_1(\lambda)=1,$$

所以不变因子为

$$d_1(\lambda)=d_2(\lambda)=1,d_3(\lambda)=(\lambda+\alpha)^2,d_4(\lambda)=(\lambda+\alpha)^2,$$

标准形为

$$\begin{pmatrix} 1 & & & \\ & 1 & & \\ & & (\lambda+\alpha)^2 & \\ & & & (\lambda+\alpha)^2 \end{pmatrix}.$$

当$\beta\neq 0$时，

$$D_4(\lambda)=[(\lambda+\alpha)^2+\beta^2]^2,\quad D_3(\lambda)=D_2(\lambda)=D_1(\lambda)=1,$$

所以不变因子为

$$d_1(\lambda)=d_2(\lambda)=d_3(\lambda)=1,\quad d_4(\lambda)=[(\lambda+\alpha)^2+\beta^2]^2,$$

标准形为

$$\begin{pmatrix} 1 & & & \\ & 1 & & \\ & & 1 & \\ & & & [(\lambda+\alpha)^2+\beta^2]^2 \end{pmatrix}.$$

点评 求 λ-矩阵的标准形，常用的方法有三种：

1）利用初等变换化标准形；

2）利用不变因子和行列式因子的关系，借助行列式因子求标准形；

3）利用秩和初等因子求标准形（不变因子）.

例 2 求 λ-矩阵

$$\boldsymbol{A}(\lambda)=\begin{pmatrix} \lambda+1 & 0 & 0 & 0 \\ 0 & \lambda+2 & 0 & 0 \\ 0 & 0 & \lambda-1 & 0 \\ 0 & 0 & 0 & \lambda-2 \end{pmatrix}$$

的标准形.

解 解法 1 $D_4(\lambda)=(\lambda^2-1)(\lambda^2-4)$，$D_3(\lambda)=D_2(\lambda)=D_1(\lambda)=1$，所以$\boldsymbol{A}(\lambda)$的不变因子为$d_1(\lambda)=d_2(\lambda)=d_3(\lambda)=1$，$d_4(\lambda)=(\lambda^2-1)(\lambda^2-4)$，故标准形为

$$\begin{pmatrix} 1 & & & \\ & 1 & & \\ & & 1 & \\ & & & (\lambda^2-1)(\lambda^2-4) \end{pmatrix}.$$

解法 2 借助初等因子来求解. $\boldsymbol{A}(\lambda)$的初等因子为$\lambda+1$，$\lambda+2$，$\lambda-1$，$\lambda-2$，所以$\boldsymbol{A}(\lambda)$的不变因子为$d_1(\lambda)=d_2(\lambda)=d_3(\lambda)=1$，$d_4(\lambda)=(\lambda^2-1)(\lambda^2-4)$，故标准形为

$$\begin{pmatrix} 1 & & & \\ & 1 & & \\ & & 1 & \\ & & & (\lambda^2-1)(\lambda^2-4) \end{pmatrix}.$$

例 3 求矩阵

$$A=\begin{pmatrix}3&-1&-3&1\\-1&3&1&-3\\3&-1&-3&1\\-1&3&1&-3\end{pmatrix}$$

的最小多项式.

解 解法 1 求 $\boldsymbol{A}$ 的不变因子为 $d_1(\lambda)=d_2(\lambda)=1,d_3(\lambda)=\lambda^2,d_4(\lambda)=\lambda^2$,因此 $\boldsymbol{A}$ 的最小多项式为 $m_A(\lambda)=d_4(\lambda)=\lambda^2$.

解法 2 $|\lambda\boldsymbol{E}-\boldsymbol{A}|=\lambda^4$,所以 $\boldsymbol{A}$ 的最小多项式为 $\lambda,\lambda^2,\lambda^3,\lambda^4$ 之一. 经验算,$m_A(\lambda)=\lambda^2$.

解法 3 令 $\boldsymbol{B}=\begin{pmatrix}3&-1\\-1&3\end{pmatrix}$,则 $\boldsymbol{A}=\begin{pmatrix}\boldsymbol{B}&-\boldsymbol{B}\\\boldsymbol{B}&-\boldsymbol{B}\end{pmatrix}$,因 $\boldsymbol{A}^2=\boldsymbol{O},\boldsymbol{A}\neq\boldsymbol{O}$,故 $m_A(\lambda)=\lambda^2$.

点评 求最小多项式可用上述三种方法,解法 1 较普遍.

例 4 求 $\boldsymbol{A}$ 的最小多项式,其中

$$A=\begin{pmatrix}1&0&0&0\\-1&-1&-1&0\\1&1&1&0\\2&2&2&0\end{pmatrix}.$$

解 因为

$$\lambda\boldsymbol{E}-\boldsymbol{A}=\begin{pmatrix}\lambda-1&0&0&0\\1&\lambda+1&1&0\\-1&-1&\lambda-1&0\\-2&-2&-2&\lambda\end{pmatrix}\to\begin{pmatrix}-1&-1&\lambda-1&0\\1&\lambda+1&1&0\\\lambda-1&0&0&0\\-2&-2&-2&\lambda\end{pmatrix}$$

$$\to\begin{pmatrix}-1&-1&\lambda-1&0\\0&\lambda&\lambda&0\\0&1-\lambda&(\lambda-1)^2&0\\0&0&-2\lambda&\lambda\end{pmatrix}\to\begin{pmatrix}1&0&0&0\\0&1&\lambda^2-\lambda+1&0\\0&1-\lambda&(\lambda-1)^2&0\\0&0&0&\lambda\end{pmatrix}$$

$$\to\begin{pmatrix}1&&&\\&1&&\\&&\lambda&\\&&&\lambda^3-\lambda^2\end{pmatrix},$$

因此 $\boldsymbol{A}$ 的最小多项式 $m_A(\lambda)=\lambda^3-\lambda^2$.

例 5 设 $\boldsymbol{A}$ 是数域 P 上 n 阶方阵,$m(\lambda),f(\lambda)$ 分别是 $\boldsymbol{A}$ 的最小多项式和特征多项式. 证明:存在正整数 t,使得 $f(\lambda)\mid m^t(\lambda)$.

证明 设 $\boldsymbol{A}$ 的不变因子为 $d_1(\lambda),d_2(\lambda),\cdots,d_n(\lambda)$,则

$$f(\lambda)=d_1(\lambda)d_2(\lambda)\cdots d_n(\lambda),\quad m(\lambda)=d_n(\lambda).$$

又 $d_i(\lambda)\mid d_{i+1}(\lambda)(i=1,2,\cdots,n-1)$,故 $f(x)\mid d^n(\lambda)$,即 $f(\lambda)\mid m^n(\lambda)$.

例 6 设 $\boldsymbol{A}\in P^{n\times n}$,令 $W=\{f(\boldsymbol{A})\mid f(x)\in P[x]\}$,证明:

1) W 是 $P^{n\times n}$ 的一个子空间;

2）维$(W)=\partial(m_A(\lambda))$.

证明　1）$A\in W$,故 W 是 $P^{n\times n}$ 的非空子集.

任取 $f(A),g(A)\in W$,其中 $f(x),g(x)\in P[x]$,则 $f(x)+g(x)\in P[x]$,从而 $f(A)+g(A)\in W$.

任取 $k\in P$,$kf(x)\in P[x]$,所以 $kf(A)\in W$,故 W 是 $P^{n\times n}$ 的一个子空间.

2）设 $m_A(\lambda)=\lambda^m+a_{m-1}\lambda^{m-1}+\cdots+a_1\lambda+a_0$,下面证明 $E,A,A^2,\cdots,A^{m-1}$ 为 W 的一组基.

先证它们线性无关. 否则,若存在不全为零的数 $k_0,k_1,\cdots,k_{m-1}$,使

$$k_0E+k_1A+\cdots+k_{m-1}A^{m-1}=O,$$

这与 $m_A(\lambda)$ 为 A 的最小多项式矛盾.

再任取 $f(A)\in W$,下证 $f(A)$ 可经 $E,A,A^2,\cdots,A^{m-1}$ 线性表出.

事实上,任取 $f(\lambda)\in P[\lambda]$,存在 $q(\lambda),r(\lambda)\in P[\lambda]$,使

$$f(\lambda)=q(\lambda)m_A(\lambda)+r(\lambda),$$

其中 $r(\lambda)=0$ 或 $\partial(r(\lambda))<\partial(m_A(\lambda))$.

若 $r(\lambda)=0$,则 $f(A)=O$,当然可经 $E,A,A^2,\cdots,A^{m-1}$ 线性表出.

若 $r(\lambda)\neq 0$,$\partial(r(\lambda))<m$,不妨设

$$r(\lambda)=c_{m-1}\lambda^{m-1}+\cdots+c_1\lambda+c_0,$$

则

$$f(A)=q(A)m_A(A)+r(A)=r(A)=c_{m-1}A^{m-1}+\cdots+c_1A+c_0E.$$

综上可得维$(W)=m=\partial(m_A(\lambda))$.

例 7　设 $A\in\mathbf{R}^{2\times 2}$,且 $A^2+E=O$,证明:实方阵 A 必相似于$\begin{pmatrix}0&-1\\1&0\end{pmatrix}$.

证明　记 $B=\begin{pmatrix}0&-1\\1&0\end{pmatrix}$,则 $\lambda E-B$ 的不变因子为 $1,\lambda^2+1$. 设 A 的不变因子为 $d_1(\lambda)$,$d_2(\lambda)$,则

$$d_2(\lambda)=\lambda^2+1,\quad d_1(\lambda)\mid d_2(\lambda).$$

因 λ^2+1 在 $\mathbf{R}$ 上不可约,则$d_1(\lambda)=1$,即 A,B 有相同的不变因子,故 A 与 B 相似.

点评　A 的最小多项式是 A 的最后一个不变因子. 由 $A^2+E=O$ 及 λ^2+1 在 $\mathbf{R}$ 上不可约知,A 的最小多项式 $m_A(\lambda)=\lambda^2+1$.

例 8　设 a,b,c 是实数,

$$A=\begin{pmatrix}b&c&a\\c&a&b\\a&b&c\end{pmatrix},\quad B=\begin{pmatrix}c&a&b\\a&b&c\\b&c&a\end{pmatrix},\quad C=\begin{pmatrix}a&b&c\\b&c&a\\c&a&b\end{pmatrix}.$$

证明:

1）A,B,C 彼此相似;

2）若 $BC=CB$,则 A 至少有两个特征值为 0.

证明　1）因为

$$\lambda\boldsymbol{E}-\boldsymbol{A}=\begin{pmatrix}\lambda-b & -c & -a\\ -c & \lambda-a & -b\\ -a & -b & \lambda-c\end{pmatrix}\xrightarrow{r_1\leftrightarrow r_3}\begin{pmatrix}-a & -b & \lambda-c\\ -c & \lambda-a & -b\\ \lambda-b & -c & -a\end{pmatrix}$$

$$\xrightarrow[c_2\leftrightarrow c_3]{c_1\leftrightarrow c_3}\begin{pmatrix}\lambda-c & -a & -b\\ -b & -c & \lambda-a\\ -a & \lambda-b & -c\end{pmatrix}\xrightarrow{r_2\leftrightarrow r_3}\begin{pmatrix}\lambda-c & -a & -b\\ -a & \lambda-b & -c\\ -b & -c & \lambda-a\end{pmatrix}$$

$$=\lambda\boldsymbol{E}-\boldsymbol{B},$$

所以 $\lambda\boldsymbol{E}-\boldsymbol{A}$ 与 $\lambda\boldsymbol{E}-\boldsymbol{B}$ 等价，故 $\boldsymbol{A}$ 与 $\boldsymbol{B}$ 相似.

类似可证：$\boldsymbol{B}$ 与 $\boldsymbol{C}$ 相似，从而 $\boldsymbol{A}$ 与 $\boldsymbol{C}$ 相似.

2）由 $\boldsymbol{BC}=\boldsymbol{CB}$ 可得

$$a^2+b^2+c^2=ab+ac+bc,$$

即

$$\frac{1}{2}(a-b)^2+\frac{1}{2}(a-c)^2+\frac{1}{2}(b-c)^2=0,$$

故 $a=b=c$，于是 $|\lambda\boldsymbol{E}-\boldsymbol{A}|=\lambda^2(\lambda-3a)$，从而 $\boldsymbol{A}$ 的特征值为 0(2 重)和 $3a$.

点评 1)的证明将相似关系转化为等价关系，相似关系难于处理，等价关系可以用初等变换证明，这样就可以把问题具体化.

例 9 设 $\boldsymbol{A}$ 与 $\boldsymbol{B}$ 是数域 P 上的同阶方阵，证明：$\lambda\boldsymbol{E}-\boldsymbol{A}$ 与 $\lambda\boldsymbol{E}-\boldsymbol{B}$ 等价的充要条件是 $\boldsymbol{A}$ 与 $\boldsymbol{B}$ 有分解式：$\boldsymbol{A}=\boldsymbol{TS}$，$\boldsymbol{B}=\boldsymbol{ST}$，其中 $\boldsymbol{T}$ 与 $\boldsymbol{S}$ 都是数域 P 上的方阵，且其中至少有一个是可逆的.

证明 必要性. $\lambda\boldsymbol{E}-\boldsymbol{A}$ 与 $\lambda\boldsymbol{E}-\boldsymbol{B}$ 等价，故 $\boldsymbol{A}$ 与 $\boldsymbol{B}$ 相似，因而存在可逆矩阵 $\boldsymbol{T}$，使 $\boldsymbol{T}^{-1}\boldsymbol{AT}=\boldsymbol{B}$. 令 $\boldsymbol{T}^{-1}\boldsymbol{A}=\boldsymbol{S}$，则 $\boldsymbol{A}=\boldsymbol{TS}$，$\boldsymbol{B}=\boldsymbol{ST}$.

充分性. 设有分解式 $\boldsymbol{A}=\boldsymbol{TS}$，$\boldsymbol{B}=\boldsymbol{ST}$，且 $\boldsymbol{T}$ 可逆，故 $\boldsymbol{S}=\boldsymbol{BT}^{-1}$，所以 $\boldsymbol{A}=\boldsymbol{TBT}^{-1}$，从而 $\boldsymbol{A}$ 相似于 $\boldsymbol{B}$，进而 $\lambda\boldsymbol{E}-\boldsymbol{A}$ 与 $\lambda\boldsymbol{E}-\boldsymbol{B}$ 等价.

例 10 设 a,b 是实数，且 $b\neq0$，$2n$ 阶方阵

$$\boldsymbol{A}=\begin{pmatrix}a & -b & & & & & & \\ b & a & 1 & & & & & \\ & & a & -b & & & & \\ & & b & a & 1 & & & \\ & & & & \ddots & \ddots & & \\ & & & & & \ddots & 1 & \\ & & & & & & a & -b\\ & & & & & & b & a\end{pmatrix},$$

求 $\boldsymbol{A}$ 的初等因子及若尔当标准形.

解 $|\lambda\boldsymbol{E}-\boldsymbol{A}|=[(\lambda-a)^2+b^2]^n$，故 $D_{2n}(\lambda)=[(\lambda-a)^2+b^2]^n$.

在矩阵 $\lambda\boldsymbol{E}-\boldsymbol{A}$ 中划去第一列及第 $2n$ 行所得$(2n-1)$阶子式为$(-1)^{n-1}b^n$，$b\neq0$，于是

$$D_{2n-1}(\lambda)=1,\quad D_{2n-2}(\lambda)=\cdots=D_1(\lambda)=1,$$

从而，不变因子为

$$d_1(\lambda)=d_2(\lambda)=\cdots=d_{2n-1}(\lambda)=1,\quad d_{2n}(\lambda)=[(\lambda-a)^2+b^2]^n,$$

所以,初等因子为

$$(\lambda-a+bi)^n,\quad (\lambda-a-bi)^n,$$

若尔当标准形为

$$\begin{pmatrix} a-bi & & & & & & & \\ 1 & a-bi & & & & & & \\ & \ddots & \ddots & & & & & \\ & & 1 & a-bi & & & & \\ & & & 0 & a+bi & & & \\ & & & & 1 & a+bi & & \\ & & & & & \ddots & \ddots & \\ & & & & & & 1 & a+bi \end{pmatrix}.$$

例 11　求矩阵

$$\boldsymbol{A}=\begin{pmatrix} 0 & 1 & 0 & \cdots & 0 & 0 \\ 0 & 0 & 1 & \cdots & 0 & 0 \\ \vdots & \vdots & \vdots & & \vdots & \vdots \\ 0 & 0 & 0 & \cdots & 0 & 1 \\ 1 & 0 & 0 & \cdots & 0 & 0 \end{pmatrix}_{n\times n}$$

的有理标准形和若尔当标准形.

解

$$\lambda\boldsymbol{E}-\boldsymbol{A}=\begin{pmatrix} \lambda & -1 & 0 & \cdots & 0 & 0 \\ 0 & \lambda & -1 & \cdots & 0 & 0 \\ \vdots & \vdots & \vdots & & \vdots & \vdots \\ 0 & 0 & 0 & \cdots & \lambda & -1 \\ -1 & 0 & 0 & \cdots & 0 & \lambda \end{pmatrix},$$

其右上角的$(n-1)$阶子式为$(-1)^{n-1}$,故 $D_{n-1}(\lambda)=1$. 从而 $d_1(\lambda)=d_2(\lambda)=\cdots=d_{n-1}(\lambda)=1$. $d_n(\lambda)=|\lambda\boldsymbol{E}-\boldsymbol{A}|=\lambda^n-1$,因此 $\boldsymbol{A}$ 的有理标准形为

$$\boldsymbol{F}=\begin{pmatrix} 0 & 0 & \cdots & 0 & 1 \\ 1 & 0 & \cdots & 0 & 0 \\ 0 & 1 & \cdots & 0 & 0 \\ \vdots & \vdots & & \vdots & \vdots \\ 0 & 0 & \cdots & 1 & 0 \end{pmatrix}.$$

因 $d_n(\lambda)=\lambda^n-1=(\lambda-1)(\lambda-\varepsilon)\cdots(\lambda-\varepsilon^{n-1})$,其中 $\varepsilon=\cos\dfrac{2\pi}{n}+\mathrm{i}\sin\dfrac{2\pi}{n}$,则 $\boldsymbol{A}$ 的若尔当标准形为

$$\boldsymbol{J}=\begin{pmatrix} 1 & & & \\ & \varepsilon & & \\ & & \ddots & \\ & & & \varepsilon^{n-1} \end{pmatrix}.$$

点评 $\boldsymbol{A}=\begin{pmatrix}\boldsymbol{0} & \boldsymbol{E}_{n-1}\\ 1 & \boldsymbol{0}\end{pmatrix}$,则 $\boldsymbol{A}$ 相似于对角矩阵 $\begin{pmatrix}\varepsilon_1 & & & \\ & \varepsilon_2 & & \\ & & \ddots & \\ & & & \varepsilon_n\end{pmatrix}$,其中 $\varepsilon_1,\varepsilon_2,\cdots,\varepsilon_n$ 为全部 n 次单位根.

例 12 设 $\boldsymbol{A}$ 为 n 阶方阵,$\boldsymbol{A}^k=\boldsymbol{O}$,且 k 为满足 $\boldsymbol{A}^k=\boldsymbol{O}$ 的最小正整数,则称 $\boldsymbol{A}$ 为 k 次幂零矩阵. 证明:所有 n 阶 $(n-1)$ 次幂零矩阵相似.

证明 证法 1 在复数域上存在可逆矩阵 $\boldsymbol{T}$ 使

$$\boldsymbol{T}^{-1}\boldsymbol{A}\boldsymbol{T}=\boldsymbol{J}=\begin{pmatrix}\boldsymbol{J}_1 & & & \\ & \boldsymbol{J}_2 & & \\ & & \ddots & \\ & & & \boldsymbol{J}_s\end{pmatrix}$$

是一个若尔当形矩阵,其中

$$\boldsymbol{J}_i=\begin{pmatrix}\lambda_i & 0 & \cdots & 0 & 0\\ 1 & \lambda_i & \cdots & 0 & 0\\ 0 & 1 & \cdots & 0 & 0\\ \vdots & \vdots & & \vdots & \vdots\\ 0 & 0 & \cdots & 1 & \lambda_i\end{pmatrix}_{k_i\times k_i}.$$

因为 $\boldsymbol{A}^{n-1}=\boldsymbol{O}$,所以

$$\boldsymbol{T}^{-1}\boldsymbol{A}^{n-1}\boldsymbol{T}=(\boldsymbol{T}^{-1}\boldsymbol{A}\boldsymbol{T})^{n-1}=\boldsymbol{J}^{n-1}=\begin{pmatrix}\boldsymbol{J}_1^{n-1} & & & \\ & \boldsymbol{J}_2^{n-1} & & \\ & & \ddots & \\ & & & \boldsymbol{J}_s^{n-1}\end{pmatrix}=\boldsymbol{O},$$

故 $\boldsymbol{J}_i$对角线上元素全为零,于是 $\boldsymbol{J}_i^{k_i}=\boldsymbol{O}$ 且 $\boldsymbol{J}_i^{k_i-1}\neq\boldsymbol{O}$. 令 $N=\max\{k_1,k_2,\cdots,k_s\}$,则

$$\begin{pmatrix}\boldsymbol{J}_1 & & & \\ & \boldsymbol{J}_2 & & \\ & & \ddots & \\ & & & \boldsymbol{J}_s\end{pmatrix}^N=\boldsymbol{O}.$$

于是 $\boldsymbol{A}^N=\boldsymbol{O}$,又 $\boldsymbol{A}^{N-1}\neq\boldsymbol{O}$,所以 $N=n-1$. 于是

$$\boldsymbol{T}^{-1}\boldsymbol{A}\boldsymbol{T}=\begin{pmatrix}\boldsymbol{J}' & \boldsymbol{0}\\ \boldsymbol{0} & 0\end{pmatrix} \quad 或 \quad \begin{pmatrix}0 & \boldsymbol{0}\\ \boldsymbol{0} & \boldsymbol{J}'\end{pmatrix},$$

其中 $\boldsymbol{J}'$为$(n-1)$阶若尔当块,且对角线上元素为零. 又因为$\begin{pmatrix}\boldsymbol{J}' & \boldsymbol{0}\\ \boldsymbol{0} & 0\end{pmatrix}$与$\begin{pmatrix}0 & \boldsymbol{0}\\ \boldsymbol{0} & \boldsymbol{J}'\end{pmatrix}$相似,因而所有 n 阶 $(n-1)$次幂零矩阵相似.

点评 幂零矩阵的特点:1) 若尔当标准形 $\boldsymbol{J}$ 的若尔当块 $\boldsymbol{J}_i$ 为幂零若尔当块,$\boldsymbol{J}_i^{k_i}=\boldsymbol{O}$,$\boldsymbol{J}_i^{r}\neq\boldsymbol{O}$,$r<k_i$,$i=1,2,\cdots,s$;2) 若尔当标准形中主对角线上元素全为零;3) 特征值全为零.

证法 2　设 $\boldsymbol{A}$ 为 n 阶 $(n-1)$ 次幂零矩阵，则

$$\boldsymbol{A}^{n-1}=\boldsymbol{O},\quad \boldsymbol{A}^{k}\neq\boldsymbol{O}\ (k<n-1),$$

于是 $\boldsymbol{A}$ 的最小多项式为 $d_n(\lambda)=\lambda^{n-1}$. 因为幂零矩阵的特征值都是零，所以 $\boldsymbol{A}$ 的特征多项式为 $f(\lambda)=\lambda^n$，而

$$f(\lambda)=|\lambda\boldsymbol{E}-\boldsymbol{A}|=d_1(\lambda)d_2(\lambda)\cdots d_{n-1}(\lambda)d_n(\lambda),$$

从而

$$d_1(\lambda)=d_2(\lambda)=\cdots=d_{n-2}(\lambda)=1,\quad d_{n-1}(\lambda)=\lambda,$$

因而任意 n 阶 $(n-1)$ 次幂零矩阵都具有相同的不变因子 $1,\cdots,1,\lambda,\lambda^{n-1}$，故彼此相似.

点评　利用矩阵的最小多项式即最后一个不变因子，矩阵的特征多项式和不变因子的关系可确定各个不变因子. 从而利用不变因子是矩阵的相似不变量这一特点是证明矩阵相似的一种方法.

例 13　设方阵 $\boldsymbol{A}$ 的特征多项式 $f(\lambda)=(\lambda-1)^n$，证明：对于任何正整数 k，$\boldsymbol{A}^k$ 与 $\boldsymbol{A}$ 相似.

证明　$\boldsymbol{A}$ 的若尔当标准形为

$$\boldsymbol{J}=\begin{pmatrix}\boldsymbol{J}_1 & & & \\ & \boldsymbol{J}_2 & & \\ & & \ddots & \\ & & & \boldsymbol{J}_s\end{pmatrix},$$

其中

$$\boldsymbol{J}_i=\begin{pmatrix}1 & & & \\ 1 & 1 & & \\ & \ddots & \ddots & \\ & & 1 & 1\end{pmatrix},$$

其阶数为 r_i，$i=1,2,\cdots,s$. $\boldsymbol{J}_i$ 的不变因子为 $1,\cdots,1,(\lambda-1)^{r_i}$，

$$|\lambda\boldsymbol{E}_{r_i}-\boldsymbol{J}_i^k|=\begin{vmatrix}\lambda-1 & & & \\ -k & \lambda-1 & & \\ & \ddots & \ddots & \\ * & & -k & \lambda-1\end{vmatrix}=(\lambda-1)^{r_i},$$

$\lambda\boldsymbol{E}_{r_i}-\boldsymbol{J}_i^k$ 有一个 (r_i-1) 阶子式

$$\begin{vmatrix}\lambda-1 & & & \\ -k & \lambda-1 & & \\ & \ddots & \ddots & \\ * & & -k & \lambda-1\end{vmatrix}=(\lambda-1)^{r_i-1},$$

还有一个 (r_i-1) 阶子式

$$\begin{vmatrix}-k & \lambda-1 & & \\ & -k & \ddots & \\ & & \ddots & \lambda-1 \\ * & & & -k\end{vmatrix}=g(\lambda).$$

因为 $g(1)=(-k)^{r_i-1}\neq 0$，所以 $((\lambda-1)^{r_i-1},g(\lambda))=1$，故 $\lambda E_{r_i}-J_i^k$ 的 (r_i-1) 阶行列式因子为 1，因此 $\lambda E_{r_i}-J_i^k$ 的不变因子为 $1,\cdots,1,(\lambda-1)^{r_i}$，则 $J_i\sim J_i^k$，即存在 T_i，使 $T_i^{-1}J_i^kT_i=J_i,i=1,2,\cdots,s$. 令

$$T=\begin{pmatrix}T_1 & & & \\ & T_2 & & \\ & & \ddots & \\ & & & T_s\end{pmatrix},$$

则 $T^{-1}J^kT=J$，从而 $A^k\sim A$.

点评 对于任何正整数 k，若尔当块 $J=\begin{pmatrix}1 & & & \\ 1 & 1 & & \\ & \ddots & \ddots & \\ & & 1 & 1\end{pmatrix}$ 与 J^k 相似.

例 14 证明：复数域上任一 n 阶方阵 A 均等于两个对称矩阵的积，且其中之一是非退化的（代数中称这种分解为 VOSS 分解）.

证明 设 A 的若尔当标准形为

$$J=\begin{pmatrix}J_1 & & & \\ & J_2 & & \\ & & \ddots & \\ & & & J_s\end{pmatrix},$$

其中

$$J_i=\begin{pmatrix}\lambda_i & 0 & \cdots & 0 & 0\\ 1 & \lambda_i & \cdots & 0 & 0\\ 0 & 1 & \cdots & 0 & 0\\ \vdots & \vdots & & \vdots & \vdots\\ 0 & 0 & \cdots & 1 & \lambda_i\end{pmatrix}_{r_i\times r_i}\quad (i=1,2,\cdots,s),$$

则存在可逆矩阵 P，使 $A=P^{-1}JP$. 因为

$$\begin{aligned}J_i&=\begin{pmatrix}0 & 0 & \cdots & 0 & \lambda_i\\ 0 & 0 & \cdots & \lambda_i & 1\\ 0 & 0 & \cdots & 1 & 0\\ \vdots & \vdots & & \vdots & \vdots\\ \lambda_i & 1 & \cdots & 0 & 0\end{pmatrix}\begin{pmatrix}0 & 0 & \cdots & 0 & 1\\ 0 & 0 & \cdots & 1 & 0\\ \vdots & \vdots & & \vdots & \vdots\\ 0 & 1 & \cdots & 0 & 0\\ 1 & 0 & \cdots & 0 & 0\end{pmatrix}\\ &=F_iQ_i,\end{aligned}$$

其中

$$F_i=\begin{pmatrix}0&0&\cdots&0&\lambda_i\\0&0&\cdots&\lambda_i&1\\0&0&\cdots&1&0\\\vdots&\vdots&&\vdots&\vdots\\\lambda_i&1&\cdots&0&0\end{pmatrix},\quad Q_i=\begin{pmatrix}0&0&\cdots&0&1\\0&0&\cdots&1&0\\\vdots&\vdots&&\vdots&\vdots\\0&1&\cdots&0&0\\1&0&\cdots&0&0\end{pmatrix},$$

令

$$F=\begin{pmatrix}F_1&&&\\&F_2&&\\&&\ddots&\\&&&F_s\end{pmatrix},Q=\begin{pmatrix}Q_1&&&\\&Q_2&&\\&&\ddots&\\&&&Q_s\end{pmatrix},$$

则 $F^{\mathrm{T}}=F,Q^{\mathrm{T}}=Q,|Q|\neq0$,且 $J=FQ$. 于是

$$A=P^{-1}JP=P^{-1}F(P^{-1})^{\mathrm{T}}P^{\mathrm{T}}QP,$$

得证.

点评　若尔当块可以表示为两个对称矩阵的积,且其中之一是非退化的.

例 15　设 A 是数域 P 上 n 阶方阵,A 的最小多项式 $m_A(\lambda)$ 能分解成 P 上一次因式的积,证明:$A=M+N$,M 是幂零矩阵,N(在 P 上)相似于对角矩阵,且 $MN=NM$.

证明　因 $m_A(\lambda)$ 能分解成 P 上一次因式的积,则 A 的若尔当标准形 $J\in P^{n\times n}$,故存在数域 P 上可逆矩阵 T,使

$$T^{-1}AT=\begin{pmatrix}J_1&&&\\&J_2&&\\&&\ddots&\\&&&J_s\end{pmatrix},$$

其中

$$J_i=\begin{pmatrix}\lambda_i&&&\\1&\lambda_i&&\\&\ddots&\ddots&\\&&1&\lambda_i\end{pmatrix}=\begin{pmatrix}\lambda_i&&&\\&\lambda_i&&\\&&\ddots&\\&&&\lambda_i\end{pmatrix}+\begin{pmatrix}0&&&\\1&0&&\\&\ddots&\ddots&\\&&1&0\end{pmatrix}.$$

设

$$B_i=\begin{pmatrix}\lambda_i&&&\\&\lambda_i&&\\&&\ddots&\\&&&\lambda_i\end{pmatrix},\quad C_i=\begin{pmatrix}0&&&\\1&0&&\\&\ddots&\ddots&\\&&1&0\end{pmatrix},$$

则

$$T^{-1}AT=\begin{pmatrix}B_1&&&\\&B_2&&\\&&\ddots&\\&&&B_s\end{pmatrix}+\begin{pmatrix}C_1&&&\\&C_2&&\\&&\ddots&\\&&&C_s\end{pmatrix}.$$

令

$$N=T\begin{pmatrix}B_1 & & & \\ & B_2 & & \\ & & \ddots & \\ & & & B_s\end{pmatrix}T^{-1},\quad M=T\begin{pmatrix}C_1 & & & \\ & C_2 & & \\ & & \ddots & \\ & & & C_s\end{pmatrix}T^{-1},$$

显然 M,N 为所求.

点评 若尔当块能写成一个幂零矩阵和一个数量矩阵之和.

例 16 设 $A,B\in P^{n\times n}$,$AB=BA$,且 A,B 都可对角化,证明:存在数域 P 上可逆矩阵 T,使 $T^{-1}AT,T^{-1}BT$ 同时为对角矩阵.

证明 由条件,存在 P 上可逆矩阵 S,使

$$S^{-1}AS=\begin{pmatrix}\lambda_1E_{n_1} & & & \\ & \lambda_2E_{n_2} & & \\ & & \ddots & \\ & & & \lambda_sE_{n_s}\end{pmatrix},$$

其中 $\lambda_1,\lambda_2,\cdots,\lambda_s$ 互异,$\sum\limits_{i=1}^{s}n_i=n$. 由 $AB=BA$ 知,$S^{-1}ASS^{-1}BS=S^{-1}BSS^{-1}AS$,故

$$S^{-1}BS=\begin{pmatrix}B_1 & & & \\ & B_2 & & \\ & & \ddots & \\ & & & B_s\end{pmatrix},$$

其中 $B_i\in P^{n_i\times n_i}$. 因 B 可对角化,故 B 的初等因子都是 P 上的一次因式,从而 B_i 的初等因子也都是 P 上的一次因式,故存在 P 上可逆矩阵 $R_i(i=1,2,\cdots,s)$,使

$$R_i^{-1}B_iR_i\quad(i=1,2,\cdots,s)$$

为对角矩阵. 令

$$R=\begin{pmatrix}R_1 & & & \\ & R_2 & & \\ & & \ddots & \\ & & & R_s\end{pmatrix},\quad T=SR,$$

则 T 满足要求.

点评 数域 P 上矩阵(在 P 上)相似于一个对角矩阵当且仅当它的初等因子全是 P 上的一次因式.

例 17 设 A,B 都是 n 阶复方阵,$AB=BA$,且存在某个正整数 k,使 $A^k=E,B^k=E$. 证明:存在可逆矩阵 P,使 $P^{-1}AP,P^{-1}BP$ 同为对角矩阵,且主对角线上元素都是 1 的 k 次方根.

证明 因 $A^k-E=O,B^k-E=O,g(\lambda)=\lambda^k-1$ 无重根,故 A,B 都相似于对角矩阵,由上题知,存在可逆矩阵 P,使

$$P^{-1}AP=\begin{pmatrix}\lambda_1 & & & \\ & \lambda_2 & & \\ & & \ddots & \\ & & & \lambda_n\end{pmatrix},\quad P^{-1}BP=\begin{pmatrix}\mu_1 & & & \\ & \mu_2 & & \\ & & \ddots & \\ & & & \mu_n\end{pmatrix}.$$

由 $A^k=E,B^k=E$ 知,$\lambda_i^k=1,\mu_i^k=1,i=1,2,\cdots,n.$

例 18 设 A 是 3×3 矩阵,$A^2=E$,但 $A\neq E,A\neq -E$. 证明:$A+E,A-E$ 中一个秩为 2,另一个秩为 1.

证明 因 $A^2-E=O$,而 λ^2-1 无重根,故 A 相似于对角矩阵,且 A 的特征值为 1 和-1. 又 $A\neq E,A\neq -E$,所以 A 的特征值不能全是 1 或-1,从而有两种可能:

1) 当 $A\sim\begin{pmatrix}1 & & \\ & 1 & \\ & & -1\end{pmatrix}$时,

$$A+E\sim\begin{pmatrix}2 & & \\ & 2 & \\ & & 0\end{pmatrix},\quad A-E\sim\begin{pmatrix}0 & & \\ & 0 & \\ & & -2\end{pmatrix},$$

故秩$(A+E)=2$,秩$(A-E)=1$.

2) 当 $A\sim\begin{pmatrix}1 & & \\ & -1 & \\ & & -1\end{pmatrix}$时,

$$A+E\sim\begin{pmatrix}2 & & \\ & 0 & \\ & & 0\end{pmatrix},\quad A-E\sim\begin{pmatrix}0 & & \\ & -2 & \\ & & -2\end{pmatrix},$$

故秩$(A+E)=1$,秩$(A-E)=2$.

点评 A 的最小多项式 $m_A(\lambda)=\lambda^2-1$.

例 19 设 A 为幂零矩阵(存在 $m\geqslant 2$,使 $A^m=O$,但 $A^{m-1}\neq O$). 证明:A 不可对角化.

证明 证法 1 由 $A^m=O$ 知,$f(\lambda)=\lambda^m$是 A 的零化多项式,于是 A 的最小多项式形式为 $m_A(\lambda)=\lambda^r$,其中 $1\leqslant r\leqslant m$. 但 $r=1$ 则有 $A=O$,与假设矛盾,因此$r\geqslant 2$,即 A 的最小多项式有重根,从而幂零矩阵不可对角化.

证法 2 设 A 的特征值为 λ,相应的特征向量为 ξ,则有 $A\xi=\lambda\xi,A^m\xi=\lambda^m\xi$,即$O\xi=\lambda^m\xi$,必有 $\lambda^m=0,\lambda=0$.

设 A 的若尔当标准形为

$$J=\begin{pmatrix}J_1 & & & \\ & J_2 & & \\ & & \ddots & \\ & & & J_s\end{pmatrix},\quad J_i=\begin{pmatrix}0 & & & \\ 1 & 0 & & \\ & \ddots & \ddots & \\ & & 1 & 0\end{pmatrix}_{k_i\times k_i},i=1,2,\cdots,s.$$

由 $A^m=O$ 有 $J^m=O$,从而 $J_i^m=O\ (i=1,2,\cdots,s)$.

若 A 相似于对角矩阵,则 $J_i=O\ (i=1,2,\cdots,s)$,进而有 $J=O$,必有 $A=O$,与假设矛盾. 因此 A

不能相似于对角矩阵.

证法 3 设 $\boldsymbol{A}$ 可对角化,则存在可逆矩阵 $\boldsymbol{X}$,使

$$\boldsymbol{X}^{-1}\boldsymbol{A}\boldsymbol{X}=\begin{pmatrix}\lambda_1 & & & \\ & \lambda_2 & & \\ & & \ddots & \\ & & & \lambda_n\end{pmatrix},$$

其中 $\lambda_1,\lambda_2,\cdots,\lambda_n$ 是 $\boldsymbol{A}$ 的特征值,于是

$$\boldsymbol{X}^{-1}\boldsymbol{A}^m\boldsymbol{X}=(\boldsymbol{X}^{-1}\boldsymbol{A}\boldsymbol{X})^m=\begin{pmatrix}\lambda_1^m & & & \\ & \lambda_2^m & & \\ & & \ddots & \\ & & & \lambda_n^m\end{pmatrix}.$$

由 $\boldsymbol{A}^m=\boldsymbol{O}$ 得 $\lambda_i^m=0,\lambda_i=0,i=1,2,\cdots,n$,从而 $\boldsymbol{A}=\boldsymbol{O}$,与题设矛盾. 因而 $\boldsymbol{A}$ 不可对角化.

点评 证法 1 是利用最小多项式证明,证法 2 是利用若尔当标准形证明,证法 3 是反证法. 这三种证法是证明此类题的常用方法.

例 20 设

$$\boldsymbol{A}=\begin{pmatrix}0 & 1 & 0\\ 0 & 0 & 1\\ -2 & 3 & -1\end{pmatrix},$$

1) 若把 $\boldsymbol{A}$ 看成有理数域上的矩阵,判断 $\boldsymbol{A}$ 是否可对角化并写出理由;

2) 若把 $\boldsymbol{A}$ 看成复数域上的矩阵,判断 $\boldsymbol{A}$ 是否可对角化并写出理由.

解 $\boldsymbol{A}$ 的特征多项式为

$$f(\lambda)=|\lambda\boldsymbol{E}-\boldsymbol{A}|=\begin{vmatrix}\lambda & -1 & 0\\ 0 & \lambda & -1\\ 2 & -3 & \lambda+1\end{vmatrix}=\lambda^3+\lambda^2-3\lambda+2.$$

1) 把 $\boldsymbol{A}$ 看成有理数域上的矩阵.

首先 $f(\lambda)=\lambda^3+\lambda^2-3\lambda+2$ 在有理数域上不可约. 否则若 $f(\lambda)$ 可约,则它至少有一个一次因式,即有一个有理根. 但它的有理根只可能是 $\pm1,\pm2$,经验算 $\pm1,\pm2$ 全不是它的根,因而 $f(\lambda)$ 在有理数域上不可约.

因 $m_A(\lambda)\mid|\lambda\boldsymbol{E}-\boldsymbol{A}|$,故 $\boldsymbol{A}$ 的最小多项式就是 $f(\lambda)$,它在有理数域上不能分解成互素的一次因式的乘积. 因而把 $\boldsymbol{A}$ 看成有理数域上的矩阵,$\boldsymbol{A}$ 不可对角化.

2) 把 $\boldsymbol{A}$ 看成复数域上的矩阵.

此时 $f(\lambda)=|\lambda\boldsymbol{E}-\boldsymbol{A}|=\lambda^3+\lambda^2-3\lambda+2$ 是 $\boldsymbol{A}$ 的零化多项式,

$$f'(\lambda)=3\lambda^2+2\lambda-3,$$

由辗转相除法可得,$(f(\lambda),f'(\lambda))=1$,故 $f(\lambda)$ 在复数域中没有重根. 因而 $\boldsymbol{A}$ 的最小多项式在复数域中没有重根,所以把 $\boldsymbol{A}$ 看成复数域上的矩阵,$\boldsymbol{A}$ 可对角化.

点评 利用最小多项式来判别矩阵是否可对角化是一种简便方法.

例 21 设矩阵

$$A=\begin{pmatrix}-1&-2&6\\-1&0&3\\-1&-1&4\end{pmatrix},$$

求 A^k.

解　1）求 A 的若尔当标准形.

$$\lambda E-A=\begin{pmatrix}\lambda+1&2&-6\\1&\lambda&-3\\1&1&\lambda-4\end{pmatrix}\to\begin{pmatrix}1&0&0\\0&\lambda-1&0\\0&0&(\lambda-1)^2\end{pmatrix},$$

从而 A 的初等因子为 $\lambda-1,(\lambda-1)^2$,故 A 的若尔当标准形为

$$\begin{pmatrix}1&0&0\\0&1&0\\0&1&1\end{pmatrix}.$$

2）求矩阵 T,使

$$T^{-1}AT=\begin{pmatrix}1&0&0\\0&1&0\\0&1&1\end{pmatrix}.$$

设 $T=(\alpha_1,\alpha_2,\alpha_3)$,有

$$A(\alpha_1,\alpha_2,\alpha_3)=(\alpha_1,\alpha_2,\alpha_3)\begin{pmatrix}1&0&0\\0&1&0\\0&1&1\end{pmatrix},$$

故 $A\alpha_1=\alpha_1,A\alpha_2=\alpha_2+\alpha_3,A\alpha_3=\alpha_3$.

由 $A\alpha_2=\alpha_2+\alpha_3$ 得 $(E-A)\alpha_2=-\alpha_3$. 设

$$\alpha_2=\begin{pmatrix}x_1\\x_2\\x_3\end{pmatrix},\quad \alpha_3=\begin{pmatrix}y_1\\y_2\\y_3\end{pmatrix},$$

则由

$$\overline{E-A}=\begin{pmatrix}2&2&-6&-y_1\\1&1&-3&-y_2\\1&1&-3&-y_3\end{pmatrix}\to\begin{pmatrix}0&0&0&-y_1+2y_2\\1&1&-3&-y_2\\0&0&0&y_2-y_3\end{pmatrix},$$

而 $(E-A)\alpha_2=-\alpha_3$ 有解,故 $y_2=y_3,y_1=2y_2$.

令 $y_2=y_3=1$,则 $y_1=2$. 故

$$\alpha_3=\begin{pmatrix}2\\1\\1\end{pmatrix},\quad \alpha_2=\begin{pmatrix}-1\\0\\0\end{pmatrix}.$$

又 $A\alpha_1=\alpha_1$,取该方程组的基础解系中另一向量为

$$\alpha_1=\begin{pmatrix}3\\0\\1\end{pmatrix},$$

则

$$T=(\boldsymbol{\alpha}_1,\boldsymbol{\alpha}_2,\boldsymbol{\alpha}_3)=\begin{pmatrix}3&-1&2\\0&0&1\\1&0&1\end{pmatrix}.$$

3) 由 2)得

$$A=T\begin{pmatrix}1&0&0\\0&1&0\\0&1&1\end{pmatrix}T^{-1},$$

故

$$\begin{aligned}A^k&=T\begin{pmatrix}1&0&0\\0&1&0\\0&k&1\end{pmatrix}T^{-1}\\&=\begin{pmatrix}3&-1&2\\0&0&1\\1&0&1\end{pmatrix}\begin{pmatrix}1&0&0\\0&1&0\\0&k&1\end{pmatrix}\begin{pmatrix}0&-1&1\\-1&-1&3\\0&1&0\end{pmatrix}\\&=\begin{pmatrix}1-2k&-2k&6k\\-k&1-k&3k\\-k&-k&1+3k\end{pmatrix}.\end{aligned}$$

点评 此问题可推广到一般情况,求矩阵 T 时应从最后一个向量求起.

例 22 设复方阵

$$A=\begin{pmatrix}2&0&0\\a&2&0\\b&c&-1\end{pmatrix},$$

问 A 可能有什么样的若尔当标准形?并求 A 相似于对角矩阵的条件.

解 A 的特征多项式为

$$|\lambda E-A|=\begin{vmatrix}\lambda-2&0&0\\-a&\lambda-2&0\\-b&-c&\lambda+1\end{vmatrix}=(\lambda-2)^2(\lambda+1),$$

所以 A 的特征值为 2(2 重)和−1. 因此 A 的若尔当标准形有如下两种(不计若尔当块的次序):

$$J_1=\begin{pmatrix}2&0&0\\1&2&0\\0&0&-1\end{pmatrix},\quad J_2=\begin{pmatrix}2&&\\&2&\\&&-1\end{pmatrix}.$$

A 相似于对角矩阵$\Leftrightarrow\lambda E-A$ 的不变因子为 $1,\lambda-2,(\lambda-2)(\lambda+1)$. 因为 $D_2(\lambda)=d_1(\lambda)d_2(\lambda)=\lambda-2$, 但 $\lambda E-A$ 有二阶子式

$$\begin{vmatrix}-a&0\\-b&\lambda+1\end{vmatrix}=-a(\lambda+1),$$

故 $a=0$,于是,A 相似于对角矩阵的充要条件是 $a=0$.

例 23 设 N 为 n 阶方阵,$N^n=O$,而 $N^{n-1}\neq O$,证明:不存在 n 阶方阵 A,使 $A^2=N$.

证明　$N^n=O$,而 $N^{n-1}\neq O$,故 N 的最小多项式 $m(\lambda)=\lambda^n$,N 的若尔当标准形为

$$J=\begin{pmatrix}0&&&\\1&0&&\\&\ddots&\ddots&\\&&1&0\end{pmatrix}.$$

显然,秩(N)=秩$(J)=n-1$.

若 $A^2=N$,则 A 的特征值全为 0,因此 A 的若尔当标准形为

$$J_A=\begin{pmatrix}J_1&&&\\&J_2&&\\&&\ddots&\\&&&J_s\end{pmatrix},$$

其中

$$J_i=\begin{pmatrix}0&&&\\1&0&&\\&\ddots&\ddots&\\&&1&0\end{pmatrix}_{k_i\times k_i}\quad(i=1,2,\cdots,s),$$

故秩(A)=秩$(J_A)=n-s$. 又

$$\text{秩}(A^2)=\text{秩}\left(\begin{pmatrix}J_1^2&&&\\&J_2^2&&\\&&\ddots&\\&&&J_s^2\end{pmatrix}\right)<n-s\leqslant n-1,$$

故秩$(A^2)<$秩(N),矛盾. 所以不存在 n 阶方阵 A,使 $A^2=N$.

点评　秩$(J_i^2)=k_i-2$,故秩$(A^2)<n-s$.

例 24　设秩(A^k)=秩(A^{k+1}). 证明:若 λ^m 是 A 的一个初等因子,则 $m\leqslant k$,即 A 的零特征值对应的初等因子的次数不超过 k.

证明　设 A 的若尔当标准形为

$$J=\begin{pmatrix}J_0&&&&\\&J_1&&&\\&&J_2&&\\&&&\ddots&\\&&&&J_s\end{pmatrix},$$

其中 J_0 为特征值是零的若尔当形矩阵,$J_i(i=1,2,\cdots,s)$ 是特征值非零的若尔当块,即 $|J_i|\neq 0(i=1,2,\cdots,s)$. 另设 t 为 J_0 中阶数最大的若尔当块的阶数,它对应的初等因子为 λ^t,下证 $t\leqslant k$.

反证法. 若 $t>k$,则 $J_0^k\neq O$,从而秩$(J_0^k)>$秩(J_0^{k+1}). 又 $J_1,J_2,\cdots,J_s$ 都非退化,所以秩(J_i^k)=秩$(J_i^{k+1})(i=1,2,\cdots,s)$. 因为

$$A^k \sim \begin{pmatrix} J_0^k & & & \\ & J_1^k & & \\ & & \ddots & \\ & & & J_s^k \end{pmatrix}, \quad A^{k+1} \sim \begin{pmatrix} J_0^{k+1} & & & \\ & J_1^{k+1} & & \\ & & \ddots & \\ & & & J_s^{k+1} \end{pmatrix},$$

所以秩$(A^k)>$秩(A^{k+1}),与假设矛盾,故 $t\leqslant k$.

点评 若 J 是特征值为零的 i 阶若尔当块,则

$$J^k=O(k\geqslant i),\quad J^k\neq O(k<i),\quad \text{秩}(J^k)>\text{秩}(J^{k+1})(k<i).$$

例 25 设 A 为 n 阶复方阵,A 的特征多项式

$$f(\lambda)=|\lambda E-A|=(\lambda-\lambda_1)^{r_1}(\lambda-\lambda_2)^{r_2}\cdots(\lambda-\lambda_s)^{r_s},$$

证明:A 的若尔当标准形中以 λ_i 为特征值的若尔当块的个数等于 V_{λ_i}的维数.

证明 设 A 的若尔当标准形是 J,则存在可逆矩阵 T,使

$$T^{-1}AT=J=\begin{pmatrix} J_1 & & & \\ & J_2 & & \\ & & \ddots & \\ & & & J_s \end{pmatrix},$$

其中 J_i 是若尔当块,其阶数为 $k_i,i=1,2,\cdots,s$.

不妨设 $J_1,J_2,\cdots,J_t$ 以 λ_1 为特征值,$J_{t+1},\cdots,J_s$ 的主对角线元素不是 λ_1,则 $k_1+k_2+\cdots+k_t=r_1$. 考虑线性方程组$(\lambda_1E-A)X=0$,其解空间为 V_{λ_1},则维$(V_{\lambda_1})=n-$秩(λ_1E-A). 而

$$\text{秩}(\lambda_1E-A)=\text{秩}[T^{-1}(\lambda_1E-A)T]=\text{秩}(\lambda_1E-T^{-1}AT)=\text{秩}(\lambda_1E-J),$$

$$\lambda_1E-J=\begin{pmatrix} \lambda_1E_1-J_1 & & & & & \\ & \ddots & & & & \\ & & \lambda_1E_t-J_t & & & \\ & & & \lambda_1E_{t+1}-J_{t+1} & & \\ & & & & \ddots & \\ & & & & & \lambda_1E_s-J_s \end{pmatrix}$$

$$=\begin{pmatrix} B_1 & \\ & B_2 \end{pmatrix},$$

其中

$$B_1=\begin{pmatrix} \lambda_1E_1-J_1 & & \\ & \ddots & \\ & & \lambda_1E_t-J_t \end{pmatrix},\quad B_2=\begin{pmatrix} \lambda_1E_{t+1}-J_{t+1} & & \\ & \ddots & \\ & & \lambda_1E_s-J_s \end{pmatrix}.$$

B_1 为主对角线元素为 0 的 r_1 阶矩阵,B_2 为$(n-r_1)$阶非退化矩阵,于是

$$\text{秩}(B_1)=r_1-t,\quad \text{秩}(B_2)=n-r_1$$

因而,

$$\text{秩}(\lambda_1E-J)=\text{秩}(B_1)+\text{秩}(B_2)=n-t,$$

所以

$$维(V_{\lambda_1})=n-秩(\lambda_1\boldsymbol{E}-\boldsymbol{A})=t.$$

同理,以 λ_i 为特征值的若尔当块的个数等于 V_{λ_i} 的维数.

例 26　设 $f(\lambda)$ 为矩阵 $\boldsymbol{A}$ 的特征多项式,$f(\lambda)=g(\lambda)h(\lambda)$ 且 $(g(\lambda),h(\lambda))=1$,求证:秩$(g(\boldsymbol{A}))=h(\lambda)$的次数,秩$(h(\boldsymbol{A}))=g(\lambda)$的次数.

证明　设 λ_0 为 $f(\lambda)$ 的根,则

$$f(\lambda_0)=g(\lambda_0)h(\lambda_0)=0.$$

由 $(g(\lambda),h(\lambda))=1$ 知存在 $u(\lambda),v(\lambda)$,使

$$u(\lambda)g(\lambda)+v(\lambda)h(\lambda)=1, \tag{1}$$

则我们断定 $g(\lambda_0),h(\lambda_0)$ 中只能有一个为 0,否则由(1)式可得

$$0=u(\lambda_0)g(\lambda_0)+v(\lambda_0)h(\lambda_0)=1,$$

矛盾. 在复数域上,$\boldsymbol{A}$ 相似于若尔当标准形,即存在可逆矩阵 $\boldsymbol{T}$,使

$$\boldsymbol{T}^{-1}\boldsymbol{A}\boldsymbol{T}=\begin{pmatrix}\boldsymbol{J}_1 & & & & & \\ & \ddots & & & & \\ & & \boldsymbol{J}_t & & & \\ & & & \boldsymbol{J}_{t+1} & & \\ & & & & \ddots & \\ & & & & & \boldsymbol{J}_s\end{pmatrix},$$

$$\boldsymbol{J}_i=\begin{pmatrix}\lambda_i & 0 & \cdots & 0 & 0\\ 1 & \lambda_i & \cdots & 0 & 0\\ 0 & 1 & \cdots & 0 & 0\\ \vdots & \vdots & & \vdots & \vdots\\ 0 & 0 & \cdots & 1 & \lambda_i\end{pmatrix}_{k_i\times k_i}\quad(i=1,2,\cdots,s).$$

不妨设 $\lambda_1,\lambda_2,\cdots,\lambda_t$ 为 $g(\lambda)$ 的根,其重数分别为 $k_1,k_2,\cdots,k_t,\lambda_{t+1},\lambda_{t+2},\cdots,\lambda_s$ 为$h(\lambda)$的根,其重数分别为 $k_{t+1},k_{t+2},\cdots,k_s$,因而有

$$k_1+k_2+\cdots+k_t=\partial(g(\lambda)),\quad k_{t+1}+k_{t+2}+\cdots+k_s=\partial(h(\lambda)),$$

$$g(\boldsymbol{T}^{-1}\boldsymbol{A}\boldsymbol{T})=\begin{pmatrix}g(\boldsymbol{J}_1) & & & & & \\ & \ddots & & & & \\ & & g(\boldsymbol{J}_t) & & & \\ & & & g(\boldsymbol{J}_{t+1}) & & \\ & & & & \ddots & \\ & & & & & g(\boldsymbol{J}_s)\end{pmatrix}.$$

因为 $g(\boldsymbol{J}_{t+1}),g(\boldsymbol{J}_{t+2}),\cdots,g(\boldsymbol{J}_s)$ 均为满秩矩阵,故

$$秩\left(\begin{pmatrix}g(\boldsymbol{J}_{t+1}) & & & \\ & g(\boldsymbol{J}_{t+2}) & & \\ & & \ddots & \\ & & & g(\boldsymbol{J}_s)\end{pmatrix}\right)=秩(g(\boldsymbol{J}_{t+1}))+秩(g(\boldsymbol{J}_{t+2}))+\cdots+秩(g(\boldsymbol{J}_s))$$

$$=k_{t+1}+k_{t+2}+\cdots+k_s=\partial(h(\lambda)).$$

因为

$$g(\boldsymbol{J}_1)=\begin{pmatrix} g(\lambda_1) & & & \\ g'(\lambda_1) & g(\lambda_1) & & \\ \vdots & \vdots & \ddots & \\ \dfrac{g^{(k_1-1)}(\lambda_1)}{(k_1-1)!} & \dfrac{g^{(k_1-2)}(\lambda_1)}{(k_1-2)!} & \cdots & g(\lambda_1) \end{pmatrix}=\boldsymbol{O},$$

同理 $g(\boldsymbol{J}_2)=\boldsymbol{O},\cdots,g(\boldsymbol{J}_t)=\boldsymbol{O}$,故

$$秩(g(\boldsymbol{T}^{-1}\boldsymbol{A}\boldsymbol{T}))=秩(g(\boldsymbol{A}))=\partial(h(\lambda)).$$

同理可证秩$(h(\boldsymbol{A}))=\partial(g(\lambda))$.

点评 相似矩阵具有相同的秩,将 $\boldsymbol{A}$ 化为与其相似的若尔当标准形 $\boldsymbol{J}$.

例 27 证明:n 阶方阵 $\boldsymbol{A}$ 相似于对角矩阵的充要条件是 $\forall k$,由 $(k\boldsymbol{E}-\boldsymbol{A})^2\boldsymbol{X}=\boldsymbol{0}$ 可以导出 $(k\boldsymbol{E}-\boldsymbol{A})\boldsymbol{X}=\boldsymbol{0}$,其中 $\boldsymbol{E}$ 是单位矩阵,$\boldsymbol{X}$ 是 n 维列向量.

证明 设 V_1 是$(k\boldsymbol{E}-\boldsymbol{A})\boldsymbol{X}=\boldsymbol{0}$ 的解空间,V_2 是$(k\boldsymbol{E}-\boldsymbol{A})^2\boldsymbol{X}=\boldsymbol{0}$ 的解空间,条件"$(k\boldsymbol{E}-\boldsymbol{A})^2\boldsymbol{X}=\boldsymbol{0}$ 可以导出$(k\boldsymbol{E}-\boldsymbol{A})\boldsymbol{X}=\boldsymbol{0}$"的含义是 $V_2\subset V_1$. 但总有 $V_1\subset V_2$,因此本题可以改为:$\boldsymbol{A}$ 相似于对角矩阵当且仅当 $\forall k$,总有 $V_1=V_2$.

必要性. 设 $\boldsymbol{A}$ 相似于对角矩阵,即存在可逆矩阵 $\boldsymbol{T}$,使

$$\boldsymbol{T}^{-1}\boldsymbol{A}\boldsymbol{T}=\begin{pmatrix} \lambda_1 & & & \\ & \lambda_2 & & \\ & & \ddots & \\ & & & \lambda_n \end{pmatrix},$$

其中 $\lambda_1,\lambda_2,\cdots,\lambda_n$ 是 $\boldsymbol{A}$ 的全部特征值. $\forall k$,

$$\boldsymbol{T}^{-1}(k\boldsymbol{E}-\boldsymbol{A})\boldsymbol{T}=\begin{pmatrix} k-\lambda_1 & & & \\ & k-\lambda_2 & & \\ & & \ddots & \\ & & & k-\lambda_n \end{pmatrix},$$

$$\boldsymbol{T}^{-1}(k\boldsymbol{E}-\boldsymbol{A})^2\boldsymbol{T}=\begin{pmatrix} (k-\lambda_1)^2 & & & \\ & (k-\lambda_2)^2 & & \\ & & \ddots & \\ & & & (k-\lambda_n)^2 \end{pmatrix},$$

故秩$(k\boldsymbol{E}-\boldsymbol{A})=$秩$((k\boldsymbol{E}-\boldsymbol{A})^2)$,于是

$$维(V_1)=n-秩(k\boldsymbol{E}-\boldsymbol{A})=n-秩((k\boldsymbol{E}-\boldsymbol{A})^2)=维(V_2).$$

又 $V_1\subset V_2$,故 $V_1=V_2$.

充分性. 设 $\forall k$,$V_1=V_2$,若 $\boldsymbol{A}$ 不相似于对角矩阵,则存在可逆矩阵 $\boldsymbol{T}$,使

$$T^{-1}AT=J=\begin{pmatrix} J_1 & & & \\ & J_2 & & \\ & & \ddots & \\ & & & J_s \end{pmatrix} \quad \text{（若尔当标准形）},$$

其中

$$J_1=\begin{pmatrix} a & & & \\ 1 & a & & \\ & \ddots & \ddots & \\ & & 1 & a \end{pmatrix}_{n_1\times n_1}, \quad n_1>1.$$

令 $k=a$，则秩$(a\boldsymbol{E}-\boldsymbol{A})>$秩$((a\boldsymbol{E}-\boldsymbol{A})^2)$，即维$(V_1)<$维$(V_2)$，与 $V_1=V_2$ 矛盾. 所以 $\boldsymbol{A}$ 相似于对角矩阵.

§8.3 习　　题

1. 求下列 λ-矩阵的标准形：

1) $\begin{pmatrix} 1-\lambda & \lambda^2 & \lambda \\ \lambda & \lambda & -\lambda \\ 1+\lambda^2 & \lambda^2 & -\lambda^2 \end{pmatrix}$； 2) $\begin{pmatrix} 0 & 0 & 1 & \lambda+2 \\ 0 & 1 & \lambda+2 & 0 \\ 1 & \lambda+2 & 0 & 0 \\ \lambda+2 & 0 & 0 & 0 \end{pmatrix}$；

3) $\begin{pmatrix} \lambda & -1 & 0 & 0 \\ 0 & \lambda & -1 & 0 \\ 0 & 0 & \lambda & -1 \\ 5 & 4 & 3 & \lambda+2 \end{pmatrix}$.

2. 判断下列矩阵是否相似？

1) $\begin{pmatrix} -2 & 1 \\ 0 & 3 \end{pmatrix}$，$\begin{pmatrix} -10 & -4 \\ 26 & 11 \end{pmatrix}$；

2) $\begin{pmatrix} 2 & -2 & 1 \\ 1 & -1 & 1 \\ 1 & -2 & 2 \end{pmatrix}$，$\begin{pmatrix} 1 & -3 & 3 \\ -2 & -6 & 13 \\ -1 & -4 & 8 \end{pmatrix}$.

3. 求下列复矩阵的若尔当标准形：

1) $\begin{pmatrix} 1 & 2 & 0 \\ 0 & 2 & 0 \\ -2 & -2 & -1 \end{pmatrix}$； 2) $\begin{pmatrix} 13 & 16 & 16 \\ -5 & -7 & -6 \\ -6 & -8 & -7 \end{pmatrix}$；

3) $\begin{pmatrix} 3 & 0 & 8 \\ 3 & -1 & 6 \\ -2 & 0 & -5 \end{pmatrix}$； 4) $\begin{pmatrix} 4 & 5 & -2 \\ -2 & -2 & 1 \\ -1 & -1 & 1 \end{pmatrix}$；

5) $\begin{pmatrix} 0 & 1 & 0 & \cdots & 0 & 0 \\ 0 & 0 & 1 & \cdots & 0 & 0 \\ \vdots & \vdots & \vdots & & \vdots & \vdots \\ 0 & 0 & 0 & \cdots & 0 & 1 \\ 1 & 0 & 0 & \cdots & 0 & 0 \end{pmatrix}_{n\times n}$.

4. 把上题中各矩阵看成有理数域上的矩阵,试写出它们的有理标准形.

5. 求数域 P 上幂等矩阵 $\boldsymbol{A}$(即 $\boldsymbol{A}^2=\boldsymbol{A}$)的若尔当标准形.

6. 求数域 P 上对合矩阵 $\boldsymbol{A}$(即 $\boldsymbol{A}^2=\boldsymbol{E}$)的若尔当标准形.

7. 设 $\boldsymbol{A}$ 为 n 阶方阵,且 $\boldsymbol{A}^k=\boldsymbol{O}$,证明:$|\boldsymbol{A}+\boldsymbol{E}|=1$.

8. 证明:如果数域 P 上的 n 阶方阵 $\boldsymbol{A}$ 是幂零矩阵,则对一切正整数 k,$\mathrm{tr}(\boldsymbol{A}^k)=0$.

9. $\boldsymbol{A},\boldsymbol{B}$ 为数域 P 上两个 n 阶方阵,且 $\boldsymbol{AB}=\boldsymbol{BA}$,又存在一个正整数 s,使 $\boldsymbol{A}^s=\boldsymbol{O}$,证明:$|\boldsymbol{A}+\boldsymbol{B}|=|\boldsymbol{B}|$.

10. 设 $\boldsymbol{A}$ 是数域 P 上 n 阶方阵. 证明:$\boldsymbol{A}$ 与 $\boldsymbol{A}^{\mathrm{T}}$ 相似,从而有相同的特征值,但特征向量不一定相同.

11. 令 $i_1i_2\cdots i_n$ 是 $1,2,\cdots,n$ 的一个排列,对任意的 n 阶方阵 $\boldsymbol{A}$,令 $\sigma(\boldsymbol{A})$ 表示依次以 $\boldsymbol{A}$ 的第 $i_1,i_2,\cdots,i_n$ 行作为第 $1,2,\cdots,n$ 行所得矩阵.

1) 证明:对任意 n 阶方阵 $\boldsymbol{A},\boldsymbol{B}$,有 $\sigma(\boldsymbol{AB})=\sigma(\boldsymbol{A})\boldsymbol{B}$;

2) 对任意的 n 阶方阵 $\boldsymbol{A}$,$\boldsymbol{A}$ 与 $\sigma(\boldsymbol{A})$ 是否相似?

12. 设 $\mathscr{A}$ 是数域 P 上线性空间 V 的线性变换,$f(\lambda)$,$m(\lambda)$ 分别是 $\mathscr{A}$ 的特征多项式和最小多项式,并且

$$f(\lambda)=(\lambda+1)^3(\lambda-2)^2(\lambda+3),\quad m(\lambda)=(\lambda+1)^2(\lambda-2)(\lambda+3).$$

1) 求 $\mathscr{A}$ 的所有不变因子;

2) 写出 $\mathscr{A}$ 的若尔当标准形.

13. 设 $\boldsymbol{A},\boldsymbol{B}$ 为 n 阶方阵 ,$\boldsymbol{A}^2=\boldsymbol{B}^2=\boldsymbol{E}$,$\boldsymbol{AB}=\boldsymbol{BA}$. 证明:有可逆矩阵 $\boldsymbol{P}$,使 $\boldsymbol{PAP}^{-1}$ 和 $\boldsymbol{PBP}^{-1}$ 为主对角线上都是-1 和 1、其余元素全为 0 的矩阵.

14. 矩阵

$$\boldsymbol{A}=\begin{pmatrix} -5 & 1 & 4 \\ -12 & 3 & 8 \\ -6 & 1 & 5 \end{pmatrix}$$

的特征值为 1(3 重),试将 $\boldsymbol{A}$ 表示成 $\boldsymbol{A}=\boldsymbol{TJT}^{-1}$,其中 $\boldsymbol{J}$ 是 $\boldsymbol{A}$ 的若尔当标准形,$\boldsymbol{T}$ 是可逆矩阵,求 $\boldsymbol{J}$,$\boldsymbol{T}$,$\boldsymbol{T}^{-1}$.

15. 设 $\boldsymbol{A}$ 为 3 阶方阵,λ_0 是 $\boldsymbol{A}$ 的 3 重特征值. 证明:当秩$(\boldsymbol{A}-\lambda_0\boldsymbol{E})=1$ 时,$\boldsymbol{A}-\lambda_0\boldsymbol{E}$ 的非零列向量是 $\boldsymbol{A}$ 的属于特征值 λ_0 的特征向量.

16. 设

$$\boldsymbol{J}=\begin{pmatrix} \lambda & & & \\ 1 & \lambda & & \\ & \ddots & \ddots & \\ & & 1 & \lambda \end{pmatrix}_{n\times n}$$

为特征值 λ 的 n 阶若尔当块，

1）求与 $\boldsymbol{J}$ 可交换的矩阵；

2）证明：与 $\boldsymbol{J}$ 可交换的矩阵必为 $\boldsymbol{J}$ 的多项式.

17. 设 n 阶方阵 $\boldsymbol{A}$ 的秩为 r，且 $\boldsymbol{A}^2=k\boldsymbol{A}$，$k\neq 0$，证明：必存在可逆矩阵 $\boldsymbol{T}$，使

$$\boldsymbol{T}^{-1}\boldsymbol{A}\boldsymbol{T}=\begin{pmatrix} k\boldsymbol{E}_r & \boldsymbol{O} \\ \boldsymbol{O} & \boldsymbol{O} \end{pmatrix}.$$

18. n 阶方阵 $\boldsymbol{A}$ 的元素均为 1，求它的最小多项式.

19. 已知 3 阶方阵 $\boldsymbol{A}$ 的特征值为 $1,-1,2$，$\boldsymbol{B}=\boldsymbol{A}^3-5\boldsymbol{A}^2$，求 $\boldsymbol{B}$ 的最小多项式.

20. 证明：存在一个正整数 k，使 $|\lambda\boldsymbol{E}-\boldsymbol{A}|\ \Big|\ m_A^k(\lambda)$.

21. 设 $\boldsymbol{A}$ 是 n 阶方阵，$\varphi(\lambda)$ 是次数大于或等于 1 的多项式，求证：

1）若 $\varphi(\lambda)\mid m_A(\lambda)$，则 $\varphi(\boldsymbol{A})$ 是退化的；

2）若 $d(\lambda)$ 是 $\varphi(\lambda)$ 与 $m_A(\lambda)$ 的最大公因式，则

$$秩(d(\boldsymbol{A}))=秩(\varphi(\boldsymbol{A}));$$

3）$\varphi(\boldsymbol{A})$ 非退化的充要条件是 $(\varphi(\lambda),m_A(\lambda))=1$；

4）若 $\varphi(\boldsymbol{A})$ 可逆，则 $\varphi^{-1}(\boldsymbol{A})$ 一定是 $\boldsymbol{A}$ 的多项式.

22. 设 $\boldsymbol{A}$ 为周期矩阵，即有正整数 m，使 $\boldsymbol{A}^m=\boldsymbol{E}$，证明：$\boldsymbol{A}$ 可对角化.

23. 设 $\boldsymbol{A}$ 为 n 阶方阵，且 $\boldsymbol{A}^2+\boldsymbol{A}=2\boldsymbol{E}$，证明：$\boldsymbol{A}=\boldsymbol{E}$ 当且仅当 $\boldsymbol{A}$ 以 1 为特征值.

24. 已知矩阵 $\boldsymbol{A}$ 的最小多项式为 $m(\lambda)=\lambda^3+\lambda^2-\lambda-1$.

1）证明：$\boldsymbol{A}$ 可逆，但 $\boldsymbol{A}+\boldsymbol{E}$，$\boldsymbol{A}-\boldsymbol{E}$ 均不可逆；

2）再设 $\boldsymbol{A}$ 的特征多项式为 $f(\lambda)=(\lambda-1)^2(\lambda+1)^3$，求 $\boldsymbol{A}$ 的若尔当标准形.

25. 设 $\boldsymbol{M}$ 是复数域上的可逆矩阵，证明：存在方阵 $\boldsymbol{A}$，使 $\boldsymbol{A}^2=\boldsymbol{M}$.

26. n 维欧几里得空间 V 的线性变换 $\mathscr{A}$ 满足 $\mathscr{A}^3+\mathscr{A}=\mathscr{O}$（零变换），证明：$\operatorname{tr}\mathscr{A}=0$（$\operatorname{tr}\mathscr{A}$ 等于 $\mathscr{A}$ 在 V 的某组基下对应矩阵的迹）.

27. 设 $\boldsymbol{A}$ 为数域 P 上的 n 阶非零非单位矩阵，秩$(\boldsymbol{A})=r$，$\boldsymbol{A}^2=\boldsymbol{A}$，证明：对于 满足 $1<s\leqslant n-r$ 的整数 s，存在矩阵 $\boldsymbol{B}$，使 $\boldsymbol{A}\boldsymbol{B}=\boldsymbol{B}\boldsymbol{A}=\boldsymbol{O}$，且

$$(\boldsymbol{A}+\boldsymbol{B})^{s+1}=(\boldsymbol{A}+\boldsymbol{B})^s\neq(\boldsymbol{A}+\boldsymbol{B})^{s-1}.$$

28. 设 $\boldsymbol{A}$ 是一个 n 阶复方阵.

1）证明：$\boldsymbol{A}$ 相似于一个下三角形矩阵；

2）令 $f(\lambda)$ 是 $\boldsymbol{A}$ 的特征多项式，证明：$f(\boldsymbol{A})=\boldsymbol{O}$（不用哈密顿-凯莱定理）.

§8.4　习题参考答案与提示

1. 1）不变因子 $d_1(\lambda)=1$，$d_2(\lambda)=\lambda$，$d_3(\lambda)=\lambda^2$；2）不变因子 $d_1(\lambda)=d_2(\lambda)=d_3(\lambda)=1$，$d_4(\lambda)=(\lambda+2)^4$；3）不变因子 $d_1(\lambda)=d_2(\lambda)=d_3(\lambda)=1$，$d_4(\lambda)=\lambda^4+2\lambda^3+3\lambda^2+4\lambda+5$.

2. 1）相似；2）不相似.

3. 1）$\begin{pmatrix} 1 & 0 & 0 \\ 0 & -1 & 0 \\ 0 & 0 & 2 \end{pmatrix}$；　2）$\begin{pmatrix} -3 & 0 & 0 \\ 0 & 1 & 0 \\ 0 & 1 & 1 \end{pmatrix}$；　3）$\begin{pmatrix} -1 & 0 & 0 \\ 0 & -1 & 0 \\ 0 & 1 & -1 \end{pmatrix}$；

4) $\begin{pmatrix}1&0&0\\1&1&0\\0&1&1\end{pmatrix}$; 5) $\begin{pmatrix}\varepsilon_1&&&\\&\varepsilon_2&&\\&&\ddots&\\&&&\varepsilon_n\end{pmatrix}$，$\varepsilon_i$ 是 n 次单位根.

4. 1) $\begin{pmatrix}0&0&-2\\1&0&1\\0&1&2\end{pmatrix}$; 2) $\begin{pmatrix}0&0&-3\\1&0&6\\0&1&-1\end{pmatrix}$; 3) $\begin{pmatrix}-1&0&0\\0&0&-1\\0&1&-2\end{pmatrix}$;

4) $\begin{pmatrix}0&0&1\\1&0&-3\\0&1&3\end{pmatrix}$; 5) $\begin{pmatrix}0&0&0&\cdots&0&1\\1&0&0&\cdots&0&0\\0&1&0&\cdots&0&0\\\vdots&\vdots&\vdots&&\vdots&\vdots\\0&0&0&\cdots&0&0\\0&0&0&\cdots&1&0\end{pmatrix}$.

5. $\boldsymbol{J}=\begin{pmatrix}\boldsymbol{E}_r&\boldsymbol{O}\\\boldsymbol{O}&\boldsymbol{O}\end{pmatrix}$.

6. $\boldsymbol{J}=\begin{pmatrix}\boldsymbol{E}_r&\boldsymbol{O}\\\boldsymbol{O}&-\boldsymbol{E}_{n-r}\end{pmatrix}$.

7. 提示：$\boldsymbol{A}$ 的若尔当标准形主对角线上元素全为零.

8. 提示：利用幂零矩阵的若尔当标准形的特点.

9. 提示：$|\boldsymbol{B}|\neq 0$ 时，$\boldsymbol{B}^{-1}\boldsymbol{A}$ 为幂零矩阵，$|\boldsymbol{B}+\boldsymbol{A}|=|\boldsymbol{B}|\cdot|\boldsymbol{E}+\boldsymbol{B}^{-1}\boldsymbol{A}|=|\boldsymbol{B}|$. 当 $|\boldsymbol{B}|=0$ 时，令 $\boldsymbol{B}_1=\boldsymbol{B}+t\boldsymbol{E}$，则 $\boldsymbol{A}\boldsymbol{B}_1=\boldsymbol{B}_1\boldsymbol{A}$.

10. 提示：$\lambda\boldsymbol{E}-\boldsymbol{A}^{\mathrm{T}}=(\lambda\boldsymbol{E}-\boldsymbol{A})^{\mathrm{T}}$.

11. 提示：2) $\boldsymbol{A}$ 与 $\sigma(\boldsymbol{A})$ 未必相似. 例如 $\boldsymbol{A}=\begin{pmatrix}0&-1\\1&0\end{pmatrix}$，$\sigma(\boldsymbol{A})=\begin{pmatrix}1&0\\0&-1\end{pmatrix}$.

12. 1) $\mathscr{A}$ 的不变因子 $d_1(\lambda)=d_2(\lambda)=d_3(\lambda)=d_4(\lambda)=1$,

$$d_5(\lambda)=(\lambda+1)(\lambda-2),\quad d_6(\lambda)=(\lambda+1)^2(\lambda-2)(\lambda+3);$$

2) $\mathscr{A}$ 的初等因子为 $\lambda+1,(\lambda+1)^2,\lambda-2,\lambda-2,\lambda+3$.

13. 提示：$\boldsymbol{A},\boldsymbol{B}$ 都与对角矩阵相似，又 $\boldsymbol{AB}=\boldsymbol{BA}$，故存在可逆矩阵 $\boldsymbol{P}$，使 $\boldsymbol{P}^{-1}\boldsymbol{AP},\boldsymbol{P}^{-1}\boldsymbol{BP}$ 都为对角矩阵.

14. $\boldsymbol{J}=\begin{pmatrix}1&0&0\\0&1&0\\0&1&1\end{pmatrix}$，$\boldsymbol{T}=\begin{pmatrix}1&1&1\\6&-1&2\\0&2&1\end{pmatrix}$，$\boldsymbol{T}^{-1}=\begin{pmatrix}-5&1&3\\-6&1&4\\12&-2&-7\end{pmatrix}$.

15. 提示：设秩$(\boldsymbol{A}-\lambda_0\boldsymbol{E})=1$，则 $\boldsymbol{A}$ 的若尔当标准形为 $\boldsymbol{J}=\begin{pmatrix}\lambda_0&0&0\\1&\lambda_0&0\\0&0&\lambda_0\end{pmatrix}$.

16. 提示：设 $\boldsymbol{E}_0=\begin{pmatrix}0&&&\\1&0&&\\&\ddots&\ddots&\\&&1&0\end{pmatrix}$，则 $\boldsymbol{J}=\lambda\boldsymbol{E}+\boldsymbol{E}_0,\boldsymbol{A}\boldsymbol{E}_0=\boldsymbol{E}_0\boldsymbol{A}$.

17. 提示：将 $\boldsymbol{A}$ 化为若尔当标准形，比较 $\boldsymbol{T}^{-1}\boldsymbol{A}^2\boldsymbol{T}$ 与 $k\boldsymbol{T}^{-1}\boldsymbol{A}\boldsymbol{T}$.

18. $m_{\boldsymbol{A}}(\lambda)=\lambda^2-n\lambda$.

19. $m_{\boldsymbol{B}}(\lambda)=(\lambda+4)(\lambda+6)(\lambda+12)$.

20. 提示：$|\lambda\boldsymbol{E}-\boldsymbol{A}|\,\Big|\,d_n^n(\lambda)$.

21. 提示：利用最小多项式性质.

22. 提示：考虑 $\boldsymbol{A}$ 的最小多项式.

23. 提示：$\boldsymbol{A}^2=\boldsymbol{E}$，则 $\boldsymbol{A}$ 以 1 为特征值.

24. 2）$d_1(\lambda)=d_2(\lambda)=d_3(\lambda)=1,d_4(\lambda)=(\lambda-1)(\lambda+1),d_5(\lambda)=(\lambda+1)^2(\lambda-1)$.

25. 提示：若尔当块 $\boldsymbol{J}_i$ 可写成 $\boldsymbol{J}_i=\boldsymbol{B}_i^2$.

26. 提示：设 $\mathscr{A}$ 在 V 的一组基 $\boldsymbol{\varepsilon}_1,\boldsymbol{\varepsilon}_2,\cdots,\boldsymbol{\varepsilon}_n$ 下的矩阵为 $\boldsymbol{A}$，则 $\boldsymbol{A}^3+\boldsymbol{A}=\boldsymbol{O}$，设 $d_n(\lambda)$ 是 $\boldsymbol{A}$ 的最后一个不变因子，则 $d_n(\lambda)\mid\lambda(\lambda^2+1)$，从而 $d_n(\lambda)=\lambda,\lambda^2+1$ 或 $\lambda(\lambda^2+1)$，分三种情况讨论.

27. 提示：存在可逆矩阵 $\boldsymbol{T}$，使

$$\boldsymbol{T}^{-1}\boldsymbol{A}\boldsymbol{T}=\begin{pmatrix}\boldsymbol{E}_r&\boldsymbol{O}\\\boldsymbol{O}&\boldsymbol{O}\end{pmatrix},\quad 1\leqslant r\leqslant n-1.$$

令

$$\boldsymbol{B}=\boldsymbol{T}\begin{pmatrix}\boldsymbol{O}_{(n-s)\times(n-s)}&\\&\boldsymbol{J}\end{pmatrix}\boldsymbol{T}^{-1},\quad \boldsymbol{J}=\begin{pmatrix}0&&&\\1&0&&\\&\ddots&\ddots&\\&&1&0\end{pmatrix}_{s\times s}$$

即可.

28. 提示：考虑 $\boldsymbol{A}$ 的若尔当标准形.

第八章典型习题详解

第九章　欧几里得空间

§9.1　基本知识

一、内积与欧几里得空间

1. 定义：设 V 是实数域 $\mathbf{R}$ 上的线性空间，在 V 上定义了一个二元实函数，称为内积，记作 $(\boldsymbol{\alpha},\boldsymbol{\beta})$，它具有以下性质：$\forall \boldsymbol{\alpha},\boldsymbol{\beta},\boldsymbol{\gamma}\in V$，$\forall k\in\mathbf{R}$，

1）$(\boldsymbol{\alpha},\boldsymbol{\beta})=(\boldsymbol{\beta},\boldsymbol{\alpha})$；

2）$(k\boldsymbol{\alpha},\boldsymbol{\beta})=k(\boldsymbol{\alpha},\boldsymbol{\beta})$；

3）$(\boldsymbol{\alpha}+\boldsymbol{\beta},\boldsymbol{\gamma})=(\boldsymbol{\alpha},\boldsymbol{\gamma})+(\boldsymbol{\beta},\boldsymbol{\gamma})$；

4）$(\boldsymbol{\alpha},\boldsymbol{\alpha})\geqslant 0$，当且仅当 $\boldsymbol{\alpha}=\mathbf{0}$ 时 $(\boldsymbol{\alpha},\boldsymbol{\alpha})=0$.

V 称为欧几里得空间.

2. 内积的性质：$\forall \boldsymbol{\alpha},\boldsymbol{\beta},\boldsymbol{\gamma}\in V$，$\forall k\in\mathbf{R}$，

1）$(\boldsymbol{\alpha},k\boldsymbol{\beta})=k(\boldsymbol{\alpha},\boldsymbol{\beta})$；

2）$(\boldsymbol{\alpha},\boldsymbol{\beta}+\boldsymbol{\gamma})=(\boldsymbol{\alpha},\boldsymbol{\beta})+(\boldsymbol{\alpha},\boldsymbol{\gamma})$.

二、长度、夹角、正交

1. 定义

1）设 V 是欧几里得空间，对于任意 $\boldsymbol{\alpha}\in V$，$\sqrt{(\boldsymbol{\alpha},\boldsymbol{\alpha})}$ 称为向量 $\boldsymbol{\alpha}$ 的长度，记为 $|\boldsymbol{\alpha}|$. 长度为 1 的向量称为单位向量. 当 $\boldsymbol{\alpha}\neq\mathbf{0}$ 时，向量 $\dfrac{1}{|\boldsymbol{\alpha}|}\boldsymbol{\alpha}$ 是一个单位向量，称为 $\boldsymbol{\alpha}$ 的单位化.

2）非零向量 $\boldsymbol{\alpha},\boldsymbol{\beta}$ 的夹角 $\langle\boldsymbol{\alpha},\boldsymbol{\beta}\rangle$ 规定为

$$\langle\boldsymbol{\alpha},\boldsymbol{\beta}\rangle=\arccos\frac{(\boldsymbol{\alpha},\boldsymbol{\beta})}{|\boldsymbol{\alpha}|\,|\boldsymbol{\beta}|},\quad 0\leqslant\langle\boldsymbol{\alpha},\boldsymbol{\beta}\rangle\leqslant\pi.$$

3）如果 $(\boldsymbol{\alpha},\boldsymbol{\beta})=0$，那么 $\boldsymbol{\alpha},\boldsymbol{\beta}$ 称为正交或垂直，记为 $\boldsymbol{\alpha}\perp\boldsymbol{\beta}$.

2. 长度的基本性质：设 V 是欧几里得空间，$\boldsymbol{\alpha},\boldsymbol{\beta}\in V$，$k\in\mathbf{R}$，则

1）$|\boldsymbol{\alpha}|\geqslant 0$，当且仅当 $\boldsymbol{\alpha}=\mathbf{0}$ 时 $|\boldsymbol{\alpha}|=0$（非负性）；

2）$|k\boldsymbol{\alpha}|=|k|\,|\boldsymbol{\alpha}|$（齐次性）；

3）$|\boldsymbol{\alpha}+\boldsymbol{\beta}|\leqslant|\boldsymbol{\alpha}|+|\boldsymbol{\beta}|$（三角不等式）；

4）当 $\boldsymbol{\alpha}\perp\boldsymbol{\beta}$ 时，$|\boldsymbol{\alpha}+\boldsymbol{\beta}|^2=|\boldsymbol{\alpha}|^2+|\boldsymbol{\beta}|^2$（勾股定理）.

3. 柯西-布尼亚科夫斯基不等式：对于欧几里得空间中任意两个向量 $\boldsymbol{\alpha},\boldsymbol{\beta}$，有 $|(\boldsymbol{\alpha},\boldsymbol{\beta})| \leqslant |\boldsymbol{\alpha}|\,|\boldsymbol{\beta}|$. 当且仅当 $\boldsymbol{\alpha},\boldsymbol{\beta}$ 线性相关时，等号成立.

三、度量矩阵

1. 定义：设 V 是 n 维欧几里得空间，$\boldsymbol{\varepsilon}_1,\boldsymbol{\varepsilon}_2,\cdots,\boldsymbol{\varepsilon}_n$ 是 V 的一组基. 设 $(\boldsymbol{\varepsilon}_i,\boldsymbol{\varepsilon}_j)=a_{ij},i,j=1,2,\cdots,n$，矩阵 $\boldsymbol{A}=(a_{ij})$ 称为 $\boldsymbol{\varepsilon}_1,\boldsymbol{\varepsilon}_2,\cdots,\boldsymbol{\varepsilon}_n$ 的度量矩阵.

2. 主要结论：设 V 是 n 维欧几里得空间，$\boldsymbol{\varepsilon}_1,\boldsymbol{\varepsilon}_2,\cdots,\boldsymbol{\varepsilon}_n$ 是 V 的一组基，$\boldsymbol{A}=((\boldsymbol{\varepsilon}_i,\boldsymbol{\varepsilon}_j))_{n\times n}$ 为基 $\boldsymbol{\varepsilon}_1,\boldsymbol{\varepsilon}_2,\cdots,\boldsymbol{\varepsilon}_n$ 的度量矩阵，则

1）度量矩阵 $\boldsymbol{A}$ 是实对称矩阵；

2）设 $\boldsymbol{\alpha},\boldsymbol{\beta}\in V$，在基 $\boldsymbol{\varepsilon}_1,\boldsymbol{\varepsilon}_2,\cdots,\boldsymbol{\varepsilon}_n$ 下的坐标分别是 $\boldsymbol{x}=\begin{pmatrix}x_1\\x_2\\\vdots\\x_n\end{pmatrix},\quad \boldsymbol{y}=\begin{pmatrix}y_1\\y_2\\\vdots\\y_n\end{pmatrix}$，则 $(\boldsymbol{\alpha},\boldsymbol{\beta})=\boldsymbol{x}^{\mathrm{T}}\boldsymbol{A}\boldsymbol{y}$；

3）度量矩阵 $\boldsymbol{A}$ 是正定的；

4）设 $\boldsymbol{\eta}_1,\boldsymbol{\eta}_2,\cdots,\boldsymbol{\eta}_n$ 是 V 的另一组基，$\boldsymbol{B}=((\boldsymbol{\eta}_i,\boldsymbol{\eta}_j))$ 为基 $\boldsymbol{\eta}_1,\boldsymbol{\eta}_2,\cdots,\boldsymbol{\eta}_n$ 的度量矩阵，且 $(\boldsymbol{\eta}_1,\boldsymbol{\eta}_2,\cdots,\boldsymbol{\eta}_n)=(\boldsymbol{\varepsilon}_1,\boldsymbol{\varepsilon}_2,\cdots,\boldsymbol{\varepsilon}_n)\boldsymbol{C}$，则 $\boldsymbol{B}=\boldsymbol{C}^{\mathrm{T}}\boldsymbol{A}\boldsymbol{C}$，即不同基的度量矩阵是合同的，且合同变换矩阵是两个基之间的过渡矩阵.

四、标准正交基

1. 标准正交基的定义：欧几里得空间 V 中一组非零的向量，如果它们两两正交，就称为一个正交向量组. 在 n 维欧几里得空间中，由 n 个向量组成的正交向量组称为正交基，由单位向量组成的正交基称为标准正交基.

2. 标准正交基的求法（施密特正交化）：取 $\boldsymbol{\alpha}_1,\boldsymbol{\alpha}_2,\cdots,\boldsymbol{\alpha}_n$ 为欧几里得空间 V 的一组基，令

$$\boldsymbol{\beta}_1=\boldsymbol{\alpha}_1,$$

$$\boldsymbol{\beta}_2=\boldsymbol{\alpha}_2-\frac{(\boldsymbol{\alpha}_2,\boldsymbol{\beta}_1)}{(\boldsymbol{\beta}_1,\boldsymbol{\beta}_1)}\boldsymbol{\beta}_1,$$

$$\boldsymbol{\beta}_3=\boldsymbol{\alpha}_3-\frac{(\boldsymbol{\alpha}_3,\boldsymbol{\beta}_2)}{(\boldsymbol{\beta}_2,\boldsymbol{\beta}_2)}\boldsymbol{\beta}_2-\frac{(\boldsymbol{\alpha}_3,\boldsymbol{\beta}_1)}{(\boldsymbol{\beta}_1,\boldsymbol{\beta}_1)}\boldsymbol{\beta}_1,$$

$$\cdots,$$

$$\boldsymbol{\beta}_n=\boldsymbol{\alpha}_n-\frac{(\boldsymbol{\alpha}_n,\boldsymbol{\beta}_{n-1})}{(\boldsymbol{\beta}_{n-1},\boldsymbol{\beta}_{n-1})}\boldsymbol{\beta}_{n-1}-\cdots-\frac{(\boldsymbol{\alpha}_n,\boldsymbol{\beta}_1)}{(\boldsymbol{\beta}_1,\boldsymbol{\beta}_1)}\boldsymbol{\beta}_1,$$

则 $\boldsymbol{\beta}_1,\boldsymbol{\beta}_2,\cdots,\boldsymbol{\beta}_n$ 为 V 的一组正交基. 令

$$\boldsymbol{\gamma}_i=\frac{1}{|\boldsymbol{\beta}_i|}\boldsymbol{\beta}_i\quad(i=1,2,\cdots,n),$$

则 $\boldsymbol{\gamma}_1,\boldsymbol{\gamma}_2,\cdots,\boldsymbol{\gamma}_n$ 为 V 的一组标准正交基.

3. 标准正交基的性质：

1）n 维欧几里得空间 V 的一组基 $\boldsymbol{\varepsilon}_1,\boldsymbol{\varepsilon}_2,\cdots,\boldsymbol{\varepsilon}_n$ 是标准正交基当且仅当它的度量矩阵为单位矩阵；

2）n 维欧几里得空间 V 的一组基 $\boldsymbol{\varepsilon}_1,\boldsymbol{\varepsilon}_2,\cdots,\boldsymbol{\varepsilon}_n$ 是标准正交基当且仅当 $\forall\boldsymbol{\alpha}\in V$，$\boldsymbol{\alpha}$ 在 $\boldsymbol{\varepsilon}_1,\boldsymbol{\varepsilon}_2,\cdots,\boldsymbol{\varepsilon}_n$ 下的坐标为 $((\boldsymbol{\alpha},\boldsymbol{\varepsilon}_1),(\boldsymbol{\alpha},\boldsymbol{\varepsilon}_2),\cdots,(\boldsymbol{\alpha},\boldsymbol{\varepsilon}_n))$；

3）n 维欧几里得空间 V 的一组基 $\boldsymbol{\varepsilon}_1,\boldsymbol{\varepsilon}_2,\cdots,\boldsymbol{\varepsilon}_n$ 是标准正交基当且仅当 $\forall\boldsymbol{\alpha},\boldsymbol{\beta}\in V$，若 $\boldsymbol{\alpha}=\sum\limits_{i=1}^{n}x_i\boldsymbol{\varepsilon}_i$，$\boldsymbol{\beta}=\sum\limits_{i=1}^{n}y_i\boldsymbol{\varepsilon}_i$，则

$$(\boldsymbol{\alpha},\boldsymbol{\beta})=x_1y_1+x_2y_2+\cdots+x_ny_n;$$

4）n 维欧几里得空间 V 中任一个正交向量组都可扩充成一组正交基；任一个正交单位向量组都可扩充成一组标准正交基；

5）对于 n 维欧几里得空间中任意一组基 $\boldsymbol{\varepsilon}_1,\boldsymbol{\varepsilon}_2,\cdots,\boldsymbol{\varepsilon}_n$，都可以找到一组标准正交基 $\boldsymbol{\eta}_1,\boldsymbol{\eta}_2,\cdots,\boldsymbol{\eta}_n$ 使 $L(\boldsymbol{\varepsilon}_1,\boldsymbol{\varepsilon}_2,\cdots,\boldsymbol{\varepsilon}_n)=L(\boldsymbol{\eta}_1,\boldsymbol{\eta}_2,\cdots,\boldsymbol{\eta}_n)$；

6）由标准正交基到标准正交基的过渡矩阵是正交矩阵；反之，若两组基之间的过渡矩阵是正交矩阵且其中一组基是标准正交基，则另一组基也是标准正交基.

五、正交子空间与子空间的正交补

1. 定义：

1）设 V_1,V_2 是欧几里得空间 V 中两个子空间，如果对于任意的 $\boldsymbol{\alpha}\in V_1,\boldsymbol{\beta}\in V_2$，恒有 $(\boldsymbol{\alpha},\boldsymbol{\beta})=0$，则称 V_1,V_2 为正交的，记为 $V_1\perp V_2$；

2）如果对于任意的 $\boldsymbol{\beta}\in V_1$，总有 $(\boldsymbol{\alpha},\boldsymbol{\beta})=0$，称向量 $\boldsymbol{\alpha}$ 与子空间 V_1 正交，记为 $\boldsymbol{\alpha}\perp V_1$；

3）子空间 V_2 称为子空间 V_1 的一个正交补，若 $V_1\perp V_2$，且 $V_1+V_2=V$，此时记 $V_2=V_1^{\perp}$.

2. 主要结论：

1）如果子空间 $V_1,V_2,\cdots,V_s$ 两两正交，那么和 $V_1+V_2+\cdots+V_s$ 是直和.

2）欧几里得空间 V 的每一个子空间 V_1 都有唯一的正交补 $V_1^{\perp}$，维(V_1)+维$(V_1^{\perp})=n$，且 $V_1^{\perp}$ 恰由所有与 V_1 正交的向量组成.

3）由 $V=V_1\oplus V_1^{\perp}$，V 中任一向量 $\boldsymbol{\alpha}$ 都可唯一地分解成 $\boldsymbol{\alpha}=\boldsymbol{\alpha}_1+\boldsymbol{\alpha}_2$，其中 $\boldsymbol{\alpha}_1\in V_1,\boldsymbol{\alpha}_2\in V_1^{\perp}$，$\boldsymbol{\alpha}_1$ 称为向量 $\boldsymbol{\alpha}$ 在子空间 V_1 上的内射影.

4）可用下面的方法找出 $V_1^{\perp}$ 的一组正交基以及 V 中一个向量在 V_1 上的内射影：

若 $V_1=V$，则 $V_1^{\perp}=\{\mathbf{0}\}$；若 $V_1=\{\mathbf{0}\}$，则 $V_1^{\perp}=V$.

若 $V_1\neq\{\mathbf{0}\}$，$V_1\neq V$，取 V_1 的一组正交基 $\boldsymbol{\varepsilon}_1,\boldsymbol{\varepsilon}_2,\cdots,\boldsymbol{\varepsilon}_m(0<m<n)$，把它扩充成 V 的一组正交基：$\boldsymbol{\varepsilon}_1,\boldsymbol{\varepsilon}_2,\cdots,\boldsymbol{\varepsilon}_m,\boldsymbol{\varepsilon}_{m+1},\cdots,\boldsymbol{\varepsilon}_n$，则子空间 $L(\boldsymbol{\varepsilon}_{m+1},\boldsymbol{\varepsilon}_{m+2},\cdots,\boldsymbol{\varepsilon}_n)$ 就是 V_1 的正交补.

设 $\boldsymbol{\alpha}\in V$，将 $\boldsymbol{\alpha}$ 表示成 $\boldsymbol{\varepsilon}_1,\boldsymbol{\varepsilon}_2,\cdots,\boldsymbol{\varepsilon}_n$ 的线性组合，

$$\boldsymbol{\alpha}=k_1\boldsymbol{\varepsilon}_1+k_2\boldsymbol{\varepsilon}_2+\cdots+k_m\boldsymbol{\varepsilon}_m+k_{m+1}\boldsymbol{\varepsilon}_{m+1}+\cdots+k_n\boldsymbol{\varepsilon}_n,$$

则 $k_1\boldsymbol{\varepsilon}_1+k_2\boldsymbol{\varepsilon}_2+\cdots+k_m\boldsymbol{\varepsilon}_m$ 就是 $\boldsymbol{\alpha}$ 在 V_1 上的内射影.

六、正交变换与对称变换

1. 定义：

1）欧几里得空间 V 的线性变换 $\mathscr{A}$ 称为正交变换，如果它保持向量的内积不变，即对于任意的 $\boldsymbol{\alpha},\boldsymbol{\beta}\in V$，都有 $(\mathscr{A}(\boldsymbol{\alpha}),\mathscr{A}(\boldsymbol{\beta}))=(\boldsymbol{\alpha},\boldsymbol{\beta})$；

2）设 $\mathscr{A}$ 是欧几里得空间 V 的一个线性变换，若 $\forall\boldsymbol{\alpha},\boldsymbol{\beta}\in V$，都有 $(\mathscr{A}(\boldsymbol{\alpha}),\boldsymbol{\beta})=(\boldsymbol{\alpha},\mathscr{A}(\boldsymbol{\beta}))$，

则称 $\mathscr{A}$ 为对称变换.

2. 主要结论:

1) 设 $\mathscr{A}$ 是欧几里得空间 V 的一个线性变换,以下四个命题相互等价:

1° $\mathscr{A}$ 是正交变换;

2° $\mathscr{A}$ 上保持向量的长度不变,即对于任意 $\boldsymbol{\alpha}\in V$, $|\mathscr{A}\boldsymbol{\alpha}|=|\boldsymbol{\alpha}|$;

3° 如果 $\boldsymbol{\varepsilon}_1,\boldsymbol{\varepsilon}_2,\cdots,\boldsymbol{\varepsilon}_n$ 是标准正交基,那么 $\mathscr{A}(\boldsymbol{\varepsilon}_1),\mathscr{A}(\boldsymbol{\varepsilon}_2),\cdots,\mathscr{A}(\boldsymbol{\varepsilon}_n)$ 也是标准正交基;

4° $\mathscr{A}$ 在任何一组标准正交基下的矩阵是正交矩阵.

2) 正交变换是可逆的;正交变换的乘积与正交变换的逆变换还是正交变换. 正交变换的行列式等于+1 或-1. 行列式等于+1 的正交变换通常称为旋转,或称为第一类正交变换;行列式等于-1 的正交变换称为第二类正交变换.

3) 对称变换在任意标准正交基下的矩阵是对称矩阵,反之亦然.

4) 设 $\mathscr{A}$ 是对称变换,V_1 是 $\mathscr{A}$ 的不变子空间,则 $V_1^{\perp}$ 也是 $\mathscr{A}$ 的不变子空间.

5) 实对称矩阵的特征根都是实数,在 $\mathbf{R}^n$ 中属于不同特征值的特征向量两两正交.

6) 对任意一个实对称矩阵 $\boldsymbol{A}$,都存在一个正交矩阵 T,使 $\boldsymbol{T}^{\mathrm{T}}\boldsymbol{A}\boldsymbol{T}=\boldsymbol{T}^{-1}\boldsymbol{A}\boldsymbol{T}$ 成对角形.

7) 任意一个实二次型 $f(x_1,x_2,\cdots,x_n)=\boldsymbol{X}^{\mathrm{T}}\boldsymbol{A}\boldsymbol{X},\boldsymbol{A}^{\mathrm{T}}=\boldsymbol{A}$,都可以经过正交的线性替换变成平方和

$$\lambda_1 y_1^2+\lambda_2 y_2^2+\cdots+\lambda_n y_n^2,$$

其中 $\lambda_1,\lambda_2,\cdots,\lambda_n$ 为 $\boldsymbol{A}$ 的全部特征值.

*七、酉空间

1. 定义:设 V 是复数域上的线性空间,在 V 中定义了一个二元复函数,称为内积,记作 $(\boldsymbol{\alpha},\boldsymbol{\beta})$,它具有以下性质:

1) $(\boldsymbol{\alpha},\boldsymbol{\beta})=\overline{(\boldsymbol{\beta},\boldsymbol{\alpha})}$,这里 $\overline{(\boldsymbol{\beta},\boldsymbol{\alpha})}$ 是 $(\boldsymbol{\alpha},\boldsymbol{\beta})$ 的共轭复数;

2) $(k\boldsymbol{\alpha},\boldsymbol{\beta})=k(\boldsymbol{\alpha},\boldsymbol{\beta})$;

3) $(\boldsymbol{\alpha}+\boldsymbol{\beta},\boldsymbol{\gamma})=(\boldsymbol{\alpha},\boldsymbol{\gamma})+(\boldsymbol{\beta},\boldsymbol{\gamma})$;

4) $(\boldsymbol{\alpha},\boldsymbol{\alpha})$ 是非负实数,且 $(\boldsymbol{\alpha},\boldsymbol{\alpha})=0$ 当且仅当 $\boldsymbol{\alpha}=\mathbf{0}$.

这里是 $\boldsymbol{\alpha},\boldsymbol{\beta},\boldsymbol{\gamma}$ 是 V 中任意的向量,k 为任意复数,这样的线性空间称为酉空间.

2. 相关的结论:

1) $(\boldsymbol{\alpha},k\boldsymbol{\beta})=\bar{k}(\boldsymbol{\alpha},\boldsymbol{\beta})$;

2) $(\boldsymbol{\alpha},\boldsymbol{\beta}+\boldsymbol{\gamma})=(\boldsymbol{\alpha},\boldsymbol{\beta})+(\boldsymbol{\alpha},\boldsymbol{\gamma})$;

3) 对 n 阶复矩阵 $\boldsymbol{A}$,用 $\overline{\boldsymbol{A}}$ 表示以 $\boldsymbol{A}$ 的元素的共轭复数作元素的矩阵;如果 $\boldsymbol{A}$ 满足 $\overline{\boldsymbol{A}}^{\mathrm{T}}\boldsymbol{A}=\boldsymbol{A}\overline{\boldsymbol{A}}^{\mathrm{T}}=\boldsymbol{E}$,就称其为酉矩阵,它的行列式的绝对值等于 1;

4) 两组标准正交基的过渡矩阵是酉矩阵;

5) 酉空间 V 的线性变换 $\mathscr{A}$ 如果满足 $(\mathscr{A}(\boldsymbol{\alpha}),\mathscr{A}(\boldsymbol{\beta}))=(\boldsymbol{\alpha},\boldsymbol{\beta})$,就称其为 V 的一个酉变换;酉变换在标准正交基下的矩阵是酉矩阵;

6) 若矩阵 $\boldsymbol{A}$ 满足 $\overline{\boldsymbol{A}}^{\mathrm{T}}=\boldsymbol{A}$,则称其为埃尔米特矩阵;在酉空间 $\mathbf{C}^n$ 中令

$$\mathscr{A}\begin{pmatrix}x_1\\x_2\\\vdots\\x_n\end{pmatrix}=\boldsymbol{A}\begin{pmatrix}x_1\\x_2\\\vdots\\x_n\end{pmatrix},$$

则$(\mathscr{A}(\boldsymbol{\alpha}),\boldsymbol{\beta})=(\boldsymbol{\alpha},\mathscr{A}(\boldsymbol{\beta}))$，$\mathscr{A}$是对称变换；

7）V是酉空间，V_1是子空间，$V_1^{\perp}$是V_1的正交补，则$V=V_1\oplus V_1^{\perp}$；又设V_1是对称变换的不变子空间，则$V_1^{\perp}$也是不变子空间；

8）埃尔米特矩阵的特征值为实数，它的属于不同特征值的特征向量正交；

9）若$\boldsymbol{A}$是埃尔米特矩阵，则有酉矩阵$\boldsymbol{C}$，使$\boldsymbol{C}^{-1}\boldsymbol{AC}=\overline{\boldsymbol{C}}^{\mathrm{T}}\boldsymbol{AC}$是对角矩阵.

§9.2 例 题

例1 设$\boldsymbol{A}=(a_{ij})$是一个n阶正定矩阵，而

$$\boldsymbol{\alpha}=(x_1,x_2,\cdots,x_n),\quad \boldsymbol{\beta}=(y_1,y_2,\cdots,y_n),$$

在$\mathbf{R}^n$中定义内积$(\boldsymbol{\alpha},\boldsymbol{\beta})$为

$$(\boldsymbol{\alpha},\boldsymbol{\beta})=\boldsymbol{\alpha A\beta}^{\mathrm{T}}.$$

1）证明：在这个定义之下，$\mathbf{R}^n$成一欧几里得空间；

2）求单位向量$\boldsymbol{\varepsilon}_1=(1,0,\cdots,0)$，$\boldsymbol{\varepsilon}_2=(0,1,0,\cdots,0)$，$\cdots$，$\boldsymbol{\varepsilon}_n=(0,0,\cdots,1)$的度量矩阵；

3）写出这个空间中的柯西-布尼亚科夫斯基不等式.

解 1）设$\boldsymbol{\gamma}\in\mathbf{R}^n$，$k\in\mathbf{R}$，则有

$$(\boldsymbol{\alpha},\boldsymbol{\beta})=\boldsymbol{\alpha A\beta}^{\mathrm{T}}=(\boldsymbol{\alpha A\beta}^{\mathrm{T}})^{\mathrm{T}}=\boldsymbol{\beta A}^{\mathrm{T}}\boldsymbol{\alpha}^{\mathrm{T}}=\boldsymbol{\beta A\alpha}^{\mathrm{T}}=(\boldsymbol{\beta},\boldsymbol{\alpha}),$$

$$(k\boldsymbol{\alpha},\boldsymbol{\beta})=(k\boldsymbol{\alpha})\boldsymbol{A\beta}^{\mathrm{T}}=k(\boldsymbol{\alpha A\beta}^{\mathrm{T}})=k(\boldsymbol{\alpha},\boldsymbol{\beta}),$$

$$(\boldsymbol{\alpha}+\boldsymbol{\beta},\boldsymbol{\gamma})=(\boldsymbol{\alpha}+\boldsymbol{\beta})\boldsymbol{A\gamma}^{\mathrm{T}}=\boldsymbol{\alpha A\gamma}^{\mathrm{T}}+\boldsymbol{\beta A\gamma}^{\mathrm{T}}=(\boldsymbol{\alpha},\boldsymbol{\gamma})+(\boldsymbol{\beta},\boldsymbol{\gamma}),$$

$$(\boldsymbol{\alpha},\boldsymbol{\alpha})=\boldsymbol{\alpha A\alpha}^{\mathrm{T}}=\sum_{i=1}^{n}\sum_{j=1}^{n}a_{ij}x_ix_j.$$

由于$\boldsymbol{A}$是正定矩阵，所以$\sum\limits_{i=1}^{n}\sum\limits_{j=1}^{n}a_{ij}x_ix_j$是正定二次型，从而$(\boldsymbol{\alpha},\boldsymbol{\alpha})\geqslant 0$. 并且仅当$\boldsymbol{\alpha}=\mathbf{0}$时，$(\boldsymbol{\alpha},\boldsymbol{\alpha})=0$. 由此可见，$\mathbf{R}^n$在这一定义之下成为欧几里得空间.

2）设度量矩阵为$\boldsymbol{B}=(b_{ij})$，那么

$$b_{ij}=(\boldsymbol{\varepsilon}_i,\boldsymbol{\varepsilon}_j)=(0,\cdots,1,\cdots,0)\begin{pmatrix}a_{11}&a_{12}&\cdots&a_{1n}\\a_{21}&a_{22}&\cdots&a_{2n}\\\vdots&\vdots&&\vdots\\a_{n1}&a_{n2}&\cdots&a_{nn}\end{pmatrix}\begin{pmatrix}0\\\vdots\\1\\\vdots\\0\end{pmatrix}=a_{ij}\quad(i,j=1,2,\cdots,n),$$

此即$\boldsymbol{B}=\boldsymbol{A}$.

3）因

$$(\boldsymbol{\alpha},\boldsymbol{\beta})=\sum_{i=1}^{n}\sum_{j=1}^{n}a_{ij}x_iy_j,$$

$$|\boldsymbol{\alpha}|=\sqrt{(\boldsymbol{\alpha},\boldsymbol{\alpha})}=\sqrt{\sum_{i=1}^{n}\sum_{j=1}^{n}a_{ij}x_ix_j},\quad |\boldsymbol{\beta}|=\sqrt{\sum_{i=1}^{n}\sum_{j=1}^{n}a_{ij}y_iy_j},$$

故柯西-布尼亚科夫斯基不等式为

$$\left|\sum_{i=1}^{n}\sum_{j=1}^{n}a_{ij}x_iy_j\right|\leqslant\sqrt{\sum_{i=1}^{n}\sum_{j=1}^{n}a_{ij}x_ix_j}\cdot\sqrt{\sum_{i=1}^{n}\sum_{j=1}^{n}a_{ij}y_iy_j}.$$

例 2 设 $\boldsymbol{\alpha}$ 是欧几里得空间 V 的一个非零向量，$\boldsymbol{\alpha}_1,\boldsymbol{\alpha}_2,\cdots,\boldsymbol{\alpha}_m\in V$ 满足条件

$$(\boldsymbol{\alpha}_i,\boldsymbol{\alpha})>0(i=1,2,\cdots,m),\quad(\boldsymbol{\alpha}_i,\boldsymbol{\alpha}_j)\leqslant0(i,j=1,2,\cdots,m;i\neq j).$$

证明：$\boldsymbol{\alpha}_1,\boldsymbol{\alpha}_2,\cdots,\boldsymbol{\alpha}_m$ 线性无关.

证明 设 $k\boldsymbol{\alpha}_1+k\boldsymbol{\alpha}_2+\cdots+k_m\boldsymbol{\alpha}_m=\mathbf{0}$，且 $k_1,k_2,\cdots,k_r\geqslant0;k_{r+1},\cdots,k_m\leqslant0(1\leqslant r\leqslant m)$（否则可以重新编号，使之成立）. 令

$$\boldsymbol{\beta}=k_1\boldsymbol{\alpha}_1+k_2\boldsymbol{\alpha}_2+\cdots+k_r\boldsymbol{\alpha}_r=-k_{r+1}\boldsymbol{\alpha}_{r+1}-\cdots-k_m\boldsymbol{\alpha}_m,$$

则

$$\begin{aligned}(\boldsymbol{\beta},\boldsymbol{\beta})&=(k_1\boldsymbol{\alpha}_1+k_2\boldsymbol{\alpha}_2+\cdots+k_r\boldsymbol{\alpha}_r,-k_{r+1}\boldsymbol{\alpha}_{r+1}-\cdots-k_m\boldsymbol{\alpha}_m)\\&=\sum_{i=1}^{r}\sum_{j=r+1}^{m}k_i(-k_j)(\boldsymbol{\alpha}_i,\boldsymbol{\alpha}_j).\end{aligned}$$

由已知条件和假定条件知，上式右端非正，即 $(\boldsymbol{\beta},\boldsymbol{\beta})\leqslant0$，但由内积的定义知 $(\boldsymbol{\beta},\boldsymbol{\beta})\geqslant0$，故 $(\boldsymbol{\beta},\boldsymbol{\beta})=0$. 从而有 $\boldsymbol{\beta}=\mathbf{0}$，即有

$$k_1\boldsymbol{\alpha}_1+k_2\boldsymbol{\alpha}_2+\cdots+k_r\boldsymbol{\alpha}_r=\mathbf{0},\quad k_{r+1}\boldsymbol{\alpha}_{r+1}+\cdots+k_m\boldsymbol{\alpha}_m=\mathbf{0},$$

于是

$$\mathbf{0}=(k_1\boldsymbol{\alpha}_1+k_2\boldsymbol{\alpha}_2+\cdots+k_r\boldsymbol{\alpha}_r,\boldsymbol{\alpha})=k_1(\boldsymbol{\alpha}_1,\boldsymbol{\alpha})+k_2(\boldsymbol{\alpha}_2,\boldsymbol{\alpha})+\cdots+k_r(\boldsymbol{\alpha}_r,\boldsymbol{\alpha}),$$

$$\mathbf{0}=(k_{r+1}\boldsymbol{\alpha}_{r+1}+\cdots+k_m\boldsymbol{\alpha}_m,\boldsymbol{\alpha})=k_{r+1}(\boldsymbol{\alpha}_{r+1},\boldsymbol{\alpha})+\cdots+k_m(\boldsymbol{\alpha}_m,\boldsymbol{\alpha}).$$

由已知和假设知

$$k_i(\boldsymbol{\alpha}_i,\boldsymbol{\alpha})\geqslant0(1\leqslant i\leqslant r),\quad k_j(\boldsymbol{\alpha}_j,\boldsymbol{\alpha})\leqslant0(r+1\leqslant j\leqslant m).$$

综合上面两式得

$$k_i(\boldsymbol{\alpha}_i,\boldsymbol{\alpha})=0(1\leqslant i\leqslant r),\quad k_j(\boldsymbol{\alpha}_j,\boldsymbol{\alpha})=0(r+1\leqslant j\leqslant m).$$

从而 $k_i=0(i=1,2,\cdots,m)$，故 $\boldsymbol{\alpha}_1,\boldsymbol{\alpha}_2,\cdots,\boldsymbol{\alpha}_m$ 线性无关.

点评 为了定义欧几里得空间引入了内积的概念，使得许多与内积有关的问题，在适当地定义内积后可迎刃而解，特别是在判定向量组的线性相关性方面，内积方法更有其优越性.

例 3 设 $\boldsymbol{\alpha}_1,\boldsymbol{\alpha}_2,\cdots,\boldsymbol{\alpha}_n$ 是欧几里得空间 V 的一组线性无关的向量，$\boldsymbol{\beta}_1,\boldsymbol{\beta}_2,\cdots,\boldsymbol{\beta}_n$ 是由这组向量通过施密特正交化方法所得的正交向量组，证明：这两个向量组的格拉姆行列式相等，即

$$|\boldsymbol{G}(\boldsymbol{\alpha}_1,\boldsymbol{\alpha}_2,\cdots,\boldsymbol{\alpha}_n)|=|\boldsymbol{G}(\boldsymbol{\beta}_1,\boldsymbol{\beta}_2,\cdots,\boldsymbol{\beta}_n)|=(\boldsymbol{\beta}_1,\boldsymbol{\beta}_1)(\boldsymbol{\beta}_2,\boldsymbol{\beta}_2)\cdots(\boldsymbol{\beta}_n,\boldsymbol{\beta}_n),$$

其中

$$\boldsymbol{G}(\boldsymbol{\alpha}_1,\boldsymbol{\alpha}_2,\cdots,\boldsymbol{\alpha}_n)=\begin{pmatrix}(\boldsymbol{\alpha}_1,\boldsymbol{\alpha}_1)&(\boldsymbol{\alpha}_1,\boldsymbol{\alpha}_2)&\cdots&(\boldsymbol{\alpha}_1,\boldsymbol{\alpha}_n)\\(\boldsymbol{\alpha}_2,\boldsymbol{\alpha}_1)&(\boldsymbol{\alpha}_2,\boldsymbol{\alpha}_2)&\cdots&(\boldsymbol{\alpha}_2,\boldsymbol{\alpha}_n)\\\vdots&\vdots&&\vdots\\(\boldsymbol{\alpha}_n,\boldsymbol{\alpha}_1)&(\boldsymbol{\alpha}_n,\boldsymbol{\alpha}_2)&\cdots&(\boldsymbol{\alpha}_n,\boldsymbol{\alpha}_n)\end{pmatrix}.$$

证明 由正交性知，$(\boldsymbol{\beta}_i,\boldsymbol{\beta}_j)=0(i,j=1,2,\cdots,n,i\neq j)$，故

$$|\boldsymbol{G}(\boldsymbol{\beta}_1,\boldsymbol{\beta}_2,\cdots,\boldsymbol{\beta}_n)|=\begin{vmatrix}(\boldsymbol{\beta}_1,\boldsymbol{\beta}_1) & & & \\ & (\boldsymbol{\beta}_2,\boldsymbol{\beta}_2) & & \\ & & \ddots & \\ & & & (\boldsymbol{\beta}_n,\boldsymbol{\beta}_n)\end{vmatrix}$$

$$=(\boldsymbol{\beta}_1,\boldsymbol{\beta}_1)(\boldsymbol{\beta}_2,\boldsymbol{\beta}_2)\cdots(\boldsymbol{\beta}_n,\boldsymbol{\beta}_n).$$

由施密特正交化方法知，

$$\boldsymbol{\alpha}_i=t_{i1}\boldsymbol{\beta}_1+t_{i2}\boldsymbol{\beta}_2+\cdots+t_{i,i-1}\boldsymbol{\beta}_{i-1}+\boldsymbol{\beta}_i,$$

其中 $t_{ij}=\dfrac{(\boldsymbol{\alpha}_i,\boldsymbol{\beta}_j)}{(\boldsymbol{\beta}_j,\boldsymbol{\beta}_j)}(i=1,2,\cdots,n,j=1,2,\cdots,i-1)$，所以

$$(\boldsymbol{\alpha}_i,\boldsymbol{\alpha}_j)=\left(\sum_{k=1}^{i-1}t_{ik}\boldsymbol{\beta}_k+\boldsymbol{\beta}_i,\ \sum_{k=1}^{j-1}t_{jk}\boldsymbol{\beta}_k+\boldsymbol{\beta}_j\right)$$

$$=(t_{i1},\cdots,t_{i,i-1},1,0,\cdots,0)\begin{pmatrix}(\boldsymbol{\beta}_1,\boldsymbol{\beta}_1) & & & \\ & (\boldsymbol{\beta}_2,\boldsymbol{\beta}_2) & & \\ & & \ddots & \\ & & & (\boldsymbol{\beta}_n,\boldsymbol{\beta}_n)\end{pmatrix}\begin{pmatrix}t_{j1}\\ \vdots \\ t_{j,j-1}\\ 1\\ 0\\ \vdots\\ 0\end{pmatrix}.$$

于是

$$\boldsymbol{G}(\boldsymbol{\alpha}_1,\boldsymbol{\alpha}_2,\cdots,\boldsymbol{\alpha}_n)=\boldsymbol{P}^{\mathrm{T}}\begin{pmatrix}(\boldsymbol{\beta}_1,\boldsymbol{\beta}_1) & & & \\ & (\boldsymbol{\beta}_2,\boldsymbol{\beta}_2) & & \\ & & \ddots & \\ & & & (\boldsymbol{\beta}_n,\boldsymbol{\beta}_n)\end{pmatrix}\boldsymbol{P},$$

其中

$$\boldsymbol{P}=\begin{pmatrix}1 & t_{21} & \cdots & t_{n1}\\ 0 & 1 & \cdots & t_{n2}\\ \vdots & \vdots & & \vdots\\ 0 & 0 & \cdots & 1\end{pmatrix},$$

从而

$$|\boldsymbol{G}(\boldsymbol{\alpha}_1,\boldsymbol{\alpha}_2,\cdots,\boldsymbol{\alpha}_n)|=|\boldsymbol{P}^{\mathrm{T}}|\cdot(\boldsymbol{\beta}_1,\boldsymbol{\beta}_1)(\boldsymbol{\beta}_2,\boldsymbol{\beta}_2)\cdots(\boldsymbol{\beta}_n,\boldsymbol{\beta}_n)\cdot|\boldsymbol{P}|$$

$$=(\boldsymbol{\beta}_1,\boldsymbol{\beta}_1)(\boldsymbol{\beta}_2,\boldsymbol{\beta}_2)\cdots(\boldsymbol{\beta}_n,\boldsymbol{\beta}_n).$$

例 4 设 $\boldsymbol{A}=(a_{ij})$ 是 n 阶实可逆矩阵，$\boldsymbol{A}$ 的第一行元素组成的行向量为 $\boldsymbol{\alpha}=(a_{11},a_{12},\cdots,a_{1n})$，$V=L(\boldsymbol{\alpha})$ 是 $\mathbf{R}^n$ 的子空间，求 V 在 $\mathbf{R}^n$ 中的正交补.

解 不妨设 $a_{11}\neq 0$，则齐次线性方程组

$$a_{11}x_1+a_{12}x_2+\cdots+a_{1n}x_n=0$$

的基础解系为

$$\begin{cases}\boldsymbol{\beta}_1=\left(-\dfrac{a_{12}}{a_{11}},1,0,0,\cdots,0\right),\\ \boldsymbol{\beta}_2=\left(-\dfrac{a_{13}}{a_{11}},0,1,0,\cdots,0\right),\\ \cdots\cdots\cdots\cdots\\ \boldsymbol{\beta}_{n-1}=\left(-\dfrac{a_{1n}}{a_{11}},0,0,0,\cdots,1\right).\end{cases}$$

于是 $V^{\perp}=L(\boldsymbol{\beta}_1,\boldsymbol{\beta}_2,\cdots,\boldsymbol{\beta}_{n-1})$，维$(V^{\perp})=n-1$.

点评　$V^{\perp}=\{\boldsymbol{\beta}\in\mathbf{R}^n \mid (\boldsymbol{\beta},\boldsymbol{\alpha})=0\}$.

例 5　求齐次线性方程组

$$\begin{cases}x_1 \quad -x_3+x_4=0,\\ \quad x_2 \quad -x_4=0\end{cases}$$

的解空间的标准正交基，并求与解空间中向量正交的向量.

解　方程组的基础解系是 $\boldsymbol{\alpha}_1=(1,0,1,0)$，$\boldsymbol{\alpha}_2=(1,-1,0,-1)$. 施密特正交化得

$$\boldsymbol{\beta}_1=\boldsymbol{\alpha}_1=(1,0,1,0),$$

$$\boldsymbol{\beta}_2=(1,-1,0,-1)-\frac{1}{2}(1,0,1,0)=\frac{1}{2}(1,-2,-1,-2),$$

再单位化得

$$\boldsymbol{\gamma}_1=\frac{1}{|\boldsymbol{\beta}_1|}\boldsymbol{\beta}_1=\frac{1}{\sqrt{2}}(1,0,1,0),\quad \boldsymbol{\gamma}_2=\frac{1}{|\boldsymbol{\beta}_2|}\boldsymbol{\beta}_2=\frac{1}{\sqrt{10}}(1,-2,-1,-2),$$

则 $\boldsymbol{\gamma}_1,\boldsymbol{\gamma}_2$ 是解空间的标准正交基.

由于 $\boldsymbol{\alpha}$ 与解空间中每个向量都正交的充要条件是 $\boldsymbol{\alpha}$ 与解空间的每个基向量都正交，即 $(\boldsymbol{\alpha},\boldsymbol{\alpha}_1)=(\boldsymbol{\alpha},\boldsymbol{\alpha}_2)=0$，所以设 $\boldsymbol{\alpha}=(x_1,x_2,x_3,x_4)$，则

$$\begin{cases}x_1 \quad +x_3 \quad =0,\\ x_1-x_2 \quad -x_4=0.\end{cases}$$

基础解系是 $(1,1,-1,0)$，$(0,1,0,-1)$，所以与解空间中每个向量都正交的向量是 $k_1(1,1,-1,0)+k_2(0,1,0,-1)$，$k_1,k_2\in\mathbf{R}$.

点评　求标准正交基的方法主要有以下两种：

1）初等变换法：设 V 是一个 n 维欧几里得空间，任取 V 的一组基 $\boldsymbol{\alpha}_1,\boldsymbol{\alpha}_2,\cdots,\boldsymbol{\alpha}_n$，求出这组基的度量矩阵 $\boldsymbol{A}$，$\boldsymbol{A}$ 是一个正定矩阵. 故由初等变换可求得可逆矩阵 $\boldsymbol{C}$，使得 $\boldsymbol{C}^{\mathrm{T}}\boldsymbol{AC}=\boldsymbol{E}$. 再以 $\boldsymbol{C}$ 为过渡矩阵，由 $\boldsymbol{\alpha}_1,\boldsymbol{\alpha}_2,\cdots,\boldsymbol{\alpha}_n$ 得到一组新基 $\boldsymbol{\beta}_1,\boldsymbol{\beta}_2,\cdots,\boldsymbol{\beta}_n$：

$$(\boldsymbol{\beta}_1,\boldsymbol{\beta}_2,\cdots,\boldsymbol{\beta}_n)=(\boldsymbol{\alpha}_1,\boldsymbol{\alpha}_2,\cdots,\boldsymbol{\alpha}_n)\boldsymbol{C},$$

则 $\boldsymbol{\beta}_1,\boldsymbol{\beta}_2,\cdots,\boldsymbol{\beta}_n$ 的度量矩阵就等于 $\boldsymbol{C}^{\mathrm{T}}\boldsymbol{AC}=\boldsymbol{E}$，故 $\boldsymbol{\beta}_1,\boldsymbol{\beta}_2,\cdots,\boldsymbol{\beta}_n$ 是 V 的一组标准正交基.

2）正交化方法：取 n 维欧几里得空间 V 的一组基 $\boldsymbol{\alpha}_1,\boldsymbol{\alpha}_2,\cdots,\boldsymbol{\alpha}_n$，应用正交化方法得到 V 的一组正交基 $\boldsymbol{\beta}_1,\boldsymbol{\beta}_2,\cdots,\boldsymbol{\beta}_n$，再单位化得到 V 的一组标准正交基.

一般来说用正交化方法较初等变换法简单些，因为它不涉及具体的度量矩阵.

例 6　设 V_1,V_2 是 n 维欧几里得空间 V 的线性子空间，且维$(V_1)<$维(V_2)，证明：V_2 中必有一

个非零向量正交于 V_1 中一切向量.

证明 设维$(V_1)=s$,维$(V_2)=t$,且 $s<t$,则维$(V_1^{\perp})=n-s$. 由维数公式,

$$\begin{aligned}维(V_2+V_1^{\perp})&=维(V_2)+维(V_1^{\perp})-维(V_2\cap V_1^{\perp})\\&=t+n-s-维(V_2\cap V_1^{\perp}).\end{aligned}$$

但维$(V_2+V_1^{\perp})\leqslant n$,故维$(V_2\cap V_1^{\perp})\geqslant t-s>0$,即 $V_2\cap V_1^{\perp}\neq\{\mathbf{0}\}$,从而存在非零向量 $\boldsymbol{\alpha}\in V_2\cap V_1^{\perp}$,得证.

点评 要证 V_2 中有一个非零向量 $\boldsymbol{\alpha}$ 正交于 V_1,即证 $\boldsymbol{\alpha}\in V_2\cap V_1^{\perp}$.

例 7 证明:不存在正交矩阵 $\boldsymbol{A},\boldsymbol{B}$,使 $\boldsymbol{A}^2=\boldsymbol{AB}+\boldsymbol{B}^2$.

证明 反证法. 设存在正交矩阵 $\boldsymbol{A},\boldsymbol{B}$,使 $\boldsymbol{A}^2=\boldsymbol{AB}+\boldsymbol{B}^2$,则

$$\boldsymbol{A}+\boldsymbol{B}=\boldsymbol{A}^2\boldsymbol{B}^{-1},\quad \boldsymbol{A}-\boldsymbol{B}=\boldsymbol{A}^{-1}\boldsymbol{B}^2.$$

因 $\boldsymbol{A},\boldsymbol{B}$ 是正交矩阵,则 $\boldsymbol{A}^2,\boldsymbol{B}^{-1}$ 都是正交矩阵,故 $\boldsymbol{A}+\boldsymbol{B},\boldsymbol{A}-\boldsymbol{B}$ 也是正交矩阵. 于是

$$\boldsymbol{E}=(\boldsymbol{A}+\boldsymbol{B})^{\mathrm{T}}(\boldsymbol{A}+\boldsymbol{B})=2\boldsymbol{E}+\boldsymbol{A}^{\mathrm{T}}\boldsymbol{B}+\boldsymbol{B}^{\mathrm{T}}\boldsymbol{A},$$
$$\boldsymbol{E}=(\boldsymbol{A}-\boldsymbol{B})^{\mathrm{T}}(\boldsymbol{A}-\boldsymbol{B})=2\boldsymbol{E}-\boldsymbol{A}^{\mathrm{T}}\boldsymbol{B}-\boldsymbol{B}^{\mathrm{T}}\boldsymbol{A},$$

两式相加得 $2\boldsymbol{E}=4\boldsymbol{E}$,矛盾.

例 8 证明:如果 $\mathscr{A}$ 是正交变换,那么 $\mathscr{A}$ 的不变子空间的正交补也是 $\mathscr{A}$ 的不变子空间.

证明 设 $\mathscr{A}$ 是欧几里得空间 V 的一个正交变换,V 的子空间 V_1 是 $\mathscr{A}$ 的不变子空间.

证法 1 因为 $V=V_1\oplus V_1^{\perp}$,分别取 V_1 及 $V_1^{\perp}$ 的标准正交基 $\boldsymbol{\varepsilon}_1,\boldsymbol{\varepsilon}_2,\cdots,\boldsymbol{\varepsilon}_m$ 及$\boldsymbol{\varepsilon}_{m+1},\cdots,\boldsymbol{\varepsilon}_n$,则$\boldsymbol{\varepsilon}_1,\boldsymbol{\varepsilon}_2,\cdots,\boldsymbol{\varepsilon}_m,\boldsymbol{\varepsilon}_{m+1},\cdots,\boldsymbol{\varepsilon}_n$ 是 V 的一组标准正交基. 因 $\mathscr{A}$ 是正交变换,故

$$\mathscr{A}(\boldsymbol{\varepsilon}_1),\mathscr{A}(\boldsymbol{\varepsilon}_2),\cdots,\mathscr{A}(\boldsymbol{\varepsilon}_m),\mathscr{A}(\boldsymbol{\varepsilon}_{m+1}),\cdots,\mathscr{A}(\boldsymbol{\varepsilon}_n)$$

仍是 V 的一组标准正交基. 由于 V_1 是 $\mathscr{A}$ 的不变子空间,所以 $\mathscr{A}(\boldsymbol{\varepsilon}_i)\in V_1$ $(i=1,2,\cdots,m)$,且 $\mathscr{A}(\boldsymbol{\varepsilon}_1),\mathscr{A}(\boldsymbol{\varepsilon}_2),\cdots,\mathscr{A}(\boldsymbol{\varepsilon}_m)$ 仍为 V_1 的基,从而 $\mathscr{A}(\boldsymbol{\varepsilon}_{m+1}),\cdots,\mathscr{A}(\boldsymbol{\varepsilon}_n)\in V_1^{\perp}$. 于是,任取 $\boldsymbol{\alpha}=k_{m+1}\boldsymbol{\varepsilon}_{m+1}+\cdots+k_n\boldsymbol{\varepsilon}_n\in V_1^{\perp}$,有

$$\mathscr{A}(\boldsymbol{\alpha})=k_{m+1}\mathscr{A}(\boldsymbol{\varepsilon}_{m+1})+\cdots+k_n\mathscr{A}(\boldsymbol{\varepsilon}_n)\in V_1^{\perp}.$$

故 $V_1^{\perp}$ 是 $\mathscr{A}$ 的不变子空间.

证法 2 已知 V_1 对 $\mathscr{A}$ 不变,$V_1^{\perp}$ 是 V_1 的正交补,所以 $\mathscr{A}$ 也是 V_1 的一个线性变换,且也是一一变换. 因为 V_1 是有限维的,所以 $\mathscr{A}$ 也是 V_1 的满射变换,从而对 V_1 中任意 $\boldsymbol{x}$,有 $\boldsymbol{y}\in V_1$,使 $\mathscr{A}(\boldsymbol{y})=\boldsymbol{x}$. $\forall\boldsymbol{\alpha}\in V_1^{\perp}$,则$(\boldsymbol{\alpha},\boldsymbol{y})=0$,于是

$$(\mathscr{A}(\boldsymbol{\alpha}),\boldsymbol{x})=(\mathscr{A}(\boldsymbol{\alpha}),\mathscr{A}(\boldsymbol{y}))=(\boldsymbol{\alpha},\boldsymbol{y})=0,$$

即 $\mathscr{A}(\boldsymbol{\alpha})$与 V_1 中任意向量正交,所以 $\mathscr{A}(\boldsymbol{\alpha})\in V_1^{\perp}$,即 $V_1^{\perp}$ 对 $\mathscr{A}$ 不变.

证法 3 因为 V_1 是正交变换 $\mathscr{A}$ 的不变子空间,所以 $\mathscr{A}|V_1$ 是 V_1 的正交变换,因而也是可逆的. 从而 $\forall\boldsymbol{\alpha}\in V_1$,有 $\boldsymbol{\beta}\in V_1$ 使得 $\mathscr{A}(\boldsymbol{\beta})=\boldsymbol{\alpha}$. 这样 $\forall\boldsymbol{\gamma}\in V_1^{\perp}$ 就有

$$(\mathscr{A}(\boldsymbol{\gamma}),\boldsymbol{\alpha})=(\mathscr{A}(\boldsymbol{\gamma}),\mathscr{A}(\boldsymbol{\beta}))=(\boldsymbol{\gamma},\boldsymbol{\beta})=0,$$

即 $\mathscr{A}(\boldsymbol{\gamma})$与 V_1 中任意向量正交,故 $\mathscr{A}(\boldsymbol{\gamma})\in V_1^{\perp}$,$V_1^{\perp}$ 也是 $\mathscr{A}$ 的不变子空间.

点评 该结论只适用于有限维欧几里得空间,在无限维欧几里得空间中并不成立. 例如,设 $V=\mathbf{R}[x]$,$f(x)=\sum\limits_{i=0}^{n}a_ix^i$,$g(x)=\sum\limits_{j=0}^{m}b_jx^j$,$m\leqslant n$,定义内积

$$(f,g)=\sum_{i=0}^{n}a_ib_i.$$

显然 $\mathscr{A}(f(x))=xf(x)$ 是 V 的一个正交变换，

$$V_1=\{a_1x_1+a_2x^2+\cdots+a_nx^n \mid a_i\in\mathbf{R},n\in\mathbf{N}\}$$

是 $\mathscr{A}$ 的一个不变子空间. $V_1^{\perp}=\{a\mid a\in\mathbf{R}\}$，而 $\mathscr{A}(V_1^{\perp})\neq V_1^{\perp}$，即 $V_1^{\perp}$ 不是 $\mathscr{A}$ 的不变子空间.

例 9　证明：欧几里得空间中保持内积不变的变换是正交变换.

证明　设 $\mathscr{A}$ 是欧几里得空间 V 的一个变换，满足：$\forall\boldsymbol{\alpha},\boldsymbol{\beta}\in V$，

$$(\mathscr{A}(\boldsymbol{\alpha}),\mathscr{A}(\boldsymbol{\beta}))=(\boldsymbol{\alpha},\boldsymbol{\beta}).$$

只需证 $\mathscr{A}$ 是线性变换. $\forall\boldsymbol{\alpha},\boldsymbol{\beta}\in V,\forall k,l\in\mathbf{R}$，

$$\begin{aligned}
&(\mathscr{A}(k\boldsymbol{\alpha}+l\boldsymbol{\beta})-k\mathscr{A}(\boldsymbol{\alpha})-l\mathscr{A}(\boldsymbol{\beta}),\mathscr{A}(k\boldsymbol{\alpha}+l\boldsymbol{\beta})-k\mathscr{A}(\boldsymbol{\alpha})-l\mathscr{A}(\boldsymbol{\beta}))\\
=&(\mathscr{A}(k\boldsymbol{\alpha}+l\boldsymbol{\beta}),\mathscr{A}(k\boldsymbol{\alpha}+l\boldsymbol{\beta}))-2k(\mathscr{A}(k\boldsymbol{\alpha}+l\boldsymbol{\beta}),\mathscr{A}(\boldsymbol{\alpha}))-2l(\mathscr{A}(k\boldsymbol{\alpha}+l\boldsymbol{\beta}),\mathscr{A}(\boldsymbol{\beta}))+\\
&k^2(\mathscr{A}(\boldsymbol{\alpha}),\mathscr{A}(\boldsymbol{\alpha}))+l^2(\mathscr{A}(\boldsymbol{\beta}),\mathscr{A}(\boldsymbol{\beta}))+2kl(\mathscr{A}(\boldsymbol{\alpha}),\mathscr{A}(\boldsymbol{\beta}))\\
=&(k\boldsymbol{\alpha}+l\boldsymbol{\beta},k\boldsymbol{\alpha}+l\boldsymbol{\beta})-2k(k\boldsymbol{\alpha}+l\boldsymbol{\beta},\boldsymbol{\alpha})-2l(k\boldsymbol{\alpha}+l\boldsymbol{\beta},\boldsymbol{\beta})+\\
&k^2(\boldsymbol{\alpha},\boldsymbol{\alpha})+l^2(\boldsymbol{\beta},\boldsymbol{\beta})+2kl(\boldsymbol{\alpha},\boldsymbol{\beta})\\
=&k^2(\boldsymbol{\alpha},\boldsymbol{\alpha})+l^2(\boldsymbol{\beta},\boldsymbol{\beta})+2kl(\boldsymbol{\alpha},\boldsymbol{\beta})-2k^2(\boldsymbol{\alpha},\boldsymbol{\alpha})-2kl(\boldsymbol{\alpha},\boldsymbol{\beta})-2kl(\boldsymbol{\alpha},\boldsymbol{\beta})-2l^2(\boldsymbol{\beta},\boldsymbol{\beta})+\\
&k^2(\boldsymbol{\alpha},\boldsymbol{\alpha})+l^2(\boldsymbol{\beta},\boldsymbol{\beta})+2kl(\boldsymbol{\alpha},\boldsymbol{\beta})\\
=&0,
\end{aligned}$$

得 $\mathscr{A}(k\boldsymbol{\alpha}+l\boldsymbol{\beta})-k\mathscr{A}(\boldsymbol{\alpha})-l\mathscr{A}(\boldsymbol{\beta})=\mathbf{0}$ 即 $\mathscr{A}(k\boldsymbol{\alpha}+l\boldsymbol{\beta})=k\mathscr{A}\boldsymbol{\alpha}+l\mathscr{A}\boldsymbol{\beta}$，因而 $\mathscr{A}$ 是线性的. 又 $\mathscr{A}$ 保持内积不变，故 $\mathscr{A}$ 是正交变换.

例 10　设 $\boldsymbol{\alpha}_1,\boldsymbol{\alpha}_2,\cdots,\boldsymbol{\alpha}_m$ 与 $\boldsymbol{\beta}_1,\boldsymbol{\beta}_2,\cdots,\boldsymbol{\beta}_m$ 是 n 维欧几里得空间 V 中两个向量组，证明：存在一个线性变换 $\mathscr{A}$，使 $\mathscr{A}(\boldsymbol{\alpha}_i)=\boldsymbol{\beta}_i(i=1,2,\cdots,m)$ 的充要条件为 $(\boldsymbol{\alpha}_i,\boldsymbol{\alpha}_j)=(\boldsymbol{\beta}_i,\boldsymbol{\beta}_j),i,j=1,2,\cdots,m$.

证明　必要性. 设有正交变换 $\mathscr{A}$，使 $\mathscr{A}(\boldsymbol{\alpha}_i)=\boldsymbol{\beta}_i(i=1,2,\cdots,m)$，则

$$(\boldsymbol{\beta}_i,\boldsymbol{\beta}_j)=(\mathscr{A}(\boldsymbol{\alpha}_i),\mathscr{A}(\boldsymbol{\alpha}_j))=(\boldsymbol{\alpha}_i,\boldsymbol{\alpha}_j)\quad(i,j=1,2,\cdots,m).$$

充分性. 设条件成立. 设 $\boldsymbol{\alpha}_1,\boldsymbol{\alpha}_2,\cdots,\boldsymbol{\alpha}_r$ 是 $\boldsymbol{\alpha}_1,\boldsymbol{\alpha}_2,\cdots,\boldsymbol{\alpha}_m$ 的极大线性无关组，则

$$\begin{vmatrix}(\boldsymbol{\alpha}_1,\boldsymbol{\alpha}_1)&(\boldsymbol{\alpha}_1,\boldsymbol{\alpha}_2)&\cdots&(\boldsymbol{\alpha}_1,\boldsymbol{\alpha}_r)\\(\boldsymbol{\alpha}_2,\boldsymbol{\alpha}_1)&(\boldsymbol{\alpha}_2,\boldsymbol{\alpha}_2)&\cdots&(\boldsymbol{\alpha}_2,\boldsymbol{\alpha}_r)\\\vdots&\vdots&&\vdots\\(\boldsymbol{\alpha}_r,\boldsymbol{\alpha}_1)&(\boldsymbol{\alpha}_r,\boldsymbol{\alpha}_2)&\cdots&(\boldsymbol{\alpha}_r,\boldsymbol{\alpha}_r)\end{vmatrix}\neq0.$$

又 $(\boldsymbol{\beta}_i,\boldsymbol{\beta}_j)=(\boldsymbol{\alpha}_i,\boldsymbol{\alpha}_j)(i,j=1,2,\cdots,m)$，故

$$\begin{vmatrix}(\boldsymbol{\beta}_1,\boldsymbol{\beta}_1)&(\boldsymbol{\beta}_1,\boldsymbol{\beta}_2)&\cdots&(\boldsymbol{\beta}_1,\boldsymbol{\beta}_r)\\(\boldsymbol{\beta}_2,\boldsymbol{\beta}_1)&(\boldsymbol{\beta}_2,\boldsymbol{\beta}_2)&\cdots&(\boldsymbol{\beta}_2,\boldsymbol{\beta}_r)\\\vdots&\vdots&&\vdots\\(\boldsymbol{\beta}_r,\boldsymbol{\beta}_1)&(\boldsymbol{\beta}_r,\boldsymbol{\beta}_2)&\cdots&(\boldsymbol{\beta}_r,\boldsymbol{\beta}_r)\end{vmatrix}\neq0,$$

于是 $\boldsymbol{\beta}_1,\boldsymbol{\beta}_2,\cdots,\boldsymbol{\beta}_r$ 线性无关. $\forall\boldsymbol{\beta}_s(1\leqslant s\leqslant m)$，设 $\boldsymbol{\alpha}_s=\sum\limits_{i=1}^{r}k_i\boldsymbol{\alpha}_i$，因为

$$\left(\boldsymbol{\beta}_s-\sum_{i=1}^{r}k_i\boldsymbol{\beta}_i,\boldsymbol{\beta}_s-\sum_{i=1}^{r}k_i\boldsymbol{\beta}_i\right)=\left(\boldsymbol{\alpha}_s-\sum_{i=1}^{r}k_i\boldsymbol{\alpha}_i,\boldsymbol{\alpha}_s-\sum_{i=1}^{r}k_i\boldsymbol{\alpha}_i\right)=0,$$

故 $\boldsymbol{\beta}_s=\sum\limits_{i=1}^{r}k_i\boldsymbol{\beta}_i$，即 $\boldsymbol{\beta}_1,\boldsymbol{\beta}_2,\cdots,\boldsymbol{\beta}_r$ 是 $\boldsymbol{\beta}_1,\boldsymbol{\beta}_2,\cdots,\boldsymbol{\beta}_m$ 的极大线性无关组.

利用施密特正交化将 $\boldsymbol{\alpha}_1,\boldsymbol{\alpha}_2,\cdots,\boldsymbol{\alpha}_r$ 变成单位正交向量组 $\boldsymbol{\varepsilon}_1,\boldsymbol{\varepsilon}_2,\cdots,\boldsymbol{\varepsilon}_r$，则可设

$$(\boldsymbol{\varepsilon}_1,\boldsymbol{\varepsilon}_2,\cdots,\boldsymbol{\varepsilon}_r)=(\boldsymbol{\alpha}_1,\boldsymbol{\alpha}_2,\cdots,\boldsymbol{\alpha}_r)\boldsymbol{T},$$

其中

$$\boldsymbol{T}=\begin{pmatrix} t_1 & & & * \\ & t_2 & & \\ & & \ddots & \\ & & & t_r \end{pmatrix},\quad t_i>0\ (i=1,2,\cdots,r).$$

因 $(\boldsymbol{\beta}_i,\boldsymbol{\beta}_j)=(\boldsymbol{\alpha}_i,\boldsymbol{\alpha}_j)\ (i,j=1,2,\cdots,m)$，令

$$(\boldsymbol{\eta}_1,\boldsymbol{\eta}_2,\cdots,\boldsymbol{\eta}_r)=(\boldsymbol{\beta}_1,\boldsymbol{\beta}_2,\cdots,\boldsymbol{\beta}_r)\boldsymbol{T},$$

则 $\boldsymbol{\eta}_1,\boldsymbol{\eta}_2,\cdots,\boldsymbol{\eta}_r$ 也是单位正交向量组. 分别将 $\boldsymbol{\varepsilon}_1,\boldsymbol{\varepsilon}_2,\cdots,\boldsymbol{\varepsilon}_r$ 与 $\boldsymbol{\eta}_1,\boldsymbol{\eta}_2,\cdots,\boldsymbol{\eta}_r$ 扩充为 V 的标准正交基，则存在线性变换 $\mathscr{A}$，使 $\mathscr{A}(\boldsymbol{\varepsilon}_i)=\boldsymbol{\eta}_i(i=1,2,\cdots,n)$. 因 $\boldsymbol{\eta}_1,\boldsymbol{\eta}_2,\cdots,\boldsymbol{\eta}_n$ 是标准正交基，则 $\mathscr{A}$ 是正交变换. 又

$$\begin{aligned}(\boldsymbol{\beta}_1,\boldsymbol{\beta}_2,\cdots,\boldsymbol{\beta}_r)\boldsymbol{T}&=(\boldsymbol{\eta}_1,\boldsymbol{\eta}_2,\cdots,\boldsymbol{\eta}_r)=\mathscr{A}(\boldsymbol{\varepsilon}_1,\boldsymbol{\varepsilon}_2,\cdots,\boldsymbol{\varepsilon}_r)\\&=\mathscr{A}((\boldsymbol{\alpha}_1,\boldsymbol{\alpha}_2,\cdots,\boldsymbol{\alpha}_r)\boldsymbol{T})\\&=(\mathscr{A}(\boldsymbol{\alpha}_1),\mathscr{A}(\boldsymbol{\alpha}_2),\cdots,\mathscr{A}(\boldsymbol{\alpha}_r))\boldsymbol{T},\end{aligned}$$

故

$$(\boldsymbol{\beta}_1,\boldsymbol{\beta}_2,\cdots,\boldsymbol{\beta}_r)=(\mathscr{A}(\boldsymbol{\alpha}_1),\mathscr{A}(\boldsymbol{\alpha}_2),\cdots,\mathscr{A}(\boldsymbol{\alpha}_r)),$$

即 $\mathscr{A}(\boldsymbol{\alpha}_i)=\boldsymbol{\beta}_i(i=1,2,\cdots,r)$，从而 $\mathscr{A}(\boldsymbol{\alpha}_i)=\boldsymbol{\beta}_i(i=1,2,\cdots,m)$.

点评 利用施密特正交化把 $\boldsymbol{\alpha}_1,\boldsymbol{\alpha}_2,\cdots,\boldsymbol{\alpha}_r$ 变成正交向量组 $\boldsymbol{\beta}_1,\boldsymbol{\beta}_2,\cdots,\boldsymbol{\beta}_r$，则

$$(\boldsymbol{\beta}_1,\boldsymbol{\beta}_2,\cdots,\boldsymbol{\beta}_r)=(\boldsymbol{\alpha}_1,\boldsymbol{\alpha}_2,\cdots,\boldsymbol{\alpha}_r)\begin{pmatrix} 1 & & & * \\ & 1 & & \\ & & \ddots & \\ & & & 1 \end{pmatrix}.$$

例 11 设 n 维欧几里得空间 V 的基 $\boldsymbol{\alpha}_1,\boldsymbol{\alpha}_2,\cdots,\boldsymbol{\alpha}_n$ 的度量矩阵为 $\boldsymbol{G}$，V 的线性变换 $\mathscr{A}$ 在该基下的矩阵为 $\boldsymbol{A}$，证明：

1）若 $\mathscr{A}$ 是正交变换，则 $\boldsymbol{A}^{\mathrm{T}}\boldsymbol{G}\boldsymbol{A}=\boldsymbol{G}$；

2）若 $\mathscr{A}$ 是对称变换，则 $\boldsymbol{A}^{\mathrm{T}}\boldsymbol{G}=\boldsymbol{G}\boldsymbol{A}$.

证明 由题设知

$$\mathscr{A}(\boldsymbol{\alpha}_1,\boldsymbol{\alpha}_2,\cdots,\boldsymbol{\alpha}_n)=(\boldsymbol{\alpha}_1,\boldsymbol{\alpha}_2,\cdots,\boldsymbol{\alpha}_n)\boldsymbol{A},\quad \boldsymbol{G}=((\boldsymbol{\alpha}_i,\boldsymbol{\alpha}_j))_{n\times n},$$

设

$$\boldsymbol{A}=(a_{ij})_{n\times n},\quad \boldsymbol{G}=(g_{ij})_{n\times n},\quad g_{ij}=(\boldsymbol{\alpha}_i,\boldsymbol{\alpha}_j),$$
$$\mathscr{A}(\boldsymbol{\alpha}_i)=a_{1i}\boldsymbol{\alpha}_1+a_{2i}\boldsymbol{\alpha}_2+\cdots+a_{ni}\boldsymbol{\alpha}_n\quad(i=1,2,\cdots,n).$$

1）证法 1　由于 $\mathscr{A}$ 是正交变换，所以

$$\begin{aligned}g_{ij}&=(\boldsymbol{\alpha}_i,\boldsymbol{\alpha}_j)=(\mathscr{A}(\boldsymbol{\alpha}_i),\mathscr{A}(\boldsymbol{\alpha}_j))=\left(\sum_{s=1}^{n}a_{si}\boldsymbol{\alpha}_s,\ \sum_{t=1}^{n}a_{tj}\boldsymbol{\alpha}_t\right)\\&=\sum_{s=1}^{n}\sum_{t=1}^{n}a_{si}a_{tj}(\boldsymbol{\alpha}_s,\boldsymbol{\alpha}_t)=(a_{1i},a_{2i},\cdots,a_{ni})\boldsymbol{G}\begin{pmatrix}a_{1j}\\a_{2j}\\\vdots\\a_{nj}\end{pmatrix},\end{aligned}$$

故有 $\boldsymbol{G}=\boldsymbol{A}^{\mathrm{T}}\boldsymbol{G}\boldsymbol{A}$.

证法 2 由 $\mathscr{A}$ 是正交变换知 $\mathscr{A}$ 可逆,所以,$\mathscr{A}(\boldsymbol{\alpha}_1),\mathscr{A}(\boldsymbol{\alpha}_2),\cdots,\mathscr{A}(\boldsymbol{\alpha}_n)$ 也是 V 的一组基. 再由 $(\mathscr{A}(\boldsymbol{\alpha}_i),\mathscr{A}(\boldsymbol{\alpha}_j))=(\boldsymbol{\alpha}_i,\boldsymbol{\alpha}_j)$ 知,基 $\mathscr{A}(\boldsymbol{\alpha}_1),\mathscr{A}(\boldsymbol{\alpha}_2),\cdots,\mathscr{A}(\boldsymbol{\alpha}_n)$ 的度量矩阵也是 $\boldsymbol{G}$,又从基 $\boldsymbol{\alpha}_1,\boldsymbol{\alpha}_2,\cdots,\boldsymbol{\alpha}_n$ 到 $\mathscr{A}(\boldsymbol{\alpha}_1),\mathscr{A}(\boldsymbol{\alpha}_2),\cdots,\mathscr{A}(\boldsymbol{\alpha}_n)$ 的过渡矩阵为 $\boldsymbol{A}$,因此就有 $\boldsymbol{A}^{\mathrm{T}}\boldsymbol{G}\boldsymbol{A}=\boldsymbol{G}$.

2) 由于 $\mathscr{A}$ 是对称变换,所以

$$(\mathscr{A}(\boldsymbol{\alpha}_i),\boldsymbol{\alpha}_j)=(\boldsymbol{\alpha}_i,\mathscr{A}(\boldsymbol{\alpha}_j)),\quad 即\quad \left(\sum_{k=1}^{n}a_{ki}\boldsymbol{\alpha}_k,\boldsymbol{\alpha}_j\right)=\left(\boldsymbol{\alpha}_i,\sum_{k=1}^{n}a_{kj}\boldsymbol{\alpha}_k\right),$$

于是

$$\sum_{k=1}^{n}a_{ki}(\boldsymbol{\alpha}_k,\boldsymbol{\alpha}_j)=\sum_{k=1}^{n}(\boldsymbol{\alpha}_i,\boldsymbol{\alpha}_k)a_{kj},\quad 即\quad \sum_{k=1}^{n}a_{ki}g_{kj}=\sum_{k=1}^{n}g_{ik}a_{kj},$$

也即

$$(a_{1i},a_{2i},\cdots,a_{ni})(g_{1j},g_{2j},\cdots,g_{nj})^{\mathrm{T}}=(g_{i1},g_{i2},\cdots,g_{in})(a_{1j},a_{2j},\cdots,a_{nj})^{\mathrm{T}},$$

故有 $\boldsymbol{A}^{\mathrm{T}}\boldsymbol{G}=\boldsymbol{G}\boldsymbol{A}$.

例 12 设 $\mathscr{A}$ 是 n 维欧几里得空间 V 的一个线性变换,证明:$\mathscr{A}$ 是对称变换的充要条件是 $\mathscr{A}$ 有 n 个两两正交的特征向量.

证明 必要性. 因为 $\mathscr{A}$ 是对称变换,则存在 V 的一组标准正交基 $\boldsymbol{\varepsilon}_1,\boldsymbol{\varepsilon}_2,\cdots,\boldsymbol{\varepsilon}_n$ 使得 $\mathscr{A}$ 关于此基的矩阵为对角形,即

$$\mathscr{A}(\boldsymbol{\varepsilon}_1,\boldsymbol{\varepsilon}_2,\cdots,\boldsymbol{\varepsilon}_n)=(\boldsymbol{\varepsilon}_1,\boldsymbol{\varepsilon}_2,\cdots,\boldsymbol{\varepsilon}_n)\begin{pmatrix}\lambda_1 & & & \\ & \lambda_2 & & \\ & & \ddots & \\ & & & \lambda_n\end{pmatrix},$$

即 $\mathscr{A}(\boldsymbol{\varepsilon}_i)=\lambda\boldsymbol{\varepsilon}_i(i=1,2,\cdots,n)$,所以 $\boldsymbol{\varepsilon}_1,\boldsymbol{\varepsilon}_2,\cdots,\boldsymbol{\varepsilon}_n$ 都是 $\mathscr{A}$ 的特征向量. 又因它们两两正交,故 $\mathscr{A}$ 有 n 个两两正交的特征向量.

充分性. 设 $\boldsymbol{\alpha}_1,\boldsymbol{\alpha}_2,\cdots,\boldsymbol{\alpha}_n$ 为 $\mathscr{A}$ 的 n 个两两正交的特征向量,它们分别属于 $\lambda_1,\lambda_2,\cdots,\lambda_n$,即 $\mathscr{A}(\boldsymbol{\alpha}_i)=\lambda_i\boldsymbol{\alpha}_i(i=1,2,\cdots,n)$. 令

$$\boldsymbol{\varepsilon}_i=\frac{\boldsymbol{\alpha}_i}{|\boldsymbol{\alpha}_i|}\quad(i=1,2,\cdots,n),$$

则 $\boldsymbol{\varepsilon}_1,\boldsymbol{\varepsilon}_2,\cdots,\boldsymbol{\varepsilon}_n$ 为 V 的一组标准正交基. 由于

$$\mathscr{A}(\boldsymbol{\varepsilon}_i)=\frac{1}{|\boldsymbol{\alpha}_i|}\mathscr{A}(\boldsymbol{\alpha}_i)=\frac{\lambda_i}{|\boldsymbol{\alpha}_i|}\boldsymbol{\alpha}_i=\lambda_i\left(\frac{\boldsymbol{\alpha}_i}{|\boldsymbol{\alpha}_i|}\right)=\lambda_i\boldsymbol{\varepsilon}_i\quad(i=1,2,\cdots,n),$$

所以 $\mathscr{A}$ 关于标准正交基 $\boldsymbol{\varepsilon}_1,\boldsymbol{\varepsilon}_2,\cdots,\boldsymbol{\varepsilon}_n$ 的矩阵为实对角矩阵,从而也是实对称矩阵,故 $\mathscr{A}$ 为对称变换.

例 13 设 $\boldsymbol{\alpha}_1,\boldsymbol{\alpha}_2,\cdots,\boldsymbol{\alpha}_m$ 与 $\boldsymbol{\beta}_1,\boldsymbol{\beta}_2,\cdots,\boldsymbol{\beta}_m$ 为欧几里得空间 V 的两组向量,

$$(\boldsymbol{\alpha}_i,\boldsymbol{\alpha}_j)=(\boldsymbol{\beta}_i,\boldsymbol{\beta}_j)\quad(i,j=1,2,\cdots,m),$$

证明:$V_1=L(\boldsymbol{\alpha}_1,\boldsymbol{\alpha}_2,\cdots,\boldsymbol{\alpha}_m)$ 与 $V_2=L(\boldsymbol{\beta}_1,\boldsymbol{\beta}_2,\cdots,\boldsymbol{\beta}_m)$ 同构.

证明 不妨设 $\boldsymbol{\alpha}_1,\boldsymbol{\alpha}_2,\cdots,\boldsymbol{\alpha}_r$ 是 $\boldsymbol{\alpha}_1,\boldsymbol{\alpha}_2,\cdots,\boldsymbol{\alpha}_m$ 的极大线性无关组,由例 10 的充分性的证明知,$\boldsymbol{\beta}_1,\boldsymbol{\beta}_2,\cdots,\boldsymbol{\beta}_r$ 是 $\boldsymbol{\beta}_1,\boldsymbol{\beta}_2,\cdots,\boldsymbol{\beta}_m$ 的极大线性无关组,于是,

$$维(V_1)=维(V_2)=r,$$

从而 V_1 与 V_2 同构.

点评 两个有限维欧几里得空间同构的充要条件是它们的维数相同.

例 14 设 $\mathscr{A}$ 为 n 维欧几里得空间 V 的对称变换,证明:$\mathscr{A}(V)$ 是 $\mathscr{A}^{-1}(0)$ 的正交补.

证明 $\forall \mathscr{A}(\boldsymbol{\alpha})\in\mathscr{A}(V)$,$\forall \boldsymbol{\beta}\in\mathscr{A}^{-1}(\mathbf{0})$,则 $\mathscr{A}(\boldsymbol{\beta})=\mathbf{0}$,于是

$$(\mathscr{A}(\boldsymbol{\alpha}),\boldsymbol{\beta})=(\boldsymbol{\alpha},\mathscr{A}(\boldsymbol{\beta}))=0,$$

即 $\mathscr{A}(\boldsymbol{\alpha})\in(\mathscr{A}^{-1}(\mathbf{0}))^{\perp}$,从而 $\mathscr{A}(V)\subset(\mathscr{A}^{-1}(\mathbf{0}))^{\perp}$. 又

$$维(\mathscr{A}(V))=n-维(\mathscr{A}^{-1}(\mathbf{0}))=维((\mathscr{A}^{-1}(\mathbf{0}))^{\perp}),$$

故 $\mathscr{A}(V)=(\mathscr{A}^{-1}(\mathbf{0}))^{\perp}$.

例 15 设 V 是 n 维欧几里得空间,L 为 V 的有限维子空间,$L\neq\{\mathbf{0}\}$,V 中的向量 $\boldsymbol{\alpha}$ 不在 L 中,问是否存在 $\boldsymbol{\beta}\in L$,使 $\boldsymbol{\alpha}-\boldsymbol{\beta}$ 与 L 的任何向量都正交? 如不存在,举出例子;如存在,说明理由,并讨论其唯一性.

解 这样的 $\boldsymbol{\beta}$ 存在且唯一,下面给出证明.

设维$(L)=r$,由题设 $r<n$. 取 L 的一组正交基 $\boldsymbol{\alpha}_1,\boldsymbol{\alpha}_2,\cdots,\boldsymbol{\alpha}_r$,并把它扩充为 V 的一组正交基 $\boldsymbol{\alpha}_1,\boldsymbol{\alpha}_2,\cdots,\boldsymbol{\alpha}_r,\boldsymbol{\alpha}_{r+1},\cdots,\boldsymbol{\alpha}_n$,则

$$L=L(\boldsymbol{\alpha}_1,\boldsymbol{\alpha}_2,\cdots,\boldsymbol{\alpha}_r),\quad L^{\perp}=L(\boldsymbol{\alpha}_{r+1},\cdots,\boldsymbol{\alpha}_n).$$

设 $\boldsymbol{\alpha}=k_1\boldsymbol{\alpha}_1+k_2\boldsymbol{\alpha}_2+\cdots+k_r\boldsymbol{\alpha}_r+k_{r+1}\boldsymbol{\alpha}_{r+1}+\cdots+k_n\boldsymbol{\alpha}_n\notin L$,则 $k_{r+1},\cdots,k_n$ 不全为零. 令 $\boldsymbol{\beta}=k_1\boldsymbol{\alpha}_1+k_2\boldsymbol{\alpha}_2+\cdots+k_r\boldsymbol{\alpha}_r$,则 $\boldsymbol{\beta}\in L$,且 $\boldsymbol{\alpha}-\boldsymbol{\beta}=k_{r+1}\boldsymbol{\alpha}_{r+1}+\cdots+k_n\boldsymbol{\alpha}_n\in L^{\perp}$.

唯一性. 若另有 $\boldsymbol{\gamma}=l_1\boldsymbol{\alpha}_1+l_2\boldsymbol{\alpha}_2+\cdots+l_r\boldsymbol{\alpha}_r\in L$,$\boldsymbol{\alpha}-\boldsymbol{\gamma}\in L^{\perp}$,则 $\boldsymbol{\alpha}-\boldsymbol{\gamma}=l_{r+1}\boldsymbol{\alpha}_{r+1}+\cdots+l_n\boldsymbol{\alpha}_n$,于是

$$\boldsymbol{\alpha}=l_1\boldsymbol{\alpha}_1+l_2\boldsymbol{\alpha}_2+\cdots+l_r\boldsymbol{\alpha}_r+l_{r+1}\boldsymbol{\alpha}_{r+1}+\cdots+l_n\boldsymbol{\alpha}_n,$$

由 $\boldsymbol{\alpha}_1,\boldsymbol{\alpha}_2,\cdots,\boldsymbol{\alpha}_n$ 线性无关知,$l_i=k_i(i=1,2,\cdots,n)$,故 $\boldsymbol{\gamma}=\boldsymbol{\beta}$.

例 16 设 $\mathscr{A}$ 是 n 维欧几里得空间 V 的线性变换,V 的线性变换 $\mathscr{A}^*$ 称为 $\mathscr{A}$ 的伴随变换,如果 $\forall\boldsymbol{\alpha},\boldsymbol{\beta}\in V$,

$$(\mathscr{A}(\boldsymbol{\alpha}),\boldsymbol{\beta})=(\boldsymbol{\alpha},\mathscr{A}^*(\boldsymbol{\beta})).$$

证明:1) 设 $\mathscr{A}$ 在 V 的一组标准正交基下的矩阵为 $\boldsymbol{A}$,则 $\mathscr{A}^*$ 在这组标准正交基下的矩阵为 $\boldsymbol{A}^{\mathrm{T}}$;

2) $\mathscr{A}^*(V)=(\mathscr{A}^{-1}(\mathbf{0}))^{\perp}$.

证明 1) 设 $\boldsymbol{\varepsilon}_1,\boldsymbol{\varepsilon}_2,\cdots,\boldsymbol{\varepsilon}_n$ 为 V 的一组标准正交基,且

$$\mathscr{A}(\boldsymbol{\varepsilon}_1,\boldsymbol{\varepsilon}_2,\cdots,\boldsymbol{\varepsilon}_n)=(\boldsymbol{\varepsilon}_1,\boldsymbol{\varepsilon}_2,\cdots,\boldsymbol{\varepsilon}_n)\boldsymbol{A},\quad \boldsymbol{A}=(a_{ij})_{n\times n}.$$

再设

$$\mathscr{A}^*(\boldsymbol{\varepsilon}_1,\boldsymbol{\varepsilon}_2,\cdots,\boldsymbol{\varepsilon}_n)=(\boldsymbol{\varepsilon}_1,\boldsymbol{\varepsilon}_2,\cdots,\boldsymbol{\varepsilon}_n)\boldsymbol{B},\quad \boldsymbol{B}=(b_{ij})_{n\times n},$$

则

$$\begin{aligned}a_{ij}&=(a_{1j}\boldsymbol{\varepsilon}_1+a_{2j}\boldsymbol{\varepsilon}_2+\cdots+a_{nj}\boldsymbol{\varepsilon}_n,\boldsymbol{\varepsilon}_i)\\&=(\mathscr{A}(\boldsymbol{\varepsilon}_j),\boldsymbol{\varepsilon}_i)=(\boldsymbol{\varepsilon}_j,\mathscr{A}^*(\boldsymbol{\varepsilon}_i))\\&=(\boldsymbol{\varepsilon}_j,b_{1i}\boldsymbol{\varepsilon}_1+b_{2i}\boldsymbol{\varepsilon}_2+\cdots+b_{ni}\boldsymbol{\varepsilon}_n)\\&=b_{ji}\quad(i,j=1,2,\cdots,n),\end{aligned}$$

故 $\boldsymbol{B}=\boldsymbol{A}^{\mathrm{T}}$.

2) 设维$(\mathscr{A}^{-1}(\mathbf{0}))=m$,取 $\mathscr{A}^{-1}(\mathbf{0})$ 的一组标准正交基 $\boldsymbol{\alpha}_1,\boldsymbol{\alpha}_2,\cdots,\boldsymbol{\alpha}_m$,将它扩充为 V 的一组标

准正交基 $\boldsymbol{\alpha}_1,\boldsymbol{\alpha}_2,\cdots,\boldsymbol{\alpha}_m,\boldsymbol{\alpha}_{m+1},\cdots,\boldsymbol{\alpha}_n$，则

$$\mathscr{A}^{-1}(\mathbf{0})=L(\boldsymbol{\alpha}_1,\boldsymbol{\alpha}_2,\cdots,\boldsymbol{\alpha}_m),\quad (\mathscr{A}^{-1}(\mathbf{0}))^{\perp}=L(\boldsymbol{\alpha}_{m+1},\cdots,\boldsymbol{\alpha}_n).$$

设

$$\mathscr{A}(\boldsymbol{\alpha}_1,\boldsymbol{\alpha}_2,\cdots,\boldsymbol{\alpha}_n)=(\boldsymbol{\alpha}_1,\boldsymbol{\alpha}_2,\cdots,\boldsymbol{\alpha}_n)\begin{pmatrix}0&\cdots&0&a_{1,m+1}&\cdots&a_{1n}\\ \vdots&&\vdots&\vdots&&\vdots\\ 0&\cdots&0&a_{n,m+1}&\cdots&a_{nn}\end{pmatrix},$$

由 1）知，

$$\mathscr{A}^{*}(\boldsymbol{\alpha}_1,\boldsymbol{\alpha}_2,\cdots,\boldsymbol{\alpha}_n)=(\boldsymbol{\alpha}_1,\boldsymbol{\alpha}_2,\cdots,\boldsymbol{\alpha}_n)\begin{pmatrix}0&\cdots&0\\ \vdots&&\vdots\\ 0&\cdots&0\\ a_{1,m+1}&\cdots&a_{n,m+1}\\ \vdots&&\vdots\\ a_{1n}&\cdots&a_{nn}\end{pmatrix},$$

故 $\mathscr{A}^{*}(V)\subset(\mathscr{A}^{-1}(\mathbf{0}))^{\perp}$. 又维$(\mathscr{A}^{*}(V))$= 维$(\mathscr{A}(V))=n-$维$(\mathscr{A}^{-1}(\mathbf{0}))$= 维$((\mathscr{A}^{-1}(\mathbf{0}))^{\perp})$，所以 $\mathscr{A}^{*}(V)=(\mathscr{A}^{-1}(\mathbf{0}))^{\perp}$.

例 17 证明：1）设 $\boldsymbol{A}$ 为 n 阶实可逆矩阵，则 $\boldsymbol{A}$ 可以分解成

$$\boldsymbol{A}=\boldsymbol{QT},$$

其中 $\boldsymbol{Q}$ 是正交矩阵，

$$\boldsymbol{T}=\begin{pmatrix}t_{11}&t_{12}&\cdots&t_{1n}\\ 0&t_{22}&\cdots&t_{2n}\\ \vdots&\vdots&&\vdots\\ 0&0&\cdots&t_{nn}\end{pmatrix},\quad t_{ii}>0\ (i=1,2,\cdots,n),$$

并证明这个分解是唯一的.

2）设 $\boldsymbol{A}$ 是 n 阶正定矩阵，则存在一个上三角形矩阵 $\boldsymbol{T}$，使 $\boldsymbol{A}=\boldsymbol{T}^{\mathrm{T}}\boldsymbol{T}$.

证明 1）设 $\boldsymbol{A}=(a_{ij})_{n\times n}=(\boldsymbol{\alpha}_1,\boldsymbol{\alpha}_2,\cdots,\boldsymbol{\alpha}_n)$，$\boldsymbol{\alpha}_i(i=1,2,\cdots,n)$ 为列向量. 因 $|\boldsymbol{A}|\neq 0$，则 $\boldsymbol{\alpha}_1,\boldsymbol{\alpha}_2,\cdots,\boldsymbol{\alpha}_n$ 是 $\mathbf{R}^n$ 的一组基. 利用施密特正交化，由 $\boldsymbol{\alpha}_1,\boldsymbol{\alpha}_2,\cdots,\boldsymbol{\alpha}_n$ 可得正交基 $\boldsymbol{\beta}_1,\boldsymbol{\beta}_2,\cdots,\boldsymbol{\beta}_n$ 和标准正交基 $\boldsymbol{\eta}_1,\boldsymbol{\eta}_2,\cdots,\boldsymbol{\eta}_n$，

$$\begin{cases}\boldsymbol{\beta}_1=\boldsymbol{\alpha}_1,\\ \boldsymbol{\beta}_2=\boldsymbol{\alpha}_2-\dfrac{(\boldsymbol{\alpha}_2,\boldsymbol{\beta}_1)}{(\boldsymbol{\beta}_1,\boldsymbol{\beta}_1)}\boldsymbol{\beta}_1,\\ \cdots\cdots\cdots\cdots\\ \boldsymbol{\beta}_n=\boldsymbol{\alpha}_n-\dfrac{(\boldsymbol{\alpha}_n,\boldsymbol{\beta}_{n-1})}{(\boldsymbol{\beta}_{n-1},\boldsymbol{\beta}_{n-1})}\boldsymbol{\beta}_{n-1}-\cdots-\dfrac{(\boldsymbol{\alpha}_n,\boldsymbol{\beta}_1)}{(\boldsymbol{\beta}_1,\boldsymbol{\beta}_1)}\boldsymbol{\beta}_1,\end{cases}$$

$$\boldsymbol{\eta}_i=\frac{1}{|\boldsymbol{\beta}_i|}\boldsymbol{\beta}_i\quad(i=1,2,\cdots,n).$$

移项整理得

$$\begin{cases}\boldsymbol{\alpha}_1=t_{11}\boldsymbol{\eta}_1,\\ \boldsymbol{\alpha}_2=t_{12}\boldsymbol{\eta}_1+t_{22}\boldsymbol{\eta}_2,\\ \cdots\cdots\cdots\cdots\\ \boldsymbol{\alpha}_n=t_{1n}\boldsymbol{\eta}_1+t_{2n}\boldsymbol{\eta}_2+\cdots+t_{nn}\boldsymbol{\eta}_n,\end{cases}$$

其中 $t_{ii}=|\boldsymbol{\beta}_i|>0(i=1,2,\cdots,n)$，即

$$\boldsymbol{A}=(\boldsymbol{\alpha}_1,\boldsymbol{\alpha}_2,\cdots,\boldsymbol{\alpha}_n)=(\boldsymbol{\eta}_1,\boldsymbol{\eta}_2,\cdots,\boldsymbol{\eta}_n)\begin{pmatrix}t_{11}&t_{12}&\cdots&t_{1n}\\0&t_{22}&\cdots&t_{2n}\\\vdots&\vdots&&\vdots\\0&0&\cdots&t_{nn}\end{pmatrix}.$$

令

$$\boldsymbol{T}=\begin{pmatrix}t_{11}&t_{12}&\cdots&t_{1n}\\0&t_{22}&\cdots&t_{2n}\\\vdots&\vdots&&\vdots\\0&0&\cdots&t_{nn}\end{pmatrix},\quad \boldsymbol{Q}=(\boldsymbol{\eta}_1,\boldsymbol{\eta}_2,\cdots,\boldsymbol{\eta}_n),$$

则 $\boldsymbol{A}=\boldsymbol{QT}$，且 $\boldsymbol{Q},\boldsymbol{T}$ 满足条件.

若另有 $\boldsymbol{A}=\boldsymbol{Q}_1\boldsymbol{T}_1$，其中 $\boldsymbol{Q}_1$ 是正交矩阵，$\boldsymbol{T}_1$ 是主对角线上元素大于 0 的上三角形矩阵，则 $\boldsymbol{Q}_1^{-1}\boldsymbol{Q}=\boldsymbol{T}_1\boldsymbol{T}^{-1}$ 是正交矩阵也是上三角形矩阵，从而 $\boldsymbol{T}_1\boldsymbol{T}^{-1}$ 是主对角线上元素为 1 或 -1 的对角矩阵. 又 $\boldsymbol{T},\boldsymbol{T}^{-1}$ 主对角线上元素全大于 0，所以 $\boldsymbol{T}_1\boldsymbol{T}^{-1}=\boldsymbol{E}$，即 $\boldsymbol{T}_1=\boldsymbol{T}$，从而 $\boldsymbol{Q}_1=\boldsymbol{Q}$.

2）因 $\boldsymbol{A}$ 是正定矩阵，则存在 n 阶可逆矩阵 $\boldsymbol{P}$，使 $\boldsymbol{A}=\boldsymbol{P}^{\mathrm{T}}\boldsymbol{P}$. 由 1)，$\boldsymbol{P}=\boldsymbol{QT}$，其中 $\boldsymbol{Q}$ 为正交矩阵，$\boldsymbol{T}$ 为上三角形矩阵，从而

$$\boldsymbol{A}=\boldsymbol{P}^{\mathrm{T}}\boldsymbol{P}=\boldsymbol{T}^{\mathrm{T}}\boldsymbol{Q}^{\mathrm{T}}\boldsymbol{QT}=\boldsymbol{T}^{\mathrm{T}}\boldsymbol{T}.$$

点评 利用施密特正交化，把基 $\boldsymbol{\alpha}_1,\boldsymbol{\alpha}_2,\cdots,\boldsymbol{\alpha}_n$ 化成标准正交基 $\boldsymbol{\eta}_1,\boldsymbol{\eta}_2,\cdots,\boldsymbol{\eta}_n$，则

$$(\boldsymbol{\alpha}_1,\boldsymbol{\alpha}_2,\cdots,\boldsymbol{\alpha}_n)=(\boldsymbol{\eta}_1,\boldsymbol{\eta}_2,\cdots,\boldsymbol{\eta}_n)\begin{pmatrix}t_{11}&t_{12}&\cdots&t_{1n}\\0&t_{22}&\cdots&t_{2n}\\\vdots&\vdots&&\vdots\\0&0&\cdots&t_{nn}\end{pmatrix},$$

其中 $t_{ij}=\dfrac{(\boldsymbol{\alpha}_j,\boldsymbol{\beta}_i)}{|\boldsymbol{\beta}_i|}$ $(i,j=1,2,\cdots,n,i<j)$，$t_{ii}=|\boldsymbol{\beta}_i|$ $(i=1,2,\cdots,n)$.

例 18 设 V 是 n 维欧几里得空间，$\boldsymbol{\alpha},\boldsymbol{\beta}\in V$ 满足 $|\boldsymbol{\alpha}|=|\boldsymbol{\beta}|$，$\boldsymbol{\alpha}\neq\boldsymbol{\beta}$，证明：存在 V 的正交变换 $\mathscr{A}$，使 $\mathscr{A}(\boldsymbol{\alpha})=\boldsymbol{\beta}$.

证明 由 $\boldsymbol{\alpha}-\boldsymbol{\beta}\neq\boldsymbol{0}$，$\boldsymbol{\varepsilon}=\dfrac{\boldsymbol{\alpha}-\boldsymbol{\beta}}{|\boldsymbol{\alpha}-\boldsymbol{\beta}|}$ 是一个单位向量. $\forall\boldsymbol{\gamma}\in V$，令

$$\mathscr{A}(\boldsymbol{\gamma})=\boldsymbol{\gamma}-2(\boldsymbol{\gamma},\boldsymbol{\varepsilon})\boldsymbol{\varepsilon},$$

则 $\mathscr{A}$ 是一个镜面反射，因而是一个正交变换. 由 $|\boldsymbol{\alpha}|=|\boldsymbol{\beta}|$，$(\boldsymbol{\alpha},\boldsymbol{\alpha})=(\boldsymbol{\beta},\boldsymbol{\beta})$，因此有

$$\begin{aligned}\mathscr{A}(\boldsymbol{\alpha})&=\boldsymbol{\alpha}-2(\boldsymbol{\alpha},\boldsymbol{\varepsilon})\boldsymbol{\varepsilon}=\boldsymbol{\alpha}-2\left(\boldsymbol{\alpha},\frac{\boldsymbol{\alpha}-\boldsymbol{\beta}}{|\boldsymbol{\alpha}-\boldsymbol{\beta}|}\right)\frac{\boldsymbol{\alpha}-\boldsymbol{\beta}}{|\boldsymbol{\alpha}-\boldsymbol{\beta}|}\\&=\boldsymbol{\alpha}-\frac{2}{|\boldsymbol{\alpha}-\boldsymbol{\beta}|^2}(\boldsymbol{\alpha},\boldsymbol{\alpha}-\boldsymbol{\beta})(\boldsymbol{\alpha}-\boldsymbol{\beta})\end{aligned}$$

$$=\boldsymbol{\alpha}-\frac{2}{(\boldsymbol{\alpha},\boldsymbol{\alpha})-2(\boldsymbol{\alpha},\boldsymbol{\beta})+(\boldsymbol{\beta},\boldsymbol{\beta})}[(\boldsymbol{\alpha},\boldsymbol{\alpha})-(\boldsymbol{\alpha},\boldsymbol{\beta})](\boldsymbol{\alpha}-\boldsymbol{\beta})$$

$$=\boldsymbol{\alpha}-\frac{2}{2[(\boldsymbol{\alpha},\boldsymbol{\alpha})-(\boldsymbol{\alpha},\boldsymbol{\beta})]}[(\boldsymbol{\alpha},\boldsymbol{\alpha})-(\boldsymbol{\alpha},\boldsymbol{\beta})](\boldsymbol{\alpha}-\boldsymbol{\beta})$$

$$=\boldsymbol{\alpha}-(\boldsymbol{\alpha}-\boldsymbol{\beta})=\boldsymbol{\beta}.$$

例 19　V 与 V'是两个 n 维欧几里得空间，$\boldsymbol{\varepsilon}_1,\boldsymbol{\varepsilon}_2,\cdots,\boldsymbol{\varepsilon}_n$ 是 V 的一组基，$\mathscr{A}$ 是 V 到 V'的线性映射. 证明：$\mathscr{A}$ 是欧几里得空间 V 到 V'的同构映射的充要条件是 $\boldsymbol{\varepsilon}_1,\boldsymbol{\varepsilon}_2,\cdots,\boldsymbol{\varepsilon}_n$ 与 $\mathscr{A}(\boldsymbol{\varepsilon}_1),\mathscr{A}(\boldsymbol{\varepsilon}_2),\cdots,\mathscr{A}(\boldsymbol{\varepsilon}_n)$的度量矩阵相同.

证明　必要性. 设 $\mathscr{A}$ 是欧几里得空间 V 到 V'的同构映射，则 $\forall\,\boldsymbol{\alpha},\boldsymbol{\beta}\in V$，$(\mathscr{A}(\boldsymbol{\alpha}),\mathscr{A}(\boldsymbol{\beta}))=(\boldsymbol{\alpha},\boldsymbol{\beta})$. 所以

$$(\mathscr{A}(\boldsymbol{\varepsilon}_i),\mathscr{A}(\boldsymbol{\varepsilon}_j))=(\boldsymbol{\varepsilon}_i,\boldsymbol{\varepsilon}_j),\quad i,j=1,2,\cdots,n,$$

因而 $\boldsymbol{\varepsilon}_1,\boldsymbol{\varepsilon}_2,\cdots,\boldsymbol{\varepsilon}_n$ 与 $\mathscr{A}(\boldsymbol{\varepsilon}_1),\mathscr{A}(\boldsymbol{\varepsilon}_2),\cdots,\mathscr{A}(\boldsymbol{\varepsilon}_n)$的度量矩阵相同.

充分性. 若 $\boldsymbol{\varepsilon}_1,\boldsymbol{\varepsilon}_2,\cdots,\boldsymbol{\varepsilon}_n$ 与 $\mathscr{A}(\boldsymbol{\varepsilon}_1),\mathscr{A}(\boldsymbol{\varepsilon}_2),\cdots,\mathscr{A}(\boldsymbol{\varepsilon}_n)$的度量矩阵相同，则

$$(\mathscr{A}(\boldsymbol{\varepsilon}_i),\mathscr{A}(\boldsymbol{\varepsilon}_j))=(\boldsymbol{\varepsilon}_i,\boldsymbol{\varepsilon}_j),\quad i,j=1,2,\cdots,n.$$

$\forall\,\boldsymbol{\alpha},\boldsymbol{\beta}\in V,\boldsymbol{\alpha}=\sum\limits_{i=1}^{n}a_i\boldsymbol{\varepsilon}_i,\boldsymbol{\beta}=\sum\limits_{i=1}^{n}b_i\boldsymbol{\varepsilon}_i$，则

$$(\mathscr{A}(\boldsymbol{\alpha}),\mathscr{A}(\boldsymbol{\beta}))=\left(\sum_{i=1}^{n}a_i\mathscr{A}(\boldsymbol{\varepsilon}_i),\sum_{i=1}^{n}b_i\mathscr{A}(\boldsymbol{\varepsilon}_i)\right)=\sum_{i,j}a_ib_j(\mathscr{A}(\boldsymbol{\varepsilon}_i),\mathscr{A}(\boldsymbol{\varepsilon}_j))$$

$$=\sum_{i,j}a_ib_j(\boldsymbol{\varepsilon}_i,\boldsymbol{\varepsilon}_j)=\left(\sum_{i=1}^{n}a_i\boldsymbol{\varepsilon}_i,\sum_{i=1}^{n}b_i\boldsymbol{\varepsilon}_i\right)=(\boldsymbol{\alpha},\boldsymbol{\beta}).$$

因此 $\mathscr{A}$ 是欧几里得空间 V 到 V'的同构映射.

例 20　欧几里得空间 V 中的线性变换 $\mathscr{A}$ 称为反称的，如果对 V 中任意向量 $\boldsymbol{\alpha},\boldsymbol{\beta}$ 都有

$$(\mathscr{A}(\boldsymbol{\alpha}),\boldsymbol{\beta})=-(\boldsymbol{\alpha},\mathscr{A}(\boldsymbol{\beta})).$$

证明：1）对有限维欧几里得空间 V 来说，线性变换 $\mathscr{A}$ 为反称的充要条件是，$\mathscr{A}$ 在标准正交基下的矩阵为反称矩阵；

2）如果 V_1 是反称变换 $\mathscr{A}$ 的不变子空间，则 $V_1^{\perp}$ 也是.

证明　1）设 $\boldsymbol{\varepsilon}_1,\boldsymbol{\varepsilon}_2,\cdots,\boldsymbol{\varepsilon}_n$ 为 V 的一组标准正交基，且 $\mathscr{A}$ 在这组基下的矩阵为 $\boldsymbol{A}$. 令 $\boldsymbol{\alpha},\boldsymbol{\beta}$ 为 V 中任意向量，且

$$\boldsymbol{\alpha}=x_1\boldsymbol{\varepsilon}_1+x_2\boldsymbol{\varepsilon}_2+\cdots+x_n\boldsymbol{\varepsilon}_n,$$

$$\boldsymbol{\beta}=y_1\boldsymbol{\varepsilon}_1+y_2\boldsymbol{\varepsilon}_2+\cdots+y_n\boldsymbol{\varepsilon}_n,$$

则它们在该基下的坐标分别是

$$\boldsymbol{X}=\begin{pmatrix}x_1\\x_2\\\vdots\\x_n\end{pmatrix},\quad \boldsymbol{Y}=\begin{pmatrix}y_1\\y_2\\\vdots\\y_n\end{pmatrix},$$

$\mathscr{A}(\boldsymbol{\alpha})$与 $\mathscr{A}(\boldsymbol{\beta})$在该基下的坐标分别为 $\boldsymbol{AX}$ 与 $\boldsymbol{AY}$，于是有

$$(\mathscr{A}(\boldsymbol{\alpha}),\boldsymbol{\beta})=(\boldsymbol{AX})^{\mathrm{T}}\boldsymbol{Y}=\boldsymbol{X}^{\mathrm{T}}\boldsymbol{A}^{\mathrm{T}}\boldsymbol{Y},\quad (\boldsymbol{\alpha},\mathscr{A}(\boldsymbol{\beta}))=\boldsymbol{X}^{\mathrm{T}}(\boldsymbol{AY})=\boldsymbol{X}^{\mathrm{T}}\boldsymbol{AY}.$$

比较上两式知 $\mathscr{A}$ 是反称变换即$(\mathscr{A}(\boldsymbol{\alpha}),\boldsymbol{\beta})=-(\boldsymbol{\alpha},\mathscr{A}(\boldsymbol{\beta}))$的充要条件是

$$X^{\mathrm{T}}A^{\mathrm{T}}Y=-X^{\mathrm{T}}AY=X^{\mathrm{T}}(-A)Y,$$

亦即有 $A^{\mathrm{T}}=-A$，即 A 为反称矩阵，而 $\mathscr{A}$ 为反称变换.

2）设子空间 V_1 对反称变换 $\mathscr{A}$ 不变，α 为正交补 $V_1^{\perp}$ 中的任一向量，β 为 V_1 中的任一向量，则 $\mathscr{A}(\beta)\in V_1$，且 $(\mathscr{A}(\alpha),\beta)=-(\alpha,\mathscr{A}(\beta))=0$，即 $\mathscr{A}(\alpha)$ 与 V_1 中任意向量正交，故 $\mathscr{A}(\alpha)\in V_1^{\perp}$，即 $V_1^{\perp}$ 对 $\mathscr{A}$ 也不变.

例 21 设 $\mathscr{A}$ 是 n 维欧几里得空间 V 的一个反称变换，证明：存在 V 的一组标准正交基，使 $\mathscr{A}^2$ 在此组基下的矩阵为对角矩阵.

证明 设 $\varepsilon_1,\varepsilon_2,\cdots,\varepsilon_n$ 为 V 的一组标准正交基，且

$$\mathscr{A}(\varepsilon_1,\varepsilon_2,\cdots,\varepsilon_n)=(\varepsilon_1,\varepsilon_2,\cdots,\varepsilon_n)A,$$

则

$$\mathscr{A}^2(\varepsilon_1,\varepsilon_2,\cdots,\varepsilon_n)=(\varepsilon_1,\varepsilon_2,\cdots,\varepsilon_n)A^2.$$

因为 $\mathscr{A}$ 是反称变换，则 $A^{\mathrm{T}}=-A$，于是 $A^2=-AA^{\mathrm{T}}$，从而 A^2 是实对称矩阵，故存在正交矩阵 P，使

$$P^{\mathrm{T}}A^2P=P^{-1}A^2P=\begin{pmatrix}\lambda_1&&&\\&\lambda_2&&\\&&\ddots&\\&&&\lambda_n\end{pmatrix}.$$

令

$$(\beta_1,\beta_2,\cdots,\beta_n)=(\varepsilon_1,\varepsilon_2,\cdots,\varepsilon_n)P,$$

则 $\beta_1,\beta_2,\cdots,\beta_n$ 是 V 的标准正交基，且

$$\mathscr{A}^2(\beta_1,\beta_2,\cdots,\beta_n)=(\beta_1,\beta_2,\cdots,\beta_n)P^{-1}A^2P$$

$$=(\beta_1,\beta_2,\cdots,\beta_n)\begin{pmatrix}\lambda_1&&&\\&\lambda_2&&\\&&\ddots&\\&&&\lambda_n\end{pmatrix}.$$

例 22 设 A 是 n 阶实可逆矩阵，证明：存在正交矩阵 P_1,P_2，使

$$P_1^{-1}AP_2=\begin{pmatrix}\lambda_1&&&\\&\lambda_2&&\\&&\ddots&\\&&&\lambda_n\end{pmatrix},$$

其中 $\lambda_i>0\ (i=1,2,\cdots,n)$，且 $\lambda_1^2,\lambda_2^2,\cdots,\lambda_n^2$ 为 AA^{T} 的全部特征值.

证明 因 A 是实可逆矩阵，则 $A^{\mathrm{T}}A$ 是正定矩阵，故存在正定矩阵 B，使 $A^{\mathrm{T}}A=B^2$. 令 $Q=AB^{-1}$，则

$$Q^{\mathrm{T}}Q=(B^{-1})^{\mathrm{T}}A^{\mathrm{T}}AB^{-1}=(B^{-1})^{\mathrm{T}}B^2B^{-1}=E,$$

所以 Q 是正交矩阵，且 $A=QB$. 由 B 是正定矩阵，存在正交矩阵 P，使

$$P^{-1}BP=P^{\mathrm{T}}BP=\begin{pmatrix}\lambda_1&&&\\&\lambda_2&&\\&&\ddots&\\&&&\lambda_n\end{pmatrix},\quad \lambda_i>0(i=1,2,\cdots,n),$$

即

$$P^{-1}Q^{-1}AP=\begin{pmatrix}\lambda_1&&&\\&\lambda_2&&\\&&\ddots&\\&&&\lambda_n\end{pmatrix}=D.$$

取 $P_1=QP,P_2=P$ 即可.

因为 $AA^{\mathrm{T}}=P_1DP_2{}^{\mathrm{T}}P_2DP_1^{\mathrm{T}}=P_1D^2P_1^{\mathrm{T}}$，所以 AA^{T} 的特征值为 $\lambda_1^2,\lambda_2^2,\cdots,\lambda_n^2$.

例 23 设 $V=\mathbf{R}^{n\times n}$，$\forall A,B\in V$，定义内积

$$(A,B)=\mathrm{tr}(AB^{\mathrm{T}}),$$

V 关于此内积是欧几里得空间. 取子空间 $W=\{A\in V\mid \mathrm{tr}\,A=0\}$，求 W 的正交补空间.

解 维$(V)=n^2$，$A=(a_{ij})_{n\times n}\in W$，则 $a_{11}+a_{22}+\cdots+a_{nn}=0$，故维$(W)=n^2-1$. 对任意数量矩阵 $aE(a\in\mathbf{R})$，$\forall A\in W$，

$$(A,aE)=\mathrm{tr}(A(aE)^{\mathrm{T}})=\mathrm{tr}(aA)=a\mathrm{tr}\,A=0,$$

所以 $aE\in W^{\perp}$. 又维$(W^{\perp})=n^2-$维$(W)=1$，故 $W^{\perp}=\{aE\mid a\in\mathbf{R}\}$.

例 24 设 V 是 n 维欧几里得空间.

1）设 n 是奇数，$\mathscr{A}$ 是 V 的正交变换，证明：存在 V 中非零向量 α，使 $\mathscr{A}(\alpha)=\alpha$ 或 $\mathscr{A}(\alpha)=-\alpha$；

2）举例说明：当 n 为偶数时，1）的结论不一定成立；

3）设变换 $\mathscr{A}$ 满足 $\mathscr{A}(\mathbf{0})=\mathbf{0}$，且 $|\mathscr{A}(\alpha)-\mathscr{A}(\beta)|=|\alpha-\beta|$，$\forall\alpha,\beta\in V$，证明：$\mathscr{A}$ 是正交变换.

证明 1）设 $\mathscr{A}$ 在某组标准正交基下的矩阵为 A，则 A 是正交矩阵.

若 $|A|=1$，则

$$\begin{aligned}|E-A|&=|AA^{\mathrm{T}}-A|=|A(A^{\mathrm{T}}-E)|\\&=|(A-E)^{\mathrm{T}}|=|A-E|\\&=(-1)^n|E-A|=-|E-A|,\end{aligned}$$

故 $|E-A|=0$，即 1 是 $\mathscr{A}$ 的一个特征值. 因此 $\mathscr{A}$ 有特征向量 α，使 $\mathscr{A}(\alpha)=\alpha$.

若 $|A|=-1$，则

$$\begin{aligned}|-E-A|&=|-AA^{\mathrm{T}}-A|=|-A(A^{\mathrm{T}}+E)|\\&=(-1)^n|A|\cdot|A+E|=|A+E|.\end{aligned}$$

又

$$|-E-A|=(-1)^n|E+A|=-|E+A|,$$

故 $|-E-A|=0$，即 -1 是 $\mathscr{A}$ 的一个特征值，因此 $\mathscr{A}$ 有特征向量 α，使 $\mathscr{A}(\alpha)=-\alpha$.

2）在二维平面上，把每个向量 α 绕原点 O 逆时针旋转 45°的变换 $\mathscr{A}$ 是一个正交变换，对每个非零向量 α，既不能使 $\mathscr{A}(\alpha)=\alpha$，也不能使 $\mathscr{A}(\alpha)=-\alpha$.

3）因为 $\mathscr{A}(\mathbf{0})=\mathbf{0}$，且 $|\mathscr{A}(\boldsymbol{\alpha})-\mathscr{A}(\boldsymbol{\beta})|=|\boldsymbol{\alpha}-\boldsymbol{\beta}|$，取 $\boldsymbol{\beta}=\mathbf{0}$，则有

$$|\mathscr{A}(\boldsymbol{\alpha})|=|\boldsymbol{\alpha}|.$$

又因为

$$\begin{aligned}|\mathscr{A}(\boldsymbol{\alpha})-\mathscr{A}(\boldsymbol{\beta})|^2&=(\mathscr{A}(\boldsymbol{\alpha})-\mathscr{A}(\boldsymbol{\beta}),\mathscr{A}(\boldsymbol{\alpha})-\mathscr{A}(\boldsymbol{\beta}))\\&=|\mathscr{A}(\boldsymbol{\alpha})|^2+|\mathscr{A}(\boldsymbol{\beta})|^2-2(\mathscr{A}(\boldsymbol{\alpha}),\mathscr{A}(\boldsymbol{\beta})),\\|\boldsymbol{\alpha}-\boldsymbol{\beta}|^2&=|\boldsymbol{\alpha}|^2+|\boldsymbol{\beta}|^2-2(\boldsymbol{\alpha},\boldsymbol{\beta}),\end{aligned}$$

故 $(\mathscr{A}(\boldsymbol{\alpha}),\mathscr{A}(\boldsymbol{\beta}))=(\boldsymbol{\alpha},\boldsymbol{\beta})$. 由此易证：$\mathscr{A}$ 是线性变换，从而 $\mathscr{A}$ 是正交变换.

点评 使等式 $\mathscr{A}(\boldsymbol{\alpha})=\boldsymbol{\alpha}$ 或 $\mathscr{A}(\boldsymbol{\alpha})=-\boldsymbol{\alpha}$ 成立的非零向量 $\boldsymbol{\alpha}$ 应是 $\mathscr{A}$ 的特征向量，特征值是 1 或 −1，因此可考虑正交变换 $\mathscr{A}$ 在标准正交基下的矩阵的特征多项式.

例 25 对实 n 维单位列向量 $\boldsymbol{\mu}$，称 $\boldsymbol{H}=\boldsymbol{E}-2\boldsymbol{\mu}\boldsymbol{\mu}^{\mathrm{T}}$ 为实镜像矩阵. 证明：

1）$\boldsymbol{H}$ 是正交矩阵，又是对称矩阵；

2）$|\boldsymbol{H}|=-1$；

3）设 $|\boldsymbol{\alpha}|=|\boldsymbol{\beta}|$，$\boldsymbol{\alpha}\neq\boldsymbol{\beta}$，则必有镜像矩阵 $\boldsymbol{H}$，使 $\boldsymbol{H}\boldsymbol{\alpha}=\boldsymbol{\beta}$.

证明 1）因为 $\boldsymbol{H}^{\mathrm{T}}=\boldsymbol{E}-2\boldsymbol{\mu}\boldsymbol{\mu}^{\mathrm{T}}=\boldsymbol{H}$，所以 $\boldsymbol{H}$ 是对称矩阵. 而

$$\begin{aligned}\boldsymbol{H}\boldsymbol{H}^{\mathrm{T}}&=(\boldsymbol{E}-2\boldsymbol{\mu}\boldsymbol{\mu}^{\mathrm{T}})(\boldsymbol{E}-2\boldsymbol{\mu}\boldsymbol{\mu}^{\mathrm{T}})=\boldsymbol{E}-4\boldsymbol{\mu}\boldsymbol{\mu}^{\mathrm{T}}+4\boldsymbol{\mu}\boldsymbol{\mu}^{\mathrm{T}}\boldsymbol{\mu}\boldsymbol{\mu}^{\mathrm{T}}\\&=\boldsymbol{E}-4\boldsymbol{\mu}\boldsymbol{\mu}^{\mathrm{T}}+4\boldsymbol{\mu}\boldsymbol{\mu}^{\mathrm{T}}=\boldsymbol{E},\end{aligned}$$

即 $\boldsymbol{H}$ 也是正交矩阵.

2）$|\boldsymbol{H}|=|\boldsymbol{E}-2\boldsymbol{\mu}\boldsymbol{\mu}^{\mathrm{T}}|=1^{n-1}(1-2\boldsymbol{\mu}^{\mathrm{T}}\boldsymbol{\mu})=-1$.

3）令 $\boldsymbol{\mu}=\dfrac{\boldsymbol{\alpha}-\boldsymbol{\beta}}{|\boldsymbol{\alpha}-\boldsymbol{\beta}|}$，则

$$\boldsymbol{\alpha}-\boldsymbol{\beta}=|\boldsymbol{\alpha}-\boldsymbol{\beta}|\boldsymbol{\mu}. \tag{1}$$

因

$$\begin{aligned}|\boldsymbol{\alpha}-\boldsymbol{\beta}|^2&=(\boldsymbol{\alpha}-\boldsymbol{\beta})^{\mathrm{T}}(\boldsymbol{\alpha}-\boldsymbol{\beta})=\boldsymbol{\alpha}^{\mathrm{T}}\boldsymbol{\alpha}+\boldsymbol{\beta}^{\mathrm{T}}\boldsymbol{\beta}-\boldsymbol{\alpha}^{\mathrm{T}}\boldsymbol{\beta}-\boldsymbol{\beta}^{\mathrm{T}}\boldsymbol{\alpha}\\&=\boldsymbol{\alpha}^{\mathrm{T}}\boldsymbol{\alpha}-\boldsymbol{\beta}^{\mathrm{T}}\boldsymbol{\alpha}+\boldsymbol{\alpha}^{\mathrm{T}}\boldsymbol{\alpha}-\boldsymbol{\beta}^{\mathrm{T}}\boldsymbol{\alpha}\\&=2(\boldsymbol{\alpha}-\boldsymbol{\beta})^{\mathrm{T}}\boldsymbol{\alpha},\end{aligned}$$

故

$$|\boldsymbol{\alpha}-\boldsymbol{\beta}|=2\frac{(\boldsymbol{\alpha}-\boldsymbol{\beta})^{\mathrm{T}}}{|\boldsymbol{\alpha}-\boldsymbol{\beta}|}\boldsymbol{\alpha}=2\boldsymbol{\mu}^{\mathrm{T}}\boldsymbol{\alpha},$$

代入(1)式得

$$\boldsymbol{\beta}=\boldsymbol{\alpha}-\boldsymbol{\mu}|\boldsymbol{\alpha}-\boldsymbol{\beta}|=\boldsymbol{\alpha}-2\boldsymbol{\mu}\boldsymbol{\mu}^{\mathrm{T}}\boldsymbol{\alpha}=(\boldsymbol{E}-2\boldsymbol{\mu}\boldsymbol{\mu}^{\mathrm{T}})\boldsymbol{\alpha},$$

取 $\boldsymbol{H}=\boldsymbol{E}-2\boldsymbol{\mu}\boldsymbol{\mu}^{\mathrm{T}}$ 即可.

例 26 设 $\mathscr{A}_1,\mathscr{A}_2$ 是 n 维欧几里得空间 V 的正交变换，且 $\forall\,\boldsymbol{\alpha}\in V$，

$$(\mathscr{A}_1(\boldsymbol{\alpha}),\mathscr{A}_1(\boldsymbol{\alpha}))=(\mathscr{A}_2(\boldsymbol{\alpha}),\mathscr{A}_2(\boldsymbol{\alpha})),$$

证明：存在 V 的正交变换 $\mathscr{A}$，使 $\mathscr{A}\mathscr{A}_1=\mathscr{A}_2$.

证明 取 V 的一组标准正交基 $\boldsymbol{\alpha}_1,\boldsymbol{\alpha}_2,\cdots,\boldsymbol{\alpha}_n$，因 $\mathscr{A}_1$ 是正交变换，故 $\mathscr{A}_1(\boldsymbol{\alpha}_1),\mathscr{A}_1(\boldsymbol{\alpha}_2),\cdots,\mathscr{A}_1(\boldsymbol{\alpha}_n)$ 也是 V 的标准正交基. 由

$$(\mathscr{A}_1(\boldsymbol{\alpha}_i+\boldsymbol{\alpha}_j),\mathscr{A}_1(\boldsymbol{\alpha}_i+\boldsymbol{\alpha}_j))=(\mathscr{A}_2(\boldsymbol{\alpha}_i+\boldsymbol{\alpha}_j),\mathscr{A}_2(\boldsymbol{\alpha}_i+\boldsymbol{\alpha}_j))$$

可推出

$$(\mathscr{A}_1(\boldsymbol{\alpha}_i),\mathscr{A}_1(\boldsymbol{\alpha}_j))=(\mathscr{A}_2(\boldsymbol{\alpha}_i),\mathscr{A}_2(\boldsymbol{\alpha}_j)),$$

从而 $\mathscr{A}_2(\boldsymbol{\alpha}_1),\mathscr{A}_2(\boldsymbol{\alpha}_2),\cdots,\mathscr{A}_2(\boldsymbol{\alpha}_n)$ 也是 V 的标准正交基. 设线性变换 $\mathscr{A}$,使

$$\mathscr{A}(\mathscr{A}_1(\boldsymbol{\alpha}_i))=\mathscr{A}_2(\boldsymbol{\alpha}_i)\quad(i=1,2,\cdots,n).$$

$\mathscr{A}$ 把标准正交基变成标准正交基,所以 $\mathscr{A}$ 是正交变换,并且因为 $\boldsymbol{\alpha}_1,\boldsymbol{\alpha}_2,\cdots,\boldsymbol{\alpha}_n$ 是 V 的基,所以 $\mathscr{A}\mathscr{A}_1=\mathscr{A}_2$.

点评　证明线性变换的存在性,一般考虑把线性空间的基与 n 个向量建立对应关系.

例 27　设 n 维欧几里得空间 V 的线性变换 $\mathscr{A}$ 既是对称变换,又是正交变换,证明:$\mathscr{A}^2=\mathscr{E}$(恒等变换).

证明　证法 1　设 $\mathscr{A}$ 在标准正交基下的矩阵为 $\boldsymbol{A}$,则 $\boldsymbol{A}$ 既是对称矩阵,又是正交矩阵,即 $\boldsymbol{A}^{\mathrm{T}}=\boldsymbol{A}$ 且 $\boldsymbol{A}^{\mathrm{T}}=\boldsymbol{A}^{-1}$. 所以 $\boldsymbol{A}^2=\boldsymbol{A}\boldsymbol{A}=\boldsymbol{A}\boldsymbol{A}^{\mathrm{T}}=\boldsymbol{E}$,故 $\mathscr{A}^2=\mathscr{E}$.

证法 2　$\forall\,\boldsymbol{\alpha},\boldsymbol{\beta}\in V$,因为 $\mathscr{A}$ 既是对称变换,又是正交变换,所以

$$(\mathscr{A}^2(\boldsymbol{\alpha}),\boldsymbol{\beta})=(\mathscr{A}(\boldsymbol{\alpha}),\mathscr{A}(\boldsymbol{\beta}))=(\boldsymbol{\alpha},\boldsymbol{\beta}),$$

于是 $(\mathscr{A}^2(\boldsymbol{\alpha})-\boldsymbol{\alpha},\boldsymbol{\beta})=0$. 特别地,取 $\boldsymbol{\beta}=\mathscr{A}^2(\boldsymbol{\alpha})-\boldsymbol{\alpha}$,则 $\mathscr{A}^2(\boldsymbol{\alpha})-\boldsymbol{\alpha}=\boldsymbol{0}$,即 $\mathscr{A}^2(\boldsymbol{\alpha})=\boldsymbol{\alpha}$,故 $\mathscr{A}^2=\mathscr{E}$.

§9.3　习　　题

1. 设 $\boldsymbol{\alpha}=(a_1,a_2),\boldsymbol{\beta}=(b_1,b_2)$ 为二维实空间 $\mathbf{R}^2$ 中的任意两个向量. 问:$\mathbf{R}^2$ 对以下所规定的内积是否构成欧几里得空间?

1) $(\boldsymbol{\alpha},\boldsymbol{\beta})=a_1b_2+a_2b_1$;

2) $(\boldsymbol{\alpha},\boldsymbol{\beta})=(a_1+a_2)b_1+(a_1+2a_2)b_2$;

3) $(\boldsymbol{\alpha},\boldsymbol{\beta})=a_1b_1+a_2b_2+1$;

4) $(\boldsymbol{\alpha},\boldsymbol{\beta})=a_1b_1-a_2b_2$;

5) $(\boldsymbol{\alpha},\boldsymbol{\beta})=3a_1b_1+5a_2b_2$.

2. 在 $\mathbf{R}^n$ 中设 $\boldsymbol{\alpha}=(a_1,a_2,\cdots,a_n),\boldsymbol{\beta}=(b_1,b_2,\cdots,b_n)$,$\mathbf{R}^n$ 对如下定义的内积是否构成欧几里得空间:

1) $(\boldsymbol{\alpha},\boldsymbol{\beta})=\sqrt{\sum\limits_{i=1}^{n}a_i^2b_i^2}$;

2) $(\boldsymbol{\alpha},\boldsymbol{\beta})=\left(\sum\limits_{i=1}^{n}a_i\right)\left(\sum\limits_{j=1}^{n}b_j\right)$;

3) $(\boldsymbol{\alpha},\boldsymbol{\beta})=\sum\limits_{i=1}^{n}k_ia_ib_i$,其中 $k_i>0\,(i=1,2,\cdots,n)$;

4) $(\boldsymbol{\alpha},\boldsymbol{\beta})=\boldsymbol{\alpha}\boldsymbol{A}\boldsymbol{\beta}^{\mathrm{T}}$,其中 $\boldsymbol{A}$ 是 n 阶正定矩阵.

3. 证明:在任意非零欧几里得空间 V 中存在向量 $\boldsymbol{\alpha}_1\neq\boldsymbol{\beta}_1$,使 $(\boldsymbol{\alpha}_1,\boldsymbol{\beta}_1)>0$,也同时存在向量 $\boldsymbol{\alpha}_2\neq\boldsymbol{\beta}_2$,使 $(\boldsymbol{\alpha}_2,\boldsymbol{\beta}_2)<0$.

4. 在实线性空间 $C[-1,1]$ 中定义内积为

$$(f(x),g(x))=\int_{-1}^{1}f(x)g(x)\,\mathrm{d}x.$$

求 $f_1(x)=1,f_2(x)=x,f_3(x)=1-x$ 所构成的三角形的三个内角.

5. 设 $\boldsymbol{\alpha}_1,\boldsymbol{\alpha}_2,\cdots,\boldsymbol{\alpha}_n$ 是欧几里得空间 V 的一组基,证明:

1) 如果 $\boldsymbol{\gamma}\in V$ 使 $(\boldsymbol{\gamma},\boldsymbol{\alpha}_i)=0,i=1,2,\cdots,n$,那么 $\boldsymbol{\gamma}=\mathbf{0}$;

2) 如果 $\boldsymbol{\gamma}_1,\boldsymbol{\gamma}_2\in V$ 使对任一 $\alpha\in V$ 有 $(\boldsymbol{\gamma}_1,\boldsymbol{\alpha})=(\boldsymbol{\gamma}_2,\boldsymbol{\alpha})$,那么 $\boldsymbol{\gamma}_1=\boldsymbol{\gamma}_2$.

6. 设 $\boldsymbol{\varepsilon}_1,\boldsymbol{\varepsilon}_2,\boldsymbol{\varepsilon}_3$ 是三维欧几里得空间的一组标准正交基,证明:

$$\boldsymbol{\alpha}_1=\frac{1}{3}(2\boldsymbol{\varepsilon}_1+2\boldsymbol{\varepsilon}_2-\boldsymbol{\varepsilon}_3),\quad \boldsymbol{\alpha}_2=\frac{1}{3}(2\boldsymbol{\varepsilon}_1-\boldsymbol{\varepsilon}_2+2\boldsymbol{\varepsilon}_3),\quad \boldsymbol{\alpha}_3=\frac{1}{3}(\boldsymbol{\varepsilon}_1-2\boldsymbol{\varepsilon}_2-2\boldsymbol{\varepsilon}_3)$$

也是一组标准正交基.

7. 求齐次线性方程组

$$\begin{cases}2x_1+x_2-x_3+x_4-3x_5=0,\\ x_1+x_2-x_3\qquad\ +x_5=0\end{cases}$$

的解空间(作为 $\mathbf{R}^5$ 的子空间)的一组标准正交基.

8. 在 $\mathbf{R}[x]_4$ 中定义内积为 $(f,g)=\int_{-1}^{1}f(x)g(x)\,\mathrm{d}x$,求 $\mathbf{R}[x]_4$ 的一组标准正交基(由基 $1,x,x^2,x^3$ 出发作正交化).

9. 设 V 是 n 维欧几里得空间,$\boldsymbol{\alpha}\neq\mathbf{0}$ 是 V 中一个固定向量.

1) 证明:

$$V_1=\{\boldsymbol{x}\mid(\boldsymbol{x},\boldsymbol{\alpha})=0,\boldsymbol{x}\in V\}$$

是 V 的一子空间;

2) 证明:V_1 的维数等于 $n-1$.

10. 1) 证明:欧几里得空间中不同基的度量矩阵是合同的;

2) 利用上述结果证明:任一欧几里得空间都存在标准正交基.

11. 设 $\boldsymbol{\alpha}_1,\boldsymbol{\alpha}_2,\cdots,\boldsymbol{\alpha}_m$ 是 n 维欧几里得空间 V 中一组向量,而

$$\boldsymbol{\Delta}=\begin{pmatrix}(\boldsymbol{\alpha}_1,\boldsymbol{\alpha}_1) & (\boldsymbol{\alpha}_1,\boldsymbol{\alpha}_2) & \cdots & (\boldsymbol{\alpha}_1,\boldsymbol{\alpha}_m)\\ (\boldsymbol{\alpha}_2,\boldsymbol{\alpha}_1) & (\boldsymbol{\alpha}_2,\boldsymbol{\alpha}_2) & \cdots & (\boldsymbol{\alpha}_2,\boldsymbol{\alpha}_m)\\ \vdots & \vdots & & \vdots\\ (\boldsymbol{\alpha}_m,\boldsymbol{\alpha}_1) & (\boldsymbol{\alpha}_m,\boldsymbol{\alpha}_2) & \cdots & (\boldsymbol{\alpha}_m,\boldsymbol{\alpha}_m)\end{pmatrix}.$$

证明:当且仅当 $|\boldsymbol{\Delta}|\neq0$ 时,$\boldsymbol{\alpha}_1,\boldsymbol{\alpha}_2,\cdots,\boldsymbol{\alpha}_m$ 线性无关.

12. 证明:上三角形正交矩阵必为对角矩阵,且对角线上的元素为 $+1$ 或 -1.

13. 设 $\boldsymbol{\eta}$ 是 n 维欧几里得空间 V 的一个单位向量,定义

$$\mathscr{A}(\boldsymbol{\alpha})=\boldsymbol{\alpha}-2(\boldsymbol{\eta},\boldsymbol{\alpha})\boldsymbol{\eta}.$$

证明:

1) $\mathscr{A}$ 是正交变换,这样的正交变换称为镜面反射;

2) $\mathscr{A}$ 是第二类的;

3) 如果 n 维欧几里得空间中,正交变换 $\mathscr{A}$ 以 1 作为一个特征值,且属于特征值 1 的特征子空间 V_1 的维数为 $n-1$,那么 $\mathscr{A}$ 是镜面反射.

14. 证明:实反称矩阵的特征值是零或纯虚数.

15. 设 $\boldsymbol{A}$ 是 n 阶实矩阵,证明:存在正交矩阵 $\boldsymbol{T}$,使 $\boldsymbol{T}^{-1}\boldsymbol{A}\boldsymbol{T}$ 为上三角形矩阵的充要条件是 $\boldsymbol{A}$

的特征多项式的根全是实数.

16. 证明:正交矩阵的实特征根为±1.

17. 证明:奇数维欧几里得空间中的旋转一定以 1 作为它的一个特征值.

18. 设二次型 $f(x_1,x_2,\cdots,x_n)$ 的矩阵为 $\boldsymbol{A}$,λ 是 $\boldsymbol{A}$ 的特征多项式的根,证明:存在 $\mathbf{R}^n$ 中的非零向量 $(\bar{x}_1,\bar{x}_2,\cdots,\bar{x}_n)$ 使得

$$f(\bar{x}_1,\bar{x}_2,\cdots,\bar{x}_n)=\lambda(\bar{x}_1^2+\bar{x}_2^2+\cdots+\bar{x}_n^2).$$

19. 1) 设 $\boldsymbol{\alpha},\boldsymbol{\beta}$ 是欧几里得空间中两个不同的单位向量,证明:存在一镜面反射 $\mathscr{A}$,使

$$\mathscr{A}(\boldsymbol{\alpha})=\boldsymbol{\beta};$$

2) 证明:n 维欧几里得空间中任一正交变换都可以表示成一系列镜面反射的乘积.

20. 设 $\boldsymbol{A},\boldsymbol{B}$ 是两个 $n\times n$ 实对称矩阵,且 $\boldsymbol{B}$ 是正定矩阵. 证明:存在 $n\times n$ 实可逆矩阵 $\boldsymbol{T}$,使

$$\boldsymbol{T}^{\mathrm{T}}\boldsymbol{A}\boldsymbol{T} \text{ 与 } \boldsymbol{T}^{\mathrm{T}}\boldsymbol{B}\boldsymbol{T}$$

同时为对角矩阵.

21. 证明:酉空间中两组标准正交基的过渡矩阵是酉矩阵.

22. 证明:酉矩阵的特征根的模为 1.

23. 设 $\boldsymbol{A}$ 是一个 n 阶可逆复矩阵,证明:$\boldsymbol{A}$ 可以分解成

$$\boldsymbol{A}=\boldsymbol{U}\boldsymbol{T},$$

其中 $\boldsymbol{U}$ 是酉矩阵,$\boldsymbol{T}$ 是上三角形矩阵,即

$$\boldsymbol{T}=\begin{pmatrix} t_{11} & t_{12} & \cdots & t_{1n} \\ 0 & t_{22} & \cdots & t_{2n} \\ \vdots & \vdots & & \vdots \\ 0 & 0 & \cdots & t_{nn} \end{pmatrix},$$

且对角线元素 $t_{ii}(i=1,2,\cdots,n)$ 都是正实数,并证明这个分解是唯一的.

24. 证明:埃尔米特矩阵的特征值是实数,并且它的属于不同特征值的特征向量相互正交.

25. 设 $\boldsymbol{A}$ 是 $m\times n$ 实矩阵,秩$(\boldsymbol{A})=r$,证明:存在 m 阶正交矩阵 $\boldsymbol{H}$ 和 n 阶正交矩阵 $\boldsymbol{Q}$,使

$$\boldsymbol{A}=\boldsymbol{H}\begin{pmatrix} \boldsymbol{B} & \boldsymbol{O} \\ \boldsymbol{O} & \boldsymbol{O} \end{pmatrix}\boldsymbol{Q},$$

其中 $\boldsymbol{B}$ 是 r 阶可逆矩阵.

26. 设 $\boldsymbol{\alpha}_1,\boldsymbol{\alpha}_2,\cdots,\boldsymbol{\alpha}_n$ 为 n 维欧几里得空间 V 的一组标准正交基,$\boldsymbol{\alpha}_0=\boldsymbol{\alpha}_1+2\boldsymbol{\alpha}_2+\cdots+n\boldsymbol{\alpha}_n$,定义变换

$$\mathscr{A}(\boldsymbol{\alpha})=\boldsymbol{\alpha}+k(\boldsymbol{\alpha},\boldsymbol{\alpha}_0)\boldsymbol{\alpha}_0 \quad (\boldsymbol{\alpha}\in V,k \text{ 为非零实数}).$$

1) 验证:$\mathscr{A}$ 是线性变换;

2) 求 $\mathscr{A}$ 在基 $\boldsymbol{\alpha}_1,\boldsymbol{\alpha}_2,\cdots,\boldsymbol{\alpha}_n$ 下的矩阵 $\boldsymbol{A}$;

3) 证明:$\mathscr{A}$ 为正交变换的充要条件为 $k=-\dfrac{2}{1^2+2^2+\cdots+n^2}$.

§9.4 习题参考答案与提示

1. 1) 不构成欧几里得空间,取 $\boldsymbol{\alpha}=(1,-1)$,则 $(\boldsymbol{\alpha},\boldsymbol{\alpha})<0$;

2）构成欧几里得空间；

3）不构成欧几里得空间，取 $\boldsymbol{\alpha}=\boldsymbol{\beta}=\mathbf{0}$，$k\neq 1$，则 $(k\boldsymbol{\alpha},\boldsymbol{\beta})\neq k(\boldsymbol{\alpha},\boldsymbol{\beta})$；

4）不构成欧几里得空间，取 $\boldsymbol{\alpha}=(1,2)$，则 $(\boldsymbol{\alpha},\boldsymbol{\alpha})<0$；

5）构成欧几里得空间.

2. 1）不构成欧几里得空间，取 $\boldsymbol{\alpha}=(1,0,\cdots,0)=\boldsymbol{\beta}$，则 $(-2\boldsymbol{\alpha},\boldsymbol{\beta})\neq -2(\boldsymbol{\alpha},\boldsymbol{\beta})$；

2）不构成欧几里得空间，取 $\boldsymbol{\alpha}=(1,-1,0,\cdots,0)$，则 $(\boldsymbol{\alpha},\boldsymbol{\alpha})=0$；

3）构成欧几里得空间；

4）构成欧几里得空间.

3. 取 $\boldsymbol{\alpha}\neq\mathbf{0}$，正实数 $k\neq 1$，$\boldsymbol{\beta}=k\boldsymbol{\alpha}$，则 $(\boldsymbol{\alpha},\boldsymbol{\beta})>0$；取 $\boldsymbol{\beta}=-\boldsymbol{\alpha}$，则 $(\boldsymbol{\alpha},\boldsymbol{\beta})<0$.

4. $\langle f_1,f_2\rangle=\dfrac{\pi}{2}$，$\langle f_1,f_3\rangle=\dfrac{\pi}{6}$，$\langle f_2,f_3\rangle=\dfrac{\pi}{3}$.

5. 提示：1）证明 $(\boldsymbol{\gamma},\boldsymbol{\gamma})=0$；2）由 1）即得.

6. 提示：

$$(\boldsymbol{\alpha}_1,\boldsymbol{\alpha}_2,\boldsymbol{\alpha}_3)=(\boldsymbol{\varepsilon}_1,\boldsymbol{\varepsilon}_2,\boldsymbol{\varepsilon}_3)\begin{pmatrix}\frac{2}{3} & \frac{2}{3} & \frac{1}{3}\\ \frac{2}{3} & -\frac{1}{3} & -\frac{2}{3}\\ -\frac{1}{3} & \frac{2}{3} & -\frac{2}{3}\end{pmatrix}=(\boldsymbol{\varepsilon}_1,\boldsymbol{\varepsilon}_2,\boldsymbol{\varepsilon}_3)\boldsymbol{A},$$

$$\boldsymbol{A}^{\mathrm{T}}\boldsymbol{A}=\boldsymbol{E}.$$

7. 解空间的一个基础解系为

$$\boldsymbol{\alpha}_1=(0,1,1,0,0),\boldsymbol{\alpha}_2=(-1,1,0,1,0),\boldsymbol{\alpha}_3=(4,-5,0,0,1),$$

标准正交基为

$$\boldsymbol{\eta}_1=\frac{1}{\sqrt{2}}(0,1,1,0,0),\boldsymbol{\eta}_2=\frac{1}{\sqrt{10}}(-2,1,-1,2,0),\boldsymbol{\eta}_3=\frac{1}{\sqrt{315}}(7,-6,6,13,5).$$

8. $\boldsymbol{\eta}_1=\dfrac{\sqrt{2}}{2}$，$\boldsymbol{\eta}_2=\dfrac{\sqrt{6}}{2}x$，$\boldsymbol{\eta}_3=\dfrac{\sqrt{10}}{4}(3x^2-1)$，$\boldsymbol{\eta}_4=\dfrac{\sqrt{14}}{4}(5x^3-3x)$.

9. 提示：2）把 $\boldsymbol{\alpha}$ 扩充为 V 的一组正交基 $\boldsymbol{\alpha},\boldsymbol{\eta}_2,\cdots,\boldsymbol{\eta}_n$，则 $\boldsymbol{\eta}_2,\boldsymbol{\eta}_3,\cdots,\boldsymbol{\eta}_n$ 是 V_1 的一组基.

10. 提示：1）设 $\boldsymbol{\alpha}_1,\boldsymbol{\alpha}_2,\cdots,\boldsymbol{\alpha}_n$ 与 $\boldsymbol{\beta}_1,\boldsymbol{\beta}_2,\cdots,\boldsymbol{\beta}_n$ 是欧几里得空间 V 的两组基，度量矩阵分别为 $\boldsymbol{A},\boldsymbol{B}$，再设基 $\boldsymbol{\alpha}_1,\boldsymbol{\alpha}_2,\cdots,\boldsymbol{\alpha}_n$ 到 $\boldsymbol{\beta}_1,\boldsymbol{\beta}_2,\cdots,\boldsymbol{\beta}_n$ 的过渡矩阵为 $\boldsymbol{C}$，则 $\boldsymbol{B}=\boldsymbol{C}^{\mathrm{T}}\boldsymbol{A}\boldsymbol{C}$.

2）任取一组基 $\boldsymbol{\alpha}_1,\boldsymbol{\alpha}_2,\cdots,\boldsymbol{\alpha}_n$，它的度量矩阵为 $\boldsymbol{A}$，因 $\boldsymbol{A}$ 正定，则存在可逆矩阵 $\boldsymbol{C}$，使 $\boldsymbol{C}^{\mathrm{T}}\boldsymbol{A}\boldsymbol{C}=\boldsymbol{E}$. 令

$$(\boldsymbol{\beta}_1,\boldsymbol{\beta}_2,\cdots,\boldsymbol{\beta}_n)=(\boldsymbol{\alpha}_1,\boldsymbol{\alpha}_2,\cdots,\boldsymbol{\alpha}_n)\boldsymbol{C},$$

则 $\boldsymbol{\beta}_1,\boldsymbol{\beta}_2,\cdots,\boldsymbol{\beta}_n$ 为一组标准正交基.

11. 提示：考虑齐次线性方程组 $\boldsymbol{\Delta X}=\mathbf{0}$.

12. 提示：设 $\boldsymbol{A}$ 是上三角形正交矩阵，则 $\boldsymbol{A}^{\mathrm{T}}=\boldsymbol{A}^{-1}$，所以 $\boldsymbol{A}$ 为对角矩阵，再由于 $\boldsymbol{A}^{\mathrm{T}}\boldsymbol{A}=\boldsymbol{E}$，即得结论.

13. 提示：1）利用正交变换的定义证明.

2）将 $\boldsymbol{\eta}$ 扩充为空间的一组标准正交基 $\boldsymbol{\eta},\boldsymbol{\varepsilon}_2,\cdots,\boldsymbol{\varepsilon}_n$，则 $\mathscr{A}$ 在 $\boldsymbol{\eta},\boldsymbol{\varepsilon}_2,\cdots,\boldsymbol{\varepsilon}_n$ 下的矩阵为

$$A=\begin{pmatrix}-1&&&\\&1&&\\&&\ddots&\\&&&1\end{pmatrix},\quad |A|=-1.$$

3）存在空间的一组基 $\boldsymbol{\varepsilon}_1,\boldsymbol{\varepsilon}_2,\cdots,\boldsymbol{\varepsilon}_n$，使

$$\mathscr{A}(\boldsymbol{\varepsilon}_1,\boldsymbol{\varepsilon}_2,\cdots,\boldsymbol{\varepsilon}_n)=(\boldsymbol{\varepsilon}_1,\boldsymbol{\varepsilon}_2,\cdots,\boldsymbol{\varepsilon}_n)\begin{pmatrix}-1&&&\\&1&&\\&&\ddots&\\&&&1\end{pmatrix}.$$

令 $\boldsymbol{\eta}=\dfrac{1}{|\boldsymbol{\varepsilon}_1|}\boldsymbol{\varepsilon}_1$，验证：$\forall\boldsymbol{\alpha}\in V,\mathscr{A}(\boldsymbol{\alpha})=\boldsymbol{\alpha}-2(\boldsymbol{\alpha},\boldsymbol{\eta})\boldsymbol{\eta}$.

14. 提示：设 λ_0 是实反称矩阵 $\boldsymbol{A}$ 的特征值，$\boldsymbol{\xi}$ 是属于 λ_0 的特征向量，即 $\boldsymbol{A\xi}=\lambda_0\boldsymbol{\xi}$，则 $\lambda_0\overline{\boldsymbol{\xi}}^{\mathrm{T}}\boldsymbol{\xi}=-\overline{\lambda}_0\overline{\boldsymbol{\xi}}^{\mathrm{T}}\boldsymbol{\xi}$，故 $\lambda_0=-\overline{\lambda}_0$.

15. 提示：充分性考虑 $\boldsymbol{A}$ 的若尔当标准形.

16. 提示：设 $\boldsymbol{A}$ 为正交矩阵，λ 为 $\boldsymbol{A}$ 的实特征值，$\boldsymbol{\alpha}$ 为对应的特征向量，则

$$(\overline{\boldsymbol{\alpha}})^{\mathrm{T}}\boldsymbol{A}^{\mathrm{T}}\boldsymbol{A\alpha}=\lambda^2(\overline{\boldsymbol{\alpha}})^{\mathrm{T}}\boldsymbol{\alpha},$$

由 $\boldsymbol{A}^{\mathrm{T}}\boldsymbol{A}=\boldsymbol{E}$ 知，$(\overline{\boldsymbol{\alpha}})^{\mathrm{T}}\boldsymbol{\alpha}=\lambda^2(\overline{\boldsymbol{\alpha}})^{\mathrm{T}}\boldsymbol{\alpha}$，因为 $(\overline{\boldsymbol{\alpha}})^{\mathrm{T}}\boldsymbol{\alpha}>0$，所以 $\lambda^2=1$，即 $\lambda=\pm1$.

17. 提示：设旋转对应的正交矩阵为 $\boldsymbol{A}$，则 $|\boldsymbol{E}-\boldsymbol{A}|=0$.

18. 提示：设 $\boldsymbol{\alpha}=(\overline{x}_1,\overline{x}_2,\cdots,\overline{x}_n)^{\mathrm{T}}$ 是属于 λ 的特征向量，则 $f(\overline{x}_1,\overline{x}_2,\cdots,\overline{x}_n)=\lambda(\overline{x}_1^2+\overline{x}_2^2+\cdots+\overline{x}_n^2)$.

19. 提示：1）$\boldsymbol{\eta}=\dfrac{\boldsymbol{\alpha}-\boldsymbol{\beta}}{|\boldsymbol{\alpha}-\boldsymbol{\beta}|}$ 是单位向量，令 $\mathscr{A}(\boldsymbol{\gamma})=\boldsymbol{\gamma}-2(\boldsymbol{\gamma},\boldsymbol{\eta})\boldsymbol{\eta}$，则 $\mathscr{A}$ 是镜面反射，且 $\mathscr{A}(\boldsymbol{\alpha})=\boldsymbol{\beta}$.

2）设 $\mathscr{A}$ 是正交变换，$\boldsymbol{\varepsilon}_1,\boldsymbol{\varepsilon}_2,\cdots,\boldsymbol{\varepsilon}_n$ 是 V 的一组标准正交基，则 $\boldsymbol{\eta}_i=\mathscr{A}(\boldsymbol{\varepsilon}_i)(i=1,2,\cdots,n)$ 也是 V 的一组标准正交基.

若 $\mathscr{A}$ 是恒等变换，作镜面反射 $\mathscr{B}(\boldsymbol{\gamma})=\boldsymbol{\gamma}-2(\boldsymbol{\gamma},\boldsymbol{\varepsilon}_1)\boldsymbol{\varepsilon}_1$，则 $\mathscr{B}(\boldsymbol{\varepsilon}_1)=-\boldsymbol{\varepsilon}_1,\mathscr{B}(\boldsymbol{\varepsilon}_j)=\boldsymbol{\varepsilon}_j(j=2,3,\cdots,n)$. 此时 $\mathscr{A}=\mathscr{B}\mathscr{B}$.

若 $\mathscr{A}$ 不是恒等变换，设 $\boldsymbol{\varepsilon}_1\neq\boldsymbol{\eta}_1$，由 1）知，存在镜面反射 $\mathscr{A}_1$，使 $\mathscr{A}_1(\boldsymbol{\varepsilon}_1)=\boldsymbol{\eta}_1$，令 $\mathscr{A}_1\boldsymbol{\varepsilon}_j=\boldsymbol{\xi}_j(j=2,3,\cdots,n)$，若 $\boldsymbol{\xi}_j=\boldsymbol{\eta}_j,j=2,3,\cdots,n$，则 $\mathscr{A}=\mathscr{A}_1$，结论成立. 否则，可设 $\boldsymbol{\xi}_2\neq\boldsymbol{\eta}_2$，再作镜面反射 $\mathscr{A}_2$，$\mathscr{A}_2(\boldsymbol{\gamma})=\boldsymbol{\gamma}-2(\boldsymbol{\gamma},\boldsymbol{\eta})\boldsymbol{\eta},\boldsymbol{\eta}=\dfrac{\boldsymbol{\xi}_2-\boldsymbol{\eta}_2}{|\boldsymbol{\xi}_2-\boldsymbol{\eta}_2|}$，则 $\mathscr{A}_2(\boldsymbol{\xi}_2)=\boldsymbol{\eta}_2,\mathscr{A}_2\boldsymbol{\eta}_1=\boldsymbol{\eta}_1$. 继续下去：

$$\begin{aligned}\boldsymbol{\varepsilon}_1,\boldsymbol{\varepsilon}_2,\cdots,\boldsymbol{\varepsilon}_n&\xrightarrow{\mathscr{A}_1}\boldsymbol{\eta}_1,\boldsymbol{\xi}_2,\cdots,\boldsymbol{\xi}_n\xrightarrow{\mathscr{A}_2}\boldsymbol{\eta}_1,\boldsymbol{\eta}_2,\boldsymbol{\delta}_3\cdots,\boldsymbol{\delta}_n\\&\xrightarrow{\mathscr{A}_3}\cdots\xrightarrow{\mathscr{A}_s}\boldsymbol{\eta}_1,\boldsymbol{\eta}_2,\cdots,\boldsymbol{\eta}_n,\end{aligned}$$

则 $\mathscr{A}=\mathscr{A}_s\mathscr{A}_{s-1}\cdots\mathscr{A}_1$.

20. 提示：$\boldsymbol{B}$ 是正定矩阵，故存在可逆矩阵 $\boldsymbol{C}$，使 $\boldsymbol{C}^{\mathrm{T}}\boldsymbol{BC}=\boldsymbol{E}$，再考虑实对称矩阵 $\boldsymbol{C}^{\mathrm{T}}\boldsymbol{AC}$.

21. 提示：利用酉空间内积的定义证明.

22. 提示：设 $\boldsymbol{A}$ 是酉矩阵，λ 是 $\boldsymbol{A}$ 的特征根，$\boldsymbol{\varepsilon}$ 是属于 λ 的特征向量，则 $(\lambda\overline{\lambda}-1)\boldsymbol{\varepsilon}^{\mathrm{T}}\boldsymbol{\varepsilon}=\boldsymbol{0}$.

23. 提示：证明参见例 17.

24. 提示：证明埃尔米特矩阵的性质 $(\overline{\boldsymbol{A}})^{\mathrm{T}}=\boldsymbol{A}$.

25. 提示:存在可逆矩阵 $\boldsymbol{M},\boldsymbol{N}$,使

$$\boldsymbol{A}=\boldsymbol{M}\begin{pmatrix}\boldsymbol{E}_r & \boldsymbol{O}\\ \boldsymbol{O} & \boldsymbol{O}\end{pmatrix}\boldsymbol{N}.$$

令 $\boldsymbol{M}=\boldsymbol{H}\boldsymbol{T},\boldsymbol{N}^{\mathrm{T}}=\boldsymbol{Q}\boldsymbol{S}$,其中 $\boldsymbol{H},\boldsymbol{Q}$ 是正交矩阵,$\boldsymbol{T},\boldsymbol{S}$ 是上三角形矩阵,主对角线上元素全大于零,则

$$\begin{aligned}\boldsymbol{A}&=\boldsymbol{H}\boldsymbol{T}\begin{pmatrix}\boldsymbol{E}_r & \boldsymbol{O}\\ \boldsymbol{O} & \boldsymbol{O}\end{pmatrix}\boldsymbol{S}^{\mathrm{T}}\boldsymbol{Q}^{\mathrm{T}}=\boldsymbol{H}\begin{pmatrix}\boldsymbol{T}_1 & \boldsymbol{T}_2\\ \boldsymbol{O} & \boldsymbol{T}_3\end{pmatrix}\begin{pmatrix}\boldsymbol{E}_r & \boldsymbol{O}\\ \boldsymbol{O} & \boldsymbol{O}\end{pmatrix}\begin{pmatrix}\boldsymbol{S}_1 & \boldsymbol{O}\\ \boldsymbol{S}_2 & \boldsymbol{S}_3\end{pmatrix}\boldsymbol{Q}^{\mathrm{T}}\\&=\boldsymbol{H}\begin{pmatrix}\boldsymbol{T}_1\boldsymbol{S}_1 & \boldsymbol{O}\\ \boldsymbol{O} & \boldsymbol{O}\end{pmatrix}\boldsymbol{Q}^{\mathrm{T}},\end{aligned}$$

其中 $\boldsymbol{T}_1,\boldsymbol{S}_1$ 是 r 阶可逆矩阵.

26. 提示:2) $\boldsymbol{A}=\boldsymbol{E}+k\boldsymbol{\beta}\boldsymbol{\beta}^{\mathrm{T}}$,其中 $\boldsymbol{\beta}=(1,2,\cdots,n)^{\mathrm{T}}$.

3) $\mathscr{A}$ 为正交变换$\Leftrightarrow\boldsymbol{A}^{\mathrm{T}}\boldsymbol{A}=\boldsymbol{E}\Leftrightarrow\boldsymbol{E}+2k\boldsymbol{\beta}\boldsymbol{\beta}^{\mathrm{T}}+k^2\boldsymbol{\beta}(\boldsymbol{\beta}^{\mathrm{T}}\boldsymbol{\beta})\boldsymbol{\beta}^{\mathrm{T}}=\boldsymbol{E}$

$$\Leftrightarrow k(2+k\boldsymbol{\beta}^{\mathrm{T}}\boldsymbol{\beta})\boldsymbol{\beta}\boldsymbol{\beta}^{\mathrm{T}}=0\Leftrightarrow 2+k\boldsymbol{\beta}^{\mathrm{T}}\boldsymbol{\beta}=0$$

$$\Leftrightarrow k=-\frac{2}{\boldsymbol{\beta}^{\mathrm{T}}\boldsymbol{\beta}}=-\frac{2}{1^2+2^2+\cdots+n^2}.$$

第九章典型习题详解

第十章　双线性函数

§10.1　基本知识

一、线性函数的定义及性质

1. 线性函数的定义：设 V 是数域 P 的一个线性空间，f 是空间 V 到 P 的一个映射，如果对于任意的 $\boldsymbol{\alpha},\boldsymbol{\beta}\in V,k\in P$，有

1）$f(\boldsymbol{\alpha}+\boldsymbol{\beta})=f(\boldsymbol{\alpha})+f(\boldsymbol{\beta})$；

2）$f(k\boldsymbol{\alpha})=kf(\boldsymbol{\alpha})$，

则称 f 为 V 上的一个线性函数.

V 上的全体线性函数的集合，记为 $L(V,P)$.

2. 线性函数的简单性质：设 V 是数域 P 上的线性空间，f 是 V 上的一个线性函数，则有

1）$f(\mathbf{0})=\mathbf{0}$；

2）对于任意的 $\boldsymbol{\alpha}\in V$，$f(-\boldsymbol{\alpha})=-f(\boldsymbol{\alpha})$；

3）如果 $\boldsymbol{\beta}=k_1\boldsymbol{\alpha}_1+k_2\boldsymbol{\alpha}_2+\cdots+k_s\boldsymbol{\alpha}_s$ 是 $\boldsymbol{\alpha}_1,\boldsymbol{\alpha}_2,\cdots,\boldsymbol{\alpha}_s$ 的线性组合，那么

$$f(\boldsymbol{\beta})=k_1f(\boldsymbol{\alpha}_1)+k_2f(\boldsymbol{\alpha}_2)+\cdots+k_sf(\boldsymbol{\alpha}_s)；$$

4）设 $\boldsymbol{\varepsilon}_1,\boldsymbol{\varepsilon}_2,\cdots,\boldsymbol{\varepsilon}_n$ 是 V 的一组基，$a_1,a_2,\cdots,a_n$ 是 P 中的 n 个数，则存在 V 上唯一的线性函数 f，使

$$f(\boldsymbol{\varepsilon}_i)=a_i,\quad i=1,2,\cdots,n.$$

3. 数域 P 上全体 n 阶矩阵构成的线性空间记为 $P^{n\times n}$. 设 $\boldsymbol{A}\in P^{n\times n}$，

$$\boldsymbol{A}=\begin{pmatrix} a_{11} & a_{12} & \cdots & a_{1n}\\ a_{21} & a_{22} & \cdots & a_{2n}\\ \vdots & \vdots & & \vdots\\ a_{n1} & a_{n2} & \cdots & a_{nn}\end{pmatrix}$$

$\mathrm{tr}(\boldsymbol{A})=a_{11}+a_{22}+\cdots+a_{nn}$称为 $\boldsymbol{A}$ 的迹. tr 是线性空间 $P^{n\times n}$上的一个线性函数.

4. 设 $V=P[x]$，t 是 P 中一个取定的数，定义 $P[x]$上的函数 L_t 为

$$L_t(p(x))=p(t),\quad p(x)\in P[x],$$

即 $L_t(p(x))$为多项式 $p(x)$在 t 点的值，则 L_t 是 $P[x]$上的线性函数.

二、线性空间的对偶空间

1. 对偶空间和对偶基：设 V 是数域 P 上一个 n 维线性空间，V 上全体线性函数组成的集合

记为$L(V,P)$.

设f,g是V的两个线性函数.定义函数f和g的和$f+g$如下:

$$(f+g)(\boldsymbol{\alpha})=f(\boldsymbol{\alpha})+g(\boldsymbol{\alpha}),\quad \boldsymbol{\alpha}\in V.$$

$f+g$是P上的线性函数.

设$k\in P$,定义f的数量乘法kf如下:

$$(kf)(\boldsymbol{\alpha})=k(f(\boldsymbol{\alpha})),\quad \boldsymbol{\alpha}\in V.$$

kf也是P上的线性函数.

在这样定义的加法和数量乘法下,$L(V,P)$成为数域P上的线性空间,称为V的对偶空间,记为V^*. V^*与V维数相同,也是n维线性空间.由V的一组基$\boldsymbol{\varepsilon}_1,\boldsymbol{\varepsilon}_2,\cdots,\boldsymbol{\varepsilon}_n$可以诱导出$V^*$的一组基$f_1,f_2,\cdots,f_n$,其定义为

$$f_i(\boldsymbol{\varepsilon}_j)=\begin{cases}1, & j=i,\\ 0, & j\neq i,\end{cases}\quad i=1,2,\cdots,n.$$

$f_1,f_2,\cdots,f_n$称为V的一组基$\boldsymbol{\varepsilon}_1,\boldsymbol{\varepsilon}_2,\cdots,\boldsymbol{\varepsilon}_n$的对偶基.

2. 线性空间V的两组基的对偶基的关系:设数域P上一个n维线性空间中有两组基$\boldsymbol{\varepsilon}_1,\boldsymbol{\varepsilon}_2,\cdots,\boldsymbol{\varepsilon}_n$及$\boldsymbol{\eta}_1,\boldsymbol{\eta}_2,\cdots,\boldsymbol{\eta}_n$,它们的对偶基分别为$f_1,f_2,\cdots,f_n$及$g_1,g_2,\cdots,g_n$.再设由$\boldsymbol{\varepsilon}_1,\boldsymbol{\varepsilon}_2,\cdots,\boldsymbol{\varepsilon}_n$到$\boldsymbol{\eta}_1,\boldsymbol{\eta}_2,\cdots,\boldsymbol{\eta}_n$的过渡矩阵为$\boldsymbol{A}$.那么由对偶基$f_1,f_2,\cdots,f_n$到$g_1,g_2,\cdots,g_n$的过渡矩阵为$(\boldsymbol{A}^{\mathrm{T}})^{-1}$.

3. 线性空间V的二次对偶空间V^{**}:线性空间V^*作为一个线性空间又有它的对偶空间$(V^*)^*$,记为V^{**}.

映射$\sigma:V\to V^{**}$,$\boldsymbol{\alpha}\mapsto\boldsymbol{\alpha}^{**}$是一个线性空间的同构映射,其中$\boldsymbol{\alpha}^{**}(f)=f(\boldsymbol{\alpha})$,$f\in V^*$.

由此可知,数域P上任何线性空间V都是可以视为数域P上某个线性函数空间的对偶空间.

三、双线性函数

1. 双线性函数的定义:设V是数域P上的一个线性空间,$f(\boldsymbol{\alpha},\boldsymbol{\beta})$是$V$上的一个二元函数,即对于$V$中任意两个向量$\boldsymbol{\alpha},\boldsymbol{\beta}$,根据$f$都有唯一确定的$P$中一个数$f(\boldsymbol{\alpha},\boldsymbol{\beta})$.如果$f(\boldsymbol{\alpha},\boldsymbol{\beta})$有下列性质:

1) $f(\boldsymbol{\alpha},k_1\boldsymbol{\beta}_1+k_2\boldsymbol{\beta}_2)=k_1f(\boldsymbol{\alpha},\boldsymbol{\beta}_1)+k_2f(\boldsymbol{\alpha},\boldsymbol{\beta}_2)$;

2) $f(k_1\boldsymbol{\alpha}_1+k_2\boldsymbol{\alpha}_2,\boldsymbol{\beta})=k_1f(\boldsymbol{\alpha}_1,\boldsymbol{\beta})+k_2f(\boldsymbol{\alpha}_2,\boldsymbol{\beta})$,

其中$\boldsymbol{\alpha},\boldsymbol{\alpha}_1,\boldsymbol{\alpha}_2,\boldsymbol{\beta},\boldsymbol{\beta}_1,\boldsymbol{\beta}_2$是$V$中任意向量,$k_1,k_2$是$P$中任意数,则称$f(\boldsymbol{\alpha},\boldsymbol{\beta})$为$V$上的一个双线性函数.

双线性函数$f(\boldsymbol{\alpha},\boldsymbol{\beta})$有两个变元,任意固定其中一个变元,$f$成为一个一元线性函数.

2. 双线性函数的度量矩阵:设$f(\boldsymbol{\alpha},\boldsymbol{\beta})$是数域$P$上的$n$维线性空间$V$上的一个双线性函数,$\boldsymbol{\varepsilon}_1,\boldsymbol{\varepsilon}_2,\cdots,\boldsymbol{\varepsilon}_n$是$V$的一组基,则矩阵

$$\boldsymbol{A}=\begin{pmatrix} f(\boldsymbol{\varepsilon}_1,\boldsymbol{\varepsilon}_1) & f(\boldsymbol{\varepsilon}_1,\boldsymbol{\varepsilon}_2) & \cdots & f(\boldsymbol{\varepsilon}_1,\boldsymbol{\varepsilon}_n)\\ f(\boldsymbol{\varepsilon}_2,\boldsymbol{\varepsilon}_1) & f(\boldsymbol{\varepsilon}_2,\boldsymbol{\varepsilon}_2) & \cdots & f(\boldsymbol{\varepsilon}_2,\boldsymbol{\varepsilon}_n)\\ \vdots & \vdots & & \vdots\\ f(\boldsymbol{\varepsilon}_n,\boldsymbol{\varepsilon}_1) & f(\boldsymbol{\varepsilon}_n,\boldsymbol{\varepsilon}_2) & \cdots & f(\boldsymbol{\varepsilon}_n,\boldsymbol{\varepsilon}_n)\end{pmatrix}$$

叫做双线性函数 $f(\boldsymbol{\alpha},\boldsymbol{\beta})$ 在基 $\boldsymbol{\varepsilon}_1,\boldsymbol{\varepsilon}_2,\cdots,\boldsymbol{\varepsilon}_n$ 下的度量矩阵.

反之,设 $\boldsymbol{\varepsilon}_1,\boldsymbol{\varepsilon}_2,\cdots,\boldsymbol{\varepsilon}_n$ 是 V 中的一组基,任给数域 P 上的一个 n 阶矩阵 $\boldsymbol{A}$,对于任意向量

$$\boldsymbol{\alpha}=(\boldsymbol{\varepsilon}_1,\boldsymbol{\varepsilon}_2,\cdots,\boldsymbol{\varepsilon}_n)\boldsymbol{X},\quad \boldsymbol{\beta}=(\boldsymbol{\varepsilon}_1,\boldsymbol{\varepsilon}_2,\cdots,\boldsymbol{\varepsilon}_n)\boldsymbol{Y}$$

$f(\boldsymbol{\alpha},\boldsymbol{\beta})=\boldsymbol{X}^{\mathrm{T}}\boldsymbol{A}\boldsymbol{Y}$ 是 V 上的一个双线性函数,其度量矩阵就是 $\boldsymbol{A}$. 显然,不同线性函数在同一组基下的度量矩阵是不同的.

因此,在同一组基下,V 上全体双线性函数与 P 上全体 n 阶方阵有一一对应.

3. 非退化双线性函数:设 $f(\boldsymbol{\alpha},\boldsymbol{\beta})$ 是线性空间 V 上一个双线性函数,如果由 $f(\boldsymbol{\alpha},\boldsymbol{\beta})=0$ 对任意 $\boldsymbol{\beta}\in V$ 成立,可推出 $\boldsymbol{\alpha}=\boldsymbol{0}$,则 f 称为非退化双线性函数;否则,称为退化线性函数. 也就是说,$f(\boldsymbol{\alpha},\boldsymbol{\beta})$ 是退化的,当且仅当存在 $\boldsymbol{\alpha}\neq\boldsymbol{0},\boldsymbol{\beta}\neq\boldsymbol{0}$,使$f(\boldsymbol{\alpha},\boldsymbol{\beta})=0$.

设双线性函数 $f(\boldsymbol{\alpha},\boldsymbol{\beta})$ 在一组基下的度量矩阵为 $\boldsymbol{A}$,则 $f(\boldsymbol{\alpha},\boldsymbol{\beta})$ 是非退化的当且仅当 $\boldsymbol{A}$ 为非退化矩阵.

4. 双线性函数在不同基下的度量矩阵之间的关系:设线性空间 V 有两组基 $\boldsymbol{\varepsilon}_1,\boldsymbol{\varepsilon}_2,\cdots,\boldsymbol{\varepsilon}_n$ 和 $\boldsymbol{\eta}_1,\boldsymbol{\eta}_2,\cdots,\boldsymbol{\eta}_n$,且有

$$(\boldsymbol{\eta}_1,\boldsymbol{\eta}_2,\cdots,\boldsymbol{\eta}_n)=(\boldsymbol{\varepsilon}_1,\boldsymbol{\varepsilon}_2,\cdots,\boldsymbol{\varepsilon}_n)\boldsymbol{C},$$

其中 $\boldsymbol{C}$ 是过渡矩阵. 设双线性函数 $f(\boldsymbol{\alpha},\boldsymbol{\beta})$ 在 $\boldsymbol{\varepsilon}_1,\boldsymbol{\varepsilon}_2,\cdots,\boldsymbol{\varepsilon}_n$ 及 $\boldsymbol{\eta}_1,\boldsymbol{\eta}_2,\cdots,\boldsymbol{\eta}_n$ 下的度量矩阵分别是 $\boldsymbol{A}$ 及 $\boldsymbol{B}$,则有

$$\boldsymbol{B}=\boldsymbol{C}^{\mathrm{T}}\boldsymbol{A}\boldsymbol{C},$$

即同一个双线性函数在不同基下的度量矩阵是合同的.

5. 对称双线性函数与反称双线性函数:线性空间 V 上的一个双线性函数$f(\boldsymbol{\alpha},\boldsymbol{\beta})$ 如果对于任意的向量 $\boldsymbol{\alpha},\boldsymbol{\beta}\in V$,都有

$$f(\boldsymbol{\alpha},\boldsymbol{\beta})=f(\boldsymbol{\beta},\boldsymbol{\alpha}),$$

则称 $f(\boldsymbol{\alpha},\boldsymbol{\beta})$ 是对称双线性函数.

如果对于任意向量 $\boldsymbol{\alpha},\boldsymbol{\beta}\in V$,都有

$$f(\boldsymbol{\alpha},\boldsymbol{\beta})=-f(\boldsymbol{\beta},\boldsymbol{\alpha}),$$

则称 $f(\boldsymbol{\alpha},\boldsymbol{\beta})$ 是反称双线性函数.

双线性函数是对称的,当且仅当它在任一组基下的度量矩阵是对称矩阵.

同样地,双线性函数是反称的,当且仅当它在任一组基下的度量矩阵是反称的,即适合 $\boldsymbol{A}^{\mathrm{T}}=-\boldsymbol{A}$ 的矩阵.

如 $f(\boldsymbol{\alpha},\boldsymbol{\beta})$ 是线性空间 V 上的对称双线性函数,则存在 V 的一组基 $\boldsymbol{\varepsilon}_1,\boldsymbol{\varepsilon}_2,\cdots,\boldsymbol{\varepsilon}_n$,使 $f(\boldsymbol{\alpha},\boldsymbol{\beta})$ 在这一组基下的度量矩阵为对角矩阵.

设 V 为复数域上的 n 维线性空间,$f(\boldsymbol{\alpha},\boldsymbol{\beta})$ 是 V 上的对称双线性函数,则存在 V 的一组基 $\boldsymbol{\varepsilon}_1,\boldsymbol{\varepsilon}_2,\cdots,\boldsymbol{\varepsilon}_n$,对 V 中任意向量

$$\boldsymbol{\alpha}=x_1\boldsymbol{\varepsilon}_1+x_2\boldsymbol{\varepsilon}_2+\cdots+x_n\boldsymbol{\varepsilon}_n,$$

$$\boldsymbol{\beta}=y_1\boldsymbol{\varepsilon}_1+y_2\boldsymbol{\varepsilon}_2+\cdots+y_n\boldsymbol{\varepsilon}_n,$$

有

$$f(\boldsymbol{\alpha},\boldsymbol{\beta})=x_1y_1+x_2y_2+\cdots+x_ry_r\quad(0\leqslant r\leqslant n).$$

设 V 是实数域上 n 维线性空间,$f(\boldsymbol{\alpha},\boldsymbol{\beta})$ 是 V 上对称双线性函数,则存在 V 中一组基 $\boldsymbol{\varepsilon}_1,\boldsymbol{\varepsilon}_2,\cdots,$

ε_n,对 V 中任意向量

$$\boldsymbol{\alpha}=\sum_{i=1}^{n} x_i\boldsymbol{\varepsilon}_i,\quad \boldsymbol{\beta}=\sum_{i=1}^{n} y_i\boldsymbol{\varepsilon}_i,$$

有

$$f(\boldsymbol{\alpha},\boldsymbol{\beta})=x_1y_1+x_2y_2+\cdots+x_py_p-x_{p+1}y_{p+1}-\cdots-x_ry_r,\quad 0\leqslant p\leqslant r\leqslant n.$$

§ 10.2 例　　题

例 1 设 V 是数域 P 上的三维线性空间,$\boldsymbol{\varepsilon}_1,\boldsymbol{\varepsilon}_2,\boldsymbol{\varepsilon}_3$ 是 V 的一组基,f 是 V 上的一个线性函数. 已知

$$\begin{cases} f(\boldsymbol{\varepsilon}_1+\boldsymbol{\varepsilon}_2-\boldsymbol{\varepsilon}_3)=2,\\ f(\boldsymbol{\varepsilon}_1-\boldsymbol{\varepsilon}_2+\boldsymbol{\varepsilon}_3)=4,\\ f(-\boldsymbol{\varepsilon}_1+\boldsymbol{\varepsilon}_2+\boldsymbol{\varepsilon}_3)=-2,\end{cases}$$

求 $f(2\boldsymbol{\varepsilon}_1-3\boldsymbol{\varepsilon}_2+\boldsymbol{\varepsilon}_3)$.

解 令 $f(\boldsymbol{\varepsilon}_1)=x_1,f(\boldsymbol{\varepsilon}_2)=x_2,f(\boldsymbol{\varepsilon}_3)=x_3$,得方程组

$$\begin{cases} x_1+x_2-x_3=2,\\ x_1-x_2+x_3=4,\\ -x_1+x_2+x_3=-2,\end{cases}$$

解得 $x_1=3,x_2=0,x_3=1$. 因此

$$f(2\boldsymbol{\varepsilon}_1-3\boldsymbol{\varepsilon}_2+\boldsymbol{\varepsilon}_3)=2f(\boldsymbol{\varepsilon}_1)-3f(\boldsymbol{\varepsilon}_2)+f(\boldsymbol{\varepsilon}_3)=7.$$

例 2 设 V 是数域 P 上的线性空间,$f_1,f_2,\cdots,f_s$ 是 V 上的非零线性函数,则存在$\boldsymbol{\alpha}\in V$,使

$$f_i(\boldsymbol{\alpha})\neq 0,\quad i=1,2,\cdots,s.$$

证明 令 $V_i=\{\boldsymbol{\alpha}\mid f_i(\boldsymbol{\alpha})=0,\boldsymbol{\alpha}\in V\}$,则 V_i 非空且为 V 的子空间. 由于$f_i\neq 0$,因而 V_i 是 V 的真子空间,$i=1,2,\cdots,s$,由第六章例 10,存在向量 $\boldsymbol{\alpha}\in V$,使 $\boldsymbol{\alpha}$ 不属于每个 V_i,即

$$f_i(\boldsymbol{\alpha})\neq 0,\quad i=1,2,\cdots,s.$$

例 3 设 V 是 n 维欧几里得空间,对 V 中任意的向量 $\boldsymbol{\alpha}$,定义一个函数 $\boldsymbol{\alpha}^*$:

$$\boldsymbol{\alpha}^*(\boldsymbol{\beta})=(\boldsymbol{\alpha},\boldsymbol{\beta}),\quad \boldsymbol{\beta}\in V.$$

1) 证明:$\boldsymbol{\alpha}^*$ 是 V 上的线性函数.

2) 证明:V 到 V 的对偶空间 $L(V,\mathbf{R})$的映射:$\boldsymbol{\alpha}\mapsto\boldsymbol{\alpha}^*$ 是一个同构映射.

证明 1) 设 $\boldsymbol{\beta}_1,\boldsymbol{\beta}_2\in V,k\in\mathbf{R}$,则

$$\begin{aligned}\boldsymbol{\alpha}^*(\boldsymbol{\beta}_1+\boldsymbol{\beta}_2)&=(\boldsymbol{\alpha},\boldsymbol{\beta}_1+\boldsymbol{\beta}_2)=(\boldsymbol{\alpha},\boldsymbol{\beta}_1)+(\boldsymbol{\alpha},\boldsymbol{\beta}_2)\\&=\boldsymbol{\alpha}^*(\boldsymbol{\beta}_1)+\boldsymbol{\alpha}^*(\boldsymbol{\beta}_2),\\ \boldsymbol{\alpha}^*(k\boldsymbol{\beta}_1)&=(\boldsymbol{\alpha},k\boldsymbol{\beta}_1)=k(\boldsymbol{\alpha},\boldsymbol{\beta}_1)=k\boldsymbol{\alpha}^*(\boldsymbol{\beta}_1),\end{aligned}$$

即 $\boldsymbol{\alpha}^*$ 是 V 上的线性函数.

2) 设 $\Psi:V\to L(V,\mathbf{R}),\boldsymbol{\alpha}\mapsto\boldsymbol{\alpha}^*$.

① Ψ 是单射,事实上,设 $\boldsymbol{\alpha}_1\neq\boldsymbol{\alpha}_2$,而 $\boldsymbol{\alpha}^*_1=\boldsymbol{\alpha}^*_2$,故对任意的 $\boldsymbol{\beta}\in V$,有

$$\boldsymbol{\alpha}^*_1(\boldsymbol{\beta})=\boldsymbol{\alpha}^*_2(\boldsymbol{\beta}),$$

即$(\boldsymbol{\alpha}_1,\boldsymbol{\beta})=(\boldsymbol{\alpha}_2,\boldsymbol{\beta})$，得$(\boldsymbol{\alpha}_1-\boldsymbol{\alpha}_2,\boldsymbol{\beta})=0$. 所以 $\boldsymbol{\alpha}_1=\boldsymbol{\alpha}_2$，矛盾.

② 设 $\Psi(\boldsymbol{\alpha}_1)=\boldsymbol{\alpha}^*_1$，$\Psi(\boldsymbol{\alpha}_2)=\boldsymbol{\alpha}^*_2$，则对于任意 $\boldsymbol{\beta}\in V$，

$$\Psi(k\boldsymbol{\alpha}_1+l\boldsymbol{\alpha}_2)=(k\boldsymbol{\alpha}_1+l\boldsymbol{\alpha}_2)^*,$$

$$\begin{aligned}(k\boldsymbol{\alpha}_1+l\boldsymbol{\alpha}_2)^*(\boldsymbol{\beta})&=(k\boldsymbol{\alpha}_1+l\boldsymbol{\alpha}_2,\boldsymbol{\beta})\\&=k(\boldsymbol{\alpha}_1,\boldsymbol{\beta})+l(\boldsymbol{\alpha}_2,\boldsymbol{\beta})=k\boldsymbol{\alpha}^*_1(\boldsymbol{\beta})+l\boldsymbol{\alpha}^*_2(\boldsymbol{\beta})\\&=(k\boldsymbol{\alpha}^*_1+l\boldsymbol{\alpha}^*_2)(\boldsymbol{\beta}).\end{aligned}$$

所以$(k\boldsymbol{\alpha}_1+l\boldsymbol{\alpha}_2)^*=k\boldsymbol{\alpha}^*_1+l\boldsymbol{\alpha}^*_2$. 因而在 V^* 中有子空间 V^*_1，使 $V\cong V^*_1$. 由于

$$维(V)=维(V^*_1)=n=维(V^*),$$

所以 $V^*_1=V^*$，从而 $V\cong V^*$.

例 4 设 $\mathscr{A}$ 为数域 P 上的 n 维线性空间 V 的一个线性变换，f 是 V 上的一个线性函数. 求证：

1）$f\mathscr{A}$ 是 V 上的线性函数；

2）定义 V^* 到自身的映射 $\mathscr{A}^*$ 为

$$\mathscr{A}^*(f)=f\mathscr{A},$$

则 $\mathscr{A}^*$ 是 V^* 上的线性变换；

3）设 $\boldsymbol{\varepsilon}_1,\boldsymbol{\varepsilon}_2,\cdots,\boldsymbol{\varepsilon}_n$ 是 V 中一组基，$f_1,f_2,\cdots,f_n$ 是其对偶基，$\mathscr{A}$ 在 $\boldsymbol{\varepsilon}_1,\boldsymbol{\varepsilon}_2,\cdots,\boldsymbol{\varepsilon}_n$ 下的矩阵为 $\boldsymbol{A}$，则 $\mathscr{A}^*$ 在 $f_1,f_2,\cdots,f_n$ 下的矩阵为 $\boldsymbol{A}^{\mathrm{T}}$.

证明 1）任取 $\boldsymbol{\alpha},\boldsymbol{\beta}\in V$，$k,l\in P$，则

$$\begin{aligned}(f\mathscr{A})(k\boldsymbol{\alpha}+l\boldsymbol{\beta})&=f(\mathscr{A}(k\boldsymbol{\alpha}+l\boldsymbol{\beta}))\\&=f(k\mathscr{A}(\boldsymbol{\alpha})+l\mathscr{A}(\boldsymbol{\beta}))\\&=kf(\mathscr{A}(\boldsymbol{\alpha}))+lf(\mathscr{A}(\boldsymbol{\beta}))\\&=k(f\mathscr{A})(\boldsymbol{\alpha})+l(f\mathscr{A})(\boldsymbol{\beta}).\end{aligned}$$

因而 $f\mathscr{A}$ 是 V 上的线性函数.

2）由定义可知

$$\mathscr{A}^*(f)=f\mathscr{A}\in V^*.$$

任取 $f,g\in V^*$，$k,l\in P$，则

$$\begin{aligned}\mathscr{A}^*(kf+lg)&=(kf+lg)\mathscr{A}=k(f\mathscr{A})+l(g\mathscr{A})\\&=k\mathscr{A}^*(f)+l\mathscr{A}^*(g),\end{aligned}$$

因而 $\mathscr{A}^*$ 是 V^* 上的线性变换.

3）设 $\boldsymbol{A}=(a_{ij})$，由假设知

$$\mathscr{A}\boldsymbol{\varepsilon}_i=a_{1i}\boldsymbol{\varepsilon}_1+a_{2i}\boldsymbol{\varepsilon}_2+\cdots+a_{ni}\boldsymbol{\varepsilon}_n\quad(i=1,2,\cdots,n).$$

设

$$\mathscr{A}^*(f_1,f_2,\cdots,f_n)=(f_1,f_2,\cdots,f_n)\boldsymbol{B},$$

其中 $\boldsymbol{B}=(b_{ij})$，则

$$\mathscr{A}^*(f_j)=b_{1j}f_1+b_{2j}f_2+\cdots+b_{nj}f_n.$$

但 $\mathscr{A}^*(f_j)=f_j\mathscr{A}$，

$$f_j\mathscr{A}(\boldsymbol{\varepsilon}_i)=f_j(a_{1i}\boldsymbol{\varepsilon}_1+a_{2i}\boldsymbol{\varepsilon}_2+\cdots+a_{ni}\boldsymbol{\varepsilon}_n)=a_{ji};$$

另一方面

$$\mathscr{A}^*(f_i)(\boldsymbol{\varepsilon}_i)=(b_{1j}f_1+b_{2j}f_2+\cdots+b_{nj}f_n)(\boldsymbol{\varepsilon}_i)=b_{ij},$$

所以 $a_{ij}=b_{ji}$(对一切 i,j),即得 $\boldsymbol{B}=\boldsymbol{A}^{\mathrm{T}}$. 即可证明 $\mathscr{A}^*$ 在 $f_1,f_2,\cdots,f_s$ 下的矩阵为 $\boldsymbol{A}^{\mathrm{T}}$.

例 5 设 $f(\boldsymbol{\alpha},\boldsymbol{\beta})$ 是线性空间 V 的双线性函数. 试将 $f(\boldsymbol{\alpha},\boldsymbol{\beta})$ 表示为一个对称双线性函数与一个反称双线性函数之和,并证明表示法唯一.

解 由

$$f(\boldsymbol{\alpha},\boldsymbol{\beta})=\frac{1}{2}(f(\boldsymbol{\alpha},\boldsymbol{\beta})+f(\boldsymbol{\beta},\boldsymbol{\alpha}))+\frac{1}{2}(f(\boldsymbol{\alpha},\boldsymbol{\beta})-f(\boldsymbol{\beta},\boldsymbol{\alpha}))$$

设

$$\varphi(\boldsymbol{\alpha},\boldsymbol{\beta})=\frac{1}{2}(f(\boldsymbol{\alpha},\boldsymbol{\beta})+f(\boldsymbol{\beta},\boldsymbol{\alpha})),\quad \psi(\boldsymbol{\alpha},\boldsymbol{\beta})=\frac{1}{2}(f(\boldsymbol{\alpha},\boldsymbol{\beta})-f(\boldsymbol{\beta},\boldsymbol{\alpha})),$$

则 $\varphi(\boldsymbol{\alpha},\boldsymbol{\beta})$ 是对称双线性函数,$\psi(\boldsymbol{\alpha},\boldsymbol{\beta})$ 是反称双线性函数.

如果 $f(\boldsymbol{\alpha},\boldsymbol{\beta})=\varphi_1(\boldsymbol{\alpha},\boldsymbol{\beta})+\psi_1(\boldsymbol{\alpha},\boldsymbol{\beta})$,其中 $\varphi_1(\boldsymbol{\alpha},\boldsymbol{\beta}),\psi_1(\boldsymbol{\alpha},\boldsymbol{\beta})$ 分别为对称、反称双线性函数,则

$$\varphi(\boldsymbol{\alpha},\boldsymbol{\beta})+\psi(\boldsymbol{\alpha},\boldsymbol{\beta})=\varphi_1(\boldsymbol{\alpha},\boldsymbol{\beta})+\psi_1(\boldsymbol{\alpha},\boldsymbol{\beta}),$$

而 $\psi(\boldsymbol{\alpha},\boldsymbol{\alpha})=\psi_1(\boldsymbol{\alpha},\boldsymbol{\alpha})=0$,故对于任意的 $\boldsymbol{\alpha}$,

$$\varphi(\boldsymbol{\alpha},\boldsymbol{\alpha})=\varphi_1(\boldsymbol{\alpha},\boldsymbol{\alpha}).$$

因而对任意的 $\boldsymbol{\alpha},\boldsymbol{\beta}\in V$,有

$$\varphi(\boldsymbol{\alpha}+\boldsymbol{\beta},\boldsymbol{\alpha}+\boldsymbol{\beta})=\varphi_1(\boldsymbol{\alpha}+\boldsymbol{\beta},\boldsymbol{\alpha}+\boldsymbol{\beta}),$$

故

$$\varphi(\boldsymbol{\alpha},\boldsymbol{\alpha})+2\varphi(\boldsymbol{\alpha},\boldsymbol{\beta})+\varphi(\boldsymbol{\beta},\boldsymbol{\beta})=\varphi_1(\boldsymbol{\alpha},\boldsymbol{\alpha})+2\varphi_1(\boldsymbol{\alpha},\boldsymbol{\beta})+\varphi_1(\boldsymbol{\beta},\boldsymbol{\beta}).$$

$$\varphi(\boldsymbol{\alpha},\boldsymbol{\beta})=\varphi_1(\boldsymbol{\alpha},\boldsymbol{\beta}).$$

由此得到 $\psi(\boldsymbol{\alpha},\boldsymbol{\beta})=\psi_1(\boldsymbol{\alpha},\boldsymbol{\beta})$,表示法唯一.

例 6 证明:在 3 维线性空间 V 中,非零反称双线性函数 $f(\boldsymbol{X},\boldsymbol{Y})$ 可表示为

$$f(\boldsymbol{X},\boldsymbol{Y})=f_1(\boldsymbol{X})f_2(\boldsymbol{Y})-f_1(\boldsymbol{Y})f_2(\boldsymbol{X}),$$

其中 $f_1(\boldsymbol{X}),f_2(\boldsymbol{X})$ 是线性函数.

证明 设 $\boldsymbol{e}_1,\boldsymbol{e}_2,\boldsymbol{e}_3$ 是 V 的基,$f(X,Y)$ 是 V 的非零反称双线性函数,在 $\boldsymbol{e}_1,\boldsymbol{e}_2,\boldsymbol{e}_3$ 下的度量矩阵为

$$\boldsymbol{A}=\begin{pmatrix}0&a_{12}&a_{13}\\-a_{12}&0&a_{23}\\-a_{13}&-a_{23}&0\end{pmatrix}.$$

设

$$\boldsymbol{X}=(\boldsymbol{e}_1,\boldsymbol{e}_2,\boldsymbol{e}_3)\begin{pmatrix}x_1\\x_2\\x_3\end{pmatrix},\quad \boldsymbol{Y}=(\boldsymbol{e}_1,\boldsymbol{e}_2,\boldsymbol{e}_3)\begin{pmatrix}y_1\\y_2\\y_3\end{pmatrix},$$

故

$$f(\boldsymbol{X},\boldsymbol{Y})=(x_1,x_2,x_3)\boldsymbol{A}\begin{pmatrix}y_1\\y_2\\y_3\end{pmatrix}.$$

由于 $\boldsymbol{A}^{\mathrm{T}}=-\boldsymbol{A}$，且 $\boldsymbol{A}\neq\boldsymbol{O}$，故存在可逆矩阵 $\boldsymbol{T}$，使

$$\boldsymbol{T}^{\mathrm{T}}\boldsymbol{A}\boldsymbol{T}=\begin{pmatrix}0&1&0\\-1&0&0\\0&0&0\end{pmatrix}.$$

令 $(\boldsymbol{\eta}_1,\boldsymbol{\eta}_2,\boldsymbol{\eta}_3)=(\boldsymbol{e}_1,\boldsymbol{e}_2,\boldsymbol{e}_3)\boldsymbol{T}$，设

$$\boldsymbol{X}=x_1'\boldsymbol{\eta}_1+x_2'\boldsymbol{\eta}_2+x_3'\boldsymbol{\eta}_3,\quad \boldsymbol{Y}=y_1'\boldsymbol{\eta}_1+y_2'\boldsymbol{\eta}_2+y_3'\boldsymbol{\eta}_3,$$

则

$$\begin{aligned}f(\boldsymbol{X},\boldsymbol{Y})&=(x_1',x_2',x_3')\begin{pmatrix}f(\boldsymbol{\eta}_1,\boldsymbol{\eta}_1)&f(\boldsymbol{\eta}_1,\boldsymbol{\eta}_2)&f(\boldsymbol{\eta}_1,\boldsymbol{\eta}_3)\\f(\boldsymbol{\eta}_2,\boldsymbol{\eta}_1)&f(\boldsymbol{\eta}_2,\boldsymbol{\eta}_2)&f(\boldsymbol{\eta}_2,\boldsymbol{\eta}_3)\\f(\boldsymbol{\eta}_3,\boldsymbol{\eta}_1)&f(\boldsymbol{\eta}_3,\boldsymbol{\eta}_2)&f(\boldsymbol{\eta}_3,\boldsymbol{\eta}_3)\end{pmatrix}\begin{pmatrix}y_1'\\y_2'\\y_3'\end{pmatrix}\\&=(x_1',x_2',x_3')\boldsymbol{T}^{\mathrm{T}}\boldsymbol{A}\boldsymbol{T}\begin{pmatrix}y_1'\\y_2'\\y_3'\end{pmatrix}\\&=-x_2'y_1'+x_1'y_2'=x_1'y_2'-x_2'y_1'.\end{aligned}$$

又

$$\begin{aligned}\boldsymbol{X}&=(\boldsymbol{\eta}_1,\boldsymbol{\eta}_2,\boldsymbol{\eta}_3)\begin{pmatrix}x_1'\\x_2'\\x_3'\end{pmatrix}=(\boldsymbol{e}_1,\boldsymbol{e}_2,\boldsymbol{e}_3)\boldsymbol{T}\begin{pmatrix}x_1'\\x_2'\\x_3'\end{pmatrix}\\&=(\boldsymbol{e}_1,\boldsymbol{e}_2,\boldsymbol{e}_3)\begin{pmatrix}x_1\\x_2\\x_3\end{pmatrix},\end{aligned}$$

故

$$\boldsymbol{T}\begin{pmatrix}x_1'\\x_2'\\x_3'\end{pmatrix}=\begin{pmatrix}x_1\\x_2\\x_3\end{pmatrix},$$

$$\begin{pmatrix}x_1'\\x_2'\\x_3'\end{pmatrix}=\boldsymbol{T}^{-1}\begin{pmatrix}x_1\\x_2\\x_3\end{pmatrix}=\begin{pmatrix}b_{11}&b_{12}&b_{13}\\b_{21}&b_{22}&b_{23}\\b_{31}&b_{32}&b_{33}\end{pmatrix}\begin{pmatrix}x_1\\x_2\\x_3\end{pmatrix},$$

这里 $\boldsymbol{T}^{-1}=(b_{ij})_{3\times3}$，得到

$$\begin{cases}x_1'=b_{11}x_1+b_{12}x_2+b_{13}x_3,\\x_2'=b_{21}x_1+b_{22}x_2+b_{23}x_3.\end{cases}$$

同样可得

$$\begin{cases} y_1' = b_{11}y_1 + b_{12}y_2 + b_{13}y_3, \\ y_2' = b_{21}y_1 + b_{22}y_2 + b_{23}y_3, \end{cases}$$

故

$$\begin{aligned} f(\boldsymbol{X},\boldsymbol{Y}) &= (b_{11}x_1 + b_{12}x_2 + b_{13}x_3)(b_{21}y_1 + b_{22}y_2 + b_{23}y_3) - \\ &\quad (b_{11}y_1 + b_{12}y_2 + b_{13}y_3)(b_{21}x_1 + b_{22}x_2 + b_{23}x_3) \\ &= f_1(\boldsymbol{X})f_2(\boldsymbol{Y}) - f_1(\boldsymbol{Y})f_2(\boldsymbol{X}), \end{aligned}$$

这里

$$f_1(\boldsymbol{X}) = b_{11}x_1 + b_{12}x_2 + b_{13}x_3, \quad f_2(\boldsymbol{X}) = b_{21}x_1 + b_{22}x_2 + b_{23}x_3,$$

其中(x_1, x_2, x_3)为 $\boldsymbol{X}$ 在 V 中的基 $\boldsymbol{e}_1, \boldsymbol{e}_2, \boldsymbol{e}_3$ 下的坐标.

例 7 设 V 是复数域上的线性空间,其维数大于或等于 2,$f(\boldsymbol{\alpha},\boldsymbol{\beta})$是 V 上的一个对称双线性函数.

1) 证明:V 中有 $\boldsymbol{\xi} \neq \boldsymbol{0}$,使 $f(\boldsymbol{\xi},\boldsymbol{\xi}) = 0$;

2) 如果 $f(\boldsymbol{\alpha},\boldsymbol{\beta})$是非退化的,则必有线性无关的向量 $\boldsymbol{\xi},\boldsymbol{\eta}$ 满足

$$f(\boldsymbol{\xi},\boldsymbol{\eta}) = 1, \quad f(\boldsymbol{\xi},\boldsymbol{\xi}) = f(\boldsymbol{\eta},\boldsymbol{\eta}) = 0.$$

证明 1) 设 $\boldsymbol{\varepsilon}_1, \boldsymbol{\varepsilon}_2, \cdots, \boldsymbol{\varepsilon}_n$ 是 V 的基,$f(\boldsymbol{\alpha},\boldsymbol{\beta})$在该基下的度量矩阵为

$$\boldsymbol{A} = \begin{pmatrix} f(\boldsymbol{\varepsilon}_1,\boldsymbol{\varepsilon}_1) & f(\boldsymbol{\varepsilon}_1,\boldsymbol{\varepsilon}_2) & \cdots & f(\boldsymbol{\varepsilon}_1,\boldsymbol{\varepsilon}_n) \\ f(\boldsymbol{\varepsilon}_2,\boldsymbol{\varepsilon}_1) & f(\boldsymbol{\varepsilon}_2,\boldsymbol{\varepsilon}_2) & \cdots & f(\boldsymbol{\varepsilon}_2,\boldsymbol{\varepsilon}_n) \\ \vdots & \vdots & & \vdots \\ f(\boldsymbol{\varepsilon}_n,\boldsymbol{\varepsilon}_1) & f(\boldsymbol{\varepsilon}_n,\boldsymbol{\varepsilon}_2) & \cdots & f(\boldsymbol{\varepsilon}_n,\boldsymbol{\varepsilon}_n) \end{pmatrix}.$$

由条件 $\boldsymbol{A}^{\mathrm{T}} = \boldsymbol{A}$ 知,$\boldsymbol{A}$ 是复对称矩阵,故存在可逆矩阵 $\boldsymbol{T}$,使

$$\boldsymbol{T}^{\mathrm{T}}\boldsymbol{A}\boldsymbol{T} = \begin{pmatrix} \overbrace{1 \quad \ddots \quad 1}^{r\text{个}} & & & & \\ & & 0 & & \\ & & & \ddots & \\ & & & & 0 \end{pmatrix}, \quad r = \text{秩}(\boldsymbol{A}).$$

令$(\boldsymbol{\eta}_1, \boldsymbol{\eta}_2, \cdots, \boldsymbol{\eta}_n) = (\boldsymbol{\varepsilon}_1, \boldsymbol{\varepsilon}_2, \cdots, \boldsymbol{\varepsilon}_n)\boldsymbol{T}$,则 f 在基 $\boldsymbol{\eta}_1, \boldsymbol{\eta}_2, \cdots, \boldsymbol{\eta}_n$ 下的度量矩阵为 $\boldsymbol{T}^{\mathrm{T}}\boldsymbol{A}\boldsymbol{T}$.

当 $r=0$ 时,$f(\boldsymbol{\alpha},\boldsymbol{\beta})$为零函数,因而对于任意的 $\boldsymbol{\xi} \neq \boldsymbol{0}$,有 $f(\boldsymbol{\xi},\boldsymbol{\xi}) = 0$.

当 $r=1$ 时,由于 $n \geqslant 2$,故取

$$\boldsymbol{\xi} = (\boldsymbol{\eta}_1, \boldsymbol{\eta}_2, \cdots, \boldsymbol{\eta}_n)\begin{pmatrix} 0 \\ 1 \\ 0 \\ \vdots \\ 0 \end{pmatrix},$$

有 $f(\boldsymbol{\xi},\boldsymbol{\xi}) = 0$.

当 $r>1$ 时,取

$$\boldsymbol{\xi}=(\boldsymbol{\eta}_1,\boldsymbol{\eta}_2,\cdots,\boldsymbol{\eta}_n)\begin{pmatrix}1\\ \mathrm{i}\\ 0\\ \vdots\\ 0\end{pmatrix},$$

则

$$f(\boldsymbol{\xi},\boldsymbol{\xi})=1+\mathrm{i}^2=0.$$

2) 由已知,$f(\boldsymbol{\alpha},\boldsymbol{\beta})$ 在 $\boldsymbol{\varepsilon}_1,\boldsymbol{\varepsilon}_2,\cdots,\boldsymbol{\varepsilon}_n$ 下的度量矩阵 $\boldsymbol{A}$ 为非退化的. 由 1),存在 $\boldsymbol{\xi}\neq\mathbf{0}$,使 $f(\boldsymbol{\xi},\boldsymbol{\xi})=0$,令

$$\boldsymbol{\xi}=(\boldsymbol{\varepsilon}_1,\boldsymbol{\varepsilon}_2,\cdots,\boldsymbol{\varepsilon}_n)\begin{pmatrix}a_1\\ a_2\\ \vdots\\ a_n\end{pmatrix}.$$

因为 $\boldsymbol{\xi}\neq\mathbf{0}$,$\begin{pmatrix}a_1\\ a_2\\ \vdots\\ a_n\end{pmatrix}\neq\mathbf{0}$,这样 $(a_1,a_2,\cdots,a_n)\boldsymbol{A}=(b_1,b_2,\cdots,b_n)\neq\mathbf{0}$. 设 $b_i\neq 0$,有

$$(a_1,a_2,\cdots,a_n)\boldsymbol{A}\begin{pmatrix}0\\ \vdots\\ 0\\ \dfrac{1}{b_i}\\ 0\\ \vdots\\ 0\end{pmatrix}=1.$$

令

$$\boldsymbol{\beta}=(\boldsymbol{\varepsilon}_1,\boldsymbol{\varepsilon}_2,\cdots,\boldsymbol{\varepsilon}_n)\begin{pmatrix}0\\ \vdots\\ 0\\ \dfrac{1}{b_i}\\ 0\\ \vdots\\ 0\end{pmatrix},$$

则

$$f(\boldsymbol{\xi},\boldsymbol{\beta})=(a_1,a_2,\cdots a_n)\boldsymbol{A}\begin{pmatrix}0\\ \vdots\\ 0\\ \dfrac{1}{b_i}\\ 0\\ \vdots\\ 0\end{pmatrix}=1,$$

设 $\boldsymbol{\eta}=a\boldsymbol{\xi}+b\boldsymbol{\beta}$，由 $f(\boldsymbol{\xi},\boldsymbol{\eta})=1$，$f(\boldsymbol{\eta},\boldsymbol{\eta})=0$，得到

$$b=1,a=-\frac{f(\boldsymbol{\beta},\boldsymbol{\beta})}{2},\quad 即\ \boldsymbol{\eta}=-\frac{f(\boldsymbol{\beta},\boldsymbol{\beta})}{2}\boldsymbol{\xi}+\boldsymbol{\beta}.$$

首先 $\boldsymbol{\xi}$ 与 $\boldsymbol{\beta}$ 线性无关. 若相关，因 $\boldsymbol{\xi}\neq\boldsymbol{0}$，必有 $\boldsymbol{\beta}=l\boldsymbol{\xi}$，而 $f(\boldsymbol{\xi},\boldsymbol{\beta})=f(\boldsymbol{\xi},l\boldsymbol{\xi})=lf(\boldsymbol{\xi},\boldsymbol{\xi})=0$，矛盾. 由于 $\boldsymbol{\xi},\boldsymbol{\beta}$ 线性无关，进而 $\boldsymbol{\eta}$ 与 $\boldsymbol{\xi}$ 线性无关，否则有 $\boldsymbol{\eta}=l\boldsymbol{\xi}$. 因而 $\boldsymbol{\xi}$ 与 $\boldsymbol{\beta}$ 线性相关，矛盾. 由上知 $\boldsymbol{\eta}$ 为所求.

§ 10.3 习　　题

1. 举出线性空间 $\mathbf{R}^n$ 上的一个线性函数的例子和一个不是线性函数的例子，并说明理由.

2. 设 $\boldsymbol{\varepsilon}_1,\boldsymbol{\varepsilon}_2,\boldsymbol{\varepsilon}_3$ 是线性空间 V 的一组基，f_1,f_2,f_3 是它的对偶基，令 $\boldsymbol{\alpha}_1=\boldsymbol{\varepsilon}_1-\boldsymbol{\varepsilon}_3$，$\boldsymbol{\alpha}_2=\boldsymbol{\varepsilon}_1+\boldsymbol{\varepsilon}_2+\boldsymbol{\varepsilon}_3$，$\boldsymbol{\alpha}_3=\boldsymbol{\varepsilon}_2+\boldsymbol{\varepsilon}_3$，证明：$\boldsymbol{\alpha}_1,\boldsymbol{\alpha}_2,\boldsymbol{\alpha}_3$ 是 V 的一组基，并求它的对偶基.

3. 设 $\boldsymbol{A}$ 是数域 P 上的 m 阶方阵，定义 $P^{m\times n}$ 上一个二元函数

$$f(\boldsymbol{Z},\boldsymbol{Y})=\mathrm{tr}(\boldsymbol{Z}^{\mathrm{T}}\boldsymbol{A}\boldsymbol{Y}),\quad \boldsymbol{Z},\boldsymbol{Y}\in P^{m\times n}.$$

其中 tr 表示方阵对角线上元素之和.

1）证明：$f(\boldsymbol{Z},\boldsymbol{Y})$ 是 $P^{m\times n}$ 上的双线性函数；

2）求 $f(\boldsymbol{Z},\boldsymbol{Y})$ 在基 $\boldsymbol{E}_{11},\boldsymbol{E}_{12},\cdots,\boldsymbol{E}_{1n};\boldsymbol{E}_{21},\boldsymbol{E}_{22},\cdots,\boldsymbol{E}_{2n};\cdots;\boldsymbol{E}_{m1},\boldsymbol{E}_{m2},\cdots,\boldsymbol{E}_{mn}$ 下的度量矩阵（$\boldsymbol{E}_{ij}$ 表示第 i 行第 j 列的元素为 1，其余元素为 0）.

4. 证明：线性空间 V 上双线性函数 $f(\boldsymbol{\alpha},\boldsymbol{\beta})$ 为反称的充要条件是：对于任意的 $\boldsymbol{\alpha}\in V$，有 $f(\boldsymbol{\alpha},\boldsymbol{\alpha})=0$.

5. 设 $f(\boldsymbol{\alpha},\boldsymbol{\beta})$ 是 V 上对称的双线性函数，$\boldsymbol{\alpha},\boldsymbol{\beta}$ 是 V 中两个向量，如果 $f(\boldsymbol{\alpha},\boldsymbol{\beta})=0$，则称 $\boldsymbol{\alpha}$ 与 $\boldsymbol{\beta}$ 正交. 再设 K 是 V 的一个真子空间，证明：对 $\boldsymbol{\xi}\notin K$，必有 $\boldsymbol{0}\neq\boldsymbol{\eta}\in K+L(\boldsymbol{\xi})$，使对所有 $\boldsymbol{\alpha}\in K$，有 $f(\boldsymbol{\eta},\boldsymbol{\alpha})=0$.

6. 设 V 是线性空间，$f(\boldsymbol{\alpha},\boldsymbol{\beta})$ 是 V 上对称双线性函数，K 是 V 的一个子空间. 令

$$K^{\perp}=\{\boldsymbol{\alpha}\mid\boldsymbol{\alpha}\in V,f(\boldsymbol{\alpha},\boldsymbol{\beta})=0,\forall\boldsymbol{\beta}\in K\}$$

1）证明：$K^{\perp}$ 是 V 的子空间（$K^{\perp}$ 称为 K 的正交补）；

2）证明：如果 $K\cap K^{\perp}=\{\boldsymbol{0}\}$，则 $V=K\oplus K^{\perp}$.

7. 设 $f(\boldsymbol{\alpha},\boldsymbol{\beta})$ 是 n 维线性空间 V 上的非退化对称双线性函数，对 V 中一个元素 $\boldsymbol{\alpha}$，定义 V^* 中的一个元素 $\boldsymbol{\alpha}^*$：

$$\boldsymbol{\alpha}^*(\boldsymbol{\beta})=f(\boldsymbol{\alpha},\boldsymbol{\beta}),\quad \boldsymbol{\beta}\in V.$$

证明：

1）V 到 V^* 的映射 $\varphi:\boldsymbol{\alpha}\mapsto\boldsymbol{\alpha}^*$ 是一个同构映射；

2）对 V 的每组基 $\boldsymbol{\varepsilon}_1,\boldsymbol{\varepsilon}_2,\cdots,\boldsymbol{\varepsilon}_n$，有 V 的唯一一组基 $\boldsymbol{\varepsilon}_1',\boldsymbol{\varepsilon}_2',\cdots,\boldsymbol{\varepsilon}_n'$，使

$$f(\boldsymbol{\varepsilon}_i,\boldsymbol{\varepsilon}_j')=\delta_{ij},\quad \delta_{ij}=\begin{cases}1, & i=j,\\ 0, & i\neq j;\end{cases}$$

3）如果 V 是复数域上的 n 维线性空间，则有一组基 $\boldsymbol{\eta}_1,\boldsymbol{\eta}_2,\cdots,\boldsymbol{\eta}_n$，使 $\boldsymbol{\eta}_i=\boldsymbol{\eta}_i'$，$i=1,2,\cdots,n$，即 $f(\boldsymbol{\eta}_i,\boldsymbol{\eta}_j)=\delta_{ij}$.

8. 设 $f(\boldsymbol{X},\boldsymbol{Y})$ 是数域 P 上的 n 维线性空间 V 上的双线性函数，则 $f(\boldsymbol{X},\boldsymbol{Y})=\sum\limits_{i,j=1}^{n}a_{ij}x_ix_j$ 可表示为两个线性函数 $f_1(\boldsymbol{X})=\sum\limits_{i=1}^{n}b_ix_i$，$f_2(\boldsymbol{Y})=\sum\limits_{i=1}^{n}c_iy_i$ 之积的充要条件是 $f(\boldsymbol{X},\boldsymbol{Y})$ 的度量矩阵的秩小于或等于 1.

9. 设 $f(x)$ 是线性空间 V 上的一个非零线性函数，证明：

1）函数 $f(x)$ 的核 S（即 V 中所有使 $f(\boldsymbol{x})=0$ 的向量 $\boldsymbol{x}$ 的集合）是极大线性子空间，亦即若 T 是真包含 S 的 V 的子空间，则 $T=V$；

2）对于不在 S 中的任一向量 $\boldsymbol{\alpha}$，任一向量 $\boldsymbol{x}$ 可以唯一地表为 $\boldsymbol{x}=\boldsymbol{y}+a\boldsymbol{\alpha}$，其中 $\boldsymbol{y}\in S$.

§10.4 习题参考答案与提示

1. 例如 $f(x_1,x_2,\cdots,x_n)=x_1+x_2+\cdots+x_n$ 是线性函数，$f(x_1,x_2,\cdots,x_n)=x_1^2+x_2^2+\cdots+x_n^2$ 不是线性函数.

2. 提示：以 $\boldsymbol{\alpha}_1,\boldsymbol{\alpha}_2,\boldsymbol{\alpha}_3$ 的系数为列向量组成矩阵

$$\boldsymbol{A}=\begin{pmatrix}1&1&0\\0&1&1\\-1&1&1\end{pmatrix},$$

只需证明 $|\boldsymbol{A}|\neq 0$，即可知 $\boldsymbol{\alpha}_1,\boldsymbol{\alpha}_2,\boldsymbol{\alpha}_3$ 线性无关，因为 $\boldsymbol{\alpha}_1,\boldsymbol{\alpha}_2,\boldsymbol{\alpha}_3$ 构成 V 的一组基. 设 g_1,g_2,g_3 是 $\boldsymbol{\alpha}_1,\boldsymbol{\alpha}_2,\boldsymbol{\alpha}_3$ 的对偶基，则

$$(g_1,g_2,g_3)=(f_1,f_2,f_3)(\boldsymbol{A}^{\mathrm{T}})^{-1}.$$

3. 提示：1）通过定义，验证 $f(\boldsymbol{Z},\boldsymbol{Y})$ 为 $P^{m\times n}$ 的双线性函数. 任取 $\boldsymbol{Z}_1,\boldsymbol{Z}_2\in P^{m\times n}$，$k,l\in P$，有

$$\begin{aligned}f(k\boldsymbol{Z}_1+l\boldsymbol{Z}_2,\boldsymbol{Y})&=\mathrm{tr}((k\boldsymbol{Z}_1+l\boldsymbol{Z}_2)^{\mathrm{T}}\boldsymbol{A}\boldsymbol{Y})\\&=\mathrm{tr}((k\boldsymbol{Z}_1^{\mathrm{T}}+l\boldsymbol{Z}_2^{\mathrm{T}})\boldsymbol{A}\boldsymbol{Y})\\&=k\mathrm{tr}(\boldsymbol{Z}_1^{\mathrm{T}}\boldsymbol{A}\boldsymbol{Y})+l\mathrm{tr}(\boldsymbol{Z}_2^{\mathrm{T}}\boldsymbol{A}\boldsymbol{Y})\\&=kf(\boldsymbol{Z}_1,\boldsymbol{Y})+lf(\boldsymbol{Z}_2,\boldsymbol{Y}).\end{aligned}$$

同样

$$f(\boldsymbol{Z},k\boldsymbol{Y}_1+l\boldsymbol{Y}_2)=kf(\boldsymbol{Z},\boldsymbol{Y}_1)+lf(\boldsymbol{Z},\boldsymbol{Y}_2),$$

故 $f(\boldsymbol{Z},\boldsymbol{Y})$ 为 $P^{m\times n}$ 上的双线性函数.

2）设 $\boldsymbol{A}=(a_{ij})_{m\times n}$，则

$$f(\boldsymbol{E}_{ij},\boldsymbol{E}_{rs})=\operatorname{tr}(\boldsymbol{E}_{ij}^{\mathrm{T}}\boldsymbol{A}\boldsymbol{E}_{rs})=\begin{cases}0, & i\neq s,\\ a_{ii}, & i=s.\end{cases}$$

从而可求出 $f(\boldsymbol{\alpha},\boldsymbol{\beta})$ 在已知基下的度量矩阵.

4. 提示：设 $f(\boldsymbol{\alpha},\boldsymbol{\beta})$ 为反称的，则 $f(\boldsymbol{\alpha},\boldsymbol{\alpha})=-f(\boldsymbol{\alpha},\boldsymbol{\alpha})$，所以 $f(\boldsymbol{\alpha},\boldsymbol{\alpha})=0$. 反之，由条件，

$$f(\boldsymbol{\alpha}+\boldsymbol{\beta},\boldsymbol{\alpha}+\boldsymbol{\beta})=f(\boldsymbol{\alpha},\boldsymbol{\alpha})+f(\boldsymbol{\alpha},\boldsymbol{\beta})+f(\boldsymbol{\beta},\boldsymbol{\alpha})+f(\boldsymbol{\beta},\boldsymbol{\beta})=0,$$

故 $f(\boldsymbol{\alpha},\boldsymbol{\beta})=-f(\boldsymbol{\beta},\boldsymbol{\alpha})$，因而 $f(\boldsymbol{\alpha},\boldsymbol{\beta})$ 为反称双线性函数.

5. 提示：1）$K=\{\boldsymbol{0}\}$ 时，取 $\boldsymbol{\eta}=\boldsymbol{\xi}$ 即可.

2）$K\neq\{\boldsymbol{0}\}$ 时，由条件 $K\subset V$，设 $\boldsymbol{e}_1,\boldsymbol{e}_2,\cdots,\boldsymbol{e}_m$ 是 K 的基，因为 $\xi\notin K$，故 $\boldsymbol{e}_1,\boldsymbol{e}_2,\cdots,\boldsymbol{e}_n,\boldsymbol{\xi}$ 线性无关，令

$$\boldsymbol{\eta}=x_1\boldsymbol{e}_1+x_2\boldsymbol{e}_2+\cdots+x_m\boldsymbol{e}_m+x\boldsymbol{\xi},$$

证明

$$\begin{cases}0=f(\boldsymbol{\eta},\boldsymbol{e}_1)=x_1f(\boldsymbol{e}_1,\boldsymbol{e}_1)+\cdots+x_mf(\boldsymbol{e}_1,\boldsymbol{e}_m)+xf(\boldsymbol{e}_1,\boldsymbol{\xi}),\\ 0=f(\boldsymbol{\eta},\boldsymbol{e}_2)=x_1f(\boldsymbol{e}_2,\boldsymbol{e}_1)+\cdots+x_mf(\boldsymbol{e}_2,\boldsymbol{e}_m)+xf(\boldsymbol{e}_2,\boldsymbol{\xi}),\\ \cdots\cdots\cdots\cdots\\ 0=f(\boldsymbol{\eta},\boldsymbol{e}_m)=x_1f(\boldsymbol{e}_m,\boldsymbol{e}_1)+\cdots+x_mf(\boldsymbol{e}_m,\boldsymbol{e}_m)+xf(\boldsymbol{e}_m,\boldsymbol{\xi})\end{cases}$$

有非零解，从而构造出 $\boldsymbol{\eta}$.

6. 提示：利用上题的结论.

7. 提示：1）先证 φ 为单射. 事实上，设 $\boldsymbol{\alpha}_1\neq\boldsymbol{\alpha}_2$，若 $\varphi(\boldsymbol{\alpha}_1)=\varphi(\boldsymbol{\alpha}_2)$，即 $\boldsymbol{\alpha}^*_1=\boldsymbol{\alpha}^*_2$，因而任取 $\boldsymbol{\beta}$，有 $f(\boldsymbol{\alpha}_1,\boldsymbol{\beta})=f(\boldsymbol{\alpha}_2,\boldsymbol{\beta})$，故 $f(\boldsymbol{\alpha}_1-\boldsymbol{\alpha}_2,\boldsymbol{\beta})=0$. 任取 $\boldsymbol{\beta}\in V$，设 $\boldsymbol{\varepsilon}_1,\boldsymbol{\varepsilon}_2,\cdots,\boldsymbol{\varepsilon}_n$ 为 V 的基，令

$$\boldsymbol{\alpha}_1-\boldsymbol{\alpha}_2=(\boldsymbol{\varepsilon}_1,\boldsymbol{\varepsilon}_2,\cdots,\boldsymbol{\varepsilon}_n)\begin{pmatrix}x_1\\x_2\\\vdots\\x_n\end{pmatrix},\quad \boldsymbol{\beta}=(\boldsymbol{\varepsilon}_1,\boldsymbol{\varepsilon}_2,\cdots,\boldsymbol{\varepsilon}_n)\begin{pmatrix}y_1\\y_2\\\vdots\\y_n\end{pmatrix}.$$

由于 $f(\boldsymbol{\alpha}_1-\boldsymbol{\alpha}_2,\boldsymbol{\beta})=0$，得到

$$(x_1,x_2,\cdots,x_n)\boldsymbol{A}\begin{pmatrix}y_1\\y_2\\\vdots\\y_n\end{pmatrix}=0,$$

这里 $\boldsymbol{A}$ 为 $f(\boldsymbol{\alpha},\boldsymbol{\beta})$ 在 $\boldsymbol{\varepsilon}_1,\boldsymbol{\varepsilon}_2,\cdots,\boldsymbol{\varepsilon}_n$ 下的度量矩阵. 由于 $\boldsymbol{\beta}$ 是任意的，因而有

$$(x_1,x_2,\cdots,x_n)\boldsymbol{A}=\boldsymbol{0}.$$

又 $\boldsymbol{A}$ 为可逆矩阵，故 $(x_1,x_2,\cdots,x_n)=\boldsymbol{0}$，进而 $\boldsymbol{\alpha}_1=\boldsymbol{\alpha}_2$，矛盾. 易证对于任意的 $k,l\in P$，有

$$\varphi(k\boldsymbol{\alpha}_1+l\boldsymbol{\alpha}_2)=k\varphi(\boldsymbol{\alpha}_1)+l\varphi(\boldsymbol{\alpha}_2),$$

因而 φ 是 V 到 V^* 的同构映射.

2）设 $\boldsymbol{\varepsilon}_i'=x_{i1}\boldsymbol{\varepsilon}_1+x_{i2}\boldsymbol{\varepsilon}_2+\cdots+x_{in}\boldsymbol{\varepsilon}_n$，由

$$\begin{cases}f(\boldsymbol{\varepsilon}_1,\boldsymbol{\varepsilon}_i')=0,\\ \cdots\cdots\cdots\cdots\\ f(\boldsymbol{\varepsilon}_i,\boldsymbol{\varepsilon}_i')=1,\\ \cdots\cdots\cdots\cdots\\ f(\boldsymbol{\varepsilon}_n,\boldsymbol{\varepsilon}_i')=0,\end{cases}$$

得

$$\begin{pmatrix} f(\boldsymbol{\varepsilon}_1,\boldsymbol{\varepsilon}_1) & f(\boldsymbol{\varepsilon}_1,\boldsymbol{\varepsilon}_2) & \cdots & f(\boldsymbol{\varepsilon}_1,\boldsymbol{\varepsilon}_n) \\ f(\boldsymbol{\varepsilon}_2,\boldsymbol{\varepsilon}_1) & f(\boldsymbol{\varepsilon}_2,\boldsymbol{\varepsilon}_2) & \cdots & f(\boldsymbol{\varepsilon}_2,\boldsymbol{\varepsilon}_n) \\ \vdots & \vdots & & \vdots \\ f(\boldsymbol{\varepsilon}_n,\boldsymbol{\varepsilon}_1) & f(\boldsymbol{\varepsilon}_n,\boldsymbol{\varepsilon}_2) & \cdots & f(\boldsymbol{\varepsilon}_n,\boldsymbol{\varepsilon}_n) \end{pmatrix} \begin{pmatrix} x_1 \\ x_2 \\ \vdots \\ x_n \end{pmatrix} = \begin{pmatrix} 0 \\ \vdots \\ 1 \\ \vdots \\ 0 \end{pmatrix}. \tag{1}$$

由于 $f(\boldsymbol{\alpha},\boldsymbol{\beta})$ 非退化，所以方程组(1)有唯一解，于是得出的 $\boldsymbol{\varepsilon}_1',\boldsymbol{\varepsilon}_2',\cdots,\boldsymbol{\varepsilon}_n'$ 满足 $f(\boldsymbol{\varepsilon}_i,\boldsymbol{\varepsilon}_i')=\delta_{ij}$，$\boldsymbol{\varepsilon}_1',\boldsymbol{\varepsilon}_2',\cdots,\boldsymbol{\varepsilon}_n'$ 线性无关. 事实上，由 $k_1\boldsymbol{\varepsilon}_1'+k_2\boldsymbol{\varepsilon}_2'+\cdots+k_n\boldsymbol{\varepsilon}_n'=\mathbf{0}$，

$$f(k_1\boldsymbol{\varepsilon}_1'+k_2\boldsymbol{\varepsilon}_2'+\cdots+k_n\boldsymbol{\varepsilon}_n',\boldsymbol{\varepsilon}_i)=k_i=0,\quad i=1,2,\cdots,n,$$

故 $\boldsymbol{\varepsilon}_1',\boldsymbol{\varepsilon}_2',\cdots,\boldsymbol{\varepsilon}_n'$ 为所求的基. 唯一性由(1)的解的唯一性可得.

3) 设

$$\boldsymbol{A}=\begin{pmatrix} f(\boldsymbol{\varepsilon}_1,\boldsymbol{\varepsilon}_1) & f(\boldsymbol{\varepsilon}_1,\boldsymbol{\varepsilon}_2) & \cdots & f(\boldsymbol{\varepsilon}_1,\boldsymbol{\varepsilon}_n) \\ f(\boldsymbol{\varepsilon}_2,\boldsymbol{\varepsilon}_1) & f(\boldsymbol{\varepsilon}_2,\boldsymbol{\varepsilon}_2) & \cdots & f(\boldsymbol{\varepsilon}_2,\boldsymbol{\varepsilon}_n) \\ \vdots & \vdots & & \vdots \\ f(\boldsymbol{\varepsilon}_n,\boldsymbol{\varepsilon}_1) & f(\boldsymbol{\varepsilon}_n,\boldsymbol{\varepsilon}_2) & \cdots & f(\boldsymbol{\varepsilon}_n,\boldsymbol{\varepsilon}_n) \end{pmatrix},$$

由于 $\boldsymbol{A}=\boldsymbol{A}^{\mathrm{T}}$，$\boldsymbol{A}$ 可逆，因而在复数域上存在可逆阵 $\boldsymbol{T}$，使

$$\boldsymbol{T}^{\mathrm{T}}\boldsymbol{A}\boldsymbol{T}=\begin{pmatrix} 1 & & & \\ & 1 & & \\ & & \ddots & \\ & & & 1 \end{pmatrix},$$

令 $(\boldsymbol{\eta}_1,\boldsymbol{\eta}_2,\cdots,\boldsymbol{\eta}_n)=(\boldsymbol{\varepsilon}_1,\boldsymbol{\varepsilon}_2,\cdots,\boldsymbol{\varepsilon}_n)\boldsymbol{T}$，有 $f(\boldsymbol{\eta}_i,\boldsymbol{\eta}_j)=\delta_{ij}$，

8. **证明** 必要性. 由条件，

$$f(\boldsymbol{X},\boldsymbol{Y})=f_1(\boldsymbol{X})f_2(\boldsymbol{Y})=\sum_{i=1}^{n}b_ix_i\cdot\sum_{i=1}^{n}c_iy_i,$$

这里 $(x_1,x_2,\cdots,x_n)$ 为 $\boldsymbol{X}$ 在基 $\boldsymbol{\varepsilon}_1,\boldsymbol{\varepsilon}_2,\cdots,\boldsymbol{\varepsilon}_n$ 下的坐标，$(y_1,y_2,\cdots,y_n)$ 为 $\boldsymbol{Y}$ 在 $\boldsymbol{\varepsilon}_1,\boldsymbol{\varepsilon}_2,\cdots,\boldsymbol{\varepsilon}_n$ 下的坐标，$f(\boldsymbol{X},\boldsymbol{Y})$ 在 $\boldsymbol{\varepsilon}_1,\boldsymbol{\varepsilon}_2,\cdots,\boldsymbol{\varepsilon}_n$ 下的度量矩阵为

$$\boldsymbol{A}=\begin{pmatrix} b_1c_1 & b_1c_2 & \cdots & b_1c_n \\ b_2c_1 & b_2c_2 & \cdots & b_2c_n \\ \vdots & \vdots & & \vdots \\ b_nc_1 & b_nc_2 & \cdots & b_nc_n \end{pmatrix}=\begin{pmatrix} b_1 \\ b_2 \\ \vdots \\ b_n \end{pmatrix}(c_1,c_2,\cdots,c_n),$$

故秩 $(\boldsymbol{A})\leqslant 1$.

充分性. 设 $f(\boldsymbol{X},\boldsymbol{Y})$ 在基 $\boldsymbol{\varepsilon}_1,\boldsymbol{\varepsilon}_2,\cdots,\boldsymbol{\varepsilon}_n$ 下的度量矩阵为 $\boldsymbol{A}$，而秩 $(\boldsymbol{A})\leqslant 1$.

1) 如果秩 $(\boldsymbol{A})=0$，则 $f(\boldsymbol{X},\boldsymbol{Y})$ 为零函数，因而 $f(\boldsymbol{X},\boldsymbol{Y})$ 可表示成 $f_1(\boldsymbol{X})$ 与 $f_2(\boldsymbol{Y})$ 之积.

2) 如果秩 $(\boldsymbol{A})=1$，则存在可逆矩阵 $\boldsymbol{P},\boldsymbol{Q}$，使

$$\boldsymbol{A}=\boldsymbol{Q}\begin{pmatrix} 1 & & & \\ & 0 & & \\ & & \ddots & \\ & & & 0 \end{pmatrix}\boldsymbol{P}.$$

任取 $\boldsymbol{X}=(\boldsymbol{\varepsilon}_1,\boldsymbol{\varepsilon}_2,\cdots,\boldsymbol{\varepsilon}_n)\begin{pmatrix}x_1\\x_2\\\vdots\\x_n\end{pmatrix}$, $\boldsymbol{Y}=(\boldsymbol{\varepsilon}_1,\boldsymbol{\varepsilon}_2,\cdots,\boldsymbol{\varepsilon}_n)\begin{pmatrix}y_1\\y_2\\\vdots\\y_n\end{pmatrix}$,

$$\begin{aligned}f(\boldsymbol{X},\boldsymbol{Y})&=(x_1,x_2,\cdots,x_n)\boldsymbol{A}\begin{pmatrix}y_1\\y_2\\\vdots\\y_n\end{pmatrix}\\&=(x_1,x_2,\cdots,x_n)\boldsymbol{Q}\begin{pmatrix}1&0&\cdots&0\\0&0&\cdots&0\\\vdots&\vdots&&\vdots\\0&0&\cdots&0\end{pmatrix}\boldsymbol{P}\begin{pmatrix}y_1\\y_2\\\vdots\\y_n\end{pmatrix}\\&=(x_1,x_2,\cdots,x_n)\boldsymbol{Q}\begin{pmatrix}1\\0\\\vdots\\0\end{pmatrix}(1,0,\cdots,0)\boldsymbol{P}\begin{pmatrix}y_1\\y_2\\\vdots\\y_n\end{pmatrix}.\end{aligned}$$

设

$$\boldsymbol{Q}\begin{pmatrix}1\\0\\\vdots\\0\end{pmatrix}=\begin{pmatrix}a_1\\a_2\\\vdots\\a_n\end{pmatrix},\quad (1,0,\cdots,0)\boldsymbol{P}=(b_1,b_2,\cdots,b_n),$$

因而

$$f(\boldsymbol{X},\boldsymbol{Y})=(x_1,x_2,\cdots,x_n)\begin{pmatrix}a_1\\a_2\\\vdots\\a_n\end{pmatrix}(b_1,b_2,\cdots,b_n)\begin{pmatrix}y_1\\y_2\\\vdots\\y_n\end{pmatrix}=f_1(\boldsymbol{X})f_2(\boldsymbol{Y}),$$

$$f_1(\boldsymbol{X})=(x_1,x_2,\cdots,x_n)\begin{pmatrix}a_1\\a_2\\\vdots\\a_n\end{pmatrix}=\sum_{i=1}^{n}a_ix_i,$$

$$f_2(\boldsymbol{Y})=\sum_{i=1}^{n}b_iy_i.$$

9. 提示:1) 首先,S 是 V 的子空间. 设 T 为 V 的子空间,且 S 真含于 T,我们证 $T=V$. 事实上,因为 $S\subset T$,故存在 $\boldsymbol{\alpha}\in T$,$f(\boldsymbol{\alpha})\neq 0$. 设 $T\subset V$,因而存在 $\boldsymbol{\beta}\in V$,$\boldsymbol{\beta}\notin T$,故 $f(\boldsymbol{\beta})\neq 0$,这样,存在 λ,使

$$f(\boldsymbol{\beta})=\lambda f(\boldsymbol{\alpha}),\quad 因而\quad f(\boldsymbol{\beta}-\lambda\boldsymbol{\alpha})=0.$$

从而 $\boldsymbol{\beta}-\lambda\boldsymbol{\alpha}\in S$,又 $\lambda\boldsymbol{\alpha}\in T$,故 $\boldsymbol{\beta}\in T$,矛盾. 因而 $T=V$,即 S 是极大子空间.

2）由 $\boldsymbol{\alpha} \notin S$，故 $f(\boldsymbol{\alpha}) \neq 0$. 任取 $\boldsymbol{x}$，有 λ 使

$$f(\boldsymbol{x}) = \lambda f(\boldsymbol{\alpha}),$$

因而 $f(\boldsymbol{x}-\lambda\boldsymbol{\alpha}) = 0$，$\boldsymbol{x}-\lambda\boldsymbol{\alpha} \in S$，$\boldsymbol{x} = (\boldsymbol{x}-\lambda\boldsymbol{\alpha}) + \lambda\boldsymbol{\alpha}$.

设 $\boldsymbol{x} = \boldsymbol{y}_1 + \lambda_1\boldsymbol{\alpha}$，$\boldsymbol{y}_1 \in S$，这时

$$\boldsymbol{y}_1 + \lambda_1\boldsymbol{\alpha} = \boldsymbol{y} + \lambda\boldsymbol{\alpha},$$

因而 $\boldsymbol{y}_1 - \boldsymbol{y} = (\lambda - \lambda_1)\boldsymbol{\alpha}$，可得

$$(\lambda - \lambda_1) f(\boldsymbol{\alpha}) = 0.$$

由于 $f(\boldsymbol{\alpha}) \neq 0$，故 $\lambda = \lambda_1$，因而 $\boldsymbol{y}_1 = \boldsymbol{y}$. 表示唯一性得证.

第十章典型习题详解

反盗版举报电话 (010)58581999 58582371 58582488

反盗版举报传真 (010)82086060

反盗版举报邮箱 dd@ hep. com. cn

通信地址 北京市西城区德外大街 4 号

高等教育出版社法律事务与版权管理部

邮政编码 100120